石油石化职业技能培训教程

U0224744

石油钻井工

（下册）

中国石油天然气集团有限公司人事部　编

中国石油大学出版社
CHINA UNIVERSITY OF PETROLEUM PRESS

图书在版编目（CIP）数据

石油钻井工.下册 / 中国石油天然气集团有限公司
人事部编.—青岛：中国石油大学出版社，2019.3
石油石化职业技能培训教程
ISBN 978-7-5636-6450-4

Ⅰ.①石… Ⅱ.①中… Ⅲ.①油气钻井—技术培训—
教材 Ⅳ.①TE2

中国版本图书馆 CIP 数据核字（2019）第 041971 号

丛 书 名：石油石化职业技能培训教程
书　　名：石油钻井工（下册）
编　　者：中国石油天然气集团有限公司人事部

责任编辑：杨勇（电话 0532—86983559）

出 版 者：中国石油大学出版社
　　　　　　（地址：山东省青岛市黄岛区长江西路 66 号　邮编：266580）
网　　址：http://www.uppbook.com.cn
电子邮箱：zyepeixun@126.com
排 版 者：青岛友一广告传媒有限公司
印 刷 者：沂南县汶凤印刷有限公司
发 行 者：中国石油大学出版社（电话 0532—86983560，86983437）
开　　本：185 mm×260 mm
印　　张：26
字　　数：649 千
版 印 次：2019 年 4 月第 1 版　2019 年 4 月第 1 次印刷
书　　号：ISBN 978-7-5636-6450-4
定　　价：75.00 元

编委会名单

主　任　黄 革

副主任　王子云

委　员　（按姓氏笔画为序排列）

丁哲帅	马光田	丰学军	王 莉
王 焯	王 谦	王正才	王勇军
王德功	邓春林	史兰桥	吕德柱
朱立明	朱耀旭	刘 伟	刘 军
刘子才	刘文泉	刘孝祖	刘纯珂
刘明国	刘学忱	李 丰	李 超
李 想	李忠勤	李振兴	杨力玲
杨明亮	杨海青	吴 芒	吴 鸣
何 波	何 峰	何军民	何耀伟
邹吉武	宋学昆	张 伟	张海川
陈 宁	林 彬	罗昱恒	季 明
周 清	周宝银	郑玉江	赵宝红
胡兰天	段毅龙	贾荣刚	夏申勇
徐周平	徐春江	唐高嵩	常发杰
蒋国亮	蒋革新	傅红村	褚金德
窦国银	熊欢斌		

编审人员名单

主　　编　　王东坤

副 主 编　　赵丽波

参编人员　　（按姓氏笔画为序排列）

　　　　　　李忠喜　　董　明

参审人员　　（按姓氏笔画为序排列）

　　　　　　邓贺景　　刘贵义　　杜红光　　李　缨

　　　　　　李天金　　李爱忠　　杨仲墨　　闵光平

　　　　　　张　勇（川庆钻探）　　张　勇（渤海钻探）

　　　　　　张洪斌　　武东生　　周东寿　　贺明敏

　　　　　　袁志刚　　高永杰　　董洪涛

随着企业产业升级、装备技术更新改造步伐不断加快，对从业人员的素质和技能提出了新的更高要求。为适应经济发展方式转变和"四新"技术变化要求，提高石油石化企业员工队伍素质，满足职工鉴定、培训、学习需要，中国石油天然气集团有限公司人事部根据《中华人民共和国职业分类大典（2015年版）》对工种目录的调整情况，修订了石油石化职业技能等级标准。在新标准的指导下，组织对"十五""十一五""十二五"期间编写的职业技能鉴定试题库和职业技能培训教程进行了全面修订，并新开发了炼油、化工专业部分工种的试题库和教程。

教程的开发修订坚持以职业活动为导向，以职业技能提升为核心，以统一规范、充实完善为原则，注重内容的先进性与通用性。教程编写紧扣职业技能等级标准和鉴定要素细目表，采取理实一体化编写模式，基础知识统一编写，操作技能及相关知识按等级编写，内容范围与鉴定试题库基本保持一致。特别需要说明的是，本套教程在相应内容处标注了理论知识鉴定点的代码和名称，同时配套了相应等级的理论知识试题，以便于员工对知识点的理解和掌握，加强了学习的针对性。此外，为了提高学习效率，检验学习成果，本套教程为员工免费提供学习增值服务，员工通过手机登录注册后即可进行移动练习。本套教程既可用于职业技能鉴定前培训，也可用于员工岗位技术培训和自学提高。

石油钻井工教程分上、下两册，上册为基础知识、初级操作技能及相关知识、中级操作技能及相关知识，下册为高级操作技能及相关知识、技师与高级技师操作技能及相关知识。

本工种教程由大庆油田公司任主编单位，参与审核的单位有西部钻探公司、川庆钻探公司、渤海钻探公司、海洋工程公司、长城钻探公司等。在此表示衷心感谢。

由于编者水平有限，书中不妥之处在所难免，请广大读者提出宝贵意见。

编 者

2019 年 2 月

CONTENTS 目录

第一部分　高级操作技能及相关知识

第二部分　技师与高级技师操作技能及相关知识

第三部分　高级理论知识试题及答案

第四部分　技师与高级技师理论知识试题及答案

附　录

第一部分

高级操作技能及相关知识

模块一　使用工具、量具、仪器仪表

项目一　相关知识

一、量具

（一）游标卡尺

游标卡尺是一种可以直接测量工件外部尺寸、内部尺寸和深度尺寸的游标量具。

1. 结构

游标卡尺由主尺和副尺（游标）组成，如图 1-1-1 所示。在主尺上刻有每格 1 mm 的刻度，副尺上也有刻度。当副尺要移动较大距离时，松开副尺螺钉和辅助游标螺钉即可推动游标。如果要使副尺做微动调节，则可将辅助游标螺钉拧紧，松开副尺螺钉，用手指转动微调螺帽，通过螺杆移动副尺，使其得到所需要的尺寸。取得尺寸后应把副尺螺钉拧紧。游标卡尺的上端有 2 个尖脚，可用来测量齿轮公法线长度或内孔中地位狭小的凸柱（平面上有一条槽，中心部分是圆柱）；下端两脚的内侧面用来测量外圆或厚度，外侧面用来测量内孔或沟槽。

> GBA001 游标卡尺的结构和种类

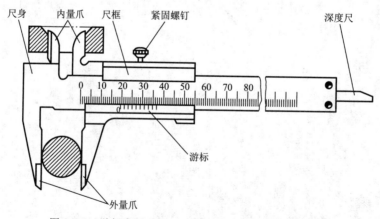

图 1-1-1　游标卡尺（以 0.02 mm 精度为例）结构示意图

2. 种类

游标卡尺的种类很多，按测量精度分有 0.05 mm 和 0.02 mm 2 种，其中 0.02 mm 的游标卡尺应用最为广泛；按结构分有二用游标卡尺、三用游标卡尺、带微调游标卡尺、带表盘游标卡尺和液晶数字显示游标卡尺等。二用游标卡尺用来测量工件外部尺寸和内部尺寸；三用游标卡尺用来测量工件的外部尺寸、内部尺寸和深度尺寸；带表盘游标卡尺可以在表盘上直接进行读数。

此外还有游标深度尺、游标高度尺、万能角度尺等。游标深度尺用来测量工件台肩长度和孔槽深度等。游标高度尺用来测量工件高度和进行精密划线。万能角度尺用来测量工件的内外角度,按测量精度分为 $2'$ 和 $5'$ 2 种,测量范围为 $0°\sim320°$,使用时应根据检测范围移动、拆换角尺和直尺。

3. 刻线原理

(1) 0.1 mm 游标卡尺。主尺每小格 1 mm,每大格 10 mm。当两脚合并时,主尺上 9 mm 刚好等于副尺上的 10 格。那么,副尺每格 0.9 mm,主尺与副尺每格相差 0.1 mm。

GBA002 游标卡尺的刻线原理、读数方法和使用要求

(2) 0.05 mm 游标卡尺。主尺每格 1 mm,将主尺上 19 mm 在副尺上等分为 20 格,则副尺每格等于 $19\div20=0.95$(mm),主尺与副尺每格相差 $1-0.95=0.05$(mm),所以其测量精度为 0.05 mm。

(3) 0.02 mm 游标卡尺。主尺每格 1 mm,将主尺上 49 mm 在副尺上等分为 50 格,则副尺每格等于 $49\div50=0.98$(mm),主尺与副尺每格相差 $1-0.98=0.02$(mm),所以其测量精度为 0.02 mm。

4. 读数

(1) 读出副尺上零线在主尺后面多少毫米。

(2) 读出副尺上哪一条线与主尺上的线对齐。

(3) 把主尺和副尺上的尺寸加起来。

例如,0.1 mm 精度的游标卡尺,若其副尺的零线在主尺后面 9 mm,而副尺的第 8 条线与主尺上的线对齐,则其所测尺寸为 $9+0.1\times8=9.8$(mm)。

5. 使用要求

使用前,首先将游标卡尺从游标卡尺盒中取出,并检查有无计量合格证,是否在有效期内,然后用绒布将卡脚处的防锈油擦干净,再将外卡脚合拢,检查游标卡尺是否对零,读出原始误差。用游标卡尺测量外径时,左手拿住一个卡脚,右手拿住主尺,并把卡脚张开(比工件直径稍大一些),两卡脚贴住工件,不能歪斜,卡紧要适当,仔细读取副尺上零线在主尺后面多少毫米,读出副尺上哪一条线与主尺上的线对齐,把主尺和副尺上的尺寸加起来;消除原始误差,读出所测工件的实际尺寸;最后将游标卡尺擦干净,并涂好防锈油,放入游标卡尺盒内。用游标卡尺测量内径时,读出来的尺寸要加上两脚的宽度。

(二) 千分尺

千分尺是利用螺旋副原理,对尺架上两测量面间分隔的距离进行读数的内外尺寸测量器具。它是一种精度比游标卡尺更高且比较灵敏的测量工具,其结构如图 1-1-2 所示。

1. 分类

GBA003 千分尺的分类、刻线原理和读数方法

千分尺按用途可分为外径千分尺、内径千分尺、深度千分尺等;按测量范围可分为 $0\sim25$ mm,$25\sim50$ mm,$50\sim75$ mm,$75\sim100$ mm,$100\sim125$ mm 等规格,使用时要根据所测工件直径大小选择相应规格的千分尺。当配合精度要求较高时,多采用千分尺测量。

2. 刻线原理

千分尺的螺距为 0.5 mm,当活动套筒转一周时,轴杆就推进 0.5 mm。固定套筒(主尺)

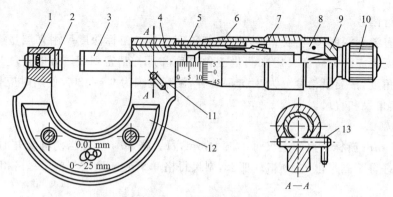

图 1-1-2　千分尺结构示意图

1—尺架；2—测砧；3—测微螺杆；4—螺纹轴套；5—固定套筒；6—活动套筒；
7—调节螺母；8—接头；9—垫片；10—测力装置；11—锁紧机构；12—绝热片；13—锁紧轴

上每格刻度 0.5 mm，活动套筒（副尺）圆周上共刻有 50 格，因此当活动套筒转 1 格时，轴杆推进 0.01 mm。

3. 读数

（1）读出活动套筒边缘在固定套筒后面多少毫米。

（2）读出活动套筒上哪一格与固定套筒上的基准线对齐。

（3）把 2 个读数加起来。

例如，一把千分尺活动套筒边缘在固定套筒后面 9 mm，活动套筒上第 12 格与固定套筒上的基准线对齐，则所测尺寸为 9+0.01×12＝9.12（mm）。

4. 使用要求及注意事项

（1）外径千分尺。单手使用外径千分尺时，大拇指和食指捏住活动套筒，小指钩住尺架并压在手心上即可测量。双手使用千分尺时，右手拿活动套筒，左手握住尺架的一端自上而下测量即可。测量外径时，首先将外径千分尺从盒中取出，擦干净外径千分尺测量面上的防锈油，再用标准杆校对，读取误差。测量工件前，要用棉纱将所测轴径擦干净，然后先将外径千分尺两测量面间的距离调整到大于被测轴径，将固定端先接触轴径，再调整活动端接近轴径，转动棘轮盘，卡紧轴径，读取测量数据。将外径千分尺旋转 90°，重复测量以消除原始误差，计算出所测轴径的实际尺寸。最后，将外径千分尺擦干净并涂好防锈油，放入外径千分尺盒。

GBA004 千分尺的使用要求及注意事项

（2）内径千分尺。右手捏住活动套筒，左手捏住量头，并使手靠住工件端面。测量时稍稍摆动千分尺，所测得的最大尺寸即是内孔的真正直径，表示千分尺位置正确。

（3）深度千分尺。先把尺架紧贴工件平面，然后旋转活动套筒，使量杆端面与被测面轻轻接触。

使用千分尺测量时，测量轴杆与零件的轴线必须垂直，且必须手握测力装置的棘轮盘来旋转测量轴杆，卡紧轴径；必须取下千分尺读数时，要使用制动器锁紧测量轴杆；测得的尺寸必须消除千分尺本身的误差。

（三）内径百分表

内径百分表（内径指示表）是利用机械传动系统，将活动测量头的直线位移转变为指针在圆刻度盘上的角位移，并由刻度盘进行读数的一种内尺寸测量器具。

1. 结构

内径百分表附有成套的可换插头、测量垫圈、可换量脚和支架。调整尺寸时可用一般量具测量或用专门环规调整。

2. 刻线原理

根据齿轮啮合原理,当齿杆上升 1 mm 时,长指针转一周。如果表面上刻线是 100 格,则长指针每转过一格就代表齿杆上升 0.01 mm。

3. 读数

手握内径百分表杠杆上的手柄,稍微倾斜使活动测头接触到轴承内径边缘,压缩活动测头,扶正并使对面测头接触轴承内轨,前后摆动杠杆,观察百分表指针的摆动情况,然后读出百分表的最小值。为减小测量误差,沿轴向测量 3 个点,转 90° 后再重复测量,算出平均值。

4. 使用要求及注意事项

(1) 使用内径百分表时,应用套圈或耳环固定在专用支架上,在专用两顶针间检查径向跳动。在钻机修理中,普遍使用磁性百分表,用于测量水龙头支架的找正、猫头轴的弯曲等。

(2) 使用内径百分表时,首先要检查量具是否有计量检定合格证,是否在有效期内,擦干净量具量脚,用标准杆校对千分尺,选择合适的测头。然后,装上内径百分表,再用外径千分尺校对百分表,调整好锁紧螺母并擦干净轴承内径表面,水平放置在钳工台上。最后,取出百分表,卸下测头和百分表,擦干净量具,涂防锈油,放入盒内。

> GBA005 内径百分表的使用要求及注意事项

(3) 使用内径百分表时,摆动幅度不能过大,且要轻拿轻放。

(四) 水准仪

水准仪是一种精密仪器。根据水准仪系列标准,我国水准仪分为 5 个等级,即 DS05(用于国家一等水准测量及地震水准测量)、DS1(用于国家二等水准测量及其他精密水准测量)、DS3(用于国家三、四等水准测量及一般工程水准测量)、DS10(用于一般工程水准测量)、DS20(用于建筑及简易农田水利工程水准测量)。

1. 结构及主要技术参数

(1) 结构组成。

水准仪主要由物镜、制动螺旋、脚螺旋、三角板、屈光度环、竖轴、圆水准器、管状水准器、调整螺旋及望远镜等 10 个部分组成。

(2) 主要技术参数。

① 望远镜。放大 30 倍,物镜有效孔径 42 mm,视场角 1°26′,视距乘常数为 100,视距加常数为 0,最短视距 2.5 m。

② 水准器格值。管状水准器格值为 20/2 mm,圆水准器格值为 10/2 mm。

③ 质量与尺寸。仪器高度 140 mm,净质量 2.06 kg,脚架(伸缩式)长度 950～1 550 mm,脚架质量 3.5 kg。

2. 保管与检修

(1) 保管。

> GBA006 水准仪的结构和保管

水准仪每次使用后应用细软纱布擦拭干净,放入盒内。在现场使用时必须轻拿轻放,在乘车途中要背在身上或抱在怀内,不得放在驾驶室地板上,以防震动损坏仪器。

（2）检修（每月进行 1 次）。

① 检查脚螺旋部分有无松动，旋转是否灵活。

② 检查竖轴部分。若竖轴旋转不灵活，可先旋转调节螺钉来调整竖轴位置的高低。

③ 检修基础部分。检查脚螺旋与仪器底板之间有无缝隙，若有缝隙，先旋松大角螺帽，再旋紧底板固定螺钉，使脚螺旋脚尖在三角弹性压板间无缝隙，最后旋紧六角螺帽，直到固定螺钉拧紧。

④ 制动螺旋失效，一般是顶杆失效、顶杆长度不够、顶杆前面的制动丢失或螺杆滑螺纹引起的，重配顶杆即可将故障排除。

⑤ 检查微动、微倾螺旋部分。微动、微倾螺旋失效一般是鼓形螺母侧面凸块没有插在微动套槽内，应将微动、微倾螺旋拆下重新安装，使螺母侧面凸块插入微动套槽内，旋紧松紧调节罩即可。

⑥ 检查望远镜部分。水准仪的物镜是由 2 片分离的镜片组成的。两镜片不共光轴会引起望远镜成像不清晰。相对转动物镜各透镜，直到图像清晰为止。

3. 使用要求

（1）架设与调试。

① 将水准仪三脚架架设在距离所要测量基础的 10～20 m 处。

② 将仪器固定在三脚架上，调节三脚架的 3 个支腿使圆水准器的气泡基本进入分划圆内。

③ 利用水准仪的 2 个微调螺旋将水准器的气泡调整到分划圆中心。

GBA007 水准仪的使用要求

④ 将望远镜绕竖轴转至任意方向后，如果圆水准器气泡偏出分划圆外，说明竖轴与圆水准器轴不平行，误差已经超出限差范围，则需要进一步调整，直到望远镜转至任意方向圆水准器的气泡始终在分划圆中心。

（2）对水准仪进行视检。

① 机械转动部分。顺时针和逆时针旋转望远镜，看竖轴是否灵活、均匀，微动螺旋是否灵活。瞄准目标后，再分别旋转微倾螺旋、调焦手轮，看转动是否舒适，目标有无停滞、跳动等现象；检查三脚架螺旋松紧是否合适，有无晃动现象。

② 光学成像部分。所有光学零件应无明显的或影响使用的霉斑、灰尘、油渍，望远镜视场中的十字线及目标能调清晰。

③ 安平水准部分。当脚螺旋或微倾螺旋均匀升降时，长水准器气泡及圆水准器气泡的移动无突变现象。否则，说明水准管的玻璃内表面已经变形，在变形的位置上水泡无法居中。

④ 三脚架部分。三脚架安装好后，适当用力转动架头时应无松动现象。

（3）调试测量。

① 将仪器镜头对准标尺成 180°后，调节长水准器微调螺旋，长水准器气泡呈 U 形，将十字线横垂直于竖轴，再调整调焦螺旋达到最佳清晰度，然后开始测量。

② 标尺垂直放置在所测平面上，读数要清晰无误。

③ 按图纸设计要求的标准高差进行测量。井架基础高差为±3 mm，其他基础高差为±5 mm。

二、仪器仪表

（一）钻井参数仪

钻井参数仪是检测与显示钻井参数如悬重、钻压、泵压、转盘扭矩和转速、钻井泵排量及冲速等的仪器仪表。

1. SK-2Z11 钻井参数仪概述

SK-2Z11 钻井参数仪是新一代钻井仪表,有全新的体系结构,在仪器的稳定性、可靠性、操作简便性上有了显著提高。

与国内外同类产品有所不同的是,该仪器采用了一种全新的系统结构。钻井监视仪单元作为整个系统采集、处理、控制的中心,省去了同类产品所必配的服务器单元,减轻了用户的负担。监视仪内置嵌入式计算机系统,采用 TFT 液晶显示,触摸屏操作。钻井监视仪既可作为一个独立的使用单元,进行数据的采集、运算、显示、设置及数据的回放和存储,也可用 RS-422 串口线与后台计算机通信,将实时数据发往后台计算机,进行实时数据监测、实时数据和曲线打印以及对数据进行存储和回放。同时,利用后台计算机上安装的 SK-DPS2000 数据处理系统,可得到钻井工程方面的有关报告、图件等资料。钻井监视仪不但能在无须后台计算机的支持下独立运行,还可随时接入后台计算机,导入处理未挂接时的数据。

> GBB001 SK-2Z11 钻井参数仪概述

为了适应用户的需求,钻井监视仪有多款样式箱体可选,最新产品采用前后可方便开门的双箱体新颖结构,早期产品采用单箱体结构。本仪器还配套提供指重表、泵压表组合使用,仪表安装支架有立式、台式多款形式可选。用户还可选配转盘扭矩表、大钳扭矩表等机械表头。

2. SK-2Z11 钻井参数仪的功能原理及系统组成

SK-2Z11 钻井参数仪是由 CAN 总线型传感器、PC/104 嵌入式计算机、TFT 大屏幕液晶显示器以及触摸屏为主体的钻井监视仪和后台计算机构成的数据采集、监测、处理系统。该参数仪总体上达到国际先进水平,在 CAN 总线传感器的应用及系统高度集成等方面处于国际领先水平。

该仪器由 CAN 总线传感器实时采集井场物理量变化,并将其量化成总线数据送至钻井监视仪,经 PC/104 嵌入式计算机采集运算,TFT 液晶显示器显示输出,通过触摸屏直接进行各种操作,包括数据初始化和传感器标定、切换监控画面和进行各种设置,使软件正常运行,得到精确的工程数据,司钻可在第一时间了解钻井情况。

> GBB002 SK-2Z11 钻井参数仪的功能及组成

SK-2Z11 钻井参数仪可采集多达 64 道传感器的数据,派生出近百项参数,如悬重、泵压、钻压、大钩位置、井底环空、泵冲和总泵次、转盘转速、出口流量、转盘扭矩、井深、钻时、大钳扭矩、总烃、钻头用时等。司钻可选择数据显示、曲线显示和仪表仿真等监测画面。设置相关参数的报警门限,可进行声光报警。

本套仪表对钻井过程的实时监测,对提高钻井时效、安全钻井、平衡钻井、有效地保护油气层、预防工程事故、降低成本、实现科学钻井起着重要的作用。

3. SK-2Z11 钻井参数仪的技术指标

(1) 电源条件。

安全控制:配有过载、漏电等强电系统。

电源输入:电压,220 V AC×(1±30%);频率,50 Hz×(1±30%)。

> GBB003 SK-2Z11 钻井参数仪的技术指标

UPS(不间断电源)输出:电压,220 V AC×(1±1.5%);频率,50 Hz×(1±1%)。

UPS 1 kV·A,当外界中断供电时连续工作时间不少于 15 min。

(2) 环境指标。

室外环境温度:−40～60 ℃。

室外相对湿度：小于 90%。

（3）防爆条件。

SK-2Z11 钻井参数仪采用限制呼吸型防爆，配套的各类传感器均满足相应的防爆要求。SK-2Z11 钻井参数仪的外壳按限制呼吸型外壳要求设计。气密要求为：在壳体内通入 300 Pa 的正压气体，80 s 后箱体的剩余气压不小于 150 Pa。该壳体的密封结构保证了通常情况下可燃性气体无法进入壳体内，从而满足了防爆要求。限制呼吸型外壳的防护等级不低于 IP66，可应用于 Ⅱ 区场所。

GBB004 SK-2Z11 钻井参数仪传感器概述

注：Ⅱ 区场所是指设备在正常运行时，爆炸性环境中不太可能出现气体、蒸汽或薄雾形式的爆炸性混合物的场所，如果出现也只是偶尔发生并且短时间存在。通常情况下，"短时间"是指持续时间不多于 2 h。

（4）传感器，具体见表 1-1-1。

表 1-1-1   传感器

名称及型号	工作温度	其他技术指标	备 注
SK-8J06 绞车传感器	−40～85 ℃	灵敏度：7.5°/脉冲	全数字信号处理，不存在转换损耗
SK-8Y21A 压力传感器	−40～85 ℃	精度：≤0.5%FS	悬重传感器 0～6 MPa
SK-8Y24A 压力传感器	−40～85 ℃	精度：≤0.5%FS	大钳扭矩、泵压传感器 0～40 MPa
SK-8B06FG 电磁接近开关量传感器	−40～85 ℃	可靠动作距离：≤16.2 mm	泵 1、泵 2、转盘转速传感器
SK-8N02 过桥轮式扭矩传感器	−40～85 ℃	压力传感器精度：±0.5%FS	转盘扭矩（机械）传感器
SK-8N09 大钳扭矩传感器	−40～85 ℃	0～40 MPa 或 0～100 kN·m	大钳扭矩传感器
SK-8L03A 流量传感器	−40～85 ℃	精度：1%FS	出口流量传感器
SP1102 可燃气体传感器	−40～55 ℃	精度：5%LEL	总烃传感器

4. SK-2Z11 钻井参数仪的安装

（1）参数仪的安装。

钻井参数仪安装在 Ⅱ 区及以下危险场所，或置于钻台上司钻室内便于司钻观察和操作的地方，尽可能避免被雨水和钻井液淋湿。钻井参数仪有 2 种：台式和立式。

立式结构参数仪的安装：安装支架，将固定底座固定在钻台上，由 8 个紧固螺钉及相关的安装附件与钻台紧密相连。支架固定好后，安装参数仪。通过 2 个紧固螺钉与支架紧密相连，其间垫有橡胶阻尼垫。方形安装架上共有 4 个橡胶避震脚，上下各 2 个，达到良好的减震效果。

GBB005 SK-2Z11 钻井参数仪的安装

台式结构参数仪的安装本书不再具体讲述，安装时可参考参数仪所带说明书。台式结构钻井参数仪一般安装在钻台上的司钻室中。接地装置是极为重要的安全措施，在正常运行时，应经常检查测试接地连接是否可靠。

（2）后台计算机系统和电源系统的安装。

后台计算机系统和电源系统应安装在安全区，一般安装在钻井工程师或井队办公室内。后台计算机单元包括工控机主机、液晶显示器、RS232/422 转换模块（485IF9）、UPS、一根 15 m 的 3 芯电源电缆、一根 15 m 的 4 芯信号电缆、一个 150 m 的 3 芯电源电缆盘、一个 150 m 的 4 芯信号电缆盘。

通过不同的航空插头将 150 m 的 3 芯电源电缆盘和 150 m 的 4 芯信号电缆盘与钻台

上的参数仪引出的相应的电缆进行连接,并套好 A,B 型塑料防护套,为保证密封性能,在线缆与护套的接触处用绝缘胶带缠紧。之后将航空插头平放在钻台下不易遭受水淋的地方。

将后台计算机与显示器接好,UPS 的输入端插入 220 V AC 电网,本仪器由 UPS 统一供电,所以 220 V AC 输出端接一多用插座,计算机、打印机、显示器、钻井参数仪单元均接至多用插座。将 15 m 的 3 芯电源电缆接入工控机后的插座里,另一端通过航空插头与相应的 150 m 的电源电缆盘的航空插头相连;将 485IF9 模块插入工控机相应闲置的 COM 口,485IF9 模块的输出通过 15 m 的信号电缆与 150 m 的信号电缆盘相连,取电线同计算机的 PS2 键盘或鼠标口相连(注:后台计算机通信端口号要与使用的 COM 口一致)。

(3)传感器的连线与安装。

供配电系统连线安装好后,可进行各传感器的安装。

5. SK-2Z11 钻井参数仪的日常维护

(1)安装传感器时,应包好接头(航空插头),以防漏水进水。

(2)拆卸传感器时,应对接头做简单包扎,以防沾上油污、钻井液等,对螺纹造成不良影响。

(3)各压力传感器充油补油后需重新标定,注油打压时需放空。

(4)放电缆时受力处应包扎,防止拉断。

(5)后台计算机出现通信中断时可退出 SK-2ZWIN 软件重启一下,若仍中断则重启 Windows 操作系统。

GBB006 SK-2Z11钻井参数仪的日常维护

(6)钻井参数仪单元的断电操作。

点击"技术员"按钮→输入正确的口令→点击"退出"按钮→选择"是"→参数仪断电。

注意:切忌不按以上步骤操作,直接拔掉监视仪的电源,否则可能会引起参数仪内计算机系统的文件损坏,造成故障。非法断电引起参数仪文件系统损坏的概率为 1%。

(7)隔离缓冲器应每周加一次油,避免漏油造成胶囊损坏,充油至 0.2~0.3 MPa 即可。

(8)钻井参数仪的外壳要保持清洁,需要打开参数仪的后盖时,必须先断电,进行通电修理时必须在安全环境下操作,使用人员应定期进行维护和检查以保证参数仪外壳的气密性能保持良好的状态。

(二)电子单点测斜仪

1. HK51-01F 定点测斜仪概述

近年来石油钻井为提高钻进速度和防斜打直,经常采用复合钻进。HK51-01F 定点测斜仪即是针对此种工况下的自浮精确测量而专门研制的新型电子测斜仪。定点电子测斜仪独有的"定点"测量方式保证仪器可"到底"即测,能满足不同工况下的测斜需要,特别是为用户提供了带螺杆钻具振动工况下的自浮精确测量,并可比传统定时测斜方式节约大量时间,改变了"先定时,后测斜"的传统测斜方式,实现了"不定时,到底即测斜"的测斜变革,是传统定时测斜方式仪器的理想换代产品。该仪器主要用于钻井过程中测量井底(测点)的井斜角、磁方位角、工具面角和仪器温度等参数,适用于石油、煤炭和水利等行业在钻探过程中测量点的几何参数测量。定点电子测斜仪由机芯、地面仪器和软件、井下保护总成 3 部分组成。

2. HK51-01F 定点测斜仪的特点

(1)实现复合(螺杆)钻进条件下自浮测量方式的精确测量。仪器到达测量点后,即可停泵。在停泵到仪器开始上浮的短暂"静止"时间段内完成准确测量。

GBC001 HK51-01F定点测斜仪概述和特点

（2）提高测量成功率。不需要设"定时测量时间"，仪器下井前不再为抢时间而忙乱，避免了因定时不足而造成测量失败。

（3）降低测斜时间成本。仪器一到井底就可"立即"测量，不存在因定时过长造成时间浪费，或者定时过短造成测量失败。测斜时间显著缩短，降低了井队时间成本。

（4）延长自浮载体的使用寿命。缩短了仪器在井下的停留时间，减少了自浮载体被钻井液冲刷的时间，延长了自浮载体的使用寿命。

（5）可用于多种作业方式。同一机芯（包括探管和充电电池筒）配备不同的外保护总成，可满足吊测、投测、自浮等不同方式的作业需要。

（6）采用多级抗震缓冲设计。仪器在径向、轴向配置多级橡胶、弹簧、液压抗震缓冲装置，有效提高了仪器的抗冲击、抗震动能力。

（7）独特的断电保护功能。特殊强烈震动、冲击等造成的瞬间断电不影响仪器正常工作。

（8）仪器自动捕获测量点数据。仪器到达测量点后捕获测量点时间，取出探管即可自动提取测量点数据。

（9）可用于高温及深井测量。配备了隔热保护筒总成，在 260 ℃ 的高温环境下工作不少于 6 h，最大承压 180 MPa。

3. HK51-01F 定点测斜仪的使用

（1）确认仪器配套满足井下工作条件。核实仪器最大外径，确认仪器能够通过所用钻具的最小内径，顺利到达测量点。确认井底仪器承压不超过仪器的最高承压能力。自浮作业时，确认钻井液黏度小于 70 s、密度大于等于载体浮起适用密度。自浮作业时，自浮载体总成根据钻井液密度确定合适的浮力仓或短浮力仓连接节数，确保井下保护总成的净浮力在 1 000～7 000 gf 之间（最佳净浮力在 2 000～4 000 gf 之间，1 N＝100 gf），保证井下保护总成能够正常下行和上浮。确认井底温度不超过仪器的最高工作温度。

GBC002 HK51-01F定点测斜仪的使用要求

（2）与钻具相关的准备工作。再次确认所用钻具的最小内径，保证仪器能够顺利通过并到达测量点。测量方位数据时，应在测量点接无磁钻铤。定向作业时，在测量点应接弯接头和定向接头；定向接头与仪器定向减振引鞋应匹配。测斜作业（包括使用自浮方式测量）时，在测量点应安装仪器托盘。

（3）仪器检查。仪器配套完整；连接、密封可靠；技术参数满足井下工况使用要求；仪器尺寸适合本套钻具；定点控制器或电子测斜仪应用软件能正常使用。

（4）检查探管、充电电池筒的性能和精度。

① 连接机芯。先关闭探管电源开关，再连接充电电池筒，连接应正常。

② 检查状态。打开探管电源后，指示灯应呈红灯常亮；若为绿灯常亮/绿灯闪烁/红灯闪烁，按"启动/停止"按钮变为红灯常亮；若绿灯常亮且按"启动/停止"按钮无效，应耐心等待 1 min，当指示灯变为绿灯闪烁/红灯闪烁时，按"启动/停止"按钮变为红灯常亮。若无效或出现其他情况，应更换电压大于标称电压的充电电池筒重新检查，若仍不正常，说明探管有故障，应返厂维修。

③ 检查精度。应在显示电压（充电电池筒电压）大于标称电压时进行检查；显示温度应接近环境温度（应在室温环境下放置 20 min 以上后再检查温度）；探管垂直放置，井斜角显示应为 0°左右；探管水平放置，校验和应为 1±0.01。

（5）自浮方式测斜作业操作步骤。

① 组装载体。连接自浮载体总成；在螺纹和密封圈上涂抹清洁的螺纹脂；除仪器舱密封接头以外，依次连接所需的零部件；用摩擦管钳逐一拧紧各连接端，等待装载机芯。

② 探管参数测试及设定。输入队号、井号；确认探管精度正常，电池电量充足；设定延时时间；完成后，等待同步启动探管。

③ 探管与控制器或秒表同步启动。应视现场情况适时进行同步启动操作。使用定点控制器控制探管时，需探管与定点控制器同步启动、计时；使用电子测斜仪应用软件控制探管时，需探管与秒表同步。启动时，同步时间误差不应超过 1 s。如有偏差，重新操作。

④ 定点自浮电子测斜仪总装。将已正常同步启动后的机芯挂在橡胶悬挂器上（此时探管指示灯为绿灯常亮或者绿灯闪烁）；套上衬管装入仪器舱内；连接仪器舱密封接头与仪器舱，并用摩擦管钳将连接部位拧紧；再次确认缓冲器上已正确安装缓冲 O 形圈和铅封。

⑤ 定点自浮电子测斜仪入井。将组装好的自浮电子测斜仪平稳送上钻台；待钻具卸开后，将缓冲器朝下，投入钻具内；接上钻具，开泵将仪器送至安装有仪器托盘的测量点。

⑥ 同步捕获测量点。仪器到达测量点后，应稳定钻具约 30 s；同步捕获测量点（同步时间误差不应超过 1 s，如有偏差，重新开泵操作）。使用控制器时，停泵的同时按动控制器测量"1"键，并确认此次测量有效，在测量等待界面时记录测量时间，以便控制器无法得出有效测量数据时，使用应用软件得出有效测量数据。使用计算机应用软件时，停泵的同时查看并记录秒表显示的测量点时间。注意：此时不要停止秒表，以便必要时再次查看并记录测量点时间。同步捕获测量点后，应继续稳定钻具 15 s，完成定点测量。

⑦ 取出仪器。停泵后，定点自浮电子测斜仪会自动浮起，此时低速缓慢转动钻具和快速提放钻具会有利于仪器上浮；大斜度井（36°以上）应采用短起钻具到小斜度井段，可使仪器顺利浮出和缩短仪器上浮时间。适时提前卸开钻具，等待仪器浮出；如果钻具内钻井液液面过低，应向钻具内加灌钻井液（或少量水），使仪器能浮出钻具；用安全的方式将仪器提出钻具，清理干净仪器表面的钻井液，将仪器放到平整的工作场地；用摩擦管钳卸开仪器舱密封接头与仪器舱的接合面，在保证干燥、清洁的情况下取出探管。

⑧ 读取测量数据。按下探管"启动/停止"按钮使得指示灯变为红灯常亮，关闭探管电源，用探管通信电缆连接探管和控制器或计算机（必要时使用 USB 转通用串口头），然后打开探管电源。使用控制器读取定点测量数据；若控制器处于接收准备界面，按动控制器数据接收"1"键；若控制器处于主页界面，按动控制器数据接收"3"键。自动完成定点测量数据的读取、显示、打印及保存。具体操作方法详见仪器使用说明书。使用计算机读取定点测量数据：进入"单点工作方式"→"单点接收"界面，点击"接收"键，在相关界面输入秒表记录的测量点时间后，显示测量结果。

⑨ 判定测量数据的有效性。检查缓冲器导向轴上安装的铅封有无磕痕或被剪断，若有说明仪器未到测量点撞击仪器托盘。井下具有无磁钻铤时，磁场强度与当地磁场强度相比，误差不超过 0.5 μT；磁倾角与当地磁倾角相比，误差不超过 2°。

⑩ 撤收。将自浮载体各部分清洗、擦拭干净；检查自浮载体各零部件的磨损情况，如不能满足使用要求，应立即更换；将各连接螺纹处涂上螺纹脂，放入外保护总成箱，以备下次使用；要特别仔细检查缓冲器各零件、各类 O 形圈、连接螺纹、密封面和自浮载体表面是否符合使用要求；将探管与充电电池筒卸开，擦拭干净，戴上护丝或护帽，放入仪器箱，以备下次使用；若充电电池筒电压小于标称电压应充电，以备下次使用。

4. 注意事项

自浮载体出现以下问题时严禁使用：

（1）密封面有损伤、磕痕，二者配合不严密。

（2）表面划痕深度大于 0.5 mm。

（3）外径因腐蚀冲刷比标准尺寸小 0.5 mm。

（4）连接螺纹损坏，不能正常连接到位。

（5）缓冲器导轴弯曲、变形、没上缓冲 O 形圈，顶头损坏变形。

（三）电子多点侧斜仪

1. HK51-01F 多点测斜仪的特点

（1）测量精度高，性能稳定可靠。探管中的关键部件——加速度传感器采用抗冲击的加速度表，具有线性度高、温度漂移小、重复性好等特点。

（2）独特的节电功能。采用间断供电，有效节约电能。

（3）独特的断电保护功能。特殊强烈震动、冲击等造成的瞬间断电不影响仪器正常工作。

（4）智能指示功能。通过面板指示灯的显示，可判断探管的工作状态是否正常。

> GBC003 HK 51-01F多点测斜仪的特点

（5）良好的抗冲击、抗震动性能。仪器在径向、轴向配置多级橡胶、弹簧、液压抗震缓冲装置，有效提高了仪器的抗冲击、抗震动能力。

（6）可用于高温及深井测量。配备了隔热保护筒总成，在 260 ℃ 的高温环境下工作不少于 6 h，最大承压 180 MPa。

2. HK51-01F 多点测斜仪的主要用途、适用范围及组成

（1）主要用途。用于钻井过程中某一段井眼的井斜角、磁方位角等数据的测量，也可用于井底测量点的井斜角、磁方位角、工具面角等数据的测量。

（2）适用范围。适用于石油、煤炭、水利等行业在钻探过程中井眼轨迹的测量。

（3）组成。多点电子测斜仪由机芯、地面仪器和软件、井下保护总成 3 部分组成。

3. HK51-01F 多点测斜仪的使用

（1）确认仪器配套满足井下工作条件。确认仪器满足井下工况条件；核实仪器最大外径，确认仪器能够通过使用钻具的最小内径，顺利到达测量点；确认井底仪器承压不超过仪器的最高承压能力；自浮作业时，确认钻井液黏度小于 70 s，密度大于等于载体浮起适用密度；确认井底温度不超过仪器的最高工作温度。

> GBC004 HK 51-01F多点测斜仪的使用

（2）与钻具相关的准备工作。再次确认使用钻具的最小内径，保证仪器能够顺利通过并到达测量点。测量方位数据时，应在测量点接无磁钻铤。定向作业时，在测量点应接弯接头和定向接头；定向接头与仪器定向减振引鞋应匹配。测斜作业（包括使用自浮方式测量）时，在测量点应安装仪器托盘。

（3）仪器检查。仪器配套完整；连接、密封可靠；技术参数满足井下工况使用要求；仪器尺寸适合本套钻具；电子测斜仪应用软件能正常使用。

（4）检查探管、充电电池筒的性能和精度。

① 连接机芯。先关闭探管电源开关，再连接充电电池筒，连接应正常。

② 检查状态。打开探管电源后，指示灯应呈红灯常亮；对于 HK51-01F 探管，若为绿灯常亮/绿灯闪烁/红灯闪烁，按下"启动/停止"按钮变为红灯常亮；若无效或出现其他情况，应更换电量充足的充电电池筒重新检查，若仍不正常，说明探管有故障，应返厂维修。

③ 检查精度。HK51-01F 多点探管应在显示电压（充电电池筒电压）大于等于 5 V 时进行检查；显示温度应接近环境温度；探管垂直放置，并斜角显示应为 0°左右；探管水平放置，校验和应为 1±0.01。

（5）多点测量作业。

① 组装外保护总成。在平整的工作场地，连接电子测斜仪外保护总成；在螺纹和密封圈上涂抹清洁的螺纹脂；除外保护筒与上部铜接头或高温配套中隔热保护筒与定向减振接头的接合面（接口）外，依次连接所需零部件；用摩擦管钳逐一拧紧各连接端，等待装载探管。

② 探管参数测试及设定。输入队号、井号；测试仪器；设定延时时间和间隔时间。设定的延时时间必须确保仪器提前 1 min 到达井底，使仪器进入稳定待测状态。设定的间隔时间应保证每起下一个立柱前，在静止状态下能够采集 2～3 点，同时要保证足够的采集时间。最长采集时间＝最大采集点数×间隔时间。

③ 探管与秒表的启动。下井前，打开探管电源开关，长按探管"启动/停止"按钮直到指示灯由红变绿，松开按钮则探管开始计时，同时启动秒表计时。

④ 多点电子测斜仪总装。将已启动的机芯挂在橡胶悬挂器上，或与隔热吸热减振器组装后挂在定向减振接头（高温配套）上；装入外保护筒或隔热保护筒（高温配套）；用摩擦管钳将连接部位拧紧。

⑤ 多点电子测斜仪入井。将组装好的多点电子测斜仪平稳送上钻台；待钻具卸开后，将仪器投入钻具内，等待仪器到达安装有仪器托盘的测量点。

⑥ 下井测量及记录。仪器下井（减振器在下），延时时间结束后，不能马上起钻，应等待仪器在井底测量 2～3 点后再起钻。

⑦ 取出仪器。用安全的方式将仪器从钻具中取出后，清理干净仪器表面钻井液，放到平整的工作场地；用摩擦管钳卸开外保护总成，在保证干燥、清洁的情况下取出探管。

⑧ 读取测量数据。按下探管"启动/停止"按钮，使指示灯变为红灯常亮，关闭探管电源，用 HK03-02 探管通信电缆连接探管和计算机（必要时使用 USB 转通用串口头），或者用 HK51-03 探管通信 USB 电缆连接探管和计算机，然后打开探管电源。启动电子测斜仪应用软件，进入"多点工作方式"→"多点接收"界面，进行数据接收和处理（具体操作方法详见仪器应用软件使用说明书）。

⑨ 判定测量数据的有效性。磁场强度与当地磁场强度相比，误差不超过 0.5 μT；磁倾角与当地磁倾角相比，误差不超过 2°；校验和为 1±0.01。

⑩ 撤收。将外保护总成各部分清洗、擦拭干净；检查外保护总成各零部件的磨损情况，如不能满足使用要求，应立即更换；将各连接螺纹处涂上螺纹脂，放入外保护总成箱，以备下次使用；要特别仔细检查减振器、定向减振接头各零件、各类 O 形圈、连接螺纹、密封面是否符合使用要求；将探管与充电电池筒卸开，擦拭干净，戴上护丝或护帽，放入仪器箱，以备下次使用；充电电池筒电压小于其标称电压时应充电，以备下次使用。

4. 注意事项

外保护总成出现以下问题时严禁使用：

（1）密封面有损伤、磕痕，二者配合不严密。

（2）连接螺纹损坏，不能正常连接到位。

（3）减振器、定向减振接头导轴弯曲、变形、活动不畅。

项目二　使用游标卡尺测量牙轮钻头水眼内径

一、准备工作

0～125 mm 游标卡尺 1 把,棉纱适量,绒布适量,防锈油适量,8 in,12 in,15 in 水眼各 1 个。

二、操作规程

（1）准备工作。

选择量具。

（2）检查量具。

检查游标卡尺的合格证及有效期。

（3）校尺。

① 擦去游标卡尺上的防锈油。

② 校对游标卡尺并记录原始误差。

（4）擦拭工件。

对水眼进行擦拭。

（5）测量。

① 测量水眼内径并记录。

② 旋转 90°再进行测量并记录。

（6）保养量具。

测量后保养量具。

项目三　使用外径千分尺测量活塞销直径

一、准备工作

0～125 mm 游标卡尺 1 把,25～50 mm 外径千分尺 1 把,6130 型活塞销 1 根,棉纱团适量,绒布适量,防锈油适量。

二、操作规程

（1）准备工作。

① 准备工具、用具。

② 用棉纱将活塞销轴颈擦干净。

③ 取出外径千分尺,擦去测量面上的防锈油。

（2）校尺。

用标准杆校尺,读出误差。

（3）测量。

① 测量轴径,先将外径千分尺两测量面距离调整至大于被测轴径,固定端先接触轴径,再调活动端接近轴径,转动棘轮盘,卡紧轴径即可读数。

② 读数应消除千分尺本身误差且准确。

③ 将外径千分尺旋转 90°重复测量一次,并做记录。

(4) 保养量具。

测量后保养量具。

项目四　使用内径百分表测量轴承内径

一、准备工作

(1) 设备。

平台 1 个。

(2) 工具、材料。

50～100 mm 内径百分表 1 块,50～75 mm 外径千分尺 1 把,42312 型轴承 2 副,棉纱团和防锈油适量,绒布 2 块。

二、操作规程

(1) 准备工作。

正确选择量具。

(2) 校对千分尺。

擦干净量具量脚,用标准杆校对千分尺。

(3) 校对百分表。

选择测头,装内径百分表,调整锁紧螺母,用外径千分尺校对百分表,并保证有 1.0～1.5 mm 的预压值。

(4) 测量轴承。

① 将轴承内径擦干净。

② 将轴承水平放置在平台上。

③ 手握内径百分表杠杆上的手柄,稍稍倾斜使活动测头接触到轴承内径边缘,压缩活动测头,并扶正使对面测头接轴承内径,前后摆动杠杆,观察百分表的最小示值。

④ 正确记录百分表的最小示值。

⑤ 沿轴向测量 3 个点。

⑥ 转 90°方向重复测量(3 个点)。

(5) 保养量具。

测量后保养量具。

项目五　使用电子单点测斜仪

一、准备工作

(1) 设备。

测斜仪 1 套。

(2) 工具、材料。

秒表 1 块,箱式控制器 1 套,充电器 1 套,摩擦管钳 1 对,电池筒 2 节。

二、操作规程

(1) 准备工作。

准备所用材料及工具。

(2) 连接仪器。

① 连接充电电池筒。

② 检查仪器。

③ 连接仪器,使用航空插头,凸键对准插座的凹槽,往下插入;RS232 插头插入控制器串口,打开探管、控制器开关(按 2 次"1"键)。

(3) 测试仪器。

观察并读取电池电压值,观察并读取温度值,若差异太大,先更换电池筒,若故障未排除,则更换探管。

(4) 设定时间。

设定延时时间 2 min,关闭探管和控制器电源,断开连接。

(5) 测井斜角。

打开探管和控制器电源,按下探管"启动/停止"按钮,指示灯变为绿色,同时按动控制器的计时"1"键,启动秒表。

(6) 仪器装入载体。

检查载体,将仪器装入载体,放置 2 min 以上,按控制器测量"1"键并确认,待进入数据接收准备界面后关闭电源。

(7) 读取打印数据。

仪器取出后关闭电源,正确连接控制器,打开电源,接收数据,打印数据。

(8) 复原仪器。

关闭仪器电源,拔取通信电缆,取下电池筒。

模块二　操作、维护、保养设备

项目一　相关知识

一、钻机气控系统的结构、原理与发展方向

(一) 钻机气控装置的应用优势

随着钻机自动化程度的提高,控制系统在钻机中出现得越来越多,对钻井安全生产和降低作业人员劳动强度都起到不可替代的作用。气动控制以其不可替代的优点在钻机中广泛应用。

(1) 结构简单,稳定性高。

气控元件由简单的腔体和活塞组成,结构简单。与电子元件相比,它不像电子元件对温度那样敏感。最新数据表明,以最小工作单元为例,气动元件的无误差工作次数可达 3 000 万次,比电子元件的几百万次提高了一个数量级。与液压元件相比,它的介质是压缩气体,因此不会像液压密封件那样因油浸泡而稳定性降低。

GBD001 钻机气控装置的应用优势

(2) 搭接方便、成本低。

与液控动辄几兆帕相比,气控的压力一般在 0.8 MPa 左右,可方便地连接、切断和安装管线。由于压力等级比较低,各接头、阀件、管线的成本也很低。

(3) 无火花,更适合防爆区域。

钻机的防爆一直是设备方头疼的问题。电路的防爆往往伴随着笨重的外壳,使用和维修起来都很麻烦。而气控装置没有电火花的产生,用在防爆区域很安全。

总之,气控装置以其强大的优势越来越多地用于钻井设备中,并且随着气控装置的改进,会给钻井设备带来更安全、更稳定的改进。

(二) 钻机气控装置的结构和原理

气压传动系统的工作原理是利用空气压缩机将电动机或其他原动机输出的机械能转变为空气的压力能,然后在控制元件的控制和辅助元件的配合下,通过执行元件把空气的压力能转变为机械能,从而完成直线或回转运动并对外做功。

气动元件主要有气源发生和处理元件、气动控制元件、气动执行元件和气动辅助元件。

气源设备包括空气压缩机、后冷却器、气罐等,用于提供气压传动与控制的动力源,将电能转化为压缩空气的压力能,供气动系统使用。气源处理元件包括过滤器、干燥器等,过滤器可清除压缩空气中的水分、油污和灰尘等,提高气动元件的使用寿命和气动系统的可靠性;干燥器可进一步清除压缩空气中的水分。

GBD002 钻机气控装置的结构和原理

气动控制元件包括：能控制气体压力、流量及运动方向的元件，如各阀件；能完成一定逻辑功能的元件，即气动逻辑元件；能感测、转换、处理气动信号的元件，如气动传感器及信号处理装置。

气动执行元件是将气体的压力能转化成动能等其他形式能的元件，如气马达、气缸等。钻机气动绞车里的马达就是气动执行元件。

气动辅助元件是系统中起辅助作用的元件，如消音器、管道、接头等。

这四大部分共同组成钻机气动系统。

（三）钻机常用气控元件

控制系统是气动系统的核心部分。说到气动控制系统就不可避免地要详细谈谈气动控制元件（简称气控元件）。气控元件大致可分为 3 类。

（1）压力控制类。

GBD003 钻机常用气控元件

① 减压阀。气压传动系统与液压传动系统的不同特点之一是液压油是由安装在每个设备上的液压源直接提供，而气压传动系统则是将比使用压力高的气体通过减压阀减到适于使用的压力。因此，每台气动装置的供气压力都需要减压阀。

② 溢流阀。溢流阀主要起溢流和稳压作用，保持压力恒定。它也被用作安全阀，防止系统过载。

③ 顺序阀。顺序阀依靠气路中压力的作用控制执行元件按顺序动作。顺序阀一般不单独使用，而是和单向阀结合组成单向顺序阀。顺序阀顶部有一调节旋钮，以便在不同开启压力下控制执行元件顺序动作。

（2）流量控制类。

节流阀属于流量控制类阀件，主要通过改变通道的截面积，进而调节流量和压力。

（3）方向控制类。

方向控制类元件主要包括单向阀、梭阀、快速放气阀及换向阀，是气动控制装置中应用最多的一类。逻辑控制气控回路的组成离不开方向控制类阀件。

单向阀是气流只能向一个方向流动而不能向反方向流动的控制阀件。

如图 1-2-1 所示，单向阀气流能从 P 到 A，但是却不能从 A 到 P。

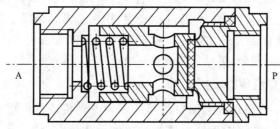

图 1-2-1　单向阀结构示意图

梭阀由 2 个单向阀组成，又被称为逻辑阀，相当于"或"门。

如图 1-2-2 所示，梭阀有 2 个进气口 P1 和 P2，只有当 P1，P2 都没有输入时，A 才没有输出。

快速放气阀通常安装在换向阀和气缸之间，使气缸的排气不用通过换向阀而快速排出，从而加快了气缸的往复运动，缩短了工作周期。

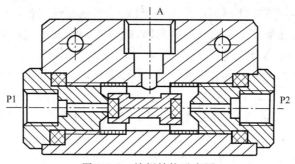

图 1-2-2 梭阀结构示意图

换向阀是利用阀芯和阀体间相对位置的改变来变换不同管路间的通断关系。它是气控装置中应用最多的阀件,通常有二位二通阀、二位三通阀、二位四通阀、三位四通阀和三位五通阀等。

(四)阀岛的结构和原理

阀岛其实就是很多控制阀件集合而成的"岛屿",是电气一体化的产品。它的出现大大减小了钻机气控装置的体积,同时也提高了设备的稳定性。

目前钻机多采用 FESTO 生产的 10P-18-6A-MP-R-V-CHCH10 型阀岛,一般安装在绞车底座的阀岛控制箱内,由 4 组功能阀片、气路板、多针插头、安装附件等组成。功能阀片的每一片代表 2 个二位三通电控气换向阀,该阀岛共有 8 个二位三通电控气换向阀。顶盖上的多针插头采用 27 芯 EXA11T4,其作用是将控制信号通过多芯电缆传输到阀岛,控制阀岛完成各项功能。 GBD004 阀岛的结构和原理

阀岛控制分为面板控制和触摸屏控制 2 种方式,2 种控制方式完全相同。它们和 PLC连接,通过逻辑来控制阀岛,完成液压盘刹、气喇叭、转盘惯刹、自动送钻、防碰释放等功能。下面仅以设备中最复杂的盘刹紧急刹车的气控系统来谈谈阀岛在其中的作用。

假如盘刹紧急刹车使用的是 1 号阀片,它受控于其上的电磁阀,电磁阀动作与否受控于PLC。当一切正常时,PLC 不给电磁阀信号,阀片 1 不动作,盘刹的工作就由司钻通过刹把来完成。当有绞车油压低、主电机故障或主电机风压低等故障时,PLC 给信号于阀 1 电磁阀,阀 1 动作,那么接在阀 1 进口和出口的气管线就接通,整个盘刹的刹车回路也就接通。接着盘刹油路就在气路的控制下发生改变,接通工作钳油路,切断安全钳油路,进行紧急刹车。这里阀岛把盘刹的油和 PLC 的电连接起来,使整个设备成为一个更加具有逻辑的整体,提高了设备的集成度,减少了故障率。

有了阀岛的加入,气控系统更容易实现钻机的数字化控制,控制更加精准;同时连接时只需一根多芯电缆,不用查铭牌一一对接,连接简便,提高了钻机的自动化程度和工作效率。

需要指出的是,阀岛已经不仅仅是气控装置,它是电气一体化产品,不可避免地要考虑防爆问题。现用的阀岛箱基本都是正压防爆型,当其正压防爆受损时会报警甚至停止工作,这根据具体的逻辑控制而定。

(五)钻机防碰气控系统的组成

钻机的防碰系统主要有电子防碰、过卷防碰和重锤防碰,不管是哪种防碰,气控装置都承担着重要作用。

电子防碰用电子传感器、PLC分析、阀岛、气路输出进而控制盘刹的动作。

GBD005 钻机防碰气控系统的组成

过卷防碰是在滚筒上装设气控限位阀，随着大钩高度的增加，大绳圈数也增加，一旦超过设定位置，大绳会扳动气动限位阀，进而控制盘刹刹车防碰。

重锤防碰是在天车下合适位置（一般在天车下5～7 m）横一根钢丝绳，这根钢丝绳一端固定于井架上，另一端与钻台井架大腿上的单向气开关的手柄相连，一旦游车上行高度超过钢丝绳，单向气开关动作（此开关串接于盘刹气控回路中），于是盘刹动作刹车。

如图1-2-3所示，3种防碰最终都是作用于盘刹气控阀上，盘刹气控阀是一个常通阀，即常给气，一旦收到信号或气源丢失，常通变为常闭，受控于气路的盘刹油路将改变工作状态，进行刹车。

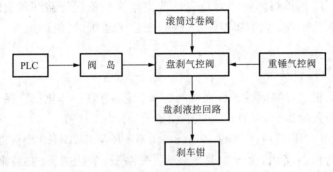

图1-2-3 防碰天车气控回路示意图

盘刹气控阀之所以是常通阀基于以下2点考虑：

（1）防止因气路阻塞而不能刹车。

假如盘刹气控阀是常闭的，需要刹车时才通，那么很可能因为气路的问题而使盘刹气控阀需要气时得不到气，使刹车失败。

（2）断气自动刹车。

盘刹气控阀只有是常通的，即常得气，才能使气源丢失时盘刹自动刹车。

正因为盘刹气控阀需要是常通的，而防碰天车的控制回路又不止一条，所以这就要求每条回路都必须密封良好，否则会因为漏气导致误刹车。

（六）气动控制系统的局限性

尽管气动控制有很多无可比拟的优点，但其自身的特点导致它仍然有很多局限性，主要表现在以下几个方面：

（1）介质受污染后对系统影响很大。

气动技术以空气为工作介质，空气的成分极易随气候变化和环境变化而变化。气动系统工作时，空气中的水分和固体杂质粒子对系统的影响都很大。

GBD006 气动系统的局限性

① 水分的影响。

气流中混入水分后会使气动元件等因生锈而动作迟缓。在寒冷地区，水凝结后会使管道及附件损坏，或使气流不能流通。此外，聚集在管道内的凝结水达到一定量时，在气流压力作用下，会对管壁形成水击现象，损坏管路。

② 油分的影响。

油蒸气聚集在储气罐中会形成易燃物，油分经高温氧化后形成的有机酸会腐蚀金属设备。

③ 固体尘埃。

固体尘埃进入气动元件会加速该部件的磨损,导致动作不良,功能下降,进而失效。颗粒大的固体尘埃沉积在管道内则会减小管道的可流通截面积。

总之,空气中的水、油和尘埃对气路影响很大,要保证气源的洁净需要现场做大量工作。

(2) 压力过大会影响其功率。

压力不大有有利的地方,如控制起来更方便。但对于执行元件则意味着功率不大,如气动绞车体积很大,但功率却很小。这方面,液压反而更具优势。

(3) 噪声大。

仍以钻井现场所用气动绞车为例,其噪声是有耳共闻的,若改为电动或液压的,几乎没有噪声。

这些局限性使气动系统在钻井施工中不能作为动力使用,而仅作为控制系统使用。

(七) 钻机气控装置的发展方向

钻机气控装置的发展离不开气动元件的发展。随着技术的日新月异,气动元件的性能也在飞速地提高,质量、精度、体积、可靠性等方面正在迅速提升,主要表现在以下几个方面:

(1) 向小型化和高性能化发展。

当前市场上气缸缸径最小已经可以做到 2.5～15 mm。SMC 公司研制的三通直动式 V100 系列电磁阀,耗电量仅 0.1 W,寿命超过 1 亿次,抗污能力极强,特别适合钻井这类行业。

(2) 向多元化、多功能化发展。

发展了特殊系列的气动执行元件、超高速元件和低速元件。在结构上也应该多样化,如有活塞杆、无活塞杆、双活塞杆、磁性活塞、椭圆活塞、带阀气缸、带行程开关或传感器网络化和智能化,气动产品开始具有判断推理、逻辑思维和自主决策能力。

> GBD007 钻机气动装置的发展方向

(3) 向集成化发展。

计算机技术、微电子技术和集成电路技术的发展,使得机电一体化有了更加广阔的发展空间。在原来的气控阀、气动执行元件上安装一些电子元件或装置,如 D/A 转换、信号放大、调制、解码、测量与信号反馈等,从而实现将电子与气动控制阀结合在一起,甚至形成直接与执行元件集成化的气动装置。这是一个极为重要的发展方向,也是气动技术发展的必然趋势。

(4) 向绿色、节能方向发展。

钻井生产本身正在朝绿色、节能方向发展,比如近年来的钻井液不落地、钻井液池固化等都是绿色、节能钻井的具体措施。气控技术在节能、绿色方面也是大有可为的。SMC 公司不断对各种气动元件进行改进和创新,在保证元件使用性能的同时,使得各种气动系统能量消耗降低,如开发了节能型电磁阀等。

总之,随着气控元件的不断改进,钻井设备中的气控系统必将迎来革新换代,那时气动控制系统必将展现更大的魅力。

二、电子防碰系统的结构、原理及参数设定

(一) 电子防碰系统的基本结构及原理

钻井是高危行业,顶天车和游车下砸又是钻井设备事故中极其恶劣的事故,一旦发生往往带来严重后果。怎么改进设备从而预防此类事故的发生一直是钻井人关注的焦点。

最初,重锤防碰和滚筒过卷防碰是防止顶天车的仅有的防护。重锤防碰的主要缺点是

游车速度过快时不能避免顶天车，即使及时刹车，也会因刹车太猛而导致钻机异常晃动甚至挣断钻井大绳。滚筒过卷防碰除有重锤防碰的这一缺点外，刹车点的设定也是个难题，尤其是起下钻时。

GBD008 钻机电子防碰装置的结构和原理

电子防碰装置以其强大的报警、减速、指令刹车功能、与其他装置的对接能力和低故障率给钻井安全生产又多加了一重保障。

如图 1-2-4 所示，电子防碰主体由虚线框内的滚筒编码器、主机、操作显示屏 3 部分组成。主体设备与刹车系统和电机减速系统相连接，就构成了一个完整的电子防碰系统。其工作原理如下：通过滚筒编码器可以推算出大钩高度，编码器把信号传递到主机，主机里有通过操作显示屏预先设定的高度，当高度达到预先的设定值时，主机会给刹车系统和电机减速系统信号让绞车减速或刹车，并伴随有声光报警。

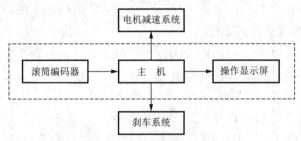

图 1-2-4　电子防碰系统结构示意图

（二）电子防碰系统的设计原则

电子防碰系统必须满足以下要求，才能适应工序繁多的钻井施工：

（1）高精度的刹车定位。无论游车提升快慢，系统都能精确地将游车刹停在所要求的高度。为满足这个要求，电子防碰系统的传感器必须是高精度的，并且与刹车系统配合的响应时间短。

GBD009 钻机电子防碰装置的设计原则

（2）报警合理、有效。依据游车运行状态、当前高度和运行速度，既不过早报警（干扰司钻正常操作），也不过迟报警（使司钻来不及反应）。这一方面需要设备的精度、算法都符合要求；另一方面，实际运行中的设定更是需要注意的。实际应用中因为设置不合理而导致使用人员认为设备有问题最终弃用或应付检查人员时使用的例子不在少数。

（3）能与刹车系统相适应。必须能与带刹、盘刹等刹车系统紧密配合，才能使动作灵敏准确。只有与刹车系统相适应，才能最终成功刹车，并且刹车完成后会给电子防碰系统反馈信号。

（4）能与绞车减速系统相适应。必须能与绞车的减速系统相适应，才能在报警时减速，使刹车更平稳。当游车高度到达减速点时，电子防碰设备开始声光报警的同时会给绞车的调速系统一个信号。调速系统会屏蔽掉司钻的速度给定信号，而让绞车以低速运行，从而避免事故的发生。

（5）刹车性能测试方便。可方便检测控制系统和刹车执行机构的性能。每个班组都需要对电子防碰设备进行检查、测试，这样才能保证电子防碰系统始终处于良好的工作状态。鉴于此，电子防碰设备应该让性能的测试更简单方便，以利于实际生产。

（6）显示清晰明了、参数全。清晰明了的显示能让操作人员一目了然，完备的参数又能提供想查参数就能查的便利。

（三）电子防碰系统的参数设定

只有硬件连接的电子防碰系统对钻井施工来说是一把没有打开的保护伞，要想这把伞更好地发挥作用就得在参数的设定上多下功夫。一般需要设置的参数有以下几个：

（1）滚筒的直径和滚筒的宽度。这在第一次使用时设定，一般此参数不动。

（2）大绳的直径。随着大绳层数的增多，相当于滚筒的直径也在逐渐增大，需要此参数来计算大钩的高度。

（3）大绳的层数及圈数。每次滑切完大绳后都需要设定此参数。

（4）上防碰点和下防砸点。上防碰点和下防砸点即刹车点，因此设定的上防碰点和下防砸点必须合理。

上防碰点不能太高，离天车近会增加危险的可能；也不能太低，太低会使正常起下时刹车，影响正常的生产。比如划眼作业、起下钻作业时需要把游车提得更高。下防砸点不能太低，太低起不到保护作用，太高影响生产。

一般来讲，电子防碰的上防碰点要在过卷防碰和重锤防碰之前，这样能让钻机拥有 3 道天车防碰，而电子防碰在最前又可以提前发出声光警报，让司钻有足够的时间进行操作。下防砸点一般为零点。

而零点的校正是十分讲究的，钻进作业和起下钻作业要根据具体情况选择合适的零点。零点的校正会使设定好的上防碰点和下防砸点的实际位置改变。司钻要注意经常根据工况等实际情况及时校正零点。

设置上减速点和下减速点主要是为了让刹车时更平稳，不会出现到刹车点时的急刹车。上减速点和下减速点一般设在上防碰点和下防砸点前 2 m。

GBD016 钻机电子防碰装置参数设置要求

三、CJ 系列测斜绞车

（一）CJ 系列测斜绞车的技术特性

本测斜绞车用于测量油井的斜度和深度，结构上采用液压机械无级变速，操作方便，运转平稳，变速范围大，提升重量大，测量深度深，电器元件可根据用户要求采用防爆型或非防爆型的，安全可靠。绞车配有计数器部件，显示测量深度，并能有效地保护油井测量设备。

GBD010 CJ 系列测斜绞车的技术特性

（1）主要技术指标，见表 1-2-1。

表 1-2-1　CJ 系列测斜绞车主要技术指标

型　号 / 技术指标	CJ6000(F)	CJ7000(F)	CJ9000(F)
测量深度/m	6 000	7 000	9 000
功率/kW	7.5	7.5	11
液压系统额定工作压力/MPa	≤15.7	≤15.7	≤15.7
最大提升力/N	4 077	4 077	4 077
推荐钢丝绳直径/mm	2.5	2.5	2.5
变速形式	齿轮变速加液压无级变速		
卷筒各挡最大转速	变速手柄位置 1 时，卷筒最大转速 91 r/min；变速手柄位置 2 时，卷筒最大转速 170 r/min		

技术指标 ＼ 型号	CJ6000（F）	CJ7000（F）	CJ9000（F）
外形尺寸	长（mm）×宽（mm）×高（mm）＝895×920×975 其中 CJ9000（F）高为 1 125 mm		
质量/kg	525	525	655

（2）吊运及安装。

① 吊运时应使用起重吊钩起吊，轻起轻放，不得碰撞其他部件。

② 测斜绞车应安装在平坦坚实的地面上，与钻井平台的距离以保持钢丝与水平面夹角（仰角）为 10°左右为最佳。当需要安装在钻井平台上时，必须使用滑轮以保持此角度。

（二）CJ 系列测斜绞车使用及注意事项

（1）CJ 系列测斜绞车使用前准备工作。

GBD011 CJ 系列测斜绞车使用及注意事项

　　① 检查各部螺栓、螺母是否拧紧。

　　② 检查油箱内液压油是否在油标线范围内。

　　③ 检查变速箱内润滑油是否在油标螺母之内。

　　④ 检查各个阀动作是否灵活。

⑤ 检查链条张紧是否合适，否则应予调整。

⑥ 检查计数绕向是否正确。

⑦ 检查三位四通阀手柄是否在空挡位置。

⑧ 检查刹车是否可靠。

⑨ 检查微调阀是否在最小位置。

⑩ 备好连接测斜绞车的测量工具。

（2）CJ 系列测斜绞车的起步运转。

① 检查完毕接通电源启动电机试运转，观察油泵转向是否正确，否则换相连接。

② 启动电机，使用电动机带动齿轮泵，空转 2～5 min。

③ 把变速箱的手柄扳到所需挡位，再把三位四通阀扳到正向或反向，然后调节微调阀，使滚筒转动，由慢到快。

④ 推荐各挡位下的使用工作压力，另外为保证钢丝绳的使用安全，绞车的最大液压工作压力由溢流阀控制，压力为 15.7 MPa。

⑤ 运转过程中经常倾听有无异常声音，一旦发现应立即停车检查。

（3）CJ 系列测斜绞车的停车换向。

① 绞车如要停车可把三位四通阀扳到停车位，如遇特殊情况也可扳刹车手柄制动。

② 滚筒换向运转：通过改变液压马达转向来实现，将微调阀关闭，至液压马达转速为零时，把三位四通阀扳到反向。

（4）CJ 系列测斜绞车的变速。

① 机械变速。必须把三位四通阀手柄扳到空挡位置，然后扳动变速箱手柄，依次到 1，2 位置，实现变速。在运转中不得用机械变速。

② 在机械变速的各挡位上，采用调节微调阀的开度大小实现液压无级变速。

（5）CJ 系列测斜绞车使用中注意事项。

① 绞车使用中注意压力表的示值,不要超过各挡位下推荐的最大使用工作压力,以免拉断钢丝绳(一挡压力小于等于 9.0 MPa、二挡压力小于等于 15.7 MPa)。

② 注意油箱和变速箱内的油量。

③ 切忌在液压马达转动时扳动变速箱的手柄,以免损坏变速箱。

④ 切忌在液压马达转动时直接用三位四通阀换向,应先将微调阀关闭,使液压马达转速为零时,再用三位四通阀换向,以免损坏液压马达。

⑤ 正常使用中,不要轻易用刹车手柄。

⑥ 溢流阀部件的溢流压力调整好后,使用中不允许随意调整。

⑦ 计数器压轮的松紧要适度。

⑧ 工作中活动钻具必须缓慢平稳。

(三) CJ 系列测斜绞车的检查保养

测斜绞车的检查保养是保证测斜绞车正常运转和延长使用寿命的主要措施,必须认真执行。

(1) CJ 系列测斜绞车的日常检查保养。

① 检查各连接部件和各管接头有无漏油现象,如有查出原因及时消除。

② 检查各部螺栓、螺母、螺钉是否松动,如有及时消除。

③ 注意压力表、计数器工作是否正常,如不正常应及时维修或更换。

④ 向链条松边内外链板间隙中和双排链子联轴节处注油。

GBD012 CJ 系列测斜绞车检查保养要求

⑤ 液压元件应尽量保持清洁,以便于检查和发现故障,液压元件应尽量减少拆卸。检修时应保持环境和零件清洁。

⑥ 液压系统有空气时可能产生回弹、噪声、动作不灵等现象。此时可使机体重复运动多次排除空气,如仍不能排除,可拧下油管接头,排除空气。

⑦ 液压系统温度不得超过 90 ℃,变速箱和卷筒支撑等轴承处不得超过 60 ℃,如有过热现象,应检查系统是否堵塞,溢流阀是否失灵,各部轴承和齿轮有无异常磨损。

⑧ 刹车手柄应灵活好用,发现有明显损伤时应及时更换。

⑨ 时刻注意钢丝绳或钢丝情况,发现有断股或严重刻痕现象时应及时更换,以免发生拉断事故。

(2) CJ 系列测斜绞车的一级保养。

测斜绞车运行 50～100 h 后,除进行每日保养外,还应进行一级保养。

① 使用清洁的柴油或汽油清洗油箱、变速箱滤清器。

② 检查张紧轮的螺母是否松动,如有松动应先调整链条再拧紧螺母。

③ 检查液压油变速箱润滑油,如有严重污染应放出,用清洁的柴油或汽油清洗后,按规定换上新油。

④ 向各黄油嘴加黄油。

⑤ 向自动排线机构丝杠上涂润滑油。

(3) CJ 系列测斜绞车的二级保养。

运转 500～1 000 h 后,应进行下列保养:

① 用清洁的煤油或者汽油清洗油箱及液压管道。

② 检查各液压元件的内漏是否太大,如发现太大应及时维修。

③ 检查链条及链轮的磨损情况，如严重应更换。

④ 检查变速箱各齿轮磨损情况，如异常磨损应更换。

⑤ 注意双排链子联轴节，如异常磨损应更换。

⑥ 检查自动排线机构导销及丝杠的磨损情况，如有严重磨损应更换。

四、顶部驱动钻井系统

（一）顶部驱动钻井系统的特点

（1）节省接单根时间。

GBD013 顶驱钻井系统的特点

顶部驱动钻井装置不使用方钻杆，而是利用立根钻进，不受方钻杆长度的约束，避免了钻进 9 m 左右接一单根。这种使用立根钻进的能力大大节省了接单根时间。在定向钻井中由于采用立柱钻进，减少了每次接单根后重新调整工具面角的时间。顶部驱动装置的马达为无级调速，可达到与井底导向马达、MWD（随钻测量）、高效能钻头的最佳配合，以提高机械钻速，准确控制井眼轨迹。

（2）倒划眼防止卡钻。

由于该装置具有可以使用 28 m 立根倒划眼的能力，所以可在不增加起钻时间的前提下，顺利循环和旋转将钻具提出井眼，钻杆上的卸扣装置可以在井架中间卸扣，使整个立柱排放在井架上。在定向钻井中，它所具有的倒划眼起钻能力可以大幅度减少起钻总时间。

（3）下钻划眼。

该装置具有不接方钻杆钻过砂桥和缩径的能力。下钻中接水龙头和方钻杆划眼需要时间做准备工作，而钻井人员往往忽视时间的重要性导致卡钻事故的发生。使用顶驱装置下钻时，可在数秒内接好钻柱，然后立即划眼，减少了卡钻的风险。

（4）节省定向钻进时间。

该装置可以通过 28 m 立根循环，相应减少井下动力钻具定向时间。

（5）人员安全。

钻井人员需要进行的一项工作是接单根。顶驱装置可以减少接单根次数，从而大大降低了事故发生率。

（6）井下安全。

在起下钻遇阻卡时，管子处理装置可以在任何位置相接，开泵循环，进行立柱划眼作业，大大减少了卡钻事故等复杂情况的发生。

（7）设备安全。

顶部驱动钻井装置采用马达旋转上扣，上扣平稳，并可从扭矩表上观察上扣扭矩，避免上扣过盈或不足。钻井最大扭矩的设定使钻井中出现整钻扭矩超过设定范围时马达会自动停止旋转，待调整钻井参数后再正常钻进，避免设备长时间超负荷运转。

（8）井控安全。

当在一个不稳定的油井里进行提升作业时，采用顶部驱动系统上扣连接和远距离循环遥控，立管排放器在数秒内即可实现水龙头中心管的输出端同钻柱在任一位置的快速对接。使钻柱防喷阀能够保持对钻柱内部压力的安全控制。

（9）便于维修。

钻井马达清晰可见，因此比单独驱动转盘的马达更易维修，熟练的现场人员约 12 h 就可将其组装、拆卸完成。

（10）使用常规水龙头部件。

顶部驱动装置动力水龙头的冲管总成与普通的水龙头配件通用。

（11）下套管。

可以采用常规方法下套管。在套管和主驱动轴之间加入一个转换接头，就可在套管中进行压力循环，套管可以旋转和循环入井，从而减小缩径井段的摩阻力。

（12）取芯。

连续取芯钻进 28 m，取芯中间不接单根，这样可以提高取芯收获率，减少起钻次数，污染少，质量高。

（13）使用灵活。

可以下入打捞工具、完井工具和其他设备，既可以正转又可以反转。

（14）节约钻井液。

在上部内防喷器球阀下面接有钻井液截流阀，起保留钻井液的作用。

（15）便于拆下。

顶部驱动装置很容易拆下，如果需要的话，不必将它从导轨上移下即可拆下其他设备，电、液、气管线不需要拆卸。

（16）内部防喷器功能。

该装置具有内部防喷器功能，起钻时如有井喷迹象，可由司钻遥控钻杆上的卸扣装置，迅速实现水龙头与钻杆柱的连接，循环钻井液压井，避免事故的发生。

（17）其他。

现在使用的是交流马达，没有电刷、刷状齿轮和整流子，因此降低了保养费用。

采用顶部驱动钻井系统的最大优点在水平井钻井中体现出来。钻杆进入水平段越深，所受的摩阻力越大，在这种情况下，采用顶部驱动钻井系统进行立根操作的优点变得更加明显，主要表现在能使钻杆尽可能光滑和快速地通过这些横向截面。

（二）顶部驱动的主要优越性

顶部驱动钻井装置简称顶驱，它是在钻柱的上端，具有直接驱动钻柱进行旋转钻进、循环钻井液、上卸扣、IBOP（内防喷器）控制等多种功能的设备，是集机、电、液技术一体化且结构较为复杂的钻井设备。顶驱的优越性主要体现在以下几个方面：

（1）及时旋转钻柱和循环钻井液。采用顶驱装置钻井，在起下钻遇到阻卡时可以在任意位置使顶驱装置与钻柱连接，开泵循环钻井液，进行划眼或倒划眼，从而降低了起下钻的事故率。

（2）采用立柱钻进。与转盘钻井使用方钻杆钻进相比，顶驱采用立柱钻进减少了接单根及停泵的次数，节省接单根时间 50%～70%，作业效率高。在取芯作业过程中，可以一次钻进 24～27 m，中间不需要接单根，不但减少了作业时间，而且由于连续作业保证了长筒取芯的质量。

> GBE006 顶驱装置的优越性

（3）具有内防喷器功能。顶驱装置一般装有内防喷器，在钻进中遇井涌的情况时，可以随时停泵，并遥控关闭内防喷器，避免事故的发生。在起下钻中遇到井涌等情况时，可以在任何位置连接顶驱装置与钻杆，遥控关闭内防喷器和井口防喷装置控制井涌，并可以循环钻井液压井，减少井喷事故的发生，缩短井涌的处理时间。

（4）操作机械化程度提高。顶驱装置具有管子处理功能，通过其自身的管子处理装置可方便地实现抓放钻杆、上卸扣和下套管等操作。并可在任何时候、任意位置完成上卸扣作业，一般只需要工人在二层平台处开扣吊卡或钻台面提放卡瓦，大大改善了工人的操作条件，提高了机械化程度。

（5）安全性提高。顶驱装置的使用降低了事故的发生率及工人的劳动强度，降低了钻台人工操作的危险程度，保证了人员安全；能够及时处理井涌、遇阻、遇卡等情况，提高了井下安全性；控制上卸扣扭矩，运行平稳，提高了设备安全性。

顶驱装置的使用实现了钻井自动化进程的阶段性跨越。从世界钻井机械的发展趋势看，为适应钻井自动化的进一步需要，顶驱钻井装置将成为 21 世纪世界钻井机械发展的主要方向之一。

（三）国内顶部驱动装置发展现状

我国从 20 世纪 80 年代末开始跟踪顶部驱动装置世界先进技术，1993 年列入中国石油天然气总公司重点科研计划，由石油勘探开发科学研究院、北京石油机械研究所、宝鸡石油机械厂及大港石油管理局等单位联合承担试制开发任务。1997 年 4 月，样机安装在塔里木 60501 钻井队钻机上进行工业试验。DQ-60D 型顶驱装置的成功研制标志着我国成为世界上第五个可以制造顶驱装置的国家。

GBE007 国内
顶驱装置发展
现状

北石顶驱自 2004 年 3 月推出国内首台交流变频顶驱装置 DQ70BS，并在新疆霍001 井成功使用后，又相继研制出 DQ40BS，DQ90BSC，DQ70BSD，DQ50BC，DQ40Y，DQ120BSC，DQ90BSD，DQ40Q，DQ70BSE，DQ30Y 等系列顶驱装置，已在数十个国家和地区成功应用。

（1）北石顶驱的技术特点。

① 对于双电机驱动方式而言，采用先进成熟的交流变频驱动技术，具有转矩和速度控制精准等优点，驱动方式方便灵活，整流器与逆变器采用一对一驱动（H 型），在司钻操作台上可以直接选择电动机运行模式，切换简单，不需要修改用户程序或者系统参数。

② 采用光纤通信和 ProfiBus 电缆通信，安全互锁，抗电磁干扰能力强。电气系统采用工控计算机，用户界面友好，中英文界面可切换，可以浏览全部控制信息和操作历史、报警记录，随时掌握系统运行情况，便于故障诊断。

③ 采用先进的 PLC 对系统进行全面智能控制，具有数据采集和控制、安全互锁、监控、自动诊断、保护、报警等多项功能，可以实现对顶驱装置安全操作的全部控制。

④ 采用双负荷通道的提升系统，即正常钻井时的负荷通过主轴直接传递到减速箱内的主轴承上，而起下钻或下套管时吊环的提升负荷则通过特殊设计，作用在旋转头内部的止推轴承上，不通过主轴，因此能够有效延长主轴承的使用寿命。

⑤ 采用的工作模式是单独液压站模式，即液压源独立于本体，单独放置在地面上，利用安装在井架上的液压管线与本体相连。这种布局合理安全，在恶劣的工作条件下，尤其是跳钻、震击时不会对管线、接头和阀件等造成威胁。另外出现故障时，可以不终止顶驱装置的运转来对其进行维修。液压源采用 2 台电动机分别驱动 2 台变量泵，一组工作，一组备用；配有蓄能器，可以迅速提供动力，处理紧急情况；装有温度计和液位传感器，通过电控系统实时掌握油温和油位的情况等，整体上提高了液压系统的可靠性。

⑥ 采用分项故障报警指示技术。顶驱装置运行过程中出现故障报警时，司钻人员很难

判断出具体的故障报警内容,故而不能及时做出正确的反应,影响钻井作业。通过分项故障报警技术,操作人员可以明确一些常见的故障报警,并进行相应的操作,提高了钻井作业的安全性。

⑦ 采用上部阀组加热与循环技术。在一些严寒地区使用顶驱装置时,如长时间无液压动作,阀组部位容易因低温而卡死,造成液压不灵敏,甚至失效。通过上部阀组加热与循环技术,由循环产生的热量为阀组加热,大大降低了这种情况发生的概率。

⑧ 具有多项功能动作,如平衡主体重量、上卸扣、吊环前倾和后倾、吊环中位、旋转头360°旋转、遥控开关内防喷器、制动或松开主电机、利用侧挂式背钳安装及拆卸保护接头和内防喷器等。

(2) 北石顶驱装置型号的表示方法,如图 1-2-5 所示。

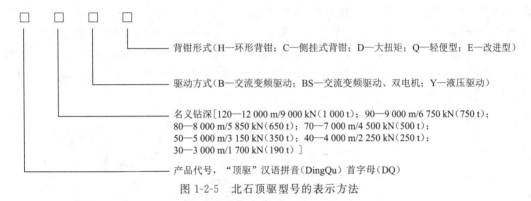

背钳形式(H—环形背钳;C—侧挂式背钳;D—大扭矩;Q—轻便型;E—改进型)

驱动方式(B—交流变频驱动;BS—交流变频驱动、双电机;Y—液压驱动)

名义钻深[120—12 000 m/9 000 kN(1 000 t);90—9 000 m/6 750 kN(750 t);
80—8 000 m/5 850 kN(650 t);70—7 000 m/4 500 kN(500 t);
50—5 000 m/3 150 kN(350 t);40—4 000 m/2 250 kN(250 t);
30—3 000 m/1 700 kN(190 t)]

产品代号,"顶驱"汉语拼音(DingQu)首字母(DQ)

图 1-2-5　北石顶驱型号的表示方法

(四) 顶驱装置的主体结构

顶驱装置的主体是由动力水龙头、管子处理装置、钻井液循环通道、辅助装置、导轨和滑车等组成的。

(1) 动力水龙头。

动力水龙头部分由主电机、电机上端的风机与刹车装置、平衡装置、提环、冲管总成、减速箱及其他零部件等组成。动力水龙头的主要功能是使主电机驱动主轴旋转钻进,为上卸扣提供动力源,同时循环钻井液,保证钻井工作的正常进行。其结构如图 1-2-6 所示。

GBE008 顶驱装置主要设备的组成

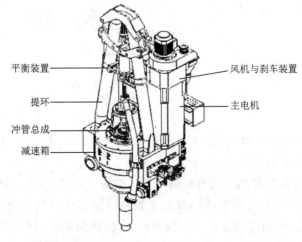

平衡装置
提环
冲管总成
减速箱
风机与刹车装置
主电机

图 1-2-6　动力水龙头

① 主电机。

2 台主电机并排安装在齿轮箱上,电机为双出轴,下出轴连接主传动齿轮,上出轴连接刹车装置。每台主电机可以提供 400 hp(1 hp=0.745 771 8 kW)的连续功率,在 39 Hz 频率下的额定转速为 1 150 r/min,通过变频调速系统无级调速。电机额定输出扭矩的限定值由电流来限定,输出扭矩与电流之间的关系为正比例关系。

② 风机与刹车装置。

风机位于刹车装置上方,由功率为 5.5 kW 的防爆异步交流电动机驱动。当风机启动后将风从刹车装置外壳处的吸风口吸入,通过风道经电机内部由下部的出风口排出。这种结构简单、坚固耐用的设计保证了通风的可靠性。

2 台主电机上部的轴伸端装有液压操作的盘式刹车,通过液压油缸控制刹车片来实现制动功能,制动能量与液压系统施加的压力成正比,刹车片的磨损量是通过增加液压缸的行程来补偿的。每个刹车片带有 2 个自动复位的弹簧,可以使刹车摩擦片在松开时自动复位。刹车装置在顶驱装置运行过程中主要有承受井底钻具的反扭矩、遇阻时如电机扭矩等于反扭矩钻具将反弹(此时需要制动主轴以防止钻具倒转脱扣)和电机飞车时起制动作用 3 个功能。其结构如图 1-2-7 所示。

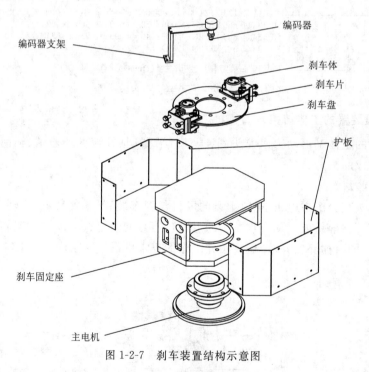

图 1-2-7 刹车装置结构示意图

③ 减速箱。

减速箱采用二级齿轮传动,传动比约为 10.97∶1,2 对齿轮均为斜齿轮,传递扭矩大,噪声小。所有轴承均采用 SKF 轴承,抗震动、耐冲击能力强。

减速箱的润滑系统采用齿轮泵强制润滑。润滑泵由 ABB 公司生产的 1.1 kW 电机驱动,电机启动后将泵输出的润滑油经双过滤器和冷却器喷洒到各个润滑点上,经主轴承回到箱体油池。DQ70BS-JH 顶驱采用强制润滑方式,使轴承及齿轮都能够充分接触到油液,保证了润滑的可靠性。并且在润滑管路中安装有压力检测器和温度传感器,对润滑系统的压力和油温进行检测并适时报警。

④ 冲管总成。

冲管总成安装在主轴和鹅颈管之间,主轴旋转时带动冲管密封装置中的 4 道密封圈旋转,所以应定期检查冲管总成,并对其进行保养,以延长其使用寿命。本顶驱装置采用的冲管与常规水龙头所使用的一致,通用性强,便于维护。

⑤ 鹅颈管。

鹅颈管安装在冲管支架上,下端与冲管相连,上端密封,是钻井液循环的输送通道,打开后可以进行打捞和测井等工作。鹅颈管前端与水龙带相连,是钻井液的入口。

⑥ 提环平衡系统。

提环是顶驱装置的重要承载零件。提环通过提环销轴与减速箱相连,上部吊装在游车大钩上。平衡油缸固定在提环上,主要作用在于平衡本体重量。景宏顶驱装置采用单液压缸平衡方式,解决了双油缸平衡时活塞杆受力不均的问题,使系统在运行过程中更加安全可靠。提环既可以与游车连接使用又可以与大钩连接使用,充分满足井场实际使用需求。

(2)管子处理装置。

管子处理装置是顶部驱动装置的重要组成部分,由倾斜机构、背钳总成、螺纹防松装置、IBOP 机构、回转头及其他零部件组成。该装置可以在很大限度上提高钻井作业的自动化程度。

① 回转头。

回转头安装在与减速箱连接的固定轴上,独立于主轴运动。回转头的转动是靠液压马达驱动的,可以做顺、逆时针 2 个方向的运动,旋转后带动吊环实现 360°转动,可以方便地到鼠洞抓放钻杆;在顶驱本体上移至二层操作台时可以对准钻杆排放架抓放钻柱。通常设定回转头的转速为 2～11 r/min(出厂设定为 3 r/min),可根据用户需求进行调节。

② 内防喷器。

内防喷器的作用是当井内压力高于钻柱内压力时,可以通过关闭内防喷器切断钻柱内部通道,从而防止井涌或者井喷的发生。内防喷器安装在保护接头与主轴之间,它由上部的遥控内防喷器和下部手动内防喷器组成(手动内防喷器和遥控内防喷器设计结构相同)。上部的遥控内防喷器与动力水龙头的主轴相接,下部的手动内防喷器与保护接头连接,钻井时保护接头与钻杆相接。内防喷器的内、外螺纹均为 6⅝ in REG。

遥控内防喷器靠液压油缸操作换向,带动开关套上的齿条上下移动,与齿条配合的齿轮也同时转动带动内防喷器的球阀做 90°旋转,使内防喷器打开或关闭。本顶驱装置采用齿轮、齿条传动来实现内防喷器的关闭,具有结构简单、传动精确、传动可靠性高等优点。

③ 侧挂对夹式背钳。

背钳的作用主要是在起下钻过程中为上卸扣服务。景宏顶驱装置的对夹式背钳在上卸扣时首先不需要对回转头锁紧,直接在司钻操作台上一次性操作就可以实现上卸扣,并且夹持可靠,更换钳牙方便,油道内部沟通,外部无管线,避免了管线刮碰,提高了工作的可靠性。

④ 钻柱防松机构。

为防止顶驱卸扣时主轴与 IBOP 接头及保护接头之间的螺纹松开,特在这些接头之间安装了防松装置。

（五）顶驱电气传动与控制系统的工作原理

DQ70BSC 顶驱的主驱动是由交流变频传动与控制的,其主要由整流柜、逆变柜、PLC/MCC 控制柜、操作控制台、电缆、辅助控制电缆等几大部分组成。

整流器与逆变器驱动 2 台 400 hp 交流变频电机通过齿轮传动驱动主轴旋转,从而进行钻进和上卸扣作业。因此可选择单电机工作或双电机工作。PLC 对整个系统进行逻辑控制,并监测各部分动作、故障诊断报警及程序互锁防止误操作。PLC 与驱动之间通过 ProfiBUS 现场总线控制,可靠性高;本体子站的控制采用控制电缆传输,信号传输速度快,抗干扰能力强。PLC 具有自诊断功能,配合 WINCC 监控软件系统可快速查找故障,并实时反映顶驱运行状态和数据,采样周期短;可实现报警和数据归档功能,自动生成工作曲线,并可查找历史数据。整套电控系统操控灵活,并具有很强的联锁保护功能,防止各种误操作,如操作模式切换、正常钻井中刹车、背钳动作等。为了提高系统的可靠性,增加了手动信号回路。

顶驱电气系统由驱动系统和控制系统 2 部分组成。电控房内的驱动系统包括整流器部分及逆变器部分,PLC/MCC 系统包括各功能单元的直流和交流配电系统。

PLC 与各控制站和驱动系统通过 ProfiBUS 总线相连,PLC 与本体箱通过多芯电缆相连,与其他子站通过屏蔽双绞线相连。系统主控 PLC 为西门子 S7-300 系列可编程控制器;CPU 为 315-2DP 型,司钻台子站使用的为 ET200M。

电控房外的控制站包括本体子站、液压控制站和司钻操作台。

（1）本体子站。本体子站安装在顶驱滑车上,其功能是读取电机温度信号、减速器信号和控制液压阀等,以便系统监控。

（2）液压控制站。该控制站控制 2 台液压泵（一用一备）和液压油循环泵;2 台液压泵和循环泵可以就地启动,也可以通过 PLC 自动控制启动。

（3）司钻台。司钻台具有钻井所需的所有操作功能,其可设置顶驱速度、转矩、操作模式和钻井的各种辅助操作。司钻台为正压防爆型 EXpnia Ⅱ T4,它只能在保护气体压力正常时上电。司钻台面板（见图 1-2-8）上各按钮和指示灯的说明见表 1-2-2。

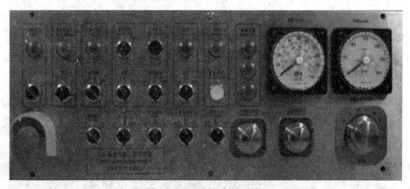

图 1-2-8　司钻台的面板

DQ70BSC 顶部驱动钻井装置的液压系统包括提环平衡系统、对主电机或主轴制动的刹车系统、管子处理装置的回转头回转系统、吊环倾斜系统、内防喷器控制系统、背钳系统等。各动作由 PLC 控制操作。

> GBD014 顶部驱动控制系统的工作原理

表 1-2-2 司钻台面板上各按钮和指示灯说明

标号	名　称	类　型	功　能
1	"液压源运行"指示灯	绿色指示灯	通信正常状态下,液压泵运行时灯亮。压力低于设定压力时闪烁。通信中断或液压泵停止时,该灯不亮
2	"回转头锁紧"指示灯	红色指示灯	进行回转头锁紧操作时,指示灯闪烁(2 Hz);传感器检测到锁紧销插好的信号,该指示灯亮
3	"内防喷器"指示灯	红色指示灯	指示灯亮表示 IBOP 处于关闭状态;指示灯灭表示 IBOP 处于打开状态。开关在关闭位置,如果此时没有钻井泵运行信号,指示灯闪烁
4	"刹车"指示灯	红色指示灯	指示灯亮时表明 PLC 发出电机刹车指令
5	"就绪"指示灯	绿色指示灯	闪烁表示司钻台控制电源接通但整流系统未就绪。常亮表示系统总启且一切就绪
6	"故障/报警"指示灯	红色指示灯	通过亮、灭、闪烁 3 种状态组合,分类显示故障或报警信息
7	"扭矩"表	计量表	以 kN·m 和 klb·ft 为单位显示主轴输出的实际转矩值
8	"转速"表	计量表	以 r/min 为单位显示主轴输出的实际转速值
9	"液压源"开关	3 位开关	通信正常状态下,液压站"液压泵启停"位于"自动"位置时,此时根据液压源压力大小自动控制液压泵启停。扳到"运行"位置,启动液压泵。扳到"停止"位置,液压泵停止运行
10	"急停"按钮	蘑菇状按钮	按下此按钮,将停止驱动装置,延时后断开主空开
11	"锁紧销"开关	2 位开关	扳到"锁紧"位置,锁紧回转头。扳到"松开"位置,松开回转头。须通过"回转头锁紧"指示灯观察动作执行情况。回转头锁紧后,吊环回转操作无效
12	"吊环回转"开关	3 位开关自复位	弹簧复位旋钮,自动回中位。控制回转头正、反转
13	"背钳"开关	2 位开关右位自复位	扭矩控制方式下扳到"卡紧"位置,背钳夹紧,松开后回中位
14	"辅助操作"开关	2 位开关	扳到"开"位置,辅助操作台操作有效,此时司钻台相同操作无效;扳到"关"位置,辅助操作台操作无效
15	"吊环中位"按钮	黑色按钮	按下此按钮,吊环处于并保持浮动状态
16	"吊环倾斜"按钮	3 位开关自复位	弹簧复位旋钮,自动回中位。控制倾斜油缸推动吊环,带动吊卡前后移动
17	"风机"开关	3 位开关	控制主电机冷却风机启停。扳到"自动"位置,由 PLC 根据系统运行状态控制主电机冷却风机启停。扳到"开"位置,启动冷却风机。扳到"关"位置,冷却风机停止运行
18	"IBOP"开关	2 位开关	与钻井泵运行信号配合。扳到"开"位置,打开 IBOP 球阀。扳到"关"位置,关闭 IBOP 球阀
19	"电机选择"开关	3 位开关	选择驱动的主电机。扳到"A"位置,A 电机单独工作。扳到"B"位置,B 电机单独工作。扳到"A+B"位置,A,B 电机同时工作
20	"刹车"开关	3 位开关	扳到"制动"位置,刹车工作。扳到"松开"位置,刹车松开。扳到"自动"位置,刹车按系统程序工作

标号	名　称	类型	功　能
21	"操作选择"开关	3位开关 右位自复位	选择顶驱装置操作模式。初始位置为"钻井"
22	"复位/静音"按钮	黑色按钮	当扬声器鸣声时，按一下此按钮将使扬声器静音。故障或报警消失后，再按一下此按钮将使故障或报警复位。一直按住此按钮，超过3 s，所有指示灯亮
23	"旋转方向"开关	3位开关	选择顶驱装置转向。初始位置为"停止"
24	"上扣扭矩限定"手轮	电位器	设定上扣允许的最大扭矩值。顺时针旋转手轮，将提高限定扭矩。在双电机模式下，手轮满量程对应扭矩值为 50 kN·m。系统单电机运行时，上扣扭矩最大限定到 25 kN·m，当设定手轮值超过 25 kN·m时，装置仍按 25 kN·m 的扭矩值输出
25	"钻井扭矩限定"手轮	电位器	钻井作业中设定钻具允许的最大扭矩值。顺时针旋转手轮，将提高限定扭矩。在双电机模式下，手轮满量程对应扭矩值为 50 kN·m。系统单电机运行时，钻井扭矩最大限定到 25 kN·m。当手轮设定值超过 25 kN·m时，装置仍按 25 kN·m 的扭矩值输出
26	"转速设定"手轮	电位器	正常钻井操作时，设定钻具转速值。顺时针旋转手轮，将提高设定转速，到手轮满量程时，根据转速范围不同，设定转速为 110 r/min 或 220 r/min。转速范围通过上位监控系统设定

液压系统由液压源（地面泵站）、液压阀组、执行机构（平衡油缸、刹车油缸、IBOP 控制油缸、回转头马达等）、液压管线（地面管线、井架管线等）及附件等组成。

（1）液压源。

液压源的作用是为顶驱液压机构的操作提供液压动力，包括油箱、油泵、电机、阀块、电气控制等元器件。液压源采用冗余设计，即 2 台电机分别驱动 2 台液压泵。正常工作时只需启动一台泵即可，另一台作为备用。液压源配置有异地控制系统，既可以在泵站上启停 A，B 两泵组，也可在司钻操作台上进行同样的操作。液压泵的工作压力调定在 16 MPa，靠泵自身的调压阀来调定，另外系统设有一只溢流阀做安全阀用，通常设定为 19 MPa。

液压源的液压泵为压力补偿型，即当系统压力低于设定压力 16 MPa 时，泵将给出全流量；当系统压力达到设定值时，泵将以近似零流量工作，只输出极少供内泄漏所需的油液。

液压源设有独立的风冷装置，对液压油进行冷却，有自动挡和手动挡 2 种选择。该装置配有温控器，自动挡位置，油温超过上限设定值时风冷电机自动启动，油温低于下限设定值时停止。整个液压源的电路系统均为隔爆设计，电器控制箱、电机、液位控制、温度报警系统发讯装置均采用隔爆元件（过滤器为机械式发讯装置）。配置有侧过滤系统使液压源具有自洁功能，侧向油液经过一个精度较高的过滤器，以去除对系统及元件危害很大的杂质。

（2）控制阀组。

控制阀组安装在两主电机之间，由主控制阀组及平衡机构阀组和蓄能器块等组成。

主控制阀组为叠加式集成阀组，由防爆电磁阀、减压阀、双向平衡阀、液控单向阀、调速阀、双向溢流阀、双向单向节流阀、叠加式节流阀、溢流阀、单向阀等组成。

（3）管路系统。

液压管线用于连接液压源和阀组，共三路油管，即高压输出、低压回油及泄漏油路。回油经 10 μm 过滤精度的回油过滤器以后再进入油箱,泄漏油则直接回油箱,即没有背压存在。

液压管线包括地面液压管线和井架液压管线。各阀组之间及与油缸、马达等执行元件之间采用软管连接,便于安装和拆卸。

(六) 顶驱启动前的检查

作业人员应当接受钻井操作和钻井安全知识的培训,操作时穿戴适当的防护用品。如顶驱初次安装、井位变换或长期停机,应参考顶驱安装调试手册进行设备调试。

正常开机前必须检查如下项目:

(1) 查看设备运转记录,了解前一个班作业过程中设备有无异常现象。

(2) 检查减速箱油箱液位,液位不可过高或者过低,液位低时参考维修保养手册进行加油。

(3) 检查液压系统油箱液位及过滤器。

(4) 对每日应加润滑油(脂)的润滑点进行加油。

(5) 检查液压油有无泄漏。

(6) 检查液压软管情况。

(7) 检查鹅颈管及接头有无损坏。

(8) 目测顶驱悬挂电缆有无缠绕,电缆接头有无松动。

(9) 检查安全锁线及安全销是否缺损。

(10) 检查背钳钳头锁止销及螺栓。

(11) 检查背钳钳牙的磨损状况。

(12) 检查主轴防松装置上的螺栓有无松动。

(13) 检查除顶驱外的其他设备是否正常。

(七) 启停顶驱电气系统

启动电气系统前,应当确认机械部分和液压系统已经准备就绪,仔细检查电气系统。

检查项目包括:检查确认机械和液压系统准备就绪;检查电气系统控制柜和司钻操作台的操作元件和仪表,使其处于初始状态;按下"复位/静音"按钮 3 s,测试司钻操作台所有指示灯。将 PLC/MCC 柜面板上的"系统总启"开关扳到"开"位置,驱动系统进入就绪状态,"总启准备好"指示灯闪烁,整流器开始运行。延时后对应的整流柜主空开闭合,600 V 主电源通入整流器,司钻台给出使能信号后,逆变器启动,顶驱装置进入就绪状态。系统就绪之后,"总启准备好"指示灯和司钻操作台"就绪"指示灯常亮。来自司钻台的启动信号将使逆变器启动。

停止电气系统程序如下:将司钻操作台钻井"转速设定"手轮回零位,"旋转方向"开关扳到"停止"位,司钻台启动信号去掉后,逆变器停止工作,顶驱装置停止运行;将"系统总启"开关扳到"停止"位置,系统给整流器停止信号,然后延时断开主空开,系统停机。

(八) 顶驱司钻操作台操作

(1) 钻井模式。

开始进行钻井操作之前,应当正确启动系统,并使系统处于表 1-2-3 中的状态。

执行如下步骤:

① 确认液压泵运行正常。通信正常时,司钻操作台"液压泵运行"指示灯常亮。

② 通过上位监控系统,选定转速范围。

表 1-2-3 钻井模式状态

位 置	按钮或开关	状 态
司钻操作台	"刹车"	"自动"
司钻操作台	"液压源"	"运行"
司钻操作台	"回转头锁紧"	"松开"
司钻操作台	"吊环回转"	中间位置
司钻操作台	"吊环倾斜"	中间位置
司钻操作台	"IBOP"	"开"
司钻操作台	"辅助操作"	"关"
司钻操作台	"风机"	"开"或"自动"
司钻操作台	"操作选择"	"钻井"
司钻操作台	"旋转方向"	"停止"
司钻操作台	"上扣扭矩限定"	零位
司钻操作台	"钻井扭矩限定"	零位
司钻操作台	"转速设定"	零位
司钻操作台	"背钳"	中间位置
液压源柜门	"电源"	"ON"
液压源柜门	"液压泵"	"自动"
液压源柜门	"冷却风机"	"自动"

③ 操作"电机选择"开关到"A""A＋B"或"B"位，根据需要选择主电机。

④ "钻井扭矩限定"手轮缓慢离开零位，设定为需要的扭矩。

⑤ 将"旋转方向"开关扳到"正向"位置。

⑥ "转速设定"手轮缓慢离开零位，主电机按手轮给定转速正向旋转。

（2）上卸扣操作。

开始上卸扣操作前，应当正确启动系统，并使系统处于表 1-2-4 中的状态。

表 1-2-4 钻井模式状态

位 置	按钮或开关	状 态
司钻操作台	"电机选择"	"A＋B"
司钻操作台	"刹车"	"自动"
司钻操作台	"液压源"	"运行"
司钻操作台	"回转头锁紧"	"松开"
司钻操作台	"吊环回转"	中间位置
司钻操作台	"吊环倾斜"	中间位置
司钻操作台	"IBOP"	"开"
司钻操作台	"辅助操作"	"关"

续表 1-2-4

位　　置	按钮或开关	状　　态
司钻操作台	"风机"	"开"或"自动"
司钻操作台	"操作选择"	"钻井"
司钻操作台	"旋转方向"	"停止"
司钻操作台	"上扣扭矩限定"	零位
司钻操作台	"钻井扭矩限定"	零位
司钻操作台	"转速设定"	零位
司钻操作台	"背钳"	中间位置
液压源柜门	"电源"	"ON"
液压源柜门	"液压泵"	"自动"
液压源柜门	"冷却风机"	"自动"

① 立根上扣步骤。

a. 确认液压泵运行正常。通信正常时,司钻操作台"液压泵运行"指示灯常亮。

b. 旋转"上扣扭矩限定"手轮设定上扣扭矩值。

c. "旋转方向"开关扳到"正向"位置,"操作选择"开关扳到"旋扣"位置。此时系统切换到正向旋扣工作方式,系统以固定转速和固定转矩正向旋扣。

d. 当系统保持 15% 额定扭矩输出时,正转方向不动,"操作选择"开关扳到"扭矩"位置时系统将按照上扣扭矩限定值自动完成上扣工作。

② 单根上扣步骤。

a. 确认液压泵运行正常。通信正常时,司钻操作台"液压泵运行"指示灯常亮。

b. 旋转"上扣扭矩限定"手轮设定上扣扭矩值。

GBD015 顶驱
常用参数的设
定方法

c. 操作"回转头锁紧"开关到"锁紧"位置,进行锁紧操作,"回转头锁紧"指示灯亮则表示锁紧操作完成。在进行背钳操作之前,须完成锁紧操作。

d. "旋转方向"开关选择"正向"位置,"操作选择"开关选择"旋扣"模式。

此时系统切换到正向旋扣工作方式,系统以固定转速和固定转矩正向旋扣。

e. 旋扣结束后,确认回转头锁紧,然后左手将"背钳"开关打到"卡紧"位置,同时"操作选择"开关选择"扭矩"工作方式。此时,系统切换到上扣工作方式。延时后系统以手轮给定的上扣扭矩限定值上扣。

f. 观察扭矩表达到设定值后,左手松开背钳,右手将"操作选择"开关扳到"钻井"位置,上扣操作完成。

g. 将"回转头锁紧"开关扳到"松开"位置,让插销回到松开位置,"回转头锁紧"指示灯灭后表示松开过程完成。

③ 卸扣操作步骤。

a. 确认液压泵运行正常。通信正常时,司钻操作台"液压泵运行"指示灯常亮。

b. 操作"回转头锁紧"开关到"锁紧"位置,进行锁紧操作,"回转头锁紧"指示灯亮则表示锁紧操作完成。在进行背钳操作之前,须完成锁紧操作。

c. 将"旋转方向"开关扳到"反转"位置。

d. 将"背钳"开关打到"卡紧"位置，同时扳"操作选择"开关到"扭矩"位置。此时，背钳首先动作夹紧钻柱接头，延时后系统以不超过最大能力 75 kN·m 的转矩值反向旋转。当系统转速高于给定转速时，装置自动停车。左手松开背钳，右手离开"操作选择"开关，卸扣动作结束。

e. "操作选择"开关选择"旋扣"模式。此时系统切换到反向旋扣工作方式。系统以固定转速和固定转矩反向旋扣。

f. 当钻柱接头完全松开后，将"旋转方向"开关扳到"停止"位置，"操作选择"开关扳到"钻井"位置，系统停止运行。

g. 将"回转头锁紧"开关扳到"松开"位置，让插销回到松开位置，锁紧指示灯灭后表示松开过程完成。

（九）顶驱滑动系统的组成及保养

（1）滑动系统的组成。

滑动系统由导轨、滑车、扭矩梁等组成。

GBE010 顶驱滑动系统的组成

① 导轨由上、中、下共 7 段导轨及连接座，支座，提环等组成。导轨之间用销轴连接支座固定在天车梁的下部，通过提环、U 形环与导轨相连。导轨下段与连接座相连，固定在井架下部的横梁上。

② 滑车由小车主体、滑动轮组成，与顶驱主体相连，可在导轨上上下滑动。

③ 扭矩梁固定在井架下部的横梁上，与导轨相连，承载顶驱反扭矩。

（2）滑动系统的工作原理。

GBE009 顶驱滑动系统的工作原理

导轨的主要作用是承受顶驱工作时的反扭矩。与顶驱的减速箱连接的滑动小车穿入导轨中，随顶驱上下滑动，将扭矩传递到导轨上。导轨最上端与井架的天车底梁连接，导轨下端与井架的反扭矩梁连接，使顶驱的扭矩直接传递到井架下端。

反扭矩梁在安装单导轨时，需要用反扭矩梁将导轨与井架相连，从而将导轨承受的钻井扭矩传递到井架上，同时允许导轨与反扭矩梁之间有相对的滑动。需要说明的是景宏研制的折叠式导轨板安装快捷方便，降低了安装的风险和费用。

（3）滑动系统的维护保养。

总体保养项目及内容见表 1-2-5。

表 1-2-5　总体保养项目及内容

序号	项　目	检查内容	采取的措施
1	顶驱电机总成	螺栓、安全锁线、开口销等	按需要修理或更换
2	管子处理装置	螺栓、安全锁线、开口销等	按需要修理或更换
3	内防喷器	操作确认	按需要修理或更换
4	冲管总成	磨损及泄漏	按需要修理或更换
5	滑车和导轨	导轨销轴、锁销等	按需要更换
6	液压系统和液压油	液位、压力、温度、清洁度等	按需要添加或更换
7	液压管线	液压系统管路泄漏情况	按需要修理或更换
		液压管缆的表面状况	
		胶管接头有无起泡	

续表 1-2-5

序号	项　目	检查内容	采取的措施
8	齿轮箱和齿轮油	液位、温度、清洁度等，空气滤清器是否损坏	按需要添加或更换
9	电　缆	损坏、磨损和断裂点	按需要修理或更换
10	电缆接头	破损、松动情况	按需要修理或更换
11	夹紧装置	位置、锁紧情况	按需要调整
12	油缸各连接处	松动情况	按需要调整

① 每日维护保养项目见表 1-2-6。

表 1-2-6　每日保养项目

序号	项　目	润滑点	润滑介质
1	冲管总成	1	润滑脂
2	内防喷器驱动装置滚轮	2	润滑脂
3	背钳扶正环	2	润滑脂

注:如无专门指定,在标注的地方注润滑脂 2 冲。

② 每日检查项目。每日检查顶驱全部紧固件。

③ 每周维护保养项目见表 1-2-7。

表 1-2-7　每周保养项目

序号	项　目	润滑点	润滑介质
1	提环销	2	润滑脂
2	回转头	2	润滑脂
3	滑车总成	18	润滑脂
4	平衡系统油缸销	2	润滑脂
5	倾斜机构油缸销	4	润滑脂

注:如无专门指定,在标注的地方注润滑脂 2 冲。

④ 每周检查项目见表 1-2-8。

表 1-2-8　每周检查项目

序号	项　目	检查内容	采取的措施
1	喇叭口和扶正套	损坏和磨损情况	按需要更换
2	防松装置	螺栓扭矩、防松等情况	按需要调整
3	内防喷器	扳动力矩、密封情况	按需要修理或更换
4	内防喷器驱动装置滚轮	磨损情况	按需要修理或更换
5	滑车、导轨和支撑臂	连接件、锁销、焊缝等	按需要更换或修理
6	滑车滚轮	磨损情况	按需要更换
7	主电机出风口	百叶窗与防护网破损情况	按需要修理或更换

序号	项 目	检查内容	采取的措施
8	风机总成	螺栓的松动或丢失，风压，进风口散热器、刹车清洁情况	按需要调整、更换或清洁
9	电机电缆	破损情况	按需要修理或更换
10	刹车片	磨损情况	按需要更换

⑤ 每月维修保养项目见表 1-2-9。

表 1-2-9　每月维修保养项目

序号	项 目	润滑点	采取的措施
1	主电机	4	润滑脂（专用）Aero Shell No. 7
2	液压泵电机	2	润滑脂

注：可以在累计钻井 250 h 后进行；每月全面检查紧固件。

⑥ 每月检查项目见表 1-2-10。

表 1-2-10　每月检查项目

序号	项 目	检查内容	采取的措施
1	上主轴衬套	因冲管泄漏引起的腐蚀	按需要更换
2	倾斜机构油缸销	磨损情况	按需要更换
3	天车耳板和导轨连接件	焊接点损坏或出现裂缝	按需要修理
4	调节板、螺栓和卸扣	开口销或安全销丢失	按需要更换
		卸扣或螺栓磨损	按需要更换
		吊板眼磨损	按需要修理或更换

注：可以在累计钻井 250 h 后进行。

⑦ 每季维修保养项目见表 1-2-11。

表 1-2-11　每季维修保养项目

序号	项 目	检查内容	采取的措施
1	减速箱齿轮油	油样分析	更 换
2	液压系统液压油	油样分析	更 换
3	吸油管滤网	堵塞情况	更 换

注：可以在累计钻井 750 h 后进行。

⑧ 每半年检查项目见表 1-2-12。

⑨ 年度维修保养计划。

1 年：导轨、主要承载件探伤检查。

3 年：设备检修。

5 年：设备大修。

表 1-2-12 每半年检查项目及内容

序号	项 目	检查内容	采取的措施
1	齿轮齿	麻点、磨损和齿间隙	按需要更换
2	齿轮箱润滑油泵	磨损或损坏情况	按需要修理或更换
3	主 轴	轴向偏移	按需要调整
4	提环、提环销	磨损情况	按需要更换
5	蓄能器	氮气压力	更换胶囊或蓄能器

注:可以在累计钻井 1 500 h 后进行。

(4) 润滑部位。

① 滑车滚轮润滑。

润滑部位:滑车上侧 2 处;滑车下侧 2 处;滑车两侧各 7 处(共 14 处);滑车两侧板后侧各 3 处(共 6 处)。润滑方法:用黄油枪向油嘴加注润滑脂。

② 背钳润滑。

润滑部位:扶正环上 2 处油嘴。润滑方法:用黄油枪向油嘴加注润滑脂。

③ 主电机轴承润滑。

GBE011 顶驱滑动系统的保养要求

润滑部位:主电机前部上侧 1 处;主电机前部下侧 1 处。润滑方法:用黄油枪向油嘴加注润滑脂。给主电机加注润滑脂时,从电机前面的润滑油嘴处加注专用润滑脂,观察电机后面相对位置处丝堵上的孔,至有润滑脂溢出即可。主电机润滑采用的是专用润滑脂,要求使用 Aero Shell No.7 或相同性能的润滑脂。

④ 提环销润滑。

润滑部位:减速箱两侧各 1 处。润滑方法:用黄油枪向油嘴加注润滑脂。

⑤ 倾斜机构油缸销轴。

润滑部位:倾斜油缸销外侧,共 4 处。润滑方法:用黄油枪向油嘴加注润滑脂。

⑥ 内防喷器控制装置润滑。

润滑部位:侧面 2 个滚轮轴油嘴(加注润滑脂)。润滑方法:用黄油枪向油嘴加注润滑脂。

⑦ 冲管润滑。

润滑部位:冲管侧面油嘴。润滑方法:用黄油枪向油嘴加注润滑脂。

⑧ 回转头润滑。

润滑部位:回转头前方油嘴 2 处。润滑方法:用黄油枪向油嘴加注润滑脂。

(5) 机械系统维护。

① 主电机与风冷电机检查项目:电机出线电缆有无损坏,安装螺栓和锁线有无松动或损坏,出风口百叶窗和滤网有无损坏。每年用兆欧表进行绝缘电阻检测。

② 保养项目:吸风口应防止进水。对风机进行初步检查,尤其在经过运输或长期存放后检查有无机件损坏,有无杂物落入风机风道内,然后盘车,检查转动是否灵活,有无碰擦声,否则应先排除故障。

(6) 液压系统维护。

需要对液压源进行日常检查,检查项目包括:

① 观察液压油箱液位计,液位不低于低限刻度,或者下部油标的中位。

② 观察液压油温度，系统工作时液压油温度不高于 70 ℃。

③ 观察过滤器指示，判断过滤器堵塞情况。

④ 目视检查液压系统管路泄漏情况。

⑤ 目视检查液压管缆的表面状况。

（7）蓄能器。

平衡油缸和液压源的蓄能器是一个预充氮气的压力容器，长期使用后可能会由于胶囊破损而导致氮气漏失，影响使用性能。因此，需要定期检查预充氮气的压力，必要时应当补充氮气或者更换胶囊。

若蓄能器在装置中不起作用，应检查：

① 是否由于气阀漏气引起，必要时补充氮气。

② 若胶囊内没有氮气，气阀处冒油，应拆卸检查胶囊是否破损。

③ 若蓄能器向外漏油，应旋紧连接部分；若仍然漏油，应拆卸并更换有关零件。

检查氮气压力：可以利用充气工具检查充气压力。当氮气压力低于要求的预充氮气压力时，用充气工具充入氮气。

更换蓄能器胶囊：

① 维修时，胶囊从上端大口处拆卸和安装。

② 注意首先将支承环安装在壳体内胶囊的充气阀座上。

③ 支承环设计时为了能将它放入壳体内，削去支承环两边。拆装时，将支承环铣扁处平放，对准壳体大口即可装卸。

（8）减速箱。

检查项目：

① 齿轮油滤油器。

② 齿轮（润滑）油的油位。

③ 齿轮油的流动（润滑泵运行中）是否正常。

④ 齿轮箱润滑油泵。

保养项目：

① 减速箱油面应保持一定高度。液面过低，应及时加油，以防润滑冷却不足，加剧轴承齿轮的磨损。

② 齿轮箱润滑油泵的拆卸应与生产厂家联系。

③ 齿轮箱拆卸应与生产厂家联系。

④ 选择正确的齿轮油。

注意：北石顶驱建议每 6 个月换油一次，严酷环境下按实际情况更换。

① 使用大于环境所要求黏度的油品时会导致齿轮和轴承损坏。

② 使用低于环境所要求黏度的油品时会因不能形成有效油膜而导致磨损。

③ 向减速箱内加注润滑油时必须保证润滑油的清洁，防止钻井液、沙粒等污染物进入箱体，造成润滑油道的堵塞，进而损坏轴承、齿轮等零部件。

④ 减速箱油面要保持在最低和最高刻度之间。油面过低，会出现润滑冷却不足；油面过高，会出现润滑油泄漏（最高最低油位已在油标处做出标记）。

（9）背钳。

检查项目：经常检查螺栓各紧固件是否松动和损坏，并保证其锁紧可靠，如有损坏应及时更换,谨防紧固件松动和脱落。

保养项目:

① 及时清除牙板齿沟及表面的异物和油污。

② 每天向油嘴注一次钙基润滑脂。

③ 每次更换钳牙座时,要在钳牙座体表面涂足够的润滑脂。

背钳的拆卸与安装:

① 拆卸背钳时,先把背钳托座与支架连接的悬挂销取下,拆下背钳托座,将背钳置于地面或工作台上。

② 拆掉2个销子和前钳体。拆下连接在活塞上面的后牙座,前后端盖都是用三半环进行限位的,把挡半环的挡环拆掉后,取下半环,就可以从后面取出活塞。取出端盖和活塞时注意不要损伤密封件。

更换钳牙:

① 拆下连接前钳体与液压缸的销子(只拆下一个),旋转拉开前钳体90°。

② 卸下钳牙座上的钳牙压板,更换牙板,换完后装压板和销子即可。

③ 更换钳牙座时第一步与换钳牙相同,打开前钳体后分别拆下前、后牙座,换上相应的牙座。

(10) 遥控内防喷器控制装置。

检查项目:

① 有无松动的螺栓,附件、安全锁线、销子和开口销是否丢失和损坏。

② 遥控内防喷器工作是否正常,有无泄漏。

③ 驱动装置曲柄润滑和磨损情况,有无阻卡现象。

④ 驱动装置液缸润滑和磨损情况。

⑤ 驱动装置滚轮润滑和偏斜以及磨损情况。

(11) 导轨。

检查项目:

① 检查导轨连接销轴、锁销和开口销。

② 检查天车耳板和导轨连接件,不应有焊接点损坏或出现裂缝。

③ 检查导轨反扭矩支架的安装固定螺栓,不得有松动。

保养项目:检查导轨连接销轴、锁销和开口销。

(12) 滑车。

检查项目:

① 检查滚轮螺母,不得有松动等迹象。

② 检查滚轮表面的磨损情况。

保养项目:在两侧滚轮轴和滑车上下端面的油嘴处加注润滑脂。

更换滚轮:滑车在导轨上的滑动位置(即正常工作位置)时,滚轮不能拆下,为了更换滚轮,必须将本体和滑车从导轨上滑出。

① 将本体与导轨下部第一节导轨用销子固定。

② 拆卸第一节导轨的连接销,将该导轨与顶驱本体拆下。

③ 将第一节导轨与顶驱本体分离,从本体滑车中抽出。

④ 拆卸需要更换的滚轮,安装新的滚轮。

⑤ 按上述相反的程序将本体安装在导轨上。

五、气胎离合器的分类、结构及检修保养

（一）气胎离合器的分类和结构

气胎离合器是以压缩空气为操纵动力源的摩擦离合器，一般用于需要传递大转矩和以较快速度变换回转方向的设备上，如石油钻井机械、船舶、大型机械压力机、挖掘机、球磨机、橡塑机械等。

气胎离合器传递转矩大，接合平稳，便于安装、吸振，能补偿少量主、从动轴角向和径向相对偏移，从动部分惯性小，使用寿命长，结构紧凑，密封性好。其缺点是气胎变形阻力大，气胎材料成本高，使用温度有一定限制，高于 60 ℃时会降低气胎寿命，低于－20 ℃时易使气胎变脆。气动离合器接合元件主要采用摩擦片、摩擦块等。

GBE001 气胎
离合器的分类

（1）气胎离合器的分类。

胎式离合器依据其结构形式的不同可分为普通型与通风型 2 种。

① 普通型气胎离合器。靠气胎传递扭矩，结构简单，制造、安装技术要求低，散热条件不如通风型，气胎容积较大，充气、放气时间较长，容易打滑。

② 通风型气胎离合器。它是针对普通型的不足之处而发展起来的一种气离合器，在结构上增加了一套散热传能装置。

（2）通风型气胎离合器的结构。

通风型气胎离合器用于接合/脱开相关的传动偶件，以达到需要的开/停动作。

离合器外壳上的法兰与传动轴上的轮毂用螺栓连接，另一传动偶件上装摩擦毂，它伸入离合器外壳内。当由空气控制的系统送来压缩空气时，气胎就被鼓胀，推动摩擦块压到摩擦毂上，二者靠摩擦力连接到一起传递扭矩。当控制系统气压消失时，气胎中的压缩空气由快速放气阀排出，2 个偶件处于"释放"的独立自由状态，一个偶件停止，一个偶件继续旋转（空转）。

通风型气胎离合器在结构上的主要特点是增加了一套散热传能装置。散热传能装置主要由扇形体、承扭杆、板簧和挡板等零件组成。

通风型气胎离合器的气胎外表面与钢圈相接触。摩擦片用铆钉或平头螺栓固定在扇形体的内侧，扇形体中部有导向槽，槽中装有承扭杆和以一定压力压在承扭杆上的板簧，承扭杆中部为长方形，两端为圆柱体。它的两端伸出扇形体，并插进与钢圈相连的挡板上的相应孔中。

接合时，压缩空气进入气胎，气胎沿径向向内膨胀，推动扇形体沿着导向槽相对于固定在挡板上的承扭杆向轴心移动，使摩擦片逐渐抱紧摩擦毂，实现挂合。同时板簧也受到压缩。

由于扇形体和气胎之间无连接，故摩擦毂与摩擦片工作表面产生的转矩不经过气胎，而是经过扇形体、承扭杆、挡板、钢圈等零件来传递的。

此外，扇形体将发热的摩擦片与气胎隔开，且扇形体内部做成了蜂窝状结构，即在通风孔中铸有许多小散热片。在挡板内圈相应位置上亦开有通风孔槽，使工作过程中产生的热量能尽快散发到周围的空气中而不影响气胎。这解决了气胎易烧坏、易老化的难题，大大提高了气胎的寿命。

气胎的作用只是产生径向推力和正压力,不受扭、不受热。

摘开离合器时,除气胎本身因弹性恢复原状外,还有板簧的弹力以及旋转的离心力的作用而使摩擦片迅速脱开摩擦轮,从而减少了因打滑产生的热量,减轻了摩擦片的磨损,提高了摩擦片的使用寿命。

通风型气胎离合器散热好、寿命长,但结构比普通型复杂。高速工作时,离心力对离合器工作能力的影响也相应加大,因此,它适用于挂合频繁、转矩大而转速不太高的场合,如绞车滚筒低速离合器。

(3) 散热传能装置的功用与使用要求。

① 主要功用:散热、通风与隔热;传递气胎的压紧力;传递扭矩;当气胎的气压下降到一定数值时,保证摩擦片与摩擦毂迅速脱开。

② 使用要求:通风散热性能好;强度高;重量小(以减小离心力的影响和弹簧的预压紧力);耐磨性好。

(二) 气胎离合器的检修及调整

产品在出厂时对离合器总成已做过平衡试验和对中安装的精度调整。

(1) 每班检查项目。

气胎离合器最低气压不应小于 0.7 MPa。

(2) 每季的定期检查。

检查气胎离合器气囊是否老化,摩擦块磨损严重的应予以更换。

经过一段时间使用后,摩擦副的零件不断磨损,这就造成传递扭矩能力下降,当摩擦片的厚度减薄至原厚度的 2/3 时必须更换,摩擦毂的直径方向磨损量(以与原始直径的差值度量)超过 4～6 mm 时必须更换。

(3) 每口井开钻前的检查。

① 摩擦片的磨损量。

② 摩擦毂的磨损量以及表面有无皱裂现象。

③ 闸瓦与摩擦片固定螺栓是否松动。

④ 扭力弹簧片的弹性。

⑤ 扭力杆是否断裂和变形。

⑥ 离合器气囊老化程度以及表面有无油污。

⑦ 内挡圈有无裂纹与变形。

(4) 当装有离合器偶件的任一方部件经过拆动时,组装后一定要找正。

如图 1-2-9a 所示,装一块百分表,旋转其中的一个偶件,每隔 90°读表一次,径向偏摆不得超过 0.05 mm。

如图 1-2-9b 所示,旋转一个偶件,每隔 90°读表一次,端面偏摆量不得超过 $0.005D$(D 为摩擦毂上的百分表测量直径,mm)。

如图 1-2-9c 所示,装 2 块百分表(需要一个如图示的工装)以测量平行度,再旋转一个角度,记录一次 2 块表读数的差值,此差值 $\rho \leqslant 0.005L$(L 为 2 块表的跨距,mm)。

注意:离合器的摩擦表面决不允许进入油脂、液体等物质,油脂会降低摩擦系数,减小传递扭矩,必须用溶剂清洗后擦干。

BE002 气胎
合器的检查
养方法

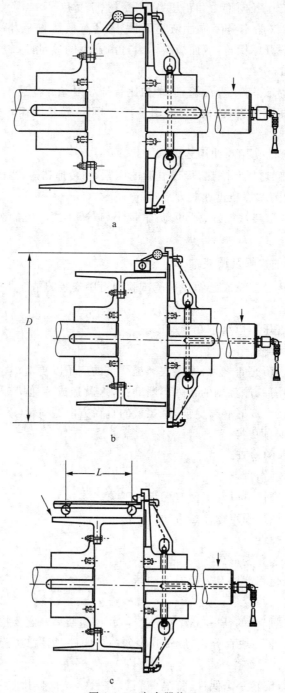

a

b

c

图 1-2-9　离合器找正

（5）事故螺钉的使用。

在钻机工作过程中，若离合器发生故障或压缩空气压力过低等且又无法立即维修，可用事故螺钉将 2 个传动件"硬性"连接在一起维持运行。

注意：主滚筒有 2 个离合器（高/低速），当插入事故螺钉后，只允许使用插入事故螺钉的离合器，另外一个离合器绝对禁止接合。

六、液气大钳的结构、原理与故障排查

(一) 钻杆动力钳主要部件的结构

(1) 两挡行星变速箱。

为了实现高速低扭矩旋扣和低速高扭矩冲扣,动力钳采用两挡行星变速结构和独特设计的不停车换挡刹车机构(见图 1-2-10),提高了钳子的时效。

如图 1-2-10 所示,高挡是液压马达带动框架上的游轮 Z_3 转动,当刹住内齿圈 Z_2 时,动力从太阳轮 Z_1 输出。低挡正好相反,液压马达带动太阳轮 Z_6 转动,当刹住内齿圈 Z_4 时,动力从装游轮 Z_5 的框架输出。

> GBE003 液气大钳的常用备件

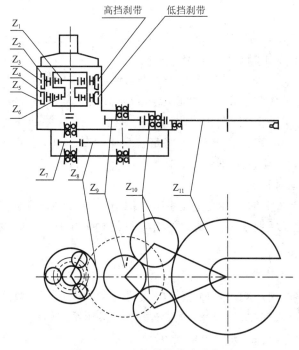

图 1-2-10　液气大钳传动示意图

(2) 减速装置。

如图 1-2-10 所示,两挡行星齿轮减速箱的输出轴就是二级齿轮减速装置的输入轴,经过第一级减速(Z_1—Z_8),第二级齿轮减速(Z_9—Z_{10}—Z_{11})带动缺口齿轮 Z_{11} 转动。2 个惰轮 Z_{10} 的作用是确保齿轮 Z_9 的运转能连续传至缺口齿轮 Z_{11},即"过缺口"的需要。

(3) 钳头。

① 卡紧机构。由传动部分的缺口齿轮通过 3 个销子带动浮动体转动。刹带始终以 1 000 N·m 左右的力矩刹住制动盘,带有颚板的颚板架与制动盘用螺钉相连,当浮动体开始转动时,因钳牙未与接头接触,故制动盘和颚板架均被刹住而不转动。但由于有一定坡角的坡板随浮动体转动,所以颚板背部的滚子将沿坡板的螺旋面上坡,并沿槽向中心靠拢,最后夹紧接头。这时缺口齿轮必带动浮动体上的制动盘、颚板架、颚板及钻柱旋转,进行上卸扣作业。

下钳用夹紧气缸推动颚板架在壳体内转动,从而可卡紧或松开下部接头。

② 浮动。由于在旋扣过程中上下钳口座间的相互位置是变动的，因此要求上钳对下钳能相对浮动。

大钳采用轻便灵活的钳头浮动的方案，浮动体通过4个弹簧坐到缺口齿轮上，依靠弹簧的弹性可保证浮动体有足够的垂直位移。为了保证在接头偏磨时仍能夹紧，浮动体还可以相对于缺口齿轮做水平方向的位移。该位移靠装在缺口齿轮上的3个销子的方套与浮动体上的矩形孔间的间隙来保证。

③ 制动机构。任何动力大钳，为了使滚子坡板能发生相对运动（即实现爬坡和退坡），必须设计颚板架的制动机构。

制动盘外边的2根刹带、连杆和刹带调节筒组成制动机构。转动调节筒可调节筒内弹簧的弹力，以改变刹车力矩的数值。本制动机构还能对浮动体有良好的扶正作用和适应偏心接头的要求。

④ 复位机构。在开口动力钳上，有3个复位对缺口问题，包括浮动体与壳体对正、上钳颚板架与浮动体对正、下钳颚板架与壳体对正。

用高挡大致对正后，再以低挡准确对正的方法使浮动体与壳体对正。

上钳颚板架与浮动体对正和下钳颚板架与壳体对正完全相同。定位销装在浮动体上，半月形定位转销与定位手把相连，装在制动盘的套上。显然，浮动体可向右对制动盘做相对运动，即做逆时针转动（卸扣位置）。若将定位手把反转180°，浮动体可向左对制动盘做相对运动，即做顺时针转动（上扣位置）。当浮动体反方向转到定位销碰到半月形定位转销时，制动盘与浮动体就对正了。

为了便于观察，在安装时使上钳定位手把指向与上扣（或卸扣）旋转工作方向一致。下钳定位手把与上钳定位手把方向一致。下钳复位机构的定位销装在拨盘上，并用螺母固死，其余零件装在下壳的支架上。

（二）液气大钳的工作原理

以现场使用较多的国产 Q10Y-M 型液气大钳为例。Q10Y-M 型液气大钳主要由行程变速箱、减速装置、钳头、气控系统和液压系统组成。液压系统的额定流量为 114 L/min，最高工作压力 16.3 MPa，电驱动时的电动机功率为 40 kW，气压系统工作压力为 0.5～1.0 MPa。

GBE004 液气大钳的结构和原理

液气大钳用于正常钻进时上卸方钻杆及接头和直径小于 8 in 的钻铤；起下钻时在扭矩不超过 100 kN·m 时上卸钻杆接头和钻铤；甩钻杆时调节吊杆的螺旋杆使钳头和小鼠洞倾斜方向基本一致，可用棕绳或钢丝绳牵至井架大腿，使钳头对准小鼠洞后即进行甩钻杆操作；钻机传动系统发生故障，绞车、转盘不能工作时，用以活动钻具。在悬重较轻的情况下，为了防止因钻具长时间静止而导致卡钻，可把下钳颚板取出，将钳子送到井口咬住方钻杆或钻杆接头，这样就可转动坐在转盘上的井下钻具。用低挡（2.7 r/min）活动井下钻具的时间不超过 0.5 h。

使用液气大钳上卸螺纹的操作方法：首先打开钻机到大钳供气管阀门，使大钳吊杆气室充气，从吊杆空气包的气压表可以显示出它的压力，压力标准为 0.8～1.0 MPa。操纵电动机补偿器开动电动机，使油箱柱塞泵开始工作，整个大钳液压系统处于工作状态。操纵气阀板上的移送气缸双向气阀，将大钳平稳送至井口，使钻杆接头进入大钳口，把移送气缸双向气阀手柄拨到零位，将移送气缸内的气体放掉。根据上卸螺纹的需要，把高、低挡双向气阀合到相应的位置。操纵手动换向阀,完成上卸螺纹动作。在使用中可以不停车换挡,上卸螺纹动作完成后,待上、下钳缺口复位对正后,将夹紧气缸双向气阀合到松开位置,松开钻杆内螺纹接头,然后操纵移送气缸双向气阀手柄,使钳子平稳离开井口。

(三) 液气大钳的液气系统

(1) 气控系统。

气控系统如图 1-2-11 所示,用钻机本身的压缩空气作为气源。为了避免长距离输气管线影响流量,本大钳用吊杆内腔存压缩压气,所以吊杆内腔就是气路中的气包 6 (见图 1-2-11)。

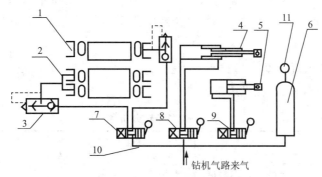

图 1-2-11　气控系统示意图

1—高挡气胎;2—低挡气胎;3—快速放气阀;4—移送气缸;5—夹紧气缸;6—气包;
7—高低挡换向阀;8—移送缸换向阀;9—夹紧缸换向阀;10—气控阀板;11—压力表

为了简化管路,减小控制台尺寸,3 个换向阀都是将 QF501B 双向气阀拆掉原配下阀体后,将余下部件装在统一气控板上。3 个换向阀 7,8,9 分别控制高挡气胎 1 和低挡气胎 2、移送气缸 4 及下钳夹紧气缸 5。

(2) 液压系统。

为了简化液压系统,本大钳只有液压马达用液压,其系统如图 1-2-12 所示,液压油从油箱 8,经油泵 1、过滤器 2 到手动换向阀 4,操纵手动换向阀可使液压马达正反转。

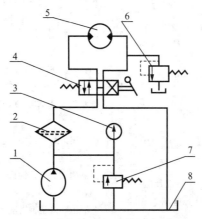

图 1-2-12　液压系统示意图

1—油泵 160SCY14-13F;2—过滤器 ZU-H250×20F;3—抗震压力表 YK-1(0～25 MPa);
4—手动换向阀 34SH-B20H-T;5—JM12L-F0.8 马达;6—上扣溢流阀 YF-B20H$_2$S;7—溢流阀 YF-B20H$_2$S;8—油箱

为了限制系统的最高压力，装有溢流阀 7。

为了使上扣时系统处于低压状态，装有上扣溢流阀 6。一般上扣压力调到 10 MPa 左右（高挡），出厂时已调好。

从抗震压力表 3 上可读出上卸扣的压力，然后查出工作扭矩。

为了清除液压油中的杂质，在油泵出口装有过滤器 2。压力油从过滤器 2 进入液压马达。工作一段时间后需及时清洗或更换新的过滤器芯子，以便继续使用。

系统有 2 块阀板，油泵阀板（过滤器进口处）装有系统溢流阀 7，液压马达阀板上装有上扣溢流阀 6、手动换向阀 4 和抗震压力表 3。

本大钳有 2 种驱动油泵的方式供用户选择：一种由钻机带压风机的皮带轮驱动；另一种是电驱动。现在的井场都用组合液压站提供液压动力，液压站的使用与维护可参见其说明指南。

GBF006 液气大钳常见故障的原因
GBF007 液气大钳常见故障的检查方法
GBF008 液气大钳常见故障的排除方法

（四）故障的排查方法

故障检查、分析、排除见表 1-2-13。

表 1-2-13 故障检查、分析、排除表

故障现象	可能原因	检查内容	排除方法
上卸扣时上钳或下钳打滑	① 钳牙使用时间长，磨损、变秃。 ② 钳牙牙槽被脏物堵塞。 ③ 由于热处理不当，钳牙过脆或过软咬不住钻杆。 ④ 大刹带调节过松，上钳颚板不爬坡。 ⑤ 制动盘污染与刹带打滑。 ⑥ 钳子未调平。 ⑦ 钳子未送到位。 ⑧ 夹紧气缸漏气或气路其他地方漏气，引起气压低于 0.5 MPa。 ⑨ 钳子不清洁，颚板架内油泥多；滚子在坡上不易滚动而打滑。 ⑩ 换颚板时没有及时更换堵头螺钉。 ⑪ 钻杆接头损坏严重，颚板抱不住。 ⑫ 上下钳定位手把的方向不一致。 ⑬ 上下钳缺口未对准，将上下钳定位手把换向但不起作用。 ⑭ 先夹紧钻杆再将定位手把定向	① 钳牙使用情况，是否磨损、变秃。 ② 钳牙牙槽是否被脏物堵塞。 ③ 钳牙是否咬不住钻杆。 ④ 大刹带是否调节过松，上钳颚板是否爬坡。 ⑤ 制动盘是否污染，刹带是否打滑。 ⑥ 钳子是否调平。 ⑦ 钳子是否送到位。 ⑧ 夹紧气缸或气路其他地方是否漏气，引起气压低于 0.5 MPa。 ⑨ 钳子是否清洁，颚板架内油泥是否太多，滚子在坡上是否不易滚动而打滑。 ⑩ 换颚板时是否更换堵头螺钉。 ⑪ 钻杆接头是否损坏严重，颚板能否抱住。 ⑫ 上下钳定位手把的方向是否一致。 ⑬ 上下钳缺口是否对准。 ⑭ 是否先夹紧钻杆再将定位手把定向	① 更换新牙板。 ② 用钢丝刷清除脏物。 ③ 更换新牙板。 ④ 拧紧刹带调节筒，或更换筒内弹簧。 ⑤ 清洗制动盘刹带，用松香打蜡。 ⑥ 调平钳子。 ⑦ 钳子送到位后再夹紧钻杆。 ⑧ 上紧直角接头，从缸头或从 19 个小孔检查夹紧缸密封情况，更换密封圈。 ⑨ 清洗颚板架、颚板、滚子，并将坡板涂上一层黄油。 ⑩ 换上合适的堵头螺钉。 ⑪ 换上小一口径颚板，满足上卸扣需要。 ⑫ 定位手把方向与铭牌相符，上下一致。 ⑬ 上下钳定位手把换向必须在上下缺口对齐后，否则不起作用。 ⑭ 定位手把换向时，必须仔细观察下钳拨盘定位销是否在转销半圆环内，若没有必须重来，将夹紧气缸退回原来位置再将定位手把换向

故障现象	可能原因	检查内容	排除方法
有高挡无低挡或有低挡无高挡	① 气管线刺漏。 ② 双向阀滑盘脏污或磨损造成气阀漏气。 ③ $\phi 300 \times 100$ 气胎离合器气胎漏气,或有摩擦片磨损严重。 ④ 快速放气阀漏气	① 气管线是否刺漏。 ② 双向阀滑盘是否脏污或磨损造成气阀漏气。 ③ $\phi 300 \times 100$ 气胎离合器气胎是否漏气,或有无摩擦片磨损严重。 ④ 快速放气阀是否漏气	① 换气管线。 ② 将漏气的气阀拆下来清洗,研磨滑盘或更换新阀。 ③ 换气胎离合器的气胎或摩擦片。 ④ 换放气阀芯子
换挡不迅速	① 快速放气阀堵塞。 ② 气胎离合器和内齿圈间隙过小,分离不开	① 快速放气阀是否堵塞。 ② 气胎离合器和内齿圈间隙是否过小,分离不开	① 清洗或更换快速放气阀。 ② 调正摩擦片与内齿圈之间间隙(发生在新装配时)
高挡压力上不去	上扣溢流阀未调到规定压力或溢流阀阀芯堵塞	上扣溢流阀是否调到规定压力	调节上扣溢流阀(向增压方向)
低挡压力上不去,扣卸不开	① 摩擦片磨损,抱不住变速器内齿圈而发生打滑。 ② 液压系统故障: a. 油箱内油面过低; b. 油的黏度过高; c. 油管破裂; d. 油管接头刺漏; e. 溢流阀阀芯堵死; f. 三角皮带过松,油泵不能正常工作。 ③ 大刹带太松	① 摩擦片是否磨损,抱不住变速器内齿圈而发生打滑。 ② 液压系统故障: a. 油箱内油面是否过低; b. 油的黏度是否过高; c. 油管是否破裂; d. 油管接头是否刺漏; e. 溢流阀阀芯是否堵死; f. 三角皮带是否过松,油泵不能正常工作。 ③ 大刹带是否太松	① 更换气胎离合器(低挡)摩擦片。 ② 液压系统故障: a. 停机加油至油标上限; b. 更换黏度适当的液压油或用预热器加温; c. 换新油管线; d. 用扳手上紧接头; e. 拆开溢流阀进行清洗,油要加强过滤; f. 用千斤顶顶油箱,张紧皮带。 ③ 调紧大刹带
油路正常钳子不转	液压马达损坏,或行星轮内齿圈磨损、中心轴断裂	液压马达是否损坏	修理液压马达
液压马达或油泵过热	① 连续工作时间过长。 ② 液压油黏度过高或过低。 ③ 油箱油面低	① 连续工作时间是否过长。 ② 液压油黏度是否过高或过低。 ③ 油箱油面是否过低	① 停车冷却,待正常后再用。 ② 更换适当黏度的液压油。 ③ 停机加油保持油箱油量足够

七、液压盘式刹车的安装与调试

(一) 安装

1. 安装刹车盘

(1) 刹车盘的工作表面对滚筒轴的端面跳动不大于 0.3 mm。

(2) 刹车盘清洗干净,摩擦面严禁沾染任何油污。

(3) 对于水冷式刹车盘,还需连接进、出水管。

2. 安装刹车钳、钳架

（1）将上、下过渡板紧固于钳架上。

（2）将刹车钳安装于钳架上，应动作灵活，无卡阻，无别劲。安装安全钳时，需旋转调节螺母，使 2 个刹车块之间的距离最大，以便安装钳架。

（3）整体安装到绞车上。安装找正要求有：

① 螺栓应将上、下过渡板紧固。

② 刹车盘外圆与钳架内圆之间的间隙应均匀，不允许与钳架有干涉现象。

GBE012 PS 系列液压盘式刹车制动执行机构的安装要求

③ 钳架与刹车盘应平行、对中，偏差在 ±1 mm 之间。

④ 刹车块应包容在刹车盘之内。

⑤ 所有刹车块应平行、完整地贴合刹车盘，贴合面不少于 75%。

⑥ 调整找正后，分别将上、下过渡板焊接在绞车底座的设计位置。

注意：刹车盘与刹车钳必须严格按照安装说明安装，否则会出现刹车块与刹车盘的偏磨，影响盘刹的使用，可能引起控制失灵，严重时将会造成财产损坏、人身伤害甚至死亡。

3. 安装液压站、操作台

将液压站、操作台安装于设计位置。

4. 连接液压管路

液压管路主要由高压软管、快速接头、管夹等组成。

GBE013 PS 系列液压盘式刹车连接液压管路的技术要求

液压管路的连接就是用高压软管将液压站、司钻操作台、制动执行机构按照设计要求连接成一个完整的液压系统。在需要拆开运移的地方，设有快速接头，以方便拆卸。拆卸时，应将管线的快速接头拔开，并盖上护帽，防止污染液压管线。三者的连接情况如图 1-2-13 所示。

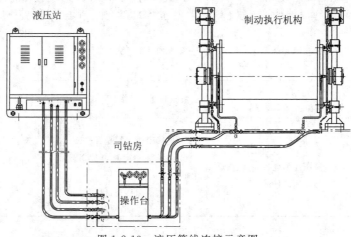

图 1-2-13　液压管线连接示意图

连接液压管路作业的技术要求如下：

（1）工作钳与安全钳的液压管路必须连接正确。

（2）安装前要注意所使用管线内应洁净，金属管道内无锈蚀，管接头安装密封件，应严格按照油口标记连接液压管线。

（3）保证快速接头在工作状态中不受外力及重力的作用。不得带压插拔，拔下后用护帽封堵；插接时，注意清洁，不得虚接。

（4）连接液压管路过程中,若有需要可加装过渡板进行固定。

（5）管路布置应位于安全地带,避免损伤。

注意:液压站与司钻房内操作台连接液压管路时,应对应标记连接,即液压站上标记的 P1,P2,P3,T 与操作台上的 P1,P2,P3,T 对应相连;操作台与执行机构之间的液压管线,B1 与安全钳连接,B2,B3 分别接左右路工作钳。

警告:严禁非专业人员随意拆卸管线、更换管线接头、互倒管线、拆卸液压阀件,严禁不同型号的液压阀件相互替代。违规操作极有可能造成重大安全事故,甚至人员伤亡;液压站油路块以及操作台油路块上安全钳与工作钳输出口的快速接头必须一正一反,杜绝相互插拔,安全钳管线采用细于工作钳管线的红色管线(或做红色标记,或做安全钳管线标识)与工作钳管线区分开。

5. 连接气路管线

气路管线的连接就是将过卷阀的气信号与操作台的气动接口连接好。

6. 电路的连接

液压站电控箱的接线应参照液压站电控原理图(见图 1-2-14 和 1-2-15)进行。接线的插头或插座应符合相关技术标准和安全防爆规范。

（二）调试

1. 调试前的准备工作

（1）检查管汇的连接,确保无误,特别是 P1 的连接,若连错,会发生顿钻事故。

（2）检查油箱液面高度,如液压油不够需补充到最低液面高度以上。

（3）检测蓄能器充氮压力,确保充氮压力为 4 MPa。

（4）打开柱塞泵吸油口截止阀、柱塞泵泄油口截止阀;关闭蓄能器组截止阀。若使用场合不需要冷却器工作,则将冷却器旁路截止阀开启;若需要冷却器工作,则将冷却器旁路截止阀关闭。

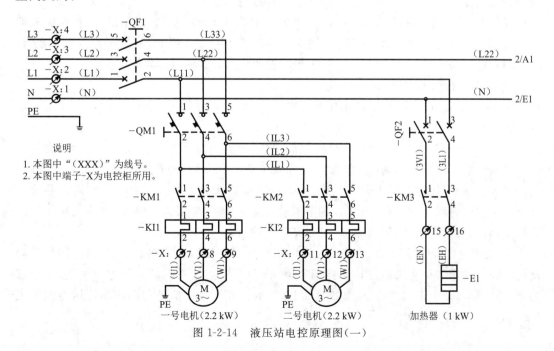

图 1-2-14 液压站电控原理图(一)

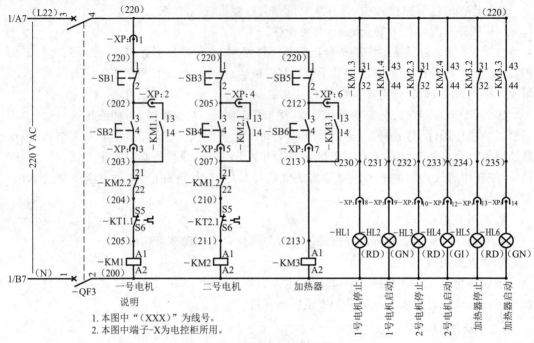

图 1-2-15 液压站电控原理图（二）

（5）点动电机，检查旋转方向是否正确（电机叶片旋向为顺时针，即泵上红色箭头所指方向）。

2. 调试要求

（1）启动电机，仔细检查有无异常声响。

（2）调定系统额定压力、最大压力。

柱塞泵是液压系统的一个重要装置。它依靠柱塞在缸体中往复运动，使密封工作容腔的容积发生变化来实现吸油、压油。柱塞泵具有额定压力高、结构紧凑、效率高和流量调节方便等优点，被广泛应用于高压、大流量和流量需要调节的场合，如液压机、工程机械和船舶。轴向柱塞泵一般由缸体、配油盘、柱塞和斜盘等主要零件组成，缸体内有多个柱塞，柱塞是轴向排列的，即柱塞的中心线平行于传动轴的轴线。其调节步骤如下：

① 启动一台泵的电机组。

② 拆下安全阀护帽，松开安全阀锁紧螺母，按顺时针方向旋转安全阀调节螺钉至 1/2 的位置。

GBE014 PS系列液压盘式刹车液压站系统压力及最大压力的调定方法

③ 拆下泵的调压阀护帽，松开泵的锁紧螺母，用内六方扳手顺时针转动压力补偿器调节螺钉以增大压力，观察系统压力表读数，直到高出系统额定压力值 1.5 MPa。调节的同时，压力停止上升，则顺时针转动安全阀少许。如果压力在没有高出系统额定压力值时就停止上升，则交替调节安全阀和柱塞泵调压阀，直到高出系统额定压力值 1.5 MPa。拧紧安全阀锁紧螺母，装上安全阀护帽。

④ 关闭电机泄掉液压站系统压力，将柱塞泵压力补偿器调节螺钉逆时针松开，然后启动电机顺时针调节柱塞泵压力补偿器调节螺钉，调到液压站系统额定压力值为止，拧紧柱塞泵锁紧螺母，装上护帽并拧紧，如图 1-2-16 所示。各型号钻机盘刹系统额定压力值见表 1-2-14。

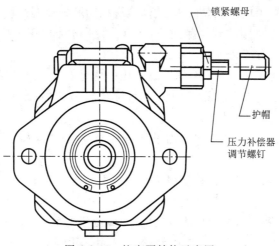

图 1-2-16　柱塞泵结构示意图

锁紧螺母

护帽

压力补偿器调节螺钉

表 1-2-14　主要技术参数

类　别	名　　称	参数值		
		PSZ75	PSZ65	PSZ90
工作钳	单边最大制动正压力	75 kN	65 kN	90 kN
	有效行程	30 mm		
	刹车块允许最小工作厚度	12 mm		
安全钳	单边最大制动正压力	90 kN	65 kN	90 kN
	刹车块最大工作间隙	1 mm		
	刹车块允许最小工作厚度	12 mm		
液压系统	额定压力	8 MPa	6 MPa	10 MPa
	电泵额定流量	15 L/min		18 L/min
	电机功率	2.2 kW		4 kW
	蓄能器容积	4×6.3 L		

注：液压站出厂前，最大压力已调节好，无特殊情况，严禁调节。若需调节，必须由专业人员操作。

　　⑤ 用同样的方法调节第二台泵。

　　(3) 观察液压站上的工作钳压力表、安全钳压力表，查看其示值是否稳定在调定值。

　　(4) 拉下工作制动手柄，观察工作钳压力表的压力变化是否与刹车手柄同步。手柄拉到最大位置时，司钻房内盘刹工作钳压力表应显示系统额定压力值；手柄完全复位时，司钻房内盘刹工作钳压力表示值应为零。

　　(5) 拔出紧急制动按钮，将驻车阀推到"驻车"位置，安全钳应迅速刹车；将驻车阀推到"释放"位置，安全钳应迅速打开。

　　(6) 按下紧急制动按钮后，工作钳、安全钳同时参与刹车；拔出紧急制动按钮后，工作钳、安全钳同时解除刹车。

　　(7) 操作刹车阀手柄，当工作钳压力达到 0.5 MPa 时，稍微拧松工作钳油缸上的放气螺塞，至排出的油液不含泡沫为止，逐个给工作钳排气。

（8）贴磨工作钳刹车块。绞车低速运行，缓缓拉动刹把使刹车块与刹车盘接触，反复多次直到新刹车块与刹车盘贴磨到接触面积达75％以上才能使用。贴磨时应注意控制刹车油压，一般在3 MPa左右下磨合。

（9）贴磨安全钳刹车块。在安全钳油缸给压的情况下，松开锁紧螺母，旋转安全钳调节螺母，将安全钳刹车块与刹车盘缓缓接触，然后旋转刹车盘，如此反复，新刹车块须贴磨到接触面积达75％以上才能使用。

注意：在磨合的过程如果刹车盘温度过高（超过240 ℃），应停止磨合，待刹车盘温度下降后再继续磨合。

（10）调节工作钳刹车间隙。调整靠拉簧两端的调节螺母调节，顺时针调紧，逆时针调松。间隙越小，进入贴合的响应时间越短。

（11）调节安全钳刹车间隙。在液压站工作时，拉住刹车手柄，使工作钳刹车，调整间隙期间不得松开手柄。在安全钳油缸给压的情况下，用专用工具松开安全钳锁紧螺母，调节调整螺母使安全钳刹车块与刹车盘完全贴合，然后反向旋转调整螺母2～3个调整孔的位置（此时刹车盘与刹车块单边有不大于0.5 mm的间隙），最后拧紧锁紧螺母。刹车块与刹车盘间隙在调整时应尽可能小。间隙越小，进入贴合的响应时间越短。

注意：如在钻井状态下调整安全钳间隙，为了保证安全，必须把游车放在下死点位置。

GBE015 PS
系列液压盘式
刹车刹车间隙
的调整方法

① 安全钳刹车力随刹车块与刹车盘之间的间隙增大呈抛物线状衰减。若间隙过大，会使刹车力急剧下降甚至丧失刹车力。要求安全钳单边间隙值应保持在不大于0.5 mm，否则可能会发生溜钻事故。

② 在调整刹车钳间隙时启动液压站，司钻房里必须有人监控。

（12）检测过卷防碰装置。

（13）现场安装调试完成后，正常使用前，必须使油泵运行10～30 min，并反复操作"刹把"几次。再次检查液位、油路等系统各处是否正常，特别是油箱液位，应保持在最高和最低液面标志之间。

（14）一切正常后，才可以使用。

（三）KZYZ系列组合液压站的检查保养

（1）每班观察系统压力表是否处在额定压力，一般情况下系统压力为16 MPa，正常使用过程中无特殊情况无须调动，如出现渗漏或者胶囊损坏等情况，系统压力会出现异常。

GBE016 KZ-
YZ系列组合
液压钻的维护
保养要求

（2）触碰感觉系统液压油的温度，针对实际情况开启冷却或者加热系统。

（3）观察油位计，如果油位处于下限需要及时加油。

（4）仔细观察各泵的运转是否正常，有无杂音，及时判断有无损坏情况。

（5）检查组合液压站底部有无油污，观察各油管线有无泄漏或渗漏现象，保持清洁。

八、钻井设备气开关的特性及检修

（一）气动控制阀的分类、结构及特点

气动控制阀是指在气动系统中控制气流的压力、流量和流动方向，并保证气动执行元件或机构正常工作的各类气动元件。

1. 分类和结构

气动控制阀按其功能可分为压力控制阀、流量控制阀和方向控制阀。

控制和调节压缩空气压力的元件称为压力控制阀。控制和调节压缩空气流量的元件称为流量控制阀。改变和控制气流流动方向的元件称为方向控制阀。

除上述 3 类控制阀外,还有能实现一定逻辑功能的逻辑元件,包括元件内部无可动部件的射流元件和有可动部件的气动逻辑元件。在结构原理上,逻辑元件基本上和方向控制阀相同,仅仅是体积和通径较小,一般用来实现信号的逻辑运算功能。

气动控制阀可分解成阀体(包含阀座和阀孔等)和阀芯 2 部分,根据两者的相对位置,气动控制阀有常闭型和常开型 2 种。气动控制阀从结构上可以分为截止式、滑柱式和滑板式 3 类。

2. 特点

气动控制阀与液压阀相比有以下几点不同:

(1) 使用的能源不同。气动元件和装置可采用空压站集中供气的方法,根据使用要求和控制点的不同来调节各自减压阀的工作压力。液压阀都设有回油管路,便于油箱收集用过的液压油。气动控制阀可以通过排气口直接把压缩空气排向大气。

(2) 对泄漏的要求不同。液压阀对向外的泄漏要求严格,而对元件内部的少量泄漏却是允许的。对气动控制阀来说,除间隙密封的阀外,原则上不允许内部泄漏。气动阀的内部泄漏有导致事故的风险。对气动管道来说,允许有少许泄漏;而液压管道的泄漏将造成系统压力下降和环境污染。

(3) 对润滑的要求不同。液压系统的工作介质为液压油,液压阀不存在对润滑的要求;气动系统的工作介质为空气,空气无润滑性,因此许多气动阀需要油雾润滑。阀的零件应选择不易受水腐蚀的材料,或者采取必要的防锈措施。

(4) 压力范围不同。气动阀的工作压力范围比液压阀低。气动阀的工作压力通常在 10 bar(1 bar＝0.1 MPa)以内,少数可达到 40 bar。但液压阀的工作压力都很高(通常在 50 MPa 以内)。若气动阀在超过最高容许压力下使用,往往会发生严重事故。

(5) 使用特点不同。一般气动阀比液压阀结构紧凑、重量小,易于集成安装,阀的工作频率高、使用寿命长。气动阀正向低功率、小型化方向发展,已出现功率只有 0.5 W 的低功率电磁阀。

(二) 常用的气动控制阀

1. 常用的气动方向控制阀

方向控制阀的作用是控制压缩空气的流动方向或气流的通断,从而实现执行元件的换向。

方向控制阀一般采用阀芯切换进、出气通道,达到气路换向的目的。

与液压方向阀类似,方向控制阀的种类很多,按操纵方式分为手动和气控 2 种。钻井常用的有手动两通阀、单向阀、三通旋塞阀、气控二位三通阀(两用继气器)等。

(1) 单向型方向控制阀。

该类阀只允许气流向一个方向流动,包括单向阀、梭阀和快速排气阀。

① 单向阀:气流正向通过,反向则不通。

② 梭阀:若有 2 个输入口、1 个输出口,并要求 2 个输入口不相通,就可用梭阀进行控制。当 2 个输入口同时进气时,压力高的输入口与输出口相通,低压口则自动关闭。

③ 快速排气阀:用于将气胎、气盘、气缸等执行元件内的压缩空气迅速排放出来,提高

GBF001 气动控制阀的分类、结构及特点

GBF002 钻井设备上的常用气动控制阀

传动系统的启、停灵敏度,延长摩擦零件的寿命。

(2)换向阀。

换向阀的作用是通过改变气流通道来改变气流方向,以改变执行元件的运动方向。

①二位三通转阀(二通气开关)。用于控制离合器的进气或放气,从而决定执行机构的工作与否。

二通气开关的结构如图1-2-17所示,它由主体、滑阀、盖、转轴、手柄等主要零件组成。

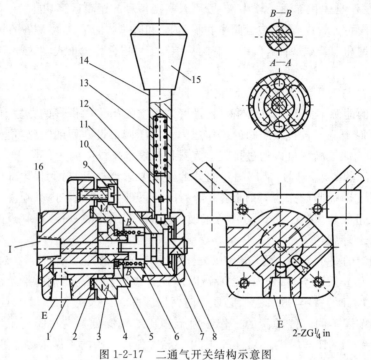

图 1-2-17　二通气开关结构示意图

1—主体;2—密封圈;3—滑阀;4—盖;5—弹簧垫;6,13—弹簧;7—孔用弹性挡圈 $\phi 22$ mm;8—转轴;
9,11—圆柱头螺钉;10—O 形圈 $\phi 16$ mm×2;12—定位销;14—手柄套;15—手柄;16—铭牌

在主体上有通进气管线的孔 I,有与执行机构管线相连的孔 E,还有与大气相通的孔 A。

盖与本体用圆柱头螺钉连接,盖内装有转轴、滑阀、弹簧等零件,转轴的四方端头与手柄套相配合。

当手柄转动时,转轴也转动,转轴带动滑阀转动,当手柄处于不同位置时,滑阀也有不同位置,因而可以得到不同工作状态。当进气孔 I 和孔 E 相通时,通大气孔 A 被堵住,这时所控制的离合器处于进气状态。当孔 E 和大气孔 A 相通时,进气孔 I 被堵住,这时离合器处于放气状态。

②三位五通转阀(三通气开关)。三通气开关是控制 2 个相互有联锁关系的气离合器的,也就是说这 2 个气离合器不允许同时进气。三通气开关的结构(见图1-2-18)、原理和二通气开关基本相同。所不同

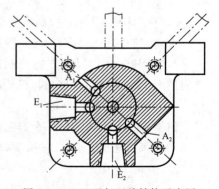

图 1-2-18　三通气开关结构示意图

的是它有 2 个通大气孔 A_1 和 A_2,2 个通执行机构的送气孔 E_1 和 E_2。

利用手柄不同的操作位置,可以得到 3 个不同的工作状态:一是 I 进气,E_1 通气,E_2 与大气孔相通;二是 I 进气,E_2 通气,E_1 与大气孔相通;三是 E_1、E_2 气孔被堵住均不能进气,且 E_1 与 A_1 相通,E_2 与 A_2 相通,均处于放气状态。

③ 二位三通按钮阀(见图 1-2-19)。只要按下按钮,就可从气路中分配压缩空气至需要供气处,或将某控制机构的压缩空气放入大气。它用于防碰天车气路中气路和刹车气缸放气。

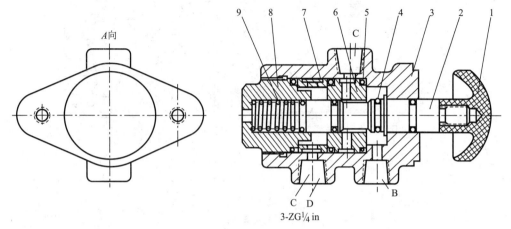

图 1-2-19　按钮阀结构示意图

1—按钮;2—阀杆;3—主体;4,5—O 形圈;6—衬套;7—衬垫;8—并帽;9—弹簧

按钮阀有常开和常闭 2 种接法。

a.常开接法(用于防碰天车气路系统)。

孔 B 接进气孔,孔 C 接送气孔,孔 D 通大气孔。

未按下按钮时:孔 B→孔 C,压缩空气通过。

按下按钮时:孔 C→孔 D(通大气),孔 B 不通。

b.常闭接法(用于换挡微动装置)。

孔 D 接进气孔,孔 C 接送气孔,孔 B 通大气孔。

未按下按钮时:孔 D、孔 C 互不相通,孔 C→孔 B(通大气)。

按下按钮时:孔 D→孔 C,压缩空气通过。

2.常用的压力控制阀

压力控制阀利用压缩空气作用在阀芯上的力并依据弹簧力平衡的原理,控制压缩空气的压力,进而控制执行元件动作顺序。

压力阀主要有减压阀、溢流阀、顺序阀和调压继电器。

(1)减压阀。减压阀又称调压阀,分为直动式和先导式 2 种。它可将出口压力调节在比进口压力低的调定值上,并能使输出压力保持稳定。

减压阀用在压缩空气配置装置内,不管供气孔进入的压缩空气的气压多大、流量如何,经过减压阀后,都能给出稳定的和减小的气压供给气控系统。在上、下储气罐之间装上减压阀,可以使输出气罐压力保持稳定,不产生(或较少产生)压力波动,从而保证了各个控制阀件性能恒定。

减压阀的结构如图 1-2-20 所示,其进气压力由调节元件调定。压缩空气经导阀和内阀的间隙进入执行机构,当执行机构内的气压上升至某一数值时,使导阀上表面承受的气体压力大于上顶的弹簧力,因而导阀向下移动,于是阀门关闭了进气间隙。进气口停止进气,出气口的工作气压就保持恒压。

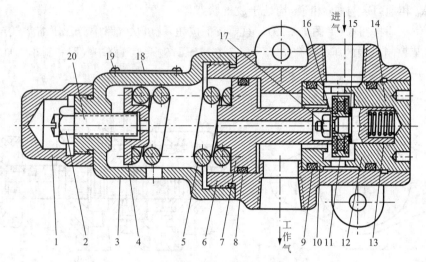

图 1-2-20 减压阀结构示意图

1—护帽；2,17—六角螺帽；3—盖；4—弹簧座；5,14—弹簧；6—主体；7—导阀；8,9—O形圈；10—内阀；

11—阀门；12—并帽；13—阀门座；15,16—垫圈；18—铭牌；19—半圆头螺钉；20—平端紧定螺钉

调节尾部的螺钉可以改变减压后的气体压力。

调压阀是基本控制元件,如将控制手柄改为手轮、脚踏板等,可构成手轮调压阀、脚踏板调压阀以及高低压气瓶中的减压阀。

（2）双向调压阀。双向调压阀的进气、调压、放气与单向调压阀一样。不同之处在于"双向"与"单向"之别。对那些需要相互制约的控制,如 F-200 钻机绞车滚筒轴的高、低速离合器等都采用这种双向调压阀。

（3）溢流阀（又称安全阀）。当系统压力超过调定值时,使部分压缩空气从排气口溢出,并在溢流过程中保持系统压力基本稳定,从而起过载保护作用。

溢流阀分直动式和先导式 2 种,按其结构又可分为活塞式、膜片式和球阀式。

（4）顺序阀。顺序阀依靠气路中压力的作用来控制执行机构按顺序动作。

（5）调压继气器。来自主气路的定压压缩空气通过调压继气器后,可以输出相应的压力可变的压缩空气至执行元件。

调压继气器的控制气是由调压阀供给的压力可变的压缩空气。

3. 常用的流量控制阀

流量控制阀通过改变阀的通气面积来控制执行元件进气或排气的流量,以调节执行机构的运动速度。流量控制阀也称为调速阀。

由于气体的可压缩性,气动系统中的流量只能采用节流的方式进行控制。任何一个流量阀都有节流部分,大多为可调的。空气流经小孔或缝隙也必然产生显著的压力降。

流量控制阀主要包括节流阀、单向节流阀、排气节流阀和行程节流阀。

节流阀由阀体、针型阀等组成。

调节针型阀的位置即可控制气体流量。该阀用于钻机总离合器的进气管路上和其他

气路中,使离合器挂合较为柔和。

(三) 控制阀的维护和钻机气路阀件常见故障与排除方法

1. 气动控制阀的维护

气动系统对气阀的要求是:灵敏性高,反应快,耐用性好,寿命长,制造维修容易。

控制阀具有结构简单和动作可靠等特点,但由于它直接与工艺介质接触,其性能直接影响系统质量和环境,所以对控制阀必须进行经常维护和定期检修,尤其对使用条件恶劣和重要的场合,更应重视维修工作。重点检查部位有以下几处:

GBF003 气动控制阀和方向控制阀的维护检修要求

(1) 阀体内壁。对于使用在高压差和腐蚀性介质场合的控制阀,阀体内壁、隔膜阀的隔膜经常受到介质的冲击和腐蚀,必须重点检查耐压、耐腐的情况。

(2) 阀座。控制阀工作时,因介质渗入,固定阀座用的螺纹内表面易受腐蚀而使阀座松动,检查时应予注意。对高压差下工作的阀,还应检查阀座密封面是否冲坏。

(3) 阀芯。阀芯是调节工作时的可动部件,受介质的冲刷、腐蚀最为严重,检修时要认真检查阀芯各部分是否被腐蚀、磨损,特别是在高压差的情况下阀芯的磨损更为严重(因气蚀现象),应予注意。阀芯损坏严重时应进行更换。另外还应注意阀杆是否也有类似的现象,或与阀芯连接松动等。

(4) 膜片、O 形圈和其他密封垫。应检查控制阀中膜片、O 形圈密封垫等是否老化、裂损。

(5) 密封填料。应注意聚四氟乙烯填料、密封润滑油脂是否老化,配合面是否损坏,必要时应及时更换。

2. 方向控制阀的检修以及故障原因与排除

方向控制阀在使用过程中应注意日常的保养和检修。这不仅是防止发生故障的有力措施,而且是延长元件使用寿命的必要条件。

保养和检修一般分日检、周检、季检和年检等几个层次。

(1) 日检。对冷凝水、污物进行处理,及时排放空气压缩机、冷却装置、储气罐、管道中的冷凝水及污物,以免进入方向阀中造成故障。

(2) 周检。对油雾器进行管理,使方向控制阀得到适中的油雾润滑,避免方向控制阀因润滑不良而造成故障。

(3) 季检。检查方向控制阀是否漏气、动作是否正常,发现问题及时采取处理措施。

(4) 年检。更换即将损坏的元件,使平常工作中经常出现的故障通过大修得到彻底解决。

3. 钻机气路阀件常见故障与排除方法

钻机气路阀件常见故障与排除方法见表 1-2-15。

GBF004 钻机气路阀件故障排查方法

表 1-2-15　钻机气路阀件常见故障与排除方法

序号	名　称	故　障	原　因	排除方法
1	三位四通复位导气阀(2-HA-2Z)	漏气	阀门坏	更换
		失灵	阀弹簧坏	更换
		不换向	阀门锈死,污物卡死	清洗
2	梭阀(ND5)	漏气	阀门坏	更换
		不换向	阀门锈死,污物卡死	清洗

序号	名　称	故　障	原　因	排除方法
3	双压阀（ND5）	漏气	阀门坏	更换
		不换向	阀门锈死，污物卡死	清洗
4	节流阀（ND7）	漏气	活阀端面磨损，夹进污物	更换或清洗
5	二位三通气控阀（ND12）	漏气	阀门坏，阀门夹入污物	更换或清洗
		不换向	缸壁有锈	用手堵住跑气口跑气可消除或使用一段时间即可
6	二位三通导气阀（2-HA-1）	漏气	阀门坏，阀门夹入污物	更换或清洗
		不换向	阀门锈死，阀门夹入污物	清洗
7	三位四通导气阀（2-HA-2）	同三位四通复位导气阀（2-HA-2Z）	同三位四通复位导气阀（2-HA-2Z）	同三位四通复位导气阀（2-HA-2Z）
8	手轮调压阀（H-4）	漏气	阀门坏，阀门夹入污物	更换或清洗
		不换向	阀门锈死，阀门夹入污物	清洗
9	手柄调压阀（H-2-LX）	漏气	阀门坏，阀门夹入污物	更换或清洗
		不换向	阀门锈死，阀门夹入污物	清洗
10	二位三通气控阀（ND7）	漏气	阀门坏，阀门夹入污物	更换或清洗
		不换向	缸壁有锈	用手堵住跑气口跑气可消除或使用一段时间即可
11	顶杆阀（QF518）	漏气	O 形圈、阀磨损	更换
12	单向导气龙头（XL-L15）	漏气	电碳铜破裂，密封圈磨损	更换
		温度高	未加润滑脂	及时加注润滑脂
13	快速放气阀（ND12）	卡死	有污物	清洗
		漏气	O 形圈	更换
		放气不畅	气胎管路跑气	检查修理
14	快速放气阀（ND10）	同快速放气阀（ND12）	同快速放气阀（ND12）	同快速放气阀（ND12）
15	快速放气阀（NPT1/2）	同快速放气阀（ND12）	同快速放气阀（ND12）	同快速放气阀（ND12）
16	二位三通导气阀（2-HA-1R）	漏气	阀门坏，阀门夹入污物	更换
		不换向	阀门锈死，阀门夹入污物	清洗
17	二位五通气控阀（ND7）	漏气	阀门坏，阀门夹入污物	更换或清洗
		不换向	缸壁有锈	用手堵住跑气口跑气可消除或使用一段时间即可
18	离合器（LT1168×350T）	摘开气胎离合器（LT1168×350T），滚筒轴仍旋转	气路未断气	检查气路，排除故障
			未自动放气	更换快速放气阀
			新换摩擦片	换薄摩擦片保证间隙2～3 mm

续表 1-2-15

序号	名　称	故　障	原　因	排除方法
19	滚　筒	滚筒开启不灵	气路有故障	检查气路，排除故障
			摩擦片严重磨损，负荷过重，有卡阻现象	换摩擦片，详细检查转动部位有无落物和变形现象
20	气路压力	气路压力上不来或压力突然下降	气路渗漏或断开	检查气路，排除故障
			离合器气囊破裂漏气	检查气囊，换新
			管路部分堵塞	检查气路，清除堵塞物
21	气动摩擦猫头	摘开气动摩擦猫头，摩擦猫头仍转动	气路未断气	检查气路，排除故障
			未自动放气	更换快速放气阀
			新换摩擦片	换薄摩擦片保证间隙
22	气动摩擦猫头	挂合气动摩擦猫头，摩擦猫头不转动	气路渗漏或断开	检查气路，排除故障
			气囊破裂漏气	检查气囊，换新
			管路部分堵塞	检查气路，清除堵塞物
23	水气葫芦	水气葫芦轴端漏水	水气葫芦密封损坏	更换密封件
24	离合器 (LT965×305T)	摘开气胎离合器 (LT965×305T)，滚筒轴仍旋转	气路未断气	检查气路，排除故障
			未自动放气	更换快速放气阀
			新换摩擦片	换薄摩擦片保证间隙 2～3 mm，或增加调整垫的厚度
25	防爆电磁阀(ND7)	漏气	阀门坏，阀门夹入污物	更换
		不换向	阀门锈死，夹入污物	清洗或更换
			电磁线圈烧坏	更换电磁线圈 220 V AC/24 V DC

（四）高、低速气开关的检修步骤和要求

1. JC40DB1 绞车高、低速的控制

滚筒高、低速由一只 2-HA-2Z 三位四通复位导气阀控制。当阀的手柄处于中位时，滚筒的高、低速离合器都处于排气摘离状态；当 2-HA-2Z 三位四通复位导气阀手柄扳至高速位置时，由 2-HA-2Z 三位四通复位导气阀提供的控制气打开绞车底座内滚筒高速离合器的 ND12 二位三通常闭气控阀，此时，气源经 ND12 二位三通常开气控阀进入 ND12 二位三通常闭气控阀，导通后一路进入滚筒高速离合器，另一路由三通分出进入 ND5 双压阀，2-HA-2Z 三位四通复位导气阀手柄扳至高速位置时，滚筒低速离合器处于排气状态，若滚筒高速端进气而低速端排气还没结束，低速端也有一路由三通分出供气给 ND5 双压阀，ND5 双压阀的 2 个控制口都有气压信号时双压阀打开，压缩空气从 ND5 双压阀流经 ND5 梭阀，再控制 ND12 二位三通常开气控阀，使 ND12 二位三通常开气控阀关闭，滚筒高、低速离合器都排气，避免滚筒高、低速离合器同时处于挂合状态；当 2-HA-2Z 三位四通复位操纵阀手柄扳至低速位置时，其控制原理与高速控制相似，滚筒低速离合器进气挂合，滚筒高速离合器排气摘离，同时具有保护功能。

GBE005 高、低速气开关的检修更换要求

2.绞车高、低速气路系统的检查

高、低速气开关分别合上（注意不能同时合上）时，离合器气囊被充气，关闭气开关后，管线及气囊中的气体是分段排出的，要按以下步骤检查：

（1）气开关至常闭继气器管线中的压缩空气是由气开关壳体上的放气孔排出的。用手贴在放气孔上，若没有气流排出或气流较小，说明气开关内的阀组件损坏，要检修或更换。

（2）常闭继气器至快速放气阀管线中的压缩空气是由常闭继气器的放气孔排出的。用手靠在继气器的放气孔上，如果感到无气流或气流很小，即说明继气器阀芯有阻卡现象，要检修或更换。

（3）快速放气阀至离合器气囊中的压缩空气是由快速放气阀排出的。如果快速放气阀放气不响亮，则说明快速放气阀阀芯已坏，要立即检修或更换。

3.操作程序

（1）用旋塞阀控制高、低速进气管线的绞车气路。

① 关闭旋塞阀，切断气源，卸开连接管线。

② 卸下旧气开关的气管线接头，取下旧气开关，装上准备好的新气开关。

③ 接好后停绞车，打开旋塞阀，试新开关的进放气情况。

④ 若正常，挂合绞车，恢复作业。

（2）无旋塞阀控制高、低速进气管线的绞车气路。

① 更换前把钻具提高以便于活动防卡。

② 停绞车动力，切断进入操作台的总气源。

③ 更换方法同上。

4.注意事项及要求

（1）更换气开关过程中要保持开泵循环，要有专人活动钻具防卡；更换完毕必须检查各气开关，应在空位再挂合绞车动力。

（2）查气路时必须切断绞车动力，更换阀件时必须使用型号相符的阀件。

（3）各密封螺纹要拧紧，不得有松动和漏气现象，拆装时要保护好气管线，以防气管线损坏漏气。

项目二　组装钻机防碰气控装置

一、准备工作

（1）设备。

组装面板 500 mm×1 000 mm×5 mm 1 块，操作架子 30 mm×30 mm 1 个。

（2）工具、材料。

23R6-L6-F 滚筒离合操作阀（二位三通）1 只，23R6-L6-D 辅助刹车气缸操作阀 1 只，TMR6-L6-D 常闭刹车手柄操作阀 1 只，QF501A 机械防碰阀 1 只，SHQ2-L6 换向阀 5 只，Q23JC3A-L6 防碰电磁阀 1 只，23RI-L8-F 防碰解锁阀 1 只，IR3120-04 精密减压阀 1 只，公制内六角扳手 1 套，200 mm 活动扳手 2 把。

二、操作规程

（1）准备工作。

劳保用品穿戴齐全,选用相关工具。

(2) 按顺序连接组装相关阀件。

连接机械防碰阀,连接防碰阀释放阀,连接总离合器、惯刹操作阀,连接离合操作阀,连接气缸操作阀,连接刹车操作阀(连接每组阀件时需确保气密性)。

(3) 收尾。

安全文明操作,操作完毕,规整作业区域。

三、注意事项

组装作业时确保钻机相关系统都处于安全状态。

项目三　设置电子防碰参数

一、准备工作

(1) 设备。

YTA-H 型电子防碰装置 1 套。

(2) 工具。

5 m 卷尺 1 只,粉笔适量。

二、操作规程

(1) 打开电源,进入设定菜单。打开操作显示开关,系统稳定后进行下一步。

(2) 检查基本参数。将游车下放或上提至零位(电子防碰显示值),并标记。基本参数有滚筒直径、滚筒宽度(或每层大绳圈数)、大绳直径、初始层数、初始圈数。

(3) 检测误差。上提钻具 1.5 m 左右(电子防碰上显示的数据),用米尺实际测量钻具上升高度,查看误差是否超过 10 cm,超过则需重新确定滚筒直径、滚筒宽度(或每层大绳圈数)、大绳直径、初始层数、初始圈数,归零后再次测量。如误差不超过 10 cm,则可进行下一步。

(4) 设置上防碰点、上减速点、下减速点、下防砸点。进入参数设定界面,设定上防碰点为 20 m,上减速点为 17 m,下减速点为 3 m,下防砸点为零。

(5) 测试刹车点和减速点是否工作正常。将游车上提,检查其是否在上减速点开始减速并报警,在上刹车点是否刹车。手动解除刹车,下放游车,测试下减速点是否开始减速、下防砸点是否刹车。

(6) 游车下放到转盘面,关闭电子防碰系统。

(7) 关闭系统后工具放回原处。

项目四　设定顶驱扭矩参数

一、准备工作

顶驱装置 1 台,司钻操作台 1 个,液压站 1 套。

二、操作规程

（1）检查。

① 检查确认机械和液压系统准备就绪。

② 检查电气系统控制柜和司钻操作台的操作元件和仪表，使其处于初始状态。

③ 按下"复位/静音"按钮 3 s，测试司钻操作台所有指示灯。

（2）确认液压泵运行正常。通信正常时，司钻操作台"液压泵运行"指示灯常亮。

（3）通过上位监控系统，选定转速范围。

（4）操作"电机选择"开关到 A，A＋B 或 B，根据需要选择主电机。

（5）"钻井扭矩限定"手轮缓慢离开零位，设定为需要的扭矩。钻井作业中设定钻具允许的最大转矩值。顺时针旋转手轮，将提高限定扭矩。在双电机模式下，手轮满量程对应扭矩值为 50 kN·m。系统单电机运行时，钻井转矩最大限定到 25 kN·m。当手轮设定值超过 25 kN·m 时，装置仍按 25 kN·m 的扭矩值输出。

（6）设定上扣允许的最大转矩值。顺时针旋转手轮，将提高限定扭矩。在双电机模式下，手轮满量程对应扭矩值为 50 kN·m。系统单电机运行时，上扣扭矩最大限定到 25 kN·m，当设定手轮值超过 25 kN·m 时，装置仍按 25 kN·m 的扭矩值输出。

（7）将"旋转方向"开关扳到"正向"位置。

（8）"转速设定"手轮缓慢离开零位，主电机按手轮给定转速正向旋转。

三、技术要求

扭矩值应根据钻具的上扣扭矩值设定。

四、注意事项

（1）由司钻岗位以上人员设定。

（2）扭矩值应根据钻具的上扣扭矩值设定，不能超出使用规定。

（3）操作扭矩手轮要缓慢，不能快速操作。

项目五　拆检继气器

一、准备工作

（1）设备。

台虎钳 1 台。

（2）工具、材料。

ZG-2 钙基润滑脂 1 kg，棉纱适量，继气器 1 只，250 mm 活动扳手 1 把，450 mm 活动扳手 1 把，250 mm 一字螺丝刀 1 把，300 mm 一字螺丝刀 1 把，卡簧钳子 1 把，管钳 1 把。

二、操作规程

（1）准备工作。

穿戴好劳保用品。

(2) 拆开继气器。

① 卸端盖并检查 O 形密封圈。用台虎钳夹紧继气器主体,用管钳咬住端盖,逆时针方向将端盖卸开,检查端盖上的 O 形密封圈。

② 取内套并检查。在外阀座气孔处,用螺丝刀顶住阀芯螺母,顺势用力,将其顶出内套。检查内、外阀座的 2 个 O 形密封圈及内、外阀的磨损情况。

③ 拆内外阀总成。用扳手和一字螺丝刀卸掉阀座总成的固定螺母,取出垫片(绝缘型)和阀门。

(3) 检查继气器。

① 检查卡簧内的阀座。取下卡簧,检查卡簧内的阀座。

② 检查弹簧。抽出平衡套杆及阀座,检查 O 形密封圈及平衡复位弹簧。

③ 检查导套。取出导套,检查导套孔是否堵塞。

(4) 清洗保养。

清洗内、外阀总成及附件并保养。

(5) 组装继气器。

① 装导套。将导套内壁涂上少量润滑脂,把导套台肩向内装进内套。

② 装弹簧。把弹簧装进内套,装内阀座卡簧。

③ 装阀芯。将阀芯纵向穿过弹簧、导套、内阀座,装入内套,并使阀芯到位。

④ 装阀门并固定。将阀门放在内阀座上,使阀芯从阀门中心穿过,装好弹簧垫,拧紧固定螺钉。

⑤ 装内套上端盖。使阀门朝前,将内套推进阀腔,顺时针用管钳拧紧端盖。

三、技术要求

导套总成不能装反。

四、注意事项

(1) 注意不要碰坏继气器内的 O 形橡胶密封圈。

(2) 注意内、外阀的组装顺序。

项目六　检查通风型气胎离合器

一、准备工作

(1) 设备。

空压机 1 台。

(2) 工具、材料。

气源装置适量,板簧适量,摩擦片适量,气胎适量,300 mm 活动扳手 1 把,450 mm 活动扳手 1 把,撬棍 1 根,300 mm 一字螺丝刀 1 把,2 lb 手锤 1 把。

二、操作规程

(1) 检修前试气。停动力,检查进排气情况。

（2）检查摩擦片。检查摩擦片的磨损情况。

（3）拆卸气胎。拆护罩、导气龙头、进气管线接头，抽取销钉及安全销，抽取扇形体，卸气囊气管线接头，卸上下气囊。

（4）检查。检查摩擦片的磨损量，检查气囊、销钉、摩擦毂。

（5）更换气胎。按拆卸相反顺序装气胎，上紧圆螺母。

（6）组装。组装扇形体、摩擦片、扭力杆、板簧等零部件。

（7）紧固。紧固各个接头、护罩。

（8）试气。检查进排气情况。

三、技术要求

（1）各密封螺纹要拧紧，不得有松动和漏气现象。

（2）更换阀件时必须使用型号相符的阀件。

（3）拆装时要保护好气管线，以防气管线损坏漏气。

四、注意事项

（1）检查气路时必须切断动力。

（2）拆装气阀件时要切断气源。

（3）穿戴好劳保用品。

项目七　装配液气大钳移送气缸

一、准备工作

（1）设备。

ZQ203-100 液气大钳 1 套。

（2）材料、工具。

移送气缸 1 套，连接销 2 个，ϕ15 mm 钢丝绳 5 m，ϕ15 mm 绳卡 4 只，开口销 4 个，手锤 1 把，250 mm 活动扳手 1 把，手钳 1 把，固定卡子、螺栓各 1 个。

二、操作规程

（1）检查移送气缸总成及附件。

① 检查连接销及孔。

② 检查气缸主体、活塞液缸密封、活塞杆。

③ 检查钢丝绳、正反螺钉。

④ 检查气管线及连接接头。

（2）安装。

① 将气缸水平放置到平台上。

② 将装好的活塞杆水平装入大钳的连接孔，对齐插入连接销。

③ 连接气缸。

④ 安装固定气缸组件的安全绳。

⑤ 安装连接气缸组件的管线。

⑥ 检查各部件是否齐全标准。

⑦ 试运转(试验气缸)。

三、注意事项

(1) 检查时必须保证安装件完好。

(2) 安装必须到位,否则影响正常试运转。

项目八　保养顶驱滑动系统

一、准备工作

(1) 设备。

滑动系统 1 套。

(2) 工具、材料。

润滑脂适量,黄油枪 1 把,棉纱适量,手钳 1 把。

二、操作规程

(1) 检查导轨连接销轴、锁销和开口销。

(2) 检查天车耳板和导轨连接件,不应有焊接点损坏或出现裂缝。

(3) 检查导轨反扭矩支架的安装固定螺栓,不得有松动等迹象。

(4) 检查滚轮螺母,不得有松动等迹象。

(5) 检查滚轮表面的磨损情况。

(6) 在两侧滚轮轴和滑车上下端面的油嘴处加注润滑脂。

三、技术要求

(1) 如果滚轮有磨损,更换新滚轮。

(2) 保养一定要认真,不能漏保。

四、注意事项

(1) 滑车在导轨上的滑动位置(即正常工作位置)时,滚轮不能拆下,若更换滚轮必须将本体和滑车从导轨上滑出。

(2) 更换完滚轮后,将滑车装回导轨。

项目九　调节液压盘式刹车安全钳刹车间隙

一、准备工作

(1) 设备。

液压盘式刹车 1 套。

(2) 工具、材料。

棉纱适量,短铁棒 2 根,塞尺 1 副。

二、操作规程

（1）首先给安全钳供油,使安全钳刹车块与刹车盘分离。

（2）用 2 根铁棒分别插入锁紧螺母和调节螺母上的孔中,用力卸松锁紧螺母。

（3）用铁棒扳动调节螺母,使安全钳刹车块与刹车盘完全贴合,然后反向旋转调节螺母,反向旋转小于 1/4 圈。

（4）用塞尺分别测量刹车盘两侧与刹车块的间隙值,该间隙值不大于 0.5 mm。

（5）用一根铁棒插入调节螺母上的孔中,扳住调节螺母保持不动,用另一根铁棒旋动锁紧螺母,直至锁紧螺母将调节螺母锁紧。

（6）再次用塞尺检查刹车块与刹车盘之间的间隙。

三、技术要求

（1）要经常检测调节间隙、刹车块的厚度以及油缸的密封性。

（2）刹车块与刹车盘之间的间隙大于 1 mm,必须进行调整,松刹间隙不大于 0.5 mm。

（3）当施行紧急刹车操作后,必须重新调整松刹间隙。

四、注意事项

（1）穿戴好劳动保护用品。

（2）司钻房要有专人值守,不得随意离开。

（3）游车要放到低位,并用卡瓦卡住钻具,卸掉大钩负荷。

（4）操作期间要用工作钳和辅助刹车设备始终刹住绞车滚筒。

项目十　给空气包充氮气

一、准备工作

（1）设备。

钻井泵 1 台,充氮装置 1 套或氮气 1 瓶(带充气软管总成)。

（2）材料、工具。

松扣剂 1 瓶,润滑脂适量,250 mm 活动扳手 1 把。

二、操作规程

（1）准备工作。

（2）拆压力表罩。

（3）取下排气阀。

旋转排气阀阀盖 1/4～1/2 圈,以排放压力表区内存在的气压,取下排气阀。

（4）连接充气软管总成。

把软管连到氮气瓶开关和空气包充气阀上。

（5）充气。

先打开空气包充气阀,再缓慢打开氮气瓶阀门,调节流量,充装完成后先关氮气瓶阀门再关空气包充气阀。

(6) 取下充气软管总成。

确认氮气瓶阀门和空气包充气阀关闭后,取下充气管软管总成。

(7) 装压力表罩。

安装压力表外罩。

(8) 装排气阀。

三、技术要求

空气包预充压力不得超过泵排出压力的 2/3,最大充气压力为 4.5 MPa(650 psi)。

四、注意事项

(1) 保养空气包时必须停泵,并保证空气包排空气体。不能依靠压力表来判断,因残余压力较小,压力表无法显示,但此低压也会导致事故发生。

(2) 可使用压缩氮气或压缩空气,不能使用氧气或氢气等易燃易爆气体。

项目十一　更换高、低速气开关

一、准备工作

(1) 设备。

石油钻机 1 台,高、低速气开关 1 个。

(2) 工具、材料。

ZG-2 钙基润滑脂 1 kg,棉纱适量,200 mm 活动扳手 1 把,200 mm 一字螺丝刀 1 把,200 mm 钢丝钳 1 把。

二、操作规程

(1) 准备工作。

(2) 切断气源。

用旋塞阀控制高、低速进气管线的绞车气路需关闭旋塞阀,切断气源路。

(3) 拆卸旧气开关。

卸下旧气开关的气管线接头,取下旧气开关。

(4) 安装新气开关。

装上准备好的新气开关。

(5) 连接气管线。

按正确方式连接气管线接头。

(6) 测试新开关。

接好后停绞车,打开旋塞阀,试新开关的进放气情况。

三、技术要求

(1) 各密封螺纹要拧紧,不得有松动和漏气现象。

（2）更换阀件时必须使用型号相符的阀件。

（3）拆装时要保护好气管线及接头，以防气管线或接头损坏漏气。

（4）更换完毕必须检查各气开关，应在空位再挂合绞车动力。

（5）无旋塞阀控制高、低速进气管线的绞车气路需停绞车动力，切断进入操作台的总气源。

四、注意事项

（1）检查气路时必须切断动力。

（2）拆装气阀件时要切断气源。

（3）穿戴好劳保用品。

项目十二　排除液气大钳故障

一、准备工作

（1）设备。

ZQ203-100 钻杆动力钳。

（2）材料、工具。

300 mm 活动扳手 1 把，润滑油适量，润滑脂适量，液压油适量，黄油枪 1 把，内六角扳手 1 套。

二、操作规程

（1）上卸扣时上钳或下钳打滑。

① 钳牙使用时间长，磨损、变秃。

② 钳牙牙槽被脏物堵塞。

③ 由于热处理不当，钳牙过脆或过软咬不住钻杆。

④ 大刹带调节过松，上钳颚板不爬坡。

⑤ 制动盘污染与刹带打滑。

⑥ 钳子未调平。

⑦ 钳子未送到位。

⑧ 夹紧气缸漏气或气路其他地方漏气，引起气压低于 0.5 MPa。

⑨ 钳子不清洁，颚板架内油泥多，滚子在坡上不易滚动而打滑。

⑩ 换颚板时没有及时更换堵头螺钉。

⑪ 钻杆接头害损严重，颚板抱不住。

⑫ 上下钳定位手把方向不一致。

⑬ 上下钳缺口未对准，将上下钳定位手把换向但不起作用。

⑭ 先夹紧钻杆再将定位手把定向。

（2）有高挡无低挡或有低挡无高挡。

① 气管线刺漏。

② 双向阀滑盘脏污或磨损，造成气阀漏气。

③ $\phi300\times100$ 气胎离合器气胎漏气，或有摩擦片磨损过甚。

④ 快速放气阀漏气。

（3）换挡不迅速。

① 快速放气阀堵塞。

② 气胎离合器和内齿圈间隙过小，分离不开。

（4）高挡压力上不去。

上扣溢流阀未调到规定压力。

（5）低挡压力上不去扣卸不开。

① 摩擦片磨损，抱不住变速器内齿圈而发生打滑。

② 液压系统故障。包括油箱内油面过低、油的黏度过高、油管破裂、油管接头刺漏、溢流阀阀芯堵死、三角皮带过松、油泵不能正常工作等。

③ 大刹带太松。

三、注意事项

根据故障现象有针对性地进行检查。

模块三　钻井工程与工艺管理

项目一　相关知识

　　钻头是破碎岩石的主要工具,位于钻柱的最下端。其主要作用是破碎岩石,形成井眼。为了满足不同钻进工艺、不同岩性地层以及提高钻井速度和降低钻井成本的需要,现已研制出了多种类型的钻头。按结构可分为刮刀钻头、牙轮钻头、金刚石钻头、PDC 钻头等;按功用可分为全面钻进用钻头(全径钻头)、环形破岩用钻头(取芯钻头);按破岩作用可分为切削型、冲击型、冲击切削型(复合型)等。除上述分类外,还有其他分类。目前使用最广泛的是牙轮钻头和 PDC 钻头。

> GBG001 钻头
> 的类型

　　刮刀钻头是旋转钻井中最早使用的一种钻头,这种钻头结构简单,制造方便,适合于软及高塑性地层,在较硬和含硬质结核、硬夹层地层中钻进时效率大大降低。使用刮刀钻头钻井时,易发生井斜,井身质量较差。该类钻头已趋于淘汰,有的钻井公司仅在一开时使用。刮刀钻头刀翼上任一点的运动轨迹呈空间螺旋形。

一、牙轮钻头

（一）牙轮钻头的类型及适用地层

> GBG003 牙轮
> 钻头的类型及
> 适用地层

　　牙轮钻头是使用最广泛的钻头之一,适用于从软到硬的各种地层。牙轮钻头有单牙轮钻头、双牙轮钻头、三牙轮钻头、多牙轮钻头等。其中使用最多的是三牙轮钻头,它的 3 个牙轮锥体按 120°夹角对称分布(见图 1-3-1)。牙轮钻头还可分为全面钻进牙轮钻头、取芯牙轮钻头;自洗式牙轮钻头、非自洗式牙轮钻头;铣齿牙轮钻头、镶齿牙轮钻头;滚动轴承牙轮钻头、滑动轴承牙轮钻头等。根据钻头体与巴掌的连接情况可将三牙轮钻头分为有体式钻头和无体式钻头。

（二）牙轮钻头的结构

　　牙轮钻头破岩时扭矩小,转动平稳,对钻具及地面设备的危害小;工作刃较刮刀钻头长,减少了磨损,延长了使用寿命。

> GBG002 牙轮
> 钻头的结构

但结构较复杂,制造困难,成本较高。牙轮钻头主要由钻头体、巴掌(牙爪)、牙轮、轴承、水眼(喷嘴)、储油密封润滑系统等组成。

图 1-3-1　三牙轮钻头

1. 钻头体与巴掌

钻头体上部车有螺纹与钻具相连,下部带有3个巴掌与牙轮的轴颈相连,起支撑牙轮的作用。钻头体的底端中部镶焊水眼板或安装喷嘴。根据钻头体与巴掌的连接情况可分为有体式钻头和无体式钻头。有体式钻头是钻头体与巴掌分别制造,然后将巴掌焊接在钻头体下侧的一类钻头。该类钻头直径一般在346 mm以上,其上部螺纹绝大多数为内螺纹。无体式钻头是巴掌与1/3钻头体做成一体,然后将加工好并装接上牙轮的3部分合焊起来的一类钻头。该类钻头直径一般在311 mm以下,其上部绝大多数为外螺纹。

牙轮在牙爪轴颈上的固定是在牙轮与轴颈组装好后,通过牙爪下侧背部的斜孔投入滚珠来完成的,最后插入销子并焊死。

2. 牙轮

牙轮是一个外面带有牙齿,内腔加工成与轴颈相对应的滚动体跑道或滑动摩擦面的锥体。牙轮外锥面具有2种锥度,分单锥与多锥2种结构,如图1-3-2所示。单锥牙轮仅由主锥和背锥组成;复锥牙轮由主锥、副锥和背锥组成,有的有2个副锥。牙轮在牙轮钻头上还有超顶与移轴2种结构(见图1-3-3),牙轮的锥顶超过钻头中心称作超顶,牙轮轴线相对于钻头轴线平移一段距离称作移轴。单锥牙轮适用于硬及研磨性较高的地层。复锥、超顶、移轴会增加牙轮钻头的剪切破岩作用。

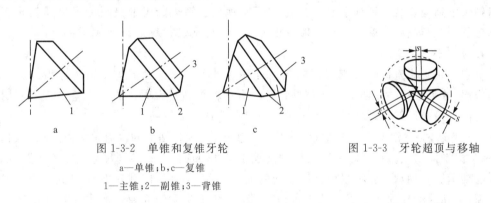

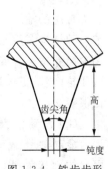

图1-3-2　单锥和复锥牙轮　　　　　　图1-3-3　牙轮超顶与移轴

a—单锥;b、c—复锥

1—主锥;2—副锥;3—背锥

3. 牙齿

牙齿是钻头破岩的主要元件,要求其破岩效率高和工作寿命长。为此,牙齿既要耐磨,又要有足够强度,还要有合理的几何外形。牙轮钻头的牙齿有铣齿(钢齿)、镶齿(硬合金齿)2种。

(1)铣齿。铣齿是由牙轮毛坯铣削加工而成的牙齿,这种钻头叫作铣齿钻头。铣齿断面形状主要是楔形。铣齿的齿形参数主要有齿尖角、齿高、齿顶削平度(钝度)和外排齿形等,如图1-3-4所示。

① 齿尖角。齿尖角是牙齿横断面上两边界的夹角。为了利于吃入地层,其值应小些,但太小则影响强度。一般软地层阻力小,强度要求不高,为了提高钻速,软地层中齿尖角比硬地层中的小些。齿尖角的常用范围:软地层中为38°～40°;中硬地层中为40°～42°;硬地层中为42°～45°。

② 齿高。齿高是齿根到齿顶的距离。一般齿越高吃入地层越深,钻进效率越高,但太高易使牙齿蹩断。因此,不同岩性地层的破岩阻力不同,齿高也不同,软地层中要比硬地层中高些。

图1-3-4　铣齿齿形

③ 齿顶削平度。齿顶削平度即齿尖的宽度。在软地层中，为加快钻速宽度要小些；在硬地层中，为保证强度宽度要大些。同时，还要根据钻头大小而定，一般小钻头齿尖宽度为0.75～1 mm，大钻头齿尖宽度为 2 mm。

牙齿在轮壳上的排列布置方式是影响钻进效率的重要因素。布齿时首先保证钻头每转一圈牙齿全部破碎井底，不留下未被破碎的凸起部分。根据岩性不同牙轮上齿圈的排列有自洁式和非自洁式 2 种。

自洁式又称自洗式，其特点是相邻两牙轮的齿圈相互交错排列。钻头工作时，相邻牙轮相互铣掉齿圈间的岩屑，防止钻头泥包。但其牙齿排列较稀，不宜在硬地层中使用。非自洁式又称重叠式，其特点是各牙轮上可任意布置齿圈，不受相邻牙齿的影响，故可加密齿圈。重叠式牙轮钻头适应于硬及研磨性较高的地层。

钻进中，在钻头破碎岩石的同时牙齿逐渐被磨损，影响牙齿磨损的主要因素是地层岩石的研磨性、钻井技术参数、牙齿材料与齿形、加工工艺技术等。为了提高铣齿钻头的工作寿命，通常要对铣齿进行加硬，即在钻头牙齿的工作面上加焊一层硬合金粉。两侧堆焊牙齿的抗磨力强，适用于研磨性较高的地层；一侧堆焊牙齿则能在不断磨损中保持自锐。

（2）镶齿（硬合金齿）。镶齿钻头是将硬合金材料加工成一定形状的牙齿，镶嵌并固定在轮壳上的钻头。由于牙齿硬度高、耐磨性强，故能适应于坚硬及高研磨性地层。目前的镶齿钻头已适应于从坚硬地层到软地层的不同地层。镶齿的齿形是指牙齿出露在轮壳以外部分的形状与高度。镶齿齿形一般有楔形、锥形、球形、三棱形和抛射体形等。

4. 牙轮钻头的轴承

决定钻头工作寿命的关键因素除牙齿外还有轴承。通常轴承先于钻头牙齿及其他部分而报损（称为轴承的先期损坏），密封润滑的滑动轴承钻头大大提高了牙轮钻头的使用寿命。目前普遍使用的是硬质合金齿喷射式密封滑动轴承牙轮钻头。

（1）普通轴承（滚动不密封轴承，已基本不生产）。牙轮钻头的普通轴承由牙爪轴颈、牙轮内腔、滚动体组成。在牙轮内腔及轴颈上加工了相对应的 3 条不同尺寸的滚动体跑道，构成 3 副轴承。大轴承主要承受由钻压引起的径向载荷，小轴承起扶正及承受少量径向载荷的作用，中间的滚珠轴承主要起锁紧定位作用，它将牙轮及牙爪轴颈锁在一起并承受部分轴向载荷。此外，还有 2 道承受牙轮轴向载荷的止推轴承，即小轴端部为第一道止推轴承，它在小轴端部堆焊耐磨合金，并在牙轮内腔相对应部位镶装耐磨合金；小轴颈底端的台肩面为第二道止推轴承，它在小轴颈底端的台肩面堆焊耐磨合金，同时也在牙轮内腔相对应部位镶装耐磨合金。

常用的轴承结构有滚柱轴承-滚珠轴承-滑动轴承和滚柱轴承-滚珠轴承-滚柱轴承 2 种。前一种结构多用于直径 152～244 mm 的小尺寸钻头，后一种结构多用于直径 244 mm 以上的大尺寸钻头。普通轴承由于没有密封装置，当钻头在井内工作时，钻井液与泥砂极易进入牙轮内腔，很快将轴承腔内的润滑脂冲蚀掉，加剧了轴承磨损，导致普通牙轮钻头工作寿命很短。

（2）滑动轴承。滑动轴承钻头主要是指滑动轴承取代大轴滚柱轴承的牙轮钻头。其结构为滑动轴承-滚珠轴承-滑动轴承。滑动轴承把牙轮轴颈与滚柱的线接触改变成滑动摩擦面间的面接触，承压面积大大增大，比压大大减小。同时，不存在滚柱对轴颈的冲击作用。由于去掉了滚柱就可以把轴颈尺寸加大，牙轮壳体增厚，这样提高了整个轴承的强度，从而有利于增大钻压，大大提高了钻头的工作寿命。

常用的滑动轴承有轴颈轴承、带固定衬套的滑动轴承和带浮动式衬套的滑动轴承以及简易滑动轴承。

（3）轴承的储油密封润滑。牙轮钻头轴承的储油密封润滑结构是在巴掌的组合体上增加一套储油密封系统。它由轴承腔的压力补偿系统和密封元件等组成。其作用是将牙轮内腔与外界的钻井液分开，并在钻头工作时随时向轴承腔内补充润滑脂，从而改善轴承的工作条件。

5.牙轮钻头的水眼（喷嘴）

非喷射式钻头的水眼只起钻井液循环通道的作用，而喷嘴不仅循环钻井液，还能把钻井液转化为高速射流。当普通钻头在软地层中钻进时，为了防止钻头泥包，从水眼流出的钻井液均直接冲在牙轮上。喷射式钻头的水眼方向是使钻井液直射两牙轮间的井底。

喷嘴（水眼）主要有普通喷嘴、中长喷嘴、长喷嘴、斜喷嘴、振荡脉冲射流喷嘴、中心喷嘴等。普通喷嘴一般有椭圆型、圆弧型、双圆弧型、锥型、流线型、等变速型等，其结构形状决定了射流的扩散角大小、等速核长短和流量系数的大小。

（三）牙轮钻头的工作原理

牙轮钻头是依靠牙齿对地层的冲击、压碎作用与滑动剪切作用来破碎岩石的。

1.牙齿对地层的冲击、压碎作用

钻进时，在转盘或井下动力钻具的带动下，牙轮钻头的牙轮绕钻头轴线做顺时针方向的公转运动。由于牙齿与地层岩石之间相互作用，使牙轮在公转运动的同时，还绕牙轮轴线做逆时针方向的自转运动。牙轮转动时，牙齿与井底的接触是单齿、双齿交错进行的。单齿接触井底时，牙轮的中心处于最高位置；双齿接触井底时则牙齿的中心下降，这样就会使钻柱不断压缩与伸张，下部钻柱把这种周期性变化的弹性变形能通过钻头牙齿转化为对地层的冲击作用力来破碎岩石，与静载压入力一起形成了牙齿对地层岩石的冲击、压碎作用，这种作用是牙轮钻头破碎岩石的主要方式。

GBG004 牙轮钻头的工作原理和产品系列

2.牙齿对地层的滑动剪切作用

钻进时，只有牙轮顺时针方向的公转运动速度与逆时针方向的自转运动速度相等，牙齿在井底才做纯滚动运动。由于牙轮的超顶、复锥、移轴结构，使大多数牙齿的公转运动速度与自转运动速度不一致，使这些牙齿产生了向前或向后的滑动运动，牙齿的滑动运动对地层产生剪切破岩作用。牙轮超顶距越大、复锥牙轮副锥顶的延伸线超顶距越大、移轴距越大，滑动剪切破岩作用越大。

牙轮钻头工作时，由于摩擦阻力的影响使其在井底产生滑动，而且转速越大，滑动量越大，对岩石的剪切破碎作用越大。此外，牙齿在轴向压力作用下吃入地层，转动钻头时随着牙齿的移动而使已破碎的岩石剔出，这一压入破碎其实质是剪切破碎。

（四）牙轮钻头的产品系列

牙轮钻头是国内外钻井使用最多的钻头，为满足不同深度、不同地层岩性、不同井身结构等方面的要求，制定了牙轮钻头的系列标准，即牙轮钻头的直径系列和结构系列标准。

1.牙轮钻头的直径系列

牙轮钻头的直径要与相应的套管尺寸相配合。下套管固井时，要保证套管外径与井眼间有合适的间隙，以提高固井质量；固井后继续钻进所用钻头直径又要与套管内径配合好。直径系列的确定必须根据各国的具体条件而定。

2. 牙轮钻头的结构系列

国产牙轮钻头分为两大类，即钢齿牙轮钻头和镶齿牙轮钻头，共 8 个系列，系列代号用专用汉语拼音字母表示，见表 1-3-1。钢齿钻头类型及适用地层见表 1-3-2。

表 1-3-1　牙轮钻头的结构系列

类　别	全　称	简　称	代号
钢齿牙轮钻头	普通三牙轮钻头	普通钻头	Y
	喷射式三牙轮钻头	喷射式钻头	P
	滚动密封轴承喷射式三牙轮钻头	密封喷射式钻头	MP
	滚动密封轴承保径喷射式三牙轮钻头	密封喷射式保径钻头	MPB
	滑动密封轴承喷射式三牙轮钻头	滑动喷射式钻头	HP
	滑动密封轴承保径喷射式三牙轮钻头	滑动喷射式保径钻头	HPB
镶齿牙轮钻头	镶硬合金齿滚动密封轴承喷射式三牙轮钻头	镶齿密封喷射式钻头	XMP
	镶硬合金齿滑动密封轴承喷射式三牙轮钻头	镶齿滑动喷射式钻头	XHP

表 1-3-2　钢齿钻头类型及适用地层

代号(简化)	1	2	3	4	5	6	7
类　型	JR	R	ZR	Z	ZY	Y	JY
钻头体颜色	乳　白	黄	浅　蓝	灰	墨绿	红	褐
适用地层	极　软	软	中　软	中	中　硬	硬	极　硬
适用岩性 (举例)	泥　岩 石　膏 盐　岩 软页岩 软石灰岩 白　垩		中软页岩 中硬石膏 中软石灰岩 中软砂岩	中硬页岩 硬石膏 中硬石灰岩 中硬白云岩	硬页岩 硬石灰岩 硬白云岩 砂　岩 石英岩		石英砂岩 石英岩 燧　石 花岗岩

3. 国产三牙轮钻头产品型号表示方法

国产三牙轮钻头产品型号表示方法如图 1-3-5 所示。

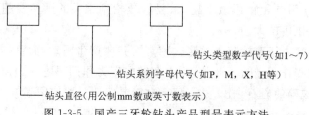

钻头类型数字代号(如1～7)

钻头系列字母代号(如P，M，X，H等)

钻头直径(用公制mm数或英寸数表示)

图 1-3-5　国产三牙轮钻头产品型号表示方法

例如，若钻头代号为 241XHP5(9½″XHP5)，则说明该钻头是用于中硬地层直径为 241.3 mm(9½ in) 的镶齿密封滑动喷射式三牙轮钻头。

4. 国外钻头系列简介

国外钻头系列多采用 IADC(国际钻井承包商协会) 的钻头编码。IADC 钻头分类法是根据钻头适用地层条件，将铣齿与镶齿同时分为软、中、硬、极硬 4 类，用代号的第一位数字表示。例如铣齿用 1，2，3，4 来表示，镶齿用 5，6，7，8 来表示。每类地层又分成 4 个等级，列为代号的第二位数字。第三位数字表示钻头特征,1 表示普通,2 表示 T 型保径齿,3 表示保径齿,4 表示滚动密封轴承,5 表示滚动密封保径,6 表示滑动密封轴承,7 表示滑动密封保径,8,9 表示其他特殊结构。例如 IADC 牙轮钻头代号为 537,则相当于国产牙轮钻头 XHP3。

(五)牙轮钻头的合理使用

1.合理选择牙轮钻头

选择入井牙轮钻头型号时除考虑地层岩性、钻头特点和使用效果分析对比外,还要考虑以下问题:

(1)浅井段。岩石胶结疏松,宜选用能取得较高机械钻速的钻头。

(2)深井段。起下钻行程时间长,宜选用进尺指标较高的钻头。

(3)出井钻头外排牙齿严重磨损时,宜选用带有保径齿的钻头。

(4)含有石英砂岩夹层的地层,宜选用带保径齿的镶齿钻头。

(5)易斜井段。宜选用具有较小滑动量结构、牙齿多而短的钻头。

(6)钻页岩占多数的地层或采用高密度钻井液钻井时,宜选用镶楔形齿的钻头。

(7)钻石灰岩地层时,宜选用镶双锥齿和抛射体形齿的钻头。

(8)钻含泥页岩类岩石较多的地层或采用较大密度钻井液钻井时,宜选用具有较大滑动量的镶齿钻头。

(9)钻灰岩、砂岩和其比例较大地层时,宜选用滑动量较小的镶齿钻头。

(10)钻坚硬及高研磨性地层时,宜选用纯滚动的球齿或双锥齿镶齿钻头。

2.牙轮钻头入井前的检查

钻头入井前应由钻井技术员、司钻、记录员进行认真检查,不合格的钻头绝不能下井使用,同时做好资料记录。

> GBG005 牙轮
> 钻头的合理使
> 用和特种牙轮
> 钻头概述

(1)钻头型号应符合地层岩性。

(2)钻头直径应与井眼直径相符。钻头入井前需用钻头规准确量出直径。正常情况下,同类钻头直径误差应在±1.5 mm 之间。

(3)检查钻头螺纹是否完好。

(4)检查焊缝质量是否良好。

(5)检查水眼是否畅通,喷射式钻头应检查喷嘴尺寸是否合乎要求,固定是否牢固。

(6)检查牙轮完好状况,镶齿钻头还应检查固齿质量,如硬质合金齿有无松动、碎裂现象。

3.牙轮钻头入井操作注意事项

(1)在检查合格及清洗后的钻头螺纹上涂以专门的螺纹脂。

(2)选用合格的钻头装卸器,应使上螺纹时钻头牙爪受力,钻头放进装卸器时不得猛顿。

(3)上螺纹要先用链钳再用吊钳拉紧。紧螺纹时扭矩要适当,小钻头更不能猛拉。

(4)下钻操作要平稳,遇阻不得硬压,镶齿钻头下钻要慢,以免在硬地层及井眼不规则处碰坏硬质合金齿。

(5)下钻遇阻划眼时,应记下井深、划眼情况及时间,以便于判断遇阻原因,控制工作时间。

(6)下钻至井底一定距离(一个单根),应开泵转动缓慢下放,严禁一次下钻到底开泵。

4.牙轮钻头钻进时的注意事项

(1)钻头到井底后,应轻压跑合 0.5 h 左右,再逐渐加压至规定钻压,严禁加压启动钻头。

（2）操作刹把精力要集中，送钻均匀，严防溜钻和顿钻事故。

（3）钻进时根据钻时变化及钻头运转情况，随时分析，掌握岩性的变化，调整参数配合，以适应所钻地层的需要。

（4）掌握好起钻时间。正常情况下，钻头工作时间取决于牙齿及轴承寿命。轴承失效后会造成旋转扭矩增大，出现井下跳钻现象。在参数与岩性大致不变的情况下，牙齿磨钝必然造成钻速下降。现场一般可根据进尺、钻进总时间、钻速下降情况与钻头后期在井下运转正常与否等因素综合考虑，掌握钻头工作时间。这与操作者的实践经验、责任心有很大的关系。

5. 牙轮钻头工作情况的判断

（1）正常工作：当地层岩性无变化时，正常钻压下，转盘转动均匀，转盘链条无上下跳动的现象；钻时正常，无明显变化；悬重表、泵压表指示平稳；刹把无异常感觉。

（2）轴承损坏：转盘出现周期性蹩跳，钻压小则轻，钻压大则重；钻速下降，泵压正常而悬重表指针有摆动。

（3）牙轮卡死：转盘负荷增大，转盘链条跳动，方钻杆有蹩劲，停转盘打倒车；钻速下降，悬重表指针摆动严重。

（4）掉牙轮：转盘负荷增大，转盘链条严重跳动，停转盘打倒车；蹩钻严重；悬重表指针来回摆动；钻速明显下降或无进尺；上提钻具变换方向下探方入有变化，高差约为一牙轮高度。

（5）牙齿磨（脱）光：转盘负荷减轻；方钻杆无蹩跳；钻速明显下降或无进尺；悬重表指示平稳、无摆动；泵压正常。

（6）钻头泥包：转盘负荷增大，有跳钻现象；钻速下降；上提钻具有不同程度的挂卡；泵压上升，严重时憋泵。

6. 牙轮钻头使用情况分析

牙轮钻头使用情况主要包括钻头牙齿的磨损、轴承的磨损、钻头直径的磨损及其他部位的损坏情况 4 个方面。

（1）牙齿的磨损。3 个牙轮中磨损最严重的一个牙轮作为评定该钻头最终等级的标准。

钢齿磨损分级是以牙齿磨去尺寸与新齿比较作为定级标准，共分 4 级，分别用 Y_1，Y_2，Y_3，Y_4 表示。牙齿磨去高度不足 1/4 时仍定为一级，齿高磨去高度在两级范围之间时定为较高一级。

镶齿磨损分级是以牙齿的脱落和碎裂与新钻头镶齿总数的比较作为定级标准的，共分 4 级，表示方法同上。镶齿磨损分级时，断齿和掉齿应分别加以注明后再分级。镶齿脱落和碎裂与新钻头镶齿总数的比值小于 1/4 时仍定为一级，比值在两级范围之间时定为较高一级，镶齿纯系牙齿磨损，可按钢齿的标准分级。

（2）轴承的磨损。3 个牙轮中以旷动最严重的一个牙轮作为评定最终等级的标准。它分为普通轴承和密封轴承 2 类，并各分为 4 级，分别用 Z_1，Z_2，Z_3，Z_4 表示。

① 普通轴承。牙轮转动灵活、平稳，轴承不旷动，定为一级；牙轮转动灵活，轴承已旷动，径向旷动 1～2 mm，轴向旷动小于 1 mm，定为二级；牙轮旷动明显，径向旷动大于 3 mm，轴向旷动大于 2 mm，定为三级；滚珠、滚柱掉或碎裂，牙轮卡死，牙轮掉或即将掉落，

定为四级。

②　密封轴承。密封完好,牙轮用手不易转动,定为一级;密封较好,牙轮用手容易转动,定为二级;密封失效,牙轮径向旷动 2～3 mm,轴向旷动小于 2～3 mm,定为三级;轴承严重磨损,牙轮卡死,牙轮掉或即将掉落,定为四级。

(3)　钻头直径磨损。钻头直径磨损通常用钻头规直接测量,若用可调节式的活动钻头规,则可直接读出磨损的数值。直径磨损用代号"J"表示,它左下角的数字表示直径磨损的毫米数,如 J_2 表示直径磨小了 2 mm。

(4)　其他部位的损坏情况包括储油系统、轴承密封、喷嘴、螺纹、焊缝、牙爪、爪尖等有异常或损坏,牙轮有无轴向、径向裂纹、偏磨等现象,要用简略文字说明记入分级。

(5)　IADC 制定的钻头磨损标准用字母和数字混合表述,共分为 8 级。

(六) 特种牙轮钻头

1. 单牙轮钻头

单牙轮钻头(见图 1-3-6)的牙轮呈球面、锥面和阶梯面等多种形状,其优点是能承受较大的钻压,受到的冲击载荷比三牙轮钻头小,轴承尺寸大,使用寿命长,适用于小井眼钻井,如开窗侧钻、老井眼加深等。

2. 双牙轮钻头

双牙轮钻头(见图 1-3-7)的牙齿大,清洁效果好,不易掉齿和泥包,机械钻速高,使用寿命长,适用于钻软地层的直井。

3. 牙轮扩眼钻头

牙轮扩眼钻头(见图 1-3-8)能在钻进过程中实现扩眼作业,破坏键槽,防止缩径卡钻和键槽卡钻。

图 1-3-6　单牙轮钻头　　　图 1-3-7　双牙轮钻头　　　图 1-3-8　牙轮扩眼钻头

4. 高速牙轮钻头

高速牙轮钻头适合在 200～300 r/min 的转速下工作。

二、金刚石钻头

金刚石钻头是指用金刚石颗粒做切削元件的钻头。起初它仅在坚硬、高研磨性地层中使用,经改进后它在中硬及软地层中也取得了良好的工作效果。

（一）金刚石的基本特性

金刚石是密度为 3.52 g/cm³ 的结晶碳,是迄今人类在地球上发现的最硬的矿物,在莫氏硬度标准中列为第十级。金刚石的优点是具有最高的硬度和极高的抗磨能力,其抗磨能力为钢材的 9 000 倍。金刚石的主要弱点是脆性大、热稳定性差。脆性大,导致金刚石受冲击载荷后易破碎。热稳定性差,导致金刚石在高温下易氧化燃烧。当其处在空气中时,在 455～860 ℃的温度下出现晶体结构的转化,由坚硬的金刚石转化为很软的石墨(该过程称为石墨化);当温度上升到 1 000 ℃时,则转化为一氧化碳、二氧化碳与灰渣。金刚石在惰性气体中不会燃烧,但温度达到 1 430 ℃时,其结晶会突然爆裂变成石墨。

GBG006 金刚石的基本特性和金刚石钻头的破岩机理

天然金刚石是地壳深部岩浆凝固时在高温高压下形成的,并通过火山爆发带到地面。金刚石的计量单位是"克拉",1 克拉等于 0.2 g。钻头上的金刚石颗粒大小(粒度)用"粒/克拉"或"克拉/粒"表示,一般为 0.5～15 粒/克拉。

现在,国内外使用较多的是人造金刚石。其基本方法是将石墨放在有催化剂的密封容器内,在 5 000～10 000 MPa 压力和 1 000～2 000 ℃的温度下,使其转化为金刚石。人造金刚石的强度、耐磨性及热稳定性都比天然金刚石差,但成本却低得多,而且成型性好。故可根据需要制成各种形状和不同大小的颗粒,以满足钻头的需要。

（二）金刚石钻头的破岩机理

金刚石钻头的破岩作用是由金刚石颗粒完成的。在坚硬地层中,单粒金刚石在钻压作用下使岩石处于极高(4 200～5 700 MPa,有的资料认为可达 6 300 MPa)的应力状态下,岩石发生岩性转变,由脆性变为塑性,单粒金刚石吃入地层,在扭矩作用下切削破岩,切削深度基本上等于金刚石颗粒的吃入深度。这一过程如同"犁地",故称为金刚石钻头的犁式切削作用。

在一些脆性较大的岩石(如砂岩、石灰岩等)里,钻头上的金刚石颗粒在钻压、扭矩的同时作用下,破碎岩石的体积远大于金刚石颗粒的吃入与旋转体积。当压力不大时,只能沿金刚石的运动方向形成小沟槽,加大压力则会使小沟槽的深部与两侧岩石的破碎超过金刚石颗粒的断面尺寸。

金刚石钻头的破岩效果除与岩性以及影响岩性的外界因素(如压力、温度、地层流体性质等)有关外,钻压大小是重要的影响因素。它和牙轮钻头一样,破岩时都具有表层破碎、疲劳破碎、体积破碎 3 种方式。只有金刚石颗粒具有足够的比压吃入地层岩石,使岩石发生体积破碎,才能取得理想的破岩效果。

（三）金刚石钻头的结构

1. 金刚石钻头的组成

石油钻井常用的金刚石钻头主要由钻头体(钢体)、胎体、金刚石切削刃等组成。

(1) 钻头体(钢体)。钻头体的上部车有螺纹以连接钻具,下部与胎体相连。钻头体有整体的,也有 2 部分构成的,即上部为合金钢车有螺纹,下部为低碳钢连接胎体,2 部分用螺纹连接在一起,然后焊死。要求钻头体具有足够的强度,并保证与胎体的连接牢固可靠。

GBG007 金刚石钻头的结构

(2) 胎体。钻头的胎体是镶嵌金刚石颗粒的基体,是由不同粒度的碳化钨颗粒、碳化钨粉末加入易熔金属(如铜、镍、锌等)做黏合材料烧结压制而成的整体。要求其具有足够高的强度、硬度、耐磨性、导热性和一定的冲击韧性,还要能与金刚石颗粒牢固地黏结在一起,并使胎体工作层的磨损与金刚石的磨损保持适当比例,以保证金刚石工作刃在钻进过程中不断自锐。

(3) 金刚石切削刃。根据不同岩性,金刚石颗粒在钻头胎体上的镶装方式有表镶式、孕镶式、表孕镶式 3 种。

① 表镶式(外镶式)。表镶式是把金刚石颗粒镶装在钻头胎体的表面上。金刚石颗粒较大,粒度一般为 0.5~1.5 粒/克拉,出刃高度为颗粒直径的 1/3。较大颗粒的金刚石一般要做椭圆处理,以免尖锐的棱角在钻进中发生崩裂。表镶式金刚石钻头多用于相对较软的地层。

② 孕镶式(潜铸式)。孕镶式是把金刚石颗粒分布在钻头胎体的一定厚度内。钻进时随着胎体的磨损,金刚石颗粒不断出露,直到所包金刚石颗粒的孕镶层磨完为止。孕镶用金刚石颗粒粒度一般为 20~200 粒/克拉,其棱角越尖越好,孕镶层厚度为 2~12 mm。孕镶式金刚石钻头多用于坚硬地层,颗粒较大时也可用于相对较软的地层。

③ 表孕镶式。表孕镶式金刚石钻头是在钻头工作面上同时采用表镶、孕镶 2 种镶装方式。通常是在孕镶式钻头的薄弱处表镶一层金刚石颗粒。采用表孕镶式可以延长钻头的使用寿命,提高钻头的破岩效率。

2. 钻头工作剖面的几何形状

金刚石钻头工作剖面的几何形状主要是指胎体的剖面形状与工作面积的大小。工作面积按钻头镶装金刚石颗粒部分的水平投影面积计算。常用剖面类型有以下几种:

(1) 双锥阶梯形剖面。该剖面具有 2 个锥面,锥面上带有阶梯,如图 1-3-9a 所示。其特点是顶部锋利,受力比其他部分大。当顶部吃入地层后,阶梯上的金刚石也相应吃入地层,由于阶梯增加了自由面,可提高钻头的破岩效率。该形剖面适用于较软到中硬地层,如石膏、泥岩、砂岩等。

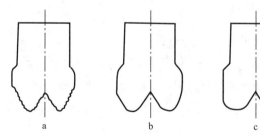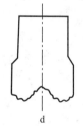

图 1-3-9　金刚石钻头胎体剖面形状

a—双锥阶梯形剖面;b—双锥形剖面;c—B 形剖面;d—带波纹的 B 形剖面

(2) 双锥形剖面(见图 1-3-9b)。该剖面有内外锥与顶部圆弧 3 部分,它克服了双锥阶梯形剖面在钻遇较硬地层时,顶部与台肩处金刚石易于碰碎的弱点。该形剖面多用于较硬及致密砂岩、石灰岩、白云岩等中等硬度地层及硬地层。

(3) B 形剖面(见图 1-3-9c)。该剖面由内锥与圆弧面 2 部分组成,它克服了前 2 种剖面顶部金刚石颗粒早期损坏的弱点。该形剖面多用于硬质砂岩、致密的白云岩等硬地层。

(4) 带波纹的 B 形剖面(见图 1-3-9d)。该剖面与 B 形剖面相同,仅在内锥与圆弧面上带有螺旋波纹槽,金刚石颗粒镶嵌在波纹的波峰上。它适用于石英岩、火山岩、燧石灰岩等坚硬地层。

金刚石钻头的中心圆窝部分,起扶正钻头与破碎中心形成的小圆柱岩芯的作用。

3. 金刚石钻头的水眼与水槽

金刚石钻头的水眼与水槽,除保证钻井液的循环携岩作用外,还起到冷却金刚石颗粒的作用。

（四）金刚石钻头的合理使用

金刚石钻头主要用于坚硬与高研磨性地层,超深井、小井眼中,也可用于中硬及软地层。它在超深井、小井眼中使用,能取得比牙轮钻头更好的综合技术经济指标。其不足是成本高,使用及操作要求高,在含燧石的非均质地层中钻进效果差。

1. 选择金刚石钻头

（1）根据所钻地层的岩性,选择不同工作剖面的金刚石钻头。

① 较软到中硬地层,宜选用双锥阶梯形剖面的金刚石钻头。

② 较硬及致密砂岩、石灰岩、白云岩等地层,宜选用双锥形剖面的金刚石钻头。

③ 硬质砂岩、致密白云岩等地层,宜选用 B 形剖面的金刚石钻头。

④ 坚硬地层（如石英岩、燧石灰岩、火山岩）,宜选用带波纹的 B 形剖面的金刚石钻头。

（2）根据地层可钻性级值选择金刚石钻头类型。一般情况下,地层可钻性级值小于 5,即极软到中硬地层选用 PDC 钻头;地层可钻性级值 5～8,即中硬到硬地层选用 TSP 钻头;地层可钻性级值大于 8,即硬到坚硬地层选用天然金刚石钻头。

（3）要认真量好所起出牙轮钻头的出井直径和所要换用的金刚石钻头的直径。要求金刚石钻头的外径比牙轮钻头的外径小 1.5～2 mm。

2. 金刚石钻头入井前的检查与准备工作

（1）检查好地面设备与钻具。

（2）井底清洁,无落物。

（3）使用组合喷嘴钻进,提高清岩效率。

3. 金刚石钻头的入井操作

（1）用专用工具紧螺纹,紧螺纹扭矩符合规定要求。

（2）下钻要慢,安全通过转盘,防喷器,井眼中不规则的台阶、"狗腿"、缩径段,保护好切削齿。下到最后一个单根时,应开泵循环并旋转下放,清除岩屑及沉砂。

（3）钻头接触井底后,应以低转速（50～60 r/min）和低钻压（10～20 kN）钻进 0.5 m 左右,完成新井底造型。

（4）做好钻速试验,即固定钻压,改变转速,或固定转速,改变钻压,使钻压和转速合理匹配,以获得最高机械钻速。应以厂家推荐的钻压与转速的乘积为约束条件,不能同时使用最高钻压和最高转速。

（5）钻进中操作要平稳,送钻要均匀,要避免划眼,严禁猛提猛放、溜钻和顿钻。

（6）做好随钻成本计算,发现连续几个点成本上升时,应起钻。

（7）当发现钻头无进尺、泵压明显升高或降低、机械钻速突然下降、扭矩增大等现象时,若地面设备无问题,应起钻检查。

GBG008 金刚石钻头的使用

三、PDC 钻头

PDC 钻头是采用聚晶人造金刚石与碳化钨的复合块做切削元件的钻头的简称。它出现于 20 世纪 70 年代,因钻头无活动零件、寿命较长、能获得较高钻速和良好的井身质量等优点,而得到了迅速推广。它起初主要用于软到中硬地层,在较低的钻压、较高的转速下工作可获得较高的钻头进尺和较低的单位进尺成本。目前在除砾石、燧石、黄铁矿等以外的其他岩层均可使用。

（一）PDC 钻头的结构

PDC 钻头由钻头体和切削齿组成（见图 1-3-10）。PDC 钻头分为钢体 PDC 钻头与碳化钨胎体 PDC 钻头。

PDC 钻头具有高效切削作用,可获得较高的机械钻速和钻头进尺,非常适合于井下动力钻井。其不足之处是抗冲击性能较差。

PDC 钻头的破岩机理对软地层主要是犁式切削作用,对硬地层主要是剪切作用。

图 1-3-10　PDC 钻头

（二）PDC 钻头的正确使用

PDC 钻头的使用要注意 3 个关键因素:

(1) 选择适当的使用条件。

(2) 依据使用条件选择合适的钻头。

(3) 正确使用钻头。

PDC 钻头在软至中硬地层效果明显,一般不太适宜钻硬地层和软硬交错地层,如高研磨性地层、砾石层、燧石及含硬质夹层的地层等。一般适用于较低的钻压、较高的转速,最适合于井下动力钻井。

1. PDC 钻头的使用条件

PDC 钻头为固定切削齿钻头,使用安全,寿命长,能在高转速下工作,经济效益高;合理选型、正确使用能节省大量钻头费用,降低钻井工人的劳动强度。

(1) 在软、中软、中等硬度地层中或在长井段的均质岩层（如泥岩、页岩或砂泥岩互层）中钻井时,使用 PDC 钻头,能够提高机械钻速,缩短建井周期,提高经济效益。

(2) 在深井、超深井中钻进时,牙轮钻头寿命短,钻速低,起下钻频繁;而使用 PDC 钻头,可以增加钻头在井下的工作时间,减少了起下钻次数,提高了钻头机械钻速和钻进效益,降低了钻井成本。

(3) 在小直径（小于 165 mm）井眼中钻进时,牙轮钻头承载能力受限,使用钻压轻,机械钻速低;而使用 PDC 钻头可以提高钻头承载能力和机械钻速,能降低钻井成本,缩短建井周期。

(4) 在定向井中钻进时,钻头承受侧向载荷较大。对于牙轮钻头,牙掌掌背、保径部位磨损严重,会早期损坏;而使用 PDC 钻头,无活动部件,具有较高的抗磨损能力,更适合定向钻井等特殊作业。

(5) 在易发生井斜的地层中,因 PDC 钻头的使用钻压比牙轮钻头的低,若使用 PDC 钻头轻压钻进可起到防斜打直作用。

(6) 在使用井底动力装置的钻井中,PDC 钻头可在高转速下钻井,能大大提高钻井效率。

2. 不宜使用 PDC 钻头的情况

(1) 在含有砾石的地层中不能使用 PDC 钻头。如在砾石层中使用 PDC 钻头钻进,钻井中必然发生严重的蹩跳钻,钻头切削齿在冲击载荷下会破裂、冲断,使钻头的切削结构先期损坏,无法继续钻进。

GBG009 PDC 钻头的结构和使用条件

（2）PDC 钻头不能用来进行长井段划眼。PDC 钻头用来划眼时，少数保径齿承受全部钻压，划眼过程中因上返钻井液速度低，保径齿得不到良好的清洗冷却，会过热损坏；长距离划眼，会使钻头保径齿磨圆，导致钻头早期损坏失效。

（3）井底不干净，有落物特别是金属落物的井眼不能下入 PDC 钻头。井底有落物会使钻头蹩跳或卡死钻头，钻头蹩跳会损坏切削齿。为保证安全使用，必须打捞落物，保证井底干净，井眼畅通无阻。

（4）钻井液流量受限制时不得使用 PDC 钻头。对于 PDC 钻头，钻井时必须保证钻井液流量大于其最小流量，否则会因流量小，使切削齿得不到良好冷却清洗而导致钻头过热早期损坏。

3. PDC 钻头钻进时的操作要求

1998 年以来，胜利石油工程公司钻井工艺研究院金刚石钻头厂研制生产的新型 TP-8F 复合 PDC 钻头克服了常规 PDC 钻头的弱点，能够适应软硬交错的多夹层地层。复合 PDC 钻头没有活动部件，具有适应高转速、低钻压，钻头寿命长等特点，因此更适合井下动力钻井。它能够提高钻井速度，降低钻井成本，减少起下钻次数和意外井下事故，降低工人的劳动强度，且延长了钻井设备的使用寿命，经济效益和社会效益显著。1999 年 1～9 月，胜利黄河钻井公司共使用 TP-8F-215.9 PDC 钻头 93 只，累计下井 191 次，钻井总进尺 91 778 m，平均单只进尺 987 m，平均机械钻速 9.68 m/h。比同期使用的 H517 牙轮钻头平均单只进尺多 622 m，平均机械钻速高 2.98 m/h。现以其为例说明 PDC 钻头的使用操作要求及方法。

GBG010 PDC 钻头钻进时的操作要求

（1）下钻前的准备。

① 上一个钻头起出后，立即盖好井口，防止物体落井。

② 了解上一个钻头的损坏情况，即直径磨损，切削齿的磨损及断、碎、裂。对损坏比较严重或因严重损坏而导致直径减小的钻头，要用磨鞋和打捞篮处理井眼。

③ 搬运钻头要小心。最好从包装箱取出后放在胶合板或胶垫上，严禁在钻台钢板上滚动。

④ 查看钻头直径、螺纹牙型是否正确，喷嘴是否畅通。

⑤ 要用合适的钻头装卸器装卸钻头。

（2）下钻。下钻要精心，在通过封井器或缩径井段时要放慢速度，防止保径部分的金刚石复合片损坏。如果需要在缩径井段扩眼，须向上稍提方钻杆，并尽可能加大排量，以约 60 r/min 的转速，使钻头缓慢地穿过缩径井段，钻压不大于 10 kN。

当钻头下到接近井底时，要注意观察悬重表。下放转动，扭矩突然增大，说明钻头到达井底。然后将钻头上提 0.2～0.3 m，同时循环钻井液，并缓慢转动 5 min，以确保井底干净。

（3）钻进。开始钻进前，将转速提高到 60 r/min，使钻头接触井底，用 10 kN 的钻压在井底造型，一般钻进 0.5～1 m。

在软地层钻进时，即使钻压为 10～20 kN，钻速也很高，此时不必加大钻压和提高钻速。一般转速在 100～150 r/min 之间时效果最好。

在硬地层中，井底造型要耐心，钻进第一米，可能用时较长。在完成井底造型前，只有少数切削齿接触井底，急于加压会导致 PDC 钻头切削齿过载而损坏。井底造型完成后，可提高转速，一般为 80～100 r/min，然后逐渐增加钻压，直到获得满意的机械钻速为止。如果钻压增大后，发现扭矩不增加、钻速不提高，说明 PDC 钻头不适应该地层。

接单根后，要以最大排量洗井，把钻头缓慢地放到井底，以防止钻头撞击井底而损坏。

随着井深的增加和 PDC 钻头复合片的磨损，机械钻速一般要下降。磨平的 PDC 钻头复合片能承受更大的钻压,PDC 钻头切削齿吃入地层的深度减小,此时应增加钻压,以保持机械钻速。

(4)钻头清洗。在钻进软而黏的地层时,有时会出现泥包。其现象一般是钻速突然下降,泵压上升。当钻头提离井底时,上述现象消失。此时需要把钻头提离井底,然后在大排量和正常转速下,把钻头恰好送到井底,并停留 10～15 min,让钻井液充分清洗钻头。也可以在高转速下,较频繁地将钻头反复提离井底,将泥包物带起,从钻头表面甩掉。

(5)起钻。PDC 钻头复合片最后会被磨损变钝,磨损的信号是钻速和扭矩突然下降。机械钻速下降,每米钻井成本上升,故要起钻。

四、取芯钻头

(一)取芯钻头的分类及特点

取芯钻头的功用是环形破碎地层岩石,形成岩芯。目前取芯钻头根据破碎地层岩石方式可分为切削型、微切削型和研磨型 3 类。

1. 切削型取芯钻头

切削型取芯钻头以切削方式破碎地层,适用于软至中等硬度地层取芯,钻进快。目前主要包括刮刀和 PDC 钻头,结构如图 1-3-11a,b 所示。

GBG011 取芯钻头概述

2. 微切削型取芯钻头

微切削型取芯钻头以切削、研磨同时作用的方式破碎地层,适用于中硬、硬地层取芯。这类钻头多为各种聚晶金刚石与胎体烧结成一体的结构(见图 1-3-11c)。

3. 研磨型取芯钻头

研磨型取芯钻头(见图 1-3-11d)主要以研磨方式破碎地层,适用于各种高研磨性的硬地层。该型钻头钻进平稳,岩芯收获率高,钻速慢,有表镶或孕镶天然金刚石与聚晶金刚石 2 种。

a   b   c   d

图 1-3-11 常用取芯钻头

(二)取芯钻头的选择

当取芯方式、工具确定之后,通常根据取芯钻头型号与技术规范及所对应的地层类别确定取芯钻头类型,然后参考地层可钻性级值与钻头类型的对应关系,进一步确定具体的取芯钻头型号。

(三)取芯钻头的形式、型号与参数

1. 形式

取芯钻头形式按冠部形状分为平底形和阶梯形。

2. 型号

取芯钻头型号表示方法如下：第一项是产品类型代号，F—金刚石复合片钻头；第二项是钻头形式代号，D—单管，S—双管，X—绳索取芯；第三项是钻头冠部形状代号，P—平底形，J—阶梯形；第四项是主参数代号，钻头外径/钻头内径，mm；第五项是复合片类型代号，G—高磨耗比片，低磨耗比片省略。示例：FDP113/89 为金刚石复合片单管平底形普通取芯钻头，外径 113 mm，内径 89 mm。

3. 技术要求

（1）金刚石复合片。

金刚石复合片的磨耗比应符合表 1-3-3 中的规定，其尺寸应符合 JB/T 10041 的规定。

表 1-3-3　复合片磨耗规定

复合片类型	焊接前		焊接后	
	磨耗比平均值（$\times 10^4$）	单片磨耗比值	磨耗比平均值（$\times 10^4$）	单片磨耗比值
低磨耗比片	10～30	>60%平均值	9～28.5	>60%平均值
高磨耗比片	>30	>60%平均值	>28.5	>60%平均值

（2）钻头体力学性能。

① 钢体式钻头体材料的力学性能应符合表 1-3-4 中的规定。

表 1-3-4　钢体式钻头体材料的力学性能

抗拉强度/MPa	屈服强度/MPa	伸长率/%
>637	>392	>14

② 胎体式钻头体材料的力学性能要求：抗弯强度不得低于 500 MPa，冲击韧性不得低于 3 J/cm^2。

（3）钎缝剪切强度。

钎缝剪切强度不应低于 160 MPa。

（4）钻头。

① 钻头规格及其尺寸应符合规定。

② 钻头螺纹基本牙型应符合表 1-3-5 中的规定。

表 1-3-5　钻头螺纹牙型主要尺寸

螺距 P /mm	牙型高度 h /mm	牙型半角 $\alpha/2$ /(°)	外螺纹牙顶宽 m /mm	内螺纹牙顶宽 m_1 /mm
4	0.75	5	1.922	1.934

③ 钻头参与切削的金刚石复合片表面不允许有崩损。

④ 胎体式钻头的胎体与钢体的连接处以及胎体本身不得有孔洞、裂纹等缺陷，胎体表面应光滑。

⑤ 钎缝表面连续致密，焊角光滑均匀，呈明显的凹下圆弧过渡。不允许存在裂纹、针孔、气孔、疏松、节瘤和腐蚀斑点等。钎料对基体金属无可见的凹陷性熔蚀。

⑥ 钻头焊接后应清除焊剂、焊渣,表面应喷漆处理。

⑦ 钻头的形位公差 A,B,C 采用螺纹心轴(或螺纹环)和精度 0.01 的百分表在偏摆仪(或 V 形支架)上检验。

⑧ 用目视检查法检查钻头上的金刚石复合片的崩损情况。

⑨ 用目视检查法检查胎体和焊缝,对于肉眼较难分辨的表面缺陷,如微小的裂纹、气孔和熔蚀等采用不超过 10 倍的放大镜检查。

五、扩眼器

随钻扩眼工具主要有滚轮式、牙轮式和刀片式。

(一)滚轮式扩眼工具

滚轮式扩眼工具主要用于修整和扩大欠尺寸钻头钻出的小井眼和磨削井壁不规则部分。这种扩眼工具的扩眼能力有限,而且多用于较硬和硬地层。

GBG012 扩眼器的种类及功用

1. 结构

滚轮式扩眼工具主要由本体、滚柱、轴销、螺钉等组成。

2. 安装位置

滚轮式扩眼工具直接安装在钻头上面。

(二)牙轮式扩眼工具

该工具主要用于已经钻成的一较小井眼的扩眼。比如,定向井上部大井眼中采用较小钻头完成定向造斜之后,采用该工具将井眼扩大到要求的井眼直径。

1. 结构

牙轮式扩眼工具主要由本体、扩眼牙轮、水眼和领眼短节组成。

2. 安装位置

牙轮式扩眼工具直接接到扩眼钻具组合的底部,牙轮扩眼工具可以接领眼钻头,以防扩出新眼。

(三)刀片式扩眼工具

刀片式扩眼工具可与钻头一起组成一同心钻进和扩眼总成,一般用于在套管下钻出比套管直径还大的新井眼。

1. 结构

刀片式扩眼工具中扩眼刀具的 3 片或多片刀片从工具体一侧伸出,刀片另一侧的工具体上设置有与导眼钻头同径的扶正块。刀片表面镶硬质合金块。

2. 安装位置

该工具接在钻铤或动力钻具下端,领眼钻头之上。在旋转钻进中,领眼钻头钻出新眼,接着扩眼刀片将井眼扩大到要求的井眼直径。如果领眼为金刚石钻头,则钻进和扩眼过程中可避免牙轮钻头事故问题。

六、井斜

(一)井斜的概念和危害

1. 井斜的概念

井斜是指实际所钻井眼轴线偏离理论设计的井眼轴线。井斜情况通常用下列参数来表示：

GBH001 井斜的概念

（1）井斜角。井眼轴线上某点的切线与铅垂线的夹角，称为该点的井斜角。

（2）方位角。井眼轴线上某点切线的水平投影与正北方向的夹角，称为该点的方位角。

（3）井底水平位移。井口与井底两点在水平投影面上的直线距离，称为井底水平位移。

（4）井斜变化率。指单位长度井段（30 m 或 100 m）井斜角的变化值。

（5）方位变化率。指单位长度井段（30 m 或 100 m）方位角的变化值。

（6）全变化角（全角或狗腿角）。指某井段相邻两测点间井斜与方位的空间角度变化值。

（7）全角变化率（井眼曲率）。指单位长度井段（30 m 或 100 m）内全变化角的变化值。

2. 井斜的危害

（1）造成井深误差，导致地质资料不真实。

GBH002 井斜的危害

（2）导致井眼偏离设计井位，打乱油气田开发布井方案，降低采收率。

（3）易使钻具发生磨损及折断。

（4）易出现井下复杂情况。

（5）对固井工作的影响是下套管困难，套管不居中，影响固井质量。

（6）影响采油及注水工作，易引起油管和抽油杆的磨损与折断。

（二）井斜的原因及井身质量标准

1. 井斜的原因

影响井斜的因素有地质因素、钻具结构、钻井技术措施、操作技术水平及设备安装质量等。其中地质因素与下部钻柱结构是基本的、起主要作用的因素。

影响井斜的地质因素有地层倾角、岩石的层状构造、岩石的软硬变化、岩石的各向异性及断层和地层不整合界面等。其中起主要作用的是地层倾角。地层倾角对井斜影响的一般规律是：地层倾角小于45°时，井眼沿上倾方向偏斜；在45°～60°之间时，为不稳定区；大于60°时，井眼沿下倾方向偏斜。

GBH003 井斜的原因及井身质量标准

下部钻柱弯曲一方面使钻头相对于井眼轴线发生偏斜，其钻进方向偏离原井眼轴线，直接导致井斜；另一方面使钻压改变了作用方向，导致钻压不再沿原井眼轴线方向施加给钻头，而是出现一个钻头倾斜角，产生横向偏斜力，从而造成井斜。

设备安装质量不好、钻井操作水平不高、钻具不符合使用标准及防斜措施不当等也会造成井斜。

2. 井身质量标准

井身质量指标主要包括井底水平位移（定向井为靶心距）、全井最大井斜角、井眼曲率和井径扩大率。其质量标准就是对以上参数的范围规定。

直井井身质量标准是指直井对偏斜度的规定。其主要指标是井底水平位移、全井最大井斜角和井眼曲率。此外，还有方位角、方位变化率、井斜角变化率等。

直井井身质量标准因不同地区的地质条件、钻井技术水平、井的类型（探井、资料井、生产井、注水井等）、井深等不同而有所变化。一般地层造斜严重的地区和探井标准稍宽些，而深井、超深井和生产井要求较严。

（三）控制井斜的方法

一口井的井斜变化主要取决于增斜力与减斜力二者之间的平衡关系。目前，国内外钻井现场能采用不同方法控制井斜,例如满眼钻具、塔式钻具及偏重钻铤等。但由于井下地质条件的复杂性,以及这些方法的局限性,控制井斜的工作尚不能说已经很完善了。总的说来,控制井斜通常采用防斜钻具,以减小和抵消钻头上的增斜力或增大减斜力,使井斜不超过一定允许范围而又同时允许加大钻压以提高钻速。此外,还需要掌握井下地层变化规律,在特定钻井条件下,采取有效钻进技术措施与操作技术,才能取得预期的效果。

GBH004 控制井斜的方法

(四) 纠斜方法

纠斜的主要任务是使井斜角不超过允许标准,满足井身质量要求。纠斜的方法主要有采用钻具组合增大降斜力纠斜、吊打纠斜、侧钻纠斜等。

1. 增大降斜力纠斜

增大降斜力纠斜的钻具有钟摆钻具和偏重钻铤组合等。

(1) 钟摆钻具。通常采用大尺寸钻铤加稳定器的组合。

GBH005 纠斜方法及纠斜工具

① 工作原理。利用斜井内切点以下钻铤重力的横向分力把钻头推向井壁低的一侧,逐渐减小井斜,从而达到纠斜效果。运用这一原理组合的钻具,称为钟摆钻具。钟摆钻具只能纠斜而不能防斜。

作用在钻头上的钟摆减斜力 F 为:

$$F = 1/2mg\sin\alpha \tag{1-3-1}$$

式中　m——切点以下钻铤质量,即切点以下钻铤长度 L(又称为悬臂段)与该段钻铤在钻井液中每米质量 q_m 的乘积;

α——井斜角,(°)。

只有在井斜角较大的井段中,钟摆钻具才能有明显的减斜作用,而在井斜角一定的井眼内,增大钟摆力的方法是增大切点以下的钻铤质量。具体工作时所采取的一个方法是选用大尺寸钻铤或加重钻铤。由于加重钻铤每米质量大,在切点以下钻铤长度相同的情况下能产生更大的钟摆力;大钻铤刚度大,在同一钻压下不易被压弯,且切点位置高,切点以下长度大,这就有利于增大减斜力。另一个方法是在比切点略高处装上一个稳定器,使切点位置提高即增大下部钻铤质量,使减斜作用增大。此外,稳定器对下部钻铤还能起扶正作用,可减小钻头倾斜角,有利于防斜。若同时采用大钻铤加稳定器组成的钟摆钻具,将取得满意的减斜效果。

② 稳定器位置的确定。钟摆钻具技术的关键是在一定条件下合理确定稳定器安装高度。稳定器安放位置偏低,悬臂段短了减斜力就小;位置偏高,虽可增长悬臂段加大钟摆力,但又可能使稳定器以下钻铤发生弯曲与井壁接触形成新切点,使钟摆钻具失效。稳定器的理想安装高度仍应首先考虑地层的造斜性,由此来选择下部钻铤尺寸,调节钻压以控制钻头上的钟摆减斜力,达到使原井眼减斜或稳斜的目的。易斜地层(井段)可选用大尺寸钻铤或加重钻铤来提高稳定器的安装高度,增大切点以下钻具质量,从而增大钟摆减斜力。由于地层情况千变万化,不易准确掌握,实际工作中无论使用钟摆钻具稳斜或降斜,一般所用钻压均较低。为了提高钟摆钻具使用效率,当需增大钻压时必须保证稳定器以下钻铤不发生弯曲。当井斜超过规定需要通过改变钻具或调节钻压降斜时,还应严格控制井斜变化率,不能使井斜变化过快而形成狗腿。此外,原井眼的倾斜度、稳定器与井眼的间隙值等,也是确定稳定器安装位置时必须考虑的因素。原井眼越斜,稳定器以下钻铤越容易在自重作用下靠向井壁形成新切点。在相同条件下,稳定器与井眼间隙大,下部钻铤也易与井壁

接触。实际工作中,考虑稳定器外径磨损及井径扩大等因素,稳定器的实际安装位置应比理想位置低 5%～15%,才能确保钟摆钻具正常工作。

（2）偏重钻铤。偏重钻铤旋转时产生一个朝向重边的离心力,每旋转一圈会有一次钟摆力与离心力的重合,对井壁产生一个较大的冲击纠斜力,使井斜角减小;钻具转动的周期性不平衡,迫使下部钻铤产生振动,这种弹性的周期振动大大提高了钻头切削井壁下侧的能力,使井斜角减小;由于离心力的作用使偏重钻铤在旋转时始终贴向井壁,消除了钻具自转时受压弯曲的钻柱对井斜的影响。

2. 吊打纠斜

吊打纠斜的原理类似于钟摆钻具。

3. 侧钻纠斜

井下动力钻具纠斜是由于钻具结构的轴线不在一条直线上,入井后,钻柱的弯曲受到井壁的限制,迫使钻具发生弹性变形而产生弹性力矩。钻头在弹性力矩作用下对井壁产生斜向力(纠斜力),从而起到纠斜的作用。

七、定向井

（一）定向井的应用和类型

1. 定向钻井的应用范围

使井身沿着预先设计的方向钻达目的层的钻井方法,称为定向钻井或斜向钻井。

GBH006 定向井的基本概念及类型

（1）地面条件限制。当油气层埋藏在高山、海洋、森林、湖泊、城市或农田的下面,井场设置及搬迁安装受到极大阻碍时,往往需要钻定向井。

（2）地下地质条件要求。遇到直井难以穿过的复杂层、盐丘、断层等地层时常采用定向钻井,遇到陡坡构造地层时也常采用定向钻井。

（3）钻井技术需要。在遇到井下事故无法处理或不易处理时,常需进行定向钻井。如井下落物不易捞取后侧钻、井喷着火钻救援井。

2. 定向井的类型

定向井分为常规定向井、大斜度定向井和水平井。常规定向井的最大井斜角在 60°以内,大斜度定向井的最大井斜角在 60°～86°之间,水平井的最大井斜角保持在 90°左右,且在目的层维持一定长度的水平井段。

（二）井眼轨迹控制

二维定向井的设计轨道一般由垂直井段、造斜井段、增斜井段、稳斜井段和降斜井段组成,在这 5 种井段的钻进过程中,要使用不同的工具与不同的技术控制井眼轨迹按照设计的井眼轨道钻进。井眼轨迹控制施工主要是:钻好直井段;控制井眼在设计方位上按照设计的井斜角进行造斜、增斜、稳斜和降斜;当井斜方位角偏离设计方位时要进行扭方位。

GBH008 井眼轨迹的控制

1. 直井段的轨迹控制

在垂直井段,要求实钻轨迹尽可能接近铅垂线,也就是要求井斜角尽可能小。垂直井段钻不好,将给造斜带来很大的困难。垂直井段一般使用钟摆钻具组合,采用高转速、轻压吊打,保证井眼井斜角为 1°左右。

2. 造斜段的轨迹控制

当垂直井段钻至设计井深后,就应使井眼按照设计方位开始倾斜,即进行造斜。造斜是指利用造斜工具钻出一定方位的斜井段的工艺过程。现代的定向造斜,除套管开窗侧钻还使用变向器外,几乎全是使用井下动力钻具造斜。

(1) 井下动力造斜钻具组合为:钻头＋螺杆(弯螺杆)＋弯接头＋无磁钻铤＋MWD 无磁短节 1 个(1 m 左右)＋钻铤＋加重钻杆＋钻杆。

井下动力造斜钻具组合举例:ϕ215 mm 钻头＋ϕ165 mm 单弯螺杆(0.75°～1.5°)(带单稳定器 ϕ213 mm 左右)＋ϕ159 mm 无磁钻铤 1 根(9 m 左右)＋MWD 无磁短节 1 个＋ϕ159 mm钻铤 1 根＋ϕ127 mm 加重钻杆 15 根＋钻杆。

GBH007 造斜方法及原理

弯接头结构包括接头体、扶正套、定向键和固定螺钉等。主要参数是弯曲角,是指弯接头外螺纹部分的轴线与本体轴线的夹角。弯曲角一般为 1°,1.5°,2°,2.5°,3°等,弯曲角超过 4°时,钻出的井眼曲率太大,也不易下井,故普通定向井中一般不使用。

可调角度弯接头是一种较先进的井眼轨迹控制工具。根据调节方式和工作原理不同可分为电动式、机械式和液压式。其特点是不起钻就可通过地面控制把弯接头调到需要的任何角度,可连续进行定向、增斜、降斜及扭方位。优点是可以垂直起下钻,减少了钻具与井壁或套管的摩擦和碰撞;可以在井下任意调整钻具的偏斜角度,减少了起下钻次数,加快了钻井速度,降低了钻井成本。缺点是结构复杂,成本较高。

弯螺杆钻具一般是在万向轴处进行弯曲,弯曲角一般为 0.75°,1°,1.5°,2°;从造斜能力来看,1.0°弯螺杆相当于 1.75°弯接头。

弯接头与弯螺杆钻具的弯曲角度越大,造斜能力越强。

无磁钻铤是由蒙乃尔合金或不锈钢制成的不易磁化的钻铤。其作用是为磁性测斜仪提供一个不受钻柱磁场影响的测量环境。

MWD 无磁短节是安放 MWD 仪器的短节。

(2) 井下动力钻具带弯接头(弯螺杆)造斜的工作原理。弯接头(弯螺杆)以下的钻柱轴线与其上部的钻柱轴线不相重合。入井前,钻柱保持原来的弯曲状态。入井后,钻柱的弯曲受到井壁的限制,迫使钻具发生弹性变形而产生弹性力矩。在弹性力矩作用下,钻头被迫对井壁施加侧向力(斜向力);另外,由于钻头轴线与井眼轴线始终不在一条直线上,钻进时,钻头在井底始终产生不对称切削。因此,随着井眼的加深,井身就沿着一定方向偏斜,从而钻出斜井眼。

(3) 定向施工。井下动力钻具造斜钻具组合下至设计造斜位置后,造斜工具的弯曲方向不可能正好对准设计方位,那么,如何使造斜工具的弯曲方向正好处在设计的方位角上呢? 这就需要进行定向施工,定向施工就是把造斜工具的工具面(造斜工具弯曲方向所在的平面)摆在预定的方位线上。定向施工一般由定向服务公司负责,定向服务公司利用随钻测斜仪测出定向键在井下的方位。因定向键与定向接头弯曲方向是一致的,所以,测出定向键在井下的方位后也就知道了造斜工具的工具面在井下的方位,如果这个方位与设计的方位不一致,则应指导钻井操作人员将造斜工具的工具面转到设计的方位上。

(4) 定向钻进。

① 锁定转盘,接单根或方钻杆时,井下钻具均不能转动。

② 若停泵中断钻进作业,应将钻头提离井底至少 5 m,上提下放活动钻具,活动范围应

大于 5 m,严禁定点转动转盘循环,致使钻具在造斜点或井斜较大的位置,受交变应力的作用而疲劳破坏,造成断钻具事故。

③ 接单根时,为了防止动力钻具内部螺纹倒开,不得用转盘卸螺纹,不得随意转动转盘,所接单根必须用双钳紧螺纹。

④ 钻井参数要与动力钻具推荐使用的参数一致,司钻要平稳操作,均匀送钻,密切注意钻压变化,防止溜钻或吊打;钻压、排量可根据实际施工需要,按定向施工人员的技术措施进行调整。

⑤ 司钻要密切注意泵压变化,泵压升高立即停泵上提,开泵检查,泵压正常后再下放钻进,若泵压下降应立即报告钻井技术员或值班干部。

⑥ 随钻定向时,每钻一个单根,测量并记录一次井眼数据,包括井深、井斜角、方位角和工具面角。

3. 增斜段的轨迹控制

增斜段是指井斜角随井深增加而增大的井段。

当井斜角达到 8°～10°,方位合适时,为了充分发挥旋转钻井的优越性,使钻速加快,施工简便,成本降低,可改用旋转钻的稳定器钻具组合继续增斜。

(1) 旋转钻的稳定器钻具增斜组合。

① 增斜钻具组合分类。按照增斜能力的大小分为强、中、弱 3 种,配合尺寸见表1-3-6,结构如图 1-3-12 所示。

表 1-3-6　增斜钻具组合的配合尺寸

类　型	L_1/m	L_2/m	L_3/m
强增斜组合	1.0～1.8	—	—
中增斜组合	1.0～1.8	18.0～27.0	—
弱增斜组合	1.0～1.8	9.0～18.0	9.0

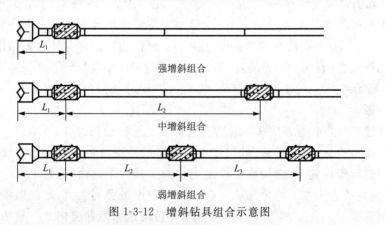

图 1-3-12　增斜钻具组合示意图

② 增斜段常用钻具组合举例。

ϕ215 mm 钻头＋ϕ214 mm 螺旋稳定器＋ϕ159 mm 无磁钻铤(8～9.0 m)＋ϕ159 mm 钻铤(8～9.0 m)＋ϕ214 mm 螺旋稳定器＋ϕ159 mm 钻铤(8～9.0 m)＋ϕ214 mm 螺旋稳定器＋ϕ159 mm 钻铤(80～95 m)＋ϕ127 mm 钻杆。

③ 工作原理。由于近钻头稳定器与上面相邻稳定器之间的钻铤较长,在钻压与重力的作用下,钻铤发生弯曲,使钻头向井眼高边倾斜,对地层进行不对称切削,从而产生增斜效果。此外,螺旋稳定器还具有修整井眼,使井眼曲率变化平缓、圆滑的作用。

（2）增斜施工。

必须测量增斜钻具下入的稳定器尺寸,近钻头稳定器的直径磨损量超过 1.5 mm 时严禁入井使用。

在钻井技术参数方面,多采用大钻压、低转速以促使下稳定器以上钻具弯曲,保证钻具沿自身轴线旋转,从而使钻头上的造斜力方向不变,这样钻出来的井眼才能保持原来的方位。为了使下部钻具易于弯曲而得到预计的增斜率,常将连接在下稳定器上的那部分钻铤换用小一级的,有时甚至改用加重钻杆。当然,这要以充分保证安全并使井眼曲率不致过大为前提。

因地层等因素造成方位严重漂移,影响中靶时,应起钻换螺杆造斜钻具组合及时调整井眼方位。

当井斜角达到 8°～10°时,为了减少起下钻次数,及时有效控制井眼轨迹,也可以一直使用井下动力钻具造斜钻具组合造斜至增斜井段底部,当井眼轨迹的井斜角与设计角度不符时可以短时间采用复合钻进(即井下动力钻具在井下转动的同时转盘也带动井下所有钻具转动的钻进方法)进行稳斜。

4. 稳斜段的轨迹控制

稳斜段是井斜角保持不变的井段。

（1）旋转钻的稳定器钻具稳斜组合。

① 稳斜钻具组合分类。按照稳斜能力的大小分为强、中、弱 3 种,配合尺寸见表 1-3-7,结构如图 1-3-13 所示。

表 1-3-7　稳斜钻具组合的配合尺寸

类　型	L_1/m	L_2/m	L_3/m	L_4/m	L_5/m
强稳斜组合	0.8～1.2	4.5～6.0	9.0	9.0	9.0
中稳斜组合	1.0～1.8	3.0～6.0	9.0～18.0	9.0～27.0	—
弱稳斜组合	1.0～1.8	4.5	9.0	—	—

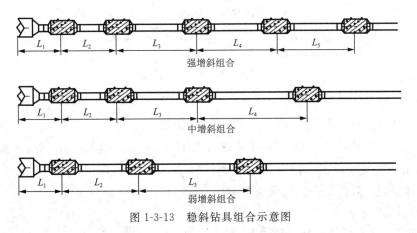

图 1-3-13　稳斜钻具组合示意图

若需要更强的稳斜组合,可使用双稳定器串联起来作为近钻头稳定器。

② 稳斜段常用钻具组合举例。

ϕ215 mm PDC 钻头＋ϕ159 mm 钻铤(1～2 m)＋ϕ214 mm 螺旋稳定器＋ϕ159 mm 无磁钻铤(8～9.0 m)＋ϕ214 mm 螺旋稳定器＋ϕ159 mm 钻铤(8～9.0 m)＋ϕ214 mm 螺旋稳定器＋ϕ159 mm 钻铤(80～95 m)＋ϕ127 mm 钻杆。

③ 工作原理。稳斜工作原理同刚性满眼钻具稳斜原理。

（2）稳斜施工。

稳斜施工的技术措施同满眼钻进技术要求,钻压根据具体情况适当比钻直井用满眼钻具钻进减少 10%左右,即可达到较好的效果。

（3）复合钻进稳斜。

复合钻进稳斜的钻具组合同井下动力钻具造斜钻具组合,稳斜钻进时转盘钻速 70 r/min,螺杆转速 180 r/min。当井眼轨迹的井斜角与设计角度不符时可以短时间采用井下动力钻具增斜(转盘停止转动)或降斜。复合钻进的井径要略大于钻头的直径。

5.降斜段的轨迹控制

降斜段是井斜角随井深增加而逐渐减小的井段。

（1）旋转钻的稳定器钻具降斜组合。

① 降斜钻具组合分类。按照降斜能力的大小分为强、弱 2 种,配合尺寸见表 1-3-8,结构如图 1-3-14 所示。对于强降斜组合来说,L_1 越长则降斜能力越强,但不得与井壁有新的接触点。

表 1-3-8　降斜钻具组合的配合尺寸

类　型	L_1/m	L_2/m
强降斜组合	9.0～27.0	—
弱降斜组合	0.8	18.0～27.0

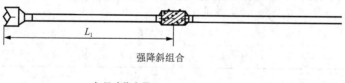

强降斜组合

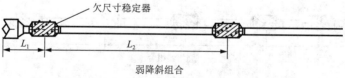

欠尺寸稳定器

弱降斜组合

图 1-3-14　降斜钻具组合示意图

② 降斜钻具组合举例。

ϕ215 mm 三牙轮钻头＋ϕ159 mm 无磁钻铤(8～9.0 m)＋ϕ159 mm 钻铤(9.0～18.0 m)＋ϕ214 mm 螺旋稳定器＋ϕ159 mm 钻铤(80～95 m)＋ϕ127 mm钻杆。

③ 工作原理。降斜工作原理同钟摆钻具工作原理。

（2）降斜施工。

降斜钻进要注意保持小钻压和较低转速。

降斜段井斜角在 3°以下井段可视为直井段,钻压可适当加大,按直井管理,但要定期测斜检查井眼轨迹变化情况。

6. 扭方位段的轨迹控制

使用井下动力钻具造斜钻具组合造斜、增斜、稳斜、降斜时，还须控制好造斜工具的作用方位，才能使井身沿着预定的方向钻达目的层。

旋转钻稳定器钻具组合不能控制方位，如果使用旋转钻稳定器钻具组合难以完成控制方位的要求，井眼有可能脱靶时就必须使用井下动力钻具造斜工具扭方位。

扭方位是通过调整造斜工具在井下的作用方位来实现的。造斜工具在定向钻进时处于井底的位置用装置角（定向角）表示。装置角（用 ω 表示）就是在定向钻进时造斜工具弯曲方向的平面（造斜平面）与原井斜方向所在的平面（井斜平面）之间的夹角。人们规定原井斜方向为 $0°$，从该方向顺时针方向旋转为正。

扭方位段轨迹控制与造斜段轨迹控制类似。井斜角越大，方位角的改变越困难。因此，在实际工作中，若井斜角和方位角都不符合要求，需要增斜和调整方位，要先调整方位，后增斜，即装置角的选择要以调整方位为主；如果需要降斜和调整方位，要先降斜，后调整方位，即装置角的选择要以降斜为主。

扭方位施工费时费力，计算复杂，作业困难，是不得已而为之的施工。扭方位施工由定向服务人员负责。

扭方位施工与造斜段的定向施工和定向钻进相同。

八、水平井

水平井是指井斜角达到 $90°$ 左右（ $86°\sim95°$ ）并保持这种井斜角延伸一定距离的定向井。但国外把 $60°\sim85°$ 的大斜度井和 $90°$ 以上的上翘井都包括在水平井范围内。20 世纪 80 年代以来，用水平井技术开发油气已进入蓬勃发展阶段。水平井与常规定向井相比主要的特点和用途是：开发薄层油藏、低渗透油藏、重油稠油油藏、以垂直裂缝为主的油藏和底水气顶活跃的油藏，提高其采收率；在停产老井中侧钻水平井节约成本；扩大丛式井控制面积，减少平台数量。因此，水平井是解决地下问题的理想方法，已成为我国开发油气田的新技术。

GBH011 水平井技术概述

（一）水平井的发展趋势及应用

从最初每年只钻一两口井发展到目前每年钻数千口井，水平井钻井技术具有广阔的应用前景。

1. 水平井的发展趋势

GBH009 水平井的发展趋势

（1）水平井的作用越来越大。水平井不仅可以用来提高油气产量，开发特殊油气藏，还可以用来勘探油气田，有效地确定油气边界。

（2）水平井具有多种类型，除普通水平井外，还有不同层内的丛式水平井、多底水平井、双层水平井、一个层内的分支径向水平井、穿过一个或多个产层的长距离水平井、水平段分支水平井等。

根据造斜井段的曲率半径，水平井可分为 4 种类型：长半径（常规）水平井、中半径水平井、短半径水平井和超短半径水平井。长半径（小曲率）水平井的造斜率小于 $6°/30\ m$，这类水平井能最大限度地穿透油层，增大油层的裸露面积，从而提高产量和采收率，尤其在低渗透油藏和裂缝性油藏效果更佳；中半径（中曲率）水平井的造斜率在 $6°/30\ m\sim20°/30\ m$ 之间；短半径（大曲率）水平井的造斜率高达 $1°/m \sim 10°/m$，超短半径水平井的曲率半径仅 $10 \sim 30$ cm。短半径及超短半径水平井主要用于老生产井套管开窗，对老井进行二次、三次采油，尤其是开发低渗透油藏、低压油层和垂直裂缝发育的油层，可大幅度提高产量和采收率。

超短半径水平井是采用特殊的径向钻井系统完成的。它是 20 世纪 80 年代在美国发展起来的水平钻井新技术。

径向钻井系统主要是利用高压水系的作用实现钻井的。高压水系的作用主要有：产生高压水射流切削地层；产生对径向管尾端的轴向推力，使径向管沿造斜器的曲率导向管进入地层；高压水在径向管前端产生一个张力，使径向管受到轴向拉力作用朝前运动。使用超短半径径向钻井系统钻水平井的曲率半径很短，仅 $10 \sim 30$ cm，靠高压射流能很快钻出一个水平井眼。可以快速开发砂岩油层，特别适用于被非渗透地层分隔的层状油气藏。此外，用于低压稠油油藏二次采油时热力完井也取得了令人满意的效果。

超短半径系统在垂直井和倾斜井中能够在 $23 \sim 30$ cm 的曲率半径内做 $90°$ 转向并钻出水平井段。所使用的主要特殊装置有造斜器、锥形水射流装置、随钻控制装置和定位测量装置。

（3）水平井费用逐渐降低。随着水平井钻井、完井、增产措施等方面技术难点的不断解决，施工费用不断降低，有些水平井的成本已接近直井。目前水平井的钻井成本约为直井的 1.5 倍，而产量已达到直井的 $4 \sim 8$ 倍。

（4）各项技术日趋完善。随着科研和生产的不断发展，水平井的钻井，测井，完井，油气层保护和酸化、防砂技术都日趋完善。各种新型工具的使用使水平井的应用越来越广泛。

水平井钻井技术的重要进步表现在分支水平井，先进的水平井钻头，先进的井下钻井液压马达，旋转导向钻井系统，遥控型井下稳定器，新型短半径钻井系统以及小井眼水平井、径向井和侧钻水平井等。

2. 水平井的优点

（1）增加油气藏裸露面积，提高单井产量。

（2）减少水锥和气锥，延长开采周期。

（3）减少地层出砂。

（4）提高采收率，增加可采储量。

（5）提高勘探开发综合效益。

3. 水平井的应用

（1）改造老井可增产挖潜。

（2）是提高低渗透油气藏产量的有效方法。

GBH010 水平井的应用

（3）是开发薄层的最佳选择。

（4）能改善汽驱机理，提高稠油油藏产量。

（5）能减缓水、气锥（舌进）和增加产量。

（6）开发不规则油气藏，减少井的数量。

（7）可以用来开采煤层气和用直井不能开采的非常规油气藏。

（二）水平井剖面设计

要钻成一口水平井并提高综合经济效益，必须从油藏、地质、钻井、完井、开发的整个过程进行系统的综合考虑,在此简单介绍水平井轨道设计的初步知识。

1. 设计依据

以地质设计给定的入靶点、终止点垂深及大地测量坐标为依据。

2. 设计原则

(1) 轨道设计应根据油藏特性、区域地质资料和工程资料,选择合适的造斜工具,满足地质目标要求。

(2) 力争施工风险最小,力求设计的井眼轨道长度最短,成本最低。

(3) 造斜点应选在可钻性较好、无坍塌、无缩径的地层。

(4) 调整井段的位置应放在最后一个增斜段之前。

(5) 对确定的井眼轨道,应进行典型钻具组合的摩擦阻力和扭矩计算及钻具强度校核。

3. 几种常用剖面类型

水平井最常用剖面类型有单增剖面、双增剖面、直—增—稳—增—稳(五段制剖面)等。大多为二维剖面设计,有时采用三维剖面设计,海上三维剖面用得较多。

4. 设计步骤及方法

(1) 水平段数据的计算。

(2) 增斜段数据的计算。

(3) 稳斜段数据的计算。

(4) 确定造斜点井深 L_{kop}。

(5) 计算靶前位移。

(6) 计算井口坐标。

(7) 根据初定井口坐标,结合地面实际情况,确定井口位置。

(三) 水平井轨迹控制技术

1. 轨迹控制要求

(1) 到达靶窗时,实际井眼轨迹要在规定的靶窗范围内,且井斜、方位还要满足在现有轨迹控制能力范围内确保轨迹在靶体中延伸的要求。

(2) 水平段轨迹应在设计要求的靶区范围内。

2. 工具仪器准备

(1) 对于长半径水平井,一般需要准备的入井工具见表 1-3-9。

表 1-3-9　长半径水平井需要准备的入井工具

序号	名　称	数　量
1	直井井下动力钻具	1 个
2	无磁钻铤	2 根
3	近钻头稳定器	2 个
4	钻柱稳定器	3 个
5	3 m 短无磁钻铤	2 根
6	加重钻杆	300~500 m
7	1°,2°,3°定向弯接头	各 1 个

（2）对于短半径水平井，一般需要准备的入井工具见表1-3-10。

表1-3-10　短半径水平井需要准备的入井工具

序号	名　称	数　量
1	单弯螺杆井下动力钻具	2个
	同向双弯螺杆井下动力钻具	2个
	反向弯螺杆井下动力钻具	2个
2	无磁承压钻杆	3根
	无磁钻铤	2根
3	近钻头稳定器	2个
4	钻柱稳定器	3个
5	3 m短无磁钻铤	2根
6	加重钻杆	300～450 m
7	定向弯接头	1个

（3）对于中、长半径水平井，需要准备的入井仪器见表1-3-11。

表1-3-11　中、长半径水平井需要准备的入井工具

序号	名　称	数　量	备　注
1	无线随钻测量仪	1套	
2	电子多点测量仪	1套	
3	单点测量仪	1套	
4	有线随钻测量仪	1套	开始定向造斜较小的井段

（四）水平井对钻井液的要求及影响

凡能适应大斜度井、水平井及 90°以上井斜角的上翘井的钻井流体均属于水平井钻井液。水平井的主要目标是增加油气产量，提高采收率，而大部分水平井段又是在油层中钻进，所以水平井钻井液既要完成钻井任务，又要保护油气层。因此水平井钻井液既是钻井液又是完井液。

GBH012 水平
井对钻井液的
要求及影响

1. 水平井对钻井液的要求

① 要保证井眼净化良好。

② 要保持井壁稳定。

③ 要具有良好的润滑性能。

④ 能够有效地控制滤失和漏失。

⑤ 要最大限度地减少对油气层的损害。

（1）影响井眼净化的因素。

影响井眼净化的因素很多，归纳起来主要有井斜角、钻井液环空返速、钻井液性能及钻柱与井眼偏心度和钻具转动速度等。

（2）水平井井眼的稳定性。

水平井井眼的稳定性问题是水平井钻井中的重大问题，井眼不稳定将导致井漏和井壁

剥落掉块及缩径的发生。严重时还会导致卡钻,甚至毁掉整个井眼。水平井的稳定主要受力学和化学作用的影响。

(3) 水平井的摩擦阻力。

水平井的摩擦阻力从造斜段开始产生,且随井斜角的增大而变大。在钻井过程中,必须控制摩擦阻力,否则会发生卡钻、断钻具等各式各样的事故。影响摩擦阻力的因素如下:

① 钻柱、套管和地层及滤饼接触面的粗糙程度。

② 各接触面的塑性变形状况。

③ 钻柱和套管所受载荷。

④ 钻井液的黏度。

⑤ 钻井液中固相颗粒的大小。

⑥ 液柱压差造成的切向载荷。

⑦ 钻井液和滤饼中润滑剂的状况。

⑧ 井斜情况。

⑨ 钻柱的侧向分力状况。

⑩ 静、动滤失以及外来流体的浸泡时间。

(4) 水平井的漏失。

井漏是钻井过程中经常遇到的复杂问题,在水平井中它显得更为突出。这主要是因为水平井具有一些特殊性,主要表现为:一是在垂直井深和地层孔隙压力相同的情况下,水平井钻井液循环的沿程损失高于直井,流动阻力大,钻井液循环当量密度高,对地层形成的压差大,故它比直井更易发生井漏;二是水平井容易形成岩屑床,环空岩屑浓度高,会引起钻井液流动阻力的增大,增大对地层的压差,容易引起井漏;三是随着井斜角的增大,地层破裂压力随之降低,钻井液密度实际可调控范围变窄,更容易发生压漏;四是水平段往往在储层中钻进,对钻井液防漏、防止油层损害的要求更为严格。

要想较好地处理井漏,首先必须弄清漏层的基本属性,才能对症下药取得预期的效果。漏层通常分为水平缝隙和垂直裂缝两大类。

① 水平缝隙。该类井漏常发生在井深 762～1 219.2 m 井段内。它又细分为四个小类:a. 孔隙砂岩及砾石层漏失。当该类漏层渗透率较高时,可能发生漏失。b. 天然裂缝漏失。可能发生在任何性质的岩层中,如继续钻进,裂缝就会进一步扩大,引起更大的漏失,甚至井口不返钻井液。这类裂缝必须有一定的开口程度才会发生漏失。c. 诱导裂缝漏失。常发生在钻井液液柱压力过大或开泵过猛,泵压突增而憋开地层,造成漏失。d. 洞穴地层漏失,只在碳酸盐地层中出现,钻具突然放空,钻井液完全不返,漏失前常出现蹩钻、跳钻现象。

② 垂直裂缝。在井深超过 1 219.2 m 后才会出现。因为只有井内液柱压力超过岩石强度和覆盖负荷的总和时才会产生垂直裂缝。它常分为天然裂缝、诱导裂缝和地下井喷引起的裂缝。

2. 水平井产生井漏的原因

井漏必须具备 2 个条件:一是要有足够大的岩层裂缝(大于钻井液中最大固相颗粒的粒径);二是有比地层孔隙压力大的井眼液柱压力,亦即存在压差。从水平井特征分析,其引起井漏的条件和机会比直井更多。因为开发后期的储层(存在着能量被消耗)和裂缝性储层往往是最常选用水平井开发的主要类型,这 2 类地层都潜伏着导致井漏的因素。

针对水平井的工艺特点,还存在着引起井漏的其他外因。一是水平钻井方式中,由于地层受力的变化,需要比钻直井更高的钻井液密度,才能稳定井壁,这就导致了更大的钻井液液柱压力;二是水平井环空岩屑浓度高,大大增加了对地层的附加压力;三是为了改善井眼净化条件,常采用增大排量和提高钻井液黏度的措施,因而产生了更大的流动阻力;四是在水平井段钻进时,储层压力值是恒定的,而循环阻力则随井眼的延伸而增加,从而使压差增大;五是水平井眼内地层的破裂压力梯度大大低于相同井深的直井,故易压漏地层。因此,水平井钻井时井漏可能性会大大增加。

3.影响井漏的主要因素

(1)地层特性。主要包括地层裂缝大小和缝隙内流体压力的高低。一般认为,缝隙必须大于钻井液中最大固相颗粒直径的2倍才有可能发生井漏,地层裂缝越大,所需架桥堵缝材料的直径也越大。缝隙内流体的压力也是制约井漏的一个要素。当钻井液密度恒定时,流体压力愈低,则压差愈高,漏速也愈大。

(2)井斜角。由于地层的破裂压力梯度一般随着井斜角的增大而降低,所以随着井斜角的增大,压漏地层的危险也越大。

(3)钻井液密度。由于井塌可能性随着井斜角的增大而增加,而地层的破裂压力梯度一般随着井斜角的增大而降低。这就限制了钻井液的密度范围,给钻井液选择带来了困难。

(4)环空岩屑浓度。随着环空岩屑浓度的增加,循环钻井液时井内钻井液的密度增高,压漏地层的可能性也增大。由于水平井携岩困难,岩屑浓度较高,因而更易压漏地层。

(5)钻井液循环阻力。循环阻力随水平井段的延伸而增加,所以更易压漏地层。同时水平井钻进时井内岩屑的堆积使环空间隙缩小,从而增加了发生井漏的趋势。

(6)激动压力。钻井液的静切力越高越易引起激动压力,由于水平井的压差控制范围窄,稍有压力激动,就会引起井漏。

4.防漏、堵漏工艺技术

防漏、堵漏工艺技术措施是在搞清楚漏层特征的情况下,特别是搞清楚漏层压力、漏层的准确位置、漏失程度等,所采取的相应措施。要以预防为主,以堵为辅。对于非产层可以堵死,但对于储层只能采取暂堵措施。目前的堵漏方法主要有化学堵漏、机械堵漏、水力射流堵漏、水力涡流堵漏等。

针对水平井的特点,主要采取下述防漏、堵漏措施:

(1)确定合理的钻井液密度,使钻井液的当量密度小于地层的漏失压力梯度或破裂压力梯度。

(2)确保井眼净化,环空岩屑体积分数不超过5%,要着重提高钻井液的携岩能力。

(3)控制钻井液的流变性能,减少压耗。

(4)减小激动压力的影响。

(5)充分运用暂堵技术解决漏失。

(6)采用低密度流体钻进。

(五)水平井钻完井液的类型

GBH013 水井钻完井液类型

由于水平井钻井液、完井液在其设计上有特殊的要求,因此其性能、用途以及组成等也有别于普通钻井液、完井液。

1.油包水型体系

该类钻井液具有的优异功能如下:

（1）对储层的损害最轻。

（2）有较好的润滑性，可显著降低起下管柱时的摩擦阻力和扭矩。

（3）对井眼的稳定能力最强，居各类钻井液之首。

（4）受外界因素的影响较小，性能可保持长期稳定。

该类型钻井液在水平井钻井中被优先考虑使用，尤其是在裂缝性页岩储层中钻进时采用。迄今为止，油包水型钻井液仍是钻水平井时选用的主要钻井液类型。但是该体系在使用中除因成本较高和易产生环境污染问题外，在水平井中的主要弱点是携岩和井眼清洗能力较差。主要表现在2个方面：一是该类钻井液在温度升高时的变稀作用（增温降黏度切力影响显著大于增压增黏度切力效果），引起黏度和切力大幅度降低；二是体系本身形成结构的能力较差，触变性欠佳，即使增加有机土的用量，也难以满足净化井眼的要求。更重要的是油基体系沉积的岩屑床在较平缓的角度时就开始滑动，其滑动角为72°，比水基体系高11°。加入新型处理剂——低相对分子质量聚脂肪酸，可以使油基钻井液体系快速形成胶凝结构，且不会影响其高剪切速率下的流变性能，大大提高了低剪切速率下的黏度和触变性。

2. 聚合物水基钻井液体系

该类钻井液主要用于砂岩储层的水平井中，并逐渐向其他类储层扩展。采用水基钻井液的井正在迅速增多，主要原因有：

（1）采用水基钻井液体系，可以显著缓解因油基体系带来的环境污染和钻井液成本较高的问题。

（2）钻井液处理剂（各种新型聚合物产品、改性沥青及高效润滑剂等）的开发，为进一步满足水平井钻井及完井工艺提供了保证。

（3）其性能可快速地进行调整处理，能适应多种井下复杂情况的要求，且更有利于井漏的预防及处理。该体系对裂缝性地层及胶结欠佳的砂岩储层，能形成可压缩性低渗透滤饼，如采用碳酸钙做加重剂或暂堵剂，还易于将滤饼酸化清除，这些都是油基型钻井液体系不具备的优点。但是，常规聚合物水基钻井液也存在着洗井能力不足和润滑性欠佳的缺点，在控制固相侵入及保护油气层方面，它尚不如油基钻井液，有待进一步改进提高。在钻水平井过程中，添加杀菌剂防止发酵，用除氧剂防腐蚀，并可用碳酸钙粉或氯化物（溴化物）来调整其密度。该体系的有效黏度在钻杆内只有地面范氏黏度计测定值的一半，而在环空处的有效黏度则可提高3～5倍。该体系还可以改善井下动力钻具的工作条件，有利于提高钻速。

3. 无土相钻井液体系

该类钻井液包括各种类型的水溶液（如盐水、海水、淡水及氯化钾溶液等）、各种高聚物溶液和用酸溶性材料组成的各类钻井液。该类体系大都用于裂缝性碳酸盐储层（储层以上均用套管封隔），这类储层不含易水化膨胀的黏土矿物，对抑制性的要求可大大放宽，对由地层不稳定而引起的井塌也不必考虑。该体系具有低密度和低流动阻力的优点，有利于井下动力钻具的正常工作和钻头水功率的充分发挥，钻井液费用也较低。

该类钻井液黏度小、压耗低，在环空处容易形成湍流，十分有利于携带岩屑，从而改善井眼净化条件。但是，尚需借助高黏度、高切力的湍流清扫液来有效地解决井眼净化问题。实践经验表明，采用短期（相当5～10 min排量的容积）多次循环，要比一次长时间清扫更有效。

该类钻井液常用各种无机盐类（氯化钾、氯化钠、溴化钾）的水溶液改善性能。例如以酸溶性碳酸钙调节其密度，以各类聚合物（如生物聚合物、羟乙基纤维素及聚丙烯酸盐类）

调控流变性能，有时也用酸溶性细粒碳酸钙作为暂堵剂和用来控制滤失量。当钻遇漏失层时，可加大暂堵剂的用量，对较大的裂缝性漏失层，在常规堵漏措施无效时，常采取有进无出方式钻进。

4. 正电胶钻井液体系

该体系如配合碳酸钙进行加重并作为暂堵剂，可有效地保护产层。

（六）水平井完井方法的选择

GBH014 水平井完井方法的选择

水平井设计的总指导思想是在查清储层特征的基础上，选定完井方法，确定水平井曲率半径类型，进而进行钻井、完井的工艺设计，最后确定地面设备。储层特征是确定以后各项技术方案的依据，因而必须首先查清储层性质。水平钻井较适合于有垂直裂缝的油气储集层，如灰岩，白垩岩及硬脆性泥、页岩；基质渗透性储层，如砂岩、灰岩或白云岩等。国内外实践证明，灰岩裂缝性储层的损害机理是固相侵入，堵塞裂缝，同时形成滤饼损害及化学反应物的堵塞损害。普通完井液主要是防止滤饼及凝胶性完井液的堵塞，而泥、页岩裂缝性储层除上述损害机理外，还有完井液滤液与泥、页岩进行反应，导致黏土颗粒的水化膨胀及分散运移等。基质渗透性储层的损害机理与裂缝性储层完全不同，首先是滤液进入储层，发生化学反应和物理化学反应；各类固相颗粒的入侵及外来液体与储层流体进行化学反应，形成沉淀。

针对储层特征，采取相应的水平井完井方法及相应的施工工序，以保护油气层。近年来，国外许多公司采用衬管及割缝尾管注水泥组合完井法（不再采用裸眼完井法）；或采用改进的、用封隔器封隔裸眼井段的割缝尾管完井法，砾石预充填筛管或带孔衬管完井法。

最适合垂直裂缝储层的完井方法是裸眼完井或割缝尾管完井方法；而基质砂岩储层多采用射孔完井方法或预制封隔器尾管等完井方法；对于疏松的易出砂储层采用预制砾石充填完井方法。

完井方法的要求及选择原则：满足以最佳的方式沟通油气藏和油井，形成合理的渗流场，获得最大产能；能够妥善地封隔油、气、水层，防止相互窜扰；对不同性质的多油气层能够满足分层开采和管理的要求；能够克服油气层井壁坍塌的影响，保证油气井长期稳定生产；能够有效预防对油气层的损害；能够进行进一步的压裂、酸化等增产措施；要便于修井、测试；要适应二次及三次采油的要求；要保护生态环境，完井施工应安全可靠。

九、井控

（一）井控装置的主要部件

1. 减压阀

（1）功用。

GBI001 控制装置减压阀的功用及工作原理

减压阀用来将蓄能器的高油压降低为防喷器所需的合理油压。当利用环形防喷器封井进行起下钻作业时，减压阀起调节油压的作用，保证钻具接头顺利通过并维持关井所需液控油压稳定。

闸板防喷器所需液控油压应调定为 10.5 MPa；环形防喷器所需液控油压通常调节为 10.5 MPa。

（2）工作原理。

减压阀有 3 个油口，进油口与蓄能器油路相接，出油口与三位四通转阀 P 口相接，回油口与回油箱管路相接。高压油从进油口流入称为一次油,减压后的压力油从出油口输出称为二次油。

　　顺时针旋转手轮,压缩弹簧,迫使连杆与密封盒下移,进油口打开,一次油从进油口进入阀腔。阀腔里的油压作用在密封盒与连杆上的合力等于油压作用在连杆横截面上的上举力。上举力推动密封盒与连杆向上移动,压缩上部弹簧,直到密封盒将进油口关闭为止,此时油压上举力与弹簧下推力相平衡,阀腔中油压随即稳定。减压阀出口输出的二次油的油压与弹簧力相对应。防喷器开关动作用油时,随着二次油的消耗油压降低,弹簧将密封盒推下,减压阀进油口打开,一次油进入阀腔,阀腔内油压回升,密封盒又向上移动,进油口关闭,二次油压又趋稳定。在这期间回油口始终关闭。

　　逆时针旋转手轮,二次油压力将降低。此时弹簧力减弱,密封盒上移,回油口打开,阀腔压力油流回油箱,阀腔油压降低,密封盒又向下移动将回油口关闭,阀腔油压复又稳定,但二次油压也已降低。在这期间,一次油进油口始终关闭。

　　二次油压力的调节范围为 0～14 MPa。

　　在控制环形防喷器的三位四通转阀供油管路上将手动减压阀换装成气手动减压阀,其目的是便于司钻在司钻控制台上遥控调节远程控制台上的气手动减压阀,以控制环形防喷器的关井油压。

　　现有的气手动减压阀有膜片式和气马达式 2 种。

　　气手动减压阀的结构、工作原理和调压方式与手动减压阀基本相同。气动调压时,首先在气压为零的情况下,手动调压至输出压力为所需设定压力,锁定锁紧手把,然后可以在远程控制台或司钻控制台上旋转调节旋钮,即可调整环形防喷器的控制压力。当气源失效时,环形压力即恢复为手动设定的压力。输入气压由远程控制台或司钻控制台上的气动减压阀调节,调控路线由远程控制台的分配阀(三位四通气转阀)确定。分配阀扳向司控台时由司钻控制台上的气动减压阀调节;分配阀扳向远控台时则由远程控制台上的气动减压阀调节。

　　气手动减压阀(膜片式气手动减压阀)的结构增加了一个橡胶膜片。

　　气马达减压阀(马达式气手动减压阀)的结构、工作原理和手动调压方式与气手动减压阀基本相同,所不同的是气动调压时,在远程控制台上的电控箱通过电磁换向阀对气路进行换向(电控型),或通过远程控制台显示盘上的三位四通气转阀对气路进行换向(气控型),实现气马达的正反转切换,通过蜗轮蜗杆副及螺纹副带动芯轴上下移动,释放或压缩弹簧,从而改变出口压力,即可调整环形防喷器的控制压力。当由于误操作,气动调压无法实现时,可先使电磁换向阀恢复中位,松开锁紧螺帽,并扳动手柄体旋转一定角度,然后旋紧锁紧螺帽,气动调压即可恢复正常工作。

　　值得注意的是,气马达减压阀可以实现双向调压,经常应用在电气控型液控装置中,当气源失效时,环形压力即为失效前的压力值。气动调压时,需锁紧螺帽。

　　当用环形防喷器封井进行起下钻作业时,钻杆接头进入胶芯迫使减压阀的二次油压升高,因而密封盒上移,回油口打开,二次油压复又降低,密封盒下移,回油口关闭,二次油压得以保持原值不变。钻杆接头出胶芯时,减压阀的二次油压当即降低,密封盒下移,进油口打开,二次油压复又上升,密封盒上移,进油口关闭,二次油压恢复原值。如果没有减压阀的这种调节机能,环形防喷器在封井条件下钻杆接头通过时,会导致过渡胶芯损坏。

　　无论哪种类型的控制装置,尽管其蓄能器的具体结构不同,所储存的液压高低不同,但在环形防喷器的液控管路上都装有减压阀,其目的就是保证封井过接头时以及根据具体情况对液控油压进行调压处理。

（3）现场使用注意事项。

① 调节手动减压阀时,顺时针旋转手轮二次油压调高,逆时针旋转手轮二次油压调低。

② 调节气手动减压阀时,顺时针旋转气手动减压阀手轮二次油压调高,逆时针旋转气手动减压阀手轮二次油压调低。

③ 配有司控台的控制装置在投入工作时应将三位四通气转阀（分配阀）扳向司控台,气手动减压阀由司钻控制台遥控。

④ 闸板防喷器液控油路上的手动减压阀,二次油压调定为 10.5 MPa,调节螺杆用锁紧手把锁住。环形防喷器液控油路上的手动或气手动减压阀,二次油压调节为 10.5 MPa,切勿过高。

⑤ 减压阀调节时有滞后现象,二次油压不随手柄或气压的调节立即连续变化,而呈阶梯性跳跃,二次油压最大跳跃值可允许 3 MPa。调压操作时应尽量轻缓,切勿操之过急。但有时跳跃值远不止 3 MPa,这可能是阀腔内密封盒与进油柱塞之间卡有污物屑粒,摩阻增大导致的。遇此情况,可调节减压阀使密封盒上下移动数次,将污物屑粒挤出,如仍未解除则应检修减压阀。

2. 安全阀

（1）功用。

安全阀用来防止液控油压过高,对设备进行安全保护。远程控制台上装设 2 只安全阀,即蓄能器安全阀与管汇安全阀。

（2）工作原理。

GBI002 控制装置安全阀的功用及工作原理

安全阀属于溢流阀。安全阀进口与所保护的管路相接,出口则与回油箱管路相接。平时安全阀"常闭",即进口与出口不通。一旦管路油压过高,钢球上移,进口与出口相通,压力油立即溢流回油箱,使管路油压不再升高。管路油压恢复正常时,钢球被弹簧压下,进口与出口切断。

安全阀开启的油压值由上部调压丝杆调节。将上部六方螺帽旋下,旋松锁紧螺母,旋拧调压丝杆,改变弹簧对钢球的作用力即可调定安全阀的开启油压。顺时针旋拧调压丝杆,安全阀开启油压升高;逆时针旋拧调压丝杆,安全阀开启油压降低。

（3）现场使用注意事项。

① 设备经检修后,安全阀已调定,井场使用时在试运转操作中校验其开启压力值即可。

② 国内各厂家所产控制装置的安全阀,所调定的开启压力不同,在井场调试时应按各自的技术指标校验。详细数值请参照相关产品说明书。

由于管汇安全阀调定的开启压力不同,因此各厂家的控制装置所能制备的最高油压是不同的。

3. 压力控制器

GBI003 控制装置压力控制器的功用及工作原理

（1）功用。

压力控制器属于压力控制元件,用来对电动油泵的启动、停止实现自动控制。API标准规定压力控制器的控制范围为 19～21 MPa,即当电泵输出油压达到 21 MPa 时电泵自动停止工作;当电泵输出油压低于 19 MPa 时电泵自动启动,再次向蓄能器输入高压油,直至 21 MPa 时停止泵油。

国内油田通常把压力控制器的控制范围调整到 18～21 MPa。

（2）压力控制器的使用与调节。

① YTK-02E 压力控制器。

该压力控制器主要由压力测量系统、电控装置、调整机构和防爆机壳等部分组成。

当控制装置远程台的配电盘旋钮旋至"自动"位置时,电机的启停就在压力控制器的控制下。压力测量系统的弹性测压元件在被测介质压力的作用下会发生弹性变形,且该变形量与被测介质压力的高低成正比。当被测介质的压力达到预先设定的控制压力时,通过测量机构的变形,驱动微动开关,通过触点的开关动作,实现对电动油泵的控制。压力上限值和切换差均可以通过调整螺钉进行调节。

若将电控箱上的旋钮转至"手动"位置,电机主电路立即接通,电泵启动运转。此时电机主电路不受电接点压力表控制电路的干预,电泵连续运转不会自动停止。如欲使电泵停止运转必须将电控箱上的旋钮转至"停"位,使主电路断开。

通常,设备经检修后,压力控制器的上下限压力已调好,井场使用时无须再做调整。

② K-01B 压力控制器。

本控制器的测量系统主要由弹簧管、两组微动开关和接线端子组成。被测的压力作用于弹簧管上,使其自由端产生位移,从而改变弹簧管自由端与微动开关之间的相对位置,使开关接通或断开,以达到在设定值时控制与报警的作用。本控制器可分别用于双上限、双下限、上下限控制或单点控制。

4. 液气开关

（1）功用。

液气开关用来自动控制气泵的启停,使蓄能器保持 21 MPa 油压。

（2）工作原理。

液压接头连接蓄能器油路,气接头下部连接气泵进气阀,气接头侧孔则连接气源。蓄能器油压作用在柱塞上,当油压作用力大于所调定的弹簧力时柱塞下移,柱塞端部密封圈即将气接头封闭切断气泵气源,气泵停止运转。当油压作用力减弱时柱塞上移,气接头打开,气泵与气源接通,气泵启动运行。

GBI004 控制装置液气开关的功用及工作原理

液气开关的弹簧力应调好。油压低于 21 MPa 时,弹簧伸张迫使柱塞上移,气接头打开;油压等于 21 MPa 时,弹簧压缩,柱塞下移,气接头封闭。

弹簧力的调节方法是:用圆钢棒插入锁紧螺母圆孔中,旋开锁紧螺母。然后再将钢棒插入调压螺母圆孔中,顺时针旋转,调压螺母上移,弹簧压缩,张力增大,关闭油压升高;逆时针旋转,调压螺母下移,弹簧伸张,弹簧力减弱,关闭油压降低。所调弹簧力是否正确,关闭油压是否是 21 MPa,须经气泵试运转,并调试核准,最后上紧锁紧螺母。气泵启动平稳、柔和,带负荷启动补油不会超载。

（3）使用与调节。

设备经检修后,液气开关的弹簧已调好,现场使用时一般无须再做调节。但在长期使用后其弹簧可能"疲劳",弹力减弱,因而导致关闭油压有所降低,如遇这种情况可酌情调节。

5. 气动压力变送器

（1）功用。

气动压力变送器用来将远程控制台上的高压油压值转化为相应的低压气压值,然后低压气输送到司钻控制台上的气压表，以气压表指示油压值。这样既使司钻可以随时掌握远程控制台上的有关油压情况，又避免了将高压油引上钻台。司钻控制台上气压表的表盘已换为相应高压油压表的表盘，因此，气压表的示压值与远程控制台上所对应的油压表的油压值应是相等的。

（2）YPQ 型气动压力变送器。

GBI005 控制装置气动压力变送器的功用及工作原理

① 工作原理。

当压力为 0.35 MPa 的气源进入 A 室后，若无测量信号压力，阀针关闭，空气被封闭于 A 室内，此时该表输出压力为零。当加入测量信号压力后，此压力信号作用在测量橡胶件上，使橡胶件产生变形，通过活塞杆推动膜片组件向上移动，首先关闭放气嘴，使 B 室内的空气不能排出，然后继续上升，把阀针打开，A 室内的空气流入输出室 B 中，且对膜片组产生向下的推力，以克服活塞向上的推力，直到作用在膜片组上的力和作用在橡胶件上的信号压力平衡为止，此时输出室 B 内的压力即为变送器的输出压力。

② 使用和调整。

气动压力变送器在投入工作前要检查仪表的连接管线是否正确，然后输入气压为 0.35 MPa。

调整仪表时，首先把压力 0.35 MPa 的气源接入仪表，然后再用活塞压力计加入测力信号，使输出压力为 Δp。当输出信号低于标准值时，先松开锁紧螺母，再调整阀座顺时针旋转，使输出压力信号增大，再将锁紧螺母拧紧；反之，则应调整阀座逆时针旋转，使输出压力减小。

（3）QBY-32 变送器。

变送器输入液压油并输入压力为 0.14 MPa 的压缩空气（一次气），输出 0.02～0.1 MPa 的压缩空气（二次气），二次气压与输入液压成相应比例关系。

主杠杆为立式，由支点膜片支撑可绕支点轻微摆动。主杠杆上方承受调零弹簧作用力与波纹管作用力，主杠杆下方则承受弹簧管作用力。主杠杆上下方所受作用力对杠杆产生相反的转动力矩，当转动力矩不平衡时主杠杆绕支点微摆；当转动力矩平衡时主杠杆即稳定不再摆动。

弹簧管中无油压时，主杠杆在调零弹簧与波纹管张力作用下其上部向左方微摆，顶针顶住挡板，主杠杆平衡。此时挡板与喷嘴间形成较大间隙，波纹管中具有来自放大器的 0.02 MPa 压缩空气。

当弹簧管中输入液压油时，弹簧管自由端伸张变形对主杠杆下部产生转动力矩，使主杠杆上部向右微倾，顶针微退，挡板与喷嘴间的间隙减小，自放大器输入波纹管的气压增高，波纹管张力与调零弹簧张力对主杠杆所产生的转动力矩与弹簧管张力对主杠杆所产生的转动力矩相抗衡。结果，主杠杆趋于平衡，挡板与喷嘴间的间隙固定不变，波纹管中气压稳定，变送器输出二次气压稳定。

当弹簧管中输入的液压升高时，主杠杆平衡被破坏，主杠杆上部向右微倾，挡板喷嘴间的间隙略微减小，自放大器输入波纹管的气压略微升高，主杠杆又趋于新的平衡状态。于是，挡板喷嘴间的间隙不再改变，波纹管中气压复又稳定，但气压已略微升高，变送器输出稳定的、压力稍高的二次气压。

当弹簧管中输入的液压降低时，主杠杆的平衡又被破坏，主杠杆上部向左微倾，顶针迫使挡板与喷嘴间的间隙略微增大，自放大器输入波纹管中的气压略微降低，主杠杆又趋于新的平衡。挡板与喷嘴间的间隙不再改变,波纹管中气压复又稳定,但气压已略微降低,变送器输出稳定的、压力稍低的二次气压。

变送器的喷嘴孔径为 1 mm,恒节流孔导管孔径为 0.25 mm,流通孔道都很小,因此对输入的压缩空气要求较为严格,所输入气流应洁净,无水、无油、无尘。压力变送器都附带有空气过滤减压阀,一方面可用以调定输入气压(一次气)0.14 MPa,另一方面可将输入气流加以净化。

(二) 关井方法

钻开油气层前,应充分做好钻开油气层的思想、组织、措施和设备器材的准备。在钻井过程中,应及时发现溢流,不能有麻痹大意思想,不能因为溢流量小而疏忽,如不及时正确控制井口,就有发展为井喷、井喷失控的危险。如何正确控制井口,首先要决定是否可以关井。关井应根据井的基本情况,如井口设备、井下情况而定。

GBI006 关井方法

关井是控制溢流的关键方法,但是在井筒没有条件来控制溢流时,关井就会引起井漏,或施工井周围地面的窜通,造成钻井设备毁坏、人员伤亡和环境污染。

不能关井的原因是套管鞋处的地层不能承受合理的关井压力;套管下得很浅,如关井,地层流体可能沿井口周围窜到地面。发生溢流不能关井时,应该按要求进行分流放喷或有控制放喷。

发生溢流后有 2 种关井方法:一种是硬关井,指一旦发现溢流或井涌,立即关闭防喷器的操作程序;另一种是软关井,指发现溢流关井时,先打开节流阀一侧的通道,再关防喷器,最后关闭节流阀的操作程序。

硬关井时,由于关井动作比软关井少,所以关井快,但井控装置受到"水击效应"的作用,特别是高速油气冲向井口时,对井口装置作用力很大,存在一定的危险性。软关井的关井时间长,但它防止了"水击效应"作用于井口。

硬关井的主要特点是地层流体进入井筒的体积小,即溢流量小,而溢流量是井控作业能否成功的关键。因此,在一些要求溢流量尽可能小的井中,例如含硫化氢的油气井,如果井口设备和井身结构具备条件,可以考虑使用硬关井。另外,若能做到尽早发现溢流显示,则硬关井产生的"水击效应"就较弱,也可以使用硬关井。硬关井制定的关井程序比按软关井制定的关井程序简单,控制井口的时间短,因此在早期井控工作中,特别是液压控制设备出现之前,普遍使用硬关井。但目前钻井现场的关井作业均以液压设备为主,所有的液压控制都集中布置,防喷器和几个关键的闸阀均为液压操作,大大简化了关井程序,减少了关井时间,特别是鉴于过去硬关井造成的失误,我国行业标准目前推荐采用软关井方式,后面进行详细介绍。

(三) 关井程序

具体的关井程序由于各油田的规定不同而略有差别。但有一点是相同的:必须关闭防喷器,以最快的速度控制井口,阻止溢流的进一步发展。由于油气藏的特点不同,或钻机类型不同而制定的关井程序应当经过深思熟虑。以下关井程序可供参考。

(1) 钻进时发生溢流。

① 发信号。由司钻发出报警信号,其他岗位人员停止作业,按照井控岗位分工,迅速进入关井操作位置。

GBI007 钻进时发生溢流的关井操作程序

② 停转盘,停泵,把钻具上提至合适位置。由司钻停止钻进作业,停泵,上提钻具

将钻杆接头提出转盘面 0.4～0.5 m，指挥内外钳工扣好吊卡。

③ 开平板阀，适当打开节流阀。若节流阀平时就已处于半开位置，则不需继续打开；若节流阀的待命工况是关位，需将其打开到半开位置。如果是液动节流阀，安装有节流管汇控制箱，由内钳工负责操作；如果是手动节流阀，由场地工负责操作。如果平板阀是液动平板阀，安装了司钻控制台，由司钻通过司钻控制台打开液动平板阀，副司钻在远程控制台观察液动平板阀控制手柄的开关状态，否则，由副司钻通过远程控制台打开液动平板阀；如平板阀不是液动阀，由井架工负责打开手动平板阀。

④ 关防喷器。由司钻发出关井信号。如安装了司钻控制台，由司钻通过司钻控制台关防喷器，副司钻在远程控制台观察防喷器相关控制手柄的开关状态，若发现防喷器控制手柄没有到位或司钻控制台操作失误，要立即纠正；如未安装司钻控制台，由副司钻通过远程控制台关防喷器。

⑤ 关节流阀试关井，再关闭节流阀前的平板阀。如果是液动节流阀，安装有节流管汇控制箱，由内钳工负责操作关闭液动节流阀；如果是手动节流阀，由场地工负责操作关闭节流阀。节流阀关闭，井架工需将节流阀前面的平板阀关闭以实现完全关井。

⑥ 录取关井立压、关井套压及钻井液增量。关井后，内钳工协助钻井液工记录关井立压、关井套压、循环罐内钻井液增量，并由钻井液工将 3 个参数报告司钻和值班干部。

（2）起下钻杆时发生溢流。

GBI008 起下钻杆时发生溢流的关井操作程序

① 发信号。由司钻发出报警信号，其他岗位人员停止作业，按照井控岗位分工，迅速进入关井操作位置。

② 停止起下钻杆作业。由司钻操作将井口钻杆坐在转盘上，指挥内外钳工做好抢装钻具内防喷工具准备工作。

③ 抢装钻具内防喷工具并关闭。由司钻根据溢流情况判断，是否允许抢起或抢下钻杆。若井下情况允许，要组织井架工、内外钳工抢起或抢下钻杆，然后抢接备用内防喷工具；否则，直接抢接备用内防喷工具。内防喷工具接好后，内钳工负责将其关闭，然后将钻具提离转盘。

④ 开平板阀，适当打开节流阀。若节流阀平时就已处于半开位置，则不需继续打开；若节流阀的待命工况是关位，需将其打开到半开位置。如果是液动节流阀，安装有节流管汇控制箱，由内钳工负责操作；如果是手动节流阀，由场地工负责操作。如果平板阀是液动平板阀，安装了司钻控制台，由司钻通过司钻控制台打开液动平板阀，副司钻在远程控制台观察液动平板阀控制手柄的开关状态，否则，由副司钻通过远程控制台打开液动平板阀；如平板阀不是液动阀，由井架工负责打开手动平板阀。

⑤ 关防喷器。由司钻发出关井信号。如安装了司钻控制台，由司钻通过司钻控制台关防喷器，副司钻在远程控制台观察防喷器相关控制手柄的开关状态，若发现防喷器控制手柄没有关到位或司钻控制台操作失误，要立即纠正；如未安装司钻控制台，由副司钻通过远程控制台关防喷器。

⑥ 关节流阀试关井、再关闭节流阀前的平板阀。如果是液动节流阀，安装有节流管汇控制箱，由内钳工负责操作关闭液动节流阀；如果是手动节流阀，由场地工负责操作关闭节流阀。节流阀关闭，井架工需将节流阀前面的平板阀关闭以实现完全关井。

⑦ 录取关井套压及钻井液增量。关井后，内钳工协助钻井液工记录关井套压、循环罐内钻井液增量，并由钻井液工将参数报告司钻和值班干部。

（3）起下钻铤时发生溢流。

① 发信号。由司钻发出报警信号，其他岗位人员停止作业，按照井控岗位分工，迅速进入关井操作位置。

GBI009 起下钻铤时发生溢流的关井操作程序

② 停止起下钻铤作业。由司钻操作将井口钻铤坐在转盘上，并根据溢流情况判断是否允许抢下钻杆，若不能抢下钻杆，井架工应立即从二层台上下来。同时指挥内外钳工做好抢接防喷单根的准备工作。

③ 抢接防喷单根并关闭其连接的内防喷工具。组织井架工、内外钳工抢接防喷单根，防喷单根接好后，内钳工负责关闭内防喷工具，司钻将钻具提离转盘。

④ 开平板阀，适当打开节流阀。若节流阀平时就已处于半开位置，则不需继续打开；若节流阀的待命工况是关位，需将其打开到半开位置。如果是液动节流阀，安装有节流管汇控制箱，由内钳工负责操作；如果是手动节流阀，由场地工负责操作。如果平板阀是液动平板阀，安装了司钻控制台，由司钻通过司钻控制台打开液动平板阀，副司钻在远程控制台观察液动平板阀控制手柄的开关状态，否则，由副司钻通过远程控制台打开液动平板阀；如平板阀不是液动阀，由井架工负责打开手动平板阀。

⑤ 关防喷器。由司钻发出关井信号。如安装了司钻控制台，由司钻通过司钻控制台关防喷器，副司钻在远程控制台观察防喷器相关控制手柄的开关状态，若发现防喷器控制手柄没有关到位或司钻控制台操作失误，要立即纠正；如未安装司钻控制台，由副司钻通过远程控制台关防喷器。

⑥ 关节流阀试关井，再关闭节流阀前的平板阀。如果是液动节流阀，安装有节流管汇控制箱，由内钳工负责操作关闭液动节流阀；如果是手动节流阀，由场地工负责操作关闭节流阀。节流阀关闭，井架工需将节流阀前面的平板阀关闭以实现完全关井。

⑦ 录取关井套压及钻井液增量。关井后，内钳工协助钻井液工记录关井套压、循环罐内钻井液增量，并由钻井液工将参数报告司钻和值班干部。

（4）空井时发生溢流。

① 发信号。由司钻发出报警信号。

② 停止其他作业。岗位人员听到报警信号后，立即停止作业，按照井控岗位分工，迅速进入关井操作位置。

GBI010 空井时发生溢流的关井操作程序

③ 开平板阀，适当打开节流阀。若节流阀平时就已处于半开位置，则不需继续打开；若节流阀的待命工况是关位，需将其打开到半开位置。如果是液动节流阀，安装有节流管汇控制箱，由内钳工负责操作；如果是手动节流阀，由场地工负责操作。如果平板阀是液动平板阀，安装了司钻控制台，由司钻通过司钻控制台打开液动平板阀，副司钻在远程控制台观察液动平板阀控制手柄的开关状态，否则，由副司钻通过远程控制台打开液动平板阀；如平板阀不是液动阀，由井架工负责打开手动平板阀。

④ 关防喷器。由司钻发出关井信号。如安装了司钻控制台，由司钻通过司钻控制台关防喷器，副司钻在远程控制台观察防喷器相关控制手柄的开关状态，若发现防喷器控制手柄没有关到位或司钻控制台操作失误，要立即纠正；如未安装司钻控制台，由副司钻通过远程控制台关防喷器。

⑤ 关节流阀试关井，再关闭节流阀前的平板阀。如果是液动节流阀，安装有节流管汇控制箱，由内钳工负责操作关闭液动节流阀；如果是手动节流阀，由场地工负责操作关闭节流阀。节流阀关闭，井架工需将节流阀前面的平板阀关闭以实现完全关井。

⑥ 录取关井套压及钻井液增量。关井后，钻井液工将关井套压、循环罐内钻井液增量报告给司钻和值班干部。

空井发生溢流时，若井内情况允许，也可在发出信号后抢下几柱钻杆，然后按起下钻杆的关井程序关井。

十、钻井工程事故与复杂情况

（一）坍塌卡钻

坍塌卡钻是井壁失稳造成井壁坍塌，而导致钻具被卡的卡钻。

1. 井壁坍塌的原因

造成井壁坍塌的原因有地质方面的、物理化学方面的和工艺方面的等。

GBJ001 坍塌卡钻的原因

（1）地质方面的原因。包括原始地应力、地层的构造状态、地层岩石自身性质、泥页岩孔隙压力异常、高压油气层的影响等。

（2）物理化学方面的原因。石油天然气钻井常常是在沉积岩中进行，而70%以上的沉积岩是泥页岩。泥页岩中的黏土含量、黏土成分、含水量及水分中的含盐量等与泥页岩的吸水和吸水后的表现有密切关系，黏土含量越高，含盐量越高，含水量越低则越易吸水水化。蒙脱石含量高的泥页岩易吸水膨胀，绿泥石含量高的泥页岩易吸水裂解、剥落。泥页岩吸水后强度降低是造成坍塌的主要原因。其他原因包括：水化膨胀；毛细作用，水在毛细管力的作用下，大量浸入泥页岩的微缝隙中，进而产生物理崩解，导致坍塌；流体静压力。只要使用水基钻井液，就有泥页岩的水化膨胀和坍塌。

（3）工艺方面的原因。

① 钻井液液柱压力。基于压力平衡理论，必须采取适当密度的钻井液，形成一定的液柱压力。这是对付薄弱地层、破碎地层及应力集中地层的有效措施。

② 钻井液的性能和流变性。钻井液的循环排量大，返速就高，流动呈湍流状态，容易冲蚀井壁，引起坍塌。但钻井液循环排量小时又容易使某些松软地层缩径，而且也不利于携带岩屑和塌块。高黏高切低滤失量钻井液有助于防塌和携带岩屑，但不利于提高钻速。

③ 井斜与方位的影响。在同一地层条件下，直井比斜井稳定，而斜井的稳定性与井斜角和方位角有关。位于最小水平主应力方向的井眼稳定，位于最大水平主应力和最小水平主应力方向中分线的井眼稳定，而位于最大水平主应力方向的井眼最不稳定。

④ 钻具组合。为了保持井眼垂直或稳斜钻进，下部钻具通常采用刚性满眼钻具。但若钻铤直径太大，稳定器过多，下部钻具与井壁的间隙太小，会使起下钻时的压力变化加剧，导致井壁坍塌。

⑤ 钻井液井筒液面下降。钻井液井筒液面下降，液柱压力下降，导致井壁坍塌。

⑥ 压力激动和抽汲压力。开泵过猛，下钻速度过快，易形成压力激动，使瞬间的井内压力大于地层破裂压力而压裂地层。起钻速度过快，易产生抽汲压力，使井内液柱压力低于地层坍塌应力，促使地层过早坍塌。

⑦ 井喷。井喷后，一方面油气混入，使井内钻井液液柱压力降低；另一方面高速油气流的冲刷，破坏了井壁滤饼，也破坏了井眼周围结构薄弱地层，从而导致井壁坍塌。

2. 井壁坍塌的特征

（1）钻进中发生井壁坍塌。

若是轻微的坍塌,则返出钻屑增多,可以发现许多棱角分明的片状岩屑。若坍塌层是正钻地层,则钻进困难,泵压上升,扭矩增大。当把钻头提起,泵压降至正常值,再下放钻具时,钻头放不到井底。若坍塌层在正钻层以上,则泵压升高,钻头提离井底,泵压不下降,且上提下放都遇阻,严重时井口流量减小或不返钻井液。

(2)起钻时发生井壁坍塌。

起钻时一般不会发生井壁坍塌,但当发生井漏或起钻过程中未及时灌满钻井液时,则可能发生井壁坍塌。井壁坍塌后,上提下放都遇阻,而且阻力越来越大,但阻力不稳定,忽大忽小;钻具可以转动,但扭矩增加;开泵时泵压上升,悬重下降,井口钻井液返出量减小甚至不返钻井液。停泵时有回压,钻杆内反喷钻井液。

GBJ002 坍塌卡钻的特征

(3)下钻前发生井壁坍塌。

井壁坍塌发生后,由于钻井液的悬浮作用,坍塌的碎屑没有集中,下钻时可能不遇阻,但井口不返钻井液,或者钻杆内反喷钻井液。若坍塌的碎屑集中,则下钻遇阻,钻头未进入坍塌层以前开泵正常;钻头进入坍塌层,则泵压升高,悬重下降,井口钻井液返出量减小或不返钻井液,但当钻头提离坍塌层后,则一切恢复正常。向下划眼时,阻力、扭矩都不大,但泵压忽大忽小,有时突然升高,悬重随之下降,井口钻井液的返出量也忽大忽小,有时甚至无钻井液返出。从返出的岩屑中可以发现新塌落的带棱角的岩块和经长期研磨而失去棱角的岩屑。

(4)划眼情况。

缩径造成的遇阻(岩层蠕动除外)一般经一次划眼即可恢复正常。但井壁坍塌造成的遇阻,划眼时经常憋泵、蹩钻,钻头提起后放不到原来的位置,甚至越划越浅,比正常钻进要困难得多。

3.井壁坍塌的预防

(1)使用具有防塌性能的钻井液。油基钻井液;油包水乳化钻井液;硅酸盐钻井液;钾基钻井液;低滤失量高矿化度钻井液,它可以减小泥页岩的水化膨胀压力,高黏度钻井液可以增大水在泥页岩中的流动阻力,以减少进入泥页岩中的水量;含有各种堵塞剂的钻井液,在钻井液中加入各种堵塞材料,减少或防止渗透作用和毛细管作用,以降低滤液向井壁岩石的渗透速度;阳离子和部分水解聚丙烯酰胺钻井液,低相对分子质量的阳离子聚合物能渗透到泥页岩内部,抑制黏土的水化膨胀,高相对分子质量的阳离子聚合物可以吸附在泥页岩的表面,阻止泥页岩分散。

GBJ003 坍塌卡钻的预防方法

(2)采取适当的工艺措施。合理的井身结构;尽量减少套管鞋以下大井眼预留长度;调整好钻井液的性能;保持钻井液液柱压力;减小激动压力和抽汲压力。

(二)砂桥卡钻

砂桥卡钻是因井眼扩大处形成砂桥所导致的卡钻。

1.砂桥形成的原因

(1)在软地层中用清水钻进。由于机械钻速快,岩屑多,而清水的悬浮能力和携岩能力差,一旦停止循环时间较长,极易形成砂桥。

GBJ004 砂桥卡钻的原因

(2)表层套管下得太少,松软地层裸露太多。当液柱压力下降时,发生局部坍塌,形成砂桥。

(3)在钻井液中加入絮凝剂过量。絮凝剂过量后,导致细碎的砂粒和混入钻井液中的黏土絮凝成团，停止循环 3~5 min，即可形成网状结构，搭成砂桥。

（4）机械钻速快，而钻井液排量不足。由于钻井液排量低，钻井液在环空的返速低，携岩能力低，井内钻井液中的岩屑浓度过大，部分岩屑附于井壁，一旦停泵，则容易形成砂桥。

（5）改变井内钻井液的体系或钻井液性能急剧改变。钻井液体系和性能的改变，破坏了井内原来已有的平衡，导致井壁滤饼剥落和已黏附在井壁上的岩屑滑落，形成砂桥。

（6）井内钻井液长期静止。由于切力小，岩屑滑落，在某一特定井段，岩屑浓度变得很大，钻具下入过多，开泵过猛，岩屑就挤在一起，形成坚实的砂桥。

（7）施工时间过长，钻井液防塌性能不足。由于施工时间长，井壁地层长期受到钻井液的浸泡，当钻井液性能不足以抑制地层时，井壁地层就会发生垮塌，使泥页岩井段的井径变得很大（即"大肚子"），当钻井液返至大直径井段时，返速下降，大量岩屑就在此处沉积下来，开泵循环时把岩屑挤压在一起，形成砂桥。

（8）浸泡解卡剂。浸泡解卡剂解除粘吸卡钻时，容易把井壁滤饼泡松泡垮，增加了解卡剂中的固相含量，排解卡剂时，若开泵过猛，排量过大，极易将岩屑与滤饼挤压在一起，形成砂桥。

2．形成砂桥的特征

（1）下钻时井口不返钻井液或钻杆内反喷钻井液。

GBJ005 形成砂桥的特征

（2）在砂桥未完全形成以前，下钻时可能不遇阻，或阻力很小，而且随着钻具的继续深入，阻力越来越大。钻具的遇阻是软遇阻，没有固定的突发性遇阻点。有时会发生钻具下入而悬重不增加的现象，这是因为钻具增加的重量被砂桥的阻力所抵消。

（3）起钻时若形成砂桥，则环空液面不下降，而钻具水眼内的液面下降很快。

（4）钻具进入砂桥后，在未开泵以前，上下活动和转动自如。但开泵循环，则泵压升高，悬重下降，井口不返钻井液或钻井液返出很少。

（5）钻进时若钻井液排量小，或携岩能力差，在开泵循环时，钻具上下活动和转动自如，一旦停泵则钻具提不起来。特别是无固相钻井液发生该种情况较多。

3．砂桥卡钻的预防

（1）尽可能不用清水钻进。

GBJ006 砂桥卡钻的预防方法

（2）优化钻井液设计。

（3）钻进时，要根据地层情况选用排量，既要保持井眼清洁，又不会冲蚀井壁。起钻前要充分循环钻井液，彻底清洗井眼。

（4）避免在胶结不好的地层井段划眼。当起下钻、循环钻井液时，钻头或稳定器处于该井段时不能转动钻具，以保护已形成的滤饼。

（5）下钻时，若发现井口不返钻井液或钻杆水眼内反喷钻井液，要立即停止下钻。起钻时，若发现环空液面不下降，或钻杆水眼内反喷钻井液，要停止起钻。要立即接方钻杆开泵循环，开泵时要用小排量顶通，然后逐渐增加排量，待环空畅通，钻杆内外压力平衡后，方可继续进行起下钻作业。

（6）井径扩大率控制在 10%~15% 以内。要求优化钻井技术，优化钻井液技术，以快制胜，缩短建井周期。

（7）在松软地层，机械钻速较大时，要适当延长循环时间，待岩屑举升到一定高度并分布均匀后，再停泵接单根。接单根要快，开泵要先小排量后大排量平稳开通。

（8）要维持钻井液体系和性能的稳定。除密度根据需要随时调整外，其他性能的改变，必须有安全保障措施,严禁钻井液性能的剧烈变化。

(9) 浸泡解卡剂处理粘吸卡钻后,排出解卡剂时要特别小心,要先用小排量开通,一段时间后,再逐步增加排量。在解卡剂未完全排出井口以前,不能随意停泵、倒泵。

(10) 有裸眼井段存在时,钻井液静止时间不能过长。特别是松软地层未用套管封隔的情况下,更应注意。

(三) 缩径卡钻

缩径卡钻是因某一井段渗透性好所形成的滤饼厚或地层膨胀使井眼直径缩小而发生的卡钻。缩径卡钻属于小井径卡钻,井径小于钻头直径时,可在此井段造成卡钻。小井径有些是缩径造成的,有些是原本就存在的。

1. 缩径卡钻的原因

(1) 地层中存在砂砾岩、泥页岩、盐岩、石膏层井段。砂岩、砾岩、砂砾混层若胶结不好或没有胶结物时,由于在此井段滤失量大,就会在井壁上形成一层厚厚的滤饼,导致原有井眼的缩小即缩径。

泥页岩井段一般表现为井径扩大,但有些泥页岩吸水后膨胀,可导致井径缩小。特别是一些含水泥岩,塑性很强,呈欠压实状态。一旦打开一个孔道,会在上覆地层压力作用下迅速向孔道蠕动,使井眼缩小,甚至把钻头包住。全国各地所遇到的多是紫红色软泥岩。

GBJ007 缩径卡钻的原因

盐岩层的强度随埋藏深度的增加而减小。盐岩层在一定的温度和压力作用下会发生明显的变形,称为蠕变。温度和压力是影响蠕变速率的主要因素。盐岩在 100 ℃ 以前,蠕变量很小,由于钻井液中水的溶解作用,井径不会缩小,反而扩大;在 $100\sim200$ ℃ 之间,蠕变速率随温度升高而急剧增加;在 200 ℃ 以上,盐岩层几乎完全变成塑性体,在一定压力作用下,极易产生塑性流动,导致缩径。

随着埋藏深度的增加,温度、压力也随之增加,盐岩层的自持能力逐渐下降,达到一定深度就会失去自持能力,若没有一定的钻井液液柱压力与地层压力相抵抗,一旦孔眼形成,盐岩层就向孔眼蠕动,使井眼缩小。

一般认为深部地层的石膏在上覆岩层压力的作用下结晶水被挤掉,变为无水石膏,当钻开时,石膏又吸水膨胀,强度减弱,导致缩径。无水石膏变为含水石膏时体积要膨胀约 26%。

(2) 原先已存在小井眼或大尺寸钻头下入小井眼中。钻头使用后期,外径磨小,形成一段小井眼,尤其是刮刀钻头;某些取芯钻头,其外径小于正常钻进钻头,或在使用后期外径磨小,也会形成一段小井眼。若下钻疏忽,或扩、划眼过程中发生溜钻,就会造成卡钻。由于工作人员的疏忽大意,误将大尺寸钻头下入小井眼中而造成卡钻。

(3) 弯曲井眼。井身质量不高,井眼弯曲(相对井径缩小),当下部钻具结构改变,刚性增强,或下入外径较大长度较长的套铣工具或打捞工具时,在弯曲井眼处容易卡住。

(4) 地层错动,造成井眼横向位移。钻井液滤液侵入断层面或节理面后,引起孔隙压力升高,产生沿断层面或节理面的滑动,导致井眼的横向位移。若地层错动发生在下钻之前,则下钻时就会在地层错动处遇阻遇卡。

(5) 钻井液性能改变较大。为了堵漏大幅度调整钻井液性能,或钻遇石膏层、盐岩层、高压盐水层,滤失量、黏度、切力增加,在某些井段形成假滤饼,导致缩径。

2. 缩径卡钻的特征

(1) 单向遇阻,阻卡点固定。如有若干个遇阻点,但每个遇阻点的井深相对稳定。

(2) 多数卡钻是在钻具运行中造成的,少数卡钻是在钻进时造成的。

GBJ008 缩径卡钻的特征

(3) 开泵循环钻井液时,一般情况下,泵压正常,进出口流量平衡,钻井液性能无明显变化。但若钻遇蠕动速率较大甚至塑性状态的盐岩、沥青层、含水软泥岩,泵压会逐渐升高,甚至会失去循环。

(4) 离开遇阻点则上下活动、转动正常,阻力稍大则转动困难。

(5) 下钻距井底不远遇阻。可能是沉砂引起遇阻,也可能是上一只钻头在使用后期直径缩小形成了小井眼。

(6) 钻遇蠕变性的盐岩、沥青层、含水软泥岩时,机械钻速加快,转盘扭矩增大,并有蹩钻现象,提起钻头后,放不到原来井深,划眼比钻进困难。蠕变速率较小时,泵压没有多大变化;若蠕变速率较大,泵压会逐渐上升,直至憋泵。

(7) 缩径卡钻的卡点是钻头或大直径工具,而不可能是钻杆和钻铤。

3. 缩径卡钻的预防

(1) 入井钻头或工具的直径要小于井眼的正常直径,打捞工具的外径应比井径小 10～25 mm。

GBJ009 缩径卡钻的预防方法

(2) 若起出的钻头和稳定器外径磨小,在下入新钻头时要提前若干米开始划眼,不能一次下钻到底。划眼井段一般为 1～3 个单根。下放钻具时不允许有 30 kN 以上的阻力,最后一个单根即使无阻力也必须划眼下放。

(3) 用牙轮钻头钻进的井段,下入金刚石钻头、PDC 钻头及足尺寸的取芯钻头时要特别小心,遇阻不许超过 50 kN。

(4) 取芯井段必须用常规钻头扩眼或划眼。连续取芯井段每取芯 50 m 左右要用常规钻头扩眼、划眼一次。

(5) 下部钻具结构改变,钻具刚性增加,以及下入外径较大的套铣工具和打捞工具时要控制速度慢下,决不允许阻力超过 50 kN。

(6) 下钻遇阻决不能强压。若发现上提时阻力增加很多,不能盲目下压,而应立即循环钻井液,向下划眼,消除阻力。

(7) 起钻遇阻决不能硬提。若发现下压解卡力大于上提阻力很多,不能再加大力量上提钻具,而应循环钻井液,采取倒划眼措施起出钻具。

(8) 控制钻井液滤失量及固相含量,减少滤饼造成的缩径现象。

(9) 当钻遇特殊岩层,如盐岩层、沥青层、含水软泥岩层时,必须提高钻井液的密度,增大钻井液液柱压力,以抗衡井壁围岩的蠕动或塑流。

(10) 上提遇阻,倒划眼无效时,可接扩孔器下钻至遇阻位置扩眼;若井下情况比较复杂,可在钻铤顶部接扩孔器。

(11) 在钻柱中接随钻震击器,一旦发现卡钻,可立即启动震击器震击解卡。

(12) 在复杂井段钻进时,钻具结构要简化。如缩小钻铤外径、不接稳定器、减少钻铤数量等。

(13) 在钻进过程中,要定期进行短起下钻即通井。

(14) 在起下钻过程中,要详细记录阻卡点,较复杂的井段要主动进行划眼,以消除阻卡现象。

（15）蠕变地层可使用偏心 PDC 钻头，把井眼钻大，或在钻头以上适当部位接牙辊扩大器，以修整缩小的井眼。

（四）键槽卡钻

键槽卡钻是因井眼在急弯（狗腿）井段所形成的键槽而造成的卡钻。

1. 键槽产生的原因

键槽形成的主要条件是井眼不是一条直线，产生了局部弯曲，形成了狗腿。狗腿产生的原因是井斜角、方位角或全角发生变化以及井壁产生壁阶。在钻进时，钻杆紧靠狗腿井段旋转，起下钻时钻杆在狗腿井段上下拉刮，时间长了就在井壁上磨出了一条比钻杆接头外径稍大而小于钻头直径的细槽，即键槽。起钻时钻头或钻铤拉入键槽底部而发生卡钻。

2. 键槽卡钻的特征

（1）键槽卡钻只发生在起钻过程中。

（2）只有钻头或其他直径大于钻杆接头外径的工具（或钻具）接触键槽下口时，才发生遇阻遇卡。

（3）在岩性均匀的地层中，键槽是向上下两端发展的。井径规则时，每次起钻的遇阻点是向下移动的，而且移动的距离不多；岩性不均匀，井径不规则时，键槽的位置固定，遇阻点固定不变。

（4）键槽中遇阻遇卡，开泵循环钻井液时，泵压无变化，钻井液性能无变化，进出口流量平衡。

（5）在键槽中遇阻，拉力稍大，启动转盘很困难，但下放钻柱脱离键槽则旋转自如。

> GBJ010 键槽卡钻产生的原因和特征

3. 键槽卡钻的预防

（1）钻直井时，要把井打直，严格控制井斜角和方位角的变化，减少产生狗腿的可能。

（2）钻定向井时，在地质条件允许的情况下，应尽量简化井眼轨迹，要多增斜少降斜。

（3）容易产生键槽的井段要用套管封掉。特别是对于多目标井、大位移井和水平井。

（4）缩短套管鞋以下的口袋长度。

> GBJ011 键槽卡钻的预防方法

（5）每次起下钻，都要详细记录遇阻点的井深，阻力大小，以便综合分析井下情况，确定引起井下遇阻遇卡的原因。

（6）起钻遇阻不能强提，要反复上下活动钻具，转动方向，以求解卡。若长期活动无效，则只有采取倒划眼的办法。

（7）若键槽遇阻井深小于总井深的一半，可在钻柱上接扩孔器，重新下钻至预计键槽顶部，用扩孔器破除键槽。

（8）一旦发现键槽，要主动破除键槽。即在钻柱中接键槽扩大器。划眼顺利时，要严格控制下行速度，不能大于该井段机械钻速的 1/3。划眼困难时，不可操之过急。

（9）井身质量不好时，可在钻铤顶部接滑套式键槽扩大器或固定式扩孔器。

（10）在钻柱中接随钻震击器，一旦遇阻遇卡可启动下击器下击解卡。

（五）干钻卡钻

1. 干钻的原因

> GBJ012 干钻卡钻的原因和特征

干钻是指通过钻头的钻井液很少甚至失去钻井液循环的情况下所进行的钻进。干钻时，钻头对岩石做功所产生的热量无法散发出去，岩屑无法携带上来，积累的热量达到一定程度,足以使钢铁软化甚至熔化,钻头甚至钻铤下部在外力作用下产生变形,和岩屑熔合在一起,就造成了干钻卡钻。

钻井液在钻头处循环排量减小甚至失去循环的原因如下:

(1) 钻具刺漏。

(2) 钻井泵上水不好。

(3) 高压管线与低压管线之间的阀门刺漏或未关死,大部分钻井液在地面循环,只有少量钻井液流入井内。

(4) 停泵。泵房与钻台配合不好,导致司钻不知停泵仍继续钻进。

(5) 有意识地停泵干钻。在取芯或用打捞筒打捞井底碎物时,为防止在起钻过程中岩芯或碎物滑落,而习惯干钻几分钟力图用泥巴把钻头或铣鞋包住。当掌握不好时,极易因干钻而引起卡钻。

2. 干钻的特征

(1) 若钻具刺漏,在正常排量下,泵压会逐步下降。

(2) 若钻井泵上水不好,或地面管线、阀门有刺漏,则泵压下降,井口钻井液返出量减小,钻井液温度明显下降。

(3) 机械钻速明显下降。

(4) 转盘扭矩增大。

(5) 干钻初期造成泥包,钻具可以上下活动,但上提有阻力,随着干钻程度的加剧,阻力越来越大,直至无法活动而卡钻。

(6) 干钻一般会堵死钻头水眼,除钻具刺漏情况外,都无法开泵循环。

3. 干钻的预防

(1) 要注意泵压和井口钻井液返出量的变化。

GBJ013 干钻卡钻的预防方法

(2) 发现机械钻速下降,转盘扭矩增大,甚至有蹩钻、打倒车现象时,要结合泵压、井口钻井液返出量、正钻地层特性进行综合分析。若发现泵压下降或返出量减小,要立即停钻;若循环正常,没有短路现象,则可以进行试钻。试钻时,每钻进 10～15 min 要提起划眼一次,若出现停钻打倒车、上提有阻力,而且一次比一次严重,也要停止钻进。

(3) 泵房与钻台要密切配合,在钻进过程中不能停泵、倒泵,若因故必须停泵,必须先通知司钻,将钻具提起。

(4) 停止循环时间较长时,要将钻具提离井底一定高度,然后上下活动或转动,决不能将钻头压在井底用转盘转动的方法活动钻具。

(5) 气侵钻井液要加强除气工作,以提高钻井泵的上水效率。

(6) 在取芯及打捞工作时,不要人为进行干钻。

(六) 水泥卡钻

水泥卡钻(也称插旗杆)是指钻具或油管因接触水泥浆,而导致被水泥凝固住(即"焊"死)的卡钻。

GBJ014 水泥卡钻的原因和预防方法

1. 水泥卡钻的原因

(1) 对所使用的水泥和添加剂的混配物不做物理化学性能试验,也不做水泥浆与钻井液混配试验,未掌握水泥浆的性能和变化规律。

（2）注水泥设备或钻具提升设备在施工中途发生问题，使施工不连续或延长了施工时间。

（3）施工措施不当或操作失误。

（4）探水泥面时间过早或措施不当。

2．水泥卡钻的预防

（1）在裸眼井段注水泥塞，要测量井径，要按实际井径计算水泥浆用量，附加量不超过30％。

（2）水泥浆必须做物理化学性能试验，并要和钻井液做混溶试验，掌握水泥浆的稠化、初凝、终凝时间，施工时间要控制在稠化时间的 1/2 以内。

（3）钻水泥塞的钻具结构越简单越好，一般只下光钻杆。

（4）钻水泥塞前，井下要平稳，即不喷、不漏、不塌。

（5）钻具提升设备和注水泥设备一定要完好。

（6）在注水泥过程中，要不停地活动钻具，以防发生钻具粘卡事故。

（7）循环钻井液将水泥塞顶部多余水泥浆替出时，在残余水泥浆未完全返出井口以前，不能随意停泵或倒泵。

（8）在把钻具提离水泥塞的关键时刻，井口操作要紧张有序，不能发生任何操作失误。

（9）探水泥塞一定要等到水泥终凝以后，不宜过早。

（七）沉砂卡钻

1．沉砂卡钻的原因

（1）用清水钻进或用黏度小、切力低的钻井液钻进时，由于其悬浮岩屑的能力差，稍一停泵岩屑就会下沉，停泵时间越长，沉砂量就越多，尤其在快速钻进时，更为突出。严重时就有可能造成下沉的岩屑堵死环空、埋住钻头与部分钻具形成卡钻。此时若开泵过猛还会憋漏地层或卡得更紧。

> GBJ015 沉砂卡钻的原因和现象

（2）出现复杂情况进行堵漏作业时，若钻井泵上水不好，排量小，也会造成沉砂卡钻。

（3）在快速钻进时，由于钻时快，岩屑多，若接单根时间长，出现停泵早、开泵晚也会造成沉砂卡钻。

2．沉砂卡钻的现象

（1）接单根或起钻卸开立柱后，钻井液倒返甚至喷势很大。

（2）重新开泵循环泵压升高或憋泵。

（3）上提遇卡、下放遇阻，连续操作上提或下放会越来越困难，转动时阻力很大，甚至不能转动。

3．沉砂卡钻的预防

（1）在地层允许的情况下适当增加排量钻进，并提高钻井液的悬浮能力。

（2）根据地层提高或维护好钻井液性能。

> GBJ016 沉砂卡钻的预防方法

（3）尽量早开泵晚停泵，缩短停泵时间，减少岩屑下沉。

（4）发现泵压升高及岩屑返出较少时，及时控制钻速，或停止钻进，活动钻具，并大排量循环，待井下正常后，再恢复正常钻进。

（5）下钻遇阻不得硬压，必须循环划眼，待井下正常后，再恢复正常下钻作业。

（6）上提遇阻不能硬提，应开泵循环活动钻具。

（7）开泵不宜过猛，避免因泵压过高憋漏地层。

（八）井下复杂情况和事故的判断

GBJ017 井下复杂情况和事故的判断

井下复杂情况与事故虽然不能直接观察，但可通过对各种现象进行分析，寻其规律，确定其性质。主要判断依据为泵压、悬重、钻井液进出口流量、机械钻速等钻井参数的变化情况以及钻具上下活动和转动时阻力的变化情况。

井下复杂情况与事故的判断见表 1-3-12 和表 1-3-13。

表 1-3-12　井下复杂情况的判断

判断依据	复杂情况	井漏	井塌	砂桥	溢流	泥包	缩径	键槽	钻具刺漏	牙轮卡	水眼刺	水眼掉	水眼堵
转盘转动情况	扭矩正常	B			B						B	B	
	扭矩增大		A	A		A_1	A_1		B	A_1			
	蹩钻					A_2	A_2			A_2			
钻具上下活动情况	上提遇阻		A	A		A	A	A					
	上提正常								B	B	B	B	B
	下放遇阻		A	A			A						
	下放正常							A	B	B	B	B	B
泵压活动情况	正常							B	B		B		
	上升		A	A		A		A					A_1
	缓慢下降				B				A		A		
	突然下降	A										A	
	蹩泵												A_2
井口流量变化	正常					B	B	B	B	B	B	B	
	增大				A								
	减小	A_1	A_1	A_1									
	不返钻井液	A_2	A_2	A_2									
机械钻速	加快				B								
	减慢					A				B	A		

注：① 表中 A 项为该类复杂情况的充分条件，据此可对井下复杂情况定性。

② 表中 B 项为该类复杂情况的必要条件，可作为辅助判断的依据。

③ 下标 1，2 表示同一情况中的两项同时存在，也可能只存在一项。

④ 以上各类复杂情况，除键槽外，都指正常钻进或停钻后的活动情况。

表 1-3-13　井下事故的判断

判断依据	事故类型	钻具断落	卡钻	严重井塌	井喷	钻头落井	落物 在钻头上	落物 在钻头下
转盘转动情况	扭矩正常				B			
	扭矩增大			B			A_1	A_2
	扭矩减小	A				A		
	跳钻							A
	蹩钻						A_2	A_2
	不能转动		A					
钻具活动情况	上提遇阻		A	A		A		
	下放遇阻		A	A				A
悬重变化	正常					B	B	B
	下降	A			B			
泵压变化	正常						B	B
	上升			A	B			
	下降	A				A		
钻井液井口返出量变化情况	正常	B	B			B	B	B
	增大				A			
	减小			A_1				
	不返钻井液			A_2				

注：① 表中 A 项为该类复杂情况的充分条件,据此可对井下复杂情况定性。

② 表中 B 项为该类复杂情况的必要条件,可作为辅助判断的依据。

③ 下标 1,2 表示同一情况中的两项同时存在,也可能只存在一项。

(九)卡钻事故的判断

造成卡钻的原因多种多样,不同的卡钻有不同的原因和现象,即使同种类型的卡钻,其卡钻原因和现象也不尽相同。由于卡钻的机理不同,处理的方法也自然各异。当卡钻发生后,必须首先根据各种现象所掌握的各种信息,找出卡钻原因,弄清卡钻的性质,从而确定合理的处理方案。现把卡钻的判断按其不同工作状态即钻进、起钻和下钻,以表格的形式列举出来,见表 1-3-14、表 1-3-15 和表 1-3-16。

GBJ018 钻进中发生卡钻事故的判断

表 1-3-14　钻进中发生卡钻事故的判断

判断依据		现象	卡钻类型 粘吸	坍塌	砂桥	缩径	泥包	干钻	落物
卡钻前	钻进中	跳钻							A_1
		蹩钻				B	A_1	A_1	A_2
		扭矩增大	A		B	B	A_2	A_2	A_3

判断依据		现　象	卡钻类型						
			粘吸	坍塌	砂桥	缩径	泥包	干钻	落物
卡钻前	钻具上下活动时	上提遇阻,但短距离内阻力消失				A			
		上提一直有阻力,阻力忽大忽小		A	A	A			
		上提一直有阻力,阻力越来越大						A	A
		下放有较大阻力		B	B				
		下放有较小阻力					B		
	泵　压	泵压正常	B			B			B
		泵压逐渐上升		A_1	A_1	A	A_1	A_1	
		泵压逐渐下降					A_2	A_2	
		泵压波动		A_2	A_2				
	钻井液返出量	进出口流量平衡	B			B	B	B	B
		井口返出量减小		A_1	A_1				
		井口不返钻井液		A_2	A_2				
	机械钻速	机械钻速急剧下降						A	A
		机械钻速缓慢下降					A		
	钻屑	返出量增大且有大量坍塌物		B	B				
		返出量减小					B	B	B
	卡前钻具状态	钻具静止时间较长遇卡	A						
		钻具在上下活动中遇卡		A	A				A_1
		钻具转动中遇卡				A	B	A	A_2
卡钻后	初始卡点	在钻头附近				A	A	A	A
		在钻铤或钻杆上	A	A	A				
	泵　压	泵压正常	A			A			
		泵压上升		A	A				
		泵压下降					A	A	
	井内循环	可以正常循环	B			B	B		B
		可以小排量循环		A_1	A_1			A_1	
		不能循环		A_2	A_2			A_2	

注：① 表中 A 项为该类卡钻的充分条件,据此可对卡钻事故定性。

② 表中 B 项为该类卡钻的必要条件,可作为辅助判断的依据。

③ 下标 1,2 表示两项可同时存在,也可能只存在一项。

表 1-3-15 起钻中发生卡钻事故的判断

判断依据		现 象	卡钻类型						
			粘吸	坍塌	砂桥	缩径	键槽	泥包	落物
卡钻前	钻具工作状态	钻柱静止时间较长	A						
		钻柱上行突然遇阻				A	A		A
		钻柱在一定阻力下可以上行		A_1	A_1			A	
		上提遇阻而下放不遇阻				A	A		A
		上提遇阻下放也遇阻		A_2	A_2			B	
		循环时活动正常,停泵就有阻力		A_2	A_2				
		无阻力时转动正常				B	B	B	
		无阻力时转动不正常		B	B				
	井口显示	钻柱上行环空液面不下降		B	B			B_1	
		钻井液随钻柱上行返出井口						B_2	
		从钻柱内反喷钻井液	A						
卡钻后	初切点	在钻头附近				A		A	A
		在钻铤顶部				A			
		在钻铤或钻柱上	A	A	A				
	泵压显示	泵压正常	A			A	A		A
		泵压下降						B	
		泵压上升		A_1	A_1				
		憋泵		A_2	A_2				
	井口显示	钻井液进出口流量平衡	A			A	A	B	A
		井口钻井液返出量减小			A_1	A_1			
		井口不返钻井液			A_2	A_2			

注:① 表中 A 项为该类卡钻的充分条件,据此可对卡钻事故定性。
　　② 表中 B 项为该类卡钻的必要条件,可作为辅助判断的依据。
　　③ 下标 1,2 表示两项可同时存在,也可能只存在一项。

GBJ019 起钻中发生卡钻事故的判断

表 1-3-16 下钻中发生卡钻事故的判断

判断依据		现 象	卡钻类型				
			粘吸	坍塌	砂桥	缩径	落物
卡钻前	钻柱工作状态	钻柱静止时间较长	A				
		下行突然遇阻				A	
		下行正常而上行遇阻					A
		下行和上行都遇阻		A_1	A_1		

续表 1-3-16

判断依据		现　象	卡钻类型				
			粘吸	坍塌	砂桥	缩径	落物
卡钻前	钻柱工作状态	下行遇阻且阻力越来越大		A_2	A_2		
		下行遇阻，阻力点相对固定				B	
		下行遇阻，阻力点不固定		B	B		
		循环时可下行，停泵遇阻		A_3	A_3		
		无阻力时转动正常				B	
		无阻力时转动不正常		B	B		A
	井口显示	钻柱下行时井口不返钻井液		A_1	A		
		从钻柱内反喷钻井液		A_2	B		
卡钻后	初始卡点	在钻头附近				A	A
		在钻铤或钻杆上	A	A	A		
	循环泵压	泵压正常	B			B	B
		泵压上升		A	A		
	钻井液循环	钻井液进出口流量平衡	A			A	A
		钻井液出口流量减小		A_1	A_1		
		井口不返钻井液		A_2	A_2		

注：① 表中 A 项为该类卡钻的充分条件，据此可对卡钻事故定性。

② 表中 B 项为该类卡钻的必要条件，可作为辅助判断的依据。

③ 下标 1，2，3 表示其中一项存在即可作为主要判断依据，也可能其中两项同时存在。

GBJ020 下钻中发生卡钻事故的判断

（十）井下复杂情况和事故处理常用工具

井下出现复杂情况和事故时需要用到专门工具进行处理，包括卡钻事故处理常用工具、钻柱事故处理常用工具、落物事故处理常用工具等。具体内容可参见本书第二部分模块二的项目一。

项目二　更换牙轮钻头水眼

一、准备工作

（1）设备。

直径为 215.9 mm 的三牙轮钻头 2 只，不同规格的钻头水眼 20 个。

（2）工具、材料。

游标卡尺 1 把，直径 15 mm 的木棒 2 根，一字螺丝刀 2 把，水眼钳子（内外）2 把，棉纱适量，润滑脂适量。

二、操作规程

（1）准备。

准备所用材料及工具。

（2）选择水眼。

根据抽签的水眼尺寸，用水眼尺选择水眼，并能正确测量水眼尺寸。

（3）拆卸水眼。

拆卸原有水眼，正确使用卡簧钳取出水眼，用螺丝刀取出密封圈，清理钻头安装水眼位置。

（4）安装水眼。

① 密封圈涂抹润滑脂，安装密封圈。

② 水眼外壁涂抹润滑脂。

③ 用木棒将水眼平稳压入钻头水眼孔到底。

④ 安装卡簧到位。

（5）检查质量。

检查水眼安装质量。

三、技术要求

（1）牙轮钻头主要由钻头体、巴掌（牙爪）、牙轮、轴承、水眼（喷嘴）、储油密封润滑系统等组成。

（2）钻头体的底端中部镶焊水眼板或安装喷嘴。

（3）非喷射式钻头的水眼只起钻井液循环通道的作用，而喷射式钻头的水眼作为喷嘴，不仅循环钻井液，还能把钻井液转化为高速射流。喷射式钻头的水眼方向是使钻井液直射两牙轮间的井底。

（4）喷嘴（水眼）主要有普通喷嘴、中长喷嘴、长喷嘴、斜喷嘴、振荡脉冲射流喷嘴、中心喷嘴等。普通喷嘴一般有椭圆型、圆弧型、双圆弧型、锥型、流线型、等变速型等，其结构形状决定了射流的扩散角大小、等速核长短和流量系数的大小。

项目三　分析出井牙轮钻头

一、准备工作

（1）设备。

ϕ215.9 mm 牙轮钻头 5 只。

（2）工具。

游标卡尺 2 把，钢板尺 1 把，钢针 3 根，钻头规 1 个。

二、操作规程

（1）牙齿。

牙齿的磨损分级。

（2）轴承。

轴承的磨损分级。

（3）外径。

钻头直径的磨损情况。

（4）其他部位。

储油系统、轴承密封情况、喷嘴、螺纹、焊缝、牙爪、爪尖等。

三、技术要求

（1）牙齿的磨损。3 个牙轮中以磨损最严重的一个牙轮作为评定该钻头的最后等级。

（2）轴承的磨损。3 个牙轮中以旷动最严重的一个牙轮作为评定的最后等级。

（3）钻头直径磨损。钻头直径磨损通常用钻头规直接测量，若用可调节式的活动钻头规，则可直接读出磨损的数值。直径磨损用代号"J"表示，其下标数字表示直径磨损的毫米数，如 J_2 表示直径磨小 2 mm。

（4）其他部位的损坏情况包括储油系统、轴承密封情况、喷嘴、螺纹、焊缝、牙爪、爪尖等有异常或损坏，牙轮有无轴向、径向裂纹，偏磨等现象，要用文字简略说明记入分级。

（5）国际钻井承包商协会制定的钻头磨损标准用字母和数字混合表述，共分为 8 级。

项目四　使用螺杆钻具

一、准备工作

碳素笔 1 支，答题纸 1 张。

二、操作规程

（1）准备工作。

① 螺杆钻具的结构：由旁通阀、马达、万向轴和传动轴四大总成组成。

② 直径 165 mm 螺杆钻具最大压差为 4 MPa。

（2）下钻操作。

下钻时应控制速度，尤其过套管鞋、砂桥及缩径段，不能硬压，若带有弯接头下钻不能划眼；循环不能固定在一点，时间控制在 2~3 min，若无效起钻通井。

（3）钻进操作。

① 钻进时钻具下到距井底 0.5 m 即可开泵清洗井底。

② 开泵后逐渐增加排量到设计排量，记录总泵压和排量。

③ 将钻头放至井底缓慢加压，钻进 1 m 左右进一步加大钻压，泵压也会升高，使压差保持在规定的数值内。

（4）故障排除。

① 泵压突然升高的处理方法。

② 泵压逐渐升高的处理方法。

③ 泵压逐渐下降的处理方法。

④ 钻进无进尺的处理方法。

三、注意事项

钻进时应保持排量和泵压的稳定，同时加强对钻井液固相含量的控制。

项目五 操作远程控制台实施关井

一、准备工作

（1）设备。

石油钻机 1 台，FKQ3240 或 FKQ6406 远程控制台 1 台，21 MPa 双闸板、环形井口防喷器组 1 套，21 MPa 井控节流管汇 1 套，21 MPa 液动平板阀 1 只。

（2）材料。

棉纱适量。

二、操作规程

（1）检查远程控制台。

① 检查各压力表显示值：蓄能器压力为 21 MPa、环形防喷器压力与节流管汇压力为 10.5 MPa、气源压力为 0.65～0.8 MPa。

② 检查各换向阀工况：液动放喷阀与旁通阀手柄处于关位，其他均为开位。

（2）开液动放喷阀。

换向阀手柄扳至开位，观察压力表变化。

（3）关环形防喷器。

换向阀手柄扳至关位，观察压力表变化。

（4）关闸板防喷器。

换向阀手柄扳至关位，观察压力表变化并确认防喷器关闭情况（根据抽取工况确定关闭防喷器类型）。

（5）开环形防喷器。

待关闭节流阀试关井后将换向阀手柄扳至开位，观察压力表变化。

项目六 操作转盘倒划眼

一、准备工作

碳素笔 1 支，答题纸 1 张。

二、操作规程

（1）施工准备。

① 调整钻井液。

② 校正悬重表，表针指示为零。

（2）上提钻柱。

上提钻柱速度不能过快，刹车及时，注意悬重变化。

（3）坐卡瓦。

井口放入钻杆卡瓦卡紧钻具，坐卡瓦一次成功；选用 ϕ10 mm 的钢丝绳做保险绳，拴保险绳。

（4）倒划眼操作。

平稳缓慢正转转盘，开始倒划眼；转盘转动负荷减小，确认井下正常后，停转盘再增加10 kN 的拉力上提钻柱。

三、注意事项

（1）起钻发现上提遇阻时，应设法下放同时接方钻杆大排量循环，轻提慢转倒划眼，不得硬提。

（2）上提遇阻，倒划眼无效时，可接扩孔器下钻至遇阻位置扩眼；若井下情况比较复杂，可在钻铤顶部接扩孔器。

项目七　使用卡瓦打捞筒

一、准备工作

（1）设备。

石油钻机 1 台。

（2）工具、材料。

2 000 mm 钢卷尺 1 把，300 mm 内、外卡钳各 1 把，HB 铅笔 1 支，LT-T200 卡瓦打捞筒 1 根，棉纱适量，ZN-2 纳基润滑脂 2 kg，A4 记录纸 2 张。

二、操作规程

（1）工具选择。

选择工具、用具。

（2）检查。

检查保养设备、工具、用具。

（3）组配管柱。

选择组配打捞筒；测量打捞筒各部尺寸；填写记录。

（4）下打捞管柱。

下打捞管柱至鱼顶以上 0.5 m；探鱼顶。

（5）打捞。

顺时针缓慢转动转盘同时逐渐下放钻具，使鱼头进入卡瓦，加压 30～50 kN，上提钻具，悬重增加，证明已捞获落鱼。

三、技术要求

（1）拆开打捞筒检查各零件的完好情况，并根据落鱼抓捞部位尺寸选用卡瓦、控制圈、密封元件。组装时，卡瓦和外筒的锯齿要涂抹钙基润滑脂，其他螺纹处涂抹螺纹脂。

（2）下钻前计算好鱼顶方入、铣鞋方入和卡瓦全部进去后的打捞方入。当卡瓦打捞筒下到鱼顶时，边缓慢向右转动，边下放打捞管柱，把落鱼套入卡瓦打捞筒的引鞋内。鱼顶到达带铣齿的篮式控制环时，加压 10～20 kN，缓慢转动打捞管柱，磨铣 30 min，铣去鱼头毛刺或微变形部分。继续下放打捞管柱,当鱼头到达卡瓦下端时,加压 30～50 kN,落鱼上顶卡瓦,卡瓦胀大使落鱼通过,直到落鱼到达卡瓦底部。上提卡瓦打捞筒,筒体相对卡瓦上移,外筒锯齿螺纹斜面迫使卡瓦收缩,卡瓦内的牙齿便咬住落鱼。

(3) 卡瓦打捞筒和落鱼起出后,用下击器下击,使卡瓦松开,然后固定落鱼端,正转卡瓦打捞筒把落鱼退出。

(4) 井下丢掉落鱼。井下落鱼被卡,解卡无效需丢掉落鱼时,利用下击器下击松开卡瓦,然后上提到打捞管柱的悬重,右旋管柱几圈,若无蹩劲则证明卡瓦松开;否则要再进行下击,直到卡瓦松开为止。卡瓦松开后,在缓慢右转的同时小心地对打捞筒施加 5 kN 的拉力,让落鱼从卡瓦中退出,达到丢掉落鱼的目的。

项目八　组装螺旋卡瓦打捞筒

一、准备工作

(1) 设备。

石油钻机 1 台。

(2) 工具、材料。

2 000 mm 钢卷尺 1 把,300 mm 内、外卡钳各 1 把,HB 铅笔 1 支,LT-T200 卡瓦打捞筒 1 根,棉纱适量,ZN-2 钠基润滑脂 2 kg,270 mm×193 mm 绘图纸 2 张。

二、操作规程

(1) 准备工作。

准备所用材料及工具。

(2) 选择卡瓦。

根据井眼尺寸和落鱼直径选择规格合适的卡瓦打捞筒及卡瓦,卡瓦内径应小于鱼头外径 1～2 mm。

(3) 检查。

检查打捞筒螺纹、滑道与本体情况;检查卡瓦。

(4) 组装。

装卡瓦,装配时应涂润滑脂;组装卡瓦打捞筒。

(5) 拆卸。

按顺序拆卸打捞筒。

三、技术要求

(1) 卡瓦打捞筒外部元件有上接头、外筒和引鞋。外筒内部装有卡瓦牙、控制环、密封元件。在打捞较小尺寸的落鱼时,外筒内部装配篮式卡瓦、篮式控制环、R 形密封圈和 O 形密封圈。篮式控制环有铣齿,用于铣去落鱼顶部毛刺。篮式控制环上带有键,可以插入外筒内部的键槽和篮式卡瓦缺口里,组成键连接以传递扭矩;在打捞较大尺寸落鱼时,外筒内部装螺旋卡瓦、螺旋控制圈、A 形密封圈。螺旋卡瓦和螺旋控制环都带有键,键插入外筒内的键槽里以传递扭矩。

（2）在外筒内部和卡瓦外部有特殊的左旋大螺距锯齿螺纹，卡瓦旋入外筒有一定的配合间隙，卡瓦内部有左旋打捞牙齿，卡瓦内径略小于落鱼外径（1~2 mm）。在卡瓦上打印有打捞落鱼的标准尺寸。落鱼抓捞部位的实际外径不得小于此标准尺寸 2 mm，不得大于此标准尺寸 1 mm。

项目九　绘制打捞工具草图

一、准备工作

长度不小于 130 mm 的三角板 1 副，卷笔刀或削笔刀 1 个，2B，HB，2H 铅笔适量，橡皮 1 块，0~150 mm 游标卡尺 1 把，绘图工具 1 套，A3 或 A2 标准图纸 1 张，A4 草稿纸 1 张，打捞工具 1 只。

二、操作规程

（1）选择视图。

视图选择、布局、比例合乎要求。

（2）视图表达。

视图表达清晰。

（3）线段表达。

粗实线、细实线、虚线、点画线、倒角线用法正确。

（4）尺寸标注。

测量尺寸；标注尺寸。

（5）标题栏。

填写标题栏。

（6）图面。

图面清洁。

三、技术要求

（1）主要通过三视图突出表现装配体（设备）外形，特殊部位或表达不清楚的部件可过局部视图、剖视图、方向视图（放大）表达。

（2）尽可能使总装图画幅简洁、直观，主次视图明确。整个图幅画面排版要饱满，不能有太多的空白区域。

（3）零件图：主要是表达单体构件的实际制作或加工尺寸；绘图时需将加工、制作尺寸及放样基准线表达详尽。

第二部分

技师与高级技师操作技能及相关知识

模块一　操作维修设备

项目一　相关知识

一、绞车气控元件的保养和气路原理

（一）ZJ40/2250LDB6 绞车气路元件的检查、维护保养

1. ZJ40/2250LDB6 绞车气控元件的布置及作用

绞车各气控元件均集中布置在绞车底座内，位于底座的左前方和右后方。其上设有活盖板，便于检查和维修。

（1）气控元件的作用：调节压缩空气的压力、流量、方向以及发送信号，以保证气动执行元件按规定的程序正常动作。气动系统的控制元件就是各种气控阀。

（2）气动系统对气阀的要求是：灵敏性高，反应快，耐用性好，寿命长；制造维修容易。

（3）气控元件按其功能可分为：压力控制阀、流量控制阀、方向控制阀。

2. 气路系统的检查和维护保养

（1）使用前的检查。

> JBB001 绞车气路元件的保养要求

① 司钻控制箱仪表显示是否正确，箱体内外是否清洁，有无漏气现象。

② 各控制阀件工作是否可靠。司钻操作台通气后，必须先引入防碰天车气流信号，检查箱内二位三通常开气控阀动作是否灵敏，高、低速和踏板阀的气源是否被切断，同时检查液压盘刹能否刹车及刹车放气的功能。其他阀件的功能应逐一进行检查，全部合格后才能投入正常使用。

③ 换挡和锁挡是否正常可靠，转盘和输入轴惯性刹车是否正常。

④ 每次起下钻作业前，均需试防碰天车，看是否可靠。

⑤ 单向导气龙头是否发烧和漏气。

⑥ 快速放气阀放气是否畅通，有无卡阻现象。

⑦ 各胶管线是否漏气。

⑧ 调整钻机底座下储气罐安全阀压力为 0.9 MPa。

⑨ 单向导气龙头加注润滑脂。

以上除防碰天车外均需 8 h 检查一次。

（2）气控系统维护保养注意事项。

① 压缩空气压力不足。

气控系统正常工作时必须保证供给一定数量和一定压力的压缩空气，否则会出现动作失误或出力不足等事故。因此要经常检查各气控元件以及管线接头等的密封。在动力机

停止运转时,不允许有空气的漏失声。

停车后,挂合全部离合器,管线压力的下降应在允许范围内,在压缩空气不低于 0.9 MPa 时,经 30 min 降压不超过 0.1 MPa。塑料快插管在拆卸时一定要用一只手按下止松垫,另外一只手拔出塑料管。塑料管在多次拆装后,应将塑料管的前端剪去 10～20 mm,再插入接头体内。尤其是在系统使用一段时间后,由于系统的压力高而使塑料管掉出时,必须将管子的前端剪去 10～20 mm 或者更换塑料管与接头相连接,否则会造成管路的密封不严和塑料管再次掉出。

② 注意管道的清洁和气体干燥。

如果有污物,杂质进入气管线内就会使气动元件失灵。钻机移运时,拆开的管路接头必须保护好,金属管线的敞口均需要用软木塞堵死。管线安装前应用压缩空气清扫管道,将污物清理干净后再连接管线。

司钻气控操作台未投入使用前,应存放在干燥,通风,周围环境温度为 0～40 ℃,相对湿度不大于 85% 的室内,且室内不应含有对产品有害的酸、碱等腐蚀性介质。

3. 气控元件动作不良的种类

(1) 初期不良。初期不良在设备工作 2～3 个月后开始发生,主要包括:

① 配管时的不妥。未在接管前彻底吹净或洗净管内的切削沫、切削液或灰尘等。

② 机器的安装不妥。配管和管接头的松懈造成漏气或者气动元件的安装位置错误。

③ 设计不当。未正确选择气动元件或者元件的规格选型不当。

④ 维护保养不当。是否忘记排水。

(2) 在安定工作时偶尔发生的故障,及早发现、迅速处理是解决故障的关键。

① 配管内的杂质进入电磁阀将阀芯卡住。

② 在现场气动元件因受到撞击而受损。

(3) 寿命。可通过确认气动元件的生产编号、系统的运行开始时间和机械的动作频率判断它的寿命。

气动元件达到使用寿命后其发生故障的次数也会增加,但根据使用条件和种类各有不同。主要特征是气动元件在工作时发出异常音或者气动元件不能顺畅工作。

4. 日常检查内容

(1) 气缸。活塞杆是否漏气;气缸活塞杆处有无损伤或者变形;动作时有无异常音。

(2) 电磁阀。动作时有无异常音;线圈部是否过热;电磁阀的安装螺钉有无松懈;接线处有无损伤。

(3) 减压阀。压力表的指示是否在设定范围内;是否漏气。

(4) 空气过滤器。罩杯内是否积有水分;自动排水装置是否正常工作;是否漏气。

气控阀件有个特点:在连续使用期间工作情况一直很好,但在停用几天后忽然失灵了。这种情况在二位三通气控阀上更易出现。这是因为阀芯在停用期间会产生水锈,使阀件活动部位阻力增大,工作失灵而漏气。遇到这种情况,可用手将常闭二位三通气控阀端部放气堵死,如消除漏气,说明生锈了,只要将阀芯反复活动几次即可正常工作。如果继续漏气,则须打开阀件检查原因。

当钻机钻完一口井以后或经过一定时间(最长不超过 3 个月)后,应对整个空气系统进行一次维护保养,全面检查易损件的情况,做到及时更换和清洗,避免阀件在不正常的状态下工作。

5.气控元件失灵时的处理

当发现气控元件工作失灵时,不可随便拆开阀件,因为气控阀件的失灵原因很多,有时并不是阀件本身有问题,而是由气路管线堵塞或空气压力太小(气源压力低,管线漏气)等原因引起。所以,必须分段检查。方法是:先由控制阀、控制管线至遥控阀件,分段打开气接头,检查通气情况,如控制气路畅通,再检查通气情况,如不畅通,则证明阀件有问题,如有备件阀件,先换上使用,与有关技术部门取得联系,得到许可后再打开阀件进行检查,查清换下来阀件的问题。总之,若气控系统出了问题,应耐心细致地查明原因并正确处理,严禁盲目拆修。

（二）绞车气控系统的组成、功能和气控原理

气控系统是绞车的重要组成部件,绞车的绝大多数功能是通过气控系统实现的。绞车的气源由钻机空气处理装置提供。压力为 0.7～0.9 MPa(102～130.5 psi)的经净化干燥处理后的压缩空气进入绞车阀箱后,分成两路:一路进入绞车内的各气控阀组和执行元件;另一路进入司钻控制台,为司钻气控手动阀供气。

> JBB002 绞车的气路原理

1. ZJ40/2250LDB6 绞车气控系统的组成

ZJ40/2250LDB6 钻机的绞车气控系统由执行元件、控制元件和输气管线组成。执行元件包括气胎离合器(即总离合器、滚筒高速离合器、滚筒低速离合器、高速挡离合器、低速挡离合器)。控制元件包括控制阀箱内的电磁阀、气控阀、快速排气阀、顶杆阀和压力开关。绞车的气控阀件(即各离合器继气器)尽量采用就近原则布置,控制向各离合器充气的电磁阀集装在绞车控制阀箱内,且各气胎离合器的进气口均装有相应的快排阀,以使各离合器排气迅速。

（1）控制元件。控制元件是用来控制和调节压缩空气的压力、流量和流动方向的元件,主要有单向阀、安全阀、减压阀、换向阀等。

（2）执行元件。执行元件是以压缩空气为工作介质产生机械运动,将气体的压力能转化为机械能的元件,主要有做直线运动的气缸、做回转运动的马达以及气动摩擦离合器等。

（3）辅助元件。包括管线、接头以及维护装置。

2. 绞车气控系统实现的功能

（1）滚筒高、低速的控制:控制滚筒高速、低速离合器的挂合或脱开,并实现高速、低速离合器的互锁。

（2）防碰过卷释放控制:当防碰过卷阀动作后释放管路中的压缩空气,使盘刹刹车钳松开,解除刹车。

（3）钢丝绳防碰装置控制:当游动系统超过设限高度后,控制液压盘刹装置自动刹车。

（4）摩擦猫头控制:控制上扣猫头、卸扣猫头中摩擦猫头的挂合、脱开。

（5）换挡控制:在绞车停止后,操作该阀使锁挡气缸动作释放挡位。

（6）挡位选择:在挡位释放后操作该阀控制三位气缸,使绞车传动轴齿式离合器挂合或脱开,以实现绞车不同的转速。

（7）输入轴惯刹控制:控制输入轴惯刹离合器的挂合、脱开,同时给电控系统绞车停车信号。

（8）电子防碰控制:当游动系统超过设限高度后,控制液压盘刹装置、伊顿刹车装置自动刹车。

3. 绞车的高、低速控制

绞车滚筒的高、低速离合器是由复位组合调压阀控制的。它的控制气流经气管路通过各自的常闭继气器指挥主气源进入滚筒离合器，便可分别控制滚筒轴的高、低速，高、低速的压力经单独管路返回司钻操作房内，通过梭阀显示在面板的高、低速压力表上，以便判断绞车的高、低速离合器是否挂上。当绞车修理、更换阀件或长时间不使用时，可将气路中的三通旋塞阀关闭。

4. 绞车的刹车控制

由液压盘刹来完成绞车的工作制动、紧急制动、驻车制动。当出现滚筒过卷时，防碰过卷阀回气经管路返回，分两路气流：一路经刹车放气阀后控制常开气控阀切断绞车高、低速控制气源，进而摘掉绞车高、低速离合器；另一路气流去控制盘刹紧急刹车。同样，当电磁刹车或辅助电机掉电时，气流经梭阀分两路：一路切断绞车高、低速控制气源，进而摘掉绞车高、低速离合器；另一路气流经刹车放气阀后去控制盘刹紧急刹车。

5. 绞车排挡控制

由一个 4+5 排挡气开关来实现绞车正 Ⅰ，Ⅱ 挡及倒挡的换挡。绞车的换挡操作应按以下顺序进行：

（1）首先摘开总离合器，松开锁紧机构，挂合惯性刹车。

（2）扳动换挡手柄到所需的挡位，无论换哪个挡，都必须先将手柄放置到空挡。当手柄联锁后不要再强制操作。

（3）观察操作台上的锁挡压力表，当压力与气源压力相同时，表示换挡完成，这时才能挂合总离合器，钻机就可在选定的挡位运转。

（4）若锁挡压力表无压力显示，说明挂挡不成功，需操作二位三通按钮阀（控制微摆气缸）2～3 s，使其顺利挂合。

6. 离合器控制

三位四通导气阀的手柄处于中间位置时，编号为 A，B 的管路内无气，带顶杆阀的 $\phi50 \times 25$ 气缸锁住绞车变速机构，顶杆阀的阀门打开，经编号为 C 的管路将司钻控制箱内二位三通常闭气控阀打开，且总离合器压力表显示压力（锁挡压力），同时惯性刹车和绞车总离合器松开。当手柄扳到（总离合器）位置时，气流经二位三通常闭气控阀至 A 路管线上的常闭气控阀和 Z⅜ in 快速排气阀（4 只）进入盘式气胎离合器，总离合器挂合旋转。当手柄在向下（惯刹）位置时，A 路管线切断，气流经 D 路管线上的节流阀，一路进入带顶杆阀的 $\phi50 \times 25$ 气缸将绞车变速机构锁紧装置松开，此时可进行绞车变速换挡工作，同时将顶杆阀的阀门关闭，切断 C 路管线的气，总离合器压力无显示；另一路经 Z½ in 快速排气阀进入微摆离合器。它们之间互锁。

二、F-1300/1600 钻井泵的结构及检查维护

（一）F-1300/1600 钻井泵动力端的维护保养要求

1. 动力端的维护

对动力端进行常规检查是预防性维修的最重要方式，这种检查能及时发现各种大小故障，对已存在的故障要安排必要的检修，或在钻机拆卸搬家时予以检修。

JBB003 F-1300/1600 钻井泵动力端的维护保养要求

（1）检查主轴承螺栓的预紧力。

主轴承螺栓的上紧扭矩为 13 210 N·m(9 750 ft·lbf)。

（2）锁紧铁丝。

检查所有螺栓,包括主轴承盖螺栓、曲轴各轴承挡板螺栓头部的锁紧铁丝,在重新上紧螺栓后,要更换铁丝。

（3）油管。

检查所有油管,以保证完整无缺,畅通无阻,检查油泵吸入软管有无损坏和压扁。

（4）吸入滤清器。

检查滤清器的情况,必要时进行清洗或更换。

（5）主轴承盖。

取下主轴承盖,检查主轴承止动螺栓的紧固性、轴承滚珠的情况等。清洗和除去任何残渣和异物,因为它们会积存到轴承区的底部。

（6）大小齿轮的轮齿。

检查大小齿轮有无异常磨损,在跑合期间齿面上将会有一些斑点,这是"初始点蚀",它对齿轮寿命并无影响。但是在常规检查时,发现点蚀继续扩大,要立即与泵制造厂家联系,以便对齿轮进行彻底检查。

（7）十字头销螺栓及十字头导板。

取下盖板检查十字头销螺栓和锁紧铁丝(检查中间十字头销时可以取下后盖,并把连杆转到外侧死点)。上紧十字头销螺栓 M24×70,其扭矩值为 225～240 N·m(165～175 ft·lbf)。

使用扭矩扳手,不要超过上述数值。

如果十字头或导板出现异常磨损,要立即更换。因为它可能引起轴承和其他零件损坏,过分的磨损也会加速活塞和缸套磨损。

（8）润滑油及油箱。

检查油的状态和油箱的清洁度,按照说明书要求对润滑系统进行维护保养。

2. 动力端的日常保养

动力端的日常保养见表 2-1-1。

表 2-1-1　动力端日常保养内容

周　期	日常保养内容
每　天	停泵检查油位,油位太低时应增加到需要的高度
每　天	润滑油泵压力表读数是否正常,如压力太低应及时检查原因
每　天	喷淋泵水箱的冷却润滑液不足时应加满,变质时应更换
每　天	检查机架前腔,有大量钻井液、油污沉淀时应清理
每　周	检查润滑系统滤网是否堵塞,若堵塞,需清理
每　周	旋下排污法兰上的丝堵,排放聚积在油池里的污物及水
每　月	检查密封盒内的密封圈,若已磨损需更换,至少 3 个月更换一次
每　月	每 6 个月更换动力端油池和十字头沉淀油槽内的脏油并清洗干净
每　年	检查十字头及导板表面磨损情况,必要时,可将十字头旋转 180°再使用

周　期	日常保养内容
每　年	检查导板是否松动,十字头间隙是否符合要求,否则需进行检查和调整
每　年	检查齿轮副的磨损情况,必要时调面使用
每　年	检查小齿轮轴总成,曲轴总成各部是否完好,如有异常现象需采取措施
每　年	检查动力端各轴承有无损坏现象,如损坏,需更换
每　年	检查后盖、曲轴端盖等处密封,如起不到良好的密封效果应换掉

（二）F-1300/1600 钻井泵液力端的维护保养要求

1. 液力端的维护

多年来,人们一直认为液缸是一个非损耗件,因为它不像其他零件会被液体冲刷"刺"坏。然而,现今钻井设备的压力提高使液缸损坏的事件时有发生。但是,经常的维护保养将会使液力端零部件得到合理的使用寿命。

（1）在泵工作之前必须打开泵排出口一端的所有阀门。在阀门关闭的情况下,泵体承受冲击负荷将会造成疲劳裂纹的产生。小裂纹一旦出现,可能就开始了"腐蚀疲劳破坏"的过程。

（2）不要在原动机（柴油机、电动机及其传动装置）高速运转时将离合器挂合,因这样做将引起人们所不希望的冲击载荷,对动力端和液力端都有害。

（3）正确维护安全阀,以保证在超过调整的额定压力时能打开,此调整压力与缸套尺寸有关。

（4）当发生严重的液力冲击时,不要长时间使用泵。

当泵不使用或停止运转的时间超过 10 天以上时,建议将液力端的一些零件如活塞、活塞杆、缸套等取下来,然后用清水彻底冲洗泵的液力端,冲洗后擦净,并将各机械加工面如各密封止口、缸套法兰螺纹、阀盖螺纹、缸盖螺纹、阀座等处予以涂油脂防护。当然,从泵上取下的零件包括缸套、活塞等,也要予以防护处理。这样做不仅延长了液力端的寿命,而且也保护了从泵上取下的易损件,使它们处于良好的状态,以便泵再次启用时安装使用。

2. 液力端的日常保养

液力端的日常保养见表 2-1-2。

表 2-1-2　液力端日常保养内容

周　期	日常保养内容
每　天	检查吸入空气包的工作是否正常
每　天	每 4 h 检查一次缸盖是否松动,安装时螺纹涂润滑脂
每　天	观察活塞、缸套有无刺漏现象,严重时应更换
每　天	每天松开活塞杆卡箍一次,将活塞杆转动 1/4 圈后上紧卡箍
每　天	每 4 h 检查一次阀盖是否松动,安装时螺纹涂润滑脂
每　天	检查安全阀是否可靠
每　天	在停泵时检查排出空气包的预充压力是否符合操作条件

B004 F-300/1600 钻泵液力端的护保养要求

周　　期	日常保养内容
每　天	观察报警孔，如有钻井液排出，就应及时更换相应的密封圈（每件液缸共 4 处）
每　周	拆卸缸盖、阀盖，除去泥污，涂抹极压（复合）锂基润滑脂
每　周	检查阀导向器的内套，如磨损超过要求需更换
每　周	检查吸入和排出阀体、阀座、阀胶皮、阀弹簧，凡损坏者，需更换
每　周	检查活塞锁紧螺母是否腐蚀或损坏，如损坏，需要更换（一般用 3 次）
每　月	检查液力端各螺栓螺母是否松退或损坏，如有，应按规定上紧或更换
每　月	检查排出口的滤筒是否被堵塞，若堵塞，需清理

3. 维护保养的注意事项

（1）上中间拉杆与活塞杆的卡箍前，必须将配合的锥面擦干净。

（2）换缸套时，必须将缸套密封圈一起换掉。

（3）冬季停泵后，或临时停泵超过 10 天，必须将阀腔及缸套内的钻井液放尽并冲洗干净。

（4）各检查窗孔应注意盖好，以防沙尘混入润滑油内。

（5）排出空气包只能充以氮气或空气，严禁充入易燃易爆气体，如氧气、氢气等。

（三）F-1300/1600 钻井泵十字头总成的结构及安装

1. 十字头总成的结构

十字头总成的结构如图 2-1-1 所示。

2. 十字头的安装

十字头可以从前面（液力端）或导板后面装入，参见图 2-1-2。

安装十字头时，应遵照下述注意事项：

JBB005 F–1300/1600 钻井泵十字头总成的安装要求

（1）彻底清除所有的污物，并将十字头外圆、十字头销孔、导板内孔等表面的毛刺和尖角除去，擦干净十字头销锥孔，使二者形成金属对金属接触。

（2）使连杆小头孔处于十字头导板的侧孔部位。用木块垫住连杆，使十字头在滑入十字头销孔对正的所在位置时，能穿连杆小头孔。

（3）先安装左侧十字头，之后旋转曲轴总成，使中间连杆的孔进入中间十字头内，此时右侧连杆孔退回，取下挡泥盘（见图 2-1-3），将右十字头推向中间拉杆腔，从而留有足够的空隙来安装中间十字头，之后再安装右十字头。

注：如果再次使用旧十字头，要检查十字头表面是不是有磨损或划伤。如果有必要可将十字头装在泵的相对侧，即左右十字头可对调装入孔内，但是在十字头销挡板未安装之前不要把十字头销装入锥孔内。

（4）安装十字头销挡板和螺钉，此时旋转十字头销使 4 个螺栓孔全能对正，将 4 个螺栓装上并用手旋紧（参考图 2-1-3），十字头销挡板的接油槽应朝上。

轻击十字头销大端，使它装入锥孔，在十字头销和挡板之间加调整垫片（每个特定的十字头和十字头销之间的垫片厚度是一定的，绝对不允许十字头、十字头销、调整垫片的调换，否则容易出现故障），上紧挡板螺栓，穿扎安全铁丝。上紧螺栓的扭矩为 225～240 N·m（165～175 ft·lbf）。

使用扭矩扳手，扭矩不要超出上述给定的数值。

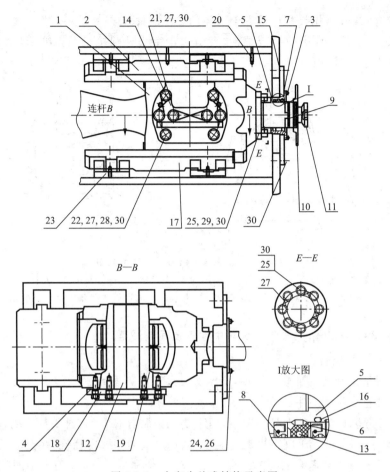

图 2-1-1　十字头总成结构示意图

1—十字头；2—上导板；3,28,29—螺栓；4—调整垫片；5—填料盒；6—油封环；7—O 形圈(ϕ190×3.55)；8—双唇油封；
9—锁紧弹簧；10—挡泥板；11—中间拉杆；12—十字头销；13—O 形圈(ϕ125×7)；14—螺栓(M20×65)；15—密封垫；
16—O 形圈(ϕ160×7)；17—下导板；18—十字头销挡板；19—十字头轴承；20—管接头(NPT ⅜ in×2)；
21—螺栓(M20×60)；22—螺栓(M24×70)；23—固紧板；24—螺栓(M10×25)；25—螺栓(M24×65)；
26—弹簧垫圈；27—防松钢丝(ϕ1.6)；30—螺纹厌氧锁固胶

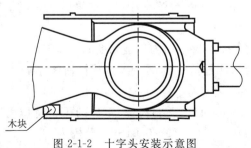

图 2-1-2　十字头安装示意图

　　拔出十字头销的步骤为：取下 4 个挡板螺栓，将其中的 2 个旋入顶丝孔内，上紧这 2 个"千斤"螺栓，直到销拨松位置。彻底取下十字头销板，然后从孔中把十字头销取出。

　　(5)用长塞尺塞入十字头上表面与导板之间，检查其运动间隙，此间隙值不应小于

0.508 mm(0.020 in)，用长塞尺检查十字头的整个表面。

注：若过分上紧十字头销挡板螺栓，会引起十字头外圆接触圆弧变形，增大偏磨机会，此时要松开十字头销，用扭矩扳手按(4)重新上紧。

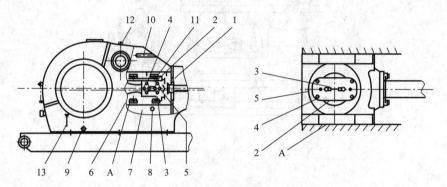

图 2-1-3　十字头安装各部零件示意图

1—挡泥盘；2—十字头销挡板；3,4—螺栓；5—顶丝孔；6—下导板；7—机架；
8—泄污孔；9—管堵；10—集油盒；11—上导板；12—通风罩；13—油位计；A—外壳

（四）F-1300/1600 钻井泵十字头对中检查及间隙调整

1. 十字头对中检查

为了使活塞正确地在缸套内运动，十字头必须沿机架孔水平轴线做直线运动。按下述步骤检查和调整十字头对中：

（1）把填料盒从挡泥盘上取下，但不要把挡泥盘取下（见图 2-1-3）。

（2）把十字头置于其行程最前端，用内卡尺或伸缩式内径规，在上部及下部仔细测量中间拉杆与挡泥盘孔之间的距离。比较这 2 个测量尺寸，以确定中间拉杆相对于孔中心线的位置。

> JBB006 F-1300/1600 钻井泵十字头对中检查及间隙调整要求

（3）将泵旋转至行程最后端，在同一部位测量，与在最前端位置测得的数值进行比较，以确定十字头是否在水平线上运行。

（4）如果中间拉杆的同心度（即活塞杆轴线与机架孔纵轴线的一致性）在挡泥盘孔下部超过 0.38 mm(0.015 in)，就要在下导板下面加垫片，使中间拉杆向对正中心的方向移动。若十字头上部和上导板之间有足够的间隙，可做上述调整。由于连杆角度关系，下导板负荷很重，其后部受力较大，因而磨损也较大，因此，如果能把导板垫得坚实，则允许将导板垫斜一点。

在加垫进程中，不要使十字头上面与导板间的间隙小于 0.5 mm(0.020 in)。允许十字头有更大一些的间隙存在，这是由三缸泵的运行特性所决定的，在正向旋转时十字头的压力永远作用于下导板上。

注意：由于动力的原因，泵必须反转时，十字头的压力将作用于上导板上，因此导板间隙必须控制在 0.25~0.40 mm(0.010~0.016 in)范围内。

（5）将钢垫片剪得足够长，使其能完全穿过导板。在其边部剪成突出部，且超出机架支撑处。

2. 调整十字头间隙

（1）准备重型套筒扳手、撬杠、手钳、棉纱、钢丝绳套、吊车、塞尺、内径千分尺、外径千分尺、记号笔、铁丝和铜皮垫若干。

（2）擦净上、下导板及泵体与导板的贴合面,若有毛刺要修整。

（3）吊车配合,连接上、下导板与泵体。

（4）用内径千分尺测量导板直径,记录数据。

（5）用外径千分尺测量十字头直径,记录数据。

（6）吊车配合,将十字头滑入导板内。

（7）用塞尺测量上导板与十字头间隙。先将十字头滑入导板的一端,选择适当厚度的塞尺,分别从十字头两侧垂直插入上导板与十字头之间,测量十字头前、中、后3个点的间隙。然后,再将十字头滑到导板的另一端,用同样的方法测量十字头与上导板的间隙。

（8）确定所垫铜皮的厚度和位置。

（9）将铜皮垫插入导板与泵体贴合面,调整十字头间隙,直到符合要求为止。

（10）固定导板连接螺栓,穿好防松铁丝。

注意:（1）安装要达到标准。间隙要合适,位置要正。十字头与导板间隙为 $0.25\sim$ 0.5 mm,十字头介杆与缸套的同轴度在 0.5 mm 以内。

（2）导板与泵体贴合面间严禁有杂物。

（3）铜皮垫要与贴合面长宽一致。

（五）F-1300/1600 钻井泵常见故障的检查方法

钻井泵的易损件很多,为保证快速优质钻井,避免或减少重大事故发生,无论是启动前还是运转中都要对钻井泵进行认真检查。钻井泵主要故障现象及其检查方法如下。

1. 动力端杂音

（1）检查十字头的磨损情况,十字头间隙是否过大,十字头销轴是否松动,各处轴承是否磨损严重等。

（2）检查介杆与十字头之间的连接部位是否松动。

（3）检查偏心轴或连杆轴承是否松动,曲拐键是否磨损。

2. 液力端杂音

液力端杂音可归结为机械杂音和水击杂音 2 类。一般情况下,机械杂音发声部位比较明确,声音尖细,可听出金属的铿锵声。若发出声音的部位难以确定,那就是水力敲击。液力端杂音可按下列步骤查明原因。

（1）泵更换零部件使用后,立即出现机械杂音,要检查下列各项:

① 所更换的零部件是否符合规定,安装是否正确。

② 各紧固件是否已按要求拧紧。检查缸套的松紧程度;检查拉杆螺母以及拉杆与中间介杆配合是否松脱;检查密封填料是否密封;检查活塞松紧程度是否合适。

（2）泵在工作一段时间后出现机械杂音,要检查下列各项:

① 重新检查各连接紧固件是否松动。

② 检查拉杆的螺纹是否有部分松动,以致拉杆撞击缸套的顶缸器。

（3）水击杂音只发生在泵高速运转过程中,这种现象往往是液缸没有被充满所造成的。

① 检查吸入滤清器和吸入管线是否堵塞。

② 检查吸入液液面是否过低,使空气进入了吸入管。

③ 检查吸入管汇各处阀门是否已全部打开,阀杆处及连接法兰是否漏气。

JBC001 F-1300/1600 钻井泵常见故障的检查方法

④ 检查钻井液温度是否过高,气泡是否过多。

⑤ 检查固定阀工作是否正常。

在做完上述检查后,若仍存在水击杂音,证明此泵吸入状况很差,在不能采取正确纠正方法时,要增设灌注泵。

（4）水龙带摆动并伴有水击杂音,要检查下列各项:

① 钻井液是否遭气侵。

② 吸入管线是否漏气。

③ 吸入管高点处可能有气袋,检查吸入管斜度是否合适。

3. 泵压力出现不正常的下降

检查每个阀箱,听听是否有冲刷声。如果不能确定声音发出的部位,则应检查液缸是否有冲刷声。如果活塞在运行过程中,声音比较均匀,就要检查活塞橡胶件有无泄漏。如果没有出现冲刷声,而钻台上的压力表仍指示压力下降,就要检查吸入滤清器是否堵塞,检查井内钻具是否刺坏。

4. 压力表指针严重摆动

（1）检查活塞是否泄漏。

（2）检查阀箱有无冲刷声。

5. 预压空气包充不进气或充气后很快跑光

（1）检查充气接头和阀门是否堵死。

（2）空气包内胶囊是否破裂。

（3）检查针型阀密封是否严密。

6. 钻井液刺漏

（1）检查阀盖或缸盖密封是否损坏,压盖螺栓是否上紧。

（2）检查缸套或活塞是否磨损过量或刺坏。

（3）对双作用泵来讲,还要检查拉杆密封填料是否磨损严重,拉杆是否拉伤或磨细。

7. 轴承温度过高

（1）检查轴承润滑油孔是否堵塞。

（2）检查润滑油是否干净充足。

（3）检查轴承是否损坏或卡死。

（4）检查轴承与配合处是否已严重磨损。

（5）轴承轴向间隙调整不当或轴承位置不正确。

8. 泵皮带常断

（1）检查传动皮带轮或泵皮带轮是否校正。

（2）检查皮带型号是否正确,根数是否足够。

（3）检查泵皮带轮是否摆动严重。

9. 泵压正常,但皮带打滑

检查排出管三通中滤清器是否堵塞。

10. 活塞或缸套一侧磨损

（1）检查十字头滑动部分是否磨损严重。

（2）检查密封填料是否磨损。

（3）检查活塞及缸套密封紧度是否均匀。

11. 修泵后完全不上水

（1）检查阀腔是否灌满液体。

（2）检查吸入管线是否堵塞。

对初步探明钻井泵发生故障的部位，进行拆卸检查并确定故障原因。拆卸检查要仔细，拆卸操作要正确，检查要严格依据工作要求及标准进行。

（六）F-1300/1600 钻井泵常见故障的排除方法

（1）钻井泵液力端故障的排除方法，见表 2-1-3。

JBC002 F-1300/1600 钻井泵常见故障的排除方法

表 2-1-3　钻井泵液力端故障的原因及排除方法

故障现象	原　因	排除方法
压力表的压力下降、排量减小或完全不排钻井液	① 上水管线密封不严，使空气进入泵内。 ② 吸入滤网堵死	① 拧紧上水管线法兰螺栓或更换垫片。 ② 停泵，清除吸入滤网杂物
液体排出不均匀，有忽大忽小的冲击；压力表指针摆动幅度大；上水管线发出呼呼声	① 一个活塞或一个阀磨损严重或者已经损坏。 ② 泵缸内进空气。 ③ 空气包气囊漏气	① 更换已损坏活塞，检查阀有无损坏及卡死现象。 ② 检查上水管线及阀盖是否严密。 ③ 充气或换气囊
缸套处有剧烈敲击声	① 活塞螺母松动。 ② 缸套压盖松动。 ③ 吸入不良产生水击	① 拧紧活塞螺母。 ② 拧紧缸套压盖。 ③ 检查吸入不良的原因
阀盖、缸盖及缸套密封处报警孔漏钻井液	① 阀盖、缸盖未上紧。 ② 密封圈损坏	① 上紧阀盖、缸盖。 ② 更换密封圈
空气包充不进气体或充气后很快泄漏	① 充气接头堵死。 ② 空气包内气囊已破。 ③ 针型阀密封不严	① 清除接头内的杂物。 ② 更换气囊。 ③ 修理或更换针型阀
柴油机负荷大	排出滤筒堵塞	拆下滤筒，清除杂物

（2）钻井泵动力端故障的排除方法，见表 2-1-4。

表 2-1-4　钻井泵动力端故障的原因和排除方法

故障现象	原　因	排除方法
轴承高热	① 油管或油孔堵死。 ② 润滑油太脏或变质。 ③ 滚动轴承磨损或损坏。 ④ 润滑油过多或过少。 ⑤ 机油泵损坏。 ⑥ 机油泵链条断。 ⑦ 机油泵装反	① 清理油管及油孔。 ② 更换新油。 ③ 修理或更换轴承。 ④ 润滑油适量。 ⑤ 检修机油泵。 ⑥ 检修机油泵链条。 ⑦ 整改
动力端有敲击声	① 十字头导板已严重磨损。 ② 轴承磨损。 ③ 导板松动。 ④ 液力端有水击现象	① 调整间隙或更换已磨损的导板。 ② 更换轴承。 ③ 上紧导板螺栓。 ④ 改善吸入性能

（七）F-1300/1600 钻井泵空气包气囊的更换方法

气囊的更换请按下述步骤进行（参见图 2-1-4）。

（1）确认系统中已经完全泄压。

JBC003 F-
1300/1600 钻
井泵空气包气
囊的更换方法

（2）拆卸掉盖，可以利用 2 个拆卸螺孔顶出，如果在拆卸时双头螺栓从壳体上旋出，则首先卸下螺母（R2），然后对螺栓及螺孔进行清洗，再将双头螺栓旋入（用专门的双头螺栓扳手或将 2 个螺母并紧用普通扳手），其旋紧力矩为 800 N·m（580 ft·lbf）。

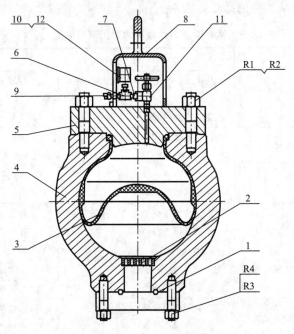

图 2-1-4 KB-75 空气包结构示意图

1—垫环（R39）；2—底塞；3—气囊；4—外壳总成；5—盖；6—三通（NPT ¼ in）；7—接头（NPT ¼ in）；
8—压力表罩；9—排气阀；10—双刻度压力表（0～25 MPa）；11—角式截止阀；12—垫圈；
R1—双头螺栓；R2—螺母；R3—双头螺栓；R4—螺母

（3）取下气囊。

将一根棒从气囊和壳体中间插入，把气囊压扁即可从顶部取出。

（4）检查气囊是否损坏，如果气囊由于刺破而损坏，则要检查壳体内部与损伤相关处是否有隆起或者有异物存在而导致损伤，必须消除引起损坏的因素。

（5）检查底塞的情况，各边缘必须光滑。当更换刺坏而磨损的底塞时要使它垂直装入，而且应有 0.076～0.152 mm（0.003～0.006 in）的过盈。

（6）装入新气囊。

压扁气囊并把它卷实成为螺旋状，使它能从空气包上方开口处装入；然后张开并调整气囊使之与壳体贴合；最后把气囊颈部密封圈推至壳体开口上，并在颈部内侧涂抹润滑脂。

（7）装上盖，勿使气囊变形或受挤压。

（8）上紧螺母（R2），其扭矩为 1 100 N·m（800 ft·lbf）。

（9）按照程序给空气包充气。

三、液压盘式刹车的操作、维护保养

（一）操作

1. 开机前准备工作

（1）检查各管路连接是否正确和畅通,特别是工作钳、安全钳管路安装是否正确。

（2）开启吸油口阀门、柱塞泵泄油口阀门。

（3）关闭蓄能器组回油阀门。

（4）接通外部电源。

（5）开启气源(盘刹控制系统的气源压力应为 0.8 MPa)。

（6）闭合电控箱电源开关。

注意:开机前,必须确保柱塞泵吸油口和泄油口的截止阀都已经打开,否则将造成柱塞泵的严重损坏。安全钳接错将会发生顿钻事故。

2. 操作规程

（1）将刹把、紧急刹车按钮、驻车制动手柄复位,即刹把处于"松"位,紧急刹车按钮处于"刹"位,驻车制动手柄处于"刹"位。

（2）启动电机。此时系统处于紧急制动状态。

（3）解锁。先拉动刹把,使其刹住载荷;然后推动驻车制动手柄,拔出紧急刹车按钮,使其均处于"松"位。

JBB007 PS系列液压盘式刹车的操作规程

（4）工作制动。拉动"刹把"即可进行工作制动,其操作角度为 0°～60°,拉动角度越大,制动力越大。

注意:下放钻具,特别在下放较重的钻具时,必须与辅助刹车配合使用。即必须利用盘式刹车和辅助刹车的组合能力来安全下放钻柱和套管,任何时候都不允许将钻具自由下放,必须连续减速,以保证操作的安全性,减少制动负荷,提高刹车系统和整套钻机设备的使用可靠性和使用寿命。

辅助刹车有水刹车、电磁刹车、伊顿刹车等。下钻时,刹车手柄轻拉一些,使刹车块轻触刹车盘。这样制动响应速度快,可避免溜钻现象。不利用辅助刹车控制负载下降,可能会引起控制失灵,造成财产损坏、人身伤害甚至死亡。起下钻时,要自始至终保持辅助刹车与绞车相连。

（5）驻车制动。拉动驻车制动手柄至"刹"位,实现驻车制动。转换到工作制动时,必须先解除驻车制动,即先拉动刹把,使其处于"刹"位以刹住载荷,再推动驻车制动手柄至"松"位;然后进行工作制动。

注意:驻车制动只有安全钳参与制动。为了确保安全钳油缸内大刚度碟簧有足够的弹力,每 12 个月至少更换一次碟簧组。

（6）紧急制动。按下紧急制动按钮,实现紧急制动。转换到工作制动时,必须先解除紧急制动,即先拉动刹把以刹住载荷,再拔出紧急制动按钮;然后进行工作制动。

注意:司钻离开司钻位置或停机时必须用卡瓦悬持重负载,然后按下紧急制动按钮,确认工作钳压力为系统压力,安全钳压力为零,严禁运用盘式刹车长时间悬持重负载,否则会造成严重事故。

起下钻过程中,特别在快速起下钻过程中,严禁操作驻车制动手柄、紧急制动按钮,否

则将造成钻机设备的严重损害。

（二）维护与保养

由于液压盘式刹车装置应用了液压系统，使得它比传统的带刹车要复杂得多。特别是对污染物敏感的液压泵、液压阀及液压油缸等，这些高性能元器件的引入，使得盘式刹车装置比带刹车需要更精心地维护。

盘式刹车装置维护的重点在液压回路和制动钳油缸上。下面所提到的项目以及保养计划所列的内容，在使用中均应进行例行保养。

1. 液压油

液压设备的故障基本上是由于液压油的污染而引起的。盘刹液压站液压油必须按要求的型号、过滤精度使用，并定期（一般为 3～6 个月）更换，更换时必须同时清理油箱。接头拆卸后要及时戴上接头护帽，保护拆卸开的接头不受污染。在钻机运行中，应经常检查管线接头的连接是否松动漏油，正确使用电加热器和冷却器，保证油液在规定的温度范围内使用。

2. 液面

必须经常检查液面并及时补油。当系统中的液面降到要求最低液面以下时，可能引起温升，不溶解空气积聚，泵因气穴而失效，电加热器外露而引起局部温度升高，使油液分解变质，从而引起系统故障。液面下降，说明有渗油或漏油的地方，要及时检查，及时维修。

3. 油温

液压油的工作温度允许最高值为 60 ℃，因为更高温度会加快油液的老化，并缩短密封件和软管的寿命。必须经常监测油箱中的油液温度。油温逐渐升高，表明液压油可能被污染或形成胶质，或柱塞泵磨损。油温突然升高是报警信号，应立即停机检查。

注意：液压系统的故障大多是液压油的污染造成的，应严格按使用说明书的要求使用规定的液压油，在加油和钻机搬家时应注意防止液压油的污染，按规定时间更换液压油。

4. 压力表

经常观测液压站上压力表的压力值，特别是系统压力表，压力应稳定在设定值，并定期校定压力表。

5. 过滤器

在液压系统中，由于清洗不干净、外界污染、元件磨损等原因，使工作介质中难免含有各种杂质，这些杂质可能会使液压元件中的节流孔或缝隙堵塞，或使液压元件表面划伤、工作介质变质。为了保证液压系统的正常工作，提高元件的寿命，液压系统中必须使用过滤器。工作介质的清洁，除部分靠油箱沉淀杂质完成外，主要是靠过滤器来完成的。

液压系统中的过滤器分为油液过滤器和空气过滤器 2 类。油液过滤器用于滤去油液中的杂质，维护油液清洁，保证液压系统正常工作；空气过滤器主要用于过滤进入开式油箱的空气，使空气清洁，从而保证液压油的清洁。

回油滤油器和管路滤油器带有目测式堵塞指示器，指针在绿区时，滤芯正常；黄区时，轻微堵塞；红区时，严重堵塞，必须清洗滤油器壳体并更换滤芯。每天在工作温度达到正常值时，至少进行一次检查；或者交接班时，下一班司钻检查一次。

高压滤油器带有目测式堵塞指示器，红色柱塞顶出表示已堵塞，必须清洗滤油器壳体并更换滤芯。每天在工作温度达到正常值时，至少进行一次检查，或者交接班时，下一班司钻检查一次。但若低于正常工作温度,在升温初始阶段,可能因为流动阻力较大而使红柱塞顶出,要注意区别。

空气滤清器只用于油箱液面升降时过滤进出油箱的空气,应每隔1～3个月检查并清洗或更换一次滤芯。

注意:更换阀组上的高压滤油器时,游车必须处低位,检查安全钳刹车可靠后按下紧急制动按钮刹车,关闭液压站电机电源。释放系统压力到零,防止高压油伤人。更换后应及时将压力恢复到系统额定压力值。

6. 蓄能器

必须经常检测蓄能器的氮气压力。泄压时,打开所有的截止阀,即能释放蓄能器的油压。正常工作时,截止阀一定要关严,否则,系统压力将建立不起来。

7. 泵组

检测泵组,必须保持2台泵都处于良好的工作状态。

8. 防碰天车系统

过卷/防碰阀应经常检测,确保其性能可靠。特别在冬季,压缩空气里可能含有水分,气路因天气寒冷而发生结冰堵塞现象,引起防碰失灵。防碰系统需每天试用一次,确保能够正常工作。

9. 工作钳

在交接班时需检测刹车块的厚度以及油缸的密封性能。随着刹车块的磨损(单边磨损1～1.5 mm),需调节拉簧的拉力,使刹车块在松刹时能及时返回,且间隙适当。当刹车块厚度仅剩12 mm时,必须更换。

10. 安全钳

需经常检测调节间隙(至少一周一次)、刹车块的厚度以及油缸的密封性能。刹车盘与刹车块之间的间隙大于1 mm,必须调整,松刹间隙为不大于0.5 mm;施行紧急刹车操作后,也必须重新调整松刹间隙。当刹车块厚度磨损到只有12 mm时,必须更换。

注意:必须及时调整安全钳的松刹间隙,否则,可能发生紧急制动或驻车制动失灵事故。为了确保安全钳的使用可靠性,油缸内碟簧组每12个月至少更换一次。

盘刹靠刹车块挤压刹车盘,从而产生摩擦力,实现刹车功能,因此刹车块是作为一个易损件设计的。它的主要失效形式是过度磨损,造成刹车盘和刹车块之间的间隙过大,降低了刹车块对刹车盘的正压力,从而摩擦力减小,最终刹车力不足,造成游车下滑以及更严重的事故。

刹车块的磨损是一个表面膜生成、剥落和再生的动态过程,是摩擦过程中磨粒磨损、黏着磨损、氧化磨损以及疲劳磨损综合作用的结果,在摩擦温度较低时,磨损主要是磨粒磨损,表面膜的剥落以疲劳剥落为主;在摩擦温度较高时,磨损主要是黏着磨损,表面膜的剥落以黏着撕裂为主。此外,在摩擦过程中,有机物的热裂解、热氧化、碳化、环化等也会加速刹车块的磨损,并在摩擦表面层留下洞穴或裂纹,最终引发刹车块表面的开裂,产生疲劳磨损。因此使用中刹车块的寿命受到多种因素的影响,比如,相互配对制动盘的材料性质、工作温度、载荷、制动盘与刹车块的相互滑动速度等。一般情况下刹车块规定的可磨损量为12 mm,但是当工作钳单边磨损1～1.5 mm时,需要调节拉簧的拉力,使刹车块在松刹时既能返回,且间隙适当;安全钳刹车块与刹车盘之间的间隙大于1 mm,必须调整,松刹间隙为0.5 mm左右。所以这就要求操作和维护人员需要定期进行检查,如果一段时间内盘刹使

JBC013 PS系列液压盘式刹车刹车块磨损的原因

用频繁或者刹车距离变长,就要加密检查次数。

11. 快速接头、液压管线

每天检查所有快速接头2次,确保连接良好。特别是移动管线或意外碰到管线后,严格检查液压管线是否损坏,快速接头是否虚接,确保液压管线无损伤,快速接头连接良好。

12. 结构件

对于结构件的检查保养主要是指制动钳的杠杆、销轴、油缸、钳架、刹车盘、接头以及所有紧固件,应检查这些零件是否损坏、变形、开裂和有其他可能存在的问题。检查所有紧固件是否松动,必要时应及时紧固。

刹车盘按其结构形式可分为水冷式、风冷式和实心刹车盘3种。刹车盘的保养检查要点是:

(1)磨损。刹车盘允许的最大磨损量为10 mm(单边5 mm)。应定期检查测量每个刹车盘工作面的厚度。

(2)热疲劳龟裂。刹车盘在制动过程中因滑动摩擦而产生大量热量使盘面膨胀,而冷却时又趋于收缩,这样冷热交替容易产生疲劳应力裂纹,属于正常现象。随着使用时间的延长,如果最初的微小应力裂纹扩展较大,应引起足够重视,并采取修补措施。例如可以用工具沿裂纹处磨掉一些,以便检查裂纹深度,对裂纹进行焊接修补,最后用砂轮打磨平整。

(3)油污。工作盘面上严禁沾染或溅上油污,以免降低摩擦系数,降低刹车力,造成溜钻事故。但滚筒在运动过程中,钢丝绳上的油有时难免会飞溅到刹车盘的工作面上,因此要经常检查清除。

(4)循环水。对于水冷式刹车盘,在使用过程中,应经常检查冷却循环水,确保冷却循环水存在,并保证管线畅通。

JBC014 PS系列液压盘式刹车刹车盘的检查要点

注意:若水冷式刹车盘工作时不通冷却循环水,会大大降低其使用寿命,使刹车盘更容易出现裂纹;冬季位于寒冷地带,钻机不工作时,务必将刹车盘中的冷却水排尽,避免盘内结冰将盘冻裂。

检查焊接件,特别是钳架、钳体的焊缝是否有裂纹、腐蚀等问题,如有必要则要维修或更换。每半年至少检查一次。

检查活动部件是否有粘连现象,特别是杠杆销轴处。由于刹车粉尘的堆积容易造成润滑不良等后果,因此一个月应加注润滑油脂一次,保证润滑良好。

保养计划见表2-1-5。

表2-1-5 保养计划表

序号	检查内容	要 求	保养周期
1	液 位	最高液面以下,最低液面以上。加油时,需从手摇泵加油口加油	
2	温 度	油温不高于60 ℃	
3	系统压力	PSZ75,8 MPa;PSZ65/PSX50,6 MPa;PSZ90,10 MPa	每 班
4	滤油器	堵塞指示器的指针应在绿色区域	
5	泵组运转声音、温度	无异常噪声、高温	
6	防碰天车系统	触动防碰阀并确保刹车设置正确	

序号	检查内容	要　求	保养周期
7	油缸密封性	应无滴漏	每　天
8	刹车块间隙	工作钳：调节拉簧的拉力。安全钳：0.5 mm	
9	刹车块厚度	最小厚度：12 mm	
10	各管线及接头	密封良好无渗漏、无损坏	
11	快速接头	无渗漏、损坏、虚接	
12	各销轴是否粘连	无负载下推、拉、转各销轴并确认移动自由无粘连	每　周
13	蓄能器预充压	充氮压力应为 4 MPa	
14	油　样	检查并清除杂质	
15	给所有部件加油	从加油孔给所有部件加润滑油	1 个月
16	所有固定螺栓	检查并紧固所有部件螺栓、螺钉	3 个月
17	拆检清洗杠杆和销轴	清洗刹车粉尘，更换损坏零件	6 个月
18	刹车盘磨损、龟裂	允许最大磨损厚度 10 mm，热疲劳裂纹不得影响强度和漏水，否则应更换	
19	滤　芯	更换	
20	钳架焊缝	检查焊缝是否有裂纹，若有影响强度和性能的裂纹，应及时修复或更换	
21	结构检查	检查刹车系统中所有结构部件	
22	清洗净化液控系统	清洗净化油箱及所有液压回路	
23	安全油缸碟簧	更换全部碟簧	12 个月

（三）故障检修

排除故障的一般操作步骤为：

（1）发现液压盘式刹车有故障时，钻机必须停钻，并使辅助刹车处于"刹"位。

（2）推动紧急制动阀，使其处于"刹车"位，并用卡瓦悬持重负载。

（3）切断液压站电机电源，根据故障现象，分析故障产生的原因。

（4）清除故障。

故障分析见表 2-1-6。

JBC015 PS系列液压盘式刹车常见故障的原因

表 2-1-6　故障分析表

故障现象	可能原因
系统压力不合适	泵的调压装置没有设置正确或失灵
	系统安全阀设置不正确或失灵
	蓄能器的截止阀未关严
	油箱液位太低
	液压油受污染，油脏
	泵的吸油、回油管路上的截止阀没有打开

故障现象	可能原因
油温过高	安全阀压力设置太低，或阀失灵而旁通
	油箱油位太低
	液压油受污染，油脏
噪声过大或震动	油箱油位太低
	吸入和回油管接头松动而使系统中有空气
	电机和泵轴不对中
	电机底座螺栓松动
液压操作不灵敏	供油压力过低
	系统压力过低
	供油滤芯被堵塞
	蓄能器漏失或预调压力过低
	控制阀被堵塞或有缺陷
	压力油漏失
销轴粘连	润滑不良
	刹车粉尘堆积在销轴或轴孔处
	过度磨损或腐蚀
	零件损坏
主刹车钳释放缓慢	回油阻力大
	复位弹簧刚度太弱

注意：在维修液压站或管线之前，一定要先停泵，并泄掉蓄能器的压力，否则，可能会造成人身伤害。

维修液压系统时，必须特别注意保持清洁，因为污染物是液压系统发生故障的首要因素。松开螺纹之前要先把其外面清理干净。将通入系统内部的所有接口封好，以防污染物进入系统。在工作中应十分注意，不要污染液控系统。

（四）关键元器件的拆装与更换

1. 回油滤油器滤芯

先把回油滤油器上盖按逆时针松开，再拆下整个滤油器，取出后，拆下上盖，取出旧滤芯；用煤油清洗滤油器内部，晾干；放入新滤芯，拧上上盖，再装好整个滤油器。

2. 管路过滤器滤芯

把管路过滤器下部按逆时针用力拆下，换上新的滤芯。

3. 高压滤油器滤芯

把高压滤油器拆下，用扳手把上盖打开，取出旧滤芯，用煤油清理干净壳体内部，晾干；装上新滤芯，装上上盖，再把整个滤油器按原样装好。

注意：滤油器的滤芯只能更换新滤芯，严禁旧滤芯清洗后再用。

JBC016 PS系列液压盘式刹车关键部件的拆装更换要求

4. 油泵

更换一台泵时,另一台泵可以正常工作,蓄能器可以不泄压。关闭泵的吸油、回油管路上的截止阀,防止油箱里的油流出。拆下出油管线及接头、吸油管线及接头、回油管线及接头。拆下连接泵与电机的 2 个螺钉,把泵取出。检查联轴器是否失效,若能用,把泵上的联轴器拆下,装到新泵上;若不能用,需把包括电机一端的一套联轴器都换下。然后把新泵安装好,把吸油管线及接头、出油管线及接头连好。把内泄回油管接口对接泵的内泄回油口,打开截止阀,给泵的壳体内充满油,再把管线接好。打开吸油管路上的截止阀。检查无误,进行泵压调试。

注意:连接管线、接头时,必须把 O 形密封圈、组合垫圈按技术要求安装好,否则,将引起渗漏油。安装泵的联轴器时,严禁用锤子敲击,在轴与孔、键与键槽对正后,稍微用力推进即可,否则,将引起泵的损坏。泵启动前必须给泵的壳体内充满油,把吸油、回油管路上的截止阀打开,否则,将引起泵的严重损坏。

5. 安全钳的碟簧、密封件

碟簧的使用寿命为一年,使用一年后,必须更换。碟簧应成组更换,不允许只更换其中几片。在检修时应注意每组碟簧的装配次序,不能混乱或与其他组碟簧相调换。油缸有漏油现象,说明密封圈已失效,应更换密封圈。

碟簧和密封件的更换方法及步骤如下:

(1) 给油压状态下,调节调整螺母使刹车钳开口最大,泄掉油缸内压力,拔掉快速接头;再拆下油缸两端的销轴,将油缸整体取下,用煤油把外部清洗干净。

(2) 按图 2-1-5 所示步骤拆下油缸的各零件。

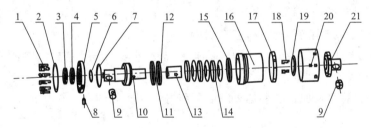

图 2-1-5　安全钳的拆装顺序

1—螺栓;2—垫圈;3—防尘圈;4—密封圈;5—端盖;6—导向带;7—O 形圈;8—测压排气接头;
9—轴套;10—活塞;11—密封圈;12—导向带;13—弹性导套;14—碟簧;15—垫圈;
16—油缸;17—锁紧螺母;18—螺栓;19—挡环;20—调整螺母;21—顶杆

(3) 用煤油洗干净每一片新碟簧,并晾干,再用充足的润滑油脂均匀地涂抹在每一片碟簧上。等清洗后的油缸、油缸盖、活塞、弹性导套等晾干后开始安装。

(4) 安装好油缸盖内新的防尘圈、密封圈、导向带。

(5) 安装好活塞上新的导向带、密封圈。

(6) 严格按照规定的碟簧装配关系把新碟簧组装好:第一片凹面向下,第二片凹面向上,第三片凹面向下,第四片凹面向上,第五片凹面向下,第六片凹面向上,第七片凹面向下,然后装上弹性导套。

(7) 安装活塞时,注意导向带。先加一些液压油,一人按住活塞,另一人用铜棒轻击活塞,把活塞装到位。

（8）安装油缸盖，把螺栓对称均匀地拧紧。

（9）把油缸总成安装到原位。连好管路，然后调整松刹间隙。

装配过程中注意保持清洁，防止将密封圈刮伤或碰坏。

6. 工作钳的密封件

（1）泄掉油缸内油压，活塞回位后，拔下快速接头，拆下调节螺母、拉杆、拉簧，拆下开口销/轴用挡圈，把销轴拆下，取下油缸总成。

（2）把油缸总成用煤油清理干净。

（3）按图 2-1-6 所示步骤拆下油缸的各零件。

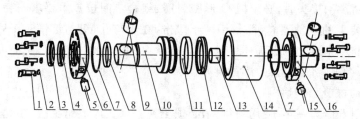

图 2-1-6　工作钳的拆装顺序

1—螺栓；2—垫圈；3—防尘圈；4—密封圈；5—测压排气接头；6—油缸端盖；7—O形圈；
8—导向带；9—轴套；10—活塞；11—导向带；12—活塞密封；13—轴套；14—缸体；15—呼吸器；16—拉盖

（4）先拆下油缸的放气螺塞，拆下螺栓、油缸盖，拔出活塞。

（5）取下油缸盖内的旧导向带、密封圈和防尘圈，取下活塞上的导向带和旧密封圈。

（6）用煤油清洗活塞，清洗干净并晾干。

（7）把导向带及新密封圈装在活塞上。

（8）在油缸盖内装上新防尘圈、新密封圈和新导向带。

（9）在油缸内壁上均匀涂一些液压油，把活塞装进去，装上油缸盖，把螺栓对称均匀地拧紧。

（10）把油缸总成按原样装回原处，连接好油路，调整好间隙。

7. 刹车块

刹车块因磨损或其他原因失效时，必须更换，否则，容易发生溜钻、顿钻、游车跌落事故。更换刹车块前安全钳必须在给压状态下，调节调整螺母使刹车块间隙开到最大，然后泄掉油缸内压力；工作钳必须在无压的状态下，调紧拉簧使活塞复位。

把连接刹车块的螺栓拧下后，即可将旧刹车块取下。依次把需更换的旧刹车块全部拆下。取下刹车块时，先取最上部或最下部刹车钳的刹车块，沿圆周方向把刹车块依次取出。再依次按反方向把新刹车块装上连接好。

注意：新刹车块更换好后需重新调整刹车间隙。更换盘刹零件时必须使用正规厂家的合格产品，否则，可能会造成重大的设备、人身伤害事故。

四、顶驱装置的主要参数及检查调整

（一）顶驱系统的参数

1. 基本参数

名义钻井深度：7 000 m（4½ in 钻杆）。

最大载荷:4 500 kN。

水道内径:76.2 mm(3 in)。

额定循环压力:35 MPa(5 000 psi)。

系统质量:12 t(不含单导轨和运移托架)。

工作高度:6 m(提环面到吊卡上平面)。

电源电压:600 V 3AC。

额定功率:400 hp×2。

环境温度:-35～55 ℃。

海拔:≤1 200 m。

2. 钻井参数

转速范围:0～220 r/min,连续可调。

工作扭矩:50 kN·m(0～110 r/min,连续)。

最大扭矩:75 kN·m(间断)。

3. 电动机参数

额定功率:400 hp×2,连续额定转速 1 150 r/min。

最大转速:2 400 r/min。

4. 冷却风机

型号:YB132S1-2-H WF1(船用隔爆,室外防腐)。

额定功率:5.5 kW(7.5 hp)。

额定电压:380 V AC。

额定频率:50 Hz。

额定电流:11 A。

额定转速:2 900 r/min。

5. 液压盘式刹车

刹车扭矩:50 kN·m(36 900 ft·lbf)。

油缸工作压力:8～9 MPa。

6. 电气控制系统

VFD(交流变频系统)输入电压:600 V 3AC。

电机温度报警(可调):建议值 110 ℃。

减速箱温度报警(可调):建议值 85 ℃。

液压源油温报警(可调):建议值 60 ℃。

7. 减速箱

速比:10.5∶1,双级减速。

润滑:齿轮油泵强制润滑,过滤空气冷却。

8. 管子处理装置

回转头转速:4～6 r/min(可调)。

液压马达工作压力:14 MPa。

上部内防喷器(遥控):6⅝ in API REG box～pin,70 MPa。

下部内防喷器(手动):6⅝ in API REG box～pin,70 MPa。

背钳通径:220 mm。

JBB009 顶驱钻井系统的技术参数

JBB010 北石顶驱驱动的工作参数

背钳夹持范围：$2\frac{7}{8}$ in DP～$6\frac{5}{8}$ in DP。

最大卸扣扭矩：75 kN·m。

吊环：3 048 mm,350 t。

倾斜臂倾斜角度：前倾30°,后倾55°。

9.液压控制系统

工作压力：16 MPa。

工作流量：40 L/min。

电动机电压：380 V AC。

电动机功率：15 kW。

电动机转速：1 450 r/min。

（二）系统检查调整

顶驱装置安装完成后,需要进行一次彻底的检查,确认各项安装工作已经正确完成,所有运输固定装置已经取下,为开机调试做好准备。检查工作应当由顶驱安装的技术负责人进行。检查工作可以按照"顶驱装置安装检查表"进行。该检查表不可能包括全部应当检查的内容,仅仅是对检查工作的一种提示,因而不能替代检查人员的正常判断。

（1）电缆接头必须插紧,注意母接头内有密封圈,安装时一定要检查该密封圈是否存在,然后锁紧,以防止虚接,或者由于插接不紧造成进水,损坏电缆及接头,电缆接头螺纹连接两法兰面的间距为82 mm。

（2）顶驱安装完成后,检查确保背钳的保护设施安装到位。

1.开机调试

开机调试应当在安装检查完成后,确认没有安装错误和缺陷的情况下进行。开机调试应当严格按以下程序进行。

（1）减速箱加油。开机调试前,向减速箱加入齿轮油,在确认减速箱齿轮油放净的情况下首次加入油量约为18 L。开机运转后,观察油位下降及流量开关的运行情况,补充齿轮油6～8 L。运行时,齿轮油不得低于最低液位;静止时,不得高于最高液位。

（2）导轨滑车调试。在导轨全长范围内,缓慢上提下放顶驱装置,观察顶驱滑动是否正常,观察顶驱电缆和液压管线是否正常。

（3）电控系统送电。开机前确认进线相序正确后,给电控系统送电,检查确认 PLC/MCC 系统工作正常,检查确认动力系统仪表及其指示、监控系统等工作正常。

（4）主电机冷却风机调试。按以下程序调试主电机冷却风机,确认风机工作正常:确认主电机操作钮在停止位置;手动启动风机,确认旋转方向;检查风机风量。

（5）主电机调试。按以下程序调试主电机转向,确认2台电机旋转方向一致,并且与操作面板的指示方向一致:确认主电机在单电机操作模式(A电机或B电机);启动A电机,低速运转,观察旋转方向;启动B电机,低速运转,观察旋转方向。

2.液压系统调试

打开两泵进油阀,分别启动A,B两泵,观测两泵旋向、压力及运转是否正常,打开循环泵,观察泵运转是否正常,手动启动冷却系统,检查风机风量。然后按顶驱液压的功能逐项测试各个动作,看是否能实现所有液压功能。

（1）检查。启动系统前,先做好以下工作:

① 检查压力表是否在零位。

② 检查轴向柱塞变量泵吸入口的球阀是否打开。

③ 齿轮油泵进油口球阀是冷却循环位;齿轮油泵出油口球阀是过滤位,即主泵工作时的位置。

④ 蓄能器通油阀应在开位,蓄能器卸油阀应在关位。

⑤ 系统加热球阀是关位。

⑥ 通过轴向柱塞变量泵上的泄油口向泵内注入过滤精度不低于 $10~\mu m$ 的清洁工作油,使轴向柱塞变量泵各运动副在启动时得到润滑,防止零件烧伤。

⑦ 用手盘动联轴器,检查确认泵轴在转动过程中正常。

(2) 调整。

① 启动液压源,观察液压泵旋转方向。

② 轴向柱塞变量泵调节前,先松开轴向柱塞变量泵压力调节机构的锁紧螺母。

③ 调节时,顺时针旋动调节旋钮压力升高,逆时针旋动调节旋钮压力降低。

④ 调节后需要拧紧轴向柱塞变量泵压力调节机构的锁紧螺母。

⑤ 调节与设定液压源安全阀压力,液压源安全阀工作时,其设定压力为 $19~MPa$。

⑥ 安全阀压力调节前,先松开系统安全阀压力调节机构锁紧螺母。

⑦ 安全阀压力调节时,顺时针旋动调节旋钮压力升高,逆时针旋动调节旋钮压力降低。

⑧ 安全阀压力调节后,需要拧紧轴系统安全阀锁紧螺母。

(3) 注意事项。

轴向柱塞变量泵出厂时已将系统压力调定在 $16~MPa$,如现场要改变这一压力值,须注意的是,在分配阀块上有一只溢流阀、在蓄能器阀块上有一只溢流阀,此溢流阀虽然也可以调压,但在系统中此溢流阀只起安全阀的作用。正确的使用方法是,此溢流阀的压力调定值要比轴向柱塞变量泵的压力调定值高 $2\sim3~MPa$,否则系统将产生严重故障。

(三)顶驱的拆装

1. 安装准备

(1) 安装组织。顶驱装置安装前,应当指定安装技术负责人和安全负责人,召开专门会议进行技术交底,讨论确定安装技术方案,确保所有参与安装的人员对安装方案和相应的安全措施有清晰的了解。

(2) 清点设备。顶驱装置安装前,应当按装箱单仔细清点全部设备,确认设备及其附件已经到位并保持完好,油品、工具等辅助材料已经具备,避免安装过程中由于准备不充分导致停顿。

(3) 工作计划。设备安装前,应当考虑制订详尽的安装工作计划(见表2-1-7)。与顶驱装置安装工作有关的工作项目包括:在井架立起前,将吊耳顶板焊接在天车下面,将吊耳用螺栓连接到吊耳顶板上,连接牢固。

(4) 井场布置。设备安装前,应当仔细考虑井场布置。这些考虑包括:将电控房摆放在井架的左后侧;将司钻控制台摆放在司钻房内;将液压源摆放在井架的左后侧或者钻台上;将顶驱本体(及其运移架)摆放在井架右前侧靠近钻台的位置;将导轨从运移架吊出,摆放在钻台滑道前方。为了处理立根,顶驱的行程要达到 $35~m$,一般需要取下常规水龙带和软管,把立管上升到 $22~m$。

JBB012 北石顶驱液压系统的调试方法

JBC012 北石顶部驱动设备的拆装方法

表 2-1-7　安装工作计划

工作项目	动用设备	动用人员	预计工作时间
设备摆放（电控房、司钻台、液压源，本体与导轨等摆放）	汽车起重机(40 t 以上)	3～5 人	3 h
井架准备（悬挂电缆、液压管线、水龙带等）	吊车、风动绞车	3～5 人	4 h
导轨与本体悬挂	汽车起重机(40 t 以上)，风动绞车	6～8 人	6 h
本体管线连接	风动绞车	3～5 人	2 h
系统调试与操作培训	钻机及辅助设备		4 h
合　　计			19 h

注：工作时间为大约时间，根据每口井实际情况会有变化。

2. 设备安装

（1）安装电控房。按顶驱装置的总体布置，把电控房安放位置的地面垫平。按房体吊装要求从运输车辆上吊起电控房放在规划位置上。将电控房出线一侧朝向井架，便于摆放电缆。将接地极（1.8 m 长镀锌钢棒）按要求钉入地面（接地极必须与地表下的水分接触）。将接地极与接地电缆的一端连接，接地极与电缆线芯连接可靠。电缆的另一端由电缆接头与电气房房体可靠连接固定。

（2）安装司钻操作台。将司钻控制台摆放在司钻房内易于操作的地方。连接气源管线，调整进气压力。气源压力不高于 0.8 MPa，调整司钻操作台上的气减压阀，观察操作台后部的排气孔，逐渐降低进气压力，至排气孔略有排气即可。

（3）安装辅助操作台。将辅助操作台安放在二层台上易于操作的地方，注意将操作台背面的安装孔固定可靠，避免坠落。

（4）安装液压源。将液压源摆放在井架左后侧易于接近的地方，液压源应当靠近井架，避免液压管线从车辆通道上穿过。

（5）连接电缆和管线。

① 动力电缆，分为游动电缆（30 m）、井架电缆（38 m）、地面电缆（38 m）3 段。

② 控制电缆，分为井架电缆（68.6 m）、地面电缆（38 m）2 段。

③ 液压管线，分为井架管线（26 m）、地面管线（50 m）2 段。

④ 水龙带，1 条（23 m）。

（6）安装导轨与顶驱本体。

① 安装导轨吊耳。将导轨顶部连接总成（导轨吊耳顶板）牢固焊接在井架顶部的天车底梁上，用螺栓将吊耳固定在顶板上，它将承担导轨的全部重量，在部分工况下，焊缝所承受的载荷为导轨和本体的实际重量。

② 安装导轨调节板。将上部连接总成中的调节板和 U 形环安装在导轨顶部连接总成上，并穿上别针。

③ 安装导轨（见图 2-1-7）。将第一节导轨吊上钻台，将导轨安装架与第一节导轨连接，钢绳挂在大钩侧面吊耳上。将第二节导轨吊至钻台平面，对正第一节导轨的下接头 1 和第二节导轨的上接头 2，连接钩板 3 与固定销 4 并吊起，提升至 2 节导轨均位于竖直位置后下放游车，由于自重，下接头 1 将自动装入带有框架结构的上接头 2 中，此时上下接头组件的销孔会自动对正，将导轨销 5 插入销孔就可固定 2 节导轨，然后插入锁销 6 固定导轨销 5。

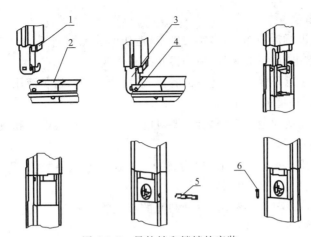

图 2-1-7 导轨销和锁销的安装

1—下接头;2—上接头;3—连接钩板;4—固定销;5—导轨销;6—锁销

④ 安装顶驱主体。吊装顶驱至钻台面。

方案一:将钢绳挂于运移架两侧的吊装管上;用 40 t 吊车直接将顶驱本体提至钻台面。

方案二:将顶驱置于井架大门的滑道上,方向朝向井口;下放游车,将钢绳挂于运移架上部的吊装位置;将钢绳固定在提环大钩销或是两侧耳上,用吊车吊住运移架下部起辅助作用;将运移托架沿滑道送至钻台面并立起托架,正对游车下方;将大钩挂在顶驱本体的提环上;拆掉运移架上对顶驱的支撑;去掉顶驱导轨与运移架的连接销,将本体从运移架中吊起,与运移架分离;将运移架移下钻台;上提游车至本体上最后一节导轨与第六节导轨相接,按前述装导轨步骤安装导轨。安装最后一节导轨时注意,用气钩挂住最后一节导轨背面的运输孔,找正本体和导轨,上提穿销。拆掉滑车与导轨连接的销轴。安装导轨反扭矩梁。将游动电缆和液压管线的法兰安装在减速箱右侧的管线托架上,安装时注意管线要与在井架上的一端并列平行,不要交叉,并把管线接头正确连接(电缆插接时注意按黑、白、红三色对应连接)。

(7) 安装平衡系统。在液压系统未通压的情况下安装平衡系统。北石顶驱的平衡系统分为 2 种:一种是无平衡油缸悬挂梁,此时平衡油缸带有卸扣,安装时只需将卸扣连接在大钩两侧的吊耳上即可实现平衡系统功能;另一种是有平衡油缸悬挂梁,此时平衡油缸不带卸扣,而是通过销子直接安装在平衡油缸悬挂梁上,安装时只要将提环和平衡油缸悬挂梁直接装入游车即可实现平衡系统功能。

(8) 安装倾斜油缸。待液压系统调试完成后,安装倾斜油缸。建议倾斜油缸的安装以满足前倾最大时,吊卡至鼠洞处(1 450 mm 左右)以方便抓取钻杆为宜;在此前提下,后倾越大越好,以便在钻进时,使顶驱更靠近钻台面,增加钻进距离。

3. 拆卸及存放

完井后,钻井队一般要对整台钻机进行拆卸运输。

(1) 拆卸前的准备。为了确保快速、安全地拆卸顶驱装置,在拆卸前应做好如下准备:

① 设备到位。应准备汽车起重机,吊车,风动绞车,产品出厂时所带的各种集装箱、运移架及连接辅件,避免拆卸过程中由于准备不充分导致中断。

② 对参与顶驱拆卸的人员进行技术交底和安全培训,讨论确定拆卸技术方案,确保所有参与拆卸的人员对拆卸方案和相应的安全措施有清晰的了解。

（2）拆卸注意事项。

① 对顶驱装置进行拆装作业，必须在断电、泄压的情况下进行。

② 遇有大风、雷电、雨雪等天气，应当停止拆卸作业。

③ 拆卸过程中注意环保，准备适宜的容器、油堵、棉丝等，避免液压管线的液压油、齿轮油泄漏对设备和周围环境造成污染。

④ 在拆卸电气连接和液压管线之前，要对电线（电缆）、接线端子和液压管线做出标记，以确保能正确地重新连接。

⑤ 拆卸液压系统之前，应当切断电力、液压油、压缩空气等能源，释放所有系统蓄能器的压力，确认系统管路及系统蓄能器中没有油压。

⑥ 拆卸液压系统时要保持清洁，对已卸开的液压管线一定要及时封口，严禁任何污染物进入液压系统内部。

⑦ 房体起吊要用专用吊具，从底座 4 个吊杠起吊，严禁使用拖杠或在房体其他部分起吊。更换损坏吊具时，其规格和长度不得改变。

⑧ 应按标示吊装位置吊装。

（四）常见故障分析与排除

在顶驱装置出现故障时，必须及时发现准确判断，迅速查找原因，做出果断处理。

1. 查找和处理故障的原则

（1）当顶驱发生故障时，首先对整个系统进行分析，然后分段逐步缩小范围，即要先分析清楚是机、电、液哪一部分或是哪几部分的故障，然后再细细查找。

（2）在处理故障时，必须将局部问题和顶驱装置整体联系起来考虑，不能在排除一个故障的同时，引发另一个新的故障。

（3）电控系统的 VFD 一般都设有故障显示和报警的面板，可按照所提供的故障诊断点去查找和处理。

（4）在处理故障和采取应急措施时，应当充分考虑系统的安全保护，不能以牺牲系统安全性为代价。

2. 常见故障分析与排除方法

机械故障主要为一些易损件的更换，主要有保护接头、背钳的钳头及钳牙、上下 IBOP、IBOP 滑套、冲管总成、吊环及吊环卡子、导轨等。

> JBC011 北石
> 顶部驱动设备
> 常见故障的排
> 查方法

3. 顶驱机械故障的处理

（1）回转头不转动。

首先排除液压及电器故障。测液压马达的液压是否建立。判断电磁阀阀芯是否发卡，测量电路通断，排除电路问题。上述都没有问题则初步判断为机械卡死。拆卸马达进出油管线，以免液压油形成阻力，用气动绞车等工具拉回转头，观察是否转动。

（2）主轴不转动。

首先排除主电机启动条件是否满足，通信连接是否正常等方面的原因。其次，主电机坏或者减速箱坏。主电机是否正常通过测量三相绝缘电阻等判断；减速箱的损坏一般有前兆，如噪声突然增大等。也可以通过给减速箱放油，通过油中的铁屑加以判断。

（3）前倾炮筒操作程序。无论更换保护短节，拆卸 IBOP，还是更换钳头及钳牙都需要进行前倾炮筒程序。前倾炮筒程序如下：

① 把背钳未接液压管线一侧的大销子卸下，背钳打开。

② 用气动小车将打开的背钳绷紧，把炮筒子的 4 个固定螺钉卸下。

③ 松开气动小车，此时要注意活动 IBOP 开关，使油缸脱离滑套后，再用气动小车将炮筒子提到 60°左右。

④ 然后拆卸相应的防松法兰螺栓，进行后续工作。

（4）安装炮筒程序。无论更换保护短节，拆卸 IBOP，还是更换钳头及钳牙都需要进行安装炮筒程序。安装炮筒程序如下：

① 安装相应的防松法兰。

② 松开气动小车，活动 IBOP 开关，使 IBOP 的油缸滚轮进入滑套内。

③ 用气动小车将打开的背钳绷紧，把炮筒子的 4 个固定螺钉紧好，做好防松。

④ 再将背钳销子装好，做好防松。

（5）保护短节损坏，漏钻井液（或是正常磨损更换）。

① 拆卸保护短节。在井口放一柱钻具，下放顶驱到钻具母扣；前倾炮筒；将保护短节与下 IBOP 的防松法兰拆下；用 B 型大钳将保护短节卸松，用顶驱旋扣将保护短节卸下。

② 上保护短节。把保护短节放入钻具母扣中，下放顶驱，进行旋扣，直到带着钻具一起旋转（注意抹好螺纹脂）；然后用 B 型大钳上紧（约 40 kN）；把防松法兰上好；将炮筒装好。

（6）钳头损坏。

更换新钳头：前倾炮筒；将旧钳头的螺钉卸下，把钳头取下；换上新的钳头，把固定螺钉紧好；安装炮筒。注意钳头及钳牙的型号。

（7）钳牙损坏。

更换新钳牙：前倾炮筒；把钳牙挡板卸下，把损坏的钳牙取出，将新的换上，再将钳牙挡板螺钉上好；安装炮筒。注意钳头及钳牙的型号。

（8）IBOP 漏钻井液。

① 拆卸 IBOP。在井口放一柱钻具，下放顶驱到钻具母扣；前倾炮筒；将 IBOP 法兰与保护短节的法兰拆下，拆下滑套；用 B 型大钳将保护短节及 IBOP 之间的扣卸松（此时保护短节下端插入钻具母扣中），用顶驱旋扣。

② 安装 IBOP。将 IBOP 与主轴的防松法兰与滑套正确安装好；将 IBOP 与主轴短节头进行手动上扣，用 B 型大钳打住，用顶驱进行上扣（约 60 kN，并注意应将 IBOP 的两端抹好螺纹脂）；把 IBOP 下端放入钻具母扣中，下放顶驱，进行旋扣，直到带着钻具一起旋转；将炮筒装好。

（9）IBOP 滑套打开发卡，无法正常关闭或打开。

可以对 IBOP 外表面的突起处进行打磨，或者更换曲柄和六方。将顶驱下放到钻台面；炮筒前倾；将滑套的外面压板拆掉，看曲柄及六方是否损坏，若损坏可以进行更换，此时一定要记好曲柄开关的方向，如果是由于活动接触面不平导致，可以用角磨机进行小范围轻微打磨，使其通过遇卡点。换好曲柄及六方或是打磨完毕，按照原来方向进行安装。安装炮筒。

（10）冲管漏钻井液。

换冲管总成。注意冲管上下活接头都是反扣；上扣时必须上紧；先砸紧下活接头，再砸紧上活接头；注意上下 O 形圈放好位置，不要挤坏。

（11）吊环及吊环卡子。调试完毕，在卡箍座的上面部位用工具在吊环上做标记。如发现窜动，将顶驱打后倾下放到钻台面。然后打浮动，将松动的卡箍螺钉卸松即可（不要卸掉）。利用后倾将卡箍座移动到做标记的部位，再将螺钉上紧，做好防松。

（12）在导轨顶丝损坏的情况下拆卸导轨。

将方瓦吊出，下放顶驱，使导轨连接销子处到钻台面。用气动小车吊最底下的导轨，使其绷紧。把锁丝卸下，用大锤将导轨销子砸下。再将最底下的导轨向前移动（根据现场情况处理，可以用大锤向前砸，也可以用铁棍顶到锁舌处，用锤子砸）。导轨脱开后，将脱开的导轨放到井架下放好，继续处理下一节导轨。

（13）IBOP 油缸附件的调节。

首先保证打开或者关闭不能让滚轮与滑套过度摩擦，刚好开关到位为好，在调节时，要把固定附件的锁紧螺帽拧开，然后适当调节，可反复调节几次，确定合适，将锁紧螺帽拧紧。

（14）顶驱在半空中工作时主轴部位漏钻井液。

将顶驱上提到猴台，坐上卡瓦。用液压大钳将钻具卸开。把顶驱本体的钻具用气动小车放到小鼠洞里。下放顶驱到能卸开一根单根（如果顶驱仍然下放不到钻台面，再把钻具接上，上提顶驱，再卸一单根，以此类推）。顶驱下放到钻台面，将漏钻井液部位更换。

（15）更换顶驱刹车片。

① 检查项目。包括刹车摩擦片磨损程度、刹车摩擦片是否对称磨损、液压制动管线有无泄漏、刹车总成固定螺钉。

② 操作步骤。将刹车装置的系统油压泄掉；移开导销和回位弹簧螺钉；向上和向外滑动刹车片；将新的刹车摩擦片滑进去；安装导销和回位弹簧螺钉；拧紧螺钉。

③ 注意事项。当刹车摩擦片的摩擦材料的剩余厚度小于等于 6 mm 时，需要更换刹车摩擦片。注意：新的刹车摩擦片需要一段时间的磨合才能达到额定转矩。保持摩擦材料清洁，使其不要接触油或者油脂。当刹车盘的剩余厚度小于等于 10 mm 时，需要更换刹车盘。

4. 顶驱液压故障的处理

（1）液压故障判断步骤。

① 首先在司钻箱上打相应的液压动作，观察电磁阀是否动作，以确认是电磁阀之后还是之前的故障，若电磁阀动作则应考虑为液压故障或是执行机构机械故障。

② 若电磁阀不动作，手动推动电磁阀阀芯，以确认是否为电磁阀发卡。

③ 若电磁阀不发卡，打开司钻箱，扳动开关，观察相应的 DI 模块是否有输入，以确认是否为 DI 模块之前的故障，若有输入则转为第 6 步。

④ 若 DI 模块无输入，检查开关处 24 V 是否正常；检查 DI 模块相应的输入点处是否有 24 V，若此处有 24 V，则为 DI 模块故障。

⑤ 一直打住该动作的开关，根据图纸，观察电控房内 PLC 处的 DO 模块是否有输出，若无输出则说明 DO 模块该点损坏。

⑥ 若 DO 模块有输出，根据图纸，观察该动作相应的继电器是否动作，若有动作，则转第 9 步。

⑦ 若相应继电器无动作，测量相应继电器是否有 24 V 输入，以确认是否为继电器本身损坏。

⑧ 将司钻箱上该动作的开关复位，在端子排该动作的接线处测量电磁阀的电阻值（正常为 50～60 Ω）。此处端子排的进出线都要测量。

⑨ 在顶驱防爆接线箱内该动作的接线处测量电磁阀线圈的电阻值，若电缆损坏可进行

跳线处理。

⑩ 在电磁阀线圈接线处测量电磁阀线圈的电阻值,以确认是否为电磁阀线圈损坏。

（2）上跳无动作,上跳压力低或高。

调上跳平衡。

顶驱初装完毕,进行平衡和上跳的调节。将平衡阀螺帽拧松后,缓慢调节平衡压力,观察压力表（MA1）压力值,7～8 MPa 时油缸伸出;将上跳阀螺帽拧松后,司控箱打到上跳位,缓慢调节上跳阀压力,观察压力表（MP）压力值,约 1.5 MPa 时油缸上跳,向回加拧半圈后背死螺帽。

（3）液压泵故障。

液压泵不转,检查液压泵电机是否得电或液压泵本身是否损坏;检查液压泵是否反转;检查液压泵压力是否正常。

（4）背钳漏油,密封圈损坏。

更换背钳密封圈。

将背钳管线卸下后用丝堵堵上,在井队人员配合下,将背钳拆下,将背钳外端的螺钉一一松开,用螺丝刀慢慢敲开外端法兰,将背钳活塞卸下,这样就能看到是什么样的密封损坏。根据情况更换密封件,更换密封件时,要将密封件用开水煮沸,3 min 即可,然后迅速更换。

（5）背钳无动作。

首先检查指令是否到达 CPU,看电磁阀是否发卡,到电控房检查电磁阀是否供电,电控房到顶驱段的电缆是否断路,前面的检查都没有问题,再检查背钳的减压溢流阀是否损坏,可通过 MA5 和 MB5 测压检查。

① 背钳的拆卸。关闭电源,系统泄压;拆掉背钳液压缸上的液压管线,用油堵密封管线接头;把连接背钳的托座与挂壁的托座取下,拆下背钳钳体,将背钳体置于工作台上,拆掉 2 个销子和前钳体总成;拆下牙座总成;拆掉后挡环后,取下限位环;从后面取出后端盖和活塞。

② 背钳的安装。用开水加热活塞上的组合密封圈大约 10 min;用密封扩张工装装配组合密封圈,装配支承环;用密封压紧工装压紧组合密封圈 1 h 以上;检查液压缸内有无毛刺、划痕、油脂等;用活塞杆导向工装装配活塞;装配后挡环及后端盖;装配牙座总成;装配前钳体总成;装配液压管线,试运转。

> JBB011 拆卸安装背钳的要求

注意事项:拆销子时,一定要从下往上拆,方向拆反容易造成销子变形,影响二次装配;拆活塞时,注意不要损坏密封件;装配活塞时,要缓慢垂直安装防止切坏密封件。

（6）倾斜油缸向前动作正常,无向后动作。

电磁阀发卡或损坏;没有 24 V 点输出,继电器损坏;电控房到电磁阀线路问题,跳线处理;回程油路溢流阀发卡或损坏;NCEB 发卡或损坏;油缸内泄;浮动电磁阀发卡;油缸缸体变形。

（7）回转头动作缓慢。

液压油不干净,阻尼孔堵塞;液压马达溢流阀压力设定值不够或损坏;液压马达内泄或损坏;液压油内有气穴;电路出现虚接,电压达不到 24 V。

（8）更换 PAIK 接头。

备好所需的工具;前倾炮筒;把液压系统的压力泄掉;将旧的 PAIK 接头取下,安上新的 PAIK 接头;恢复液压系统压力,打开液压泵,检查是否正常;安装炮筒。

（9）液压管线漏油。

先把准备更换的管线用柴油处理干净，再用丝堵将接头处堵死；将液压泵关闭，系统油压泄掉；把损坏的管线卸掉，用丝堵将顶驱本体接头堵死；用处理好的管线更换上紧；恢复系统压力，打开液压泵检查是否漏油。

（10）液压动作不到位或没有动作，电磁阀卡死。

更换电磁阀。

准备好需更换的电磁阀，放在干净的位置；将液压泵关闭，系统油压泄掉，电磁阀供电关闭；用扳手将电磁阀两端的供电接头松开，再用螺丝刀把接线头松开（如果是不清楚线路的人员，在拆卸线路时需将线路做上标记）；将需更换的电磁阀的 4 个固定阀块上的螺钉卸掉，取下损坏的电磁阀；将准备好的电磁阀先用 4 个固定阀块上的螺钉固定好，注意电磁阀的正反；将接线头的线路接好，用玻璃胶密封好，把电磁阀两端的供电接头上紧；打开电磁阀供电电源，恢复系统压力，打开液压泵检查电磁阀是否工作。

（11）液压无动作，压力不够，有噪声。

更换液压泵，调压。

将液压泵与启动模块上的管线拆掉，管线接头用死堵堵死；将钟形罩上的螺钉去掉，将液压泵从电机联轴节处取下；将新泵与启动模块安装好，将泵联轴节安装好，将液压管线对应接好，紧固钟形罩上的螺钉并做防松；将主阀块上的 QCDB 调到最大，RVCA 调到最大，将泵壳上的远程控制口背死，将压力控制阀调到最小；开泵，进行空转，观察泵运转情况；缓慢调节压力控制阀达到想要的压力（12 MPa），将螺帽背死；缓慢调节 RVCA 压力，观察压力表压力值，当从 12 MPa 缓慢下降时，增加压力，压力表显示 12 MPa 时顺时针加拧半圈，调节 QCDB 压力，使其缓慢减小，直到 MP1 点压力表突然减小，观察，压力恢复。将 QCDB 紧 1/4 圈，将两螺帽背死。

（12）在卸扣过程中上跳不能实现动作。

PVDA 和 RBAC 调设压力不够；电磁阀发卡或损坏；PVDA 或 RBAC 阀损坏；缸体内泄；缸体变形或内部生锈卡死；缸体溢流阀压力设定值小或损坏；NFC.NC 打开；NFC.NO 关闭；系统压力不够。

5. 顶驱电控故障处理

（1）系统不能启动。可能故障原因：内控/外控开关位置不正确；检查变频器是否启动；加热器是否为运行状态；变频器故障未复位（此处要注意整流部分是否有故障未复位）；急停故障；手轮零位漂移。

（2）主电机及电缆故障。在电控房处连同电缆一起测量主电机对地绝缘情况（用 1 000 V 摇表），若有异常，在顶驱本体电机进线处测量主电机的对地绝缘情况，以进一步确定是主电机故障还是电缆损坏造成的绝缘问题；使用电桥，在电控房处连同电缆一起测量主电机相间电阻，若有异常，在顶驱本体电机进线处测量主电机的相间电阻情况，以进一步确定是主电机故障还是电缆损坏造成的断路或短路问题。

（3）变频器硬件故障。变频器报故障 F023（变频器超温，不能复位），检查变频器是否确实超温；温度传感器是否损坏；CUVC 上的传感器输入点是否损坏；检查整流侧，用二极管挡分别测量三相进线与直流母线正负极之间的情况，应为二极管特性（具体阻值讨论）；检查逆变侧，脱开电机，用二极管挡分别测量三相出线与直流母线正负极之间的情况，应为二极管特性（具体阻值讨论）；用 V/F 控制方式，启动系统，测量输出侧三相之间电压是否平衡。也可在直流母线处加入一个 24 V 电压,在 CU320 上也要加一个 24 V 电压,测输出一般为十六七伏。

(4) 电控房绝缘故障。有接地检测的要把接地检测的熔断器断开;将 600 V 及 380 V 断路器断开,将电控房内各低压元器件开关全部断开;测量 600 V/380 V 变压器一次侧、二次侧的对地绝缘情况;注意此处接进了表及过压保护器等元件,不要忽略此类元件的对地绝缘情况;电控房进线对地绝缘不能直接用摇表测量,因为此处有变压器的进线;测量 380 V 断路器下端对地绝缘情况;测量 380 V/220 V 变压器一次侧、二次侧对地绝缘情况;测量低压元器件对地绝缘情况。

(5) PLC 侧未得电。检查为 PLC 供电的 SITOP 电源是否损坏,以及 SITOP 电源到 PLC 的电源线是否损坏;检查 PLC 电源开关是否损坏,以及开关到 SITOP 电源的线路是否正常;检查 CPU 本身是否损坏;检查 380 V/220 V 变压器是否正常,以及变压器到 SITOP 电源开关之间的线路是否正常。

(6) 手轮零位漂移。若手轮编码器为数字量输入的,则通过观察手轮编码器相应输入模块的显示状态可判断出该手轮零位是否漂移;若手轮编码器为模拟量输入的,则可通过程序设定的手轮零位指示点 Q5.2 来判断该手轮零位是否漂移。若手轮零位确实漂移,调节手轮编码器零位,数字量输入的根据相应输入模块的显示状态来调节手轮零位,模拟量输入的根据手轮零位指示点 Q5.2 来调节手轮零位。若手轮编码器异常,则需更换手轮编码器,然后重新调节手轮零位。检查相应的 DI/AI 模块是否损坏。

(7) 变频器报 O008 无法启动。原因是变频器处于脉冲封锁状态,无法启动。解决方案:检查急停开关是否正常;检查急停线是否断开,线路是否存在问题。如断开,接上即可,此点为常闭点;检查接头是否接好,通电开关是否正常,刹车是否刹死。

(8) 急停故障。根据急停现象判断此时系统是否处于急停状态(IBOP 关闭,刹车刹死等),或是根据图纸检查急停输入点是否有输入来判断此时系统是否处于急停状态(急停为常闭点,因此该输入点正常情况下为有 24 V 输入)。若处于急停状态,检查司钻箱处以及电控房内急停开关是否有误操作;检查 2 处急停开关的接线是否有短接或是虚接现象;检查急停开关是否损坏;检查相应的 DI 模块是否损坏;检查变频器参数设置是否错误(OFF2 参数 P555/P556/P557)。

(9) 辅助电机未启动。相应电机的断路器或是接触器是否有跳闸现象;将电控房内相应电机接触器下端的接线拆下,测量其相间电阻是否正常。若有异常情况,在电机出线端子处测量其相间电阻是否正常,以确认是电机本身还是电缆损坏造成的相间短路或是断路;若相间电阻正常,在电控房内测量该电机的对地绝缘情况(使用 500 V 摇表进行测量);若有异常情况,在电机出线端子处测量该电机的对地绝缘情况,以进一步确认是电机本身还是电缆损坏造成的绝缘故障;若电机的绝缘情况及相间电阻均为正常,测量电机进线的相间电压是否均衡。电机相应的断路器及接触器是否损坏。

(10) 司钻箱指示灯不亮。首先看司钻箱输出模块对应灯的地址是否有输出,有输出就是指示灯坏了,如果没有输出说明模块触点已坏;电控房内电源未上电;司钻箱电源线有虚接;司钻箱内端子排到指示灯负极线(-M04)断线;通信挂不上,通信线屏蔽接触不好;井队电源不稳,忽高忽低,电源有干扰,司钻提车时导致司钻箱灯全灭;指示灯烧毁。

(11) 通信故障。故障显示为 CPU 上的 BF 灯闪亮,SF 灯常亮。首先要查看是哪个站的通信没挂上,是司钻箱还是变频器,还是所有从站都没挂上。

① 司钻箱挂不上。打开司钻箱,检查总线连接器的终端电阻设置是否正确;尝试将CPU 的 M 点与地的短接片取下;测量通信线的通断,测量时要将 CPU 及 CU320/CBP 板处的总线连接器拔下来,以免损坏设备;将变频器 CU320/CBP 板处的总线连接器拔下来,或是将 CPU 处的总线连接器打到"ON"位,单独挂司钻箱通信,若能挂上则要考虑干扰的原因(此处可排除变频器一侧通信有问题,因为变频器侧通信正常);分别将 CPU 处及司钻箱处的总线连接器打开,检查总线连接器的制作是否规范;用胶皮等绝缘物体将司钻箱垫起来,使其与井架隔离;检查 ET200M 及模块的背板总线是否松动;将司钻箱搬下来,放在电控房内用较短的通信线来挂司钻箱的通信,若通信正常,则可确认为干扰造成的通信故障,此时可通过降低波特率来增强抗干扰的能力;可将 CU320,CPU,ET200M 共地,以消除共模干扰;使用光纤进行通信,光缆两端使用 OLM 转换模块;更换 ET200M。

② 变频器侧挂不上。检查 CU320/CBP 板处总线连接器的终端电阻设置是否正确;检查为 CU320 供电的 SITOP 电源是否损坏;测量通信线的通断,测量时要将 CPU 及 ET200M 处的总线连接器拔下来,以免损坏设备;将 ET200M 处的总线连接器拔下来,或是将 CPU 处的总线连接器重新制作(将变频器侧的通信线插入总线连接器的 A1/B1 侧),并将此处的终端电阻打到"ON"位,实现 CPU 与变频器的单独通信;若此时通信正常,则应考虑干扰因素;使用光纤进行通信,光缆两端使用 OLM 转换模块;直接用计算机与 CU320/CBP 板进行通信,以测试 CU320/CBP 板是否损坏;若此种方法通信仍不正常,更换 CBP 板;若以上方法均无效则要考虑更换 CPU。

③ 变频器与司钻箱都挂不上。分别撤掉变频器侧、司钻箱侧的通信,实现司钻箱、变频器的单独通信,以确认是哪个从站的通信故障;确认出是哪个站的故障后可针对以上 2 种情况进行工作。若可以实现任 1 个从站或是任 2 个从站(对于 450T)的通信,则可确认为干扰造成的通信故障,此时可通过降低波特率增强抗干扰能力,或是使用光纤进行通信。

④ 通信挂不上。检查 PROFIBUS 终端电阻开关是否正确选择(中间为 OFF,两头为 ON);CPU 到 CBP 板的 PROFIBUS 接头重新插入或把连接器重做;检查确认 PROFIBUS 正常,把 ET200M 和输入输出模块全部拆下,背板总线重新接好给电后正常(背板总线接触不良);检查通信线的各个接头是否完好,是否畅通;检查所有开关是否处于关闭位置;检查通信信号线插头是否接好;用万用表测量电阻,检查通信线是否断开或短路;测量通信线内线路是否相连,屏蔽线是否接好或检查总线连接器是否正常;检查 CPU315 是否正常。

(12)系统启动后停止。故障原因:风压、油压开关故障;辅助电机跳闸;通信故障;堵转(实际扭矩大于设定扭矩);风压、油压故障。

(13)主电机堵转。调大钻井扭矩设定值;查看井场供电频率(50～60 Hz)是否稳定;井场对顶驱供电功率是否足够大。以上都没问题,考虑变频器参数是否应该调整。

(14)主轴不转。检查速度手轮是否回零,顺便看一下急停是否在弹出位;检查通信线是否有问题;检查 PLC 的模块和背板总线是否须虚接;检查风机是否启动,如果风机启动则检查风压开关是否有信号;检查润滑油泵是否启动。主电机被刹住,达到了刹车位;未打到钻井和正转位;相序接反。

(15)启动主电机时,风机(液压泵、润滑泵)断路器跳闸。

① 用万用表测量三相间的电阻,如果其中两相间的电阻无限大说明相间断路,如果无限小说明相间短路,可进行跳线处理。

② 用摇表检测三相对地电阻,如果过小说明线路没有问题,风机存在问题,在顶驱接线

盒内用摇表检测风机是否烧坏。

③ 检查断路器、接触器、继电器是否出现故障,如发现损坏,应更换。

(16) 顶驱背钳夹不住钻具。司钻台按钮坏,更换按钮;信号没有到达电控房,通信问题;背钳夹紧放松没有 24 V 电输出,检查供电线路及继电器是否损坏;背钳夹紧线路断路或虚接,做跳线处理。打开接线箱先测量是否为电磁阀本体线路脱落。

(17) 司钻箱电源故障。打开司钻箱检查 ET200M 及各模块是否得电,同时要用万用表检查电源极性是否正确。若未得电,检查司钻箱供电开关是否损坏;检查司钻箱供电 SITOP 电源是否正常,若有输入无输出,则判断该电源损坏;若电源正常,检查电源线路、接插件是否有断路或短路现象。

(18) 在卸扣过程中上跳不能实现动作。CPU 未收到上跳信号,通信故障;电控房上跳未有 24 V 电输出;电控房到电磁阀之间线路断路;系统程序未与卸扣模式设定。

(19) 系统未报故障,主电机不启动,复位后依旧。原因是主电机启动条件不满足。主电机启动条件如下:风机合闸/润滑泵合闸(保证合闸后的辅助触点为闭合状态);司钻箱手轮回零;变频器为 O009,整流为 O008;司钻箱/CPU/变频器通信正常;未有任何系统故障。

(20) 综合电缆线路有断线虚接现象,电磁阀无动作。

跳线处理。以 2S15 线断为例,用 2S18 跳线。

① 关掉端子排电源。

② 把电控房端子排 2S15 的出线拔下,用绝缘胶带包好。

③ 再把 2S18 备用线接到 2S15 出线端的端子排内。

④ 坐吊筐打开顶驱接线盒,将 2S15 的进线拔下,用绝缘胶带包扎好。

⑤ 将 2S18 接进 2S15 的进线端子排内。

⑥ 到电控房内用钳型表测量换线后 2S15 线路的电阻值,50～60 Ω 为正常,否则重新跳线。

⑦ 关闭顶驱上的接线盒盖,通电调试动作。

(21) 更换电磁阀的步骤。

① 准备好需更换的电磁阀,放在干净的位置。

② 将液压泵关闭,系统油压泄掉,电磁阀供电关闭。

③ 用扳手将电磁阀两端的供电接头松开,再用螺丝刀把接线头松开(如果是不清楚线路的人员,在拆卸线路时需将线路做上标记)。

④ 将需更换电磁阀的 4 个固定阀块上的螺钉卸掉,取下损坏的电磁阀。

⑤ 将准备好的电磁阀先用 4 个固定阀块上的螺钉固定好,注意电磁阀的正反。

⑥ 将接线头的线路接好,用玻璃胶密封好,把电磁阀两端的供电接头上紧。

⑦ 打开电磁阀供电电源,恢复系统压力,打开液压泵检查电磁阀是否工作。

注意:关闭电磁阀供电;关闭液压泵,泄掉系统压力;做好线路标记;做好接头密封。

(22) 更换顶驱编码器。

① 拆卸。将光电编码器的电缆从本体子站内拆下;将刹车装置处固定电缆的隔栅卸松;拆开并取下刹车装置的 A 侧弯板(更换 A 电机编码器时拆卸 A 侧弯板,更换 B 电机时拆卸 B 侧弯板);将编码器连杆与立柱连接处拆开,再拆下立柱(更换 B 电机时不用拆下立柱);卸开编码器上压盖的螺栓,取下压盖;卸开编码器与上连接轴连接的内六方螺栓,取出轴向挡板;将编码器垂直向上取出,并顺势抽出电缆。

② 安装。将编码器电缆沿取出方向从隔栅处穿出；将编码器置于上连接轴正上方，并对准键槽放下；放入轴向挡板，并用内六方螺栓将编码器与上连接轴连接；安装编码器上压盖，并用螺栓固定；安装立柱，并将编码器连杆与立柱连接；将刹车装置内多余的编码器电缆顺出，并用隔栅固定；安装好刹车装置的 A 侧弯板；将编码器的电缆连接到本体子站内，顺好并固定电缆。

注意：关闭电源，上好安全锁，做好接线头标记；更换好后，试运转。

五、自动送钻装置的功用、结构及检查维护

（一）自动送钻装置的功用和结构

自动送钻技术降低了司钻的劳动强度，同时也提高了钻井质量。

钻机的自动送钻装置主要用于钻进时控制钻压、机械转速，不需要司钻人为控制，便能按设定的钻压、机械钻速钻井。同时，避免了因司钻疲劳引发的钻井事故，满足了科学钻井的要求，对提高钻井质量有人为控制钻井无法比拟的优点。

自动送钻的目的就是使钻头对井底的钻压保持恒定值，实现这一目标的手段就是控制绞车或刹车，适时向井底送进钻头。自动送钻的基本原理是由死绳锚感知大钩负荷，与输入的设定钻压比较，比较的结果送入 CPU，由 CPU 综合其他信息（如大钩高度、大钩负荷、变频器的输出功率、编码器和刹车电磁阀的状态等）后，控制绞车、自动送钻电机或刹车，实现自动送钻。

现在主流的自动送钻装置主要是变频调速自动送钻装置。其主要由触摸屏、变频器、制动单元、制动电阻、变频电机、电机转速编码器、悬重传感器、滚筒编码器等组成。

变频调速自动送钻的传动方式既可以是采用绞车主电机及传动机构实现自动送钻，也可以是采用独立的送钻电机及其传动机构实现自动送钻，或 2 种方式兼备的复合送钻模式。

（二）自动送钻装置的控制方式

目前在电动钻机中使用的自动送钻装置的核心部件是变频电机。根据给定钻压和悬重传感器信号的比较结果，控制绞车或自动送钻电机的下放速度，实现自动送钻，此方式为恒钻压送钻方式。在机械钻机中使用的自动送钻，主要靠调节刹车电磁阀控制电流控制滚筒的刹车实现自动送钻。

自动送钻还有恒钻速送钻模式，此送钻模式可避免恒钻压送钻模式下，遇到软地层，钻压不变，机械钻速过高的问题。机械钻速可以通过触摸屏和电位器进行设定和调节。根据地质情况，设定最高机械钻速，利用编码器得到电机的给定速度与反馈速度的比较结果控制游车的下放速度。

变频调速自动送钻系统除具备常规的安全保护外，还增加了断电刹车、传感器失误刹车、上碰下砸、自诊断、意外停车位置记忆、智能游车防碰校准等功能。在一体化参数的配合下，可有效地防止溜钻、卡钻、游车的上碰下砸事故。如果系统断电、变频器出现故障、传感器失误、误操作，送钻系统都会进行保护启动刹车。

机械钻机中，主要通过控制刹车力矩进而控制钻压和钻速。自动送钻的启动是人为的，自动送钻的结束可以是人为的也可以是自动的。刹车力矩的控制通过控制刹车气源或液压源比例阀的输出电流来控制。在整个自动送钻过程中，最高钻压设定和最高钻速设定分别是恒压控制和恒速控制的限制条件。同时具有断电刹车等一系列安全保护。

JBB013 自动送钻装置的功用和结构

JBB014 自动送钻装置的控制方式

六、KZYZ 组合液压站的故障及调试

(一) KZYZ 组合液压站的常见故障诊断与排除

(1) 泵不出油。

电机旋向错误,油箱油面过低,油黏度过高。

排除方法:将电机反向(电机正确旋转方向为逆时针方向),按规定加油,加热油或更换低黏度油(夏季使用 L-HM46 号,冬季使用 L-HV32 号,正常每 12 个月更换一次)。

JBB015 ZK-YZ系列组合液压站的常见故障

(2) 油泵压力太低。

溢流阀调压过低,溢流阀故障。

排除方法:调高溢流阀压力,检修或更换溢流阀。

(3) 排量减小。

溢流阀关不严,油泵内泄漏大,手动换向阀或电液换向阀内泄大。

排除方法:拆洗溢流阀,检修或更换泵,更换新阀。

(4) 泵噪声过大。

吸油管漏气,吸油滤油器堵塞,油黏度过高。

排除方法:检修吸油管,更换吸油过滤器滤芯,加热油或更换低一级黏度油。

(二) KZYZ 组合液压站的加油

设备就位后,加油齿轮泵向油箱加注清洁液压油。首先,拧下塑料管,插进油桶,点动辅助泵电机,观察电机转向,从电机尾部扇叶观察为逆时针方向。确认转向正确,启动电机,油泵加油,液面升到油箱液位计上限,停止加油泵电机。

(三) KZYZ 组合液压站动力源部分调试

(1) 调松溢流阀的调压手柄,打开蝶阀、球阀。

(2) 点动主泵电机,观察电机转向,从电机尾部扇叶观察为逆时针方向。

(3) 确认转向正确,启动电机,带动泵空运转 2~3 min。

JBB016 ZK-YZ系列组合液压站动力源的调试方法

注意:电机工作时,如果液压泵噪声过大,请及时关闭,待查明故障后再继续操作。

(4) 升压,逐渐拧紧溢流阀调压手柄,使系统压力调定为 16 MPa,锁紧调压手柄,保压 5 min,无泄漏现象即可。

注意:系统压力出厂前已经调试完毕,无特殊情况无须调定。

七、水龙头组件的更换

JBC004 水龙头组件的更换方法

水龙头是旋转钻具与不旋转游吊部件之间的过渡,真正起到过渡作用的是冲管总成部分,既有动密封又有静密封,可以拆卸更换。

(1) 拆卸。

锤击上、下螺母,松开后推动上、下密封盒压盖,直至与冲管齐平,即可从一侧推出密封装置。

(2) 检查。

① 将下密封盒与冲管分开,去掉油杯,再去掉下螺母,反转螺钉两三转,从下密封盒中取出下 O 形密封压套、隔环、下衬环和钻井液密封填料。

② 从冲管顶部拿去弹簧圈，去掉冲管和上螺母，再从上密封盒中取出上密封压套、钻井液密封填料、上衬环。

③ 取出 O 形密封圈，彻底清理各零件内部的润滑脂和钻井液。

④ 检查上密封压套和冲管的花键是否磨损，检查冲管是否偏磨和冲坏，如有损坏必须更换。

（3）安装。

重新安装经检查的合格零件和更新的零件。

① 用润滑脂装满钻井液密封填料的唇部和上衬环、上密封压套的槽里，依次将上衬环、钻井液密封填料、上密封压套装入上密封盒中，并装入上密封盒压盖里。将它们一起从冲管带花键那一端小心地装到冲管上，再把弹簧圈卡入冲管的沟槽里。

② 先在钻井液密封填料的唇部、下衬环、隔环和下密封压套的 V 形槽内涂满润滑脂，依次将下衬环、隔环、钻井液密封填料、下密封压套装入下密封盒中，必须注意，隔环的油孔应对准下密封盒的油杯孔。拧入螺钉，拧紧后再反转 1/4 转。

③ 在上、下密封压套上装入 O 形密封圈，在下密封盒上装上油杯，然后将冲管总成装入水龙头，上紧上、下密封盒压盖。

八、套管钳的安装及故障排查

（一）钳子的安装

1. 钳子的悬吊

（1）将滑轮（负载 3 t）固定在天车底部大梁上。

（2）将直径不小于 ½ in 的钢丝绳穿过滑轮，钢丝绳的一端固定于底座大梁上，钳子的高度应与起下套管时接头的平均高度相同。

> JBC005 套管钳的安装要求

2. 钳子的调平

钳子吊起后必须进行调平，否则容易出现钳牙打滑。前后水平由钳子的吊架与钳身连接处左右 2 个水平螺钉来调整，横向水平由吊架上部的调平螺杆来调整，转动螺杆即可调平。

3. 尾绳的连接

尾绳的直径不应小于 ⅝ in，尾绳的一端与钳尾的扭矩表油缸拉环相连，另一端固定于钻台或井架上。注意：当尾绳被拉紧时，应与钳子几乎在同一水平面上，并且与钳身中线近似成 90°。

4. 扭矩油缸加油

当油缸的活塞杆拉出长度达到 30 mm 时就必须加油，在加油口安装上接头后用随机手动油泵加油到扭矩指针动作即可。

5. 管线的连接（同 ZQ203-100 钻杆动力钳）

高压进油管：M30×1.5 接口与动力站来的高压软管相连。

低压回油管：M42×2 接口与动力站来的低压软管相连。

压缩空气管：M22×1.5 接头与压缩气管线连接。

液压手动换向阀：M18×1.5 接头与动力站来的小回油管连接。

（二）常见故障的判断与排除

常见故障及其原因、排除措施见表 2-1-8。

JBC006 套管钳故障的排除方法

表 2-1-8　套管钳常见故障

故障现象	原　因	排除措施
钳头不转	① 液压动力站无压力。 ② 压缩空气压力不足或没有压力。 ③ 液压手动换向阀损坏。 ④ 三通气阀损坏。 ⑤ 2 个快速放气阀同时失效	① 检查液压动力站。 ② 检查空气压力。 ③ 更换新阀。 ④ 更换新阀。 ⑤ 修理或更换新阀
无空挡	① 液压手动换向阀损坏。 ② 三通气阀损坏。 ③ 气胎离合器脱不开	① 更换新阀。 ② 更换新阀。 ③ 需检修
只有一个转速	① 无高速时向下连接气路不通。 ② 无低速时中间连接气路不通。 ③ 气胎损坏漏气	① 检查向下气路、快速放气阀以及座内石墨环。 ② 检查中间气路和快速放气阀。 ③ 更换气胎
钳头转速不够	① 液压动力站压力或排量不够。 ② 压缩空气压力不够使气胎离合器打滑。 ③ 液压马达或液压手动换向阀漏损大。 ④ 气胎离合器摩擦片磨损	① 检查液压动力。 ② 检查空气压力。 ③ 更换液压马达或液压手动换向阀。 ④ 更换摩擦片
钳头打滑	① 颚板尺寸与套管尺寸不符。 ② 钳子没有调平。 ③ 钳牙磨损。 ④ 钳牙齿槽内塞满油泥脏物。 ⑤ 刹带太松或刹带磨损。 ⑥ 颚板滚子不转	① 更换合适的颚板。 ② 调整钳子的水平。 ③ 更换新钳牙。 ④ 用钢丝刷剔除油泥脏物。 ⑤ 调整刹带或更换新刹带。 ⑥ 检修颚板滚子及销轴并加油
扭矩达不到额定值	① 液压动力站压力太低或液压动力站油泵排量不足。 ② 液压马达或换向阀失效。 ③ 扭矩缸油量不足或密封圈磨损。 ④ 扭矩表失效。 ⑤ 气压不够，离合器打滑。 ⑥ 气胎离合器摩擦片磨损	① 按液压动力站说明书处理。 ② 修理或更换液压马达或换向阀。 ③ 加油或更换密封圈。 ④ 修理或更换扭矩表。 ⑤ 检查气压。 ⑥ 更换摩擦片
马达转动而钳头不转或转动无力，轻载时就停转	① 压缩空气压力不足或没有压力。 ② 气胎离合器摩擦片磨损。 ③ 进气接头耐磨环损坏。 ④ 快速放气阀失效。 ⑤ 变速气阀失效。 ⑥ 液压马达或液压换向阀漏损大。 ⑦ 行星轮变速机构损坏或磨损严重	① 检查空气压力。 ② 更换摩擦片。 ③ 更换耐磨环。 ④ 修理或更换快速放气阀。 ⑤ 修理或更换变速气阀。 ⑥ 修理或更换液压马达或换向阀。 ⑦ 检查并修理变速箱内转动机构
变速箱内流出较多机油	液压马达轴端油封失效	更换轴端油封

（三）压力-扭矩对照表

当扭矩表失效时，可用压力表近似值代替，见表 2-1-9。

表 2-1-9　压力-扭矩对照表

压力表读数 /MPa	马达压力差 /MPa	低挡扭矩 /(kN·m)	中挡扭矩 /(kN·m)	高挡扭矩 /(kN·m)
12	10	20～25	3.8～4.7	1.56～1.88
13	11	22～27.5	4～5.2	1.72～2.06
14	12	24～30	4.5～5.6	1.88～2.25
15	13	26～32.5	4.9～6.1	2.03～2.44
16	14	28～35	5.3～6.6	2.19～2.66
17	15	30～37.5	5.6～7	2.34～2.81
18	16	32～40	6～7.5	2.5～3

（四）套管动力钳图示

（1）TQ340-35 套管动力钳传动示意图（见图 2-1-8）。

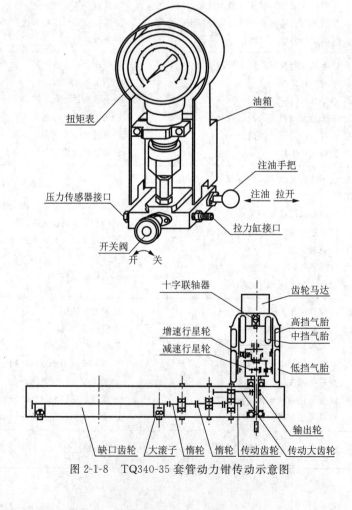

图 2-1-8　TQ340-35 套管动力钳传动示意图

（2）套管动力钳液压系统图（见图 2-1-9）。

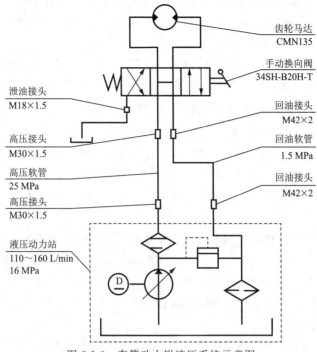

图 2-1-9　套管动力钳液压系统示意图

（五）压力扭矩表及注油器

（1）压力扭矩表。

扭矩表指示的扭矩代表套管动力钳钳头的扭矩，而压力只是反映拉力，缸内的压力，不代表套管动力钳液压系统内部的压力。

（2）注油器。

由于测矩装置中拉力缸的接头等处有可能漏油，本套管动力钳装有手动注油器。

加油方法：打开开关阀后，用手往复推拉注油器手柄进行注油，直到压力扭矩表有显示为止，关闭开关阀。

九、排查电子防碰装置故障

（一）电子防碰装置故障的种类

电子防碰装置故障从大的方面来说，主要有显示类和动作类。诸如高度不准确、高度变化与实际相反，甚至没有数值等都属于显示类故障。动作类故障主要指该动作时不动作，不该动作时却动作，比如到报警减速点不报警或不减速，不到刹车点却刹车等。常见故障有：

> JBC007 电子
> 防碰装置故障
> 的种类

（1）显示高度不准。高度不准主要指游车实际高度和显示高度相差甚远。电子防碰的精度可以做到很高，以现场来讲刹车高度 ±1 m 内误差不超过 ±5%，其他高度不超过 ±10% 即能满足生产需要。若误差超过此范围即属故障。

（2）显示方向不对。方向的不对也分 2 类：一类是不管何种情况方向始终相反；另一类是超过某个阈值突然反向。这在实际生产中都是可以遇到的。

（3）该动作时不动作。比如设置的是高度 17 m 开始减速,高度 20 m 立即刹车。正常的情况是 17 m 时绞车立即减速,到 20 m 时液压盘刹就会将钻具刹停。但是,由于设备故障,高度到 17 m,绞车不减速或声光报警不启动,也有可能两者兼有之,到 20 m 时也不刹停。此类故障可以叫作设备不动作。

（4）不该动时却动作。按上面说的例子来说明,不到 1 m 就开始减速和不到 20 m 就开始刹车,都属于这种故障。此类故障在现场也很常见,往往是因为参数设置不正确所致。

（二）电子防碰装置故障的排除方法

JBC008 电子防碰装置故障的排除方法

电子防碰装置一旦出现故障,会给钻井生产带来很大影响和安全隐患,国外曾发生过因电子防碰装置故障而被叫停的例子。所以怎么样快速排除电子防碰装置故障,恢复电子防碰装置的正常使用是现场人员需要考虑的。下面简单讨论一下故障的排除方法。故障的排除以了解其结构和原理为基础,在这个前提下才能通过方法来提高排除故障的效率。

（1）嫌疑人法——由现象来判断设备的嫌疑部件。比如前文说的高度不准问题。嫌疑最大的是基础参数设置不准确,其次嫌疑最大的是算法,再其次可以考虑编码器。所以我们就要从核对基础参数开始,基础参数核对无误后我们可以检查算法是否正确,重点看滑轮组的类型,算法也确定没问题,最后才检查编码器。总之,根据现象来判断嫌疑设备的可能性大小,逐个排除。

（2）换件法——在有备用件的前提下,可通过换新部件来排除故障。比如上面提到的提前刹车故障,按嫌疑人法分析并无头绪时,可以尝试换件。换件法不是盲目更换,起码被换的问题有可能导致故障再更换,只是目前分析具体哪部分有问题并不十分明朗。换件先易后难,换完后一定要确认是否是此件所导致的故障,否则循环往复,做很多无用功。

（3）动作频率法——钻井需要经常拆甩、搬家、安装,一般而言,被动过越多的地方故障率就越大,排除故障可以往这方面多考虑。比如显示屏显示时有时无故障。如果是刚搬完家没多久就可以考虑是不是搬家时插头松动了、显示屏电源线是否松动等。

（三）电子防碰装置消除干扰的方法

JBC009 电子防碰装置消除干扰的措施

电子设备不可避免地会同时受到和发出干扰,电子防碰设备又与盘刹和绞车调速系统是联动的,小干扰可能会使操作出现抖动,大干扰可能导致误动作,怎么提高其抗干扰能力从而使其正常工作确实重要。

（1）消除电场干扰。

减小分布电容亦即增加线间距离是消除干扰非常有效的方法。因此要使信号线远离动力线,从而消除电场对它的干扰。信号线和动力线平行的距离越长受到的干扰也越强。另一方面,司钻房的接地必须是良好的,否则,其他动力设备会在司钻房上产生感应电动势干扰电子防碰设备,接地越差干扰越大。另外,雨季的雷电也会给接地不良的司钻房造成干扰。

（2）消除磁场干扰。

磁场干扰一般是由交变电流产生的。全屏蔽网对消除磁场干扰非常有效,因此,信号线要采用带屏蔽网的电缆,普通的双股电缆则应将其扭起来,节距越短,其抗干扰能力越强。有条件的可以将信号线穿金属管使用。司钻房里信号线比较集中,可以将电子防碰设备的线路单独放置在一个电缆槽内,电缆槽不要太小,保持其填充系数不大于 40%。

（3）消除共阻抗干扰。

共阻抗干扰在现场最容易被忽视。通常信号线采用屏蔽电缆，然而，并不是屏蔽电缆本身就能防止干扰进入，它必须通过正确的接地才能使信号免于外部干扰的影响。使用电缆时一定要注意以下事项：

① 不要将信号线两端都接地。正确的接法是一端接地一端悬空。

② 及时更换破损的屏蔽电缆。

③ 正确连接外部传感器壳体。

（四）电子防碰设备常用备件的更换方法

电子防碰设备的常用备件一般有编码器、显示控制屏和电缆。

所有备件的更换都必须在电子防碰设备停止并断电的情况下更换。

编码器是电子防碰的传感器，它负责数据的采集，一般和滚筒同轴安装。更换编码器的工具一定要选择得当，切不可蛮干，导致编码器更难更换。换完的编码器，连接好线路后要测试其方向性，方向不对可对调信号线。最后要检查编码器和滚筒轴的固定和同轴度情况，同轴度明显有偏差的要及时调整。

JBC010 电子防碰设备常用备件的更换方法

电缆的更换要相对容易些，主要看插头和屏蔽层以及路径的情况。已经松动或氧化变黑的插头要及时更换。屏蔽层破损要及时更换。信号电缆的走向要尽量选择如上所说的干扰小的路径，电缆屏蔽层的处理遵循上面说的消除干扰原则。

有条件的尽量备一个显示控制屏，确认故障可先整体换新，故障屏可随后查找问题修复。屏幕的接口众多，为防止误动作导致刹车或绞车失控，应在盘刹工作，安全钳都刹死，绞车停止的情况下进行。一般而言，各接口是不通用的，如果接口一样，切记做好标记再更换。

十、无线随钻测斜仪

（一）无线随钻测斜仪简介

无线随钻测斜仪是在有线随钻测斜仪的基础上发展起来的一种新型的随钻测量仪器。它与有线随钻测斜仪的主要区别在于井下测量数据的传输方式不同。目前采用无线随钻测量施工主要依靠下面 4 种方式实现信号的传输。

JBA001 无线随钻测斜仪概述

1. 连续波方式

连续波发生器的转子在钻井液的作用下产生正弦或余弦压力波，由井下探管编码后的测量数据通过调制系统控制的定子相对于转子的角位移使这种正弦或余弦压力波在时间上出现相位移，在地面连续地检测这些相位移的变化，并通过译码、计算得到测量数据。

这种方法的优点是数据传输速度快、精度高，缺点是结构复杂，数字译码能力较差。

2. 正脉冲方式

钻井液正脉冲发生器的针阀与小孔的相对位置能够改变钻井液流道在此的截面积，从而引起钻柱内部钻井液压力的升高，针阀的运动由探管编码的测量数据通过调制器控制电路来实现。在地面通过连续地检测立管压力的变化，并通过译码转换成不同的测量数据。

这种方法的优点是下井仪器结构简单、尺寸小，使用操作和维修方便，不需要专门的无磁钻铤；缺点是数据传输速度慢，不适合传输地质资料参数。

3. 负脉冲方式

钻井液负脉冲发生器需要组装在专用的无磁钻铤中使用，开启钻井液负脉冲发生器的泄流阀，可使钻柱内的钻井液经泄流阀与无磁钻铤上的泄流孔流到井眼环空，从而引起钻柱内部的钻井液压力降低，泄流阀的动作由探管编码的测量数据通过调制器控制电路来实现。在地面通过连续地检测立管压力的变化，并通过译码转换成不同的测量数据。

这种方法的优点是数据传输较快，适合传输定向和地质资料参数；缺点是下井仪器的结构较复杂，组装、操作和维修不便，需要专门的无磁钻铤。

4. 电磁波传输方式

电磁波信号传输主要是依靠地层介质来实现的。井下仪器将测量的数据加载到转波信号上，测量信号随载波信号由电磁波发射器向四周发射。地面检波器在地面将检测到的电磁波中的测量信号卸载并解码、计算，得到实际的测量数据。

这种方法的优点是数据传输速度较快，适合于普通钻井液、泡沫钻井液、空气钻井、激光钻井等钻井施工中传输定向和地质资料参数；缺点是地层介质对信号的影响较大，低电阻率的地层电磁波不能穿过，电磁波传输的距离也有限，不适合超深井施工。

（二）中天启明正脉冲定向随钻测量仪器

中天启明公司生产的正脉冲定向随钻测量（Measure While Drilling，MWD）仪器靠井下转子提供动力。转子与内轴耦合，轴底端连接一发电机，为探管供电；上端连接一液压泵，为脉冲发生器提供能量。钻井液在鱼颈总成和限流环与蘑菇头形成的环形空间内流动，当有信号传递时，蘑菇头升起，停一下，然后回到原位，短时的蘑菇头伸长就产生了正压力脉冲。地面上采用钻井液压力传感器检测来自井下仪器的钻井液脉冲信息，并传输到地面，地面数据处理系统进行处理，井下仪器所测量的井斜角、方位角和工具面数据可以显示在地面数据处理系统或司钻读数器上。

随钻测量仪器技术性能先进、工作可靠，特别适用于大斜度井和水平井中配合导向动力钻具组成导向钻井系统，以及海洋石油钻井，能提高井眼轨迹的控制精度，提高钻井的速度和效益。该随钻测量仪器有如下特点：

（1）采用正脉冲钻井液压力传输系统进行数据传输，使得整个井下仪器结构紧凑、体积小，现场检测、组装和拆卸容易，占用钻井作业时间短。而且不像负脉冲钻井液压力传输系统需要专门的无磁钻铤。采用涡轮发电机为井下仪器供电，使井下仪器的连续工作时间长、费用低。

（2）该随钻测量系统具有短测量（Short Survey）和长测量（Full Survey）功能。短测量方式的数据传输速度快，工具面的修正时间仅为 9.3 s。长测量方式可以将 MEP/PCD 探管测量的磁性和重力分量数据传输到地面数据处理系统进行处理，用于进行磁性参数的分析，消除来自井下钻具对仪器磁性干扰的修正，特别适用于大斜度定向井和水平井测量，能及时判断测量数据的误差原因以及确定测量的精度。

（3）地面数据处理系统抗震和抗干扰能力强。测量过程中，操作人员可以通过地面数据处理系统了解仪器的工作情况。司钻通过司钻读数器的显示，掌握井下钻具的工作状态，指导定向钻进。测量过程中，测量数据可以随时存盘和调用。测量结束，测量数据可以备份保存或打印出各种标准的报表。

（4）除测量参数外，井下 MEP/PCD 探管还向地面数据处理系统传输仪器工作环境与

JBA002 中天启明随钻测量仪器的特点

工作状态数据,这些数据包括井下仪器的环境温度、发电机转速等。

(5) 中天启明使用的下井仪器系统有 3 个不同的系列,包括 1200 系统、650 系统、350 系统,可以满足不同井眼尺寸和不同钻井液排量的施工要求。

(6) 地面仪器和井下仪器都具有兼容性,地面仪器设备可以与 3 个系列的井下仪器配套使用,也可与测量地质参数的随钻地层评价测量(Formation Evaluation While Drilling, FEWD)系统配套使用。缺点是地层介质对信号的影响较大,电磁波不能穿过低电阻率的地层。井下仪器可以与自然伽马、电阻率等多种测井仪器连接使用,以扩大仪器的用途。

(三) SK-MWD 仪器概述

SK-MWD 随钻测斜仪是神开公司研发的新一代测斜仪,测量精度高,可靠性好,操作简单,使用寿命长,维修方便。井下仪器由脉冲发生器、电池筒、定向探管及扶正器等组成。地面软件操作简便,数据显示直观,适合现场工作需要,具有显示、储存和打印功能。井下仪器为模块状并具有柔性,能满足短半径造斜需要。仪器能耗低,电池寿命长。整套井下仪器可打捞,从而避免了卡钻引起的仪器落井损失。

JBA003 SK-MWD 仪器概述

1. 随钻测斜仪系统组成

SK-MWD 随钻测斜仪由地面设备和井下测量仪器 2 部分组成。地面设备包括压力传感器、地面控制箱、司钻显示器、计算机及有关连接电缆等。井下测量仪器主要由定向探管、脉冲发生器、电池筒、扶正器、打捞头以及安装仪器用的专用短节组成。

SK-MWD 随钻测斜仪各部件间采用拥有专利技术的旋转插接方式,仪器使用方便可靠,同时能大大减少仪器在现场安装时出现损坏的可能性。

SK-MWD 随钻测斜仪的定向探管采用高精度的固态传感器、高可靠性的外围电路,通过高水平的装配、专业的调校,使测量的准确性与可靠性得到保证。同时也可选配伽马探管,为随钻测量伽马值提供解决方案。

SK-MWD 随钻测斜仪的脉冲发生器采用成熟的技术,利用正脉冲传输信号。通过多重的检验,确保其正常工作于高温、高压、高振动的环境。

SK-MWD 随钻测斜仪的电池筒采用高温锂电池作为驱动仪器工作的动力源,在保证工作可靠的同时,还注重于提高更换与检测的操作性能以及使用的安全性。

SK-MWD 随钻测斜仪的扶正器采用可换式翼片结构,不需特殊工具就能更换替代,操作便捷。媲美于其他类型扶正器的使用性能,翼片式扶正器使用成本远低于其他类型扶正器。

SK-MWD 随钻测斜仪装配打捞头,方便井下仪器的装入或卸出,也可在井下出现卡钻、落鱼等故障时,及时将井下仪器打捞出来,减小损失。

2. 随钻测斜仪功能原理

SK-MWD 随钻测斜仪定向探管将测得的井下参数按特定的方式进行编码,产生控制信号,控制信号控制脉冲器的小控制阀上下运动,再利用钻井液流动的能量使提升阀产生相应的上下运动,因此改变了提升阀与限流环之间的局部流通面积。在提升阀提起状态下,钻柱内的钻井液可以较顺利地从限流环通过;在提升阀落下状态时,钻井液流通截面减小,在钻柱内产生了一个钻井液压力正脉冲。定向探管产生的控制信号控制着提升阀提起或落下状态的时间,从而控制了脉冲的宽度和间隔。提升阀与限流环之间的钻井液流通截面积决定着信号的强弱,可以通过选择提升阀的外径和限流环的内径尺寸来控制信号强弱,使之适用于不同井眼、不同排量、不同井深的工作环境。实际上,整个过程涉及如何在井下获得数据以及如何将这些数据输送到地面,这 2 个功能分别由探管和钻井液脉冲发生器完成。

3. 钻井液脉冲发生器的工作原理

SK-MWD 随钻测斜仪是通过电磁机构控制提升阀与限流环之间的流通面积,进而引起在钻杆内流动的钻井液的压力产生变化,达到传输信号的目的。由电磁机构直接带动提升阀需要相当大的功率,在井下实现是不现实的,在设计中,采用了利用流动的钻井液由伺服阀阀头带动提升阀的方式。

伺服阀阀头处于压下状态,在无磁钻铤内高速流动的钻井液,流过限流环与提升阀形成的截流面处时产生压力差,使提升杆外部钻井液压力高于提升杆内部钻井液压力,提升杆内部的钻井液压力作用在活塞上表面,提升杆外部的钻井液压力作用在活塞下表面,由于钻井液压力差的作用,使得活塞向上运动,弹簧被压缩,提升阀提起,提升阀与限流环之间的流通面积较大,钻井液可以快速通过,钻杆内钻井液的压力较小,设定此时为井口采集到的钻井液压力的零位。

在电磁力作用下,伺服阀阀头被提起,钻井液可以从伺服阀阀头处流入,提升杆内外的钻井液压力基本平衡,作用在活塞表面的压力基本相等,原来被压紧的弹簧将释放,提升阀与限流环之间的流通面积减小,钻杆内钻井液的压力将升高,井口钻井液压力采集信号表现为正脉冲。

4. SK-MWD 仪器组件简介。

SK-MWD 仪器组件按用途可分为井下仪器、地面设备及各种仪器工具与辅件。

(1) 仪器井下部分简介。

① 专用短节。包括配套的短节与紧定螺钉,用于在其内部安装循环套总成的专用短节。

② 循环套总成。包括循环套本体、限流环、键等,为井下仪器安装提供接口。

③ 脉冲发生器。包括小控制阀、活塞、大提升阀等,将数据转变成钻井液脉冲发送到地面。

④ 电池筒。包括电池棒、B 抗压筒等,为井下仪器提供电源。

⑤ 探管。包括传感器与 P 抗压筒等,测量、处理原始数据,控制驱动器/脉冲发生器。

⑥ 扶正器。包括扶正器轴、胶条翼片、盖片等,使仪器与钻铤同轴,并采用机械连接和电气连接。

⑦ 鱼头。包括鱼头本体、鱼头销、转接头等,用于安装、拆卸、打捞仪器。

(2) 仪器地面部分简介。

① 压力传感器。读取井口处钻井液压力值,并传送到地面控制箱。

② 地面控制箱(远程数据处理器)。处理压力传感器的数据,通过滤波与解码,发送到计算机与司钻显示器。

③ 安装专业软件的计算机。处理地面控制箱的信息,实现实时监控、储存信息并生成报告。

④ 司钻显示器。接收地面控制箱的信息,并及时显示井斜与方位数据。

⑤ 接线盘及串口线。用于各部件间的电气连接。

(3) 仪器工具与辅件简介。

① 摩擦钳。是用于仪器连接与拆卸的主要工具。

JBA004 SK-MWD 仪器的功能和工作原理

JBA005 SK-MWD仪器组件简介

② 中间测试盒。集成电压表等测试设备,更方便和安全地进行各种测试。

③ 脉冲测试箱。通过查看脉冲器耗电量及响应速度,测试脉冲发生器的工作状况。

④ 仪器架。专用的仪器支架,有较好的强度。

⑤ 连接线、测试线、测试头。是测试或调试仪器时将用到的各种元件。

(四) YST-48R 可打捞式的正脉冲无线随钻测斜仪

JBA006 YST
-48R无线随
钻测斜仪概述

YST-48R 是一种可打捞式的正脉冲无线随钻测斜仪,设计巧妙,组装灵活,使用方便。该产品是 YST-48X 钻井液脉冲随钻测斜仪的升级换代产品,重新设计了地面设备,引入了伽马测量项目,通过使用新的传感器提高了定向探管的精度和性能。

该仪器是将传感器测得的井下参数按照一定的方式进行编码,产生脉冲信号,该脉冲信号控制伺服阀阀头的运动,利用循环的钻井液使主阀阀头产生同步的运动,这样就控制了主阀阀头与下面的限流环之间的钻井液流通面积。在主阀阀头提起状态下,钻柱内的钻井液可以较顺利地从限流环通过;在主阀阀头压下状态时,钻井液流通面积减小,从而在钻柱内产生了一个正的钻井液压力脉冲。定向探管产生的脉冲信号控制着主阀阀头提起或压下状态的时间,从而控制了脉冲的宽度和间隔。主阀阀头与限流环之间的钻井液流通面积决定着信号的强弱,通过选择主阀阀头的外径和限流环的内径尺寸来控制信号强弱,使之适用于不同井眼、不同排量、不同井深的工作环境。实际上,整个过程涉及如何在井下获得参数以及如何将这些数据输送到地面,这 2 个功能分别由探管和钻井液脉冲发生器完成。

1. 仪器概况

YST-48R 钻井液脉冲随钻测斜仪由地面设备和井下测量仪器 2 部分组成。地面设备包括压力传感器、专用数据处理仪、远程数据处理器、计算机及有关连接电缆等。井下测量仪器主要由定向探管(方向参数测量短节)、伽马探管、钻井液脉冲发生器、电池、扶正器、打捞头等组成。

该仪器配有橡胶式和弹簧钢片式 2 种扶正器,扶正器是规范配件,不需特殊工具就能更换替代,操作便捷。仪器井下总成部分可以用打捞矛进行打捞,在井下出现卡钻、落鱼等故障时,可及时将井下仪器打捞出来,使损失减到最小。

2. 井下仪器设备的组成

(1) 循环短节。内部安装循环套总成的专用短节。

(2) 循环套总成。包括循环套本体、限流环和键等,用于仪器坐键及产生钻井液压力脉冲,有 3 种尺寸供不同井眼情况选择。

(3) 脉冲发生器。驱动器按照定向探管输出脉冲指令控制伺服阀阀头运动,从而利用钻井液的作用控制主阀阀头运动,以产生脉冲信号。

(4) 电池筒。内含高温锂电池组,提供井下仪器总成所需的电能。

(5) 定向探管。测量、处理原始数据,控制传输井斜角、方位角、工具面角、井下温度等参数。

(6) 伽马探管。测量、存储井下伽马数据。

(7) 扶正器。连接脉冲发生器、电池筒、探管、打捞头,起扶正和减振作用,并提供必要的柔性弯曲。

(8) 打捞头。下放和打捞时的固定部分,内部有电源开关,接上后整套仪器供电。

十一、电磁波无线随钻测斜仪

（一）系统概述

JBA007 EMWD-45型无线随钻测斜仪概述

近几年来，国内石油钻井行业为了提高机械钻速、发现低压储层、保护油气层、提高采收率，在定向井、水平井等钻井工艺中广泛使用气体钻井和欠平衡钻井技术。由于气体钻井和欠平衡钻井条件下循环介质可压缩，常规的钻井液脉冲传输方式受到限制，必须使用电磁波传输方式的 MWD/LWD（Log While Drilling，随钻测井）仪器实现定向轨迹的测量与控制、井底环空压力监测、地层伽马和电阻率等地质参数的测量。

（二）EMWD-45 型电磁波无线随钻测量仪的工作原理

EMWD-45 型电磁波无线随钻测量（Electric Measure While Drilling，EMWD）仪由北京长城博创科技有限公司研发。电磁波信号的传输主要依靠地层介质来实现。在井下钻具中加一个中间绝缘的钻具短节，通过它把与之相连的上下钻具绝缘，上下钻具和与之接触的地层一起构成信号的电流回路。发射仪器将测量部分传递来的数据调制成功率信号，激励到绝缘短节的两端，功率信号通过钻具、套管、地层等构成的回路会产生若干电流环路，该电流环会产生一个逐渐递减的电场，并一直传送到地面，地面接收机通过测量地面 2 点之间的电位差提取信号，经过放大、滤波、解算，得到实际的测量数据。

（三）EMWD-45 型电磁波无线随钻测量仪的突出特点

（1）数据以无线电波的形式传输，有无钻井液、任何形式的钻井液对信号传输均无任何影响。全面适用于钻井液钻井、欠平衡钻井、气体钻井等各种钻井工程。

JBA008 EMWD-45型无线随钻测斜仪的特点

（2）与钻井液脉冲相比，井下没有活动部件，可靠性极高，使用、维护成本低。

（3）不受任何堵漏材料的影响，适于漏失地层钻井。

（4）信号可以设置为连续传输，不受开停泵的限制，节省钻井时间。

（5）采用电信号传输，与钻井液脉冲相比，传输快。

（6）采用了先进的信号数学处理方法，可以解码极微弱信号。在发射功率不变的情况下，极大地增加了传输距离。

（7）地层自适应技术，仪器全面适应地层电阻率为 1～2 000 Ω·m 的大范围变化，在不同的地层电阻下均可全功率发射信号，特别是可以在套管中发射信号。

（8）独有的高压发射技术，既可以穿透高电阻率地层，也适用于空气钻井等干燥井壁。

（9）内置三轴振动传感器，可以随时监测井下钻具振动及跳钻情况，特别适合空气钻井中监测振动强度。

（10）测量单元全部采用进口传感器，并采用了多重温度补偿措施，可在 150 ℃下长期工作，并保证了与常温下相同的测量精度。

（11）该系统采用了独特的耐高振动、高冲击设计，特别适合振动比钻井液钻井高 10 倍以上的空气钻井。

（12）系统采用 MWD-EMWD 通用型设计，测量单元、电池单元与同公司的 MWD 测量仪相同。只需更换顶部不同的发射单元即可灵活应用于不同的需求，极大地节约了用户的购置成本。

（13）结构简单，井下仪器串直接旋转连接，在螺纹旋转上紧的同时即可完成电气连接，操作非常简便。

十二、随钻测井(LWD)仪

近年来,地质导向技术在国内外的石油开发中已得到了广泛的应用,该技术的应用改变了人们对钻井理念的认识,由原来的实施计划,执行设计,快速钻进,转变为实钻中根据随钻测井仪提供的地质数据实时调整轨迹走向,使井眼轨迹最大限度地钻遇在地质方面所需要的适当位置,给钻井、地质行业带来了意识上务实性的转变,实现了钻井满足地质,地质满足开发的总体目标。

(一) 随钻测井仪的特点

(1) 随钻测井仪是在随钻测量仪的基础上,加上地质参数测量短节,以特殊的连接方式组合而成的随钻测量系统,属于正脉冲无线随钻测量范畴,仍以钻井液作为传输介质。

(2) 采用钻铤集成化结构设计,在维修车间组装调试完毕,在现场短时间内能够完成仪器在井口的连接,大大节约了现场组装调试的时间,在现场作为井底钻具组合的一部分,经井口开泵测试后,可直接下钻,节约井队作业时间。

JBA009 随钻测井仪的特点

(3) 该系统除了能够提供随钻测量仪的定向井使用参数外,还能够实时提供地层的自然伽马,深、浅电阻率,岩石孔隙度,岩性密度,井径,钻压,钻时等相关地质和钻井参数。

(4) 电阻率工具(MPR)具有补偿功能的 4 个发射极和 2 个接收极,组成对称阵列,实时可得到 2 条不同探测深度的电阻率曲线;井下存储器可提供 8 条不同探测深度的电阻率曲线和 32 条原始测量曲线。2 对发射天线工作在 2 种不同发射频率下,可提供长距和短距的相位差和幅度衰减值。

(5) 2 MHz 工作频率可提高垂直分辨率,以便识别薄油层,而独特的 400 kHz 频率能够对更深的地层进行测量,并且对环境和地层具有更大的抗干扰性。

(6) 随钻测井是在随钻过程中测得新揭开地层的特性,极大地消除了钻井液侵入和滤饼对测量质量的影响,所获得的地质特性更加真实可靠。

(7) 该系统具有实时实现地质导向功能,又具有利用井下存储器数据详细分析已钻遇地层的功能,部分油田的开发井利用随钻测井的地层力学模型(MEM)曲线,已不再电测,而直接进行开发作业。

(8) 距仪器总成底部 1.3 m 的近钻头井斜,为定向井工程师实现井眼轨迹控制提供了较大便利。

(9) APLS(Advantage Porosity Logging Service)系统利用 CCN(Caliper Corrected Neutron)和 ORD (Optimized Rotational Density)组合,能够得到高质量的岩石孔隙度和岩性密度测量。

(10) CCN 使用镅-铍 241 作为放射源,CCN 工具具有补偿功能,并且具有环境特性描述功能的中子孔隙度随钻测井工具。该工具能够适应绝大部分钻井施工的要求,能够适应不同的地层环境,并能提供与电缆测井相同质量的孔隙度测井曲线

(11) ORD 使用铯 137 作为放射源,用近探测器和远探测器去探测 γ 射线受地层的影响而被衰减和吸收的情况。3 个声波传感器安装在工具的下端,其中 1 个与探测器成一条线,另外 2 个在两边 120°位置,大大提高了采样率,增加了仪器在随钻过程中的可靠性。

(12) 该仪器具有 6 种脉冲宽度设置,1 s,0.8 s,0.5 s,0.36 s,0.32 s,0.24 s,增强了仪器的抗干扰能力,依据井队循环系统状况可随时用 DOWNLINK 功能改变井下仪器的脉冲

传输宽度，适应井队设备；加之独特的脉冲组合码解码方式，大大提高了数据的传输速度和解码质量，从而保证了机械钻速的提高。

（13）利用该系统能大大提高储层钻遇率。冀东油田水平井开发广泛使用 LWD 随钻地质导向技术，水平段砂岩钻遇率达到 90% 以上，获得了很好的经济效益。

（14）测量结果既可以用曲线也可以用数据形式输出，到专门的测井资料解释评价部门进行处理，可以获得更多的地层评价及流体性质信息。

（二）影响随钻测井仪测量的因素

JBA010 影响随钻测井仪测量的因素

影响随钻测井仪测量的因素主要包括两大部分：地层因素和井眼因素。在许多情况下，它们共同引起仪器的异常反应。其中地层因素影响最大的是围岩影响和各向异性的影响。井眼因素包括井眼尺寸和形状、钻井液矿化度、仪器在井眼中的位置等。

（1）围岩的影响。MPR 的相位电阻率和衰减电阻率在不同层厚情况下，电阻层（低阻围岩）和电导层（高阻围岩）受围岩的影响，层越薄围岩影响越严重；围岩对电阻层的影响明显高于对电导层的影响，对衰减曲线的影响大于对相位曲线的影响，对 400 kHz 曲线的影响大于对 2 MHz 曲线的影响，对长源距的影响大于对短源距的影响。

（2）地层各向异性的影响。一般将地层电阻率描述为平行于层面的水平电阻率 R_h 和垂直于层面的垂向电阻率 R_v。在地层存在各向异性时，$R_h \neq R_v$；而一般情况下 $R_h \ll R_v$。测井评价中使用的所谓地层真电阻率指的是地层水平电阻率 R_h，所以电测曲线越接近地层水平电阻率，越有利于准确地评价地层。但实际上，由于各向异性的存在，会使电测曲线偏离水平电阻率，偏离程度严重时会导致地层评价结果错误。

（3）井眼尺寸和钻井液性能的影响。一般情况下，MPR 建议使用与井眼尺寸最接近的仪器进行工作，如在 8½ in 井眼中选用直径为 6¾ in 的仪器。但仪器居中，钻井液性能良好时，井眼条件可以适当放宽。MPR 能够工作在所有钻井液类型的井眼中，但仍然有限制条件，当地层电阻率与钻井液电阻率的反差非常大时，传播电阻率仪器测量结果将受到很大的影响。

特别是在高矿化度的钻井液中，仪器的响应大幅度降低，从而抑制了从井眼到地层的信号传播，使得测量结果明显低于实际地层电阻率。含有钾离子的钻井液对自然伽马的测量也有一定的影响，因为仪器本身就是根据地层中钾离子的含量确定伽马值。

一般情况下，井眼尺寸和钻井液性能共同影响 MPR 的测量结果。钻井液电阻率越低、井眼尺寸越大，测量得到的视电阻率数值越低，偏离实际电阻率值越大。

十三、旋转导向钻井系统

JBA011 旋转导向钻井系统概述及测控方式

世界上有关旋转导向钻井系统（Rotary Steerable System，RSS）的专利最早见于 1955 年。但直到 20 世纪 90 年代初期，国外一些公司，包括 Baker Hughes 公司与 ENI-Agip 公司的联合研究项目组，英国的 Amoco 公司、Cambridge Drilling Automation Ltd.，日本国家石油公司（JNOC）等，才开始进行 RSS 开发的前期研究。20 世纪 90 年代中期上述几家公司分别形成了各自的 RSS 样机，并开展试验和应用。至 20 世纪 90 年代末期，三家大的石油技术服务公司 Baker Hughes，Schlumberger 和 Halliburton 通过各种方式，分别形成了各自的商业化应用的 RSS。另外，还有许多研究机构和公司已形成或正在开发各自的 RSS。

　　RSS 实现旋转导向的核心是井下旋转导向工具系统。尽管上述各公司的 RSS 的井下旋转导向工具系统的结构和工作方式各自不同,但不论哪一种井下旋转导向工具系统,都由测控机构、偏置机构和执行机构几大部分组成。因此,下面从测控方式、偏置方式、导向方式几个方面对 RSS 的工作方式进行简单的对比分析。为简便起见,分别简称为 RSS 的测控方式、偏置方式和导向方式。

(一) RSS 的测控方式

　　RSS 的井下测控机构包括测量传感器、CPU、测控电路及供电系统等。目前的测控机构有 2 种:稳定式和捷连式。

　　稳定式测控机构是在井下旋转导向钻井工具系统中,有一个相对于钻柱旋转而处于静止状态(非旋转)的稳定测控平台,使其测量、控制过程均处于相对稳定状态,因此其控制运算比较简单,比较适合复杂的井下工况。目前,世界上已开发出的 RSS 大多采用这种测控方式,所不同的是,Schlumberger 公司的 Power Drive SRD 和 Powerdrive-Direct 系统的稳定测控平台在工具系统内部,靠一套控制机构控制其不随钻柱一起旋转或产生一个反方向的旋转,以实现其稳定;而其他的 RSS 都有一个支撑于井壁、不随钻柱旋转的外筒作为稳定测控平台。

　　捷连式测控机构则不需要稳定测控平台,而是靠高灵敏度和高测量带宽的传感器配合复杂的控制运算实现其测控功能。尽管该方式是一种比稳定式测控更高水平的测控方式,但并不太适合井下工况,因此在目前的 RSS 中应用较少。加拿大 Precision 公司开发的 Revolution 系统采用的就是捷连式测控机构。

(二) RSS 的偏置方式

　　(1) RSS 的偏置机构。目前 RSS 的偏置机构有机械式和液压式两大类。机械式偏置机构结构原理简单、可靠性高、寿命较长,包括 Geo-Pilot 和 RCDOS 的偏心环机构、Powerdrive-Direct 的指向机构、Smart Sleeve RST 的偏心筒机构等。

JBA012 旋转导向钻井系统的偏置与导向方式

　　液压式偏置机构又分为 2 种:一种是有独立的液压系统提供偏置动力,这一类系统包括 Autotrak RCLS,Well Director,Well-Guide RSS,Revolution 等;另一种则是利用自然存在的钻井液压差作为液压动力产生偏置作用,如 Power Drive SRD。

　　(2) RSS 的偏置工作方式。偏置机构的偏置工作方式有 2 种:静态偏置和动态(或调制式)偏置。静态偏置方式的 RSS 基本上都有一个不旋转外筒作为稳定测控平台,但事实上,所谓的不旋转外筒都是在以一个缓慢的速度(1~10 r/min)旋转的,因此其偏置机构也会随着外筒的缓慢旋转而产生偏转,导致导向方向的变化。为克服该变化引起的导向偏差,测控机构必须及时检查出已发生的偏差,并通过调整偏置机构进行纠正。目前,该纠正过程都是在井下工具系统内部闭环控制实现的。

　　动态调制式偏置方式的 RSS 只有 Power Drive SRD 系统,其整体结构相对简单,但其在稳定测控平台的随动稳定的实现方面难度较大。另外,由于其偏置执行机构一直处于动态调制中,使其可靠性和寿命受到了较大的影响。

(三) RSS 的导向方式

　　按照国际惯例,RSS 的导向方式分为 2 种:推靠钻头式(Push the Bit)和指向钻头式(Point the Bit)。

　　这种简单的分类是针对世界上最早的 3 种 RSS 定义的,并不能准确地将目前所有已开发出的 RSS 划分开。因此，为了更严密地定义 RSS 的导向方式，引入了"力工作方式"和"位移工作方式"的概念。

所谓"力工作方式"指的是偏置结构在驱动动力机构的作用下，能够根据导向需要产生恒定的偏置力，并进而实现偏置。对 RSS 的导向控制是控制该偏置力的大小，而不考虑该偏置力所产生的位移，并且该偏置力只是根据导向需要进行调整，而不随偏置位移的变化而改变。

而"位移工作方式"指的是偏置机构在驱动动力机构的作用下，能够根据导向需要产生固定的偏置位移，并进而实现偏置。该偏置位移只是根据导向需要进行调整。当工具系统在直井眼内开始导向时，该偏置位移可能首先是通过弯曲驱动心轴实现的；而当工具系统完全进入弯曲井眼后，该偏置位移则主要是通过指向钻头实现。

在引入上述 2 个概念以后，即可对 RSS 的导向方式进行更严谨的定义。

（1）推靠式 RSS。

推靠式 RSS 是在有一个远钻头支点的情况下，在尽量靠近钻头的位置，由偏置机构根据"力工作方式"产生一定的偏置力，接触井壁后，靠井壁的反作用力使钻头产生侧向切削力，从而实现导向。

推靠式 RSS 根据其偏置方式的不同又可分为静态偏置推靠式 RSS 和动态偏置推靠式 RSS。目前，世界上已投入现场应用的静态偏置推靠式 RSS 有 2 种：Auto Trak RCLS 和 Well Director。而动态偏置推靠式的 RSS 只有 Power Drive SRD 一种。

（2）指向式 RSS。

指向式 RSS 是偏置机构根据"位移工作方式"产生偏置，并最终使钻头产生一个相对于井眼轴线的倾角实现导向。目前已开发出的指向式 RSS 的偏置方式都是静态偏置的，按照其导向 BHA 的结构不同可分为 2 类：一类是旋转导向工具系统配合 BHA 结构偏置钻柱实现钻头倾斜，可以称之为偏置外推指向式 RSS。目前已开发出的偏置外推指向式 RSS 共有 3 种：AGS，Well-Guide RSS 和 Revolution。另一类是靠旋转导向工具系统内部的偏置机构——偏置心轴实现钻头倾斜，可以称之为偏置内推指向式 RSS。目前已开发出的偏置内推指向式 RSS 共有 4 种：RCDOS，Geo-Pilot，Powerdrive-Direct 和 Smart Sleeve RST。另外，也曾有文献对偏置工具后置导向方式的导向能力进行过分析。该导向方式也属于偏置外推指向式工作方式。根据该文献分析，偏置外推指向式工作方式的导向能力优于推靠式工作方式。

项目二　检查调整钻井泵十字头间隙

一、准备工作

（1）设备。

石油钻机 1 台，吊车 1 台。

（2）工具、材料。

重型套筒扳手 1 套，200 mm 手钳 1 把，外径千分尺 1 把，内径千分尺 1 把，钢丝绳套 1 根，撬杠 1 根，铜皮垫适量，$\phi 2$ mm 铁丝适量，棉纱适量，记号笔 1 支。

二、操作规程

（1）准备工作。

（2）清洁。

擦净上导板、下导板、十字头及泵体与导板的贴合面。

（3）连接。

吊车配合，将上、下导板与泵体连接。

（4）测量直径。

用内径千分尺测量导板直径，记录数据；用外径千分尺测量十字头直径，记录数据。

（5）装十字头。

吊车配合，将十字头滑入导板内。

（6）测量间隙。

用塞尺测量上导板与十字头间隙。先将十字头滑入导板的一端，选择适当厚度的塞尺，分别从十字头两侧垂直插入上导板与十字头之间，测量十字头前、中、后3个点的间隙。然后，再将十字头滑到导板的另一端，用同样的方法测量十字头与上导板的间隙。

（7）垫铜皮。

确定垫铜皮的厚度和位置。

（8）调整间隙。

将铜皮垫插入导板与泵体贴合面，调整十字头间隙，直到符合要求。

（9）固定导板。

固定导板连接螺栓，穿好防松铁丝。

三、技术要求

（1）清理机架腔、导板表面的油污及杂质，除掉毛刺及表面粗糙边角。

（2）如果再次使用旧的导板，要检查摩擦面是否磨损和划伤，否则应予以更换。

（3）装配上、下导板，导板螺栓的上紧扭矩为 $200\sim270$ N·m（$150\sim200$ ft·lbf）。

（4）彻底清除所有的污物，并将十字头外圆、十字头销孔、导板内孔等表面的毛刺和尖角除去，擦干十字头销锥孔，使二者形成金属对金属接触。

（5）使连杆小头孔处于十字头导板的侧孔部位。用木块垫住连杆，使十字头在滑入十字头销孔对正的所在位置时，能穿连杆小头孔。

（6）检查机架与导板配合的紧密性，用 0.05 mm（0.002 in）塞尺塞入，以确保导板装入泵机架孔内。

（7）将钢垫片剪得足够长，使其能完全穿过导板。将其边部剪成突出部，且超出机架支撑处。铜皮垫应与贴合面长宽一致。

（8）用长塞尺塞入十字头上表面与导板之间，以检查其运动间隙，此间隙值不应小于 0.508 mm（0.020 in）。用长塞尺检查十字头的整个表面。

（9）如果中间拉杆的同心度（即活塞杆轴线与机架孔纵轴线的一致性）在挡泥盘孔下部超过 0.381 mm（0.015 in），就要在下导板下面加垫片，使中间拉杆向对正中心的方向移动。若十字头上部和上导板之间有足够的间隙，可做上述调整。

（10）十字头与导板间隙为 0.25~0.5 mm，十字头介杆与缸套的同轴度在 0.5 mm 以内。

四、注意事项

（1）F-1300/1600 泵的上、下导板是不同的，因而不能互换。下导板将十字头置于机架中心线上，而上导板则加工成使十字头与导板之间有一定间隙。上导板较薄，后部有大的倒角，中部有油孔。

（2）在十字头销和挡板之间加调整垫片（每个特定的十字头和十字头销之间的垫片厚度是一定的，绝不允许十字头、十字头销、调整垫片的调换）。

（3）在加垫进程中，不要使十字头上面与导板间的间隙小于 0.5 mm(0.020 in)。

（4）导板与泵体贴合面严禁有杂物。

（5）穿戴好劳保用品。

项目三　保养液压盘式刹车

一、准备工作

（1）设备。

液压盘式刹车 1 套。

（2）工具、材料。

250 mm 活动扳手 1 把，黄油枪 1 把、润滑脂 1 kg，棉纱适量。

二、操作规程

（1）检查液压油箱液位，液位要保持在上限与下限之间，加油时必须从手摇泵加油口加入。

（2）先把回油滤油器上盖按逆时针方向松开，再拆下整个滤油器，取出后拆下上盖，取出旧滤芯，用煤油清洗滤油器内部，晾干，放入新滤芯，拧上上盖，再装好整个滤油器。

（3）把管路滤油器下部按逆时针方向用力拆下，换上新的滤芯。

（4）把高压滤油器拆下，用扳手把上盖打开，取出旧滤芯，用煤油清理干净壳体内部，晾干，装上新滤芯，再装上上盖，再把整个滤油器按原样装好。

（5）用黄油枪向各个润滑点加注润滑脂。

三、技术要求

（1）保养时要清洁操作，防止液压油、润滑脂二次污染。

（2）加注润滑脂时要适量，不要加注过多或过少。

（3）滤油器的滤芯只能用新滤芯更换，严禁旧滤芯清洗后再用。

四、注意事项

（1）穿戴好劳动保护用品。

（2）必须在停机的情况下进行保养操作。

（3）保养后要擦拭掉保养点处多余的油脂。

（4）严禁将润滑脂涂抹到刹车块及刹车盘上。

项目四　拆卸安装顶驱背钳

一、准备工作

（1）设备。

顶驱装置 1 台,司钻控制台 1 个。

(2) 工具、材料。

250 mm 活动扳手 1 把,内六方扳手 1 套,大锤 1 把,手钳子 1 把,锂基润滑脂适量。

二、操作规程

(1) 准备工作。

(2) 拆卸背钳。

① 关闭电源,系统泄压。

② 拆掉背钳液压缸上的液压管线,用油堵密封管线接头。

③ 把连接背钳的托座与挂壁的托座取下,拆下背钳钳体。

④ 将背钳钳体置于工作台上,拆掉 2 个销子和前钳体总成。

⑤ 拆下牙座总成。

⑥ 拆掉后挡环后,取下限位环。

⑦ 从后面取出后端盖和活塞。

(3) 安装背钳。

① 用开水加热活塞上的组合密封圈大约 10 min。

② 用密封扩张工具装配组合密封圈,装配支承环。

③ 用密封压紧工具压紧组合密封圈 1 h 以上。

④ 检查液压缸内有无毛刺、划痕、油脂等。

⑤ 用活塞杆导向工具装配活塞。

⑥ 装配后挡环及后端盖。

⑦ 装配后牙座总成。

⑧ 装配前钳体总成。

⑨ 装配液压管线,试运转。

三、注意事项

(1) 拆销子时,一定要从下往上拆,方向拆反容易造成销子变形,影响二次装配。

(2) 拆活塞时,注意不要损坏密封件。

(3) 装配活塞时,要缓慢垂直安装,防止切坏密封件。

项目五　检查排除盘刹液压系统压力不合适故障

一、准备工作

(1) 设备。

液压盘式刹车 1 套。

(2) 工具、材料。

250 mm 活动扳手 1 把,内六方扳手 1 套,棉纱适量,液压油 20 kg。

二、操作规程

(1) 准备材料及工具。

（2）故障现象：泵的调压装置没有设置正确或失灵。排除方法：设置、调整或更换调压阀。

（3）故障现象：系统安全阀设置不正确或失灵。排除方法：设置、调整或更换安全阀。

（4）故障现象：蓄能器的截止阀未关严。排除方法：关严截止阀。

（5）故障现象：油箱液位太低。排除方法：加注液压油。

（6）故障现象：液压油受污染。排除方法：更换液压油。

（7）故障现象：泵的吸油、回油管路上的截止阀没有打开。排除方法：打开截止阀。

三、技术要求

（1）PSZ75 型系统额定压力 8 MPa、PSZ65 型系统额定压力 6 MPa、PSZ90 型系统额定压力 10 MPa。

（2）系统压力要根据额定压力调整，不要调整得过高，以防设备损坏。

（3）要定期检查安全阀的工作情况。

（4）使用中要保持蓄能器的压力在 4 MPa，不足时要及时充氮气。

（5）蓄能器截止阀一定要关严，否则系统压力无法建立。

四、注意事项

（1）穿戴好劳动保护用品。

（2）严格按照设备操作规程进行操作。

项目六　排查钻井泵常见故障

一、准备工作

（1）设备。

钻井泵 1 台。

（2）工具。

常用工具 1 套。

（3）故障设置。

① 钻井泵压力下降故障。

② 轴承温度过高故障。

二、操作规程

（1）排除钻井泵压力下降故障。

① 检查压力表是否失灵。

② 检查上水管线密封情况及上水滤网，消除杂物，并检查钻井液罐内的液面高度。

③ 检查缸套、活塞的磨损情况。

④ 检查阀体是否被卡住或刺坏，阀座及阀座孔是否刺漏。

⑤ 检查出水管线及排出滤网。

⑥ 起出井内钻具，检查钻杆是否刺漏、钻头水眼是否刺坏、钻头喷嘴是否脱落等。

⑦ 检查钻井液是否气侵。

⑧ 检查钻井液性能变化情况。

（2）排除轴承温度过高故障。

① 检查轴承润滑油孔是否被堵塞。如有必要清理并清洗润滑孔。

② 检查润滑油是否干净、充足。如有必要补充或更换新机油。

③ 检查润滑油是否磨损或损坏。如有必要调整或更换轴承。

④ 检查轴承与配合处是否已严重磨损。如有必要补修轴颈或更换轴承。

⑤ 轴承轴向间隙调整不当或轴承位置不正确，要用衬垫调整轴向间隙或轴承位置。

三、技术要求

钻井泵在运转时如发生故障，应及时查出原因并予以排除，否则，会损坏机件，影响钻井工作的正常进行。

四、注意事项

如发现异常现象，应根据故障发生的位置仔细寻找原因，直到原因查明并排除故障后钻井泵方能正常运转。

项目七 更换水龙头下部机油密封盒

一、准备工作

（1）设备。

SL225 水龙头 1 台。

（2）工具、材料。

300 mm 活动扳手 1 把，榔头 1 把，200 mm 螺丝刀 1 把，手钳 1 把，黄油枪 1 把，木质小圆棒 1 根，润滑油适量，润滑脂适量，密封盒密封配件 1 套（油封、油杯、压盖、石棉垫等），细纱布 1 张，铁丝适量。

二、操作规程

（1）检查油封。

（2）检查清洗密封盒，去毛刺，涂油。

（3）给油封涂油，唇口朝上装油封。装配过程中用木质圆棒沿圆周方向对称轻打，直至到位。必要时用一字螺丝刀轻拨油封唇口。用此方法先装好 2 道油封。

（4）装油杯。给油杯涂油，用木质圆棒轻打到位。

（5）装油封。给油封涂油，唇口朝上装油封。装配过程中用木质圆棒沿圆周方向对称轻打，直至到位。必要时用一字螺丝刀轻拨油封唇口。

（6）装压盖、螺栓及防松铁丝。

（7）装黄油嘴，打入足够润滑脂。

三、注意事项

（1）装油封时注意唇口方向，防止油封唇口翻转。

（2）用一字螺丝刀拨油封唇口时应注意防止损伤唇口。

项目八　排除套管动力钳钳头不转故障

一、准备工作

（1）设备。

TQ340-35 套管动力钳 1 台。

（2）工具、材料。

5 mm×300 mm 一字螺丝刀 1 把，450 mm 管钳 1 把，手钳 1 把，250 mm 活动扳手 1 把，木棒 1 根，ZG-2 钙基润滑脂适量，液压手动换向阀 1 只，三通气阀 1 只，快速放气阀 2 只。

二、操作规程

（1）准备工作。

（2）排除液压动力故障。

（3）检查压缩空气压力。

（4）检查液压手动换向阀。

（5）排除三通气阀故障。

（6）排除 2 只快速放气阀故障。

三、注意事项

（1）检修套管动力钳之前一定要关闭液压动力源。

（2）严格按照检修步骤执行，安全操作。

项目九　检查调整顶驱系统压力*

一、准备工作

液压站 1 台，司钻操作台 1 个。

二、操作程序

（1）启动系统前检查。

① 检查压力表是否在零位。

② 检查轴向柱塞变量泵吸入口的球阀是否打开。

③ 齿轮油泵进油口的球阀是冷却循环位；齿轮油泵出油口球阀是过滤位，即主泵工作时的位置。

④ 蓄能器通油阀应在开位，蓄能器卸油阀应在关位。

———————————

加 * 的项目为高级技师操作技能项目。

⑤ 系统加热球阀是关位。

⑥ 通过轴向柱塞变量泵上的泄油口向泵内注入过滤精度不低于 $10\,\mu m$ 的清洁工作油，使轴向柱塞变量泵各运动副在启动时得到润滑，防止零件烧伤。

⑦ 用手盘动联轴器，检查确认泵轴在转动过程中正常。

（2）检查步骤。

① 启动液压源，观察液压泵旋转方向。

② 轴向柱塞变量泵调节前，先松开轴向柱塞变量泵压力调节机构的锁紧螺母。

③ 调节时，顺时针旋动调节旋钮压力升高，逆时针旋动调节旋钮压力降低。

④ 调节后需要拧紧轴向柱塞变量泵压力调节机构的锁紧螺母。

⑤ 液压源安全阀压力的调节与设定，液压源安全阀工作时，其设定压力为 19 MPa。

⑥ 安全阀压力调节前，先松开系统安全阀压力调节机构锁紧螺母。

⑦ 安全阀压力调节时，顺时针旋动调节旋钮压力升高，逆时针旋动调节旋钮压力降低。

⑧ 安全阀压力调节后，需要拧紧轴系统安全阀锁紧螺母。

三、注意事项

轴向柱塞变量泵出厂时已将系统压力调定在 16 MPa，如现场要改变这一压力值，必须注意的是，在分配阀块上有一只溢流阀，在蓄能器阀块上有一只溢流阀，此溢流阀虽然也可以调压，但在系统中此溢流阀只起安全阀的作用，正确的使用方法是，此溢流阀的压力调定值要比轴向柱塞变量泵的压力调定值高 2~3 MPa，否则系统将产生严重事故。

项目十 检查保养自动送钻设备 *

一、准备工作

（1）设备。

自动送钻系统。

（2）工具。

万用表 1 只。

二、操作规程

（1）检查绞车和刹车系统有无故障。

（2）检查自动送钻系统故障现象。

（3）检查机械指重表和触摸屏显示值是否一致。

（4）检查悬重传感器情况。

（5）检测滚筒编码器情况。

（6）检查自动送钻调速系统。

（7）检查刹车系统。

三、注意事项

（1）作业时穿戴好劳动保护用品。

（2）停掉设备后，方可进行检修保养操作。

（3）维护保养认真、仔细，决不可敷衍了事走过场。

（4）严格执行本单位根据具体情况制定的保养时间与内容，进行保质保量的保养。

项目十一　组合液压站动力源调试 *

一、准备工作

（1）设备。

KZYZ 组合液压站 1 台。

（2）工具。

250 mm 活动扳手 1 把。

二、操作规程

（1）调节泄压阀。

调松泄压阀的调压手柄，打开相关蝶阀和球阀。

（2）点动主泵电机。

点动主泵电机，观察电机扇叶转向是否为逆时针方向。

（3）启动电机。

启动主泵电机确认为空载运转，带泵运转 2~3 min，检查电机运转有无异常。

（4）升压调节。

保持主电机运转，提升系统压力，逐渐旋紧调压手柄至系统压力稳定在 16 MPa，保压 5 min，无压降和泄漏。

（5）组装还原设备。

将所有调试部位恢复原位。

三、注意事项

（1）系统压力出厂前已经调试完毕，无特殊情况无须调定。

（2）开机时必须认真检查，发现不安全因素应立即停止使用并挂牌检修。

项目十二　排除电子防碰刹车误动作故障 *

一、准备工作

（1）设备。

YTA-H 型电子防碰装置 1 台。

（2）工具。

万用表 1 只。

二、操作规程

（1）打开电子防碰电源，测试刹车误动作类型。

（2）检查基本参数：滚筒直径、滚筒宽度（或每层大绳圈数）、大绳直径、初始层数、初始圈数是否准确。

（3）检查算法是否有问题：打开主机，进入设定界面，检查其算法公式，尤其注意滑轮组的数目设定是否与现场相符。

（4）检查编码器有无问题：测试编码器工作是否正常。

（5）检查主机输出是否有问题：用万用表测量对盘刹的控制输出电压是否正确。

（6）游车下放到转盘面，关闭电子防碰系统。

（7）关闭系统后工具放回原处。

三、注意事项

（1）穿戴好劳动保护用品。

（2）严格按照设备操作规程进行操作。

（3）发现异常现象时，应根据故障发生的地点仔细寻找原因。

项目十三　更换顶驱刹车片编码器 *

一、准备工作

（1）设备。

顶驱装置 1 台，司钻操作台 1 个。

（2）工具、材料。

编码器 1 个，内六方扳手 1 套，万用表 1 只，手钳子 1 把，胶布适量。

二、操作规程

（1）拆卸。

① 将光电编码器的电缆从本体子站内拆下。

② 将刹车装置处固定电缆的隔栅卸松。

③ 拆开并取下刹车装置的 A 侧弯板（更换 A 电机编码器时拆卸 A 侧弯板，更换 B 电机时拆卸 B 侧弯板）。

④ 将编码器连杆与立柱连接处拆开，再拆下立柱（更换 B 电机时不用拆下立柱）。

⑤ 卸开编码器上压盖的螺栓，取下压盖。

⑥ 卸开编码器与上连接轴连接的内六方螺栓，取出轴向挡板。

⑦ 将编码器垂直向上取出，并顺势抽出电缆。

（2）安装。

① 将编码器电缆沿取出方向从隔栅处穿出。

② 将编码器置于上连接轴正上方，并对准键槽放下。

③ 放入轴向挡板，并用内六方螺栓将编码器与上连接轴连接。

④ 安装编码器上压盖，并用螺栓固定。

⑤ 安装立柱，并将编码器连杆与立柱连接。

⑥ 将刹车装置内多余的编码器电缆顺出，并用隔栅固定。

⑦ 安装好刹车装置的 A 侧弯板。

⑧ 将编码器的电缆连接到本体子站内，顺好并固定电缆。

三、注意事项

（1）关闭电源，上好安全锁。

（2）做好接线头标记。

（3）更换好后，试运转。

项目十四　更换顶驱刹车片*

一、准备工作

（1）设备。

顶驱装置 1 台，司钻操作箱 1 个。

（2）工具、材料。

液压站 1 套，刹车片 1 套，250 mm 活动扳手 1 把，榔头 1 把，手钳子 1 把。

二、操作规程

（1）检查项目。

① 刹车摩擦片磨损程度。

② 刹车摩擦片是否对称磨损。

③ 液压制动管线有泄漏。

④ 检查刹车总成固定螺钉。

（2）操作步骤。

① 将刹车装置的系统油压泄掉。

② 移开导销和回位弹簧螺钉。

③ 向上和向外滑动刹车片。

④ 将新的刹车摩擦片滑进去。

⑤ 安装导销和回位弹簧螺钉。

⑥ 拧紧螺钉。

三、注意事项

（1）当刹车摩擦片的摩擦材料厚度剩余小于等于 6 mm 时，需要更换刹车摩擦片。注意：新的刹车摩擦片需要一段时间的磨合才能达到额定转矩。

（2）保持摩擦材料清洁，使其不要接触油或者油脂。

（3）当刹车盘厚度剩余小于等于 10 mm 时，需要更换刹车盘。

项目十五　更换液压盘式刹车安全钳碟簧、密封件*

一、准备工作

（1）设备。

液压盘式刹车 1 套。

（2）工具、材料。

250 mm 活动扳手 1 把，6 in 簧钳 1 把，勾头扳手 2 把，10 mm 内六方扳手 1 把，0.5 lb 小榔头 1 把，铜棒 1 根，油盒 1 个，毛刷 1 把，PSZ75A-206.03 碟簧 7 片，OKO150 密封件 1 个，BA8007 密封件 1 个，C2C025 密封件 1 个，145×3.55 O 形密封圈 1 个，FM3020 弹性导套 1 个，润滑脂 1 kg，煤油 10 kg，棉纱适量，导向带适量，防尘圈适量，液压油适量。

二、操作规程

（1）在安全钳油缸给油的状态下，松开锁紧螺母，逆时针旋转调节螺母，使安全钳刹车块间隙开到最大，泄掉油缸内的压力，拔掉油缸快速接头。

（2）用卡簧钳把油缸销轴上的卡簧取掉，拆下销轴，把油缸整体取下，用煤油把外部清洗干净。

（3）旋转调节螺母，将油缸卸下来，用内六方扳手拆下油缸端盖固定螺钉，把端盖从活塞上拆下。

（4）用铜棒轻轻敲击活塞后部，从油缸内取出活塞，取出碟簧组，取下端盖和活塞上的密封圈。

（5）用煤油洗干净每一片新碟簧并晾干，再用充足的润滑脂均匀地涂抹在每一片碟簧上，等清洗后的油缸、油缸盖、活塞、弹性导套等晾干后开始安装。

（6）安装好活塞上的新导向带、密封圈，安装好油缸内新的防尘圈、密封圈、导向带。

（7）严格按照规定的碟簧装配关系把新的碟簧组装好：第一片凹面向下，第二片凹面向上，第三片凹面向下，第四片凹面向上，第五片凹面向下，第六片凹面向上，第七片凹面向下，然后装上弹性导套。

（8）安装活塞时，要注意导向带，先在活塞上涂抹一层液压油，然后一只手扶正活塞，另一只手拿铜棒轻击活塞，把活塞装到位，安装油缸盖，把螺栓对称均匀地拧紧，然后把组装好的油缸旋入调节螺母内。

（9）将安全钳油缸总成装入钳架，连接好液压管线。

（10）调节好刹车块与刹车盘之间的间隙，该间隙值不大于 0.5 mm。

三、技术要求

（1）碟簧的使用寿命为一年，使用一年后，必须更换。

（2）碟簧应成组更换，不允许只更换其中几片。

（3）在检修时应注意每片碟簧的装配次序，不能混乱或与其他组碟簧相调换。

（4）油缸有漏油现象，说明密封圈已失效，应更换。

四、注意事项

（1）穿戴好劳动保护用品。

（2）司钻房要有专人值守，不得随意离开。

（3）游车要放到低位，并用卡瓦卡住钻具，卸掉大钩负荷。

（4）操作期间要用工作钳和辅助刹车设备始终刹住绞车滚筒。

项目十六　更换顶驱电磁阀 *

一、准备工作

（1）设备。

顶驱装置1台，司钻操作台1个。

（2）工具、材料。

电磁阀1只，内六方扳手1套，密封圈适量，清洗盆1只，棉纱适量。

二、操作程序

（1）准备好需更换的电磁阀，放在干净的位置。

（2）将液压泵关闭，系统油压泄掉，电磁阀供电关闭。

（3）用扳手将电磁阀两端的供电接头松开，再用螺丝刀把接线头松开（如果是不清楚线路的人员，在拆卸线路时需将线路做上标记）。

（4）将需更换电磁阀的4个固定阀块上的螺钉卸掉，取下损坏的电磁阀。

（5）将准备好的电磁阀先用4个固定阀块上的螺钉固定好，注意电磁阀的正反。

（6）将接线头的线路接好，用玻璃胶密封好，把电磁阀两端的供电接头上紧。

（7）打开电磁阀供电电源，恢复系统压力，打开液压泵检查电磁阀是否工作。

三、注意事项

（1）关闭电磁阀供电。

（2）关闭液压泵，泄掉系统压力。

（3）做好线路标记。

（4）做好接头密封。

项目十七　更换液压盘式刹车刹车块 *

一、准备工作

（1）设备。

液压盘式刹车1套。

（2）工具、材料。

17～19 mm 和 22～24 mm 扳手4把，勾头扳手2把，250 mm 活动扳手1把，榔头1把，300 mm 螺丝刀1把，0.01～1 mm 塞尺1副，PSZ75A-2-01刹车块2块，棉纱适量。

二、操作规程

（1）安全钳必须在给压状态下，调整调节螺母使刹车块间隙开到最大，然后泄掉油缸内的压力；工作钳必须在无压的状态下，调节拉簧使活塞复位，将间隙调到最大。

（2）拆卸刹车块固定螺钉，将刹车块从最上端或最下端沿圆周方向依次取出。

（3）将钳体平面清理干净，按与拆卸刹车块相反的顺序由里向外沿圆周方向依次装入新刹车块,在紧固新刹车块固定螺钉时要按对角顺序依次均匀紧固,防止刹车块翘曲不平。

(4) 在安全钳油缸给压的状态下,用勾头扳手扳动调节螺母,使安全钳刹车块与刹车盘完全贴合,然后反向旋转调节螺母小于 1/4 圈,使两侧间隙值不大于 0.5 mm 为合格。

(5) 在工作钳油缸无压的状态下,调节油缸两侧的拉簧,使工作钳刹车块两侧间隙值不大于 0.5 mm 为合格。

三、技术要求

(1) 当刹车块厚度磨损到小于 12 mm 时,必须更换。

(2) 更换后的刹车块应平行、完整地贴合刹车盘,贴合面不少于 75%。

(3) 如贴合面达不到 75%,需要贴磨刹车块,贴磨合格后,要重新检测刹车块刹车间隙。

四、注意事项

(1) 穿戴好劳动保护用品。

(2) 司钻房要有专人值守,不得随意离开。

(3) 游车要放到低位,卸掉大钩负荷,并用吊索悬挂住游车大钩。

(4) 新刹车块磨合好后需要重新调整刹车间隙,必须使用正规厂家的刹车块。

模块二　钻井工程与工艺管理

项目一　相关知识

一、分支井

JBD001 分支井的概念及优缺点

分支井是指在一个主井眼的底部钻出 2 个或更多个进入油气藏的分支井眼（二级井眼），甚至再从二级井眼中钻出三级子井眼，并将其回接在一个主井眼中。主井眼可以是直井、定向井，也可以是水平井。分支井眼可以是定向井眼、水平井眼或波浪式分支井眼。多分支井可以在一个主井筒内开采多个油气层，实现一井多靶和立体开采。分支井既可从老井也可重新井再钻几个分支井筒或再钻水平井。

分支井开采工艺技术是在定向井、大斜度井和水平井技术基础上发展起来的一项新的钻采工艺技术。

（一）分支井的优缺点

1. 优点

（1）增大井眼与油藏的接触长度，增加进油面积，提高扫油效率，从而增加油井产量，提高油田采收率。

（2）能有效开采多油层井段的复合油气藏，用较少直井同时开采多套油气层系。

（3）能有效开采稠油油藏、衰竭油藏、天然裂缝油藏和致密油藏，增大油藏裸露面积。

（4）能有效地开发地质构造复杂、断层多和孤立小断块、小油层，扩大并沟通它们之间的区域连通。

（5）改善油藏动态流动剖面，降低锥进效应，减少或延缓出砂的潜在可能性，提高应力泄油效果。

（6）从主井眼加钻分支井眼，可增加油藏内所钻的有效进尺与总钻井进尺的比率，从而降低了钻井总进尺数，降低了钻井成本。

（7）在海上平台钻多分支井，能有效地实现老平台增油增产，提高开发水平，增加经济效益。

（8）由于大量井位目标可以从少数几口井中用多分支井钻达，井口槽中的井数可以大为减少，从而降低了平台建造费用。

（9）由于地面井口的减少，相应的地面工程、油井管理等费用也大大降低，增加了油田开发的经济效益。

（10）对经济效益接近边际的油田，可通过钻多分支井降低开发费用，使其变为经济有效的开发油田。

总之,采用分支井开发油田,可以增加产量,降低成本,减少风险,且有很大的潜在经济效益。

2. 缺点

与普通定向井、水平井相比,分支井的缺点如下:

(1) 完井风险大,可能丢失分支井眼,沟通不了油藏。

(2) 增加钻井液对油层的浸泡时间,可能造成油藏伤害。

(3) 在分支井眼洗井作业时,因各分支井眼的要求不同,过程可能较复杂。

(4) 操作费开支由于风险因素的存在而无法完全确定。

(二) 分支井的分类及适用范围

1. 分支井的分类与分级

目前世界各国所采用的分支井主要有下列类型:

(1) 叠加式双分支或三水平分支井:从一个主井眼在不同的层位向同一方向侧钻出 2 个或 3 个水平分支井眼。 JBD002 分支井的分类与分级

(2) 反向双分支井:从主井眼向 2 个不同的方向侧钻出 2 个水平井眼。

(3) 二维双水平分支井(Y 形多分支井):从一个主井眼在同一平面内向不同的方向侧钻出 2 个水平井眼,由于其形状像一个倒写的"Y",所以也称 Y 形多分支井。

(4) 二维三水平分支井:从主井眼在同一平面内侧钻出 3 个水平分支井眼。

(5) 二维移位四分支水平井:先钻一水平井眼,再在水平井眼内的 4 个不同位置向同一方向侧钻出水平井眼。

(6) 二维反向四水平分支井(鱼刺形水平分支井):先钻一个水平井眼,然后在水平井眼的不同位置侧钻出 3 段方向相反的水平井眼,因其形状像鱼刺,所以又叫鱼刺形多分支水平井。

(7) 定向三分支水平井(U 形井):先钻一个水平或定向井眼,再在水平或定向井眼的不同位置侧钻出 2 段水平井眼。

(8) 辐射状四分支水平井:从一个主井眼向不同方向和不同的层位侧钻出 4 个水平或定向井眼。

(9) 由垂直主井眼侧钻的辐射状三分支井:主要特点是保留了直井眼,井组实际上由直井眼和三段侧钻的分支井眼组成。

(10) 叠加辐射状四分支井:在不同的层位从垂直主井眼分别侧钻 4 个水平井眼。这种井多用于重油开发。

分支井按造斜半径不同可分为长半径分支井、中半径分支井、短半径分支井和超短半径分支井。其中短半径分支井应用最广泛。

分支井按井眼轨迹不同可分为主井筒为直井的双分支井、主井筒为直井的三分支井、主井筒为水平井的三分支井和主井筒为水平井的梳齿状分支井。

2. 分支井的应用范围

分支井的应用范围见表 2-2-1。

表 2-2-1　分支井的应用范围

序号	应用方向	目　的
1	有多个目的层的油藏;互不连通的油藏;封隔的断块油藏;高质量砂岩油藏	将多个单独开发不经济的油藏联合开发以增加储量
2	尺寸受限制的油藏;透镜体;受断层所限制的油藏	解决在这类油藏中水平井段的长度受限制的问题
3	多种泄油模式:通过老井重钻,控制油流的位置	增加平面上的油藏动用程度
4	多层油藏:在不同的油层中获得不同的产油能力	增加垂直面上的油藏动用程度
5	增加已投产井的产量:重钻多底井、分支井	增加产量及储量
6	处理油藏的地质问题:穿过断层或页岩隔层	增加产量
7	限制水和气的产量:减少锥进,降低压力消耗	降低脱气、脱水的处理费用
8	注入井:新井或重钻井	增加平面上及垂直面上的波及面积,增加产量

（三）分支井钻井技术

1. 钻井设计的原则

（1）钻柱设计原则:最大限度地降低扭矩和摩阻。钻柱具有较高的抗拉强度,可采用钢级为 S315 的钻杆。直井段应有一定数量的加重钻杆,保证在定向钻进时能施加钻压,克服井眼摩阻。采用无磁抗压钻杆代替无磁钻铤,最大限度地降低 MWD 钻铤接头以及井下动力钻具的弯曲应力。

JBD003 分支井钻井设计的原则及套管开窗工艺

（2）钻井液设计原则:除一般井眼钻井液设计所考虑的问题外,分支井的钻井液设计还应考虑先钻出的分支井眼因在钻井液中浸泡时间长,可能发生较严重的油层损害及井眼坍塌等问题,因此除合理选择与地层相配伍的钻井液体系外,还必须在分支井眼完井后注入专门配制的与地层配伍的完井液,替换出原钻井液,然后再施工下一个分支井眼。在施工中还要充分考虑油层保护及井壁稳定问题。

（3）井控设计原则:分支井水平段宜采用欠平衡钻井技术,以保护产层。为确保安全钻进,一般在防喷器组顶端加装旋转头。此外,地面上还应安装一套相关设备,以分离液、气和固相。分支井井控设计具有特殊性,集中体现在它是一个多井眼多压力系统,与普通水平井相比,增大了复杂程度和控制难度。

（4）钻机设计原则:① 大钩负荷和套管性能;② 钻井泵功率;③ 钻台底座高度应适合特殊设备的要求(如旋转防喷器);④ 柴油机-电驱动;⑤ 前人钻井的经验。

2. 套管开窗工艺

（1）侧钻点的选取。

侧钻点的选取对于分支井的施工起着至关重要的作用。所选侧钻点附近的套管应较为完好,水泥胶结状况良好,周围岩性相对稳定;各分支钻点之间应留有足够的距离;对于需扭向的分支还应预留足够的因扭向而损失的井深。

（2）斜向器工具面设定。

如果原井眼是直井而且其周围没有其他井的干扰,分支井组的各分支可设计为二维剖面。在原井眼为定向井时,各分支井眼的靶点不可能都在原井方位线上,其井身剖面必然为三维剖面。

（3）开窗。

与常规侧钻井相比，多分支井开窗难度大，并且要求高。难度是因斜向器自由度大，铣锥磨铣过程中钻具蹩跳严重，极易造成钻具蹩断等恶性事故。分支井工艺对窗口要求高：开窗必须一次成功，否则将造成开窗不成功处以下其他分支报废；窗口必须规则，无毛刺，否则完井工具及以后生产过程中的其他工具无法顺利通过。

作为套管侧钻分支井，开窗关键工具为可回收式斜向器和与其匹配的铣锥。由于斜向器斜面形状及其长度、造斜工具面角度与常规斜向器有异，开窗须选用与之相匹配的铰接式铣锥。

开窗过程有以下几个阶段：

① 起始阶段。低钻压低转速，钻压 5～10 kN，转速 60～70 r/min。

② 骑套阶段。中钻压中转速，钻压 10～30 kN，转速 70～90 r/min。

③ 出套阶段。低钻压高转速，钻压 5～15 kN，转速 90～110 r/min。

④ 修窗标准。上提下放时，工具在窗口无明显碰挂现象。

（4）窗口保护技术。

分支井钻进中各个窗口必须严格保护，如果操作中处理不当，将会导致一个或几个已钻井眼报废，因此在施工各个环节均应注意保护窗口。窗口保护须从以下几方面注意：

① 斜向器锚定必须牢固，防止开窗中斜向器转向而导致已钻井眼报废。

② 开窗中勿只追求进尺，开窗、修窗工作一定要保证窗口光滑、规则，上提下放时无明显碰挂。

③ 入井钻具和工具，尤其是钻头、弯螺杆等进出窗口，操作要平稳、匀速、缓慢。

④ 分支井施工中的数据计算必须正确，尤其工具进出窗口和各井眼在窗口相贯通时的数据更是如此。

⑤ 窗口若遇阻，忌盲目处理，正确分析原因后采取修窗或其他措施。

3. 轨迹控制实时监控

分支井轨迹控制是一项复杂的系统工程，它涉及钻井、定向、力学、数学、计算机、统筹学等诸多方面的知识，搞好分支井轨迹控制，需要理论与实践、科学计算与施工经验相结合。在分支井轨迹控制过程中，要做到以下几点：

JBD004 分支井轨迹控制实时监控和安全钻井工艺

（1）测量数据的处理方法科学合理，软件采用圆柱螺线法模型，这是世界公认的最精确的定向井水平数据处理模型之一。

（2）测量仪器先进可靠，测量间距合适；如用 DST 有线随钻测量跟踪测量，每钻进一个单根取一个值，完钻时用 ESS 电子多点测斜仪和测井连续测斜仪对井身轨迹进行复测。

（3）选择的钻具组合适合地层特点及剖面设计的要求。

（4）逐点计算与预测，从总体上分析实钻剖面的发展与变化趋势。

（5）实时监测工具面，控制井眼轨迹平滑连续，避免井眼轨迹突变。

（6）根据井底预测、待钻设计、施工经验和统筹学理论，对分支井的钻井施工进行及时全面的规划，确定所采取措施的时机及意外情况的对策。

4. 分支井安全钻井施工工艺

（1）造斜钻具选择。根据所设计剖面的类型及所钻地层的地质条件和岩性特征选择造斜工具的类型。所选造斜工具的类型必须充分考虑由于地质因素等造成的钻具组合造斜能力不稳定或造斜能力得不到充分发挥的情况。一般情况下，所选钻具组合的理论造斜能力应比设计造斜率高 15％～20％，为了满足安全、可靠、快速等要求，建议造斜段以单弯螺杆导向钻具组合为主。

（2）套管内定向钻进过程中，井斜 7°以内采用陀螺定向，大于 7°时采用工具高边方式定向。

（3）造斜钻进中，送钻均匀，操作平稳，非正副司钻不得操作刹把。

（4）钻完一根单根后须认真划眼一次，接单根前循环好钻井液，确认上提下放无阻卡时方可接单根，接单根时动作要迅速。

（5）每次起、下钻至窗口附近时，应仔细观察阻卡情况，一旦发现窗口或斜向器有问题，必须认真修复后方可继续施工。

（6）钻井液必须符合要求，特别是稳定井壁的能力、润滑及携岩能力都必须达到设计要求。

（7）根据设计方位及所在区域确定无磁钻铤或无磁钻杆的长度。

（8）钻进中如遇进尺明显变慢或无进尺，应及时活动钻具，防止粘吸卡钻。

（9）根据钻进井段的长短及起、下钻中摩阻的变化，确定短程起、下钻的频率及井段。

（10）一般情况下，井斜角大于 40°以后即可采用倒装钻具组合。

（11）每钻进 50～100 m 应采用单稳定器钻具组合通井一次，通井遇阻时应以上下活动为主，不宜连续转动钻盘或开泵冲洗，为预防划出新井眼，通井过程中，必要时可悬空钻具，以利于携带岩屑。

（12）整个分支井的施工应以 PDC 钻头为主进行钻进，但造斜段初期，由于窗口及开窗铁屑的影响，应使用牙轮钻头钻进一段距离，以减少窗口及铁屑对 PDC 钻头的伤害。为了防止掉牙轮，牙轮钻头的选用应以单牙轮钻头为主。

（13）根据设计剖面所选择的钻具组合，必须进行强度校核，以确保所选的钻具组合在安全范围内。

（14）为了提高施工的质量和速度，造斜段钻进应采用随钻测量系统进行测量，根据施工的情况，每隔 2～5 m 取值一次。取值内容包括：时间、井深、方位、工具面角、磁性参数及钻井参数。

（15）对所测得的数据进行计算机处理，并根据结果进行待钻井眼设计，以选择合适的钻具组合，确保中靶。

（16）起钻时注意起钻速度，防止抽汲，下钻时下放速度控制在 1.5 分/柱左右，严禁遇阻硬压。

（17）一旦发现岩屑床，应根据井下情况、井眼条件及时起钻通井，充分洗井清除岩屑床。

（18）钻进时，各种仪器必须准确无误，泵压和悬重若有变化，在未查清原因之前，严禁盲目循环和钻进。

（19）整个造斜段钻完以后，应用电子多点测斜仪对整个井眼参数进行校正。

（20）为了保证井眼轨迹沿着设计的方向钻进，斜直段应采用导向钻具进行钻进。

（21）完钻后下入 $\phi205$ mm 扩眼工具进行扩眼（对筛管完井的非封固井段可以不进行扩眼）。

二、欠平衡钻井

欠平衡钻井就是利用自然或人工方法使钻井液当量循环压力低于地层压力,地层流体有控制地流入井筒的一种钻井方式。

(一) 欠平衡钻井的分类及优点

欠平衡钻井分为自然法和人工诱导法欠平衡钻井2种类型。自然法欠平衡钻井又叫边喷边钻,一般是在地层压力系数大于1.10时,采用常规钻井液,用降低钻井液密度来实现欠平衡钻井;而人工诱导法欠平衡钻井一般是在地层压力系数小于1.10,当采用常规钻井液无法实现欠平衡钻井时,直接使用低密度流体(气雾、泡沫、空气、天然气、氮气等)作为循环介质,或往钻井液基液中注气等,实现欠平衡钻井。

人工诱导法欠平衡钻井根据使用的钻井流体类型又分为纯气体欠平衡钻井(一般为氮气或天然气)、充气欠平衡钻井、雾化欠平衡钻井、泡沫欠平衡钻井。

欠平衡钻井的优点有:

(1) 减少储层损害,有效地保护油气层。

(2) 实时评价地层,及时发现产层。

(3) 防止或减少井漏、卡钻等复杂事故。

(4) 显著提高机械钻速。

(5) 延长钻头使用寿命。

JBD005 欠平衡钻井的分类、优点及钻井条件

(二) 欠平衡钻井的条件

1. 基本条件

(1) 地层压力比较清楚,裸眼段地层压力系数相对单一,即地层孔隙压力梯度应基本一致。

(2) 地层岩性比较稳定,不易坍塌。

(3) 地层流体不含硫化氢。

(4) 要有进行欠平衡钻井的必备装备。

2. 不能进行欠平衡钻井作业的情况

(1) 井壁不稳定的井。

(2) 地层孔隙压力不清的井。

(3) 地层流体中硫化氢质量浓度大于 20 mg/m^3。

(4) 地层压力高、裂缝性、产量大、风险大的井。

(5) 同一裸眼压力系数差别太大的井。

欠平衡钻井不仅能解决复杂的勘探开发问题,而且能及时发现和有效地保护油气层,是解决低压、低渗、低产能油气资源的一种有效技术,也是提高产量,降低成本,提高勘探开发综合效益的钻井技术。

(三) 欠平衡钻井工具

1. 方钻杆

在欠平衡钻井中,方钻杆直接影响到胶芯的工作性能,为使旋转控制头(旋转防喷器)的工作性能最佳,延长其使用寿命,必须考虑方钻杆的形状。通常选择三方方钻杆和六

JBD006 欠平衡钻井的工具

方方钻杆。三方方钻杆具有较大的平滑半径，而且强度大，是最佳的选择；六方方钻杆能使胶芯较好地密封，是第二种优选方案。

2. 方钻杆旋塞

方钻杆旋塞安装在钻柱中，位于水龙头和方钻杆之间，在需要时，可控制水龙头和水龙带的压力。方钻杆下旋塞是一全开式的阀，其外径与钻杆接头相近。

3. 浮阀

浮阀位于钻柱中，钻柱中安装浮阀后能使泵入井眼内的钻井液不会从钻杆水眼内倒流，这样才能方便地接单根。

4. 套管阀

套管阀是井下控制阀中的一种。它安放在进行欠平衡钻井作业的上一层套管中，在地面配备有相应的控制设备，通过寄生液压管线同套管阀相连。在起下钻施工前，先进行循环洗井，尽量减小环空钻井液柱中天然气的含量，然后利用旋转防喷器进行带压起钻，起钻中应控制起钻速度，并按时或连续灌浆。钻头上起经过套管阀后，通过地面液控设备关闭套管阀，将上部井筒与下部井筒分隔开。下钻时，当钻头下至套管阀顶部时，通过地面液控设备打开套管阀，继续下钻。

套管阀具有以下优点：

（1）在欠平衡钻井起下钻作业中，不需压井，从而避免了压井施工对储层的伤害。

（2）同强制起下钻装置相比，套管阀安装操作简便，不占据钻台空间，避免了强制起下钻装置对钻机选型要求高、体积大、操作复杂等缺点。

（3）使用套管阀可缩短起下钻作业时间。

（4）允许下入长而复杂的井底钻具组合、测井仪器组合。

（5）完井作业中可方便地下入复杂管柱。

（四）欠平衡钻井施工技术

目前，国内外已发展了空气钻井、氮气钻井、天然气钻井、雾化钻井、泡沫钻井、充气钻井以及自然降密度钻井等多种欠平衡钻井技术。

1. 欠平衡条件的建立

有多种不同技术能确保达到预期的欠平衡条件，主要的方法是控制用于循环的钻井液的密度，使钻井液在井筒内形成的静液柱压力低于地层孔隙压力，而钻井液可以是单独的气相或液相，也可以是气液两相混合。气相和气液两相钻井液可人工诱导产生欠平衡条件；液相钻井液可利用地层较高的压力而自然形成欠平衡条件。

井底有效压力低于所钻地层的孔隙压力，其差值即为欠压值。在欠平衡钻井过程中，如果欠压值过大，地层流体产出速度过高，对于速敏性地层，极易引起储层内部微粒运移，堵塞孔喉，导致近井地带的储层损害；对于应力敏感性强的储层，过低的井底压力降低了近井地带的孔隙压力，导致裂缝趋于闭合。如果欠压值过小，井底压力波动，又容易超过欠平衡压差量，形成瞬时正压差或周期性的正负压差，同样会造成储层的损害。因此，必须选择恰当的欠压值。

欠压值的确定应以地层坍塌压力、孔隙压力、破裂压力综合剖面数据为依据，从井口装置、套管承压能力、旋转控制头的性能、井眼的稳定性、地面对产出液量的分离能力以及地层性质等几个方面进行综合考虑。

（1）最大关井套压小于井口装置的额定工作压力、80％套管抗内压强度及地层破裂压力三者的最小者。

（2）欠压值小于旋转控制头连续工况下的承载能力，引起的井口回压不能超过旋转控制头额定动密封压力的80％。

（3）欠压值小于裸眼地层强度，防止地层剪切破坏，造成井眼复杂化。

（4）地层产出油气不能超过地面设备的分离能力。

（5）欠压值的确定还应考虑地层压力、渗透率、地层流体性质等因素。对于常规欠平衡钻井，井底动态欠压值一般控制在 0.7～1.4 MPa 范围内。

对于泡沫和充气欠平衡钻井，考虑到循环系统的不稳定性，欠压值可设计得稍大一些，避免出现过平衡；对于气体欠平衡钻井，欠压值不做特别要求。

2. 保持持续的欠平衡条件

欠平衡钻井一个最重要的目的是减少或消除钻井液对油气层的损害，为真正达到此目的，欠平衡钻井期间，在钻进、接单根、换钻头、起下钻及完井等整个作业过程中，都必须维持井下欠平衡压力条件，如果失去这种欠平衡压力条件就会导致钻井液侵入造成地层损害，而且这种损害比正确设计的近平衡钻井对地层的损害更严重。

JBD008 欠平衡保持持续的条件及钻具组合

造成欠平衡条件丧失的主要因素包括：钻井水力参数、产出流体性能、多相流特性、储层局部压降大小、产层流体向井中注入程度以及常规作业（如接单根、起下钻等）。为避免欠平衡条件的丧失，应实时监测钻井参数（特别是井底压力），建立模型进行模拟研究，利用监测的数据和模型模拟，分析欠压差与地层流体流出之间的关系，然后进行参数的调节或采取相应的措施。

3. 欠平衡钻井钻具组合

（1）钻头。选择寿命长、速度快的高效钻头，易于判断和不易发生井下复杂事故的钻头，以减少从钻开产层到完井投产全过程中的停工和起下钻操作，缩短施工时间，减少风险。

欠平衡钻井的机械钻速高，以及井下出现复杂情况后需进行压井等作业，故欠平衡钻井所用钻头一般不装喷嘴。

（2）钻柱。回压阀外径不大于与之连接的钻具接头外径。其类型、连接数量和位置视欠平衡钻井方法和具体情况而定。常规欠平衡钻井，在钻头之上应至少安装 2 只回压阀。对于气体钻井须使用强制密封的回压阀。此外，回压阀的安装还要符合有关井控标准的规定。

（3）钻铤。不压井和不起下钻作业井，所用钻铤外径与标准尺寸相差不得大于 2 mm，本体应无毛刺、棱角。

（4）钻杆。安装旋转防喷器后，必须选用18°斜坡接头钻杆，钻杆本体腐蚀凹坑深度不大于 0.5 mm，钻杆接头不能有深压痕和毛刺，下钻时必须逐根检查、打磨。

（5）方钻杆。选用三方或六方方钻杆，其长度要满足旋转防喷器驱动补心能进入旋转防喷器的旋转总成，要求大鼠洞管长度和大鼠洞深度、高压水龙带的长度与此长度相适应。大鼠洞深度应大于 15 m。

（五）几种常用的欠平衡钻井方法

1. 自然欠平衡钻井

与人工欠平衡钻井相比，除具有减少地层损害、提高机械钻速、降低井漏和压差卡钻等共有的优点外,自然欠平衡钻井在井口压力未超过地面设备限度时,可钻较高孔隙压力、较高渗透率的高产地层,适用于因技术和经济原因不适于使用其他欠平衡钻井方法的地区。此外,不需要供气设备,可减少钻井日作业费用。自然欠平衡钻井不使用可压缩的气体钻井液,在钻井过程中,可使用常规的钻井液脉冲的随钻测量工具及常规的井下动力钻具,既适用于钻直井,也适用于钻定向井和水平井。

JBD009 常见
欠平衡钻井方
法

(1) 自然欠平衡钻井条件的建立。通过直接降低钻井液的密度,使其小于所钻地层孔隙压力的当量钻井液密度来建立。

(2) 自然欠平衡钻井应考虑的问题。

① 井控问题。利用旋转控制头控制流体流动进行钻井作业,加之地层压力相对较高,增加了设备故障所引起的地面井喷失控的风险。因此,在决定是否采用自然欠平衡钻井时一定要谨慎,常规的井控设备一定要适当。

② 返出流体的处理问题。对从井内返出的地层流体和钻井液进行不正确的地面处理会使作业人员和环境面临易燃易爆的危险。地面设备所要求的大小、压力额定值、设备的布置及安装程序均要慎重考虑,以减少或消除潜在的危险。

③ 井眼稳定问题。这是自然欠平衡钻井要特别考虑的问题。由于形成了负压差,使井内岩石的应力发生了变化,从而导致井眼垮塌,造成卡钻或井径扩大,由此增加钻井成本,甚至影响钻井地质目标。在决定采取自然欠平衡钻井时,应了解该地区的地质和岩石强度,对井眼稳定性问题给予高度重视。

(3) 自然欠平衡钻井所需地面设备及井下工具。与常规钻井相比,主要需增加旋转控制头、节流管汇、除气器、液气分离器、沉降撇油系统、浮阀、钻杆安全阀等。

(4) 自然欠平衡钻井作业方法。

① 返出流体的处理。返出流体通过节流管汇送到地面分离系统进行处理,分离出的钻井液送至振动筛进行处理,气体输送到放喷管线燃烧,油输送到集油罐。

② 井口压力的控制。钻井作业前应确定允许的最大地面压力,该压力的大小取决于旋转控制头的承压能力。如果地面压力已接近允许的地面压力的极限,就必须采取有效措施进行降压。一般可通过注入较高密度的钻井液,或通过节流管汇把流体循环出来,在地面压力稳定后,为了将欠平衡压力降到可控制的范围内,应适当提高钻井液密度。

③ 接单根。在卸开方钻杆之前,必须将钻柱中上部浮阀以上钻杆内的压力释放,然后才可卸开方钻杆接单根。

④ 起钻。在起钻时,必须采取特殊的作业方法以确保作业安全。为了不浪费钻井液,在有气源的条件下,起钻前可将气体注入钻柱中,将钻井液替换到最下部浮阀以下。在无气源的条件下,注入一定量的较高密度的钻井液。

2. 气体欠平衡钻井

气体钻井包括空气、天然气和氮气钻井,密度适用范围为 $0 \sim 0.02$ g/cm^3。

(1) 空气欠平衡钻井就是以压缩后的空气作为循环介质进行钻井施工的一种先进技术,其目的是保护油气层,提高钻速,缩短建井周期。

(2) 氮气欠平衡钻井是在没有井筒压力的条件下进行的,因此钻头切削效率高,速度快。钻井速度的提高直接减少了使用钻头的数量,还大大缩短了建井周期。同时,由于使用氮气作为循环载体,在边出油边钻井的情况下实现了油层"零污染、零伤害"。

(3) 天然气欠平衡钻井是以天然气为循环介质的欠平衡钻井方式。

3. 雾化欠平衡钻井

雾化欠平衡钻井是以雾化钻井液体为循环介质的欠平衡钻井方式。特别在储层压力系数较低、裂缝发育的情况下,采用雾化、泡沫钻井可有效地防止钻井液漏失,达到保护储层和提高机械钻速的目的。雾化钻井密度适用范围为 $0.02\sim0.07$ g/cm^3;同时该项技术也是空气钻井和纯氮气钻井的配套技术,尤其是当空气(氮气)钻井过程中遇到地层出水后,该项技术可以兼顾井下安全和欠平衡钻井的需要。针对大庆油田使用欠平衡泡沫钻井时遇到的高温、高浓度地层盐水问题,通过大量的室内试验,研制出一种高性能泡沫钻井液体系,并评价了该体系的泡沫性能以及抗高温、抗盐和抗钻屑污染等性能。同时开展了雾化流体、泡沫钻井液体系的现场试验工艺技术研究。所研制的泡沫钻井液体系抗温性能良好,发泡体积倍数介于 $10\sim12$ 之间,基液的半衰期为 $8\sim30$ min。室内试验和现场试验均表明,该体系具有优良的抗污染、携岩、抑制性能以及较强的防塌能力,可基本满足现场施工的技术要求。

4. 泡沫欠平衡钻井

泡沫具有低失水、低伤害、在井下与地层产出天然气混合后不易发生爆炸的特点,泡沫钻井液钻井包括稳定泡沫钻井和不稳定泡沫钻井,密度适用范围为 $0.07\sim0.60$ g/cm^3。

5. 充气欠平衡钻井

近年来,充气欠平衡钻井因其具有容易实现、井筒压力调节范围大、可控制地层出水、有利于井壁稳定等优点,国内外应用日渐增多。但是,充气欠平衡钻井是一项很复杂的技术,最关键的问题在于环空气液固流动是一个复杂、变化很快的动态过程,关于气液固三相流的动力学特征,迄今研究甚少。

充气欠平衡钻井是在钻井过程中钻井液液柱压力低于地层孔隙压力,允许地层流体流入井眼、循环出并在地面得到有效控制的一种钻井方式。该项技术能提高机械钻速和钻头使用寿命,防止粘吸卡钻,减少循环漏失以及对地层的损害。

充气钻井液钻井包括通过立管注气和井下注气 2 种方式。井下注气技术是通过寄生管、同心管、钻柱和连续油管等在钻进的同时往井下的钻井液中注空气、天然气、氮气。其密度适用范围为 $0.7\sim0.9$ g/cm^3,是应用广泛的一种欠平衡钻井方法。

(六) 欠平衡钻井井控技术

欠平衡钻井是一项高风险作业,应由专业的作业公司施工。

常规的井控做法是维持静液柱压力略大于裸眼段最高地层孔隙压力。当钻井液静液柱压力小于地层孔隙压力时,地层流体开始进入井眼,就会发生井涌。常规的井控培训主要是针对这种情况而开展的。培训的重点放在怎样避免井涌、检测井涌以及井涌发生后的控制上。

JBD010 欠平衡钻井井控技术

欠平衡钻井过程中,维持井底压力略小于地层孔隙压力,地层一直有液体进入井眼,这与常规井控不同。在整个作业过程中,可能一直有套压值,要设专岗观测套压变化情况。当套压值接近设计上限时,应及时采取措施;采取措施后套压仍上升,应关闭防喷器,调整钻井液密度。

在装备配置方面也有所不同,除常规配备的井控装备外,还必须配备自动点火装置、防回火装置等。

用欠平衡钻井技术钻水平井或直井时,必须有专门用于循环的井口设备和防喷器组。

钻水平井时,在某些情况下,不能始终使用常规井控技术。在钻水平井的水平井段期间,因异常压力,地层渗漏、漏失或欠平衡钻井做法等原因,常规的井控技术可能失效。

使用先进的井控技术可以克服水平钻进时的计算风险。最安全的措施是使用现有的井控设备和井控方法。

虽然钻井液液柱可以提供过平衡或近平衡的压力,但移动的气体可能以很大的速度把油的段塞推到井口。所以在设计井控和井喷应急措施时,必须估计出油井可能发生的动态情况。

另外,人员培训和现场监督也是欠平衡钻井成功的关键。

三、深井

（一）深井井身结构设计原则

对深井、超深井的界定,国内外有不同的概念。在我国,一般把井深超过 4 550 m 的井定义为深井,井深超过 5 500 m 的井定义为超深井。在国际上,井深在 4 500～6 000 m 的井定义为深井,井深超过 6 000 m 的定义为超深井。

（1）套管层数要满足分隔不同压力系统的地层及井眼加深的要求,以利于安全钻井。

（2）套管与井眼的间隙要有利于套管顺利下入和提高固井质量,有效分隔目的层。

（3）套管和钻头基本符合 API 标准,并向国内常用产品系列靠拢,以减少改进设备及工具的工作量。

（4）目的层套管尺寸要满足试油、开发及井下作业的要求。

（5）要有利于提高钻井速度,缩短建井周期,降低钻井成本。

（二）提高深井钻速的有效途径

提高深井、超深井钻井速度的关键是:抓住两头(即提高上部大直径井眼和深部井段,特别是小直径井眼的机械钻速),推动中间(重点是解决难钻地层和易斜井段的机械钻速),加强复杂情况的监测和预报,研究适应复杂地质情况的钻井液体系,为设计出合理井身结构创造有利条件。

1. 提高大直径井眼钻速的有效途径

（1）完善大直径钻头系列,增加钻头品种和类型,加强钻头合理选型。根据地层具体情况选择合理的钻头类型、钻井方式和钻井工艺。

> JBD011 提高深井钻速的有效途径

（2）强化钻井参数,提高井底破岩机械能量。

（3）强化水力参数,提高井底和井眼净化能力。在提高井底水马力的条件下,进一步改善井底流场,增加水力清岩效果,防止出现大尺寸井眼岩屑清除死角和岩屑重复切削。采用组合喷嘴、加长喷嘴、斜喷嘴和中心喷嘴的不同组合,取得最佳的清岩效果,是提高大尺寸井眼机械钻速见效最快的措施之一。

（4）根据钻头类型选择合适的动力钻具可大幅度提高机械钻速。

（5）改善钻井液流变性能和固控净化条件也可提高机械钻速。良好的钻井液流变性能,不仅可以提高井底钻头的净化能力,还能在大井眼环空低返速条件下提高携岩能力,保证井眼的净化。合理控制固相含量还能减少井下工具的磨损,提高钻井速度。

（6）改变钻井工艺。对于 $17\frac{1}{2}$ in 井眼可以采用 $8\frac{1}{2}$ in 或 $12\frac{1}{2}$ in 钻头钻出井眼后再用带领眼的 $17\frac{1}{2}$ in 牙轮扩孔钻头或 PDC 扩孔钻头扩至 $17\frac{1}{2}$ in。这样可避免 $17\frac{1}{2}$ in 钻头机

械能量和水力能量严重不足的问题,可在一定程度上提高钻井速度。

2. 提高深部井段难钻地层机械钻速的有效途径

深部井段的泥页岩、泥质砂岩等岩石在上覆岩层压力作用下,变得十分致密而难于破碎。现有牙轮钻头的牙齿压入这类岩石的破碎坑体积很小,有的根本不产生体积破碎,而只留下一个很浅的齿痕。这些地层岩石在高密度钻井液条件下,井底破碎出的岩屑压持效应十分明显,机械钻速很慢。相对来说,巴拉斯(TSP)钻头、异形齿 PDC 钻头受压持效应的影响很小,机械钻速和钻头寿命较高。因此在深部井段应采取以下措施:

(1)研制或引进适应高转速的天然和人造金刚石混合孕镶的自锐式金刚石钻头和寿命长、高转速的涡轮钻具,并试验和总结出一套相应的工艺技术措施。

(2)有些探井由于岩屑录井的要求,必须使用牙轮钻头。为了应对深部井段的难钻地层,应研制或引进齿面耐磨性高、齿形尖而密的钢齿钻头或加强保径的钢齿钻头,使用时要尽量优化水力参数,在条件允许的情况下最好引进 5½ in 高强度接头钻杆,以强化井底水马力,同时改善井底流场,加强水力清岩和辅助破岩作用。如采用新型加长组合喷嘴、新型侧喷嘴等,有利于及时清除井底新钻出的岩屑,提高钻头的破岩效率,避免井底重复破碎。

(3)选用中转速的镶齿滑动轴承牙轮钻头(如 HJ527 和 HJ537)、镶齿滚动轴承牙轮钻头(如 G527 和 G537)和高转速的钢齿滚动金属密封牙轮钻头(G315B),配合中转速(转速 200～250 r/min)、低压降、大扭矩的减速器涡轮钻具,可较大幅度地提高难钻地层的机械钻速。

(4)改进井身结构设计,增强钻井液适应不同压力体系的能力,减少深井和超深井复杂事故的发生。

井身结构设计是否合理取决于当地的钻井工艺技术水平,为了解决这个问题,首先要研究和完善重钻井液体系,使其能适应在同一井段内不同的压力体系。其次,要研制长寿命、高转速的小井眼牙轮钻头和金刚石钻头,将小井眼牙轮钻头的机械钻速提高到接近 8½ in 牙轮钻头的水平,这样实际上给初探井井身结构套管层次增加了储备。因此,井身结构设计时要考虑到现有钻井工艺整体技术水平,同时应增加对新技术研究的投入,这对降低勘探成本和提高勘探速度有重要意义。

四、小井眼钻井技术

(一)小井眼钻井的定义

目前,国内外对小井眼井的定义很多,国外比较普遍的定义是 90％以上的井段用直径小于 177.8 mm 钻头钻成的井眼;国内认可的定义是为降低钻井成本而使用比常规井更小的井眼尺寸。就此,小井眼井可以定义为:为了降低钻井成本,钻井时 90％以上的井段是用直径小于 177.8 mm 的钻头钻成的比常规井径更小的井眼。

1. 小井眼钻井施工的优点

(1)节省钻井费用。大量钻井实践证明小井眼钻井比常规井节约钻井费用 30％～75％;当使用 PDC 钻头或 TSD(热稳定金刚石)钻头钻进时,小井眼钻井费用节约会更多。

(2)有利于保护环境。占用耕地少,排放废料、废气少,噪声小。

(3)机动性能好。钻机设备轻便,机动性能好,特别适用于边远地区、复杂地面条件油

JBD012 小井眼钻井技术的优点和难点

气田（如海滩、沼泽、沙漠、戈壁、山区、丛林、城市等）。

2. 小井眼钻井施工的难点

（1）钻柱下部的减振。由于钻柱直径小，旋转时钻柱扭矩产生的上下振动会加快钻柱和钻头的损坏。为了减少振动，在钻柱下部结构上增加一个液压减振器，缓解钻头的振动。

（2）快速钻进是小井眼降低成本的关键。应选用能在高转速（600～800 r/min）下热稳定性好的金刚石钻头，可在研磨性高的地层用 PDC 钻头，取芯宜采用金刚石取芯钻头。

（3）小井眼的环空间隙小于 2.54 cm，循环系统泵压消耗的 90% 发生在钻柱与井壁的摩擦损失上。为此，要选择循环系统泵压消耗小的钻井液，要具有好的润滑性，能在较大温度范围内保持性能稳定和良好的剪切稀释特性。

（4）由于环空间隙小，环空钻井液量小，起钻抽汲容易发生溢流，下钻易压漏地层。常规井发生井涌后给司钻处理的时间有 30 min，而小井眼只有 1～2 min，比常规井做出决断处理的时间短。仅观察钻井液池面不能及时反映井内已被气侵的实际情况，所以，必须有能快速反映气侵的仪器和设备来代替钻井液池体积测量仪，即在井口出口处装流量计来解决这个问题。

（二）小井眼钻井施工技术

1. 小井眼水平井侧钻方法

小井眼水平井侧钻技术主要用在下有 ϕ114.30 mm，ϕ177.8 mm 生产套管的老井中。该技术的优势是：

JBD013 小井眼水平井侧钻方法

（1）节约成本。可重新利用老井的井口、地面设备、管线和计量设备；由于不钻垂直段，钻井时间、钻井液设备租赁费和综合钻井成本都大大降低。

（2）技术优势。分析老井的钻井和测井资料，能最大限度地优化钻井参数和挖掘生产潜能。

2. 施工作业

（1）作业前的准备。重新分析候选老井及邻井所有的测井资料，以保证水平井精确中靶。此外，老井资料还有助于确定造斜点以及了解造斜点以下地层情况，从而顺利钻成曲线段。细致深入的资料分析也可减少水平钻进过程中出现复杂情况的机会。

如果老井没有进行水泥胶结测井，或者水泥胶结质量不高，就要考虑重新测井，以保证注水泥质量，否则，在水泥胶结不好处磨铣套管时会出现严重问题。

（2）套管段铣。段铣是最常用的一项磨铣技术，可通过转盘钻进和动力水龙头钻进来完成这项作业。对于下入 ϕ114.30 mm 套管的井，推荐使用动力水龙头，可避免扭矩超过管柱强度限制。段铣作业中应注意的问题有：

① 段铣开始点应在造斜点以上 3 m 处。

② 造斜点以下推荐铣掉 15 m 的套管，以满足侧钻的要求。

③ 段铣作业的钻井液体系应能携带出金属钻屑和冷却铣刀。

④ 段铣完后要进行扩孔，使井眼直径扩大 25.4～76.2 mm。该作业可钻去老的水泥套以便后面打入水泥塞。

⑤ 扩孔后要往段铣段打入水泥塞。侧钻作业时，需要有极硬的水泥塞。

⑥ 候凝时间。总候凝时间（包括起下钻时间）应达到 24 h。用牙轮钻头钻水泥塞时的机械钻速是判断水泥胶结硬度的指标，如果机械钻速超过 12 m/h，则应再候凝一段时间才

能进行侧钻作业。

新的磨铣技术是窗口磨铣技术。该技术不是将侧钻点周围的套管都磨掉，而是将造斜方位那一侧的套管磨去一长条窗口，基本过程是在造斜点以下的套管中下入一个定向造斜器，然后下入磨铣工具和侧钻钻具。该方法磨铣套管少，不用打水泥塞，磨出窗口的同时即完成了侧钻，所以比段铣节省时间。

(3) 井下钻具。在 ϕ114.3 mm 套管井中侧钻水平井大多使用高速井下螺杆钻具和固定齿金刚石钻头。这种钻具组合转速高，钻压小，不使用稳定器就能获得大多数施工所要求的造斜率。若造斜率达不到设计要求，则可在弯外壳上加装一个偏置垫块。

在侧钻和造斜时一般使用双弯井下钻具组合，而钻水平段则使用单弯井下钻具组合。使用电缆传送导向工具可监测钻具工具面并测量方位角和井斜角。小井眼限制了随钻测量工具的使用。如果需要指示岩性，可使用湿式连接系统进行伽马射线随钻测井。钻头选择主要取决于地层。最常用的马达与钻头组合是高速马达和固定齿钻头。

(4) 钻机和钻杆。在 ϕ114.30 mm 井中侧钻水平井可使用经稍加改装的修井机，并配有一套动力水龙头，另外还需要带有固控设备的钻井液循环系统，但容量和处理能力相对较小。选择的泵应能满足段铣作业中清洗和冷却的要求。

在裸眼井段，常采用带有高抗扭强度接头的油管作为钻柱，在曲线段和水平段用 ϕ60.33 mm 并带有高抗扭强度接头的钻柱，在垂直井段使用 ϕ73.03 mm 的钻杆。

(5) 侧钻和钻进作业。磨铣完后，在 ϕ114.30 mm 套管中下入侧钻马达，并使用陀螺仪测工具面角。陀螺仪不能承受钻井过程中的振动，所以测完后应取出。每钻 3～4.5 m 应测一次工具面角，必要时，应对其做适当调整。一旦钻具钻完 ϕ114.30 mm 套管，就可下入导向工具。

侧钻中，若打了水泥塞，侧钻时要把钻速控制在 76.2 mm/min 左右，这样可使钻具免受地层影响而偏离设计井眼轨道。如果返出的岩样中有 60%～70% 的地层岩屑，则表明钻头已钻入地层，就可以适当增加钻压，提高钻速。然后就可按常规水平钻井作业钻进。

3. 小井眼水平井钻进

常用的小井眼水平井钻井系统一般采用光钻杆以降低扭矩和阻力，且在小井眼马达上配有 2 个弯短节和 1 个造斜滑块。

由于小直径的牙轮钻头在高速下寿命较短，所以一般在高速(300～800 r/min)小井眼马达上采用特制的侧向齿 TSD 钻头或 PDC 钻头。

五、套管钻井

(一) 套管钻井的优点

套管钻井就是利用套管或尾管代替钻杆来完成钻井作业，边钻进边下套管，完钻后套管柱留在井内直接固井。套管钻井技术把钻井和下套管合并成一个作业过程，不再需要常规的起下钻作业，与钻杆钻井相比，套管钻井有比较明显的优势。

(1) 缩短建井周期。钻井过程与下套管同步完成，节省了起下钻杆时间。

(2) 减少井下事故。因井眼内地层膨胀和井壁坍塌等原因，易造成卡钻事故。套管钻井没有起下钻井筒压力变化，因此大大减少了常见的地层膨胀、井壁坍塌、冲刷井壁及井筒键槽和台阶，可以大幅度降低钻井卡钻事故，同时也提高了井控的安全性。

JBD014 套管钻井的优点及国外套管钻井技术的发展状况

（3）改善水力参数、环空上返速度和井筒清洗状况。由于套管的内径比钻杆大，沿程水力损失大为减小，从而减小了钻井泵的配备功率。环形空间的减小提高了钻井液上返速度，改善了携屑状况。

（4）可以减小钻机尺寸，简化钻机结构及降低钻机费用。由于套管钻井只有单根操作，井架高度可以减小，底座的重量可以减轻，所用钻机比钻杆钻井所用钻机从结构上和重量上要简单得多和轻得多。因此，钻机成本和钻机运行费用将大幅度减少。由于钻机更加轻便，易于搬迁和操作，人工劳动强度及费用都将降低。

（5）节省了与钻杆和钻铤的采购、运输检验、维护和更换等过程有关的大量人力、物力与费用。

（二）国外套管钻井技术发展状况

国外套管钻井技术已经处于商业应用阶段，其应用范围广泛，包括定向井和欠平衡钻井等。其中，加拿大 Tesco 公司是套管钻井技术的创立者，随着多年的发展，该公司目前代表了套管钻井技术的最高水平。

套管钻井技术按照可否更换钻头分为单行程套管钻井技术和多行程套管钻井技术。单行程套管钻井技术是指采用一只钻头钻完设计进尺，中途不进行起下钻和更换钻头作业的套管钻井技术，该技术适用于表层（技术套管）钻井及油层套管钻井，目前主要有基于特殊钻鞋的单行程套管钻井技术以及油层套管钻井技术 2 种。

多行程套管钻井技术是指在套管钻井过程中，不起套管，随时可以根据需要起下井下钻具，更换钻头。该技术突破了单行程套管钻井井深的限制，具有更大的适用范围。

Tesco 公司套管钻井是可更换钻头的多行程套管钻井系统，井下系统主要由 3 部分组成：一是下井与回收工具；二是底部钻具组合；三是连接在套管柱末端的坐底套管。进行套管钻进时，底部钻具组合锁定在坐底套管的锁定短节上，并通过钢丝绳与一台专门用于起下钻头的绞车相连接。当需要更换钻头时，将锁定装置松开，利用绞车通过专用工具将底部钻具组合起出，而不必将套管起出井眼；换上新钻头后，再用绞车通过专用工具将底部钻具组合送入，锁定在套管端部，十分快捷。

Weatherford 公司早期形成一种单行程套管钻井系统，应用一种专门设计的可钻式钻头，直接连接在套管柱的底部，钻至设计井深后，通过水力作用，钻头刀翼嵌入套管外，其余部分可以被常规钻头钻掉。其最大的特点是钻井井深受到一定的限制，即必须满足一只钻头钻至设计井深的应用条件。

Baker Hughes 公司开发了一种尾管钻井系统，通过尾管悬挂系统下放井下钻具，连接尾管和上级套管，钻进到目的层后，尾管坐放到井底，尾管悬挂器与上层套管坐挂，通过脱开机构使内外管柱分离，可将内管柱、钻井液动力钻具和领眼钻头通过钻杆一同起出，而管底薄壁扩眼钻头与尾管柱一起留在井下进行完井。

（三）单行程套管钻井技术

1. 基于特殊钻鞋的单行程套管钻井技术

可钻式表层套管钻井技术采用一种专门设计的可钻掉钻头心部的钻头。这种专用钻头直接连接在表层套管柱底部，通过旋转套管以常规方式进行钻井作业。专用钻头的独特之处就是可以被常规钻头完全钻掉心部，钻头内设有浮箍并作为套管柱的一部分一同入井，钻至要求井深后可以立即进行注水泥作业。把钻进与下套管合并为一个过程,节省钻井时间和作业成本。

可膨胀钻鞋是可钻钻头的一种,当钻井过程完成后,投球,利用钻井液的压力可将钻头体心部涨出,使钻头外部较高硬度的切削齿扩张,然后采用特制胶塞实施固井工艺过程。下次开钻时可用普通钻头将井下可膨胀式钻头心部钻穿,且保证足够的通径。目前主要应用于中深地层。

复合钻鞋采用可捞钻头装置和扩孔钻鞋,在表层套管钻井完钻后,下入打捞工具,捞取表层套管内的井下钻具,随即进行固井。

复合钻鞋的特点是:

(1) 有效解决表层钻井所遇见的各种复杂情况。

(2) 明显缩短钻井周期,节省钻井成本。

(3) 操作简单,运行成本低。

2. 油层套管钻井技术

(1) 常规油层套管钻井技术。

常规油层套管钻井就是套管柱上面通过承扭保护器(套管夹持头)与方钻杆连接,套管柱下部与完井器连接,完井连接器下接钻头,一只钻头钻至完钻后,随即采用常规方式固井。该技术适合于浅层井的开发。

常规油层套管钻井的特点是:可以缩短建井周期,降低钻井成本;减少对储层的伤害,提高采收率。

(2) 可裸眼测井油层套管钻井技术。

可裸眼测井油层套管钻井是在进行常规油层套管钻井时,通过钻头脱接装置,完钻后将钻头丢弃在井底,上提套管,裸露出主力油层,进行测井。该技术可为地质部门提供准确的测井资料。

(四) 多行程套管钻井技术

1. 井下工具系统

多行程套管钻井井下工具系统主要由 3 部分组成:一是起下工具;二是井下锁定工具串;三是坐底套管。进行套管钻进时,井下锁定工具串锁定在坐底套管上,实现钻头与套管柱之间的锁定,完成钻井扭矩及钻压的传递;通过钢丝绳在套管内进行井下锁定工具的起下,更换钻头,不需要起套管;在井下锁定工具串起下过程中,井口配备井口泵入短节及钢丝绳防喷器,能够保证起下过程中钻井液的正常循环。

JBD016 多行程套管钻井技术

2. 地面装备与套管钻井钻机

Tesco 公司研制了套管钻井专用钻机。与常规钻机相比,该钻机有了根本性变化,钻机高度降低,与同吨位的常规钻机相比重量下降 50%,还增加了以下几种设备:

(1) 为了从套管内起下井下钻具,配备了一套小型绞车系统。

(2) 天车和游车都是分体式配置,以确保钢丝绳处在套管的中心位置。

(3) 在顶部驱动装置的上部配备了钢丝绳防喷器和密封装置,以实现对钢丝绳的密封。

(4) 顶驱下配备了专用的套管夹持头,以用来夹持驱动套管柱进行钻进。

针对 Tesco 公司套管钻井钻机成本高的特点,中国石油钻井工程技术研究院开发了适用于转盘驱动常规钻机的多行程套管钻井技术。该系统无须对钻机进行改造,通过在地面配有起下钻具绞车,利用钢丝绳在套管内完成井下钻具的起下,更换钻头。另外,该系统在井口配有井口泵入短节及钢丝绳防喷装置，能够保证井下钻具起下过程中钻井液的正常循环。

（五）套管钻井技术应用领域的拓展

套管钻井技术的应用范围广阔，经过研究攻关，可以应用在多种地层构造中。

1. 套管钻井在盐膏层段钻井中的应用

典型的套管钻井的钻具组合为：领眼钻头＋井下扩眼器＋回收机构或者领眼钻头＋回收机构＋套管鞋扩眼器。可以满足盐膏层钻井的要求，即边钻进边扩眼，防止瞬时快速蠕变的盐膏岩造成阻卡。套管钻井中套管柱上不加扶正器，对井斜的控制由BHA（井底钻具组合）完成，不仅可以较好地控制井斜，而且由于井眼环空较小，在排量满足的情况下，其较高的返速可迅速清洗井底。在钻进过程中，由于套管始终处于旋转状态，采取常规钻盐膏层的技术要求，可保持井壁的相对稳定性，不会出现钻进过程中挤毁套管的事故。如果采用顶驱，在回收 BHA 时，可以进行循环，降低了危险性。

套管钻井成功地应用于盐膏层钻井，是盐膏层钻井技术的一次重大突破，对提高钻井时效、降低成本贡献巨大。

2. 套管钻井在易漏区钻井中的应用

井漏是钻井施工中遇到的又一项大难题，可能引起卡钻、井喷或井塌等一系列复杂情况，甚至导致井眼的报废，造成重大经济损失。而新型的套管钻井技术，可以说为以较低成本和较高有效性处理某些大型漏失井提供了一种新的思路。套管钻井可极大地减少井漏的机会，可以将那些失返而无法继续钻进的井以较低成本钻进，尽管其防漏机理尚不完全清楚，但实际应用表明，可以尝试用套管钻井来解决井漏问题。

3. 套管钻井在老井区钻开发生产井中的应用

对于老井区，由于钻井数较多，对于地质情况有大量丰富的资料，因此不必依赖于完钻后的电测来确定油层的定位及套管的下入位置，而且老井区也积累了丰富的钻井资料，对钻井过程中可能出现的故障及复杂情况也掌握的比较清楚。在此情况下，选用适宜的钻具组合进行套管钻井，可大幅度提高钻井时效。

4. 利用套管钻井技术进行海洋钻井

利用套管钻井技术进行海上钻井，省略了繁杂的海上表层开钻的套管程序，以套管代替隔水管，简化了井身结构，简化了作业程序，提高了作业效率。随着套管钻井技术的不断成熟，必将为我国海洋钻井带来巨大利益。

5. 利用套管钻井技术进行空气钻井

套管钻井即使利用清水在负压状态下钻进也能保持井壁稳定，因此利用套管钻井系统进行空气钻井，可以解决套管的弯曲与磨损等问题，提高钻井速度。

按照 Shell 公司最近提出的思路，套管钻井未来发展趋势是开发一趟钻钻完井系统，即一趟钻完成钻进、测井、下套管及完井等作业。相信随着该技术的不断成熟，套管钻井会开辟越来越多的应用范围，而我国目前对套管钻井相关课题研究较少，应将研发套管钻井配套工具及工艺技术提上日程，进行攻关研究，实现以点带面的渐进式发展。

六、控压钻井

（一）控压钻井概述

随着复杂压力系统钻井以及对钻井安全的关注，控压钻井（Managed Pressure Drilling，

MPD)技术越来越受到重视,从而使该技术得到了快速发展。控压钻井技术于 2004 年 IADC/SPE 阿姆斯特丹钻井会议上提出,该技术主要是通过对井口回压、流体密度、流体流变性、环空液面高度、钻井液循环摩阻和井眼几何尺寸的综合控制,使整个井筒的压力得到有效的控制,减少井涌、井漏和卡钻等多种钻井复杂情况,非常适宜孔隙压力和破裂压力窗口较窄的地层作业。据报道,控压钻井对井眼的精确控制可解决 80% 的常规钻井问题,减少非生产时间 20%～40%,从而降低钻井成本。

JBD018 控压钻井的概念和定义

随着控压钻井技术的发展,国外逐渐形成了系统的工艺理论,形成了不同的控压钻井工艺技术和方法,如井底恒压的控压钻井技术、加压钻井液帽钻井技术、双梯度钻井技术及 HSE(健康、安全、环境)控压钻井技术等。目前,Schlumberger,Halliburton,Weatherford 等国外石油服务公司已进行了相关的控压钻井技术研究和现场应用,取得了较好的应用效果;国内塔里木油田曾引进国外队伍在塔中地区进行了精细控压钻井作业。近年来,国内控压钻井技术和装备通过不断发展日趋完善,塔里木、华北、冀东等油田成功开展了现场工业化应用与服务。

1. 控压钻井的定义

国际钻井承包商协会欠平衡和控制压力钻井委员会将 MPD 定义为:"控压钻井是用于精确控制整个井眼环空压力剖面的自适应钻井过程,其目的是确定井下压力环境界限,并以此控制井眼环空液压剖面。"控压钻井的意图是避免地层流体不断侵入至地面,作业中任何偶然的流入都将通过适当的方法安全地处理。

控压钻井技术具体描述为:

(1)设计环空液压剖面,将工具与技术相结合,通过钻进过程中的实时控制,可以减少在井眼环境条件限制的前提下与钻井有关的风险和投资。

(2)可以对井口回压、流体密度、流体流变性、环空液面、循环摩阻以及井眼几何尺寸等进行综合分析并加以控制。

(3)可以快速校正并处理监测到的压力变化,它能够动态控制环空压力,从而能够更加经济地完成钻井作业。

2. 控压钻井的基本原理

控压钻井通过装备与工艺相结合,合理逻辑判断,提供井口回压保持井底压力稳定,使井底压力相对地层压力保持在一个微过、微欠和近平衡状态,实现环空压力动态自适应控制。控压钻井的核心就是对井底压力实现精确控制,保持井底压力在安全密度窗口之内。

JBD019 控压钻井的基本原理

井底压力等于静液柱压力、环空循环压力损耗和井口回压三者之和。实现控压钻井的途径可以是改变钻井液静液柱压力,也可以是改变井口回压,还可以改变环空循环压耗,由此产生了不同类型的控压钻井方法。

概括起来,控压钻井的压力控制任务主要表现在 2 个方面:一方面,通过调节钻井液密度、井口回压和环空摩阻等方法使钻井在合适的井底压力与地层压力差下进行;另一方面,在地层流体侵入井眼过量后,通过合理地改变钻井液密度及用地面装置控制的方法,将侵入钻井液中的地层流体安全排出,并在井眼中建立新的压力平衡。

在常规钻井中,平衡井下流体的压力指的是钻井液柱的静水压力,实际上它受环空内钻井液流动或钻杆运动的影响。在钻井期间,为了使钻井液柱压力更加合理,常通过调整钻井液密度来实现。静液柱压力的改变常常导致井底压力的变化,有时难以控制。使用控压钻井技术,使井底压力有更大的调节空间,可以通过多种途径来改变井眼压力,以达到精确地控制井底压力的目的。

压力控制方法较多,但是归纳起来,主要有下面2种方法:一种方法是控制井口回压;另一种方法是改变环空静液压力和摩阻。

(1)控制井口压力。当环空钻井液静液压力突然变化时,基本上都是通过旋转控制头和节流管汇调节井口回压来控制井眼压力。

(2)改变环空循环压耗。

① 在开泵循环时,通过改变钻井液流态、钻井液排量和环空间隙(通常是改变钻柱组合的外部直径和长度),可以改变环空循环压耗。

② 改变钻井液密度。可以通过直接改变钻井液密度或者相关联的方式来实现。例如,采用双密度梯度钻井的方式;在套管外面附加寄生管,向寄生管内注入气体,减轻寄生管以上环空钻井液密度等。

③ 改变钻井液温度或者固相含量。通过改变钻井液温度或者固相含量来达到稳定井眼的目的,以有效地加宽地层孔隙压力和破裂压力之间的窗口,容易实现快速钻进。这种以保持井眼稳定为目的的方法是应用控压钻井技术的一种新形式。

3.控压钻井的类型与应用范围

(1)控压钻井的类型。

国际钻井承包商协会欠平衡作业协会的控压钻井子协会将控压钻井技术划分为两大类:被动型控压钻井和主动型控压钻井。

JBD020 控压钻井的类型与应用范围

① 被动型控压钻井。采用常规钻井方法钻井,钻井设计中安装控压设备,钻井时能够迅速应对异常的压力变化。一旦有异常情况发生立即实行控压钻井。因此在钻井程序中至少需要装备有旋转控制装置(旋转防喷器或旋转控制头)、节流管汇、钻柱浮阀等,以使该技术能够更加安全有效地控制难以预测的井底压力环境,如孔隙压力或破裂压力高于或低于预测值。

② 主动型控压钻井。设计确定安装控压钻井设备,钻井时能够主动利用控制环空压力剖面这一优势,对整个井眼实施更精确的环空压力剖面控制。

控压钻井技术是为了更好地控制井底压力,其压力控制的目标是:无论是在钻进和循环钻井液,还是在接单根与起下钻等整个钻井作业过程中都能精确地控制井底压力,使其维持恒定。它有多种形式,根据技术的应用形式,控压钻井技术又可以分为以下几种常见的类型:

① 井底恒压(CBHP)的控压钻井技术。

② 加压钻井液帽钻井技术(PMCD)。

③ 双梯度钻井技术(DGD)。

④ HSE控压钻井技术。

精细控压钻井技术就是可以达到微流量控制钻井系统及恒定井底压力的动态环空压力控制系统的效果和能力的控压钻井技术。目前的技术水平是:微流量控压钻井可在涌入量小于80 L时检测到溢流,并可在2 min内控制溢流,使地层流体的总溢流体积小于800 L;恒定井底压力的动态环空压力控压钻井可以实现井口回压自动控制,并达到0.35 MPa的控制精度。

常规控压钻井技术是指达不到精细控压钻井的控制精度能力和控压钻井效果,但是就目前技术水平而言,可以在现场应用,并达到控压钻井目的的控压钻井技术。任何一种常规控压钻井技术都是一种可以独立应用且具有控压钻井控压作业过程的专有技术。

控压钻井配套技术就是为精细控压钻井技术和常规控压钻井技术进行配套的特殊技术。

（2）控压钻井的应用范围。

随着海洋勘探开发规模的不断扩大,以及陆地上对更深更复杂地层的勘探开发活动的日益增多,控压钻井技术得到了越来越多的应用,被认为是一项经济上可行的,能提高复杂地层钻井能力的钻井技术。控压钻井技术可适用于:

① 井眼不稳定及漏失层段。

② 压力枯竭油田。

③ 小井眼井。

④ 孔洞性或裂缝性储层。

⑤ 大位移井。

⑥ 致密气藏长水平段水平井。

⑦ 水平侧钻井。

⑧ 海洋深水钻井。

⑨ 高温高压深井。

⑩ 其他窄密度窗口钻井。

4. 控压钻井的特点

控压钻井不同于常规的敞开式压力控制系统,而是采用封闭的循环系统,更精确地控制整个环空的压力剖面,通过调节井眼的环空压力来补偿钻井液循环而产生的附加摩擦压力。正常情况下,控压钻井是一种平衡和较常规近平衡钻井压力波动更小的钻井方式,不会诱导地层流体侵入,不同于常规钻井,它能消除很多常规钻井存在的风险。该技术具有以下几个特点:

（1）使用欠平衡井口设备及其他相关技术与装备。

（2）以较常规方式更精确地控制井筒剖面（或特定复杂地层）压力为目标,实现安全钻井。

> JBD021 控压钻井的特点和优势

（3）能有效解决井漏、井涌和井塌等井筒稳定性问题。

控压钻井技术的重要特征就是使用了封闭的钻井循环压力控制系统,可增加钻井液返出系统的钻井液压力,在钻井作业过程中,保持适当环空压力剖面。防止了钻井液漏入地层,造成对地层的伤害。以"防出防漏"为主,这种控制压力变化的工艺有更好的井控能力,能更加精确地进行井眼压力控制,同时能保持对返出钻井液的导流功能,保证钻井顺利,减少复杂情况。

5. 控压钻井技术的优势

控压钻井技术是在欠平衡钻井技术的基础上发展起来的新技术,控压钻井的目标是解决一系列与钻井压力控制相关的问题,增强钻井作业的安全性和可靠性,降低经济成本。在美国的陆上钻井程序中,使用闭合与承压的钻井液循环系统钻井已成为陆地钻井技术的一个发展方向。更少的钻井非生产时间、更低的成本和更强的井控能力已经成为陆上钻井程序的关键技术标准。减少非生产时间和钻井事故,对钻井地质情况不清楚的油气井,在钻进的过程中能够根据需要更精确地进行压力控制,增强井控能力,减少调整钻井液密度

的次数,使复杂井的作业变得更加容易。具体来讲,控压钻井技术主要有以下几个方面的优势:

(1) 可以精确地控制整个井眼压力剖面,避免地层流体的侵入。

(2) 使用封闭与承压的钻井液循环系统,能够控制和处理钻井过程中可能产生的任何形式的溢流。

(3) 能解决裂缝性等复杂地层的漏失问题,减少易漏地层钻井液材料损失。

(4) 能减少井底压力波动,延伸大位移井或长水平段水平井的水平位移,减少对储层的伤害。

(5) 减少不稳定性地层失稳与垮塌问题,避免阻卡发生。

(6) 在特定情况下可以减少套管层次。

(7) 降低钻井成本。

控压钻井是一项具有精确维持井底常压,避免当量循环密度超过井眼破裂压力,减少发生井塌井漏等事故,降低钻井液成本,能更好通过窄压力窗口等优点的技术,必将成为海上与陆上钻井广泛应用的一种安全钻进技术。

6. 控压钻井技术的分级

随着控压钻井及其相关工具与测量设备的不断发展,有一整套控压钻井设备可供选择,并且设备有多种组合方式,可以满足不同钻井条件的要求。根据不同的地层和压力范围,在控压钻井设计过程中需要对其做出进一步的筛选。在某些情况下,某些控压钻井的钻井设备与工具可能是不必要的,如果使用,将会增加钻井费用。相反,对于某些地层来讲,可能需要增加一些特殊钻井设备,以提高压力控制的精确度。

JBD022 控压钻井技术的分级

钻井设计中选择哪一种设备的配套更为合适,对于施工的成功是非常关键的,但是某一种类型未必能充分控制所有必要的参数。设计者和作业者必须清楚地理解所钻井的复杂程度,然后选择合适的设备与钻井程序,以便有效地实施控压钻井作业。

(1) 基本 MPD(复杂等级 1)。

最初级的是针对那些钻井压力窗口相对较宽,钻井安全性较高的地层。基本的控压钻井只需要一个旋转控制装置(RCD)和引导回流的连通管汇。其应用范围包括岩石强度高,渗透率低,导致机械钻速(ROP)较低的区域。

在实际钻井液密度和当量孔隙压力之间窗口较窄的控压钻井作业期间,允许较低的溢流和起下钻余量是必要的。通常不需要连续环空压力监测,因为一般在旋转控制头下没有回压维持。如果发生溢流,依靠防喷器组的启用,钻台不会泄漏任何流体或有害气体。

(2) 增强的溢流/漏失监测(复杂等级 2)。

为了弥补由于孔隙压力与钻井液密度之间的窗口降低带来的风险,控压钻井设备增加了"回流监测",在钻井液返回流上增加流量计以增强(早期)溢流和漏失监测的能力,并且能够确定流动异常,是否真地发生了溢流、漏失或其他现象。

(3) 手动节流 MPD(复杂等级 3)。

手动节流 MPD 在返出液流通道上使用流动节流阀作为附加的控制点,可选择采用或者不用增强的溢流/漏失监测。这就提供了一个易于控制的参数——地面回压,通过控制节流阀进行调节。

钻井过程中,手动节流增加了在环空中钻井液摩阻施加的静液柱压力。其目的就是保持井眼压力在最高的孔隙压力和最低的破裂压力之间。经常通过用小于平衡最高孔隙压力所需的静液梯度钻井来完成作业,它利用循环过程中产生的动态摩阻以及接单根与起下钻期间的地面回压来弥补井底压力与静液柱压力的差值。

手动节流进行压力控制的难点是在循环和停止循环之间过度维持平衡的同时,保持环空压力几乎恒定。通过手动在地面逐渐关闭回流管线上的节流阀(直到完全关闭)来节流压力,与此同时减小循环速度至零(直到泵慢慢停止)。

(4)自动节流 MPD(复杂等级 4)。

用自动控制系统来控制地面回压。采用控制软件,使用各种数据来自动操纵节流管汇使其保持在计算出的节流阀位置。软件与节流阀的逻辑控制器(PLC)交互,从而控制机械装置来调节节流阀。

设备中有更为复杂的系统监测、预测和保持环空压力所使用的水力学计算模型软件,及自动节流阀和地面连续循环系统,有时将其互相联合起来工作。基本的自动操作是,操作者输入所需的地面回压,计算机和 PLC 就会通过控制节流阀的位置以保持所需压力。随着所容许的压力窗口降低,可以使用实时水力学模拟器,该模拟器根据实际井眼和地面测量重新计算出的压力窗口做出调整,然后将结果传给节流阀控制算法。

(二)精细控压钻井技术

1.微流量控制钻井系统

微流量控制钻井系统(Microfl™ Control System,MFC)是由 Weatherford 公司开发的,2006 年首次应用,取得了良好的效果,通过高精度流量计精确测量泵入和返回钻井液的质量和密度,判断溢流,若发现溢流及时控制节流管汇,增加井口回压至井底压力大于地层孔隙压力。该技术可控制气体溢流量小于 800 L。微流量控制钻井系统可在涌入量小于 80 L 时检测到溢流,并可在 2 min 内控制溢流,使地层流体的总溢流体积小于 800 L。

> JBD023 精细控压钻井技术概述

2.动态环空压力控制系统

动态环空压力控制(Dynamic Annular Pressure Control,DAPC)系统是由 Atbalance 公司开发的,主要由旋转控制装置、自动节流管汇、钻柱止回阀、压力溢流阀、钻井液四相分离器(可选)、回压泵、流量计、井下隔离阀及井下压力随钻测量装置等组成,主要用来解决窄压力窗口地层和高温高压地层所出现的钻井问题。

动态环空压力控制系统于 2003 年全尺寸设备试验成功。2005 年 Shell 公司将该技术用于了墨西哥湾 Mars TLP 区块的海洋钻井,解决钻井过程中的钻井液漏失和井眼失稳问题。

3.Halliburton 控压钻井系统

Halliburton MPD 技术是国际上比较先进的控压钻井技术,通过在井口施加连续回压,从而实现井底压力的恒定控制,达到安全钻井的目的。Halliburton 控压钻井系统的原理和参数指标与 DAPC 系统相同,另外在回压泵上加了一个入口流量计,在节流管汇中加了一个钻井液直流通道,并改变了安全溢流管线,但在微流量监测方面优于 DAPC 系统。该技术特别适用于解决窄密度窗口地层和裂缝发育的压力敏感地层钻井时出现的"涌漏同层、喷漏同存"的钻井复杂工况问题。

七、连续管钻井系统的构成与特点

连续管钻井系统主要由连续管钻机、循环系统、井控系统、辅助设备及井下钻具组合等硬件系统和连续管钻井工艺与专用软件等软件系统构成。其中连续管钻机、循环系统、井控系统和辅助设备等构成了连续管钻井地面系统。与常规钻井的地面系统相比，连续管钻井系统的钻井液循环与处理系统、井控系统及相关辅助设备并没有特别要求和显著区别，而标志性的特征差异则是连续管钻机。

JBD024 连续管钻井系统的构成与特点

连续管钻井技术的特点和适用范围一直备受关注。研究分析和应用实践表明，连续管钻井技术具有如下优点：(1) 井场占地面积小，适合于地面条件受限制的地区或海上平台钻井作业；(2) 不用接单根，减少了作业人数，节省了大量的起下钻时间，缩短了作业周期，对于部分需要频繁调整或更换井下钻具组合的钻井作业，其优势更为突出；(3) 可以实现不停泵连续循环，带压作业，提高了起下钻速度和作业安全性，有效避免因接单根可能引起的井喷和卡钻事故；(4) 可以进行过油管钻井作业，因此能非常方便地实现老井加深和过油管侧钻；(5) 特别适合欠平衡钻井作业、气液多相钻井和空气钻井；(6) 可以采用电缆传输信号，实现测井数据的实时传输，有效连续监测井下压力变化。

连续管钻井技术也存在不可回避的局限性：(1) 从完井与生产出发，希望选用管径和壁厚尽可能大的连续管(8 in 以上管径)，但连续管性能与运输条件等限制了连续管直径增大；(2) 频繁起下钻以更换或调整井下钻具组合，将导致连续管过早疲劳，从而降低使用寿命；(3) 无法实现旋转钻进，只能采用井下动力钻具或其他方式破岩钻进，也无法施加较大的钻压；(4) 井眼尺寸和泵速受到限制；(5) 实施连续管钻井之前，需要借助常规钻机或修井机对目标井进行钻前修井作业，若需要下套管，也必须依靠常规钻机或修井机完成。

总体而言，连续管钻井技术的应用可分为两个大的方面，即从地面开始新钻井眼至目的层(钻新井)，或在老井中实施加深和侧钻(老井重入)。受技术水平和装备能力制约，目前完全采用连续管钻井技术和装备钻的新井钻深只有数百米(不超过 1 000 m)，而且要求地层相对易钻且不易垮塌，此类应用主要集中在加拿大。若采取连续管钻井技术与常规钻井技术联合钻新井，其钻深可以达到数千米，但耗时更多，成本更大，必要性和经济性均受到质疑。连续管的无须接单根和无接箍特性，使得连续管钻井技术特别适合老井加深和过油管侧钻，特别适合采用的钻井工艺是欠平衡钻井工艺技术，因此而成为应用钻井新技术提高油气采收率的典型代表。

八、膨胀管钻井技术

(一) 膨胀管

所谓膨胀管就是用特殊材料制成的金属圆管，其原始状态具有较好的延展性，在膨胀力的作用下，通过膨胀锥的挤压作用，使其内径和外径均得到膨胀并发生永久塑性变形，膨胀率可达到 15%～30%。通过对膨胀管实施胀管，改变膨胀管的组织结构和机械性能，其强度指标得到提高，而塑性指标下降。通过选择或调整膨胀管材料，控制膨胀率等技术手段，使膨胀管获得与特定钢级套管相当的机械性能指标，从而满足石油工程的使用要求。

JBD025 膨胀管钻井技术的概念与应用

膨胀管一般用来解决复杂地层引起的各种问题，如封堵严重漏失地层、解决井眼垮塌问题等，也可以用于套管的补贴与修复。随着长井段膨胀管技术以及膨胀管等内径搭接技术的成熟，等直径井的概念被提出。等直径井是指从开钻到完井只下入一种直径的管子，通过不断延伸并等内径搭接的膨胀管解决各种压力系统与复杂地层问题。等直径井技术可以任意增加下入的套管次数,相当于扩展了套管层次,从而显著提升复杂深井的钻井能力。

(二)膨胀管技术的应用

随着油气勘探与开发事业的发展,部分油层已经枯竭或因井下复杂情况已不能正常生产。这些油层下的新油层虽然丰度低,却是油田持续发展不可忽视的储量,具有较大的开采价值。同时油田开发进入中后期,套损问题已成为人们较为常见的问题。其表现形式多种多样,主要包括套管腐蚀、变形与错断等,这都将严重影响生产的正常进行。特别是在钻井过程中,钻遇有问题的层段时,常常采用提前下套管的技术措施来解决问题。其结果是,受套管层次限制,引起一系列连带的技术问题。塔里木油田山前地层许多探井都是以小井眼完井,只能基本了解是否有油气存在,受小井眼限制,许多测试工作难以开展,有些井甚至影响到最终目的层的钻达。采用膨胀管技术,可有效地解决以上难题,一部分井可能一层套管下入数千米,只是解决很少的一段复杂地层,对于这类井膨胀管技术可以大幅度降低油田勘探与开发成本,而对于像塔里木油田山前地层等复杂地层,膨胀管可以在现有 6/7 层套管井身结构的基础上,利用膨胀管技术解决部分复杂地层,从而大幅度提升复杂深井钻井能力。对于这项技术,国外的多家公司已投入了大量的人力、物力进行研究,在套损补贴系统、膨胀尾管悬挂系统和裸眼系统 3 个应用领域都投入工业实施,效果良好,有扩大规模应用的趋势。用于解决复杂地层钻井和海洋深水钻井等钻遇问题的等直径钻井技术,已进行了先导性工业应用试验。等直径钻井技术被誉为"将带来钻井技术革命"的一项新技术,将带来钻井施工工艺的重大变革,将会逐渐发展成为钻井设计中考虑的技术手段之一。

根据膨胀管技术的用途对其进行分类,可分为套管补贴系统、裸眼系统及膨胀尾管悬挂系统等几大技术体系。

(三)膨胀管技术原理

膨胀管技术是利用膨胀管的可膨胀特性,通过对膨胀管进行径向的挤压,使其通过材料的弹性区达到屈服极限点,进入塑性变形区域发生塑性永久变形,从而使膨胀管的内外径扩大到设计尺寸,满足工程施工的需求。绝大多数金属材料都遵循金属的应力-应变曲线,膨胀管的管材也遵循这样的变化规律。膨胀管胀管过程类似于金属塑性冷加工中的拉拔工艺,在膨胀锥作用下一次使管材通过弹性变形区达到屈服极限点,进入塑性变形区域发生塑性变形,当大于金属屈服极限的应力载荷撤销后,金属将会弹性回缩再反方向对金属施加应力,金属将会很快进入屈服状态,进入塑性区域发生永久变形。该技术依据的原理主要有金属材料的弹塑性力学原理、液气压平衡原理、基础的运动学和固井工艺原理等,其中主要的是材料的弹塑性原理。

　　JBD026 膨胀管技术的原理

理论上,由于膨胀管顶端固定,膨胀管尾部呈自由状态,胀头从上向下沿轴向实施膨胀作业,膨胀管内径增大,假设体积不变,则膨胀管将发生轴向收缩。膨胀管内金属将同时产生轴向位移和径向位移,即膨胀管内的金属同时发生轴向和径向流动行为。由于膨胀管内壁与胀头间的接触面上存在金属内外壁的轴向位移量不一样,同时,由金属冷塑性加工理论可知,当接触面间的摩擦系数很小时,金属间的接触面增大,在很高的接触应力作用下,容易造成金属间的粘接。从这点来看,适当增加摩擦系数,有利于膨胀管的膨胀。在膨胀幅度一定的情况下,摩擦系数对金属的轴向和径向流动以及膨胀后的膨胀管壁厚都有影响。在摩擦系数一定的情况下,膨胀幅度对金属的轴向和径向流动有显著的影响。

　　由于接触压力的作用，膨胀管内壁单元受拉而拉伸，外壁单元受压而压缩。同时，在膨胀管的膨胀接触区域与已膨胀区域间也受到一高接触压力的作用，使膨胀管内壁单元受压而外壁单元受拉。所以在膨胀接触区域，膨胀管内壁单元先受拉伸再受压缩，而外壁单元则先被压缩再被拉伸。因此，在膨胀接触区域，膨胀管内外壁的金属流动很不规则，对膨胀管的连接部位的强度和密封产生破坏性影响。根据力学知识，胀头的接触面受力也不均匀，在胀头的接触面两端出现高接触压力，而在中部却受力很小，这为膨胀管和膨胀锥等的材料选择和结构设计提供了理论依据。

（四）膨胀管技术关键

　　膨胀管技术主要涉及金属的变形机理、金属的弹塑性力学原理以及固井工艺原理，同时它还与具体的施工工具和环境有密切的关系。其中主要的技术关键包括膨胀管管材、膨胀管连接方式、施工配套工具及建井工艺过程等几个方面的研究内容。

　　首先，通过膨胀管管材方面的技术研究，选择适合的膨胀管材料，并为膨胀管的选择提供筛选标准，同时为工程应用提供前提和理论依据。该方面研究主要包括膨胀管管材选择、膨胀管的加工及表面处理及膨胀管胀管行为仿真研究等。

　　管材要满足膨胀过程中的应力-应变性能要求，具有足够的强度、良好的塑性变形能力和一定的抗腐蚀能力。同时，要求管材的机械性能均匀，应力集中尽可能低，不同的管材分别达到 API 标准中的 J55 和 N80 要求或者更高标准。

　　其次，选择适合的膨胀管间连接方式以及膨胀管间搭接方式，确保连接部位的密封及悬挂的安全可靠性，主要包括连接螺纹的选择和搭接方式的选择等。

　　膨胀套管连接方式是实施膨胀管技术的重点和难点之一。膨胀管之间的连接螺纹一般采用不同于 API 螺纹的特殊螺纹，它要求这种螺纹在膨胀前后和膨胀过程中都能保持较好的密封性能和较高的连接强度，这对于一般的螺纹是很难做到的，必须是经过专门设计的特殊螺纹才能达到这一要求。另外，膨胀管管段间的悬挂、密封和锚定技术，是确保膨胀后能获得相同井眼通径的关键，也是保证膨胀管的使用寿命及井下操作安全可靠性的关键。

　　建立等直径井施工工艺过程及配套工具是确保现场施工顺利进行的关键。通过该方面的研究，研发出适合的钻井工艺、完井工艺以及实现各工艺过程的配套工具，确保钻完井过程的安全可靠性。该方面研究主要包括选择可行的钻井施工工艺和完井施工工艺，研发满足工艺要求的可变径膨胀锥、固井机构及随钻扩眼器等配套工具。

九、压井工艺

　　压井是向失去压力平衡的井内泵入高密度的钻井液，并始终控制井底压力略大于地层压力，以重建和恢复压力平衡的作业。压井过程中，控制井底压力略大于地层压力是借助节流管汇，控制一定的井口回压来实现的。

（一）压井方法的选择

　　正确确定压井方法，关系一口井压井作业的成功。科学选择压井方法，应该考虑以下因素：

　　（1）溢流类型。天然气溢流是确定压井方法必须考虑的因素。天然气流体进入井筒速度快，关井后向上运移膨胀，造成井口压力升高，同时可能伴随硫化氢。

JBE001 压井
方法的选择

（2）溢流量。进入井筒的溢流量，对压井过程中套管压力的大小起着重要作用，溢流量越大，压井过程中套压值越高。

（3）地层的承压能力。钻井液密度的安全窗口值越大，在压井过程中调整的余地越大。

（4）立管压力、套管压力的大小以及关井压力上升的速度。地层压力越高，压井难度越大，若立管压力值、套管压力值上升速度很快，不尽快实施压井，可能损坏井口造成井喷失控，同时可能压漏地层，造成施工井周围地面窜通。

（5）套管下深及井眼几何尺寸。套管下入深度决定地层破裂压力的大小，地层的承压能力直接决定压井方法，有技术套管和仅有表层套管的井，压井方法必然是不同的。井眼几何尺寸决定溢流的高度和压井液的量，溢流的高度关系套压值的大小，压井液的量则涉及压井准备工作的难易。

（6）井口装置压力等级及井口的完好程度。

（7）压井实施的难易程度，压井作业所需时间的长短。

（8）施工井内有无钻具及钻具下深。

（9）加重钻井液和加重剂储备情况及后勤保障能力，现场设备的加重能力。

（10）施工井的周边状况。施工井周边是否有居民区、河流、农田、草场、道路等。

总之要全面考虑上述因素，结合施工井地面、井下的特殊问题进行综合分析，在充分考虑各种方法利弊的基础上确定施工方案，同时为确保压井作业的成功，对施工中可能出现的问题，应有完善的应急处理措施。

（二）常规压井方法

常规压井方法包括关井立管压力为零的压井和关井立管压力不为零的压井。关井立管压力为零的压井，是钻井液的静液压力可以平衡地层压力，发生溢流是因为抽汲、井壁扩散气、钻屑气等进入井内的气体膨胀所致，其处理方法如下：

（1）当关井套压也为零时，保持钻进时的排量和泵压，敞开井口循环就可恢复井的压力控制。

（2）当关井套压不为零时，通过节流阀节流循环，在循环过程中，控制循环立压不变，当观察到套压为零时，停止循环。

上述2种情况经循环排除溢流后，应再用短程起下钻检验，判断是否需要调整钻井液密度，然后恢复正常作业。

关井立管压力和套管压力都不为零时的常规压井方法主要有司钻法压井（二次循环法）、工程师法压井（一次循环法或等待加重法）等。

1.司钻法压井（二次循环法）

司钻法是发生溢流关井求压后，第一循环周用原密度钻井液循环，排除环空中已被地层流体污染的钻井液，第二循环周再将压井液泵入井内，用2个循环周完成压井，压井过程中保持井底压力不变。

司钻法压井步骤如下：

（1）录取关井资料，计算压井所需数据，填写压井施工单，绘出压力控制进度表，作为压井施工的依据。

（2）用原钻井液循环排除溢流。

① 缓慢开泵，逐渐打开节流阀，调节节流阀使套压等于关井套压并维持不变，直到排量

> JBE002 司钻法压井的操作步骤

达到选定的压井排量。

② 保持压井排量不变，调节节流阀使立管压力等于初始循环压力，在整个循环周保持不变。调节节流阀时，注意压力传递的迟滞现象。液柱压力传递速度大约为 300 m/s，3 000 m 深的井，需 20 s 左右才能把节流变化的压力传递到立管压力表上。

③ 排除溢流，停泵关井，则关井立压等于关井套压。

在排除溢流的过程中，应配制加重钻井液，准备压井。

（3）泵入压井液压井，重建井内压力平衡。

① 缓慢开泵，迅速开节流阀平板阀，调节节流阀，保持关井套压不变。

② 排量逐渐达到压井排量并保持不变。在压井液从井口到钻头这段时间内，调节节流阀，控制套压等于关井套压并保持不变（也可以控制立管压力由初始循环压力逐渐下降到终了循环压力）。

③ 压井液出钻头沿环空上返，调节节流阀，控制立管压力等于终了循环压力并保持不变。当压井液返出井口后停泵关井，关井立管压力、套管压力应皆为零。然后开井，井口无外溢，则说明压井成功。

2. 工程师法压井（一次循环法或等待加重法）

工程师法压井是指发现溢流关井后，先配制压井钻井液，然后将配制好的压井液直接泵入井内，在一个循环周内将溢流排除并建立压力平衡的方法。在压井过程中保持井底压力不变。

工程师法压井步骤如下：

JBE003 工程师法压井的操作步骤

（1）录取关井资料，计算压井数据，填写压井施工单。压井施工单与司钻法压井施工单略有不同，主要区别是立管压力控制进度表不同。

（2）配制压井液。压井液密度要均匀，其他性能尽量与井内钻井液保持一致。

（3）将压井液泵入井内，开始压井施工。

① 缓慢开泵，逐渐打开节流阀，调节节流阀，使套压等于关井套压不变，直到排量达到选定的压井排量。

② 保持压井排量不变，在压井液由地面到达钻头这段时间内，调节节流阀，控制立管压力按照立管压力控制进度表变化，由初始循环压力逐渐下降到终了循环压力。

③ 压井液返出钻头，在环空上返过程中，调节节流阀，使立管压力等于终了循环压力并保持不变。直到压井液返出井口，停泵关井，检查关井套压、关井立压是否为零，如为零则开井，开井无外溢说明压井成功。

3. 压井作业中应注意的问题

（1）开泵与节流阀的调节要协调。从关井状态改变为压井状态时，开泵和打开节流阀应协调，节流阀开得太大，井底压力就降低，地层流体可能侵入井内；节流阀开得太小，套压升高，井底压力过大，可能压漏地层。

JBE004 压井作业中应注意的问题

（2）控制排量。整个压井过程中，必须用选定的压井排量循环并保持不变，由于某种原因须改变排量时，必须重新测定压井时的循环压力，重算初始压力和终了压力。

（3）控制好压井液密度。压井液密度要均匀，其大小要能平衡地层压力。

（4）要注意立管压力的滞后现象。压井过程中，通过调节节流阀控制立、套压，从而达到控制井底压力的目的，压力从节流阀处传递到立压表上，要滞后一段时间，其长短主要取决于井深、溢流的种类及溢流的严重程度。

（5）节流阀堵塞或刺坏。钻井液中的砂粒、岩屑很可能堵塞节流阀,高速液流可能刺坏节流阀。堵塞时套压升高,解决的方法是迅速打开节流阀,疏通后,迅速关回原位,若不能成功,应改用备用节流阀。若节流阀刺坏严重,应改用备用节流阀或更换节流阀。

（6）钻具刺坏。钻具刺坏,泵压下降,泵速提高,钻具断,悬重减小。可观察立压、套压,若两者相等,说明溢流在断口下方,若是气体溢流,让气体上升到断口,再用高密度钻井液压井;若关井套压大于关井立压,说明溢流已经上升到断口上方,可立即用高密度钻井液压井。

（7）钻头水眼堵。水眼堵时,立管压力迅速升高,而套压不变。记下套压,停泵关井,确定新的立管压力值后,再继续压井;水眼完全堵死,不能循环时,先关井,再进行钻具内射孔,然后压井。

（8）井漏。压井过程中若发生井漏,应先进行堵漏作业,然后再进行压井。

（三）非常规压井方法

非常规压井方法是溢流、井喷井不具备常规压井方法的条件而采用的压井方法,如空井井喷、钻井液喷空的压井等。

1. 平衡点法

平衡点法适用于井内钻井液喷空后的天然气井压井,要求井口条件为防喷器完好并且关闭,钻柱在井底,天然气经放喷管线放喷。这种压井方法是一次循环法在特殊情况下压井的具体应用。

此方法的基本原理是:假设钻井液喷空后的天然气井在压井过程中,环空存在一"平衡点"。所谓平衡点,即压井液返至该点时,井口控制的套压与平衡点以下压井液静液柱压力之和能够平衡地层压力。压井时,在压井液未返至平衡点前,为了尽快在环空建立起液柱压力,压井排量应以在用缸套下的最大泵压求算,保持套压等于最大允许套压;当压井液返至平衡点后,为了减小设备负荷,可采用压井排量循环,控制立管总压力等于终了循环压力,直至压井液返出井口,套压降至零。 JBE005 平衡点法压井的操作步骤

压井过程中控制的最大套压等于"平衡点"以上至井口的压井液的静液柱压力。当压井液返至"平衡点"以后,随着液柱压力的增加,控制套压减小至零,压井液返至井口,井底压力始终维持一常数,且略大于地层压力。因此,压井液密度的确定尤其要慎重。

2. 置换法

当井内钻井液已大部分喷空,同时井内无钻具或仅有少量钻具,不能进行循环压井,但井口装置可以将井关闭,压井液可以通过压井管汇注入井内,这种条件下可以采用置换法压井。通常情况下,由于起钻抽汲,钻井液不够或灌钻井液不及时,电测时井内静止时间过长导致气侵严重引起的溢流,经常采用此方法压井。

操作方法: JBE006 置换法压井的操作步骤

（1）通过压井管线注入一定量的钻井液,允许套压上升某一值（以最大允许值为限）。

（2）关井一段时间,使泵入的钻井液下落,通过节流阀缓慢释放气体,套压降到某一值后关节流阀。套压降低值与泵入的钻井液产生的液柱压力相等。

重复上述过程就可以逐步降低套压。一旦泵入的钻井液量等于井喷关井时钻井液液罐增量,溢流就全部排除了。置换法进行到一定程度后,置换的速度将因释放套压、泵入钻井液的间隔时间变长而变慢,此时若条件具备下钻到井底,采用常规压井方法压井。下钻

时,钻具应装有回压阀,灌满钻井液。当钻具进入井筒钻井液中时,还应排掉与进入钻具的体积相等的钻井液量。

置换法压井时,泵入的加重钻井液的性能应有助于天然气滑脱。

3. 压回法

JBE007 压回法和低节流压井法的操作步骤

所谓压回法,就是从环空泵入钻井液把进入井筒的溢流压回地层。此法适用于空井溢流,天然气溢流滑脱上升不很高、套管下得较深、裸眼短,具有渗透性好的产层或一定渗透性的非产层。特别是含硫化氢的溢流。

具体施工方法是:以最大允许关井套压作为施工的最高工作压力,挤入压井钻井液。挤入的钻井液可以是钻进用钻井液或稍重一点的钻井液,挤入的量至少等于关井时钻井液液罐增量,直到井内压力平衡得到恢复。使用压回法要慎重,不具备上述条件的溢流最好不要采用。

4. 低节流压井法

这种方法是指发生溢流后不能关井,关井套压超过最大允许关井套压,因此只能控制在接近最大允许关井套压的情况下节流放喷。

（1）不能关井的原因。

① 高压浅气层发生溢流。

② 表层或技术套管下得太浅。

③ 发现溢流太晚。

（2）压井原理。

低节流压井就是在井不完全关闭的情况下,通过节流阀控制套压,使套压在不超过最大允许关井套压的条件下进行压井。当高密度钻井液在环空上返到一定高度后,可在最大允许关井套压范围内试行关井,关井后,求得关井立管压力和压井液密度,然后再用常规法压井。

（3）减少地层流体的措施。

低节流压井过程中,由于井底压力不能平衡地层压力,地层流体仍会继续侵入井内,从而增加了压井的复杂性。为减少地层流体的继续侵入,可以采取以下措施:

① 增大压井排量,可以使环空流动阻力增加,有助于增大井底压力。

② 提高第一次循环的压井液密度,高密度压井液进入环空后,能较快地增加环空的液柱压力,抑制地层流体的侵入。

③ 如果地层破裂压力是最小极限压力,当溢流被顶替到套管内以后,可适当提高井口套压值。

（四）特殊情况下的压井作业

1. 起下钻过程中发生溢流后的压井

JBE008 起下钻过程中发生溢流后的压井

在起下钻过程中,常常由于抽汲或未及时灌钻井液使井底压力小于地层压力而引起溢流发生。在起下钻过程中发生溢流后,因钻具不在井底,给压井带来很多困难,必须根据不同情况采用不同方法进行控制。在起下钻过程中,如发现溢流显示,则必须停止起下钻作业,抢装钻具止回阀,立即关井检查。根据具体情况可采取以下方法压井。

（1）暂时压井后下钻的方法。

发生溢流关井后,由于溢流一般在钻头以下,直接循环无法排除溢流,可采用在钻头以上井段替成压井液暂时把井压住后,开井抢下钻杆的方法压井。钻具下到井底后,用司钻法排除溢流即可恢复正常。

这种方法实际上就是工程师法的具体应用,只是将钻头处当成"井底"。根据关井立压确定压井液的密度和压井循环立管压力的方法同工程师法类似,但是要注意此时的低泵速泵压需要重新测定。压井循环时,在压井液进入环空前,保持压井排量不变,调节节流阀控制套压为关井套压并保持不变;压井液进入环空后,调节节流阀控制立压为终了循环压力并保持不变。直到压井液返至地面,至此替压井液结束。此时关井套压应为零。

井口压力为零后,开井抢下钻杆,力争下钻到底,下钻到底后,则用司钻法排除溢流,即可恢复正常。

如下钻途中,再次发生井涌,则重复上述步骤,再次压井后下钻。

(2) 等候循环排溢流法。

这种方法是指:关井后,控制套压在安全允许压力范围内,等候天然气溢流滑脱上升到钻头以上,然后用司钻法排除溢流,即可恢复正常。通常,天然气在井内钻井液中的滑脱上升速度为 270~360 m/h。

2. 井内无钻具的空井压井

溢流发生后,井内无钻具或只有少量的钻具,但能实现关井。这种情况通常是由于起钻时发生强烈的抽汲或起钻过程中未按规定灌够钻井液,使地层流体进入井内,或因进行电测等空井作业时,钻井液长期静止而被气侵,不能及时除气而造成。

> JBE009 井内无钻具的空井压井

在空井情况下发生溢流后,不能再将钻具下入井内时,应迅速关井,记录关井压力。然后用体积法(容积法)进行处理。

体积法的基本原理是控制一定的井口压力以保持压稳地层的前提下,间歇放出钻井液,让天然气在井内膨胀上升,直至上升到井口。

操作方法是:先确定允许的套压升高值,当套压上升到允许的套压值后,通过节流阀放出一定量的钻井液,然后关井,关井后气体又继续上升,套压再次升高,再放出一定量的钻井液,重复上述操作,直到气体上升到井口。

气体上升到井口后,通过压井管线以小排量将压井液泵入井内,当套压升高到允许的关井套压后立即停泵。待钻井液沉落后,再释放气体,使套压降低值等于注入钻井液所产生的液柱压力。重复上述步骤,直到井内充满钻井液。

根据实际情况,也可以采用压回法或置换法压井。

3. 又喷又漏的压井

当井喷与漏失发生在同一裸眼井段时,这种情况需首先解决漏失问题,否则,压井时会因压井液漏失而无法维持井底压力略大于地层压力。根据又喷又漏产生的不同原因,其表现形式可分为上喷下漏、下喷上漏和同层又喷又漏。

> JBE010 又喷又漏的压井

(1) 上喷下漏的处理。

上喷下漏俗称"上吐下泻"。这是因在高压层以下钻遇低压层(裂缝、孔隙十分发育)时,井漏将使在用钻井液和储备钻井液消耗殆尽,井内得不到钻井液补充,因液柱压力降低而导致上部高压层井喷。其处理步骤是:

① 在高压层以下发生井漏,应立即停止循环,定时定量间歇性反灌钻井液,尽可能维持一定液面来保持井内液柱压力略大于高压层的地层压力。确定反灌钻井液量和间隔时间有3种方法:第一种是通过对地区钻井资料的分析统计出的经验数据确定;第二种是测定漏

速后确定;第三种是由建立的钻井液漏速计算公式确定。

② 反灌钻井液的密度应是产层压力当量钻井液密度与安全附加当量钻井液密度之和。

③ 也可通过钻具注入加入堵漏材料的加重钻井液。

④ 当漏速减小,井内液柱压力与地层压力呈现暂时动平衡状态后,可着手堵漏并检测漏层的承压能力,堵漏成功后就可实施压井。

（2）下喷上漏的处理。

当钻遇高压地层发生溢流后,提高钻井液密度压井而将高压层上部某地层压漏,就会出现所谓下喷上漏。处理方法是:立即停止循环,定时定量间歇性反灌钻井液。然后隔开喷层和漏层,再堵漏以提高漏层的承受能力,最后压井。在处理过程中,必须保证高压层以上的液柱压力大于高压层的地层压力,避免再次发生井喷。隔离喷层和漏层及堵漏压井的方法主要是:

① 通过环空灌入加有堵漏材料的加重钻井液,同时从钻具中注入加有堵漏材料的加重钻井液。加有堵漏材料的钻井液既能保持或增加液柱压力,也可减小低压层漏失和堵漏。

② 向环空灌入加重钻井液,在保持或增加液柱压力的同时,注入胶质水泥,封堵漏层进行堵漏。

③ 上述方法无效时,可采用重晶石塞—水泥—重晶石塞—胶质水泥或注入水泥隔离高低压层,堵漏成功后继续实施压井。

（3）同层又喷又漏的处理。

同层又喷又漏多发生在裂缝、孔洞发育的地层,或压井时井底压力与井眼周围产层压力恢复速度不同步的产层。这种地层对井底压力变化十分敏感,井底压力稍大则漏、稍小则喷。处理方法是:通过环空或钻具注入加重后的钻井液,钻井液中加入堵漏材料。此法若不成功,可在维持喷漏层以上必需的液柱压力的同时,采用胶质水泥或水泥堵漏,堵漏成功后压井。

十、工程事故处理

（一）卡钻事故的处理

卡钻事故发生后,根据卡钻的现象,找出卡钻原因,分析卡钻机理,判定卡钻性质,确定处理方案,在遵守处理卡钻事故的安全、快速、灵活和经济原则的基础上,按照由简及繁、由易及难的步骤进行处理。

JBF001 卡钻处理原则

（1）安全原则。在处理复杂情况与井下事故的过程中,必须从设备、工具、技术方案与措施、人员素质等各个方面进行综合考虑,既要考虑如何处理,又要考虑退路,凡事都要留有余地,以保证安全。

（2）快速原则。复杂情况与井下事故会随着时间的推移而恶化。故在确保安全的前提下,必须抓紧时间处理,要迅速决策、组织、施工,工序衔接要有条不紊。在实施第一套方案的同时,要制定好第二套甚至第三套方案。

（3）灵活原则。复杂情况与井下事故多种多样,处理过程多变。故要灵活机动,抓住战机,及时调整处理方案。处理问题时既要重视经验,又不拘泥于经验;既要灵活机动,又不违反客观规律;既要大胆构想,又要符合逻辑。

（4）经济原则。面对不同情况,从各种处理方案的安全性、有效性、工艺的难易程度、工具材料费用、占用钻机时间、环境影响等方面进行综合评估,把损失降到最低限度。

在卡钻事故中,往往由一种卡钻诱发另一种卡钻。如缩径卡钻、键槽卡钻、落物卡钻发生之后,由于钻柱失去了自由活动的能力,会导致粘吸卡钻的发生。粘吸卡钻发生后,由于处理不当,又会诱发坍塌卡钻。所以一旦发生卡钻,要立即采取适当的措施防止另一种卡钻的发生,避免形成复合式卡钻,以免增加处理难度。

当卡钻事故发生后,必须首先考虑为顺利解决事故创造条件。所创造的条件主要有如下几个方面:

(1)必须维持钻井液畅通。要防止钻头水眼或环空堵塞,一旦循环失灵,就不能注解卡剂,也很容易诱发井塌和砂桥的形成,从钻杆内下爆炸松螺纹工具也很难下到预定位置。

(2)要保持钻柱完整。一旦钻柱提断或扭断,断点以下钻井液不能循环,钻屑和井壁坍塌物就会下沉,可导致钻头和钻柱水眼堵塞,或在环空形成砂桥。如果鱼顶正好处在大井径处,打捞钻具时,寻找鱼头困难。

(3)不能把钻具连接螺纹扭得过紧。因为任何卡钻事故都有可能恶化到套铣倒螺纹,钻具扭得过紧,一方面使接头内螺纹胀大,导致钻具从中脱开;另一方面,造成倒螺纹困难。

(二)粘吸卡钻的处理

粘吸卡钻的处理程序如图 2-2-1 所示。

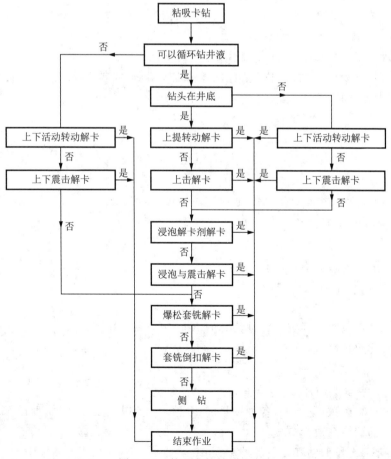

图 2-2-1 粘吸卡钻的处理程序

1. 处理粘吸卡钻的方法

（1）强力活动。

JBF002 粘吸卡钻的处理方法

粘吸卡钻随着时间的延长而趋于严重。所以一旦发现粘吸卡钻，就应在设备特别是起升系统和钻柱的安全载荷以内尽最大力量进行活动。上提时，不超过薄弱环节的安全载荷极限，下压时可以把钻柱的全部重量压上，也可以进行适当的转动，但不能超过钻杆限制的扭转圈数。若强力活动若干次（一般不超过 10 次）无效，就不必再继续强力活动，而要在适当的范围内活动未卡钻柱，上提拉力不能超过自由钻柱悬重 $100 \sim 200$ kN，下压重量根据井深和最后一层套管的下入深度而定，可以把自由钻柱重量的 1/2 甚至全部压上，使裸眼内钻柱弯曲，减少钻柱与井壁的接触面积，防止卡点上移。

（2）震击解卡。

若钻柱上带有随钻震击器，一旦发现粘吸卡钻要立即启动上击器上击或启动下击器下击，以求迅速解卡。

（3）浸泡解卡剂。

浸泡解卡剂是解除粘吸卡钻最常用最有效的方法。解卡剂种类繁多，广义上讲，包括原油、柴油、煤油、油类复配物、盐酸、土酸、清水、盐水、碱水等；狭义上讲，是指用专门材料配成的用于解除粘吸卡钻的特殊溶液。其密度可以根据需要任意调整。选用哪种解卡剂，要根据各个地区和各口井的具体情况而定。

浸泡解卡剂的施工步骤如下：

① 计算卡点深度，求准卡点位置。

卡点深度就是井内未被卡部分（卡点以上）的钻柱长度。

根据虎克定律，在弹性极限内，钻杆的绝对伸长与轴向拉力成正比，与钻杆长度成正比，而与其横截面积成反比。即

$$\Delta L = PL/EA$$

则

$$L = EA\Delta L/P$$

式中　L——卡点以上钻杆长度，m；

　　　E——钢材弹性模量，2.1 MPa；

　　　ΔL——钻杆绝对伸长，cm；

　　　P——拉力载荷，10 kN；

　　　A——钻杆横截面积，cm^2；

为了计算方便，令 $K = EA/10^5$，则

$$L = K\Delta L$$

式中　K——计算系数，量纲一，各种钻具的 K 值可查钻井手册。

现在现场多采用公式：

$$L = 9.8K\Delta L/P$$

式中　L——卡点以上钻杆长度，m；

　　　K——计算系数，量纲一，各种钻具的 K 值可查钻井手册。例如直径 127 mm 钻杆的计算系数为 715。

　　　ΔL——一次拉伸钻杆伸长的总和，cm；

　　　P——一次拉伸所需拉力差的总和，kN。

$\Delta L,P$ 也可取几次拉伸的平均值。

上述计算只适用于尺寸和钢级都相同的钻杆。

② 计算解卡剂用量。一般第一次浸泡点为卡点以上 100 m,浸泡过程中每 30 min 顶替一次,因此解卡剂用量为管柱内解卡剂量和管外钻头至卡点以上 100 m 间的环空容积。其中管柱内解卡剂量依浸泡时间而定。

③ 计算注入井内时的最高泵压。泵压等于管外和管内液柱压力差与循环泵压之和。

④ 对高压层特别是浅气层进行压力平衡校核,以保证安全。

⑤ 检查设备,做好注解卡剂准备。

⑥ 停泵倒好阀门,启动水泥车,先注 0.1 m³ 有机稀释剂或 2 m³ 原油做隔离液,然后连续注进解卡剂。

⑦ 解卡剂注完,再注入少量隔离液,停水泥车,立即倒换阀门,按要求的数量开泵顶替解卡剂,替完停泵,开始浸泡。

⑧ 浸泡期间,应根据井下情况决定顶替间隔时间和顶替量,并按时活动钻具,不活动时将钻具压弯,以防卡点上移。

⑨ 解卡后立即开泵循环,转动转盘,待排完解卡剂、岩屑减少后方可上下活动钻具,处理好钻井液起钻。

浸泡解卡剂的技术要求有:卡点要计算准确;解卡剂密度应等于或略大于原钻井液密度;注解卡剂应采用大排量,以防窜槽,替入钻井液一般用钻井泵,要求准确计算替入量。

浸泡解卡剂期间的注意事项:活动钻具的拉力范围应经常变换,以防造成应力集中而拉断钻杆;浸泡期间司钻不得离开刹把,要随时注意解卡;若出现泵压升高,钻井液返出量异常,管内解卡剂替完而未解卡应停止浸泡;排解卡剂中途不得停泵或倒泵,以防憋泵使事故复杂。

(4) U 形管效应降压法。

基于压差是粘吸卡钻的主要原因,可以采用降低压差甚至形成负压差来解除粘吸卡钻。该方法施工的条件是:

① 必须是下过技术套管的井,且具备完整的井控设备。

② 裸眼井段无高压层和坍塌层。

③ 钻柱上未接回压阀,能够进行反循环。

④ 无堵塞钻头水眼的可能。

2. 处理粘吸卡钻的注意事项

粘吸卡钻是最常见的一类卡钻,也是最容易处理的卡钻事故,但若处理不当,则往往引发其他事故,因此处理粘吸卡钻时也决不能麻痹大意。在处理粘吸卡钻时要注意以下问题:

JBF003　处理粘吸卡钻的注意事项

(1) 解卡剂的选用,要根据各个地区及各口井的具体情况而定,最好使用可以调整密度的油基解卡剂。

(2) 注入解卡剂前,特别是注低密度解卡剂,必须在钻柱上接回压阀或旋塞,还要进行一次钻井液循环周试验,在确认钻具没有刺漏时,方可注入。

(3) 保证钻头水眼和环空不被堵塞。

(4) 若一次浸泡解卡剂用量过大,有引起井涌、井喷的危险,要进行分段浸泡。先浸泡被卡钻柱下部一段时间后,再将解卡剂一次性顶到卡点位置,浸泡被卡钻柱的上部。

（5）合理确定浸泡时间。根据浸泡情况，可以浸泡多次，或调整所用解卡剂。

（6）浸泡解卡后，要不断活动钻柱，以防再次发生粘吸卡钻。

（7）若是复合卡钻，则要考虑采用震击、套铣等措施。在倒开原钻柱之前，最好先下一只爆破筒把钻头或钻头水眼炸掉或把钻铤炸裂，以便恢复循环。

（8）钻具断落后，很容易形成粘吸卡钻。所以所下打捞工具要能密封鱼头部位；所用内、外螺纹锥不能带有退屑槽；所下打捞矛要带封堵器。

（三）井壁坍塌卡钻的处理

坍塌卡钻的处理程序如图 2-2-2 所示。

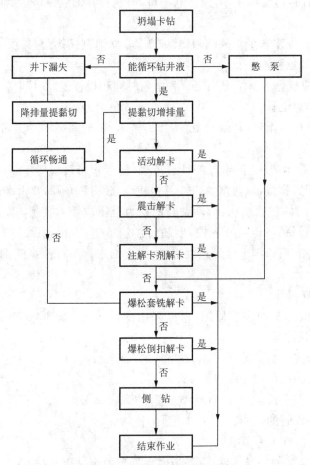

图 2-2-2　坍塌卡钻的处理程序

（1）坍塌卡钻后，可以小排量循环时的处理。

JBF004　坍塌卡钻的处理方法

严格控制钻井液进出口流量的基本平衡，待循环稳定后，逐渐提高钻井液的黏度和切力，以提高钻井液的携岩能力。然后逐渐提高排量，争取把坍塌的岩块带到地面。若是石灰岩、白云岩坍塌形成的卡钻，且坍塌井段不长时可考虑泵入抑制性盐酸来处理。

（2）坍塌卡钻后，不能循环时的处理。

该情况下的处理方法是套铣倒螺纹。为了给少倒螺纹和容易倒螺纹创造条件，在发生严重井塌后，要严格控制扭矩。一旦确定是坍塌卡钻，就应及早倒钻具。在松软地层宜采用外螺纹锥或打捞矛的长筒套铣,使套铣与倒螺纹一次完成;在较硬地层,宜减小套铣筒长度,尽量减少套铣过程中的失误。套铣至稳定器时,宜下震击器震击解卡。

(四) 砂桥卡钻的处理

砂桥卡钻的处理程序如图 2-2-3 所示。

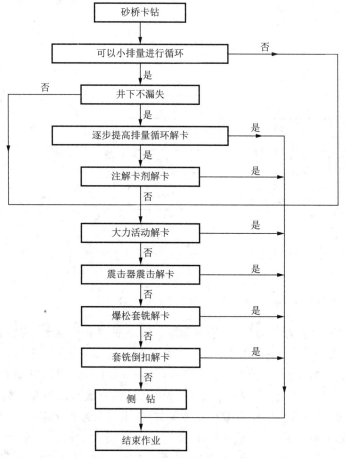

图 2-2-3 砂桥卡钻的处理程序

（1）砂桥卡钻后,可用小排量循环时的处理。这种情况,要尽可能维持小排量循环,逐步增加黏度、切力,待一切稳定后,再逐步增加排量,力争把循环通路打开。严禁贸然增加排量,增加泵压,把砂桥挤死。

（2）砂桥卡钻后,钻井液只进不出时的处理。若开泵时,钻井液只进不出,钻具遇卡,无法活动,就要算准卡点,尽快从卡点附近倒开,以免发展成粘吸卡钻,形成复合卡钻。

（3）砂桥位置在上部时的处理。倒出部分钻具后,可利用长筒套铣解除砂桥,然后再下钻具对螺纹,恢复循环。

（4）砂桥位置在下部时的处理。利用爆炸倒螺纹的方法,一次将未卡钻具倒完,卡点以下钻具只能套铣倒螺纹解卡。若钻柱上带有稳定器,套铣到稳定器以后,不必再扩眼套铣稳定器,就可以接震击器震击解卡。

JBF005 砂桥卡钻的处理方法

（五）缩径卡钻的处理

缩径卡钻理的处理程序如图 2-2-4 所示。

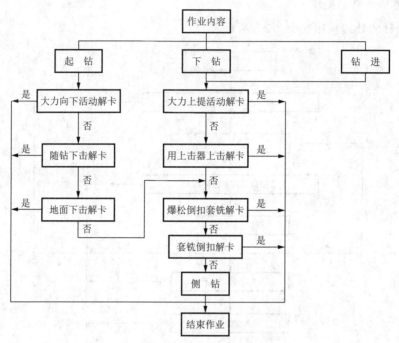

图 2-2-4　缩径卡钻的处理程序

JBF006 缩径卡钻的处理方法

（1）遇卡初期，应大力活动钻具，争取解卡。若下钻过程中遇卡，应在钻具和设备的安全载荷以内大力上提，决不能硬压；若起钻过程中遇卡，应大力下压，决不能强提。大力活动数次（一般不超过 10 次）不能解卡，则不要强干，而应循环钻井液，在适当的拉力压力范围内定期活动（一般每 10～15 min 活动两三次），以防发生粘卡。

（2）震击器震击解卡。钻柱中带有随钻震击器，当起钻过程中遇卡时，要启动下击器下击解卡；当下钻遇卡或钻头在井底遇卡时，要启动上击器上击解卡。在活动钻具及震击的过程中，要随时注意钻具的活动范围，若钻柱随下击而下移，随上击而上移，则说明震击有效。若发现钻柱的活动范围越来越小，则说明已有粘卡发生，则不要继续震击。

（3）若发现卡钻是缩径与粘吸的复合式卡钻，要先泡解卡剂，然后再进行震击。

（4）若缩径是盐岩造成的，而且还能维持循环，可以泵入淡水至盐岩缩径井段以溶化盐层，同时配合震击器震击。

（5）若缩径是泥页岩造成的，可泵入油类、清洗剂或润滑剂，并配合震击器震击。

（6）若大力活动钻具与震击均无效，就要进行爆炸松螺纹和套铣倒螺纹。

（7）若套铣倒螺纹已无法进行或不经济，可考虑侧钻新井眼。

（六）键槽卡钻的处理

键槽卡钻的处理程序如图 2-2-5 所示。

JBF007 键槽卡钻的处理方法

（1）大力下压。

（2）下击器下击。

（3）倒螺纹套铣。若震击无效，则需倒出上部未卡钻具，然后进行套铣解卡。

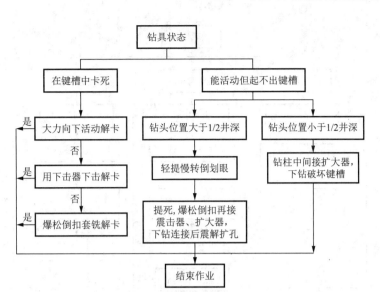

图 2-2-5 键槽卡钻的处理程序

（4）在石灰岩、白云岩地层形成的键槽卡钻，可用抑制性盐酸来解除。

（七）泥包卡钻的处理

泥包卡钻可分为钻头在井底发生的泥包卡钻和钻头在起钻中途发生的泥包卡钻，其处理程序分别如图 2-2-6 和图 2-2-7 所示。

JBF008 泥包卡钻的处理方法

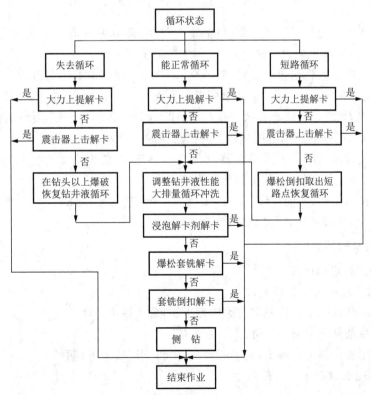

图 2-2-6 钻头在井底时泥包卡钻的处理程序

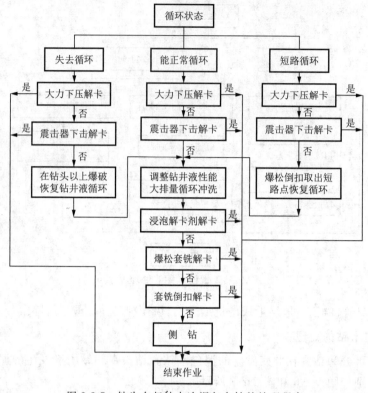

图 2-2-7　钻头在起钻中途泥包卡钻的处理程序

（1）在井底发生泥包卡钻时，要尽可能增大排量，降低钻井液的黏度和切力，以便增大钻井液的冲洗力，同时尽最大力量上提，或用上击器上击。

（2）在起钻中途发生泥包卡钻时，要尽全力下压，或用震击器或下击器下击。在条件允许时，应大排量循环钻井液，同时大幅度降低钻井液的黏度和切力，并加入清洗剂。

（3）若震击无效，并可能有粘吸卡钻时，可注入解卡剂解卡。一方面消除钻具与滤饼的黏附，另一方面也可以减少泥包物与钻头或稳定器的吸附力。

（4）若泥包现象是由钻头或稳定器泥包造成的，则不能大力上提钻具，以免把钻具卡死，失去循环钻井液的条件，导致不能注解卡剂。

（5）若泥包卡钻后，不能循环，又因时间较长，有粘吸卡钻征兆时，不能盲目倒螺纹。而要弄清卡钻部位，炸破钻具，恢复循环，消除粘吸卡钻后再考虑是否倒螺纹。

（八）落物卡钻的处理

落物卡钻的处理程序如图 2-2-8 所示。

1. 钻头在井底时发生落物卡钻

（1）应争取转动解卡。首先用较大扭力正转，若正转不行则倒转。

（2）在条件允许时，应尽最大力量上提。

（3）用震击器上击解卡，若不能解卡，则再下压或下击，就可解卡。

2. 在起钻过程中发生落物卡钻

（1）应猛力下压。

（2）应用震击器下击解卡。

JBF009 落物卡钻的处理方法

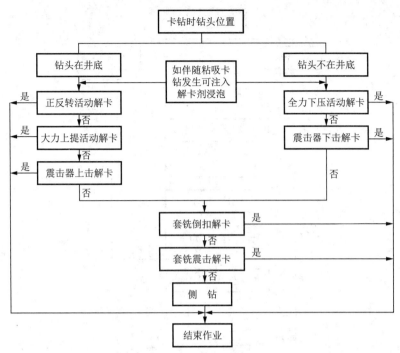

图 2-2-8　落物卡钻的处理程序

（3）下压、震击无效时，再进行倒螺纹作业。

（4）若是水泥块造成的卡钻，可泵入抑制性土酸，并配合震击器震击来破碎水泥块。

（5）套铣。若是地层塌块或水泥块造成的卡钻，套铣很容易解卡；若是金属碎物造成的卡钻，则要轻压慢铣。若铣至钻头仍不能解卡，可再接震击器震击解卡。

（九）干钻卡钻的处理

干钻卡钻的处理程序如图 2-2-9 所示。

（1）震击器上击。

（2）爆炸切割。干钻卡钻的卡点在钻头附近，当确定为严重干钻时，要及早从卡点以上爆炸切割。

（3）爆炸倒螺纹，或用原钻具直接倒螺纹。及早倒出上部钻具，以防上部钻具发生粘吸卡钻。

（4）扩眼、套铣。该方法一般适用于井较浅时发生的干钻卡钻。

JBF010 干钻卡钻和水泥卡钻的处理方法

（十）水泥卡钻的处理

水泥卡钻通常采用爆炸切割或套铣、倒螺纹的方法进行处理。

十一、处理卡钻的常用工具和方法

（一）震击器和加速器

在钻井作业中，由于地质构造复杂（如井壁坍塌、裸眼中地层的塑性流动和挤压）、技术措施不当（如停泵时间过长、钻头泥包等），常常发生钻具遇阻卡钻。震击器是解除卡钻事故的有效工具之一。

SY/T 5496—2010《震击器及加速器》规定：

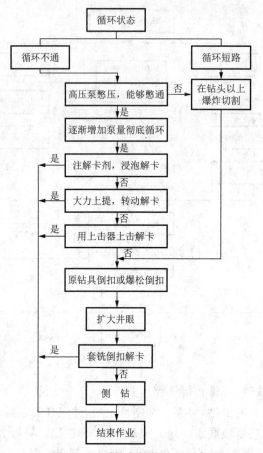

图 2-2-9　干钻卡钻的处理程序

释放力指解除震击器内部机构的约束，使震击器产生震击所需的拉力或压力。

许用释放力指震击器现场使用时，允许使用的最大释放力。

延时指在液压震击器震击过程中，轴向拉力或压力达到许用释放力至解锁震击的时间。

有效工作周期指震击器在井内连续或断续工作期间，释放力不低于产品许用释放力的 60% 时的总震击次数或无故障井下工作时间。

1. 震击器的类型、结构、辅助器械及工作原理

根据 SY/T 5496—2010，震击器按工作状况可分为随钻震击器和打捞震击器，按震击原理可分为液压震击器、机械震击器和自由落体震击器，按震击方向可分为上击器、下击器和双向震击器。

（1）随钻震击器。

BF011 震击器的结构及工作原理

　　随钻震击器主要由随钻上击器和随钻下击器 2 个独立的部分组成。随钻上击器主要由心轴、刮子、刮子体、心轴壳体、花键体、延长心轴、密封装置、压力体、耐磨液压油、密封体、浮子、冲管、冲管体等组成。随钻下击器主要由上接头、刮子、连接体、密封装置、调节环、卡瓦心轴、卡瓦、滑套、套筒、心轴接头、花键体、心轴、心轴体等组成。其工作原理是当需要上击时，快速提拉钻柱，钻柱伸长积蓄很大能量，一旦锁定机构解脱，钻柱的弹性力使震击头碰撞产生强大的上击作用；当需要下击时，则需要迅速下放钻具，利用钻具

上部的重力即可产生向下的震击作用。

（2）油压上击器。

油压上击器主要由震击杆、刮子、密封装置、上缸套、中缸套、导向杆、活塞、下接头等组成。其工作原理是震击杆与上、中缸套组成充满耐磨液压油的空腔。活塞与活塞环在腔内向上运动的过程中产生液阻，使钻具有足够的时间蓄能。随着液压油从活塞环窄缝中泄流，活塞缓慢上行至泄油腔。当液压油的约束被解除后，钻具储存的弹性能被释放，巨大的冲击力打击到与上缸套连接的被卡钻具上，从而使钻具解卡。

油压上击器主要用于卡钻、打捞和地层测试中遇卡时上击解卡。打捞时安装在打捞工具和安全接头的上面，离卡点越近，震击效果越好。

为了获得较大的震击力，通常在上击器上方加 3～5 根钻铤，对浅井或斜井还需安装一个加速器。上提钻柱产生的拉力不得超过震击器的最大载荷。

（3）下击器。

下击器根据结构不同，可分为开式下击器和闭式下击器。

开式下击器主要由上接头、震击总成、震击杆、筒体、下接头总成等组成。震击杆为六方柱体，以便传递扭矩。震击总成为震击杆的支点，同时起隔离管内、外钻井液的作用。其工作原理是上提钻具后，迅速下放钻具，利用上部钻具的重力和弹性伸缩产生向下的强烈震击，从而使钻具解卡。心轴与上筒特殊的花键相啮合，能传递扭矩和上下滑动。各 O 形密封圈使闭式下击器有一个密封的空腔，里面充满润滑油（30 号机械油）。国产闭式下击器有 400～470 mm 长的自由伸缩行程。它既能产生下击力，也可产生上击力。在钻进中若发现键槽卡钻、粘吸卡钻、坍塌卡钻等卡钻，可在靠近卡点的上方连接闭式下击器进行下击或上击解卡。打捞作业时，在打捞工具（如打捞矛等）的安全接头上接闭式下击器，一旦落鱼提不动时，可下击使打捞工具顺利地丢掉落鱼；若打捞成功，可在井口下击解卡，但不宜长时间随钻使用。

闭式下击器紧螺纹和卸螺纹时，大钳不得打在油塞和中筒外螺纹圆周上，大钳离开外螺纹端面至少 100 mm。闭式下击器下接安全接头，当震击无效时，以便丢掉被卡钻具；闭式下击器的上方接有钻铤，以增加冲击力。震击前要计算闭式下击器关闭和打开的方入并做出明显的标记。当一次震击无效时，上击和下击均可重复进行。闭式下击器的下击和上击操作如下：

① 井内强烈下击。上提钻柱把闭式下击器完全拉开，并使钻柱产生适当的伸长（上提距离为闭式下击器的冲程与钻柱伸长之和），然后猛放钻柱（下放距离为闭式下击器的冲程与钻柱伸长之和），这时闭式下击器迅速关闭，保护套撞击在上筒和上端面，使被卡钻具受到向下的强烈打击力。

② 井内连续下击。上提钻柱，把闭式下击器完全拉开，并使钻柱产生适当的弹性伸长（上提距离为闭式下击器冲程与钻柱伸长之和），然后猛放钻柱，当下放距离等于闭式下击器冲程减去 150～70 mm 加钻柱伸长时突然刹车，引起钻柱上下跳动，产生连续下击。

③ 井内上击。上提钻柱，把闭式下击器完全拉开，并使钻柱产生允许的弹性伸长，然后猛放钻柱，当下放距离等于钻柱伸长时，突然刹车。这时钻柱的弹性收缩使震击头迅速上行打在上筒的下端面，产生上击力。

（4）地面震击器。地面震击器主要由上接头、震击器接头、冲管、上套筒、中心管、密封装置、垫圈、卡瓦、卡瓦心轴、滑套、调节环、下套筒和下接头等组成。其工作原理是当上提震击中心管总成时，摩擦卡瓦上行到下套筒小锥端，即被调节环下端面顶住。继续上提，迫使摩擦卡瓦挠性变形而扩张，钻柱伸长。当提到调节拉力时，卡瓦心轴从摩擦卡瓦中滑脱，伸长的钻柱突然收缩而产生强烈的下击作用，从而使钻具解卡。

2. 加速器

根据 SY/T 5496—2010，加速器按工作状况可分为随钻加速器和打捞加速器，按加速方向可分为上击加速器、下击加速器和双向加速器，按加速原理可分为机械加速器和液压加速器。

现场常用的加速器主要是液压加速器，即震击加速器。液压加速器主要由心轴、垫圈、油堵、上接头、上缸套、中缸套、震击垫、密封装置、导向杆、下接头等组成。其工作原理（以液压加速器与上击器配用为例）是上提钻具，使钻具伸长，加速器的密封总成向上移动，硅油被压缩，储存能量。继续上提钻具，上击器释放，被压缩的加速器恢复弹性变形，使加速器下部连接的钻铤和上击器的上部一起向上运动，给运动着的钻铤和上击器的上部一向上的极大的加速度。当上击器到达冲程终点时，一向上的巨大撞击力直接打击在落鱼上，一次震击结束。

[JBF012 加速器的结构、原理和使用方法]

（二）倒扣接头

1. 用途

倒扣接头也叫倒扣矛，在处理卡钻事故的倒扣作业中可代替公锥。打捞或倒扣时，若落鱼被卡或倒不开，可从倒扣接头处退开，起出打捞钻具。

2. 结构特点及工作原理

倒扣接头由上接头、胀芯套和胀芯轴组成，如图 2-2-10 所示。上接头上部是与钻具规格相同的左旋螺纹，以便与左旋螺纹钻具连接。胀芯套上端为开口六方柱，与上接头下端的内六方相配合传递扭矩。下部是开有 3 条通槽的正旋钻具公螺纹。胀芯轴的中部为一圆锥体。轴的上部与上接头连接。其下部是引子，起引导和扶正作用。

与落鱼对扣后，上提打捞钻具时，上接头带动胀芯轴向上运动，将胀芯套胀大，把螺纹撑紧，使之能承受倒开下部钻具的倒扣力矩。

3. 使用方法

（1）倒扣接头接在左旋螺纹钻具的下端，直接与落鱼母螺纹对扣。对扣后，上提钻具并超过原悬重一定拉力，使胀芯套胀紧。其附加拉力一般为 200～300 kN（NC50 螺纹）。为了可靠起见，常需反复提拉几次，然后倒扣。

（2）退倒扣接头的方法。

[JBF013 倒扣接头的结构、原理和使用方法]

井下退倒扣接头的操作：先将原钻具下顿；若打捞钻柱中带有下击器，可启动下击器下击。击松后，左旋钻具，使倒扣接头从对扣处倒开。

地面退倒扣接头的操作可参考打捞矛、打捞筒退出时的下击方法进行，击松后卸螺纹。

（3）注意事项。

由于倒扣接头上部接的是左旋螺纹钻具，与落鱼对扣时需要正向旋转，所以，在下左旋螺纹钻具时，必须按规定扭矩紧扣，防止与落鱼对扣时将上部钻具倒开。

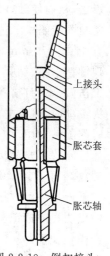

上接头

胀芯套

胀芯轴

图 2-2-10　倒扣接头
结构示意图

由于倒扣接头没有密封装置,打捞后如果落鱼水眼不畅通或者循环阻力过大,不得长时间循环,以防刺坏打捞螺纹。

(三)爆炸松扣

这是处理卡钻事故的一种倒扣方法。用电缆将导爆索从钻具水眼内送到卡点以上第一个接头螺纹处,在导爆索中部对准接头的同时,将钻具悬重提至卡点,给钻具施加一定的倒扣力矩,点火爆炸;导爆索爆炸时产生剧烈的冲击波及强大的振动力,足以使接头部分发生弹性变形,及时把扣倒开。这与钻杆接头卸不开时,用大锤敲打钻杆内接头后就可卸开的原理一样。同时,由于雷管爆炸,放出大量的热能,使钻杆接头处受热,熔化其中的螺纹脂,并产生塑性变形。这与钻杆接头卸不开时,用喷灯加热钻杆内螺纹后就可卸开一样。

| JBF014 爆炸松扣的操作方法 |

这种方法具有安全、可靠、速度快、钻具一般不易损坏、不需要反扣钻具和打捞工具及取材方便的优点,同时也加快了处理卡钻的速度。

(四)侧钻解卡法

当井下事故难以处理或虽然能处理但耗资巨大,在经济上难以承受时,往往采取侧钻的方法解卡。侧钻就是使用特殊工具或工艺,从落鱼旁边侧钻,超过鱼底数米后,设法活动,再进行打捞,或者钻出新井眼。

| JBF015 侧钻解卡的操作方法 |

可以用井下动力钻具定向侧钻。如果没有定向钻井的条件,可以采取以下 3 种方法。

1. 吊打

把水泥塞打在井斜变化较大的井段,采用纠斜打直的方法,即利用下部钻具的悬垂作用,让钻头切削井壁下限,抠一个台肩,让它逐渐离开水泥塞。

2. 压弯下部钻具造斜

在钻头上接一根钻杆,在钻杆上再接 3～4 柱钻铤。在钻头接触水泥塞后,加压 80～100 kN,然后慢慢启动转盘,钻头即可沿着钻杆弯曲的方向钻出一个新井眼。

3. 利用斜向器进行侧钻

在鱼顶上打一个水泥塞,水泥塞以上安装一个斜向器,然后下磨铣工具沿斜面铣出一个新井眼,最后顺着这个新井眼钻下去。

十二、钻柱事故及处理常用工具

钻柱事故是钻井过程中较常见的事故。特别是转盘钻井中,钻柱受力很复杂,若检查不严或操作不当,容易发生钻柱折断、滑螺纹、脱螺纹等事故。钻具事故发生后,遗留在井下的钻具俗称"落鱼"。

| JBF016 钻柱事故的概念 |

常见钻柱事故有钻柱折断、钻柱滑螺纹和脱螺纹。钻柱滑螺纹是指钻柱受力后从螺纹连接处因受拉脱而滑开。主要原因是螺纹上卸次数过多导致牙形磨损;螺纹上得不紧,钻井液冲刺时间较长;牙型不符合标准,螺纹不易上紧等。钻柱脱螺纹是指钻柱螺纹并未损坏,而钻具在井下自动退开。主要原因是井下情况不正常,如井下蹩钻、打倒车。

处理钻柱事故时,要根据鱼顶和井眼的实际情况,选择适当的打捞工具,必要时要另外设计特殊的打捞工具,以便迅速捞出落鱼。常见钻柱事故处理所用打捞工具一般有卡瓦打捞筒、打捞矛、内螺纹锥和外螺纹锥等。

（一）卡瓦打捞筒

卡瓦打捞筒是最常用的打捞工具，它是从落鱼外部进行打捞的，捞后可以憋泵循环，以便于解卡。如果卡钻还可以退出卡瓦打捞筒，其打捞操作将更容易。

1. 卡瓦打捞筒的结构及规范

卡瓦打捞筒的外部元件有上接头、外筒和引鞋。外筒内部装有卡瓦牙、控制圈、密封元件。在打捞较小尺寸的落鱼时，外筒内部装配篮式卡瓦、篮卡控制圈、R形密封圈和O形密封圈。篮卡控制圈有铣齿，用于铣去落鱼顶部毛刺。篮卡控制圈上带有键，可以插入外筒里的键槽和篮式卡瓦缺口里，组成键连接以传递扭矩。在打捞较大尺寸落鱼时，外筒内部装螺旋卡瓦、螺旋控制圈、A形密封圈。螺旋卡瓦和螺旋控制圈都带有键，键插入外筒内的键槽里以传递扭矩。

JBF017 卡瓦打捞筒的结构和原理

在外筒内部和卡瓦外部有特殊的左旋大螺距锯齿螺纹，卡瓦旋入外筒有一定的配合间隙，卡瓦内部有左旋打捞牙齿，卡瓦内径略小于落鱼外径（1～2 mm）。在卡瓦上打印有打捞落鱼的标准尺寸。落鱼抓捞部位的实际外径不得小于此标准尺寸2 mm，不得大于此标准尺寸1 mm。

卡瓦打捞筒还备有加长短节，当落鱼头部有破口无法打捞时，在上接头和外筒之间接上加长短节，就能使卡瓦抓住落鱼的完好部位。卡瓦打捞筒的规范见表2-2-2。

表2-2-2　卡瓦打捞筒的规范

外径 /mm	上接头型号	d/mm	A/mm	B/mm	L/mm	卡瓦打捞尺寸/in		允许抗拉载荷/kN	
						螺旋卡瓦	篮式卡瓦	螺旋卡瓦	篮式卡瓦
140	3½ in内平内螺纹	68	260	380	1 155	4½	3½	80	980
144	3½ in内平内螺纹	68	292	317	1 025	4¾ 4⅝	3½ 3⅜	80	588
195	4½ in内平内螺纹	95	375	364	1 334	6	5	140	1 470
200	4½ in内平内螺纹	95	400	345	1 210	6¼ 6⅛	4 4⅞	140	980

注：表中d为水眼内径，A为卡瓦打捞筒引鞋长度，B为打捞长度，L为打捞筒长度。

2. 卡瓦打捞筒抓紧和退出落鱼机理

打捞筒的抓捞零件是螺旋卡瓦和篮式卡瓦。它外部的宽锯齿螺纹和内面的抓捞牙均为左旋螺纹，宽锯齿螺纹与筒体配合间隙较大，这使卡瓦能在筒体中一定的行程内胀大和缩小。当鱼头被引入捞筒后，只要施加一轴向压力，落鱼便能进入卡瓦。随着落鱼的套入，卡瓦上行并胀大。上提钻柱，卡瓦沿筒体内锥面相对向下运动，直径缩小，落鱼则被抓得更牢。

由于筒体和卡瓦的螺旋都是左旋的，并由控制卡（环）约束了它的旋转运动，所以释放落鱼时，只要将卡瓦放松，顺时针方向旋转钻具，打捞筒即可从落鱼上退出。

3. 卡瓦打捞筒的使用方法

（1）拆开打捞筒检查各零件的完好情况，并根据落鱼抓捞部位尺寸选用卡瓦、控制圈、密封元件。组装时，卡瓦和外筒的锯齿要涂抹钙基润滑脂，其他螺纹处涂抹螺纹脂。

JBF018 卡瓦打捞筒的使用方法

（2）下钻前计算好鱼顶方入、铣鞋方入和卡瓦全部进去后的打捞方入。当卡瓦打捞筒下到鱼顶时，边缓慢向右转动，边下放打捞钻柱，把落鱼套入卡瓦打捞筒的引鞋内。鱼顶到达带铣齿的篮卡控制圈时,加压 10～20 kN,缓慢转动打捞钻柱,磨铣 30 min,铣去鱼头毛刺或微变形部分。继续下放打捞钻柱,当鱼头到达卡瓦下端时,加压 30～50 kN,落鱼上顶卡瓦,卡瓦胀大使落鱼通过,直到落鱼到达卡瓦底部。上提卡瓦打捞筒,筒体相对卡瓦上移,外筒锯齿螺纹斜面迫使卡瓦收缩,卡瓦内的牙齿便咬住落鱼。

(3) 卡瓦打捞筒和落鱼起出后,用下击器下击,使卡瓦松开,然后固定落鱼端,正转卡瓦打捞筒把落鱼退出。

(4) 井下丢掉落鱼。井下落鱼被卡,解卡无效需丢掉落鱼时,利用下击器下击松开卡瓦,然后上提到打捞钻柱的悬重,右旋钻柱几圈,若无整劲则证明卡瓦松开;否则要再进行下击,直到卡瓦松开。卡瓦松开后,在缓慢右转的同时小心地对打捞筒施加 5 kN 的拉力,让落鱼从卡瓦中退出,达到丢掉落鱼的目的。

(二) 打捞矛

打捞矛是从管内打捞落鱼的,由于其咬合落鱼的面积较大,因此不会损害落鱼。当落鱼提捞不起时,打捞矛容易松脱和退出,把落鱼丢掉。

1. 打捞矛的结构

打捞矛是一种结构简单、工作方便的打捞工具。常用的打捞矛为卡瓦式打捞矛,主要由心轴、卡瓦、释放环和引鞋组成。

JBF019 打捞矛的结构和原理

2. 打捞矛的工作原理

当倒螺纹捞矛进入落鱼水眼内时,分瓣卡瓦被压下,内锥面与矛杆锥面相贴合。卡瓦外表面略带锥度,其抓捞部分外径略大于落鱼内径。卡瓦继续行进,上行到矛杆小锥端,靠弹性紧贴落鱼内壁。上提矛杆,矛杆锥面撑紧卡瓦,即可抓住落鱼。

退打捞矛时,下放矛杆,使卡瓦相对矛杆处于最高位置,再右旋 90°到限位块限制的角度。这时,卡瓦的下端面将被矛杆下部的 3 个键顶住,不能再往下行,工具处于释放状态。

3. 打捞矛的使用方法

(1) 检查打捞矛的打捞尺寸是否与落鱼内径相适应。

(2) 打捞工具一般组合为:打捞矛＋下击器＋钻具。

JBF020 打捞矛的使用方法

(3) 打捞矛下井时要将卡瓦尽量下旋抵住释放环,使卡瓦处于能向内收缩的放松位置。

(4) 慢慢下放打捞钻柱,直到打捞卡瓦进入落鱼体内的预定位置。左旋 1 圈(深井和斜井旋转 2 圈)后上提打捞钻柱,这时卡瓦被心轴锯齿状螺纹斜面胀大,使卡瓦外齿咬住落鱼内壁,从而捞住落鱼。

(5) 当落鱼被捞住而又提不起来需要丢掉落鱼时,则要利用下击器下击,以松开卡瓦与心轴锯齿螺纹的咬合。下击后向右转动 2～3 圈,使卡瓦靠拢释放环,然后缓慢上提,直到打捞矛离开落鱼。若卡瓦未能处于释放位置,则不能丢掉落鱼,需要再次下击,并重复上述操作,直至丢掉落鱼。

(三) 公锥、母锥

这 2 种打捞工具也是打捞钻柱的常用工具,由高强度合金钢制成。

公锥是一个圆锥体,中间带水眼,上部有粗螺纹和钻具相接。圆锥体上车有打捞螺纹,有的公锥表面带有切削槽,用来积存造扣时的钢屑。公锥有正螺纹和反螺纹之分。使用公锥打捞落鱼时,是把公锥插入落鱼水眼内,然后加压旋转造扣,以达到捞起

JBF021 公锥、母锥的结构、原理和使用方法

落鱼的目的。只要鱼顶水眼规则，管壁较厚能够造扣，就可以使用公锥来打捞。

母锥的作用与公锥相同，所不同的是母锥是从落鱼外部造扣进行打捞的，所以在内锥面上车有打捞螺纹。使用母锥打捞，要求鱼顶外径规则，扁的或椭圆形的鱼顶造扣不紧，不易捞住。鱼顶是钻杆本体时多用母锥打捞，但不能用于打捞接头。因此，母锥使用不如公锥普遍。母锥也有正螺纹和反螺纹之分。

（四）安全接头

最常用的安全接头有 AJ 型、H 型和 J 型等。根据用途分为左、右旋螺纹安全接头。

JBF022 安全接头的分类、结构和原理

1. AJ 型安全接头

AJ 型安全接头由上接头、下接头和 2 只 O 形密封圈组成。安全接头上部是内螺纹，以便与钻具连接，下部是特种锯齿形粗牙外螺纹，并有上下 2 道密封槽，内螺纹接头下部是钻柱外螺纹，中间为特种锯齿形螺纹，由于配合比较松、螺距大，因而可以快速连接与拆卸，其结合台肩面处有 3 道等分的反向斜面，使特种螺纹配合面完全接触，并使之相互锁紧。安全接头可以承受正反扭矩，如不采用专门的解脱方法，接头既不会松开，也不会脱落。其工作原理是利用内部的特殊锯齿螺纹在一定反扭矩下易于松螺纹解脱。

安全接头使用注意事项：下井前主要检查内、外锯齿螺纹及密封圈是否完好，装配前涂油以利于润滑和防腐。

2. H 型安全接头

它是一种井下安全工具，可以装在井下管柱所需部位，能经受井下作业中的各种拉压负荷和传递扭矩。在井下作业中一旦需要，该安全接头容易卸开，以便取出其上部管柱，需要重新对螺纹时，也容易对上安全接头继续作业。利用接头内部外螺纹接头凸块与内螺纹接头滑块段(公母段)H 形凸块和滑槽的配合，达到连接和脱开的目的。

3. J 型安全接头

它类似于 H 型安全接头，是利用接头内部外螺纹接头凸块与内螺纹接头滑块段(公母段)J 形的凸块和滑槽的配合，达到连接和脱开的目的。

4. KJ 型可变弯接头

可变弯接头可以产生拐弯作用，这给打捞工具增加了斜向捞到落鱼的可能性。它可以和外螺纹锥、内螺纹锥、打捞筒、打捞矛等配合使用。同时它强度高，能承受较大的拉、压、扭转力量，可以和震击器配合使用，也可以进行倒螺纹作业。为了实现接头的弯度可变功能，还有 2 个必不可少的辅助零件——限流塞和打捞器。

（五）套铣工具

发生卡钻以后，用浸泡解卡剂或震击器震击等方法无法解除时，只能用套铣的方法解卡。如果落鱼较少，可一次套铣解卡。如果落鱼较多，只能是分段套铣、分段倒螺纹或分段切割。套铣工具主要是铣鞋、铣管，还有一些辅助工具(防掉接头、套铣倒螺纹器、套铣防掉矛)。

1. 铣鞋

铣鞋和取芯钻头差不多，呈环形结构，上有螺纹和铣管连接，下有铣齿用来破碎地层或清除环空堵塞物，它的结构形式多种多样，根据其用途可以分为以下几种：

(1) 套铣岩屑堵塞物的有 A 型、E 型、K 型、L 型。

(2) 修理鱼顶外径的有 C 型、F 型、H 型、G 型。

（3）在硬地层中套铣或铣切稳定器的有 D 型、I 型、J 型、F 型、G 型、M 型、N 型。

2. 铣鞋选择与使用

（1）套铣岩屑堵塞物或软地层时，一般选用带铣齿的铣鞋，在铣齿上堆焊或镶焊硬质合金，地层越软，铣齿越高，齿数越少。随着地层硬度的增加，则降低齿高，增加齿数，套铣效果会更好一些。

（2）修理鱼顶外径时，应选用研磨型铣鞋，铣鞋的底部和内径应镶焊硬质合金。

（3）套铣硬地层或铣切稳定器时，应选用底部堆焊内外两侧均镶有保径齿的铣鞋。

> JBF023 铣鞋选择与使用要求

套铣作业必须耐心，开始套铣时要以较小的钻压较小的转速试套鱼顶，待证明鱼顶确已套入后，再根据井下情况适当增加钻压，整个套铣过程都应采用低转速，并随时注意转盘扭矩的变化，如有整劲应立即减小钻压。在套铣过程中应有足够的排量，以冷却铣鞋，并清除环空钻屑。但应随时注意泵压变化情况，若泵压突然上升，说明环空积砂甚多或者有井壁坍塌现象，应及时提离危险区，直到泵压恢复正常。

为了避免铣鞋切削落鱼本体，可以采用喇叭口式的铣鞋，即把铣鞋下部制成内坡口形，当它与钻杆接头相遇时，因接头上部也是坡形，就会迫使铣鞋外移，则切削不到钻杆本体。

3. 铣管

为了保证安全作业，铣管一般采用高强度合金钢制成。

（1）铣管的结构与规格。

① 有接箍铣管。将管材的两端车成内螺纹（方形或梯形螺纹），用双外螺纹接箍连接起来，这种铣管叫作内接箍铣管。将管材两端车成外螺纹（方形或梯形螺纹），再用双内螺纹接箍把它连接起来，这种铣管叫作外接箍铣管。

> JBF024 铣管的结构、规格和选用要求

② 无接箍铣管。将管材车成双级同步螺纹，一端为外螺纹，一端为内螺纹，铣管与铣管直接连接，中间不用接箍，这种铣管叫作无接箍铣管。它具有强度高、螺纹上卸快等特点，因没有内外台肩，可以有效地利用有限的环形空间，所以它的套铣尺寸比有接箍铣管大一级。

在现场施工中，常用套管做铣管，但套管大多是圆锥形细牙螺纹连接，在套铣过程中容易进螺纹，也容易滑螺纹，所以在接箍两端的套管本体上应焊上止推环。只能用 N80 以下的套管做铣管。

（2）铣管的选用。

井眼与铣管的最小间隙为 12.7～35 mm，铣管与落鱼的最小间隙为 3.2 mm。铣管的长度要根据井身质量、铣鞋质量、地层可钻性来确定。地层松软，铣管可以适当地加长，最多一次可以下入 300 多米。如地层硬或井下情况不正常，套铣速度慢，一次可以下入一根套铣管，套铣完后再继续延长。一般情况下，以 50～100 m 为宜。

如果鱼顶正处于弯曲井眼井段，长铣管无法套入，则可以采用短铣管试套。

（3）铣管的使用方法。

① 下铣管时，必须保证井下畅通无阻，不能用铣管划眼。因此在下铣管前应下钻头通井到鱼顶，并充分循环钻井液，如果在倒螺纹过程中，倒出的钻具深度超过了套铣深度，也应先下钻头通井，否则，很容易套出一个新井眼，失去了继续打捞的可能。

> JBF025 铣管的使用方法

② 铣管与井眼的配合间隙很小时，初次下铣管应用一根试下，证明无问题后，再逐渐加长，深井、复杂井、定向井更应注意。

③ 套铣参数选择。整个套铣过程均以低转速为宜。排量要根据 2 个环形间隙来确定，

如果铣管与落鱼间隙小而与井壁间隙大，则在泵压许可的范围内，尽量开大泵量，但不能超过正常钻进时的泵量。如果铣管与落鱼间隙大而与井壁间隙小，则要控制泵量，不能惩漏地层。如2个间隙都较大，可维持正常钻进时的泵量。钻压的选择应根据铣鞋的类型和尺寸来确定，最大钻压不应超过同尺寸钻头所能承受钻压的40％，还要根据套铣时的井下情况随时调整，绝不能使铣鞋和铣管连续不断地承受很大的扭矩，唯一的调整方法就是减小钻压。

④ 在套铣过程中，发生不正常情况时应及时分析原因，不能盲目施工。如泵压突然升高或惩泵，则应立即上提钻具，提到泵压恢复正常为止，这是井壁坍塌或环空钻屑太多的现象，应停止套进，循环钻井液，清除岩屑，待井下情况正常后再继续套进。如井下蹩钻严重，无进尺，就应考虑环空是否有落物？铣鞋是否脱落？铣管是否断落？是否在磨铣鱼身？应立即起钻检查，再决定下一步的措施。如果泵压突然下降，就应考虑铣管是否脱落？钻具是否刺穿？若在地面查不出原因，应立即起钻。

⑤ 如果落鱼鱼头正好在键槽内，而铣管外径较大，是进不了键槽的，因此无法实现套铣。为了解决这个问题，可以用一种带引导杆的铣管。铣管要用无内台肩的铣管，引导杆和井内钻杆规范相同。它的关键部位是铣鞋、异径接头和销钉，铣鞋内部做成向上倾斜的斜坡状，可以悬挂异径接头，其开口要大于所套铣落鱼的最大外径。异径接头下部为普通钻杆连接螺纹，可以和导引钻杆连接，中部为外斜坡，和铣鞋的内斜坡相贴合，上部外径稍小于铣管内径。异径接头与铣鞋之间用3个直径14 mm的钢销连接在一起。这种结构在套铣解卡之后，可以把落鱼随同铣管一并起出，无落鱼下落之虞。

（4）具体操作步骤。

JBF026 套铣的操作步骤

① 连接套铣工具。首先把铣鞋与异径接头用销钉连接好，接于1根或2根钻杆之上，再接套铣管，如欲一次把落鱼套铣完，则铣管长度应大于落鱼长度与引导杆长度之和。

② 套铣。下钻至鱼顶位置，循环好钻井液，正转对螺纹，待转盘有蹩劲时，说明螺纹已对好，加压100～150 kN，剪断销钉，就可以下放铣管进行套铣。

③ 防掉。本工具有防掉作用，当套过卡点后，落鱼下行，当异径接头到达铣鞋位置时，便被悬挂在铣管中，和铣管一同起出。

④ 如果估计落鱼一次套铣不完，需要起钻换铣鞋，则对工具进行局部改造，即将异径接头与铣鞋的内外斜坡取消，使异径接头上部外径与铣鞋内径基本一致，则剪断销钉后，引导杆就栽到了鱼顶上，和铣管不发生任何联系。不过这样做的时候，异径接头上部必须车成钻杆螺纹，顶部局部外径等于钻杆接头外径，便于以后套铣和打捞。

（六）铅模（印模、铅印）

当井下落物情况不明或鱼头变形情况不明，无法决定下何种打捞工具时，需要用铅模（又名铅印）来探测落鱼形状、尺寸和位置；套管断裂、错位或挤扁，有时也需要用铅模来加以证实。

JBF027 铅模的结构和使用要求

铅模由接头体和铅模两部分组成。平底铅模用于探测平面形状，锥形铅模用于探测径向变形。

印模一般是铅印，但在浅井中打印，有时使用蜡模或泥巴模，打铅印时，加压一般不超过10～15 kN。

十三、落物事故及处理常用工具

在钻进与起下钻过程中,由于检查不严,措施不当或操作不慎等,容易造成井下落物事故,如掉牙轮、巴掌、弹子、刮刀片、钻头及掉钻台工具(如榔头、扳手、吊钳牙、吊钳销子、卡瓦牙)等。

落物事故处理要根据井内落物的形状和大小选用不同的打捞工具,有时需要设计特殊的工具进行打捞。处理落物事故的常用工具有反循环强磁打捞篮、随钻打捞杯、磁力打捞器。

> JBF028 处理落物事故的常用工具

1. 反循环强磁打捞篮

反循环强磁打捞篮是利用钻井液液流在靠近井底处的局部反循环,将井下碎物收入篮筐内的一种打捞工具。其工作原理是反循环打捞篮和组合强磁打捞篮的钻井液循环路线相同。下钻完正循环冲洗井底后,投入一钢球。此时,钻井液则由双层筒体之间经下水眼射到井底。然后,从井底通过铣鞋(或一把抓)进入打捞筒内部,再从上水眼返到环形空间,在钻井液反循环作用的冲击携带下,被铣鞋拔松的井底落物随钻井液一起进入篮筐,或被磁芯吸住而捞获。

2. 随钻打捞杯

随钻打捞杯主要由心轴、扶正块、外筒、下接头等组成。随钻打捞杯外径较大,与井眼环形间隙小,而杯口处的心轴直径较小,与井眼环形间隙较大。因此,钻井液在杯口处流速陡然下降形成漩涡,其携带能力也大大减弱,从而使钻井液中的碎物落入杯中,并随起钻捞出。

3. 磁力打捞器

磁力打捞器由筒体、磁芯、铣鞋和隔离圈等组成。打捞器外筒是由高导磁性、低顽磁材料制成的。磁芯上端的磁力线通过端头和外壳组成磁力线通路。可以把外壳和铣鞋看成是由磁性材料制成的铁磁外套,作为一个磁极;永久磁芯的下端为另一个磁极。在铣鞋磁芯中间用非磁材料(铜)隔离,防止短路。打捞时,铁磁落物将两极搭通,使之牢牢地吸附在磁力捞器底部。

4. 捞绳器

当井内发生电缆拉断落井的情况时,可采用捞绳器打捞。捞绳器分外捞绳器和内捞绳器2种。

使用捞绳器打捞电缆,首先要算出井内电缆拉断时的断口井深。第一次打捞下钻,捞绳器下过断口井深后速度要慢。若无遇阻显示,最多可下过断口井深150 m。转动一圈,上提1~2 m,然后,下放回原处再转一圈,即可低速小心起钻,起钻时严禁使用转盘卸扣。如果第一次没捞获,继续打捞时,每次下钻只能增加100 m,直到捞住为止。注意,不能多下和多转,以防电缆扭成一团而起不出钻具来。

项目二　安装取芯钻头岩芯爪密闭头

一、准备工作

(1)设备。

215 mm取芯钻头1只;岩芯爪3只;密闭头1只。

（2）工具、材料。

小榔头 1 把,润滑脂适量,棉纱团适量,销钉适量,密封圈适量。

二、操作规程

（1）准备工作。

选择工具。

（2）检查钻头密闭头和岩芯爪。

① 检查钻头切屑齿损坏情况、密封面和内锥面是否光洁、水眼和销钉孔是否通畅、螺纹磨损程度。

② 检查密闭头有无松扣现象及销钉孔损伤情况。

③ 检查岩芯爪新旧情况,检查要素包括形状、摩擦面、弹性、开口、直径,以及有无裂痕。

（3）安装密闭头。

清洁钻头和密闭头后,首先给密闭头安放密封圈,密封圈涂润滑脂;密闭头放入钻头内孔,使钻头和密闭头的销钉孔对齐;钉入销钉,固定密闭头。

（4）安装岩芯爪。

将岩芯爪放入已装好密闭头的钻头中。

（5）检查安装质量。

销钉尾部应进入销钉孔 4~5 mm。岩芯爪放入钻头前,注意观察密闭头与钻头是否同心,间隙应满足岩芯爪通过密闭头。

三、注意事项

（1）严格执行技术规范。

（2）穿戴好劳动保护用品。

（3）作业时集中注意力,严禁交叉作业。

项目三 确定卡点

一、准备工作

（1）设备。

石油钻机 1 台,计算机 1 台。

（2）工具、材料。

2 000 mm 钢卷尺 2 个,粉笔 1 盒。

二、操作规程

（1）操作前检查。

检查井架、大绳磨损、死活绳头固定情况,检查绞车固定、气路压力、刹车系统,检查悬重表灵敏度。

（2）确定钻具拉力范围及测量前提拉钻具。

正确确定拉力范围,测量前大力提拉钻具,提拉幅度、次数符合要求。

（3）上提钻具求第一个伸长量。

上提钻具拉力符合要求,记号准确,伸长量测量准确,记录上提拉力。

（4）测量2~3个伸长量。

重复操作,测量2~3个伸长量。

（5）计算卡点。

计算卡点公式正确,伸长量、拉力平均值计算正确。

三、技术要求

（1）原始资料齐全、准确。

（2）卡点的单位为米,计算结果精确到小数点后两位。

项目四　注混合油解卡

一、准备工作

（1）设备。

水泥车1台,石油钻机1台。

（2）工具。

高压短节和高压阀门各1个,钻杆1根,管线连接工具1套,双弯头1只。

二、操作规程

（1）施工前检查。

检查管线连接、压力表和刹车系统。

（2）调整钻井液性能。

调整钻井液性能符合要求。

（3）计算相关数据。

卡点计算误差不超过30 m,混合油量和钻井液替入量计算准确。

（4）施工步骤。

停泵,倒阀门,注隔离液,大排量连续注混合油,注完混合油倒阀门,顶替混合油。

（5）控制浸泡时间。

浸泡期间按规定顶替钻井液,活动钻具,不活动时将钻具压弯。

（6）解卡循环。

解卡后立即开泵循环,用Ⅰ挡转动钻具,排完混合油,待岩屑减少后方可上下活动钻具,中途不得停泵,处理好钻井液起钻。

三、技术要求

卡点要计算准确;解卡剂密度应等于或略大于原钻井液密度;注解卡剂应采用大排量,以防窜槽,替入钻井液一般用钻井泵,要求准确计算替入量。

四、注意事项

活动钻具的拉力范围应经常变换,以防造成应力集中而拉断钻杆;浸泡期间司钻不得离开刹把，要随时注意解卡；若出现泵压升高，钻井液返出量异常，管内解卡剂替完而未解卡应停止浸泡；排解卡剂中途不得停泵或倒泵，以防憋泵使事故复杂。

项目五　注水泥填井

一、准备工作

（1）设备。

注水泥设备 1 套，石油钻机 1 台。

（2）工具。

2 000 mm 钢卷尺 1 个，钻杆 1 根，井口工具 1 套。

二、操作规程

（1）准备工作。

设备、井口工具、连接管线检查准备好。

（2）下钻、循环调整钻井液。

下钻位置准确，钻井液黏度、切力、pH 调整合适。

（3）注水泥。

倒阀门、注隔离液，水泥浆密度不低于 1.90 g/cm³，取样做候凝观察。

（4）替钻井液。

及时替钻井液，替钻井液量准确。

（5）起钻循环。

卸方钻杆起钻迅速，起出钻具数量准确，循环钻井液。

（6）候凝。

候凝时间选择不低于 48 h，施工时各岗位协作配合好。

三、注意事项

（1）严格执行技术要求和操作流程。

（2）穿戴好劳动保护用品。

（3）远离高压管汇。

项目六　处理垮塌井段电测遇阻

一、准备工作

（1）设备。

固相控制设备 1 套，地面循环系统 1 套，石油钻机 1 台。

（2）工具、材料。

钻井液性能测定仪 1 套，钻井液处理剂（增黏剂、絮凝剂）适量。

二、操作规程

（1）施工前检查。

施工前对设备进行全面检查。

（2）分析遇阻原因。

正确分析遇阻原因。

（3）确定处理措施。

确定处理措施正确合理。

（4）调整钻井液性能。

控制下钻通井速度，调整钻井液性能。

（5）循环洗井。

大排量循环洗井。

（6）通井下钻后活动钻具。

通井下钻后活动钻具划眼。

三、技术要求

（1）当井下出现剥蚀掉块时，首先调节钻井液性能，提高钻井液的黏度、切力，增加稠度系数 K 值，适当提高排量，及时把掉块携带出地面，使井眼畅通。

（2）针对塌层特点，优选适合塌层的防塌材料，配制防塌钻井液，在起钻前替入塌层井段，并逐步将全部钻井液替换成防塌钻井液，待性能稳定后方可继续钻进。

（3）当井下出现大量的掉块，井眼不畅，起下钻遇阻、遇卡的复杂情况时，一是采取遇阻就划眼，不能硬压；二是边划眼边调整钻井液性能，适当增大黏度、切力，把井塌物携带出地面，保持井眼畅通；三是实在携带不出掉块时，可用稠钻井液把塌块封闭在大井眼段。

（4）因地应力引起的井塌，适当提高钻井液密度，增大液柱压力，井内建立新的压力平衡，可减少或抑制井塌的发生。

（5）最大限度地缩短停钻时间，避免长时间浸泡引起松软地层、易水化膨胀的泥页岩剥蚀、坍塌。

项目七　处理坍塌卡钻

一、准备工作

A4 笔试试卷 1 份，记录笔 1 支。

二、操作规程

（1）发生坍塌卡钻后，可以循环钻井液时的处理程序。

① 严格控制钻井液进出口流量的基本平衡，待循环稳定后，逐渐提高钻井液的黏度和切力，以提高钻井液的携岩能力。逐渐提高排量，争取把坍塌的岩块带到地面。

② 若钻头在井底，要上提转动解卡；若钻头不在井底，则要上下活动及转动解卡。上述措施无效时，钻头在井底，要上击解卡；钻头不在井底，要上下震击解卡。

③ 若震击不能解卡，则要浸泡解卡剂解卡；根据各个地区各口井的具体情况，选择合适的解卡剂；注解卡剂前，要做一次钻井液循环周试验，验证钻具无刺漏；注解卡剂前，必须在钻柱或方钻杆上接回压阀或旋塞，以防止在施工过程中发生问题时，钻井液倒流。

④ 若仍不能解卡,则要采用浸泡与震击联合解卡。

⑤ 若浸泡与震击不能解卡,可采用爆松套铣解卡。

⑥ 若爆松套铣仍不能解卡,则可采用套铣倒螺纹解卡。

(2) 发生坍塌卡钻后,不能循环钻井液时的处理程序。

① 首先要采用上下活动及转动解卡。

② 上述措施不能解卡时,采用上下震击解卡。

③ 采用上下震击不能解卡时,则采用爆松套铣解卡。

④ 采用爆松套铣仍不能解卡时,则采用套铣倒螺纹解卡。

三、技术要求

(1) 提高钻井液的抑制性能和防塌能力。

(2) 提高钻井液密度,平衡地层侧应力。

(3) 提高钻井液黏度和切力,增强携砂能力。

(4) 观察泵压变化,调整参数,防止憋漏地层,逐渐增大排量,循环出井内垮塌物。

项目八　处理砂桥卡钻

一、准备工作

A4 笔试试卷 1 份,记录笔 1 支。

二、操作规程

(1) 发生砂桥卡钻后,可以循环钻井液时的处理程序。

① 砂桥卡钻后,可用小排量循环处理,要尽可能维持小排量循环,逐步增加钻井液黏度和切力,待稳定后再逐步增加排量,力争把循环通路打开。

② 若钻头在井底,要上提转动解卡;若钻头不在井底,则要上下活动及转动解卡。上述措施无效时,钻头在井底,要上击解卡;钻头不在井底,要上下震击解卡。

③ 若震击不能解卡,则要浸泡解卡剂解卡;根据各个地区各口井的具体情况,选择合适的解卡剂;注解卡剂前,要做一次钻井液循环周试验,验证钻具无刺漏;注解卡剂前,必须在钻柱或方钻杆上接回压阀或旋塞,以防止在施工过程中发生问题时,钻井液倒流。

④ 若仍不能解卡,则要采用浸泡与震击联合解卡。

⑤ 若浸泡与震击不能解卡,可采用爆松套铣解卡。

⑥ 若爆松套铣仍不能解卡,则可采用套铣倒螺纹解卡。

(2) 发生砂桥卡钻后,不能循环钻井液时的处理程序。

① 首先要采用上下活动及转动解卡。

② 上述措施不能解卡时,采用上下震击解卡。

③ 采用上下震击不能解卡时,可采用爆松套铣解卡。

④ 采用爆松套铣仍不能解卡时,则可采用套铣倒螺纹解卡。

三、技术要求

(1) 砂桥卡钻后,可用小排量循环时的处理。这种情况,要尽可能维持小排量循环,逐步增加钻井液的黏度、切力,待一切稳定后,再逐步增加排量,力争把循环通路打开。严禁贸然增加排量,增加泵压,把砂桥挤死。

(2)砂桥卡钻后,钻井液只进不出时的处理。若开泵时,钻井液只进不出,钻具遇卡,无法活动,就要算准卡点,争取时间从卡点附近倒开,以免发展成粘吸卡钻,形成复合卡钻。

(3)砂桥位置在上部时的处理。倒出部分钻具后,可利用长筒套铣解除砂桥,然后再下钻具对螺纹,恢复循环。

(4)砂桥位置在下部时的处理。利用爆炸倒螺纹的方法,一次将未卡钻具倒完,卡点以下钻具只能套铣倒螺纹解卡。若钻柱上带有稳定器,套铣到稳定器以后,不必再扩眼套铣稳定器,就可以接震击器震击解卡。

项目九　处理缩径卡钻

一、准备工作

A4 笔试试卷 1 份,记录笔 1 支。

二、操作规程

(1)发生缩径卡钻后,可以循环钻井液时的处理程序。

① 缩径初期,应大力活动钻具,争取解卡。

② 若下钻中遇卡,应在钻具和设备的安全载荷以内大力上提,绝不能硬压;若起钻中遇卡,应大力下压,绝不能强提。大力活动数次(一般不超过 10 次)仍不能解卡,则应循环钻井液,活动钻具,防止粘吸卡钻。

③ 震击解卡,若震击不能解卡,则要浸泡解卡剂解卡;根据各个地区各口井的具体情况,选择合适的解卡剂;注解卡剂前,要做一次钻井液循环周试验,验证钻具无刺漏;注解卡剂前,必须在钻柱或方钻杆上接回压阀或旋塞,以防止在施工过程中发生问题时,钻井液倒流。

④ 若仍不能解卡,则要采用浸泡与震击联合解卡。

⑤ 若浸泡与震击不能解卡,可采用爆松套铣解卡。

⑥ 若爆松套铣仍不能解卡,则可采用套铣倒螺纹解卡。

(2)发生缩径卡钻后,不能循环钻井液时的处理程序。

① 首先要采用上下活动及转动解卡。

② 上述措施不能解卡时,采用上下震击解卡。

③ 采用上下震击不能解卡时,可采用爆松套铣解卡。

④ 采用爆松套铣仍不能解卡,则可采用套铣倒螺纹解卡。

三、技术要求

(1)遇卡初期,应大力活动钻具,争取解卡。若下钻过程中遇卡,应在钻具和设备的安全载荷以内大力上提,决不能硬压;若起钻过程中遇卡,应大力下压,决不能强提。大力活动数次(一般不超过 10 次)仍不能解卡,则应循环钻井液,在适当的拉力压力范围内定期活动(一般每 10～15 min 活动两三次),以防发生粘卡。

（2）震击器震击解卡。钻柱中带有随钻震击器，当起钻过程中遇卡时，要启动下击器下击解卡；当下钻过程中遇卡时或钻头在井底时遇卡，要启动上击器上击解卡。在活动钻具及震击的过程中，要随时注意钻具的活动范围，若钻柱随下击而下移，随上击而上移，则说明震击有效。若发现钻柱的活动范围越来越小，则说明已有粘卡发生，不要继续震击。

（3）若发现卡钻是缩径与粘吸的复合式卡钻，要先泡解卡剂，然后再进行震击。

（4）若缩径是盐岩造成的，而且还能维持循环，可以泵入淡水至盐岩缩径井段以溶化盐层，同时配合震击器震击。

（5）若缩径是泥页岩造成的，可泵入油类、清洗剂或润滑剂，并配合震击器震击。

（6）若大力活动钻具与震击均无效，就要进行爆炸松螺纹和套铣倒螺纹。

（7）若套铣倒螺纹已无法进行或不经济，可考虑侧钻新井眼。

项目十　处理键槽卡钻

一、准备工作

A4 笔试试卷 1 份，记录笔 1 支。

二、操作规程

（1）发生键槽卡钻后，可以活动但起不出键槽的处理程序。

① 钻头位置小于 1/2 井深，钻柱中间接扩大器下钻破坏键槽。

② 钻头位置大于 1/2 井深，轻提慢转倒划眼。

③ 提死，爆松倒螺纹，再接震击器扩大器下钻连接后震击扩孔。

④ 若仍不能解卡，则要采用浸泡与震击联合解卡。

⑤ 若浸泡与震击不能解卡，可采用爆松套铣解卡。

⑥ 若爆松套铣仍不能解卡，则可采用套铣倒螺纹解卡。

（2）发生键槽卡钻后，在键槽中卡死的处理程序。

① 首先要采用大力向下活动解卡。

② 上述措施不能解卡时，采用上下震击解卡。

③ 采用上下震击不能解卡时，可采用爆松套铣解卡。

④ 采用爆松套铣不能解卡时，则可采用套铣倒螺纹解卡。

三、技术要求

（1）大力下压。

（2）下击器下击。

（3）倒螺纹套铣。若震击无效，则需倒出上部未卡钻具，然后进行套铣解卡。

（4）在石灰岩、白云岩地层形成的键槽卡钻，可用抑制性盐酸来解除。

项目十一　使用卡瓦打捞矛*

一、准备工作

（1）设备。

石油钻机 1 台。

（2）工具、材料。

绘图笔 1 支,钢丝刷 1 把,2 000 mm 钢卷尺 1 个,300 mm 内、外卡钳 1 套,LM 型卡瓦打捞矛 1 套,A4 绘图纸 1 张。

二、操作规程

（1）检查准备。

检查绞车、死活绳头的固定情况,大绳的磨损情况及刹车系统、悬重表的灵敏度。

（2）选择打捞矛。

根据落鱼水眼尺寸,选择打捞矛规格,画出打捞矛草图。

（3）计算方入。

核算鱼顶方入和打捞方入正确,钻具组合正确。

（4）下钻探鱼头。

打捞矛下井时卡瓦下旋抵住释放环,下钻至鱼顶开泵循环,探鱼头,观察悬重表,打捞矛下深不能超过鱼顶 1 m。

（5）打捞。

打捞矛进入落鱼内,逆时针旋转钻柱 1～1.5 圈,上提钻具,打捞成功后不得用转盘卸螺纹。

（6）卸打捞矛。

正确卸打捞矛。

三、技术要求

（1）检查打捞矛的打捞尺寸是否与落鱼内径相适应。

（2）打捞工具一般组合为:打捞矛＋下击器＋钻具。

（3）打捞矛下井时要将卡瓦尽量下旋抵住释放环,使卡瓦处于能向内收缩的放松位置。

（4）慢慢下放打捞钻柱,直到打捞卡瓦进入落鱼体内的预定位置。左旋 1 圈（深井和斜井旋转 2 圈）后上提打捞钻柱,这时卡瓦被心轴锯齿状螺纹斜面胀大,使卡瓦外齿咬住落鱼内壁,从而捞住落鱼。

（5）当落鱼被捞住而又提不起来需要丢掉落鱼时,则要利用下击器下击,以松开卡瓦与心轴锯齿螺纹的咬合。下击后向右转动 2～3 圈,使卡瓦靠拢释放环,然后缓慢上提,直到打捞矛离开落鱼。若卡瓦未能处于释放位置,则不能丢掉落鱼,需要再次下击,并重复上述操作,直至丢掉落鱼。

四、注意事项

退打捞矛时,下放矛杆,使卡瓦相对矛杆处于最高位置,再右旋 90°到限位块限制的角度。这时，卡瓦的下端面将被矛杆下部的 3 个键顶住，不能再往下行，工具处于释放状态。

项目十二　处理钻井中的上漏下涌 *

一、准备工作

A4 笔试试卷 1 份，记录笔 1 支。

二、操作规程

（1）备足堵漏材料。

备足单向压力封闭剂、加重剂、堵漏剂。

（2）检查地面设备。

检查地面设备及循环系统、防喷设施。

（3）检查仪器。

检查钻井液性能测定仪器。

（4）配制堵漏钻井液。

配制一定量的堵漏钻井液。

（5）调整钻井液密度。

降低钻井液密度，在保证不漏的情况下，恢复循环。

（6）加入封闭剂。

加入 2%～3% 的单向压力封闭剂。

（7）提高密度，封闭上部渗透力。

逐步提高钻井液密度，单向压力封闭剂对上部渗透层发生封闭作用时，漏速逐步减小直至为零。

（8）压稳下部高压层。

提高密度，压稳下部高压层。

（9）若堵漏失败，则注水泥封隔下部高压层。

若上述堵漏方法失败，则采用打水泥塞的方法，将下部高压层暂时封隔，下一层技术套管封隔上部低压渗透层后再用高密度钻井液钻开下面的高压层。

三、技术要求

（1）正确判断漏层。
（2）调整好钻井液的性能，选择与地层岩性配伍的钻井液体系。
（3）分析井漏发生的原因。
（4）控制好下钻速度，降低钻井液的激动压力。

项目十三　进行侧钻施工 *

一、准备工作

A4 笔试试卷 1 份，记录笔 1 支。

二、操作规程

（1）选择侧钻位置。

一般选择井斜角和方位角变化较大、地层较松软、井径比较规则的井段侧钻。

（2）打水泥塞。

按要求打水泥塞。

（3）吊打侧钻。

① 选择钻头。硬地层选用镶齿牙轮钻头、PDC 钻头或金刚石钻头，软地层选用平底刮刀钻头、钢齿牙轮钻头或 PDC 钻头。

② 组合钻具。钻头＋钻铤 2 柱＋钻杆。

③ 下钻至侧钻点进行侧钻。

④ 捞砂分析。水泥块消失，继续吊打 30 m 测斜一次。证实已钻出新井眼，并且新老井眼夹壁墙超过 0.5 m，则可起钻换钻进用钻具结构进行钻进。

（4）动力钻具侧钻。

① 选择钻头。上部地层一般使用钢齿牙轮钻头，下部硬地层一般选用 PDC 钻头或梅花式钢底磨鞋。

② 组合钻具。钻头＋动力钻具＋弯接头＋钻铤（无磁）1 根＋钻铤 1 柱＋钻杆。

③ 下钻至侧钻点进行侧钻。根据原井眼井斜角和方位角确定侧钻位置。

④ 一般选择在稳定易钻的地层，原井眼井径由大变小或井斜变化处；采用变方位降斜方法，减少复杂情况，造斜要平稳。

三、注意事项

侧钻中，若打了水泥塞，侧钻时要把钻速控制在 76.2 mm/min 左右，这样可使钻具免受地层影响而偏离设计井眼轨道。如果返出的岩样中有 60%～70% 的地层岩屑，则表明钻头已钻入地层，就可以适当增加钻压，提高钻速。然后就可按常规水平钻井作业钻进。

项目十四　分析水平井井漏原因及堵漏措施 *

一、准备工作

A4 笔试试卷 1 份，记录笔 1 支。

二、操作规程

（1）井漏原因。

① 有足够大的岩层裂缝。

② 有比地层孔隙压力大的井眼液柱压力，亦即存在压差。

（2）影响井漏的主要因素。

① 地层特性，主要包括地层裂缝大小和缝隙内流体压力的高低。

② 井斜角，随着井斜角的增大，压漏地层的危险也增大。

③ 钻井液的密度。

④ 环空岩屑含量。

⑤ 钻井液的循环阻力。

⑥ 激动压力，由于水平井的压差控制范围窄，稍有压力激动，就会引起井漏。

（3）堵漏措施。

① 确定合理的钻井液密度，使钻井液的当量密度小于地层的漏失压力梯度或破裂压力梯度。

② 确保井眼净化，环空岩屑体积分数不超过 5%，要着重提高钻井液的携岩能力。

③ 控制钻井液的流变性能，减小压耗。

④ 降低激动压力的影响。

⑤ 充分运用暂堵技术解决漏失。

⑥ 采用低密度流体钻井。

三、技术要求

（1）施工前要建立科学的施工设计，精心施工。

（2）堵漏剂的配制必须按要求保质保量。

（3）施工前若能起钻，尽可能采用光钻杆，下至漏层顶部。

（4）施工过程中要不停地活动钻具，避免卡钻。

项目十五   处理落物卡钻 *

一、准备工作

A4 笔试试卷 1 份，记录笔 1 支。

二、操作规程

（1）发生落物卡钻后，钻头在井底时的处理程序。

① 若钻头在井底，应争取转动解卡，首先用较大扭矩正转，若正转不行则倒转。

② 在条件允许时，应尽最大力量上提。

③ 用震击器上击解卡，若不能解卡，则再下压或下击。

④ 若震击不能解卡，则倒螺纹、套铣。

⑤ 采用套铣、震击解卡。

⑥ 若不能解卡，则侧钻。

（2）发生落物卡钻后，钻头不在井底时的处理程序。

① 应猛力下压。

② 应用震击器下击解卡。

③ 下压、震击均无效时，再进行倒螺纹作业。

④ 若不能解卡，则侧钻。

三、技术要求

如果是水泥块造成的卡钻，可以用抑制性盐酸来处理。

四、注意事项

在上提、下压钻具时,不应超过钻杆的安全负荷。

项目十六 处理粘吸卡钻 *

一、准备工作

A4 笔试试卷 1 份,记录笔 1 支。

二、操作规程

(1) 发生粘吸卡钻后,可以循环钻井液时的处理程序。

① 若钻头在井底,要上提转动解卡;若钻头不在井底,则要上下活动及转动解卡。

② 上述措施无效时,钻头在井底,要上击解卡;钻头不在井底,要上下震击解卡。

③ 若震击不能解卡,则要浸泡解卡剂解卡;根据各个地区各口井的具体情况,选择合适的解卡剂。

注解卡剂前,要做一次钻井液循环周试验,验证钻具无刺漏。

注解卡剂前,必须在钻柱或方钻杆上接回压阀或旋塞,以防在施工过程中发生问题时,钻井液倒流。

④ 若仍不能解卡,则要采用浸泡与震击联合解卡。

⑤ 若浸泡与震击不能解卡,可采用爆松套铣解卡。

⑥ 若爆松套铣仍不能解卡,则可采用套铣倒螺纹解卡。

(2) 发生粘吸卡钻后,不能循环钻井液时的处理程序。

① 首先要采用上下活动及转动解卡。

② 上述措施不能解卡时,采用上下震击解卡。

③ 采用上下震击不能解卡时,可采用爆松套铣解卡。

④ 采用爆松套铣仍不能解卡时,则可采用套铣倒螺纹解卡。

三、技术要求

(1) 强力活动。

粘吸卡钻随着时间的延长而更加严重。所以一旦发现粘吸卡钻,就应在设备特别是起升系统和钻柱的安全载荷以内尽最大力量进行活动。上提时,不超过薄弱环节的安全载荷极限,下压时可以把钻柱的全部重量压上,也可以进行适当的转动,但不能超过钻杆所限制的扭转圈数。若强力活动数次(一般不超过 10 次)无效,就不必再继续强力活动,而要在适当的范围内活动未卡钻柱,上提拉力不能超过自由钻柱悬重 $100\sim200$ kN,下压重量根据井深和最后一层套管的下入深度而定,可以把自由钻柱重量的 $1/2$ 甚至全部压上,使裸眼内钻柱弯曲,减少钻柱与井壁的接触面积,防止卡点上移。

(2) 震击解卡。

若钻柱上带有随钻震击器,一旦发现粘吸卡钻要立即启动上击器上击或启动下击器下击,以求迅速解卡。

（3）浸泡解卡剂。

浸泡解卡剂是解除粘吸卡钻最常用最有效的方法。

四、注意事项

粘吸卡钻是最常见的一类卡钻,也是最容易处理的卡钻事故,但若处理不当,则往往引发其他事故,因此处理粘吸卡钻时也决不能麻痹大意。在处理粘吸卡钻时要注意以下问题:

（1）解卡剂的选用,要根据各个地区及各口井的具体情况而定,最好使用可以调整密度的油基解卡剂。

（2）注入解卡剂前,特别是注低密度解卡剂,必须在钻柱上接回压阀或旋塞,还要进行一次钻井液循环周试验,在确认钻具没有刺漏时,方可注入。

（3）保证钻头水眼和环空不被堵塞。

（4）若一次浸泡解卡剂用量过大,有引起井涌、井喷的危险时,要进行分段浸泡。先浸泡被卡钻柱下部一段时间后,再将解卡剂一次性顶到卡点位置,浸泡被卡钻柱的上部。

（5）合理确定浸泡时间。根据浸泡情况,可以浸泡多次,或调整所用解卡剂。

（6）浸泡解卡后,要不断活动钻柱,以防再次发生粘吸卡钻。

（7）若是复合卡钻,就要考虑采用震击、套铣等措施。在倒开原钻柱之前,最好先下一只爆破筒把钻头或钻头水眼炸掉或把钻铤炸裂,以便恢复循环。

（8）钻具断落后,很容易形成粘吸卡钻。所以所下打捞工具要能密封鱼头部位。所用内、外螺纹锥不能带有退屑槽;所下打捞矛要带封堵器。

项目十七　处理泥包卡钻*

一、准备工作

A4 笔试试卷 1 份,记录笔 1 支。

二、操作规程

（1）钻头在井底时泥包卡钻后,无论循环正常、循环短路还是失去循环,都要首先采用大力上提的方法进行解卡。若无效,再采用震击器上击解卡。

（2）上击不能解卡时,若是在正常循环的情况下,则要调整钻井液性能大排量循环冲洗,然后浸泡解卡剂解卡。

（3）若是循环短路的情况,则要爆松倒螺纹取出短路点恢复循环后,调整钻井液性能大排量循环冲洗,然后浸泡解卡剂解卡。

（4）若是不能循环的情况,则要从钻头以上爆破恢复钻井液循环后,调整钻井液性能大排量循环冲洗,然后浸泡解卡剂解卡。

（5）浸泡解卡剂不能解卡时,要采用爆松套铣解卡。

（6）爆松套铣不能解卡时,则要套铣倒螺纹解卡。

（7）套铣倒螺纹不能解卡或不经济时,则只能侧钻新井眼。

三、技术要求

（1）在井底发生泥包卡钻时，要尽可能增大排量，降低钻井液的黏度和切力，以便增大钻井液的冲洗力，同时尽最大力量上提，或用上击器上击。

（2）在起钻中途发生泥包卡钻时，要尽全力下压，或用震击器或下击器下击。在条件允许时，应大排量循环钻井液，同时大幅度降低钻井液的黏度和切力，并加入清洗剂。

（3）若震击无效，并可能有粘吸卡钻，可注入解卡剂解卡。一方面消除钻具与滤饼的黏附，另一方面也可以减少泥包物与钻头或稳定器的吸附力。

（4）若泥包现象是由钻头或稳定器泥包造成的，不能大力上提钻具，以免把钻具卡死，失去循环钻井液的条件，导致不能注解卡剂。

（5）若泥包卡钻后，不能循环，又因时间较长，有粘吸卡钻征兆时，不能盲目倒螺纹。而要弄清卡钻部位，炸破钻具，恢复循环，消除粘吸卡钻后再考虑是否倒螺纹。

四、注意事项

（1）尽可能开大排量循环，降低钻井液的黏度和切力。

（2）用最大的力量上提或用上击器上击。

（3）若泥包卡钻后不能循环，并有粘吸卡钻征兆，倒螺纹要谨慎。若不带稳定器，卡钻井段就是钻头，可在钻头以上爆破，以便恢复循环，消除粘吸卡钻后再倒螺纹；若带有稳定器，则首先从钻头以上爆破，恢复循环，不成功时，再从最上面稳定器以上爆破，恢复循环。

项目十八　使用震击器处理卡钻*

一、准备工作

（1）设备。

石油钻机 1 台。

（2）工具、材料。

绘图笔 1 支，钢丝刷 1 把，2 000 mm 钢卷尺 1 个，300 mm 内、外卡钳 1 套，机械式震击器 1 根，A4 绘图纸 1 张。

二、操作规程

（1）检查准备。

检查绞车、死活绳头的固定情况，大绳的磨损情况及刹车系统、悬重表的灵敏度。

（2）测量震击器

准确计算卡点，测量震击器，画出震击器草图。

（3）计算方入。

核算鱼顶方入和震击器下入方入正确，钻具组合正确。

（4）下钻探鱼头。

下钻过程要求平稳，如有遇阻起钻通井，下钻至鱼顶开泵循环，探鱼头，观察悬重表，震击器下深不能超过鱼顶 1 m。

（5）震击。

缓慢上提钻具至震击器上击悬重，并做好记录和标记；缓慢下放钻具至震击器下击悬重，并做好记录和标记；重复上击和下击至解卡。

（6）卸震击器。

正确卸震击器。

三、技术要求

（1）油压上击器主要用于处理卡钻、打捞和地层测试中遇卡时上击解卡。打捞时安装在打捞工具和安全接头的上面，离卡点越近，震击效果越好。为了获得较大的震击力，通常在上击器上方加3~5根钻铤，对浅井或斜井还需安装一个加速器。上提钻柱产生的拉力不得超过震击器的最大载荷。

（2）在钻进中若发现键槽、粘吸、垮塌等卡钻，可在靠近卡点的上方连接闭式下击器进行下击或上击解卡。打捞作业时，在打捞工具（如打捞矛等）的安全接头上接闭式下击器，一旦落鱼提不动时，可下击使打捞工具顺利地丢掉落鱼；若打捞成功，可在井口下击解卡，但不宜长时间随钻使用。

（3）闭式下击器紧螺纹和卸螺纹时，大钳不得打在油塞和中筒外螺纹圆周上，大钳离开外螺纹端面至少100 mm。闭式下击器下接安全接头，当震击无效时，以便丢掉被卡钻具；闭式下击器的上方接有钻铤，以增加冲击力。震击前要计算闭式下击器关闭和打开的方入并做出明显的标记。当一次震击无效时，上击和下击均可重复进行。

模块三　综合管理

项目一　相关知识

一、编写技术文件及技术革新

（一）编写报告

编写技术文件要首先进行现场调查获取第一手资料,分析事故发生的原因,寻找必然因素。然后提出杜绝此类事故产生的途径与方法,最后向有关部门提交事故报告。

报告是一种陈述性的文件,是下级向上级机关汇报工作、反映情况、请示问题的一种公文形式。从报告的内容上可把报告归结为 3 类:第一类是用于汇报工作的工作报告;第二类是用于反映情况的情况报告;第三类是用于请示问题的请示报告。对于石油钻井工来讲,工作中使用较多的是情况报告和请示报告,比如生产、事故、设备维修、设备更换等方面的报告。在这里仅就情况报告的编写做一简要叙述。

> JBG001 编写报告的注意事项

情况报告是反映情况、分析原因、陈述意见的一种报告。编写这种报告在写法上要注意两点:一是最好一事一报,内容集中;二是在报告中只写情况和意见,不可写带有请示的事项。

（二）情况报告的编写要求

1. 文题

文题要切中主题,直接点明"关于××事故的报告"。

2. 开头部分

这部分往往是情况的概述,三言两语,以启下文。如要写明事故发生的时间、地点、造成的损失等。

> JBG002 情况报告的编写要求

3. 中间部分

中间部分是要汇报情况部分,在写法上要逐项叙述。一是事故发生的过程;二是事故发生时的具体情况;三是事故发生的原因等。要写全面、具体、深刻,不要有遗漏。要实事求是,既不夸大其词、任意渲染,也不要避重就轻、大事化小;既不推脱职责,也不无辜承担责任。是人为因素就是人为因素,是设备问题就是设备问题,一定要把真实情况报告上去,以利于上级机关正确决策。

4. 结尾部分

结尾部分也叫意见部分。在做了事故情况汇报之后,针对事故应持什么样的态度和应采取什么样的措施,作为汇报情况的下级,应该有自己的独立见解。

意见是对存在的问题所提出解决的设想，是帮助上级出主意、想办法，因此写好意见显得十分重要。要写好意见，应努力做到以下几个方面：

（1）意见一定要建立在对客观情况认真地综合分析之上，要有的放矢、符合情理。

（2）所提意见要符合实际，切实可行。

（3）简单明了，抓住要害。

最后签署和写上行文日期。

（三）申请书

针对生产实际中出现的问题和不足，确立革新与改进的目标，然后向有关部门提出申请，获得批准后组织攻关，攻关结束，达到预期目标后，整理好各项资料，向有关部门提出鉴定申请，最后进行成果鉴定。

随着科学和技术的日益发展，原有的某些设施、设备及管理会逐步不适应现代化的生产与管理，这就要求与此相关的人员，能从自身的实际出发，提出合理化的革新改进措施或建议，以满足生产和管理发展的需要。

无论要进行何类的革新与改进，其申请书的格式基本是一致的。下面就更新改造设备申请书的编写要求，简要叙述。

一般来讲，更新改造设备的申请书要从理由、设备名称及预期的效益 3 个方面来叙述。

| JBG003 申请书的编写格式 |

1. 更新改造的理由

更新改造的理由主要要从原有设备不适应现代生产的方面来描述。如：

（1）原有设备的磨损情况。

（2）原有设备对产品质量、产量的不适应程度。

（3）原有设备对生产工艺的不适用程度。

（4）原有设备对能源浪费的程度。

（5）原有设备对安全、环保影响的程度。

2. 更新改造设备的建议

针对需要更新改造设备的不适应情况，拿出更新、改造、革新的具体方案。如：

（1）更新设备的名称、型号、主要规格、数量、价格、制造厂等。

（2）需要改造设备的改造设想和要求。

（3）革新、改进的方案。

3. 预期的效益

通过更新改造预期能够产生的效益。如：

（1）设备的利用率。

（2）提高生产效率的效果。

（3）提高产品质量的效果。

（4）改善劳动条件和环境保护的效果。

（5）降低生产成本的效果。

（四）技术革新、改进成果的鉴定

| JBG004 技术革新、改进成果的鉴定 |

技术成果完成以后，一般要由有关部门邀请有关人员对其进行成果鉴定。

技术革新与改进成果是参与人员的工作结晶，是一种财富。鉴定革新与改进成果的主要目的是使成果经过认真的技术鉴定后，及时地得到巩固、推广和提高，促使技术革新与改进的深入和发展。

成果的鉴定一般按项目的重要性和涉及面的大小分为 4 级,即国家级鉴定、部级鉴定、地方鉴定和基层单位鉴定。

成果鉴定的主要内容有以下几条:

(1)研究试验的方案、技术线路的合理性。

(2)实施过程(试验测试、数据处理、结论推断)的严格性、严密性以及资料的完整性。

(3)与国内外相比,所具有的水平。

(4)实际应用产生的效果。

(5)存在的不足和改进的意见。

(6)成果处理意见。

(五)技术革新、改进的技术要求与注意事项

(1)技术革新要注意实用性。

(2)技术革新与改进的数据记录要齐全、规范。

(3)技术成果完成以后,一般要由有关部门邀请有关人员对其进行效果鉴定。

(4)技术革新与改进是为了满足生产和管理发展的需要。

> JBG005 技术革新、改进的技术要求与注意事项

(5)革新内容要叙述准确、文字精练、层次清晰、分段叙述,根据成果类别的不同采取不同的编写格式。

(6)技术革新与改进一般要先立项,后进行,以保证工作的顺利进行。

(7)评审领导小组是公司技术革新与改进活动的组织领导及评审机构。

(六)试验类型及其目的

接受试验推广新技术、新工艺或新设备的任务后,要妥善安排实施计划,积极组织试验或推广,然后把试验推广的情况整理出结果,最后填写试验推广报告。

钻井新技术、新工艺和新设备的试验与推广对于发展钻井技术理论、设计制造新产品、提高整台钻机及其零部件的性能具有十分重要的意义,它在指导钻井生产、维修和使用方面也有着无可替代的作用。现场所进行的各种试验,尽管形式不同,但都可以归结为以下 3 种类型:

> JBG006 试验类型及其目的

(1)设备或工具试验。其目的是对新产品或改进的产品(如新钻具——钻头、动力钻具等;新设备——电动钻机、顶部驱动设备等)进行全面的性能试验,以检查其各项性能指标是否达到设计或改进的要求。不同产品有不同的指标,一般有机械钻速、建井周期、生产成本、劳动强度的降低、安全性(设备故障率及对有关设备、井身和人员的影响,对环境的污染程度)等。

(2)获得有关数据的试验。地层压裂试验、试关井、对可能漏失的地层进行的井漏试验等。

(3)推广性试验。推广性试验是为推广新技术、新工艺和新设备而进行的试验。一般首先要进行理论研究,然后再在有条件(人员素质、技术力量、设备状况、地质因素等)的油田或井队进行试验。获得经验、效果满意后再逐步推广。

技术、工艺和设备试验及推广是一件严肃认真的工作,决不能弄虚作假,以免造成严重后果;试验设备、仪器、场地、条件必须符合试验要求;检测、计量仪器仪表必须经过校准,要灵活准确;试验及推广程序要规范,数据测取要仔细;计算结果要正确无误,报告要清晰明了。

（七）试验报告的内容

在试验完成后，一般要写出试验报告。试验报告应包括下列内容：

JBG007 试验报告的内容

（1）前言和概述。简单介绍试制、生产和试验概况。主要说明试验的目的、性质、要求、依据、方法、时间和地点等。

（2）主要技术规格。主要说明产品的型号、主要参数及外形尺寸等。

（3）试验设备和工具。列表说明试验设备和工具的名称、型号、规格、精度等级及制造厂家等，以及是否经过校准，并说明由什么部门校验。

（4）试验内容及结果。逐一说明所进行试验的项目和试验的方法，分析试验结果是否符合有关规定要求，记录试验中观察到的问题。

（5）结论。由试验结果进行分析，对被试验的设备、工具及技术和工艺做出正确的结论，指明改进的方向。

（6）图表。在试验报告的最后，附上全部试验数据表格和曲线。

（八）进行课题研究的程序

对于高等级钻井操作技能人才来讲，积极参与有关钻井设备和工具管理、使用、维修及其他方面的研究工作，对自身的知识、能力的提高以及对生产都是大有好处的。研究课题从国家到本单位有许多等级，要根据具体情况和自身能力选择好研究课题，从事研究工作。

JBG008 进行课题研究的程序

科研课题从申请到立项、从研究到鉴定是一个系统工程，必须严密组织，才能确保研究的成功。

（1）申请。科研题目一般来自2个方面：一是上级有关部门确立的研究项目；二是自己根据生产实际确立的研究项目。所有研究项目必须首先向有关业务部门提出申请，即填写好开题报告书，申请批准。

（2）立项。当有关业务部门根据当年度研究方向认为其研究课题具有研究价值而又可行时，便会批准该开题报告，即该研究课题已经在有关业务部门立项。

（3）研究。课题得到立项后，立即着手进入研究实施阶段。这一阶段是研究的主要过程，一定要严格按预先设计好的程序与步骤进行。

（4）鉴定。研究进行完毕并撰写好研究报告后，就可向有关业务部门提出课题鉴定。根据鉴定结果，就可以确立该研究成果是否能够推广应用。

（九）学术论文写作的基本要求

通常所说的学术论文是指对哲学、自然科学、社会科学领域内的某些问题或现象进行科学的分析和阐述，揭示出某些问题或现象的本质特征及其规律的文章。

JBG009 学术论文写作的基本要求

撰写学术论文是一项广泛性的劳动。不仅有专门知识的专家、教授进行科学研究而把他们的研究成果写成学术论文，长期在各行各业从事各项工作，具有丰富实践经验的各界人士，也很有必要把自己的发明、创造、经验编写出来，以期对生产、管理、改革等带来好的社会效益和经济效益。学术论文的写作要遵循以下基本要求：

（1）选题要适宜。选题是论文成功的关键。曾有这样一种说法，选择好课题是"论文成功的一半"，可见选题的重要性。在实际编写论文过程中怎样进行选题呢？

① 从实际出发。在生产生活中，有许多问题需要人们去探讨研究，供人们选择的题目很多。这就要求论文的写作者要从自身的实际出发，选择那些有意义、有价值，对生产和管理具有实用性的问题进行研究。切忌选择一些鸡毛蒜皮、无足轻重的问题去讨论、分析、研

究,使编写出来的论文毫无使用价值。

②从条件出发。选择那些自己有准备、有基础、有兴趣、有体会,且适合自己知识、水平、能力的问题去研究探讨,从自身的条件出发,量力而行。不选择那些陌生的、毫无基础的、毫无兴趣的、毫无体会的问题,作为论述的对象。

选择论文题目,就是选择研究、论述的方向。因此,选题既要注重客观上的需要,有科学价值;又要重视主观上的条件,有利于展开。不能随心所欲、不顾实情。

(2)掌握好本学科的学术动态。学术的发展是一个积累的过程,前人的研究成果可以借鉴、使用。如果闭门造车、不了解外界,费了九牛二虎之力研究出的问题,很可能早被他人发现、早被论证了,结果是徒劳无益、浪费时间。

(3)广泛摄取资料。掌握好相关资料是写好论文的基础,提炼、归纳、分析资料,取其精华、去其糟粕是写好论文的关键。

(4)论证要严密。论文关键在于说服力。编写论文要抓住主要的东西,以事实为示例,严密阐述清楚自己的观点,事例要充足、观点要明确、论述要严密、逻辑要严谨。

(5)语言要精练易懂。论文的语言要尽量通俗易懂,易被读者所接受。

(十)学术论文的写法

(1)题目。题目是文章的名字,是文章的代表。在撰写论文拟定题目时,一般要求直接、具体、鲜明。题目要有足够的吸引力,不落俗套。要能够名副其实,确切地表达出文章的精神来。

(2)开头(绪论)。一般要说明论文研究的理由、目的、意义。开头要求要简明扼要,切忌长篇大论。要使读者通过阅读本篇论文的开头,大致了解论文将要阐述的内容,达到吸引读者心理和兴趣的目的。

JBG010 学术论文的写法

(3)正文(本论)。正文是论文的主体、重点,是开展论证、表达作者研究成果的部分,因此一定要写得论点明确、论据充分;分析问题要透彻、逻辑条理要清楚;结论顺理成章、不显勉强,具有较强的说服力。

(4)结尾(结论)。论文的结尾部分是撰写论文的最后部分,是对全文的总结概括,在具体写作时也不能掉以轻心。一般要简单具体地写明论文的基本论点、具体研究成果存在的不足及其他应说明的问题。

论文的写作要求、形式和方法并没有一个固定的模式,"文无定法"就是指的这个意思。论文的写作者,关键在于要有研究的兴趣,掌握必要的基础知识和经常锻炼写作能力。只有这样,才能撰写出质量较高的论文。

二、培训

(一)培训的基本要求

培训教学是一种有目的、有计划的教学形式,它通过一定的组织方式,对受训者施加一定的影响和约束,使他们获得一定的知识与技能。作为培训教师要熟悉教学内容,需搜集相关资料,并编写好施教教案,通常需经过教案审查或试讲合格后,才能进行授课。

JBH001 培训的基本要求

任何一种教学形式,若想圆满完成预想的教学任务,达到其培训目标,事先没有周密的设计是很难实现的。因此,在进行具体培训前,有必要做好周密的教学计划。

（二）制订教学计划的依据和要求

1. 教学计划的作用

任何计划都是预定未来的行动，是对未来工作的设计，教学计划也不例外。用于培训教学的计划，同样是用于指导具体培训的一种技术文件。根据培训教学计划，就可具体安排教学的过程。只要严格按照教学计划进行培训教学，就能保证培训目的的实现。

2. 制订教学计划的依据

制订石油钻井工的培训教学计划时，要依据职业技能等级标准、培训教程来进行，并充分考虑培训目标、培训对象、培训设施及其场地，不能脱离标准与实际去制订教学计划。只有这样，才能制订出适用于指导具体培训的教学计划来。

3. 制订教学计划的要求

（1）体现石油钻井工培训的性质。石油钻井工的培训，一般说来具有短期培训的性质。在这一点上，它不同于普通教育与职业教育，具有自身的特点。在安排具体的教学过程中，不注重知识的连续性和衔接性，强调知识的实用性。既注重知识的传授，更注重技能的训练。

（2）培训目标要明确、具体。在制订石油钻井工的培训计划时，对于每一阶段、每一具体的培训内容，都要研究出明确、具体的培训目标。只有培训目标明确，才有可能合理安排教学内容、教学过程、教学方式及教学时间。

（3）遵循教育教学规律。培训教学同样要遵循教育教学规律。培训目标与培训内容相统一，教学内容与教学方式相一致。培训要循序渐进，知识传授要有层次，从简单到复杂，由浅入深。各教学内容要相互关联，密切协调。知识传授与技能训练要齐头并进，有机结合。

（4）要从实际出发。教学计划的制订不能超出本单位、本部门的实际情况，还要考虑教学内容的特点、季节气候及其他有关的因素。比如时间的安排、设施的安排、场地的要求等。

4. 制订教学计划的方法

教学计划一般是由培养目标、教学时间、教学内容等内容组成的。培养目标是教学计划的中心，教学时间、教学内容都是围绕着这一中心进行安排的。教学时间的具体分配是教学计划的表现形式，而具体教学内容的确立是教学计划的实质。

教学计划的制订，一般要遵循下述方法：

（1）确定培养目标。各级各类的教育教学的培养任务是不尽相同的。作为石油钻井工技能培训来讲，其具体的培养目标不外乎 2 个方面：一个是知识方面的要求；另一个是操作技能方面的要求。这 2 个方面的要求，是制订具体教学计划时所要重点考虑的。

（2）确定教学时间。教学时间的设定主要考虑总体时间的划定及各种教学形式的学时数的分配。总体时间的划定，一般在职业技能等级标准中有规定，具体操作时，再根据其具体情况酌情安排即可。各种教学形式的学时数安排，就应该在认真分析、研究的基础上，以确保培养目标实现为前提，以设施、场地、师资等情况为考虑因素综合确定，一般以表格的形式表示出来。

（3）确定教学内容。教学内容是确保培养目标实现的实质性依据。因此，制订教学计

JBH002 制订教学计划的依据和要求

JBH003 制订教学计划的方法

划的主要问题是设立合理的教学内容,明确各具体教学内容之间所占的比例、要求和顺序等。

在制订教学计划时,往往要用列表的形式把计划表现出来。

(三) 培训教学的实施方法

承担高级工和技师的培训任务,应该是高级技师力所能及的事情。但要想做好承担的培训任务,的确不是一件简单的工作。要想搞好培训教学,首先必须吃透有关的教学内容,并在此基础上编写出适宜于培训的教案来。

教学是一种有目的、有计划、有步骤的活动。教师在进行备课的时候,对于教学内容的传授要有一个通盘考虑。因此可以这样说,教案是教师备课的结晶、授课的依据、上课的备忘录。

1. 备课的要求

作为一个培训教师,承担了一定的培训任务后,对于到手的教学任务来说,只是有了教学的依据。但要真正传授好知识,还需要认真研究教学艺术,精心设计教学方案,在充分认真地钻研教学内容、广泛涉猎相关知识、结合学员实际情况的基础上,归纳整理、精心加工,设计出有计划、有目的、有准备、有方法的教学方案即教案。

JBH004 备课的要求

(1) 备好教材。教材,一般来说都是经过有经验的教师或研究人员编写而成的,并经过专家鉴定,它是直接为培养目标服务的。因此,教师必须认真钻研教材。

钻研教材,就是要求培训教师在充分驾驭教学内容的基础上,确定出教学内容的重点和难点,并借助于相关的参考资料,加深对教学内容的理解,以增强教学表达效果。

(2) 备好学员。教学活动是教师和学员的双边活动,学员则是教学活动的主体。教学活动的最终目的是使学员在原有基础上提高一步。因此,教师在备教材的同时,要备好学员。要从知识水平、理解能力、兴趣爱好、操作技术等方面了解学员,努力做到因材施教。

(3) 备好教学方法。教师要把自己所掌握的知识或技能,通过教学的形式,最大限度地传授给所培训的学员,这就存在着一个方法的问题。犹如船和桥,没有它学员就过不了河。因而教学方法的问题,也是一个重要的问题。

2. 教案的内容

教案一般说来要包括教学目的(或教学要求)、教学重点和难点、教学步骤(或教学过程)3 个部分。

(1) 教学目的。教学目的的确定,是教师对备课内容高度概括的结果,是教师对教学内容、特点、学员的具体情况进行全面思考后确定下来的。

JBH005 培训教学的实施方法

(2) 教学重点和难点。教学重点是为了达到确定的教学目标而必须着重讲解和分析的内容。教学难点是学员理解起来有困难或不能理解的教学内容。

(3) 教学步骤。教学步骤是实现教学目的,完成教学任务的具体步骤。教学重点的落实、难点的解决都要反映在具体的教学步骤中。

3. 授课与指导

授课与指导是教师传授知识、经验,解决疑惑不可缺少的过程。教师要在依据教学计划和教学要求,在遵循教学规律和充分调动学员积极性的基础上,对所备内容进行传授。授课时要注意讲课口音、语速、语气、教态等,要做到重点突出,难点处理得当,要随时关注学员的情况,并要加强直观性教学如采用多媒体教学,注意遵循启发性原则,要注意理论联系实际。对学员的操作进行指导要认真仔细,动作要规范标准。

作为一个长期工作在一线的高级技师,长期的实践积累了大量的经验,许多次的培训和学习已有了一定的专业知识。但仅仅如此还是不够的,对于一个教师来说,不仅要有知识,更要有综合能力,要有把知识表达出来、传递出去、教会学员的能力,要有与学员进行沟通、共同处理课堂问题的能力。总之一句话,要有做教师的能力。

项目二   绘制一口井的施工进度图

一、准备工作

500 mm 直尺 1 把,150 mm 三角尺 1 把,绘图纸 1 张,绘图笔 1 支,计算器 1 个,工程设计及报表 1 套。

二、操作规程

(1) 准备工作。

准备好直尺、三角尺、绘图纸、绘图笔、计算器、工程设计及报表。

(2) 收集资料。

① 根据本井设计有关数据收集资料,包括井身结构及地层深度、地层分层及各段所用钻井液密度、套管下深、设计深度。

② 根据建井周期和钻井液密度、作业工序排出时间安排,其中主要包括搬家、一开、固井、装井口、二开、装技术套管井口、三开、完井作业等。

(3) 做计划表。

根据建井周期和井深得出钻井施工进度计划曲线;根据设计钻井液密度和井深画点连线,得到设计钻井液密度曲线;根据实际钻井施工进度跟踪绘制实际施工曲线。

(4) 布图、画图标。

按图纸大小、设计井深、建井周期选取适当的比例,按比例做出纵坐标(代表井深)、横坐标(代表施工天数)和建井周期计划表。

(5) 绘图。

按计划表内容分段划线并填写地质分层各层名称、每层地层所对应的钻井液密度、所下的套管层数、井深、施工天数。

三、技术要求

(1) 制图所用数据真实、准确。

(2) 图纸线条颜色、字体及其大小等均应严格按照绘图标准执行。

(3) 图面排版要注意美观,要显得丰满、协调,附注说明及图表一般放置于图面的右下方。

项目三   编制套铣倒扣的施工计划

一、准备工作

笔试试卷 1 份,记录笔 1 支。

二、操作规程

（1）前期需要收集的数据：卡点、钻具组合、钻具长度及内外径、钻具形状。

（2）准备的工具：反扣钻具、变扣接头、安全接头、套铣筒、大小头、铣头、铣刀、反扣公锥、倒扣器、倒扣滚筒、小方补心。

（3）利用井队钻机先将原钻具扣倒开，尽量将卡点以上钻具全部倒出，然后确定鱼头位置及鱼头尺寸。

（4）套铣筒下到鱼顶后进行适当的循环，钻井液处理正常后，进行套铣钻进，转盘转速40～60 r/min，钻压控制在 10 kN 左右。

（5）循环充分后起出套铣筒，下入倒扣器/公锥＋安全接头＋反扣钻具，在接近鱼头前接方钻杆、倒扣滚筒，接完方钻杆后充分循环钻井液，将鱼头清洗干净，鱼头清洗干净后，停泵对扣。

（6）利用倒扣滚筒倒扣，起钻甩掉起出钻具，核对鱼头位置，进行下次套铣作业，直到将落鱼全部倒出。

三、注意事项

（1）下套铣筒遇阻，可用 ϕ230～250 mm 扩眼器进行扩眼。

（2）由于套铣筒比较粗，一定要防卡，如果是定向井，可在钻井液内加入 3～6 m^3 混合油，每钻进 1 m 左右停钻上下活动几次钻具，防止套铣筒卡住。

（3）套铣中注意跳钻、无进尺、扭矩大等。

（4）倒扣时人员全部撤离。

项目四　测绘螺栓草图

一、准备工作

螺纹规 1 把，0～125 mm 游标卡尺 1 把，300 mm 直尺 1 把，六方螺栓 1 个，绘图纸 1 张，HB 铅笔 1 支，2B 铅笔 1 支，橡皮 1 块。

二、操作规程

（1）绘制草图。

① 画轴心线：用点划线。

② 画螺栓轮廓线：用粗实线，共 13 条。

③ 画螺纹表示线：用细实线，共 3 条。

④ 画尺寸界线：用细实线，共 8 条。

⑤ 画尺寸线：用带箭头的细实线，共 5 条。

（2）标注尺寸和零件名称。

① 标注螺纹外径及螺距。

② 标注外接圆直径。

③ 标注方头厚度。

④ 标注螺纹、螺栓长度。

⑤ 注明零件名称、数量、比例尺。

三、技术要求

（1）字迹工整清晰。

（2）测绘零件草图必须具备零件图应有的全部内容和要求。

（3）要做到图线清晰，比例均衡，投影关系正确，尺寸准确而不漏，并了解零件名称、用途和材料。

（4）分析清楚各部位的作用和形状，了解零件的制造工艺，标明各部位光洁度及其他技术要求。

项目五　用 Word 文档打印材料

一、准备工作

计算机和打印机各 1 台，B5 纸适量。

二、操作规程

（1）开机操作。

先插电源，再开显示器开关，最后开主机开关。

（2）在 C 盘根目录下建立一个新文件夹。

① 打开资源管理器或"我的电脑"。

② 单击 C 盘的图标。

③ 用鼠标单击菜单栏中的"文件"项。

（3）用 Word 输入一份文件并保存在"我的文件夹"。

① 打开 Word 文档。

② 设置页面。

③ 在窗口工作区的文本光标处键入文本内容（输入一份文档）。

④ 按要求保存文件。

（4）操作打印机。

连接打印机，装好 B5 纸，打印。

（5）关机操作。

① 关闭 Word 程序退出到桌面，关闭计算机。

② 上交打印稿。

三、技术要求

（1）输入的文本格式、字体、排版符合要求。

（2）工作簿的页面设置符合规范。

项目六　用 PPT 展示说课 *

一、准备工作

计算机和投影仪各 1 台。

二、操作规程

(1) 根据授课内容制作 PPT 课件。
① PPT 要求有授课题目。
② PPT 要求有说课目录。
③ PPT 内容要明确所授课的重点以及难点。
④ 说课内容中针对重点和难点要有具体讲授方法。
⑤ PPT 内容文字没有错误,图片、表格清晰。
⑥ PPT 制作简洁。
(2) 用投影仪进行说课。
① 明确授课内容,说清授课内容,点出授课内容在钻井中的地位。
② 明确授课对象,要求分析授课对象的认知基础。
③ 明确授课目标,通过授课使授课对象达到一个怎样的程度。
④ 明确授课方法、学法指导、教学手段、教学过程。

三、技术要求

(1) PPT 制作要求条理清晰、主题明确、美观大方。
(2) PPT 引用的图片、数据、论点准确并注明出处。
(3) 授课时吐字清晰,演示时注意仪容、仪表;注意结合表情、手势,要有眼神交流和互动。
(4) 授课时间要合理,不要拖沓。

项目七　制订教学计划 *

一、准备工作

笔试试卷 1 份,记录笔 1 支。

二、操作规程

(1) 教学计划的作用。
① 是对未来工作的设计。
② 是用于指导具体培训的一种技术文件。
③ 可具体安排教学的过程。
④ 能保证培训目的的实现。
(2) 制订教学计划的依据。

① 依据职业技能等级标准、培训教程来进行。

② 充分考虑培训目标、培训对象、培训设施及其场地。

（3）制订教学计划的要求。

① 体现石油钻井工培训的性质。

② 培训目标要明确、具体。

③ 遵循教育教学规律。

④ 要从实际出发，教学计划的制订不能超出本单位、本部门的实际情况，还要考虑教学内容的特点、季节气候及其他有关原因。

（4）制订教学计划的方法。

① 确定教学目标。

② 确定教学时间。

③ 确定教学内容。

（5）形象端庄、表达充分。

三、技术要求

（1）教学计划主要内容应该包括：学生基本情况分析（认知基础、情感态度、学习习惯、操作技能等）、教学内容、教学目的、教学重点、教学难点、实施计划的具体措施、教学进度表、重要的教学活动及各部分教学内容的课时分配。

（2）贯彻、践行新的教学理念。教师应在先进教育理念的指导下，通过某些具体的途径、方式、手段等到达预期的目标。

（3）体现教师的教学个性。必须充分考虑教学共性与教师个性的有机结合。好的教学措施不仅要遵循教育规律，而且要体现施教者自身的教学经验、教学观念以及教学个性。

（4）应体现一定的可行性、可操作性。制定的措施应力求具体、明确、易行。

项目八 编制井漏的处理方法*

一、准备工作

处理井漏的讲义 5 份，教具、演示工具 1 套，培训指导的现场与设施 1 处（要求准备不小于 20 m² 的教室或会议室，其配套设施要满足培训指导的要求）。

二、操作规程

（1）检查准备工作。

教具、演示工具准备齐全。

（2）讲课主题鲜明、重点突出。

讲课条理清晰、主题鲜明、重点突出。

（3）语言清晰、自然，用词准确。

（4）形象端庄、表达充分。

三、技术要求

（1）授课时注意语音、语调、语速的合理变化。在授课时，用语调强调重点，在重点和非重点的部分产生反差,才能保持学员的注意力集中。

(2)授课时吐字清晰,演示时注意仪容、仪表;注意结合表情、手势,要有眼神交流和互动。

(3)教学内容要具有思想性、科学性和准确性,突出重点、突破难点、抓住关键。

(4)授课结束前,要对内容进行总结,这样可以让学员的记忆更加深刻和准确。总结的5个要点:简单、扼要、明了、重点、重复。

第三部分

高级理论知识
试题及答案

高级理论知识试题

一、单选题（每题有 4 个选项，其中只有 1 个是正确的，将正确的选项号填入括号内）

1. AA001　Excel 2010 作为当前最流行的一款计算机软件，具有强大的（　　）功能。

   A. 文字编辑　　　　　B. 幻灯片演示　　　　C. 收发电子邮件　　　D. 电子表格处理

2. AA001　Excel 2010 可以缩短处理时间，保证（　　）的准确性和精确性。

   A. 文字编辑　　　　　B. 幻灯片演示　　　　C. 数据处理　　　　　D. 笔记本管理

3. AA002　Excel 2010 常用的启动方法有（　　）。

   A. 1 种　　　　　　　B. 2 种　　　　　　　C. 3 种　　　　　　　D. 4 种

4. AA002　退出 Excel 2010 可按快捷键（　　）。

   A. Alt＋F4　　　　　B. Shift＋F4　　　　　C. Ctrl＋F4　　　　　D. Enter＋F4

5. AA003　Excel 2010 的名称框显示活动单元格的（　　）。

   A. 名称　　　　　　　B. 地址　　　　　　　C. 宽度　　　　　　　D. 长度

6. AA003　Excel 2010 的工作表标签位于工作表区的底端，用于显示工作表的（　　）。

   A. 名称　　　　　　　B. 地址　　　　　　　C. 宽度　　　　　　　D. 长度

7. AA004　在 Excel 2010 中，创建一个空白工作簿的方法有（　　）。

   A. 1 种　　　　　　　B. 2 种　　　　　　　C. 3 种　　　　　　　D. 4 种

8. AA004　在 Excel 2010 中，单击"（　　）"选项卡下的"新建"命令，在"可用模板"中单击"空白工作簿"按钮，然后单击"创建"按钮，就可以创建一个空白工作簿。

   A. 文件　　　　　　　B. 开始　　　　　　　C. 插入　　　　　　　D. 视图

9. AA004　在 Excel 2010 中，创建一个空白工作簿可以按（　　）快捷键。

   A. Ctrl＋O　　　　　B. Shift＋O　　　　　C. Ctrl＋N　　　　　D. Shift＋N

10. AA005　在 Excel 2010 中，保存一个工作簿的方法是单击"文件"选项卡下的（　　）命令。

   A. "打开"　　　　　　B. "保存"　　　　　　C. "新建"　　　　　　D. "另存为"

11. AA006　在 Excel 2010 中，单元格区域的表示方法由单元格区域左上角的单元格名称和（　　）的单元格名称组成。

   A. 左上角　　　　　　B. 右下角　　　　　　C. 右上角　　　　　　D. 被选中

12. AA006　在 Excel 2010 中除用鼠标选择单元格外，还可以利用快捷键在工作表中快速定位，使用快捷键（　　）可回到 A1 单元格。

   A. Ctrl＋S　　　　　B. Shift＋S　　　　　C. Ctrl＋Home　　　D. Alt＋Ctrl

13. AA007　在 Excel 2010 工作表中，可以输入各种格式的日期和时间，在（　　）对话框中可以设置日期和时间。

  A."设置单元格格式" B."插入"   C."排序"   D."筛选"

14. AA007 在 Excel 2010 中,如果要在单元格中输入分数,必须在分数前面加一个(　　)和空格,否则 Excel 可能会将其看作一个日期。

  A. \   B. ,   C. /   D. 0

15. AA008 在 Excel 2010 中,将单元格中的内容修改后,需要按(　　)键确认对内容所做的修改。

  A. Ctrl   B. Shift   C. Enter   D. Esc

16. AA008 在 Excel 2010 中,将单元格中的内容修改后,可按(　　)键取消对内容所做的修改。

  A. Ctrl   B. Shift   C. Enter   D. Esc

17. AA009 在 Excel 2010 中要插入一列单元格时,在列标签上右键单击,在快捷菜单中选择"插入"命令,即在选中列的(　　)插入一列。

  A. 左侧   B. 右侧   C. 上部   D. 下部

18. AA009 在 Excel 2010 中,移动和复制单元格与剪切和复制(　　)数据的操作步骤类似。

  A. Word   B. Outlook   C. PPT   D. Office

19. AA009 在 Excel 2010 中,删除单元格时,选中要删除的单元格或单元格区域,单击鼠标右键,在弹出的快捷菜单中执行(　　)命令即可实现。

  A. 剪切   B. 删除

  C. 清除内容   D. 在下拉列表中选择

20. AA010 在 Excel 2010 中,选中要移动的工作表标签,按住鼠标左键向左或向右拖动,同时有一个(　　)跟随它移动,到所需移动的位置后松开鼠标,即可实现在同一个工作簿中移动/复制工作表。

  A. 小正方形 B. 圆形   C. 箭头   D. 小三角形

21. AA010 在 Excel 2010 中,根据需要,用户可对不同工作表进行重命名,常用的方法有(　　)。

  A. 1 种   B. 2 种   C. 3 种   D. 4 种

22. AA011 在 Excel 2010 中,单击(　　)选项卡下的"新建窗口"命令,就可以为当前活动的工作簿打开一个新的窗口。

  A."开始"   B."新建"   C."视图"   D."页面布局"

23. AA011 在 Excel 2010 中,在工作簿中若需同时查看 2 个窗口,可单击"视图"选项卡下的(　　)按钮。

  A."水平并排" B."垂直排列" C."水平查看" D."并排查看"

24. AA012 Excel 2010 除了能进行一般的表格处理外,还具有强大的(　　)功能。

  A. 幻灯片演示 B. 方案设计 C. 接收邮件 D. 计算

25. AA012 Excel 2010 在单元格中输入公式的方法与输入数据的方法类似,但输入公式时必须以(　　)开头,然后才是公式表达式。

  A."+"   B."="   C."√"   D."×"

26. AA013 Excel 2010 中函数的调用方法为单击(　　)选项卡下的"自动求和"倒三角按

钮,单击"自动求和"右侧的向下箭头弹出下拉菜单。

　　A. "开始"　　　　　　　B. "插入"　　　　　　C. "公式"　　　　　　D. "视图"

27. AA013　Excel 2010 中 AVERAGE 表示(　　)函数。

　　A. 求和　　　　　　　　B. 求平均值　　　　　C. 求最小值　　　　　D. 求最大值

28. AB001　电弧焊是利用(　　)的热量加热并熔化金属进行焊接的。

　　A. 电阻　　　　　　　　B. 电渣　　　　　　　C. 电弧　　　　　　　D. 电源

29. AB001　气体保护焊属于(　　)。

　　A. 电弧焊　　　　　　　B. 电渣焊　　　　　　C. 电阻焊　　　　　　D. 埋弧焊

30. AB002　应用最广的焊条直径是(　　),平焊时采用较粗的焊条。

　　A. 1～3 mm　　　　　　B. 1～4 mm　　　　　C. 2～3 mm　　　　　D. 3～6 mm

31. AB002　焊接电流主要根据焊条的(　　)选择。

　　A. 直径　　　　　　　　B. 类型　　　　　　　C. 型号　　　　　　　D. 组成

32. AB003　常用钢材的可焊性分(　　)等级。

　　A. 1 个　　　　　　　　B. 2 个　　　　　　　C. 3 个　　　　　　　D. 4 个

33. AB003　可焊性良好的钢其含碳量(质量分数)小于(　　)。

　　A. 0.28%　　　　　　　B. 0.40%　　　　　　C. 0.55%　　　　　　D. 0.70%

34. AB004　钻井队常用(　　)交流弧焊机。

　　A. 漏磁式　　　　　　　B. 电抗式　　　　　　C. 复合式　　　　　　D. 动圈式

35. AB004　交流弧焊机的工作原理是变压器的一次线圈与电源接通,一次线圈内便有交流电通过,产生(　　),在"口"字形的铁芯中流通。

　　A. 电流　　　　　　　　B. 电抗　　　　　　　C. 感抗　　　　　　　D. 交变磁场

36. AB004　电焊机一次和二次绝缘电阻分别在 0.5 MΩ、0.2 MΩ 以上,若低于此值,要予以(　　)处理。

　　A. 调整　　　　　　　　B. 保洁　　　　　　　C. 干燥　　　　　　　D. 降燥

37. AB005　焊接电缆有特制的电焊橡皮套电缆及特软电缆,长度在(　　)以内。

　　A. 10 m　　　　　　　　B. 20 m　　　　　　　C. 25 m　　　　　　　D. 30 m

38. AB005　焊接电缆有特制的电焊橡皮套电缆及特软电缆,导线的截面积为(　　)。

　　A. 10～15 mm²　　　　B. 15～20 mm²　　　　C. 20～25 mm²　　　　D. 25～60 mm²

39. AB006　在焊条电弧焊的过程中,熔渣和气流都起保护(　　)的作用。

　　A. 焊件　　　　　　　　B. 熔池　　　　　　　C. 焊条　　　　　　　D. 熔化金属

40. AB006　在焊条电弧焊中,从熔池中溢出的熔渣在焊缝表面凝固成痂,它(　　)了焊缝金属的冷却速度,对焊缝质量有着重要的影响。

　　A. 减缓　　　　　　　　B. 增加　　　　　　　C. 消除　　　　　　　D. 保证

41. AB007　焊条中被药皮包覆的金属芯称为(　　)。

　　A. 焊皮　　　　　　　　B. 焊芯　　　　　　　C. 药皮　　　　　　　D. 药芯

42. AB007　碱性焊条药皮的成分主要是碱性氧化物,如(　　)、萤石等。

　　A. 石英石　　　　　　　B. 片岩　　　　　　　C. 石墨　　　　　　　D. 大理石

43. AB008　气焊是利用可燃性气体与(　　)混合燃烧的火焰所产生的高温来加热金属的。

　　A. 氮气　　　　　　　　B. 二氧化碳　　　　　C. 氧气　　　　　　　D. 硫化氢

44. AB008　气焊过程是利用焊炬喷出的火焰将两焊件接缝处加热至熔化状态形成熔池，然后不断地向熔池填充焊丝（也可不加焊丝，靠焊件自熔），冷却后即成（　　　）。

    A. 接缝　　　　　　　　B. 焊缝　　　　　　　　C. 焊渣　　　　　　　　D. 熔渣

45. AB009　氧气瓶是一种储存和运输氧气的高压容器。将氧气压入瓶内，一般压力可达（　　　）。

    A. 5 MPa　　　　　　　B. 10 MPa　　　　　　　C. 15 MPa　　　　　　　D. 20 MPa

46. AB009　目前国内生产的焊炬均为（　　　）。

    A. 低压式　　　　　　　B. 中压式　　　　　　　C. 等压式　　　　　　　D. 射吸式

47. AB010　乙炔的使用压力不得超过（　　　）。

    A. 0.15 MPa　　　　　　B. 0.20 MPa　　　　　　C. 0.25 MPa　　　　　　D. 0.30 MPa

48. AB010　乙炔发生器要安置在距工地（　　　）以外的地方。

    A. 5 m　　　　　　　　B. 10 m　　　　　　　　C. 15 m　　　　　　　　D. 20 m

49. AC001　HSE 管理体系是企业管理体系中的一种，它将企业的健康、安全与环境纳入一个管理体系之中，体现了企业（　　　）的管理思想。

    A. 程序化　　　　　　　B. 标准化　　　　　　　C. 格式化　　　　　　　D. 一体化

50. AC001　HSE 管理体系借鉴了先进的（　　　）管理模式（戴明模式）的思想。

    A. PDCA　　　　　　　B. APCD　　　　　　　C. PADC　　　　　　　D. APDC

51. AC002　管理体系要素是指为了建立和实施体系，将 HSE 管理体系划分成一些具有相对（　　　）的条款。

    A. 紧密性　　　　　　　B. 独立性　　　　　　　C. 制约性　　　　　　　D. 影响性

52. AC002　实施和监测主要包括活动的实施、监测和必要时采取的（　　　）措施。

    A. 纠正　　　　　　　　B. 预防　　　　　　　　C. 保证　　　　　　　　D. 应急

53. AC003　2007 年，中国石油发布了《健康、安全与环境管理体系》(Q/SY 1002.1—2007)，拓展了原标准的（　　　）。

    A. 条款　　　　　　　　B. 内容　　　　　　　　C. 要素　　　　　　　　D. 内涵

54. AC004　依据现有的专业经验、评价标准和准则，对危害分析结果做出判断的过程称为（　　　）。

    A. 风险防控　　　　　　B. 危害辨识　　　　　　C. 危害评价　　　　　　D. 风险管理

55. AC004　客观存在的对人或物的潜在危害指的是（　　　）。

    A. 风险　　　　　　　　B. 事故隐患　　　　　　C. 危害因素　　　　　　D. 风险管理

56. AC005　对钻井作业项目的全过程可采用危险点源分级挂牌、危害程度分级挂图、环境监测、关联图等定性方法和定量方法进行（　　　）识别。

    A. 风险　　　　　　　　B. 事故　　　　　　　　C. 危害　　　　　　　　D. 安全

57. AC005　钻井作业 HSE 风险识别通常可采用（　　　）分析法。

    A. 指导书　　　　　　　B. 关联图　　　　　　　C. 计划书　　　　　　　D. 检查表

58. AC006　钻井作业过程中，存在相关承包方的（　　　）作业，产生的 HSE 风险会影响全局。

    A. 生产服务　　　　　　B. 理论指导　　　　　　C. 技术服务　　　　　　D. 行政指导

59. AC006　下列不属于共同作业风险的是（　　　）。

A. 机械伤害　　　　　B. 触电伤害　　　　　C. 食物中毒　　　　　D. 测井作业风险

60. AC007　钻井活动中的（　　）是达到风险控制目标、保证风险削减措施的落实以及顺利实施钻井活动的重要保证。

A. 风险管理措施　　　B. 硬件措施　　　　　C. 系统措施　　　　　D. 风险评价措施

61. AC007　削减钻井作业 HSE 风险的（　　）主要包括钻井施工中各种工程事故及安全隐患的预防和环境保护等措施。

A. 风险管理措施　　　B. 硬件措施　　　　　C. 系统措施　　　　　D. 风险评价措施

62. AC008　钻井作业 HSE"两书一表"是指导和实施 HSE 管理的重要（　　），是钻井队（平台）运行 HSE 管理体系的具体体现，是预防 HSE 风险的有效措施。

A. 程序文件　　　　　B. 质量手册　　　　　C. 作业文件　　　　　D. 质量记录

63. AC008　HSE"两书一表"即《钻井作业 HSE（工作）指导书》《钻井作业 HSE（工作）计划书》和"钻井作业 HSE（　　）"。

A. 管理检查表　　　　B. 风险评价表　　　　C. 监督记录表　　　　D. 质量记录表

64. AC009　《钻井作业 HSE（工作）计划书》是针对某一口井的特定环境和工艺设计要求，通过对健康、安全与环境风险识别和评价，制定出的削减及控制风险的（　　）。

A. 管理计划　　　　　B. 检查计划　　　　　C. 工作计划　　　　　D. 质量记录

65. AC009　《钻井作业 HSE（工作）计划书》是钻井队（平台）项目实施过程中的 HSE 管理作业文件，是《钻井作业 HSE（工作）指导书》的（　　）文件。

A. 补充　　　　　　　B. 支持　　　　　　　C. 指导　　　　　　　D. 纲领

66. AC010　钻井作业 HSE（　　）是监测现场 HSE 管理实施效果，评价 HSE 管理体系运行有效性的重要工具。

A. 工作计划书　　　　B. 工作指导书　　　　C. 质量记录表　　　　D. 管理检查表

67. AC010　钻井作业 HSE 管理检查表通常有上级（如钻井公司）对钻井队 HSE 管理的检查表和钻井队 HSE（　　）2 种。

A. 自检表　　　　　　B. 评价表　　　　　　C. 审核表　　　　　　D. 申请表

68. AD001　工件设计图在图纸上必须用（　　）画出图框。

A. 细实线　　　　　　B. 虚线　　　　　　　C. 粗实线　　　　　　D. 波浪线

69. AD001　工件设计图的标题栏用来提供图样自身、图样所表达的产品以及图样管理的若干信息，是图样（　　）内容。

A. 可有可无的　　　　B. 允许的　　　　　　C. 不一定要有　　　　D. 不可缺少的

70. AD002　工件设计图比例是指图中图形与实际机件相应要素的（　　）之比。

A. 线性尺寸　　　　　B. 虚拟尺寸　　　　　C. 实际尺寸　　　　　D. 假设尺寸

71. AD002　字号指的是字体的（　　），如 5 mm 的字体就是 5 号字。

A. 长度　　　　　　　B. 宽度　　　　　　　C. 高度　　　　　　　D. 大小

72. AD003　工件设计图断裂处的边界线、视图和剖视的分界线用（　　）画出。

A. 虚线　　　　　　　B. 细点划线　　　　　C. 波浪线　　　　　　D. 细实线

73. AD003　工件设计图上的不可见轮廓线和不可见过渡线用（　　）画出。

A. 虚线　　　　　　　B. 细点划线　　　　　C. 波浪线　　　　　　D. 细实线

74. AD004　在一条线段上作垂直平分线，首先分别以已知线段 *AB* 的 2 个端点为圆心，取

（　　）为半径分别作圆弧。

    A. ＞$AB/2$　　　　　　B. ＝$AB/2$　　　　　　C. ＜$AB/2$　　　　　　D. 任意长

75. AD004　已知线段 AB,将其按 1∶2∶3 等分的方法是:过 A 点,任作一直线 AC,在直
           线 AC 上量取（　　）等分点。

    A. 1　　　　　　　　　B. 2　　　　　　　　　C. 6　　　　　　　　　D. 3

76. AD005　用圆规画圆内接正三角形时,首先应用圆规以圆上任一点为圆心,以（　　）为
           半径作圆。

    A. 圆的直径　　　　　　B. 圆的半径　　　　　　C. 小于半径任意长　　D. 大于半径任意长

77. AD005　用同心圆画法作椭圆时,应作（　　）辅助圆。

    A. 1 个　　　　　　　　B. 2 个　　　　　　　　C. 3 个　　　　　　　　D. 4 个

78. AD005　用三角板与丁字尺配合画圆内接正方形时,应用（　　）三角板与丁字尺配合
           作 2 条通过圆心的相互垂直的斜线并交圆于 A,B,C,D 四点,连接 A,B,C,D
           即得正四方形。

    A. 30°　　　　　　　　B. 45°　　　　　　　　C. 60°　　　　　　　　D. 90°

79. AD006　平面(或直线段)与投影面倾斜时,投影变小(或变短),但投影的形状相类似,
           这种投影性质称为（　　）。

    A. 积聚性　　　　　　　B. 类似性　　　　　　　C. 显实性　　　　　　　D. 现实性

80. AD006　平面(或直线段)与投影面平行时,投影反映实形(或实长),这种投影性质称为
           （　　）。

    A. 现实性　　　　　　　B. 显实性　　　　　　　C. 类似性　　　　　　　D. 积聚性

81. AD007　投影线垂直于（　　）的投影叫作正投影。

    A. 投影面　　　　　　　B. 平面　　　　　　　　C. 平行面　　　　　　　D. 垂直面

82. AD007　两投影面的交线称为（　　）。

    A. 投影面　　　　　　　B. 投影轴　　　　　　　C. 平行轴　　　　　　　D. 垂直轴

83. AD008　从上向下看物体在水平投影面上的投影叫作（　　）。

    A. 主视图　　　　　　　B. 右视图　　　　　　　C. 俯视图　　　　　　　D. 左视图

84. AD009　将零件的某一部分向基本投影面投影所得的视图称为（　　）视图。

    A. 斜　　　　　　　　　B. 旋转　　　　　　　　C. 基本　　　　　　　　D. 局部

85. AD009　将零件向不平行于任何基本投影面的投影面投影所得的视图称为（　　）视
           图。

    A. 斜　　　　　　　　　B. 旋转　　　　　　　　C. 基本　　　　　　　　D. 局部

86. AD010　假想用剖切面剖开零件,将处在观察者和剖切面之间的部分移去,而将其余部
           分向投影面投影所得的图形称为（　　）。

    A. 剖视图　　　　　　　B. 剖面图　　　　　　　C. 基本视图　　　　　　D. 局部视图

87. AD010　用剖切平面局部地剖开零件所得的剖视图称为（　　）。

    A. 局部剖视图　　　　　B. 剖面图　　　　　　　C. 半剖视图　　　　　　D. 全剖视图

88. AD011　把剖面图画在零件切断处的投影轮廓外面的视图称为（　　）。

    A. 局部剖面图　　　　　B. 重合剖面图　　　　　C. 移出剖面图　　　　　D. 全剖面图

89. AD011　重合剖面视图的轮廓线用（　　）绘制。

    A. 粗实线　　　　　　　B. 细实线　　　　　　　C. 波浪线　　　　　　　D. 虚线

90. AD012 标注线性尺寸时,尺寸线必须与所标注的线段(　　)。

  A. 平行   B. 垂直   C. 成60°角   D. 成30°角

91. AD012 图样中的尺寸以(　　)为单位时,不需标注单位的代号或名称。

  A. 米   B. 分米   C. 厘米   D. 毫米

92. AD013 标注圆弧的半径时,尺寸线一端一般应画到圆心,另一端画成箭头,并在尺寸数字前加注符号(　　)。

  A. R B. ϕ C. r D. S

93. AD013 标注球面的直径和半径时,应在直径和半径符号前面加辅助符号(　　)。

  A. R B. ϕ C. r D. S

94. AD014 在工程技术中,准确地反映物体形状、大小及技术要求的图叫作(　　)。

  A. 图形   B. 视图   C. 剖面图   D. 图样

95. AD014 表达零件的(　　)称为零件工作图。

  A. 图形   B. 视图   C. 剖面图   D. 图样

96. AD015 从(　　)里可以了解零件的名称、材料、图样的比例和质量等。

  A. 零件尺寸   B. 技术要求   C. 一组视图   D. 标题栏

97. AD015 读零件图时,首先要找出(　　)。

  A. 主视图   B. 左视图   C. 俯视图   D. 剖视图

98. BA001 游标卡尺按测量精度可分为(　　)3种。

  A. 1/10 mm,1/20 mm,1/30 mm   B. 1/10 mm,1/20 mm,1/40 mm

  C. 1/10 mm,1/20 mm,1/50 mm   D. 1/10 mm,1/20 mm,1/100 mm

99. BA001 游标卡尺按(　　)可分为普通游标卡尺、深度游标卡尺和高度游标卡尺。

  A. 测量精度   B. 结构   C. 测量工件的功用 D. 主尺长度

100. BA002 精度为0.1 mm的游标卡尺的主尺与游标的刻线间距差为(　　)。

  A. 0.02 mm   B. 0.05 mm   C. 0.1 mm   D. 0.9 mm

101. BA002 应用内量爪测量内径时,应注意读数时必须(　　)内量爪的宽度。

  A. 加上1倍   B. 加上2倍   C. 减去1倍   D. 减去2倍

102. BA003 每把千分尺都有它的测量范围,它们之间的差距一般为(　　)。

  A. 25 mm   B. 50 mm   C. 15 mm   D. 30 mm

103. BA003 外径千分尺又称分厘卡、螺旋测微器,其测量精度可达(　　)。

  A. 0.02 mm   B. 0.01 mm   C. 0.002 mm   D. 0.001 mm

104. BA004 当千分尺的活动套筒推进一格时,主尺就随之推进(　　)。

  A. 0.01 mm   B. 0.005 mm   C. 0.025 mm   D. 0.012 5 mm

105. BA004 千分尺的固定套筒(主尺)沿轴向刻度的每一小格代表(　　)。

  A. 0.1 mm   B. 0.01 mm   C. 0.5 mm   D. 0.05 mm

106. BA005 对水龙头支架进行找正时,应选用(　　)。

  A. 千分尺   B. 磁性百分表 C. 界限量规   D. 游标卡尺

107. BA005 用百分表测量孔径时,校正的百分表必须有(　　)以上的预压值。

  A. 0.05 mm   B. 0.01 mm   C. 0.2 mm   D. 2 mm

108. BA006 水准仪每次使用后应用(　　)擦拭干净,放入盒内。

A. 细软砂纸　　　　　B. 普通抹布　　　　　C. 细软抹布　　　　　D. 细软纱布

109. BA006　水准仪的（　　）是由两片分离的镜片组成的。

A. 目镜　　　　　　B. 视镜　　　　　　C. 物镜　　　　　　D. 长镜

110. BA007　水准仪三脚架应架设在距离所要测量基础（　　）处。

A. 10～15 m　　　B. 10～20 m　　　C. 15～25 m　　　D. 20～30 m

111. BA007　使用水准仪时，将仪器镜头对准标尺成（　　）后，调节长水准器微调螺旋，长水准器气泡呈 U 形，将十字线横线垂直于竖轴，再调整调焦螺旋达到最佳清晰度，然后开始测量。

A. 90°　　　　　　B. 120°　　　　　　C. 180°　　　　　　D. 360°

112. BB001　SK-2Z11 钻井参数仪的钻井监视仪单元作为整个系统采集、处理、控制的中心，省去了同类产品所必配的（　　）。

A. 计算机单元　　　B. 主机单元　　　　C. 客户端单元　　　D. 服务器单元

113. BB001　SK-2Z11 钻井参数仪的监视仪内置嵌入式计算机系统，采用 TFT 液晶显示，（　　）操作。

A. 鼠标　　　　　　B. 键盘　　　　　　C. 触摸屏　　　　　D. 语音

114. BB002　SK-2Z11 钻井参数仪可采集多达（　　）传感器的数据，派生出近百项参数。

A. 8 道　　　　　　B. 16 道　　　　　　C. 32 道　　　　　　D. 64 道

115. BB002　SK-2Z11 钻井参数仪的不间断电源（UPS，1 kV·A）在外界中断供电时可支持仪器连续工作时间（　　）。

A. ≥15 min　　　B. ≥20 min　　　C. ≤15 min　　　D. ≤20 min

116. BB003　SK-2Z11 钻井参数仪气密要求为：在壳体内通入 300 Pa 的正压气体，（　　）后箱体的剩余气压不小于 150 Pa。

A. 20 s　　　　　　B. 30 s　　　　　　C. 60 s　　　　　　D. 80 s

117. BB003　SK-2Z11 钻井参数仪的电源输入电压为（　　）。

A. 380 V AC(1±30%)　　　　　　B. 220 V AC(1±20%)
C. 220 V AC(1±30%)　　　　　　D. 380 V AC(1±20%)

118. BB004　SK-8J06 绞车传感器的工作温度为（　　）。

A. −30～85 ℃　　B. −40～85 ℃　　C. −40～60 ℃　　D. −40～65 ℃

119. BB004　SK-8Y21A 压力传感器的精度小于等于（　　）。

A. 0.2%FS　　　　B. 0.3%FS　　　　C. 0.4%FS　　　　D. 0.5%FS

120. BB005　钻井监视仪应安装在（　　）危险场所或置于钻台上司钻室内便于司钻观察和操作的地方，尽可能避免被雨水和钻井液淋湿。

A. Ⅱ区及以上　　B. Ⅱ区及以下　　C. Ⅰ区及以上　　D. Ⅰ区及以下

121. BB005　台式结构的钻井监视仪一般安装在（　　）内。

A. 值班房　　　　　B. 驻井房　　　　　C. 司钻室　　　　　D. 泵房

122. BB006　钻井监视仪（　　）安装时应包好接头（航空插头），以防漏水进水。

A. 主机　　　　　　B. 传感器　　　　　C. 显示器　　　　　D. 电源

123. BB006　各压力传感器充油补油后需重新标定，注油打压时需（　　）。

A. 放空　　　　　　B. 排液　　　　　　C. 试压　　　　　　D. 清洗

124. BC001　传统测斜方式是（　　）。

A. 先测斜,后定时　　B. 先定时,后测斜　　C. 不定时即可测斜　　D. 定时与测斜同步

125. BC001　HK51-01F 定点测斜仪可在(　　　)的短暂静止时间段内完成准确测量。

A. 停泵到仪器开始上浮　　　　　　　　B. 开泵到仪器开始下沉

C. 停泵到仪器开始下沉　　　　　　　　D. 开泵到仪器开始上浮

126. BC002　HK51-01F 定点测斜仪自浮作业时,确认钻井液黏度应(　　　)、钻井液密度大于等于载体浮起适用密度要求。

A. 等于 70 s　　　B. 大于 70 s　　　C. 小于 60 s　　　D. 小于 70 s

127. BC002　HK51-01F 定点测斜仪在测量方位数据时,应在测量点接(　　　)。

A. 螺旋钻铤　　　B. 普通钻铤　　　C. 无磁钻铤　　　D. 稳定器

128. BC003　HK51-01F 多点测斜仪具有独特的节电功能,采用(　　　)供电,有效节约电能。

A. 连续　　　B. 间断　　　C. 自发电　　　D. 智能

129. BC003　HK51-01F 多点测斜仪的最大承压能力为(　　　)。

A. 180 MPa　　　B. 150 MPa　　　C. 120 MPa　　　D. 75 MPa

130. BC004　HK51-01F 多点测斜仪测量方位数据时应在测量点接(　　　)。

A. 螺旋钻铤　　　B. 普通钻铤　　　C. 无磁钻铤　　　D. 稳定器

131. BC004　HK51-01F 多点测斜仪下井(减振器在下),延时结束后,不能马上起钻,应等待仪器在井底测量(　　　)后再开始起钻。

A. 1～2 点　　　B. 2～5 点　　　C. 3～6 点　　　D. 2～3 点

132. BD001　气控元件都是由简单的腔体和(　　　)组成的,结构简单。

A. 活塞　　　B. 弹片　　　C. 线路　　　D. 垫子

133. BD001　气控的压力一般在(　　　)左右,可方便地接、切断和安装管线。

A. 0.4 MPa　　　B. 0.8 MPa　　　C. 0.3 MPa　　　D. 0.6 MPa

134. BD002　气压传动系统的工作原理是利用空气压缩机将电动机或其他原动机输出的机械能转变为(　　　)。

A. 空气的压力能　　B. 热能　　　C. 蒸汽能　　　D. 电能

135. BD002　气动元件通过执行元件把空气的压力能转变为机械能,从而完成(　　　)运动并对外做功。

A. 左右　　　B. 上下　　　C. 直线或回转　　　D. 周期

136. BD003　每台气动装置都需要安装(　　　)调整供气压力。

A. 自动阀　　　B. 手动阀　　　C. 减压阀　　　D. 气动阀

137. BD003　顺序阀依靠气路中压力的作用而控制执行元件按(　　　)动作。

A. 左右　　　B. 上下　　　C. 前后　　　D. 顺序

138. BD004　阀岛一般安装在绞车(　　　)的阀岛控制箱内。

A. 上部　　　B. 外部　　　C. 内部　　　D. 底座

139. BD004　当出现绞车油压低、主电机故障或主电机风压低等故障时,(　　　)给信号于电磁阀,电磁阀动作,那么接在相关电磁阀进口和出口的气管线就接通,整个盘刹的刹车回路也就接通。

A. 液路　　　B. PLC　　　C. 气压　　　D. 电路

140. BD005　钻机的防碰系统主要有(　　　)、过卷防碰和重锤防碰。

A. 电子防碰　　　　　B. 气动防碰　　　　　C. 液动防碰　　　　　D. 机械防碰

141. BD005　过卷防碰是在滚筒上装设（　　），随着大钩高度的增加,大绳圈数随之增加,一旦超过设定位置,大绳会扳动气动限位阀,进而控制盘刹刹车防碰。

　　A. 气控换向阀　　　　B. 气控限位阀　　　　C. 气控减压阀　　　　D. 气控溢流阀

142. BD006　气动系统工作时,空气中的水分和（　　）都会对系统产生很大的影响。

　　A. 悬浮颗粒　　　　　B. 粉尘　　　　　　　C. 固体杂质颗粒　　　D. 金属颗粒

143. BD006　气流中混入水分后,会使气动元件等因（　　）而动作迟缓。

　　A. 收缩　　　　　　　B. 生锈　　　　　　　C. 发胀　　　　　　　D. 发卡

144. BD007　SMC 公司研制的三通直动式 V100 系列电磁阀,耗电量仅 0.1 W,寿命超过（　　）,抗污能力极强,特别适合钻井这类行业。

　　A. 1 亿次　　　　　　B. 3 000 万次　　　　C. 1 500 万次　　　　D. 2 000 万次

145. BD007　在原气控阀、气动执行元件上安装一些电子元件或装置,如 D/A 转换,信号放大、调制、解码,测量与信号反馈等,可实现将（　　）结合在一起。

　　A. 电路与气路　　　　　　　　　　　　　　B. 信号与气路

　　C. 液路与气路　　　　　　　　　　　　　　D. 电子与气动控制阀

146. BD008　钻井是高危行业,（　　）和游车下砸又是钻井设备事故中极其恶劣的事故,一旦发生往往带来灭顶之灾。

　　A. 绞车故障　　　　　B. 顶天车　　　　　　C. 转盘失灵　　　　　D. 柴油机故障

147. BD008　对于滚筒过卷防碰,（　　）的设定是个难题,尤其是起下钻时。

　　A. 工况　　　　　　　B. 时间　　　　　　　C. 钩速　　　　　　　D. 刹车点

148. BD009　报警合理、有效是指依据游车运行状态、当前高度和运行速度,既不过早报警,干扰司钻正常操作,也不过迟报警,使（　　）。

　　A. 使设备带病运行　　　　　　　　　　　　B. 刹车点失灵

　　C. 编码器损坏　　　　　　　　　　　　　　D. 操作者来不及反应

149. BD009　电子防碰天车清晰明了的显示能让操作人员一目了然,（　　）又能给人想查参数就能查的便利。

　　A. 强大的主机　　　　B. 漂亮的操作面板　　C. 精确的数值　　　　D. 完备的参数

150. BD010　CJ9000 测斜绞车的功率是（　　）。

　　A. 7.5 kW　　　　　　B. 11 kW　　　　　　　C. 15 kW　　　　　　D. 22.5 kW

151. BD010　CJ6000 测斜绞车的测量深度是（　　）。

　　A. 6 000 m　　　　　　B. 7 000 m　　　　　　C. 8 000 m　　　　　D. 9 000 m

152. BD011　CJ 系列测斜绞车工作前启动电动机,用电动机带动齿轮泵,空转（　　）。

　　A. 1 min　　　　　　　B. 2～5 min　　　　　C. 6～8 min　　　　　D. 20～30 min

153. BD011　为保证钢丝绳的使用安全,绞车的最大液压工作压力由溢流阀控制,压力为（　　）。

　　A. 15.7 MPa　　　　　B. 11.7 MPa　　　　　C. 18.7 MPa　　　　　D. 20.7 MPa

154. BD012　CJ 系列测斜绞车液压系统工作温度不得超过（　　）。

　　A. 120 ℃　　　　　　B. 100 ℃　　　　　　C. 90 ℃　　　　　　D. 60 ℃

155. BD012　CJ 系列测斜绞车的一级保养是在测斜绞车工作（　　）后进行的。

　　A. 200～300 h　　　　B. 100～200 h　　　　C. 50～100 h　　　　D. 10～50 h

156. BD014　顶驱驱动控制系统的 PLC 与本体箱通过（　　）相连,与其他子站通过屏蔽双绞线相连。

A. 三芯电缆　　　　B. 多芯电缆　　　　C. 两芯电缆　　　　D. 普通电缆

157. BD015　设定上扣允许的最大扭矩值:顺时针旋转手轮,将提高限定扭矩,在双电机模式下,手轮满量程对应扭矩值为（　　）。

A. 51 kN・m　　　　B. 52 kN・m　　　　C. 50 kN・m　　　　D. 55 kN・m

158. BD015　系统单电机运行时,上扣扭矩最大限定到（　　）,当设定手轮值超过 25 kN・m时,装置仍按 25 kN・m 的扭矩值输出。

A. 20 kN・m　　　　B. 25 kN・m　　　　C. 28 kN・m　　　　D. 35 kN・m

159. BD015　正常钻井操作时,设定钻具转速值。顺时针旋转手轮,将提高设定转速,到手轮满量程时,根据（　　）范围不同,设定转速为 110 r/min 或 220 r/min。转速范围通过上位监控系统设定。

A. 泵压　　　　　　B. 转速　　　　　　C. 悬重　　　　　　D. 高度

160. BD016　只有硬件连接的电子防碰对钻井施工来说是一把没有打开的保护伞,要想这把"伞"更好地发挥作用就得在（　　）上多下功夫。

A. 操作　　　　　　B. 软件更新　　　　C. 参数的设定　　　D. 使用其他设备

161. BD016　随着大绳层数的增多,相当于滚筒的直径也在逐渐增大,需要（　　）用来计算大钩的高度。

A. 游车高度　　　　B. 游车速度　　　　C. 井架高度　　　　D. 大绳直径

162. BE001　胎式离合器依据其结构形式的不同可分为普通型与（　　）2 种。

A. 摩擦型　　　　　B. 电磁型　　　　　C. 通风型　　　　　D. 空气型

163. BE001　气动离合器一般用于需要传递（　　）和以较快速度变换回转方向的设备上。

A. 摆动力　　　　　B. 振动力　　　　　C. 拉力　　　　　　D. 大转矩

164. BE001　气胎使用温度有一定限制,高于 60 ℃时会降低气胎寿命,低于（　　）时易使气胎变脆。

A. −20 ℃　　　　　B. −15 ℃　　　　　C. −10 ℃　　　　　D. 0 ℃

165. BE002　气胎离合器的气压应不小于（　　）。

A. 1.0 MPa　　　　B. 0.5 MPa　　　　C. 0.7 MPa　　　　D. 0.9 MPa

166. BE002　气胎离合器摩擦片的厚度减薄至原厚度的（　　）时必须更换。

A. 3/4　　　　　　B. 2/3　　　　　　C. 1/3　　　　　　D. 1/2

167. BE002　气胎离合器摩擦毂的直径方向磨损量(以与原始直径的差值度量)超过（　　）时必须更换。

A. 1∼3 mm　　　　B. 1∼2 mm　　　　C. 2∼3 mm　　　　D. 4∼6 mm

168. BE003　为使滚子坡板能发生相对运动(即实现爬坡和退坡),动力大钳必须设计颚板架的（　　）。

A. 制动机构　　　　B. 液压装置　　　　C. 高度　　　　　　D. 宽度

169. BE003　操作液气大钳时,要根据上螺纹或卸螺纹,把（　　）上的 2 个定位手把转到相应位置。

A. 螺帽　　　　　　B. 螺钉　　　　　　C. 螺杆　　　　　　D. 钳头

170. BE004　国产 Q10Y-M 型液气大钳起下钻作业时,其扭矩可在不超过（　　）的条件下上卸钻杆接头螺纹。

  A. 100 N·m   B. 100 kN·m   C. 10 kN·m   D. 150 kN·m

171. BE004　操纵电动机补偿器开动电动机,使油箱柱塞泵开始工作,整个液气大钳的
  (　　)处于工作状态。

  A. 电气系统   B. 电力系统   C. 液压系统   D. 动力系统

172. BE005　为了限制液气大钳液压系统的(　　),应装有溢流阀。

  A. 最高温度   B. 最高压力   C. 最低压力   D. 最低温度

173. BE005　打开钻机到液气大钳供气管的阀门,使大钳吊杆气室充气,从吊杆空气包的气
  压表可以显示出它的压力,压力标准为(　　)。

  A. 0.1～0.2 MPa B. 0.2～0.5 MPa C. 0.8～1.0 MPa D. 1.0～2.0 MPa

174. BE006　顶驱的优越性主要体现在(　　)方面。

  A. 4 个   B. 5 个   C. 6 个   D. 7 个

175. BE006　顶驱采用立柱钻进减少了接单根及停泵的次数,可节省接单根时间(　　),作
  业效率高。

  A. 60%～70% B. 50%～80% C. 50%～70% D. 60%～80%

176. BE007　双电机驱动方式采用先进成熟的(　　)驱动技术,具有转矩和速度控制精准
  等优点。

  A. 交流   B. 直流变频   C. 交流变频   D. 直流

177. BE007　采用先进的 PLC 对系统进行全面的(　　)控制,具有数据采集和控制、安全
  互锁、监控、自动诊断、保护、报警等多种功能,可以实现对顶驱装置安全操作
  的全部控制。

  A. 液压   B. 人工   C. 机械   D. 智能

178. BE008　北石顶驱 DQ70BSC 顶驱装置采用的冲管与(　　)水龙头所使用的一致,通
  用性强,便于维护。

  A. 常规   B. 非常规   C. 特殊   D. 钻井用

179. BE008　鹅颈管安装在(　　)支架上,下端与冲管相连,上端密封,是钻井液循环的输
  送通道。

  A. 立管   B. 冲管   C. 水龙带   D. 中心管

180. BE009　顶驱滑动系统导轨的主要作用是承受顶驱工作时的(　　)。

  A. 正扭矩   B. 反扭矩   C. 滑动   D. 震动

181. BE009　顶驱滑动系统导轨最上端与井架的(　　)连接。

  A. 天车底梁   B. 反扭矩梁   C. 导轨板   D. 滑轮

182. BE010　顶驱滑动系统由导轨、(　　)、扭矩梁等组成。

  A. 绞车   B. 滑轮   C. 滑车   D. 轮组

183. BE010　顶部驱动的滑车导轨由上、中、下共(　　)导轨及连接座,支座,提环等组成。

  A. 4 段   B. 5 段   C. 6 段   D. 7 段

184. BE011　滑车滚轮的润滑部位在滑车上侧有(　　)。

  A. 3 处   B. 2 处   C. 4 处   D. 1 处

185. BE011　滑车滚轮的润滑部位在滑车下侧有(　　)。

  A. 2 处   B. 3 处   C. 4 处   D. 5 处

186. BE011　DQ70BSC 顶驱滑车滚轮的润滑部位在滑车两侧各有（　　）。

　　A. 7 处　　　　　　B. 8 处　　　　　　C. 5 处　　　　　　D. 6 处

187. BE012　安装盘刹执行机构时，钳架与刹车盘应平行、对中，偏差不超过（　　）。

　　A. ±1 mm　　　　　B. ±2 mm　　　　　C. ±3 mm　　　　　D. ±4 mm

188. BE012　安装盘刹执行机构时，所有刹车块应平行、完整地贴合刹车盘，贴合面不少于（　　）。

　　A. 60%　　　　　　B. 65%　　　　　　C. 70%　　　　　　D. 75%

189. BE013　盘刹液压管路的连接就是用（　　）软管将液压站、司钻操作台、制动执行机构按照设计要求连接成一个完整的液压系统。

　　A. 低压　　　　　　B. 中压　　　　　　C. 高压　　　　　　D. 超高压

190. BE013　液压站油路块以及操作台油路块上的安全钳与工作钳输出口的快拔接头必须一正一反，杜绝相互插拔，安全钳管线采用细于工作钳管线的红色管线（或做红色标记，或做安全钳管线标识），与（　　）管线区分开。

　　A. 其他　　　　　　B. 工作钳　　　　　C. 进油　　　　　　D. 回油

191. BE014　PSZ75 型液压盘刹装置的系统额定压力为（　　）。

　　A. 6 MPa　　　　　B. 7 MPa　　　　　C. 8 MPa　　　　　D. 10 MPa

192. BE014　PSZ75 型液压盘刹装置安全钳单边最大制动正压力为（　　）。

　　A. 75 kN　　　　　B. 80 kN　　　　　C. 85 kN　　　　　D. 90 kN

193. BE015　盘刹（　　）刹车间隙的调整是靠拉簧两端的调节螺母调节的，顺时针调紧，逆时针调松。

　　A. 安全钳　　　　　B. 刹车盘　　　　　C. 工作钳　　　　　D. 工作钳和安全钳

194. BE015　调整好的刹车盘与刹车块单边有不大于（　　）的间隙。

　　A. 0.3 mm　　　　　B. 0.4 mm　　　　　C. 0.5 mm　　　　　D. 0.6 mm

195. BE016　组合液压站的标准系统压力为（　　）。

　　A. 5 MPa　　　　　B. 20 MPa　　　　　C. 16 MPa　　　　　D. 15 MPa

196. BE016　当油箱液位下降过快时，最有可能的原因是（　　）。

　　A. 油管线漏油　　　B. 溢流阀卡死　　　C. 蓄能器胶囊损坏　　D. 主泵电机损坏

197. BE016　在检查过程中发现液压油管线泄漏时，（　　）。

　　A. 应继续使用

　　B. 应卸载系统压力，检查更换管线

　　C. 无须泄压，直接紧固或者更换管线

　　D. 应卸载系统压力，检查更换管线并确保更换之后油箱液量在下限以上

198. BF001　气动控制阀从结构上可以分为截止式、（　　）和滑板式 3 类。

　　A. 弹簧式　　　　　B. 滑柱式　　　　　C. 脉冲式　　　　　D. 先导式

199. BF001　气动控制阀是指在气动系统中控制气流的压力、方向和（　　），并保证气动执行元件或机构正常工作的各类气动元件。

　　A. 流量　　　　　　B. 速度　　　　　　C. 压差　　　　　　D. 温度

200. BF002　单向控制阀包括单向阀、（　　）和快速排气阀。

　　A. 针型阀　　　　　B. 单向节流阀　　　C. 梭阀　　　　　　D. 顺序阀

201. BF002　减压阀又称调压阀，分为直动式和（　　）2 种。

A. 直通式　　　　　　B. 先导式　　　　　　C. 直角式　　　　　　D. 弹簧复位式

202. BF002　溢流阀按其结构可分为活塞式、球阀式和（　　）。

A. 膜片式　　　　　　B. 钢球定位式　　　　C. 弹簧复位式　　　　D. 直通式

203. BF003　气控阀调节工作时的可动部件受介质冲刷、腐蚀最为严重的是（　　），检修时要认真检查各部分是否腐蚀、磨损。

A. 阀座　　　　　　　B. 阀芯　　　　　　　C. 阀体内壁　　　　　D. 密封圈

204. BF003　检修方向控制阀时，周检应对油雾器进行检查，使方向阀得到适中的油雾润滑，避免方向阀因（　　）而造成故障。

A. 压力不足　　　　　B. 压力过大　　　　　C. 夹入污物　　　　　D. 润滑不良

205. BF004　三位四通复位导气阀失灵的主要原因是（　　）。

A. 阀门坏　　　　　　　　　　　　　　　B. 活阀端面磨损

C. 阀弹簧坏　　　　　　　　　　　　　　D. 阀门锈死，污物卡死

206. BF004　手轮调压阀不换向的主要原因是（　　）。

A. 阀门坏　　　　　　　　　　　　　　　B. 活阀端面磨损

C. 阀弹簧坏　　　　　　　　　　　　　　D. 阀门锈死，污物卡死

207. BF005　高、低速气开关更换完毕，必须检查确认各气开关在（　　），再挂合绞车动力。

A. 空位　　　　　　　B. Ⅱ挡　　　　　　　C. Ⅲ挡　　　　　　　D. Ⅰ挡

208. BF005　无旋塞阀控制高、低速进气管线绞车气路系统更换高、低速气开关需要关闭（　　）。

A. 滚筒气源　　　　　　　　　　　　　　B. 钻台总气源

C. 司钻房内设备总气源　　　　　　　　　D. 进入操作台的总气源

209. BF005　JC40DB1 绞车滚筒高、低速由一只（　　）控制。

A. ND5 双压阀　　　　　　　　　　　　　B. ND12 二位三通常开气控阀

C. ND12 二位三通常闭气控阀　　　　　　　D. 2-HA-2Z 三位四通复位操纵阀

210. BF006　液气大钳的夹紧气缸或气路漏气，气压低于（　　）会导致上下钳打滑。

A. 0.5 MPa　　　　　B. 0.75 MPa　　　　C. 1.0 MPa　　　　　D. 1.5 MPa

211. BF006　液气大钳上卸扣时上钳或下钳打滑的原因是（　　）。

A. 钳牙使用时间短　　　　　　　　　　　B. 钳牙牙槽被脏物堵塞

C. 钳子送到位　　　　　　　　　　　　　D. 钳子调平

212. BF007　液气大钳液压马达或油泵过热时要检查（　　）。

A. 大刹带　　　　　　B. 液压油黏度　　　C. 溢流阀阀芯　　　　D. 气源压力

213. BF008　清洗液气大钳的颚板架、颚板、滚子，并将坡板涂上一层黄油可以避免（　　）故障的发生。

A. 高挡压力上不去　　　　　　　　　　　B. 油路正常钳子不转

C. 上下钳打滑　　　　　　　　　　　　　D. 换挡不迅速

214. BF008　将液气大钳漏气的换气阀更换芯子可以避免（　　）故障的发生。

A. 上下钳打滑　　　　　　　　　　　　　B. 油路正常钳子不转

C. 换挡不迅速　　　　　　　　　　　　　D. 有高挡无低挡或有低挡无高挡

215. BG001　主要用来破碎岩石，形成井眼的钻具是（　　）。

A. 钻头　　　　　　　B. 钻杆　　　　　　　C. 射流喷嘴　　　　　D. 接头

216. BG001 钻进时,使用（　　）易发生井斜,导致井身质量较差。

    A. 刮刀钻头　　　　　B. 牙轮钻头　　　　　C. 金刚石钻头　　　　D. PDC 钻头

217. BG001 刮刀钻头刀翼上任一点的运动轨迹呈（　　）。

    A. 直线形　　　　　　B. 空间螺旋形　　　　C. 锥形　　　　　　　D. 圆柱形

218. BG002 有体式牙轮钻头的直径一般在（　　）以上。

    A. 211 mm　　　　　B. 311 mm　　　　　C. 346 mm　　　　　D. 271 mm

219. BG002 无体式钻头的直径一般在（　　）以下,其上部绝大多数为（　　）。

    A. 311 mm;内螺纹　　B. 346 mm;外螺纹　　C. 311 mm;外螺纹　　D. 346 mm;内螺纹

220. BG003 单锥牙轮钻头适用于（　　）地层。

    A. 硬及研磨性较高　　B. 软　　　　　　　　C. 中硬　　　　　　　D. 极硬

221. BG003 牙轮钻头中使用最多的是（　　）钻头。

    A. 单牙轮　　　　　　B. 双牙轮　　　　　　C. 三牙轮　　　　　　D. 多牙轮

222. BG003 根据钻头体与巴掌的连接情况可将三牙轮钻头分为（　　）。

    A. 铣齿钻头和镶齿钻头　　　　　　　　　　B. 有体式钻头和无体式钻头

    C. 普通钻头和喷射式钻头　　　　　　　　　D. 滑动钻头和滚动钻头

223. BG004 牙轮超顶距（　　）、复锥牙轮副锥顶的延伸线超顶距越大、移轴距（　　）,滑动剪切破岩作用越大。

    A. 越小;越大　　　　B. 越大;越小　　　　C. 越小;越小　　　　D. 越大;越大

224. BG004 钻头代号为 241XHP5 代表（　　）钻头。

    A. 滑动密封保径喷射式三牙轮　　　　　　　B. 镶硬合金齿滚动密封喷射式三牙轮

    C. 镶齿密封滑动喷射式三牙轮　　　　　　　D. 滚动密封轴承喷射式三牙轮

225. BG005 选择牙轮钻头时,在含有石英砂岩夹层的地层,宜选用（　　）钻头。

    A. 带保径齿的镶齿　　B. 镶楔形齿　　　　　C. 镶双锥齿　　　　　D. 抛射体形齿

226. BG005 牙轮钻头入井前的检查包括:钻头直径应与井眼直径相符合,钻头入井前需用钻头规准确量出直径。正常情况下,同类钻头直径误差不应超过（　　）。

    A. ±0.5 mm　　　　　B. ±1 mm　　　　　C. ±1.5 mm　　　　　D. ±2 mm

227. BG006 金刚石的抗磨能力为钢材的（　　）。

    A. 1 000 倍　　　　　B. 3 000 倍　　　　　C. 6 000 倍　　　　　D. 9 000 倍

228. BG006 金刚石的计量单位是（　　）。

    A. 克　　　　　　　　B. 毫克　　　　　　　C. 克拉　　　　　　　D. 千克

229. BG007 适用于较软到中硬地层的金刚石钻头剖面是（　　）。

    A. 双锥阶梯形　　　　B. 双锥形　　　　　　C. B 形　　　　　　　D. 楔形

230. BG007 孕镶用金刚石颗粒粒度一般为 20～200 粒/克拉,其棱角越尖越好,孕镶层厚度为（　　）。

    A. 1～2 mm　　　　　B. 2～12 mm　　　　　C. 12～24 mm　　　　D. 24～36 mm

231. BG008 要认真量好所起出牙轮钻头的出井直径和所要换用的金刚石钻头的直径,要求金刚石钻头的外径比牙轮钻头的外径小（　　）。

    A. 0.5～1 mm　　　　B. 1～1.5 mm　　　　C. 1.5～2 mm　　　　D. 2～2.5 mm

232. BG008 钻头接触井底后,应以低转速（50～60 r/min）和低钻压（10～20 kN）钻进（　　）左右,完成新井底造型。

A. 0.5 m　　　　　　B. 1 m　　　　　　C. 1.5 m　　　　　　D. 2 m

233. BG009　PDC 钻头具有高效的（　　）作用,可获得较高的机械钻速和钻头进尺。

A. 切削　　　　　　B. 喷射　　　　　　C. 挤压　　　　　　D. 研磨

234. BG009　在易发生井斜的地层,若使用（　　）钻头轻压钻进可起到防斜打直作用。

A. PDC　　　　　　B. 牙轮　　　　　　C. 刮刀　　　　　　D. 金刚石

235. BG010　如果下 PDC 钻头时需要在缩径井段扩眼,须向上稍提方钻杆,钻压不大于（　　）。

A. 5 kN　　　　　　B. 10 kN　　　　　　C. 20 kN　　　　　　D. 30 kN

236. BG010　钻头到达井底后,将钻头上提适当距离,循环钻井液,并缓慢转动（　　）,以确保井底干净。

A. 3 min　　　　　　B. 5 min　　　　　　C. 15 min　　　　　　D. 30 min

237. BG011　取芯钻头型号 FDP113/89 表示钻头外径为（　　）,复合片类型为（　　）。

A. 113 mm;低磨耗比片　　　　　　B. 89 mm;低磨耗比片

C. 113 mm;高磨耗比片　　　　　　D. 89 mm;高磨耗比片

238. BG011　取芯钻头的技术要求:钎缝剪切强度不应低于（　　）。

A. 80 MPa　　　　　　B. 120 MPa　　　　　　C. 160 MPa　　　　　　D. 200 MPa

239. BG012　牙轮式扩眼工具主要由本体、扩眼牙轮、水眼和（　　）组成。

A. 领眼短节　　　　　　B. 滚柱　　　　　　C. 轴销　　　　　　D. 螺钉

240. BG012　在旋转钻进中,领眼钻头钻出新井眼,接着（　　）将井眼扩大到要求的井眼直径。

A. 滚轮式扩眼工具　　B. 刮刀钻头　　　　C. 扩眼牙轮　　　　D. 扩眼刀片

241. BH001　井眼某点的井斜角是井眼轴线上该点（　　）的夹角。

A. 切线与正北方向　　　　　　B. 切线与铅垂线

C. 切线的水平投影与正北方向　　D. 切线与井底水平位移

242. BH001　井眼轴线上某点切线的水平投影与正北方向的夹角称为该点的（　　）。

A. 方位角　　　　　　B. 井斜角　　　　　　C. 全变化角　　　　　　D. 狗腿角

243. BH002　地层倾角对井斜影响的一般规律是地层倾角（　　）时,井眼沿上倾方向偏斜。

A. 小于 45°　　　　B. 在 45°～60°之间　　C. 在 60°～70°之间　　D. 大于 70°

244. BH002　地层倾角对井斜影响的一般规律是地层倾角（　　）时,井眼沿下倾方向偏斜。

A. 小于 30°　　　　B. 在 30°～45°之间　　C. 在 45°～60°之间　　D. 大于 60°

245. BH003　井斜对（　　）影响不大。

A. 钻具使用　　　　　　B. 固井质量　　　　　　C. 采油工作　　　　　　D. 机械钻速

246. BH003　井斜变化率和方位变化率过大,会形成严重的"狗腿",使起下钻困难,钻柱工作条件恶化,还会导致粘吸卡钻、（　　）等复杂情况。

A. 泥包卡钻　　　　　　B. 落物卡钻　　　　　　C. 键槽卡钻　　　　　　D. 缩径卡钻

247. BH004　只能防斜而不能纠斜的钻具是（　　）。

A. 钟摆钻具　　　　　　B. 塔式钻具　　　　　　C. 偏重钻铤　　　　　　D. 满眼钻具

248. BH004　最有效的纠斜方法是（　　）。

A. 重力纠斜　　　　　B. 螺杆纠斜　　　　　C. 稳定器纠斜　　　　D. 钻具纠斜

249. BH005　方钻铤满眼防斜钻具一般由（　　）方钻铤组成，每根长 9 m 左右，并在方形棱角处倒圆加焊硬质耐磨材料。

A. 1～2 根　　　　　B. 2～3 根　　　　　C. 3～4 根　　　　　D. 4～5 根

250. BH005　实际工作中，考虑稳定器外径磨损及井径扩大等因素，稳定器的实际安装位置应比理想位置低（　　）才能确保钟摆钻具正常工作。

A. 0～5%　　　　　B. 5%～15%　　　　　C. 5%～25%　　　　D. 10%～20%

251. BH006　井眼轴线上某一点到（　　）的距离为该点的水平位移。

A. 井口铅垂线　　　B. 井口坐标　　　　　C. 井口　　　　　　D. 井口直线

252. BH006　水平井的最大井斜角应保持在（　　）左右。

A. 60°　　　　　　B. 70°　　　　　　　C. 80°　　　　　　D. 90°

253. BH007　非磁性钻铤是一种不易磁化的钻铤，其用途是为（　　）提供一个不受钻柱磁场影响的测量环境。

A. 虹吸测斜仪器　　B. 陀螺测斜仪器　　　C. 非磁性测斜仪器　D. 磁性测斜仪器

254. BH007　在 ϕ215.9 mm 井眼定向井中，（　　）钻具组合为：钻头＋稳定器＋非磁性钻铤×1 根＋钻铤×1 根＋稳定器＋钻铤×1 根＋稳定器＋钻铤＋钻杆。

A. 降斜　　　　　　B. 稳斜　　　　　　　C. 增斜　　　　　　D. 扭方位

255. BH008　常规定向井和丛式井中的最大井眼曲率不应超过（　　）。

A. 4°/30 m　　　　B. 5°/30 m　　　　　C. 5°/35 m　　　　　D. 7°/35 m

256. BH008　"直-增-稳-降-直"的定向井剖面类型属于（　　）剖面。

A. 二次抛物线　　　B. 三段制　　　　　　C. 五段制　　　　　D. 四段制

257. BH009　水平井技术的迅速发展是从 20 世纪（　　）开始的。

A. 60 年代　　　　B. 70 年代　　　　　　C. 80 年代　　　　　D. 90 年代

258. BH009　不仅可以大幅度提高油气井产量，而且还可以开发非均质复杂、致密、低渗透、薄层、浅层、稠油等油气藏的有效钻井技术是（　　）。

A. 直井钻井技术　　　　　　　　　　　　B. 水平井钻井技术

C. 喷射钻井技术　　　　　　　　　　　　D. 常规定向钻井技术

259. BH010　水平井能提高（　　），增加可采储量。

A. 机械钻速　　　　B. 采收率　　　　　　C. 钻井速度　　　　D. 劳动生产率

260. BH010　水平井的优点之一是可以提高勘探开发的（　　）。

A. 经济利益　　　　B. 人力成本　　　　　C. 物力成本　　　　D. 综合效益

261. BH011　定向钻井过程中，应实测摩擦阻力，除去摩擦阻力外，下钻遇阻不能超过（　　），起钻遇卡不能超过 100 kN。

A. 90 kN　　　　　B. 80 kN　　　　　　C. 60 kN　　　　　D. 50 kN

262. BH011　在水平井中，由于重力的作用，在井斜角超过（　　）的井段内，岩屑就会逐渐沉降到下井壁，形成岩屑床，若钻井液携砂性能好、悬浮能力强，则形成岩屑床所需的时间长，反之就短。

A. 30°　　　　　　B. 40°　　　　　　　C. 45°　　　　　　D. 50°

263. BH012　大庆油田垂直裂缝一般在井深超过（　　）后才会出现。

A. 1 019 m　　　　B. 1 219 m　　　　　C. 1 419 m　　　　　D. 1 519 m

264. BH012　漏失层水平裂缝常发生在井深 762～1 219.2 m 井段内,又可细分为(　　)小
　　　　类。
　　A. 2　　　　　　　　B. 3　　　　　　　　C. 4　　　　　　　　D. 5

265. BH013　最适合垂直裂缝储层的完井方法是(　　)完井法或割缝尾管完井方法。
　　A. 射孔　　　　　　B. 裸眼　　　　　　C. 预制封隔器尾管　　D. 预制砾石充填

266. BH013　基质砂岩储层的水平井多采用(　　)完井法或预制封隔器尾管完井法等。
　　A. 砾石充填　　　　B. 裸眼　　　　　　C. 割缝尾管　　　　　D. 射孔

267. BH014　存在固井质量和注水泥作业造成油气层损害的完井方法是(　　)完井法。
　　A. 裸眼　　　　　　B. 射孔　　　　　　C. 预制封隔器　　　　D. 预制充填砾石

268. BH014　评选钻井液、完井液应经过严格的程序。首先对油气层进行岩芯分析,通过
　　　　X 射线衍射分析得到岩芯的主要成分;用岩芯流动试验对重晶石加重的淡水
　　　　凝胶聚合物钻井液和用一定粒度碳酸钙加重、含(　　)(质量分数)氯化钾的
　　　　水基钻井液进行评价。
　　A. 5%　　　　　　　B. 10%　　　　　　C. 15%　　　　　　　D. 20%

269. BI001　用来将蓄能器的高压力油降低为防喷器所需的合理油压的是(　　)。
　　A. 换向阀　　　　　B. 截止阀　　　　　C. 减压阀　　　　　　D. 溢流阀

270. BI001　减压阀有(　　)油口。
　　A. 3 个　　　　　　B. 4 个　　　　　　C. 5 个　　　　　　　D. 6 个

271. BI002　井控设备中用来防止液控油压过高,并对设备进行安全保护的是(　　)。
　　A. 减压阀　　　　　B. 截止阀　　　　　C. 安全阀　　　　　　D. 调压阀

272. BI002　远程控制台上装设 2 只安全阀,即(　　)。
　　A. 蓄能器安全阀与气泵安全阀　　　　　B. 电泵安全阀与管汇安全阀
　　C. 电泵安全阀与气泵安全阀　　　　　　D. 蓄能器安全阀与管汇安全阀

273. BI002　安全阀属于(　　)。
　　A. 截止阀　　　　　B. 溢流阀　　　　　C. 调压阀　　　　　　D. 减压阀

274. BI003　用来对电动油泵的启动、停止实现自动控制的是(　　)。
　　A. 电压控制器　　　B. 智能控制器　　　C. 压力控制器　　　　D. 自动控制器

275. BI003　API 标准规定压力控制器的控制范围为(　　)。
　　A. 9.5～10.5 MPa　B. 15～17 MPa　　　C. 17～19 MPa　　　　D. 19～21 MPa

276. BI004　用来自动控制气泵的启停,使蓄能器保持 21 MPa 油压的是(　　)。
　　A. 电动开关　　　　B. 启停开关　　　　C. 液气开关　　　　　D. 油压开关

277. BI004　蓄能器油压作用在(　　)的柱塞上。
　　A. 液气开关　　　　B. 减压阀　　　　　C. 调压阀　　　　　　D. 溢流阀

278. BI005　用来将远程控制台上的高压油压值转化为相应的低压气压值,然后低压气输
　　　　送到司钻控制台上的气压表,以气压表指示油压值的是(　　)。
　　A. 液动压力变送器　B. 电动压力变送器　C. 气动压力变送器　D. 油压变送器

279. BI005　气动压力变送器在投入工作前要检查仪表的连接管线是否正确,然后输入气
　　　　压为(　　)。
　　A. 0.25 MPa　　　　B. 0.35 MPa　　　　C. 0.45 MPa　　　　　D. 0.55 MPa

280. BI006　关井是控制(　　)的关键方法。

A. 井喷失控　　　　B. 井漏　　　　　　C. 溢流　　　　　　D. 卡钻

281. BI006　发生溢流不能关井时,应按要求(　　)。

　　A. 分流放喷或有控制放喷　　　　　　B. 放喷

　　C. 硬关井　　　　　　　　　　　　　D. 敞喷

282. BI007　关井必须关闭(　　),以最快的速度控制井口,阻止溢流的进一步发展。

　　A. 旋塞阀　　　　　B. 防喷阀　　　　　C. 防喷器　　　　　D. 闸板

283. BI007　钻进时发生溢流,应由司钻停止钻进作业,停泵,上提钻具将钻杆接头提出转
盘面(　　),指挥内外钳工扣好吊卡。

　　A. 0.2~0.3 m　　　B. 0.4~0.5 m　　　C. 0.5~0.6 m　　　D. 0.6~0.7 m

284. BI008　起下钻杆时发生溢流,由司钻发出报警信号,停止起下钻杆作业,由司钻操作
将井口钻杆坐在转盘上,指挥内外钳工做好(　　)准备工作。

　　A. 抢接方钻杆　　　　　　　　　　　B. 抢接防喷单根

　　C. 抢装钻具内防喷工具　　　　　　　D. 投入钻具止回阀

285. BI008　起下钻杆时发生溢流,内防喷工具接好后,(　　)负责将其关闭,然后将钻具
提离转盘。

　　A. 外钳工　　　　　B. 内钳工　　　　　C. 井架工　　　　　D. 副司钻

286. BI009　起下钻铤时发生溢流,司钻应指挥内外钳工做好(　　)的准备工作。

　　A. 抢接方钻杆　　　　　　　　　　　B. 抢装钻具内防喷工具

　　C. 抢接防喷单根　　　　　　　　　　D. 投入钻具止回阀

287. BI009　起下钻铤时发生溢流,司钻发信号,其他岗位人员停止作业,按照井控岗位分
工,迅速进入(　　)操作位置。

　　A. 压井　　　　　　B. 防喷　　　　　　C. 开井　　　　　　D. 关井

288. BI010　空井发生溢流时,若井内情况允许,也可在发出信号后抢下几柱(　　)。

　　A. 钻铤　　　　　　B. 方钻杆　　　　　C. 钻杆　　　　　　D. 钻具

289. BI010　空井发生溢流时,(　　)通过远程控制台打开液动平板阀。

　　A. 副司钻　　　　　B. 井架工　　　　　C. 内钳工　　　　　D. 外钳工

290. BJ001　造成井壁坍塌的物理化学方面的主要原因是(　　)

　　A. 泥页岩吸水后强度降低　　　　　　B. 水化膨胀

　　C. 毛细管作用　　　　　　　　　　　D. 流体静压力

291. BJ001　在同一地层条件下,(　　)井壁最稳定,不易坍塌。

　　A. 大斜度井　　　　B. 水平井　　　　　C. 普通定向井　　　D. 直井

292. BJ002　一般来说,在划眼过程中划出的新井眼不超过(　　)时找回老井眼比较容易。

　　A. 15 m　　　　　　B. 50 m　　　　　　C. 70 m　　　　　　D. 100 m

293. BJ002　在(　　)地层发生坍塌卡钻,且坍塌井段不长时,可泵入抑制性盐酸处理。

　　A. 砂岩　　　　　　B. 泥岩　　　　　　C. 页岩　　　　　　D. 碳酸盐岩

294. BJ003　为减少井壁坍塌卡钻,应尽量减小套管鞋以下的大井眼预留长度,一般以
(　　)为宜。

　　A. 1~2 m　　　　　B. 2~3 m　　　　　C. 3~4 m　　　　　D. 4~5 m

295. BJ003　可以减小泥页岩水化膨胀压力的是(　　)钻井液。

　　A. 水基　　　　　　　　　　　　　　B. 硅酸盐

C. 清水　　　　　　　　　　　　　　　D. 低滤失量高矿化度

296. BJ004　在钻井液中加入絮凝剂过量,细碎的砂粒和混入钻井液中的黏土絮凝成团,停止循环(　　),即形成网状结构,搭成砂桥。

　A. 1～2 min　　　　B. 2～3 min　　　　C. 2～4 min　　　　D. 3～5 min

297. BJ004　浸泡解卡剂解除粘吸卡钻时,容易把井壁滤饼泡松泡垮,增加解卡剂中的固相含量,排解卡剂时,若开泵过猛,排量过大,极易将岩屑与滤饼挤压在一起,形成(　　)。

　A. 坍塌　　　　　　B. 漏失　　　　　　C. 砂桥　　　　　　D. 缩径

298. BJ005　起钻时若形成砂桥,则环空液面不(　　),而钻具水眼内的液面下降很快。

　A. 上升　　　　　　B. 下降　　　　　　C. 变化　　　　　　D. 固定

299. BJ005　在井眼中砂桥未完全形成以前,下钻时可能出现的现象是开始不遇阻或阻力小,但随着钻具的继续深入,阻力(　　)。

　A. 越来越大　　　　B. 忽大忽小　　　　C. 基本不变　　　　D. 越来越小

300. BJ006　为预防砂桥卡钻,井径扩大率应控制在(　　)以内。

　A. 1%～5%　　　　B. 10%～15%　　　C. 20%～30%　　　D. 30%～40%

301. BJ006　对预防砂桥卡钻有利的措施是避免在胶结不好的地层井段(　　),钻头或稳定器处于胶结不好的地层井段时,不转动钻具,避免在胶结不好的地层开泵循环钻井液。

　A. 下压　　　　　　B. 上提　　　　　　C. 循环　　　　　　D. 划眼

302. BJ007　地层中存在(　　)的井段不易造成缩径。

　A. 砂砾岩　　　　　　　　　　　　　　B. 无水石膏

　C. 100 ℃以下的盐岩　　　　　　　　　D. 200 ℃以上的盐岩

303. BJ007　钻井液滤液侵入断层面或节理面后,引起(　　),产生沿断层面或节理面的滑动,导致井眼的横向位移,若地层错动发生在下钻之前,则下钻时就会在地层错动处遇阻遇卡。

　A. 漏失　　　　　　B. 坍塌　　　　　　C. 地层压力升高　　D. 孔隙压力升高

304. BJ008　井径小于钻头直径时,可在此井段造成卡钻,此类卡钻称为(　　)。

　A. 沉砂卡钻　　　　B. 粘吸卡钻　　　　C. 缩径卡钻　　　　D. 泥包卡钻

305. BJ008　发生缩径卡钻时,(　　),阻卡点固定在井深某一点。

　A. 单向遇阻　　　　B. 双向遇阻　　　　C. 多向遇阻　　　　D. 反向遇阻

306. BJ009　为预防缩径卡钻,在连续取芯井段每取(　　)左右,要用常规钻头扩眼、划眼一次。

　A. 10 m　　　　　　B. 50 m　　　　　　C. 100 m　　　　　　D. 150 m

307. BJ010　开泵循环钻井液时,(　　),泵压无变化,钻井液性能无变化,进出口流量平衡。

　A. 键槽卡钻　　　　B. 井塌卡钻　　　　C. 井漏　　　　　　D. 砂桥卡钻

308. BJ010　在岩性均匀的地层中,键槽是(　　)发展的。

　A. 向上　　　　　　B. 向下　　　　　　C. 向上下两端　　　D. 不会

309. BJ011　为预防键槽卡钻,若键槽遇阻井深小于总井深的(　　),可在钻柱上接入扩眼器,重新下钻至预计键槽顶部,用扩眼器除键槽。

A. 1/4 　　　　　 B. 1/2 　　　　　 C. 3/4 　　　　　 D. 2/3

310. BJ011　对于多目标井、大位移井、水平井,为预防键槽卡钻,可用（　　）封掉易产生键槽的井段。

A. 钻杆　　　　　 B. 钻铤　　　　　 C. 水泥环　　　　　 D. 套管

311. BJ012　通过钻头的钻井液很少甚至失去钻井液循环的条件下所进行的钻进指的是（　　）。

A. 短路　　　　　 B. 刺漏　　　　　 C. 干钻　　　　　 D. 泥包

312. BJ012　钻井泵上水不好、高压管线与低压管线之间的阀门刺漏或未关死、泵房与钻台配合不好,导致司钻不知停泵仍然继续钻进是导致（　　）的主要原因。

A. 键槽　　　　　 B. 井塌　　　　　 C. 泥包　　　　　 D. 干钻

313. BJ013　为预防干钻的发生,在试钻时,若出现（　　）,而且一次比一次严重,应停止钻进。

A. 钻速增加　　　　　　　　　　 B. 下放无阻力

C. 上提无阻力　　　　　　　　　 D. 停钻打倒车、上提有阻力

314. BJ013　在钻进中,若发现泵压下降或返出量减小,要立即停钻;若循环正常,没有短路现象,则可以进行试钻,试钻时,每钻进（　　）提起划眼一次

A. 5~10 min　　 B. 15~30 min　　 C. 30~60 min　　 D. 10~15 min

315. BJ014　常说的"插旗杆"是指（　　）卡钻。

A. 干钻　　　　　 B. 落物　　　　　 C. 水泥　　　　　 D. 砂桥

316. BJ014　为预防水泥卡钻,在裸眼井段注水泥塞要测量井径,应按实际井径计算水泥浆用量,附加量不超过（　　）。

A. 5%　　　　　 B. 30%　　　　　 C. 50%　　　　　 D. 60%

317. BJ015　使用（　　）的钻井液时容易引起沉砂。

A. 黏度高　　　　 B. 切力低　　　　 C. 密度高　　　　 D. 固相少

318. BJ015　在钻进时,（　　）可能造成沉砂卡钻。

A. 接单根时间短　 B. 快速钻进　　　 C. 停泵晚　　　　 D. 开泵早

319. BJ016　为预防沉砂卡钻,在接单根时应（　　）。

A. 开泵早停泵晚　 B. 开泵早停泵早　 C. 开泵晚停泵早　 D. 开泵晚停泵晚

320. BJ016　下列选项中关于预防沉砂卡钻的说法错误的是（　　）。

A. 维护好钻井液性能

B. 下钻遇阻可以适当加压,必要时可以循环划眼

C. 上提遇阻不能硬提,应开泵循环活动钻具

D. 开泵不宜过猛,避免因泵压过高憋漏地层

321. BJ017　转盘扭矩正常,泵压突然下降,井口流量减小,则井下复杂情况最可能为（　　）。

A. 溢流　　　　　 B. 井漏　　　　　 C. 井塌　　　　　 D. 砂桥

322. BJ017　转盘扭矩增大,钻具上提下放遇阻,泵压上升,井口流量减小,则井下复杂情况最可能为（　　）。

A. 井塌　　　　　 B. 砂桥　　　　　 C. 缩径　　　　　 D. 溢流

323. BJ018　钻进中发生卡钻事故,其现象为卡钻前上提钻具一直有阻力,阻力忽大忽小,

机械钻速缓慢下降,卡钻后,初始卡点在钻头附近,泵压下降,其卡钻类型为( )。

  A. 缩径卡钻   B. 落物卡钻   C. 坍塌卡钻   D. 泥包卡钻

324. BJ018 钻进中发生卡钻事故,其现象为卡钻前上提钻具一直有阻力,阻力越来越大,钻速急剧下降,初始卡点在钻头上,循环与泵压正常,其卡钻类型为( )。

  A. 落物卡钻   B. 粘吸卡钻   C. 坍塌卡钻   D. 泥包卡钻

325. BJ019 起钻中发生卡钻事故,其现象为卡钻前钻柱上行突然遇阻,上提遇卡而下放不遇阻,卡钻后,泵压正常,钻井液进出口流量平衡,其卡钻类型为( )。

  A. 砂桥卡钻   B. 泥包卡钻   C. 落物卡钻   D. 坍塌卡钻

326. BJ019 起钻中发生卡钻,卡钻前从钻具内反喷钻井液的是( )。

  A. 砂桥卡钻   B. 泥包卡钻   C. 落物卡钻   D. 坍塌卡钻

327. BJ020 下钻中发生落物卡钻事故,卡钻时的表现为( )。

  A. 下行突然遇阻   B. 上行和下行都遇阻

  C. 下行正常而上行遇阻   D. 无阻力时转动正常

328. BJ020 下钻时,若发现井口不返钻井液或钻杆水眼内反喷钻井液,下钻遇阻,可能是发生了( )。

  A. 砂桥卡钻   B. 泥包卡钻   C. 落物卡钻   D. 坍塌卡钻

二、多选题(每题有4个选项,其中有2个或2个以上是正确的,将正确的选项号填入括号内)

1. AA001 Excel 2010 在继承了前一版本传统的基础上,又增加了许多实用功能,拥有( )。

  A. 新的外观   B. 新的用户界面   C. 新的任务窗口   D. 新的工具栏

2. AA002 Excel 2010 的退出方法有很多,常用的有( )。

  A. 单击 Excel 窗口标题栏右上角的"关闭"按钮

  B. 单击 Excel 文件选项卡下的"退出"命令

  C. 利用"开始"菜单

  D. 按快捷键 Alt+F4

3. AA003 Excel 2010 的工具栏下方是编辑栏,编辑栏用于对单元格内容进行编辑操作,包括( )。

  A. 名称框   B. 确认区   C. 公式区   D. 选项卡

4. AA004 下列关于 Excel 2010 的建立方法叙述正确的是( )。

  A. 单击"文件"选项卡下的"新建"命令

  B. 在"可用模板"中单击"空白工作簿"按钮

  C. 单击"创建"按钮

  D. 按快捷键"Ctrl+N"

5. AA005 下列关于 Excel 2010 的保存方法叙述正确的是( )。

  A. 单击"文件"选项卡下的"保存"命令

  B. 单击标题栏左侧"快捷访问"工具栏中的"保存"按钮

  C. 按快捷键"Ctrl+S"

  D. 按快捷键"Ctrl+C"

6. AA006　Excel 2010 中要选定一个单元格，可以（　　　）。

　　A. 用鼠标单击相应的单元格

　　B. 按键盘上的方向键移动到相应的单元格中

　　C. 按快捷键"Ctrl＋S"

　　D. 按快捷键"Ctrl＋C"

7. AA007　Excel 2010 为用户提供了多种数据输入的方法，其中输入的原始数据包括（　　　）。

　　A. 数值　　　　　　　B. 文本　　　　　　C. 公式　　　　　　D. 日期

8. AA008　Excel 2010 输入数据时，不但输入了数据本身，还输入了数据的（　　　）。

　　A. 超链接　　　　　　B. 筛选条件　　　　C. 格式　　　　　　D. 批注

9. AA009　下列关于 Excel 2010 移动和复制单元格的叙述正确的是（　　　）。

　　A. 可用快捷键或鼠标拖动实现

　　B. 可选中单元格区域，鼠标放在区域边界框，成十字箭头时拖动完成移动操作

　　C. 按住 Ctrl 键拖动完成复制操作

　　D. 按住 Alt 键拖动完成复制操作

10. AA010　对于 Excel 2010 工作簿中的工作表，可以对其进行（　　　）等操作。

　　A. 移动　　　　　　　B. 复制　　　　　　C. 隐藏　　　　　　D. 编辑

11. AA011　Excel 2010 工作簿窗口重排的具体方法是：单击"视图"选项卡下的"全部重排"命令，弹出"重排窗口"对话框，在"排列方式"栏中，分为（　　　）单选项。

　　A. "平铺"　　　　　　B. "水平并排"　　　C. "垂直并排"　　　D. "层叠"

12. AA012　Excel 2010 能对数据进行复杂的运算和处理，（　　　）是 Excel 2010 的精华之一。

　　A. 文字　　　　　　　B. 符号　　　　　　C. 公式　　　　　　D. 函数

13. AA013　Excel 2010 提供了大量的可用于不同场合的各类函数，分为财务、日期与时间、数学与三角函数、统计、（　　　）等。

　　A. 查找与引用　　　　B. 数据库　　　　　C. 文本　　　　　　D. 逻辑和信息

14. AB001　电焊包括（　　　）。

　　A. 电弧焊　　　　　　B. 电阻焊　　　　　C. 电渣焊　　　　　D. 电流焊

15. AB001　焊接是现代工程中一种应用很广泛的连接金属的工艺方法，其实质是利用原子之间的（　　　）作用，使分离的金属材料牢固地连接起来。

　　A. 扩散　　　　　　　B. 结合　　　　　　C. 吸附　　　　　　D. 排斥

16. AB002　手工电弧焊的焊接规范主要有（　　　）。

　　A. 焊条直径　　　　　B. 焊接电阻　　　　C. 焊接速度　　　　D. 焊接电流

17. AB003　金属材料的可焊性是指金属材料在既定条件下焊接时，能否得到与原来金属相当的（　　　）性能，而不发生裂缝和气孔等缺陷。

　　A. 物理　　　　　　　B. 化学　　　　　　C. 机械　　　　　　D. 工艺

18. AB004　漏磁式交流弧焊机是一台有三铁芯柱的变压器，中间的铁芯柱是可动的，在两旁的铁芯柱上有（　　　）。

　　A. 一次线圈　　　　　B. 二次线圈　　　　C. 接线板　　　　　D. 调节线圈

19. AB005　选择护目玻璃的色号要根据焊工的（　　　）而定。

A. 工龄　　　　　　　B. 技术　　　　　　　C. 年龄　　　　　　　D. 视力

20. AB006　电焊引弧时,焊条与焊件瞬时接触而造成短路,在某些接触点上电流密度很大,温度迅速上升,使接触处局部金属(　　)。

A. 熔化　　　　　　　B. 电离　　　　　　　C. 汽化　　　　　　　D. 电解

21. AB007　焊条选用正确与否不仅直接影响到焊接接头的质量,还会影响到(　　)等。

A. 焊接效率　　　　　　　　　　　　　　B. 焊工的健康

C. 生产成本　　　　　　　　　　　　　　D. 焊接设备的利用率

22. AB008　目前,气焊主要用来焊接(　　),特别是焊接薄壁管,同时还可以用来焊补磨损零件等。

A. 有色金属　　　　　B. 铸铁件　　　　　C. 堆焊硬质合金　　　D. 高碳钢

23. AB009　目前国内使用的水封式回火防止器有(　　)2种。

A. 低压闭合式　　　　B. 中压开启式　　　C. 低压开启式　　　D. 中压闭合式

24. AB010　使用乙炔进行气焊时的注意事项之一是:要经常检查(　　),防止漏气。

A. 乙炔管道　　　　　B. 焊炬　　　　　　C. 压力　　　　　　D. 电石

25. AC001　HSE体系的基本思想是所有事故都是可以(　　)。

A. 认识的　　　　　　B. 预防的　　　　　C. 避免的　　　　　D. 控制的

26. AC002　方针和战略目标是由高层领导为公司制定的HSE管理方面的(　　),是公司对健康、安全与环境管理的意向和原则的陈述,是体系建立和运行的依据与指南。

A. 指导思想　　　　　B. 行为准则　　　　C. 最后一环　　　　D. 核心要素

27. AC003　在钻井作业中全面推行和实施HSE管理体系标准,有利于防范和削减钻井作业中的各种风险,充分体现(　　)的原则,使钻井队(平台)员工接受"安全是最大的节约,安全出效益"的理念。

A. 以人为本　　　　　B. 预防为主　　　　C. 防治结合　　　　D. 持续改进

28. AC004　事故隐患是指(　　)。

A. 作业流程错误　　　　　　　　　　　　B. 作业场所设备或设施的不安全状态

C. 人的不安全行为　　　　　　　　　　　D. 管理上的缺陷

29. AC005　钻井作业风险识别具有差异性、严重性、(　　)等特征。

A. 多样性　　　　　　B. 时间性　　　　　C. 隐蔽性　　　　　D. 变化性

30. AC006　相关作业风险包括(　　)。

A. 测井作业风险　　　　　　　　　　　　B. 录井作业风险

C. 固井作业风险　　　　　　　　　　　　D. 试油作业风险

31. AC007　削减钻井作业HSE风险的硬件措施具体包括(　　)。

A. 钻井搬家安装要求　　　　　　　　　　B. 灭火器材配置

C. 劳动保护措施　　　　　　　　　　　　D. 钻井工程事故预防措施

32. AC008　编写《钻井作业HSE(工作)指导书》时,应体现HSE管理中的(　　)原则。

A. 共同性　　　　　　B. 普遍性　　　　　C. 通用性　　　　　D. 指导性

33. AC009　编写《钻井作业HSE(工作)计划书》时,应遵循(　　)的原则,尽可能做到简单、实用、全面。

A. 针对性　　　　　　B. 实用性　　　　　C. 可操作性　　　　D. 计划性

34. AC010　在编制钻井作业 HSE 管理检查表时,应遵循(　　　)原则,编制规范表格。

　　A. 针对性　　　　　　　B. 实用性　　　　　　　C. 可操作性　　　　　　D. 简明性

35. AD001　标题栏位于图纸的右下角,其(　　　)在国家标准中有详细的规定。

　　A. 要求　　　　　　　　B. 内容　　　　　　　　C. 尺寸　　　　　　　　D. 格式

36. AD002　国家标准规定了工程图样上的字体。书写字体必须做到:(　　　)。

　　A. 字体工整　　　　　　B. 笔画清楚　　　　　　C. 间隔均匀　　　　　　D. 排列整齐

37. AD003　粗实线用于画(　　　)。

　　A. 尺寸线　　　　　　　B. 剖面线　　　　　　　C. 可见轮廓线　　　　　D. 可见过渡线

38. AD004　将锐角 $\angle ABC$ 二等分的步骤包括(　　　)。

　　A. 先以顶点 B 为圆心,以任意长为半径作圆弧与角的两边相交于 E,F 两点

　　B. 再分别以 E,F 为圆心,取大于 EF 弦长的一半为半径作弧

　　C. 两弧相交于 D 点

　　D. 连接 BD,BD 即将 $\angle ABC$ 二等分

39. AD005　下列关于 $\angle AOB$ 平分线的作法叙述正确的是(　　　)。

　　A. 以点 O 为圆心,以任意长为半径画弧,两弧交 $\angle AOB$ 两边于点 M,N

　　B. 分别以点 M,N 为圆心,以大于 $1/2MN$ 的长度为半径画弧,两弧交于点 P

　　C. 作射线 OP

　　D. 射线 OP 即为 $\angle AOB$ 的角平分线

40. AD006　正投影具有(　　　)的特点。

　　A. 积聚性　　　　　　　B. 相像性　　　　　　　C. 显实性　　　　　　　D. 类似性

41. AD007　三投影面体系由 3 个互相垂直的投影面所组成,该体系有(　　　)。

　　A. 正立投影面(V)　　B. 水平投影面(H)　　C. 侧立投影面(W)　　D. 左立投影面(W)

42. AD007　三投影面体系有 3 个投影轴,分别是(　　　),这 3 个投影轴互相垂直,其交点称为原点。

　　A. X 轴　　　　　　　　B. Y 轴　　　　　　　　C. Z 轴　　　　　　　　D. S 轴

43. AD008　三视图的投影规律为(　　　)。

　　A. 主、俯视图长对正(等长)　　　　　　B. 主、左视图高平齐(等高)

　　C. 俯、左视图宽相等(等宽)　　　　　　D. 主、俯视图高平齐(等高)

44. AD009　为了便于看图,视图一般只画出机件的可见部分,必要时才用虚线表达其不可见部分。视图通常有(　　　)。

　　A. 基本视图　　　　　　B. 局部视图　　　　　　C. 斜视图　　　　　　　D. 旋转视图

45. AD010　剖视图分为(　　　)。

　　A. 全剖视图　　　　　　B. 半剖视图　　　　　　C. 局部剖视图　　　　　D. 剖面图

46. AD011　假想用剖切平面将零件某处切断,仅画出断面的图形称为剖面图。剖面图用来表达零件上某一局部的断面形状,如(　　　)等。

　　A. 肋　　　　　　　　　B. 轮辐　　　　　　　　C. 孔　　　　　　　　　D. 槽

47. AD012　一个完整的尺寸由(　　　)(箭头和斜线)组成。

　　A. 尺寸数字　　　　　　B. 尺寸线　　　　　　　C. 尺寸界线　　　　　　D. 尺寸终端

48. AD013　标注角度时要注意(　　　)。

　　A. 尺寸线应画成圆弧　　　　　　　　　　B. 尺寸线的圆心是该角的顶点

C. 尺寸界线应沿径向引出　　　　　　　D. 尺寸界线应沿圆心引出

49. AD014　一张完整的零件图应具备的内容包括（　　）。
　　A. 一组视图　　　　B. 零件尺寸　　　　C. 技术要求　　　　D. 标题栏

50. AD015　识读零件图的方法和步骤有：（　　）、综合归纳。
　　A. 看标题栏　　　　　　　　　　　　　B. 表达分析
　　C. 形体和结构分析　　　　　　　　　　D. 尺寸和技术要求分析

51. BA001　游标卡尺由（　　）组成。
　　A. 上、下量爪　　　B. 固定螺钉　　　　C. 尺身　　　　　　D. 尺框

52. BA002　高度游标卡尺可用来（　　）。
　　A. 测量台阶长度　　B. 测量工件的高度　C. 进行精密划线　　D. 测量孔的深度

53. BA003　常用千分尺按用途可分为（　　）等。
　　A. 外径千分尺　　　B. 深度千分尺　　　C. 高度千分尺　　　D. 宽度内径千分尺

54. BA004　不能用千分尺测量（　　）。
　　A. 轴承　　　　　　B. 曲轴　　　　　　C. 毛坯　　　　　　D. 转动的工件

55. BA005　百分表在不使用时,应（　　）。
　　A. 摘下表盘,解除所有负荷　　　　　　B. 让测量杆处于自由状态
　　C. 远离各种液体,避免液体与表接触　　D. 成套保存,避免丢失

56. BA006　水准仪主要由（　　）、屈光度环、竖轴、圆水准器、管状水准器、调整螺旋及望
　　　　　　远镜等部分组成。
　　A. 物镜　　　　　　·B. 制动螺旋　　　　C. 脚螺旋　　　　　D. 三角板

57. BA006　水准仪的（　　）失效一般是因为鼓形螺母侧面凸块没有插在微动套槽内。
　　A. 微动　　　　　　B. 微倾螺旋　　　　C. 竖轴　　　　　　D. 脚螺旋

58. BA007　水准仪的所有光学零件应无明显的或影响使用的（　　）。
　　A. 霉斑　　　　　　B. 灰尘　　　　　　C. 水滴　　　　　　D. 油渍

59. BB001　钻井参数仪是检测与显示钻井参数,如（　　）、钻井泵排量及冲速等的仪器仪
　　　　　　表。
　　A. 悬重　　　　　　B. 钻压　　　　　　C. 泵压　　　　　　D. 转盘扭矩和转速

60. BB001　SK-2Z11 钻井参数仪利用后台计算机上安装的 SK-DPS2000 数据处理系统,可
　　　　　　提供钻井工程方面的（　　）等有关资料。
　　A. 表格　　　　　　B. 报告　　　　　　C. 动画　　　　　　D. 图件

61. BB002　通过 SK-2Z11 钻井参数仪对钻井过程进行实时监测,对（　　）、预防工程事
　　　　　　故、降低成本、实现科学钻井起着重要的作用。
　　A. 提高钻井时效　　　　　　　　　　　B. 安全钻井
　　C. 平衡钻井　　　　　　　　　　　　　D. 有效地保护油气层

62. BB002　SK-2Z11 钻井参数仪可采集传感器的数据,派生出（　　）等参数。
　　A. 悬重　　　　　　B. 泵压　　　　　　C. 钻压　　　　　　D. 大钩位置

63. BB003　SK-2Z11 钻井参数仪安全控制中配有（　　）等强电系统。
　　A. 短路　　　　　　B. 过载　　　　　　C. 漏电　　　　　　D. 断路

64. BB004　SK-8N09 大钳扭矩传感器的范围是（　　）。
　　A. 0～40 MPa　　　B. 0～100 kN·m　　C. 0～30 MPa　　　D. 0～120 kN·m

65. BB005　后台计算机单元包括（　　）、一根 15 m 的 3 芯电源电缆、一根 15 m 的 4 芯信号电缆、一个 150 m 的 3 芯电源电缆盘、一个 150 m 的 4 芯信号电缆盘。

A. 工控机主机　　　　　　　　　　　　　　B. 液晶显示器

C. UPS 电源　　　　　　　　　　　　　　　D. RS232/422 转换模块（485IF9）

66. BB006　SK-2Z11 钻井参数仪的监视仪单元进行断电操作需要点击（　　）。

A. "技术员"按钮　　B. "退出"按钮　　C. "是"按钮　　D. "否"按钮

67. BC001　HK51-01F 定点测斜仪主要用于钻井过程中测量井底（测点）的（　　）等参数。

A. 井斜　　　　　　B. 磁方位　　　　　C. 工具面　　　　D. 仪器温度

68. BC001　HK51-01F 定点电子测斜仪由（　　）等部分组成。

A. 主机　　　　　　　　　　　　　　　　　B. 机芯

C. 地面仪器　　　　　　　　　　　　　　　D. 软件、井下保护总成

69. BC002　HK51-01F 定点测斜仪使用结束后，要特别仔细检查缓冲器的（　　）和自浮载体表面是否符合使用要求。

A. 各零件　　　　　B. 各类 O 形圈　　　C. 连接螺纹　　　D. 密封面

70. BC003　HK51-01F 多点测斜仪适用于（　　）等行业在钻探过程中进行井眼轨迹的测量。

A. 石油　　　　　　B. 煤炭　　　　　　C. 水利　　　　　D. 化工

71. BC004　HK51-01F 多点测斜仪外保护总成出现（　　）的情况时严禁使用。

A. 密封面有损伤、磕痕，二者配合不严密

B. 连接螺纹损坏，不能正常连接到位

C. 减振器、定向减振接头导轴弯曲、变形、活动不畅

D. 探管指示灯不亮

72. BD001　由于压力等级比较低，钻机气控装置各（　　）的成本也很低。

A. 接头　　　　　　B. 阀件　　　　　　C. 管线　　　　　D. 框架

73. BD002　气动元件主要由（　　）等部分构成。

A. 气源发生和处理元件　　　　　　　　　　B. 气动控制元件

C. 气动执行元件　　　　　　　　　　　　　D. 气动辅助元件

74. BD002　气源设备包括（　　）等。

A. 空气压缩机　　　B. 后冷却器　　　　C. 气罐　　　　　D. 阀门

75. BD003　气控装置里应用最多的阀件通常有（　　）和三位五通阀等。

A. 二位二通阀　　　B. 二位三通阀　　　C. 二位四通阀　　D. 三位四通阀

76. BD004　阀岛控制和 PLC 连接通过逻辑来控制阀岛，完成（　　）、自动送钻、防碰释放等功能。

A. 液压盘刹　　　　B. 气喇叭　　　　　C. 液压猫头　　　D. 转盘惯刹

77. BD005　电子防碰系统利用（　　）控制盘刹的动作。

A. 电子传感器　　　B. PLC 分析　　　　C. 阀岛　　　　　D. 气路输出

78. BD006　介质受污染后，气动控制系统受到的影响包括（　　）。

A. 水分的影响　　　B. 油分的影响　　　C. 固体尘埃的影响　　D. 泡沫的影响

79. BD007　在目前的发展中，气动产品开始具有（　　）能力。

A. 判断推理　　　　B. 逻辑思维　　　　C. 自主决策　　　D. 节省功率

80. BD008　电子防碰系统主体由（　　）组成。

　　A. 滚筒编码器　　　　B. 主机　　　　　　C. 冷却风机　　　　D. 操作显示屏

81. BD009　电子防碰系统必须能与（　　）相适应。

　　A. 刹车系统　　　　　B. 绞车减速系统　　C. 循环系统　　　　D. 固控系统

82. BD009　电子防碰系统报警的合理有效需要（　　）都达到要求。

　　A. 设备的精度　　　　B. 设备的算法　　　C. 参数的设定　　　D. 游车的型号

83. BD010　CJ 系列测斜绞车的特点有（　　）。

　　A. 操作方便　　　　　B. 运转平稳　　　　C. 变速范围大　　　D. 提升重量大

84. BD011　CJ 系列测斜绞车可通过（　　）等操作实现停车。

　　A. 把三位四通阀扳到停车位　　　　　　　B. 扳刹车手柄制动

　　C. 断开油路　　　　　　　　　　　　　　D. 断开电路

85. BD012　测斜绞车液压系统有空气时可能产生（　　）等现象。此时可使机体重复运动多次排除空气,如仍排不出,可拧下油管接头,排除空气。

　　A. 回弹　　　　　　　B. 噪声　　　　　　C. 动作不灵　　　　D. 速度过大

86. BD012　CJ 系列测斜绞车的变速箱和卷筒支撑等轴承处出现过热现象时,应检查（　　）。

　　A. 系统是否堵塞　　　　　　　　　　　　B. 溢流阀是否失灵

　　C. 各部轴承和齿轮有无异常磨损　　　　　D. 液压油油量是否足够

87. BD013　顶部驱动装置的马达为无级调速,可达到与井底（　　）的最佳配合,以提高机械钻速,准确地控制井眼轨迹。

　　A. 导向马达　　　　　B. MWD 仪器　　　C. 高效能钻头　　　D. 钻井液

88. BD014　顶驱驱动控制系统实时反映顶驱的（　　）,采样周期短,可实现报警和数据归档功能,自动生成工作曲线,并可查找历史数据。

　　A. 运行状态　　　　　B. 数据　　　　　　C. 数据归档　　　　D. 网络

89. BD015　操作"电机选择"开关到（　　）,根据需要选择主电机。

　　A. A　　　　　　　　B. C　　　　　　　 C. A+B　　　　　　D. B

90. BD016　钻机电子防碰参数的设置:每次滑切完大绳后都需要设定（　　）

　　A. 大绳层数　　　　　B. 大绳初始圈数　　C. 大钩型号　　　　D. 绞车型号

91. BE001　通风型气胎离合器散热传能装置主要由（　　）和挡板等零件组成。

　　A. 扇形体　　　　　　B. 承扭杆　　　　　C. 板簧　　　　　　D. 拨叉

92. BE001　通风型气胎离合器散热传能装置的主要作用包括（　　）和当气胎气压下降到一定数值时,保证摩擦片与摩擦轮迅速脱开。

　　A. 散热、通风与隔热　　　　　　　　　　B. 传递气胎的压紧力

　　C. 传递扭矩　　　　　　　　　　　　　　D. 调整转速

93. BE002　离合器的摩擦表面决不允许进入油脂、液体等物质,油脂将（　　）,必须用溶剂清洗后擦干。

　　A. 降低摩擦系数　　　B. 降低传递速度　　C. 降低传递扭矩　　D. 降低传递压紧力

94. BE002　每口井开钻前对钻机离合器内部的重点检查项包括（　　）和离合器气囊等。

　　A. 摩擦片　　　　　　B. 摩擦钢毂　　　　C. 扭力杆　　　　　D. 内外挡圈

95. BE003　为了实现（　　）,液气大钳采用两挡行星变速结构和独特设计的不停车换挡刹

车机构,提高了钳子的时效。

    A. 高速低扭矩旋扣   B. 高速高扭矩冲扣   C. 低速低扭矩旋扣   D. 低速高扭矩冲扣

96. BE004 Q10Y-M 型液气大钳液压系统的各项数据为:(   )。

    A. 额定流量 114 L/min   B. 最高工作压力 16.3 MPa

    C. 电驱动时的电动机功率 40 kW   D. 气压系统工作压力 0.5~1.0 MPa

97. BE004 Q10Y-M 型液气大钳的主要组成部分有(   )。

    A. 行程变速箱   B. 减速装置

    C. 钳头   D. 气控系统和液压系统

98. BE005 液气大钳驱动油泵的方式有(   )。现在的井场都用组合液压站提供液压动力。

    A. 气驱动   B. 电驱动

    C. 钻机带压风机的皮带轮驱动   D. 热驱动

99. BE006 顶驱装置具有管子处理功能,通过其自身的管子处理装置可方便地实现(   )和下套管等操作。

    A. 抓放管子   B. 抓放套管   C. 抓放钻杆   D. 上卸扣

100. BE006 采用顶驱装置钻井,在起下钻遇到阻卡时可以在任意位置使顶驱装置与钻柱连接,开泵循环钻井液,进行(   ),从而降低了起下钻的事故率。

    A. 倒划眼   B. 压井   C. 划眼   D. 钻进

101. BE007 国内顶驱装置一般采用的工作模式是单独液压站模式,即液压源独立于本体,单独放置在地面上,利用安装在井架上的液压管线与本体相连。这种布局合理安全,在恶劣的工作条件下,尤其是(   )时不会对管线、接头和阀件等造成威胁。

    A. 停泵   B. 跳钻   C. 震击   D. 钻进

102. BE008 内防喷器(IBOP)的作用是:当井内压力高于钻柱内压力时,可以通过关闭内防喷器切断钻柱内部通道,从而防止(   )的发生。

    A. 卡钻   B. 缩径   C. 井涌   D. 井喷

103. BE009 顶驱滑动系统中,景宏研制的折叠式导轨板安装快捷方便,降低了(   )。

    A. 安装风险   B. 安装时间   C. 安装费用   D. 损耗

104. BE010 导轨之间用销轴连接支座固定在天车梁的下部,通过(   )与导轨相连。

    A. 滑轮   B. 提环   C. 扭矩梁   D. U 形环

105. BE011 给主电机加注润滑脂的做法包括(   )。

    A. 从电机前面的润滑油嘴处加注专用润滑脂

    B. 观察电机后面相对位置处丝堵上的孔,至有润滑脂溢出即可

    C. 从电机后面的润滑油嘴处加注专用润滑脂

    D. 观察电机前面相对位置处丝堵上的孔,至有润滑脂溢出即可

106. BE012 执行机构是刹车制动的执行部分,它由(   )等部分组成。

    A. 刹车钳   B. 操作台   C. 钳架   D. 刹车盘

107. BE013 液压盘刹系统中液压管路主要由(   )等组成。

    A. 高压软管   B. 快速接头   C. 液控阀   D. 管夹

108. BE014 柱塞泵是液压系统的重要装置之一,轴向柱塞泵一般由(   )等零件组成。

　　A. 缸体　　　　　　　B. 配油盘　　　　　　　C. 柱塞　　　　　　　D. 斜盘

109. BE015　液压盘刹执行机构的安全钳主要由(　　)组成。

　　A. 常闭式内置碟簧组的单作用油缸　　　　　B. 复位弹簧

　　C. 杠杆　　　　　　　　　　　　　　　　　D. 刹车块

110. BE016　在使用组合液压站时,应当每班观察(　　)。

　　A. 系统压力表是否达到额定压力　　　　　　B. 液压油量是否满足下限要求

　　C. 加热器是否处于自动　　　　　　　　　　D. 各泵运转有无异常

111. BF001　气控制阀按其功能可分为方向控制阀和(　　)。

　　A. 压力控制阀　　　　B. 截止阀　　　　　　C. 流量控制阀　　　D. 单流阀

112. BF002　常用的方向控制阀有单向阀、(　　)、气控二位三通阀(两用继气器)等。

　　A. 手动两通阀　　　　B. 三通旋塞阀　　　　C. 二位三通按钮阀　D. 节流阀

113. BF002　常用的压力阀主要有减压阀、溢流阀、(　　)。

　　A. 顺序阀　　　　　　B. 调压继电器　　　　C. 止回阀　　　　　D. 梭阀

114. BF003　气控制阀的维护保养重点检查部位包括阀体内壁、(　　)和密封圈。

　　A. 阀芯　　　　　　　B. 密封填料　　　　　C. 阀座　　　　　　D. 阀门

115. BF004　钻井设备上的 H-2-LX 手柄调压阀漏气或不换向,原因可能是(　　),应更换或清洗。

　　A. 阀门坏　　　　　　B. 未加润滑脂　　　　C. 阀门夹入污物　　D. 阀门锈死

116. BF005　离合器气囊被充气,关闭气开关后,要分段检查(　　)。

　　A. 气开关　　　　　　B. 常闭继气器　　　　C. 快速放气阀　　　D. 顶杆阀

117. BF006　液气大钳上卸扣时上钳或下钳打滑的原因有(　　)。

　　A. 上下钳定位手把方向不一致　　　　　　　B. 先夹紧钻杆再将定位手把定向

　　C. 钳子未送到位　　　　　　　　　　　　　D. 钳子未调平

118. BF006　液气大钳液压马达或油泵过热的原因有(　　)。

　　A. 连续工作时间过长　　　　　　　　　　　B. 液压油黏度过高或过低

　　C. 油箱油面低　　　　　　　　　　　　　　D. 油箱油面高

119. BF007　液气大钳低挡压力上不去扣卸不开时需检查(　　)。

　　A. 摩擦片是否磨损、打滑　　　　　　　　　B. 液压系统

　　C. 大刹带松紧情况　　　　　　　　　　　　D. 气控系统

120. BF008　液气大钳双向阀滑盘脏污或磨损造成气阀漏气时,应将漏气的气阀拆下来并(　　)。

　　A. 更换新阀　　　　　B. 擦拭气阀　　　　　C. 清洗研磨滑盘　　D. 修理气阀

121. BG001　石油钻井用钻头按结构可分为(　　)等。

　　A. 刮刀钻头　　　　　B. 牙轮钻头　　　　　C. 金刚石钻头　　　D. PDC 钻头

122. BG002　牙轮钻头的基本组成有钻头体、(　　)和储油密封润滑系统。

　　A. 水眼　　　　　　　B. 巴掌　　　　　　　C. 牙轮、轴承　　　D. 胎体

123. BG003　牙轮钻头按牙齿类型可分为(　　)。

　　A. 楔齿牙轮钻头　　　B. 保径齿牙轮钻头　　C. 镶齿牙轮钻头　　D. 铣齿牙轮钻头

124. BG003　下列能增加牙轮钻头的剪切破岩作用的是(　　)。

　　A. 复锥　　　　　　　B. 超顶　　　　　　　C. 移轴　　　　　　D. 单锥

125. BG004 牙轮钻头是依靠牙齿对地层的（　　）作用来破碎岩石的。
A. 冲击 　　　　　　B. 压碎 　　　　　　C. 滑动剪切 　　　　　　D. 切削

126. BG005 牙轮钻头在使用过程中的磨损情况主要包括（　　）。
A. 牙齿的磨损 　　　B. 轴承的磨损 　　　C. 钻头直径的磨损 　　D. 储油系统的损坏

127. BG006 金刚石钻头和牙轮钻头一样，破岩时都具有（　　）。
A. 表层破碎 　　　　B. 疲劳破碎 　　　　C. 体积破碎 　　　　　D. 应力破碎

128. BG007 根据不同岩性，金刚石颗粒在钻头胎体上的镶装方式有（　　）。
A. 表镶式 　　　　　B. 内镶式 　　　　　C. 孕镶式 　　　　　　D. 表孕镶式

129. BG007 石油钻井常用的金刚石钻头主要由（　　）等组成。
A. 钻头体（钢体） 　B. 胎体 　　　　　　C. 本体 　　　　　　　D. 金刚石切削刃

130. BG008 金刚石钻头的使用特点有（　　）。
A. 成本高 　　　　　　　　　　　　　　　B. 使用方便
C. 操作简单 　　　　　　　　　　　　　　D. 在含燧石的非均质地层中钻进效果差

131. BG009 PDC 钻头在（　　）地层中使用效果明显。
A. 软 　　　　　　　B. 中硬 　　　　　　C. 硬 　　　　　　　　D. 软硬交错

132. BG010 下列关于 PDC 钻头钻进时的操作要求，叙述正确的是（　　）。
A. 下钻通过封井器或缩径井段时要放慢速度，防止保径部分的金刚石复合片损坏
B. 接单根后，要以最大排量洗井，把钻头缓慢地放到井底，以防止钻头撞击井底而损坏
C. 在钻进软而黏的地层时，有时会出现泥包，其现象一般是钻速突然下降，泵压上升
D. PDC 钻头复合片最后会被磨损变钝，磨损的信号是钻速和扭矩突然上升

133. BG011 目前取芯钻头根据破碎地层岩石的方式可分为（　　）。
A. 切削型 　　　　　B. 微切削型 　　　　C. 研磨型 　　　　　　D. 滑动剪切型

134. BG011 切削型取芯钻头适用于（　　）地层取芯，钻进速度快。
A. 软 　　　　　　　B. 中等硬度 　　　　C. 硬 　　　　　　　　D. 软硬交错

135. BG012 随钻扩眼工具主要有（　　）。
A. 滚轮式 　　　　　B. 牙轮式 　　　　　C. 刀片式 　　　　　　D. 滑动式

136. BG012 滚轮式扩眼工具多用于（　　）地层。
A. 软 　　　　　　　B. 较硬 　　　　　　C. 硬 　　　　　　　　D. 软硬交错

137. BH001 直井井身质量标准是指直井对偏斜度的规定，其主要指标有（　　）、方位变化率、井斜变化率等。
A. 方位角 　　　　　B. 全井最大井斜角 　C. 井眼曲率 　　　　　D. 油层水平位移

138. BH001 井斜的参数有（　　）。
A. 井斜角 　　　　　B. 方位角 　　　　　C. 井斜变化率 　　　　D. 井底水平位移

139. BH002 影响井斜的基本的、起主要作用的因素是（　　）。
A. 标准层 　　　　　B. 油层顶部深度 　　C. 地层倾角 　　　　　D. 下部钻柱结构

140. BH003 井斜对固井工作的影响是（　　）。
A. 下套管困难 　　　B. 套管不居中 　　　C. 注水泥窜槽 　　　　D. 水泥顶替效率高

141. BH004 塔式钻具是由直径不同的几种钻铤组成的下部钻柱组合，其特点是（　　）、钻头工作平稳。
A. 下部钻柱重量大 　B. 下部钻柱刚度大 　C. 重心高 　　　　　　D. 井眼的间隙小

142. BH005　稳定器是满眼钻具的重要组成部分,根据不同井下地质条件及钻井技术要求,目前国内外所用稳定器种类繁多,但常用的大致有(　　)等。

　　A. 旋转稳定器　　　　B. 不旋转稳定器　　　C. 牙辊扩大器　　　D. 变径稳定器

143. BH006　下列井斜角中,属于常规定向井的是(　　)。

　　A. 59°　　　　　　　B. 70°　　　　　　　C. 10°　　　　　　D. 5°

144. BH007　井下动力钻具带弯接头造斜的钻具组合是:钻头＋(　　)＋钻铤＋钻杆。

　　A. 井下动力钻具　　　B. 弯接头　　　　　　C. 无磁钻铤　　　D. 稳定器

145. BH008　定向井井眼轨迹的控制技术按照井眼形状和施工过程,可分为直井段、造斜段、(　　)等控制技术。

　　A. 稳斜段　　　　　　B. 扭方位段　　　　　C. 降斜段　　　　D. 增斜段

146. BH009　水平井具有多种类型,除普通水平井外,还有不同层内的(　　)。

　　A. 丛式水平井　　　　B. 多底水平井　　　　C. 双层水平井　　　D. 阶梯水平井

147. BH010　水平井的优点包括(　　)。

　　A. 提高低渗透油气藏产量　　　　　　　　B. 降低钻井成本

　　C. 提高稠油油藏产量　　　　　　　　　　D. 增加可采储量

148. BH011　影响井眼净化的因素主要有井斜角、钻井液(　　)及偏心度和钻具转动情况。

　　A. 环空返速　　　　　B. 性能　　　　　　　C. 价格　　　　　D. 密度

149. BH012　影响水平井井漏的地层特性主要包括(　　)。

　　A. 地层裂缝大小　　　　　　　　　　　　B. 缝隙内流体压力的高低

　　C. 地层岩性　　　　　　　　　　　　　　D. 井深

150. BH013　最适合垂直裂缝储层的完井方法是(　　)完井法。

　　A. 裸眼　　　　　　　B. 砾石充填　　　　　C. 割缝尾管　　　D. 射孔

151. BH014　在射孔施工中,对胶结性不好的储集层应不采用(　　)低边射孔。

　　A. 120°　　　　　　　B. 180°　　　　　　　C. 270°　　　　　D. 360°

152. BI001　现有的气手动减压阀有(　　)。

　　A. 有膜片式　　　　　B. 无膜片式　　　　　C. 气马达式　　　D. 电马达式

153. BI002　安全阀开启的油压值由上部调压丝杆调节,(　　)。

　　A. 顺时针旋拧调压丝杆,安全阀开启油压升高

　　B. 逆时针旋拧调压丝杆,安全阀开启油压升高

　　C. 顺时针旋拧调压丝杆,安全阀开启油压降低

　　D. 逆时针旋拧调压丝杆,安全阀开启油压降低

154. BI003　YTK-01B压力控制器的测量系统主要由(　　)组成。

　　A. 弹簧管　　　　　　B. 两组微动开关　　　C. 接线端子　　　D. 主板

155. BI004　液气开关的弹簧力应调好,油压(　　)。

　　A. 等于 21 MPa 时,弹簧伸张迫使柱塞上移,气接头打开

　　B. 低于 21 MPa 时,弹簧伸张迫使柱塞上移,气接头打开

　　C. 等于 21 MPa 时,弹簧压缩,柱塞下移,气接头封闭

　　D. 低于 21 MPa 时,弹簧压缩,柱塞下移,气接头封闭

156. BI004　液气开关弹簧力的调节方法是用圆钢棒插入锁紧螺母圆孔中,旋开锁紧螺母,

然后再将钢棒插入调压螺母圆孔中,(　　)。

A. 顺时针旋转,调压螺母上移,弹簧压缩,张力增大,关闭油压升高

B. 顺时针旋转,调压螺母上移,弹簧压缩,张力增大,关闭油压降低

C. 逆时针旋转,调压螺母下移,弹簧伸张,弹簧力减弱,关闭油压升高

D. 逆时针旋转,调压螺母下移,弹簧伸张,弹簧力减弱,关闭油压降低

157. BI005　QBY-32 变送器的流通孔道很小,因此对输入的压缩空气要求较为严格,所输入气流应(　　)。

A. 洁净　　　　　　B. 无水　　　　　　C. 无油　　　　　　D. 无尘

158. BI006　发生溢流后的关井方法有(　　)。

A. 软关井　　　　　B. 硬关井　　　　　C. 快关井　　　　　D. 慢关井

159. BI007　如钻进时发生溢流,下列说法正确的是(　　)。

A. 节流阀由内钳工操作　　　　　　　B. 节流阀由场地工操作

C. 液动节流阀由内钳工操作　　　　　D. 手动节流阀由场地工操作

160. BI008　起下钻杆时发生溢流,关井后录取(　　)。

A. 立管压力　　　　B. 关井套压　　　　C. 钻井液密度　　　D. 钻井液增量

161. BI009　关井后,由钻井液工将参数报告给(　　)。

A. 司钻　　　　　　B. 值班干部　　　　C. 场地工　　　　　D. 副司钻

162. BI010　空井时发生溢流,如安装了司钻控制台,关井时副司钻应负责(　　)。

A. 在远程控制台观察液动平板阀控制手柄的开关状态

B. 在远程控制台观察防喷器相关控制手柄的开关状态

C. 操作关闭液动节流阀

D. 操作关闭节流阀

163. BJ001　造成井壁坍塌的地质方面原因有(　　)。

A. 地层的构造状态　　　　　　　　　B. 岩石自身性质

C. 高压油气层的影响　　　　　　　　D. 泥页岩的孔隙压力异常

164. BJ002　如果已经发生井塌,循环钻井液时岩屑又带不出来,可采取的方法有(　　)。

A. 使用高动切力和高动塑比的钻井液洗井,使环空保持平板层流状态

B. 使用高浓度携砂液洗井

C. 加大钻头水眼,提高钻井液排量,洗井时可加入一段高黏高切的稠钻井液

D. 起钻前,在坍塌井段注入一段高黏高切钻井液,进行封闭,延缓坍塌,并使塌块不能集结成砂桥

165. BJ003　具有防塌性能的钻井液有(　　)。

A. 油基钻井液　　　B. 水基钻井液　　　C. 钾基钻井液　　　D. 硅酸盐钻井液

166. BJ003　下列从钻井液方面预防井塌的说法正确的是(　　)。

A. 对于未胶结的砾石层、砂层,应使钻井液有合适的密度和较高的黏度和切力

B. 对于不稳定裂缝发育的泥页岩、煤层,应使钻井液有较高的密度及适当的黏度和切力

C. 控制钻井液的 pH 在 8.5～9.5 之间,可以减弱高碱性对泥页岩的强水化作用

D. 必要时,可以采取混油的方法

167. BJ004　发生砂桥卡钻的原因可能是(　　)。

A. 钻井液中絮凝剂过量　　　　　　　　B. 钻井液排量太大

C. 井内钻井液长期静止　　　　　　　　D. 井壁坍塌

168. BJ005　在砂桥未完全形成以前，下钻时可能（　　）。

A. 不遇阻　　　　B. 阻力很小　　　　C. 阻力越来越小　　　　D. 阻力越来越大

169. BJ006　预防砂桥卡钻要维持钻井液体系和性能的稳定，不宜随意调整钻井液的（　　）。

A. 密度　　　　　　B. 黏度　　　　　　C. 切力　　　　　　D. 酸碱度

170. BJ007　当地层中存在（　　）时，由于在此井段滤失量大，就会在井壁上形成一层厚厚的滤饼，导致原有井眼的缩小即缩径。

A. 砂岩　　　　　　B. 砾岩　　　　　　C. 砂砾混层　　　　D. 泥岩

171. BJ008　缩径卡钻的卡点可能是（　　）。

A. 钻杆　　　　　　B. 钻铤　　　　　　C. 钻头　　　　　　D. 扶正器

172. BJ009　为预防缩径卡钻，取芯井段必须用常规钻头扩眼或划眼，（　　）左右应用常规钻头扩、划眼一次。

A. 软地层 50 m　　B. 软地层 100 m　　C. 硬地层 50 m　　D. 硬地层 100 m

173. BJ010　下列选项中，不仅仅发生在起钻过程中的有（　　）。

A. 键槽卡钻　　　　B. 井塌卡钻　　　　C. 粘吸卡钻　　　　D. 砂桥卡钻

174. BJ011　钻定向井时，为预防键槽卡钻，在地质条件允许的情况下，应尽量简化井眼轨迹，要（　　）。

A. 少降斜　　　　　B. 少稳斜　　　　　C. 多降斜　　　　　D. 多增斜

175. BJ012　干钻初期造成泥包，钻具可以上下活动，随着干钻程度的加剧，关于阻力的说法错误的是（　　）。

A. 阻力越来越小　　B. 阻力越来越大　　C. 阻力忽大忽小　　D. 阻力不变

176. BJ012　干钻的现象有（　　）。

A. 机械钻速下降　　　　　　　　　　　B. 转盘扭矩增大

C. 井口返出量减小　　　　　　　　　　D. 返出钻井液温度升高

177. BJ013　下列选项中有利于预防干钻发生的是（　　）。

A. 若发现泵压下降或钻井液返出量减小，立即停钻

B. 对气侵钻井液，加强除气工作

C. 泵房与钻台密切配合

D. 停止循环，将钻头压在井底转动转盘活动钻具

178. BJ013　如泵压下降很突然，但维持这个下降值不变，而且井口返出量不减小，可能是（　　）。

A. 钻头掉水眼　　　B. 掉钻头　　　　　C. 钻具断了　　　　D. 钻具刺漏

179. BJ014　导致水泥卡钻的原因可能是（　　）。

A. 注水泥设备或钻具提升设备在施工中途发生故障

B. 施工措施不当或操作失误

C. 探水泥面过早或措施不当

D. 施工时间缩短

180. BJ015　沉砂卡钻现象有（　　）。

A. 接单根后钻井液倒返   B. 重新开泵循环泵压升高

C. 上提遇卡，下放遇阻   D. 转动时阻力很大，甚至不能转动

181. BJ016 发现泵压升高且岩屑返出较少时，下列做法正确的是（   ）。

A. 控制钻速   B. 停止钻进   C. 活动钻具   D. 加大排量

182. BJ017 发生钻头泥包时，可能出现的情况有（   ）。

A. 上提遇阻   B. 钻速下降   C. 扭矩增大   D. 井口流量增大

183. BJ018 钻进中发生砂桥卡钻的现象有（   ）。

A. 卡钻前上提钻具一直有阻力，阻力忽大忽小

B. 钻具在上下活动中遇卡

C. 卡后泵压上升

D. 初始卡点在钻铤或钻杆上

184. BJ019 起钻中钻柱上行突然遇阻，可能的复杂情况是（   ）。

A. 粘吸卡钻   B. 键槽卡钻   C. 落物卡钻   D. 泥包卡钻

185. BJ020 下钻中发生砂桥卡钻事故，卡钻时的现象可能是（   ）。

A. 泵压上升   B. 初始卡点在钻铤或钻杆上

C. 钻柱下行时井口不返钻井液   D. 初始卡点在钻头上

186. BJ020 下钻中遇阻且阻力越来越大，可能发生的复杂情况是（   ）。

A. 粘吸卡钻   B. 砂桥卡钻   C. 落物卡钻   D. 坍塌卡钻

三、判断题（正确的填"√"，错误的填"×"）

（   ）1. AA001 Excel 2010 使计算及显示都更加便捷直观，真正实现数据的可视化，大大提高了工作效率。

（   ）2. AA002 双击一个已创建好的 Excel 2010 文件，进入 Excel 2010 编辑窗口可以启动 Excel 2010。

（   ）3. AA003 在 Excel 2010 工作表标签处新增了一个插入工作表按钮，单击此按钮即可快速新增 2 张工作表。

（   ）4. AA004 在 Excel 2010 中，新工作簿是基于默认模板创建的，创建的这个新工作簿即为空白工作簿，是创建报表的第二步。

（   ）5. AA005 在 Excel 2010 中，新工作簿保存的同时不可以对工作簿加密。

（   ）6. AA006 在 Excel 2010 中，单元格区域不能由不相邻的单元格组成。

（   ）7. AA007 在 Excel 2010 中，利用筛选数据功能可以将一些有规律的数据或公式方便快速地填充到需要的单元格中，从而减少重复操作，提高工作效率。

（   ）8. AA008 在 Excel 2010 中，清除单元格内容后，格式依然存在。

（   ）9. AA009 在 Excel 2010 中，只能插入一行空白的单元格，不能插入一个空白的单元格。

（   ）10. AA010 在 Excel 2010 中，要隐藏工作表的行或列时，可选中要隐藏的行或列，单击鼠标左键，在弹出的快捷菜单中执行"隐藏"命令。

（   ）11. AA011 在 Excel 2010 中，"冻结窗格"命令在"开始"选项卡下。

（   ）12. AA012 在 Excel 2010 中输入公式时，首先选择要输入公式的单元格，先输入"＋"，然后输入数据、所在的单元格名称及各种运算符，按 Enter 键。

(   ) 13. AA013 Excel 2010 中函数的调用方法有 3 种。

(   ) 14. AB001 电弧焊可分为焊条电弧焊(手工电弧焊)、埋弧焊和气体保护焊 3 种。

(   ) 15. AB002 工件愈薄,焊接速度应愈小。

(   ) 16. AB003 钢材可焊性的主要标志是钢中含碳量的多少。

(   ) 17. AB004 交流弧焊机一般是单相的,电压一般为 380 V,但也有 220 V 和 380 V
两用的,安装接线时要注意这一点。

(   ) 18. AB005 年轻焊工视力较好,宜选用色号小些和颜色较浅的护目玻璃,以保护视力。

(   ) 19. AB006 电焊引弧时,焊条与焊件瞬时接触而形成通路。

(   ) 20. AB007 酸性焊条主要用于合金钢和重要碳钢结构的焊接。

(   ) 21. AB008 工业用氧气一般分为两级,一级纯度不低于 99.2%,二级纯度不低于
98.5%。

(   ) 22. AB009 回火防止器的作用是在焊炬和割炬回火时,防止火焰倒流进入乙炔发
生器内而引起爆炸。

(   ) 23. AB010 换装电石时,不要用水将电石匣内部冷却。

(   ) 24. AC001 HSE 管理体系为企业实现持续发展提供了一个结构化的运行机制,并为
企业提供了一种不断改进 HSE 表现和实现既定目标的内部管理工具。

(   ) 25. AC002 方针和目标是保证 HSE 表现良好的必要条件,是体系运行的基本要素。

(   ) 26. AC003 在钻井作业中全面推行和实施 HSE 管理体系标准,促进我国石油天然
气钻井企业的健康、安全与环境管理和国际接轨,可以增强钻井队伍的
市场竞争能力,促进我国钻井企业进入国际市场。

(   ) 27. AC004 危险源是指可能造成人员伤害、财产损失或环境破坏的根源,可以是一
件设备、一处设施或一个系统。

(   ) 28. AC005 关联图分析法是一种通过假设方法用图表示危害如何产生及如何导致
一系列后果的安全分析法。

(   ) 29. AC006 海上钻井的风险如海浪、台风等恶劣天气的危害,平台倾斜、倒塌,撞
船、迷航属于相关作业风险。

(   ) 30. AC007 削减钻井作业 HSE 风险的硬件措施主要包括钻井施工中各种工程事
故及安全隐患的预防和环境保护等措施。

(   ) 31. AC008 《钻井作业 HSE(工作)指导书》的内容分为 5 个层次:概述部分、作业
情况和岗位分布、岗位 HSE 职责的操作指南、风险及记录与考核。

(   ) 32. AC009 由于钻井作业场所、地域环境和工艺的特殊性、复杂性,其 HSE 危害程
度不同,在编写计划书时,可在不影响健康、安全与环境保护的前提下,
对部分内容进行调整。

(   ) 33. AC010 通过工作指导书对监测检查结果的记录,有利于发现事故隐患,降低作
业 HSE 风险,促进 HSE 管理体系的顺利进行。

(   ) 34. AD001 绘图时,图纸可以横放(长边水平)或竖放(短边水平)。

(   ) 35. AD002 不管绘制机件时所采用的比例是多少,在标注尺寸时应按机件的实际
尺寸标注,与绘图比例无关。

(   ) 36. AD003 有特殊要求的线或表面的表示线用双点划线。

(   ) 37. AD004 关于线段二等分的方法,第一步是以线段的 2 个端点为圆心,以大于线

段一半长为半径画弧。

（　）38. AD005　作角平分线时，第一步是以角的顶点为圆心，以任意长为半径画弧。

（　）39. AD006　平面与投影面垂直时，投影积聚为一条直线，这种投影性质称为平面投影的积聚性。

（　）40. AD006　平面（或直线段）与投影面垂直时，投影反映实形（或实长），这种投影性质称为显实性。

（　）41. AD007　在三投影体系中，Z 轴代表物体的长度方向。

（　）42. AD008　在机械制图中，常把人的视线假设成一组平行的投影线，而把物体在投影面上的投影称为视图。

（　）43. AD009　在完整、清晰地表达出零件结构并方便看图的前提下，视图数目应尽量多。

（　）44. AD010　局部剖视图适用于内外形状都需要表达，且具有对称平面的零件。

（　）45. AD011　剖视图与剖面图的区别是：剖面图是面的投影，仅画出断面的形状；而剖视图是体的投影，要将剖切面之后结构的投影画出。

（　）46. AD012　机械制图上尺寸线的终端一般用箭头表示，且应与尺寸界线接触，应尽量画在尺寸界线的外侧。

（　）47. AD013　标注小圆弧半径的尺寸线时，其方向可不通过圆心。

（　）48. AD014　一张完整的零件图应具备 3 项内容。

（　）49. AD015　必须把零件的结构、尺寸和技术要求综合起来考虑，把握零件的特点，以便在制造、加工时采取相应的措施，保证零件的设计要求。

（　）50. BA001　若被测线性尺寸要精确到 0.03 mm，则选用精度为 0.1 mm 的游标卡尺最为合适。

（　）51. BA002　游标卡尺不准时可随时拆卸或调整。

（　）52. BA003　千分尺测量螺杆转动时的松紧程度可用调节螺母进行调节。

（　）53. BA004　千分尺上的活动套筒每转一周，其量杆移动 0.5 mm。

（　）54. BA005　百分表的小指针与小表盘可读出毫米的小数部分（圈数）。

（　）55. BA006　若水准仪竖轴旋转不灵活，可先旋转调节螺钉来调整脚螺旋位置的高低。

（　）56. BA007　水准仪瞄准目标后，再分别旋转微倾螺旋、调焦手轮，看转动是否舒适，目标有无停滞、跳动等现象。

（　）57. BB001　SK-2Z11 钻井参数仪不能独立运行。

（　）58. BB002　SK-2Z11 钻井参数仪是由 CAN 总线型传感器、PC/104 嵌入式计算机、TFT 大屏幕液晶显示器以及以触摸屏为主体的钻井监视仪和后台计算机构成的数据采集、监测、处理系统。

（　）59. BB003　SK-2Z11 钻井参数仪在室外相对湿度小于 90％时无法工作。

（　）60. BB004　SP1102 可燃气体传感器的精度是 4％LEL。

（　）61. BB005　SK-2Z11 钻井参数仪的后台计算机系统和电源系统一般安装在司钻室内。

（　）62. BB006　SK-2Z11 钻井参数仪放电缆时受力处不应包扎，以防止拉断。

（　）63. BC001　HK51-01F 定点测斜仪需要设"定时测量时间"，仪器下井前不再为抢时间而忙乱，避免了因定时时间不足而造成的测量失败。

（　）64. BC002　HK51-01F 定点测斜仪先连接充电电池筒，再关闭探管电源开关，连接应正常。

（　　）65. BC003　HK51-01F 多点测斜仪遇到特殊强烈震动、冲击等造成的瞬间断电会严重影响仪器正常工作。

（　　）66. BC004　HK51-01F 多点测斜仪设定的延时时间必须确保仪器提前 5 min 到达井底，使仪器进入稳定待测状态。

（　　）67. BD001　气控元件与液压元件相比，其介质是压缩气体，因此会像液压密封件一样因油浸泡而使稳定性降低。

（　　）68. BD002　气动执行元件是将气体的压力转化成势能等其他形式能的元件。

（　　）69. BD003　控制阀利用阀芯和阀体间相对位置的改变来变换不同管路间的通断关系。

（　　）70. BD004　阀岛其实就是由很多控制阀件集合而成的岛屿，是电气一体化的产品。

（　　）71. BD004　现用的阀岛箱基本都是负压防爆型，当其负压防爆受损时会报警甚至停止工作，这根据具体的逻辑控制而定。

（　　）72. BD005　盘刹气控阀是一种常通阀，即常给气，一旦收到信号或气源丢失，常通变常闭。

（　　）73. BD006　尽管气动控制有很多无可比拟的优点，但限于自身特点，它仍然有很多局限性。

（　　）74. BD007　目前市场上的气缸缸径已经可以做到 1.5～10 mm。

（　　）75. BD008　主体设备与刹车系统和电机减速系统相连接，就构成了一个完整的电子防碰系统。

（　　）76. BD009　每个班组都需要对电子防碰设备进行检查、测试，这样才能保证电子防碰装置始终处于良好的工作状态。

（　　）77. BD010　测斜绞车应安装在地面上，离钻井平台的距离以保持钢丝绳与水平面夹角（仰角）为 40°左右最佳；当需要安装在钻井平台上时，必须使用滑轮以保持此角度。

（　　）78. BD011　CJ 系列测斜绞车的换向通过改变液压马达转向来实现，将微调阀关闭，当液压马达运转时，把三位四通阀扳到反向。

（　　）79. BD012　CJ 系列测斜绞车的日常检查保养要求时刻注意钢丝绳或钢丝情况，发现有断股或严重刻痕情况应及时更换，以免发生拉断事故。

（　　）80. BD013　顶部驱动装置的动力水龙头的冲管总成和普通的水龙头配件不能通用。

（　　）81. BD014　顶驱驱动控制系统由整流柜、配电柜、PLC/MCC 控制柜、操作控制台、电缆、辅助控制电缆等几大部分组成。

（　　）82. BD015　通信正常时，司钻操作台"液压泵运行"指示灯常亮。

（　　）83. BD016　零点的校正是十分讲究的，钻进作业和起下钻作业不能变更零点。

（　　）84. BE001　通风型气胎离合器的气胎的作用只是产生径向推力和正压力，不受扭、不受热，解决了气胎易烧坏、易老化的难题，大大提高了气胎的寿命。

（　　）85. BE002　绞车主滚筒有 2 个离合器（高、低速），当插入事故螺钉后，允许使用任一个离合器。

（　　）86. BE003　液气大钳下钳用于夹紧气缸，推动颚板架在壳体内转动，从而可卡紧或松开上部接头。

（　　）87. BE004　为了便于观察，在安装液气大钳时应使上钳定位手把指向与上扣（或卸扣）旋转工作方向不一致，下钳定位手把与上钳定位手把方向一致。

（　　）88. BE005　为了使上扣时系统处于低压状态,液气大钳装有上扣溢流阀。一般上扣压力调到 100 MPa 左右(高挡),出厂时已调好。

（　　）89. BE006　顶驱装置一般装有内防喷器,在钻进时遇井涌不能及时停泵。

（　　）90. BE008　动力水龙头的主要功能是使主电机驱动主轴快速钻进,为上卸扣提供动力源,同时循环钻井液,保证钻井工作正常进行。

（　　）91. BE009　反扭矩梁在安装单导轨时,不允许导轨与反扭矩梁之间有相对滑动。

（　　）92. BE010　顶驱滑动系统导轨下段与连接座相连,固定在井架主体上。

（　　）93. BE011　滑车系统的润滑方法是:用黄油枪向油嘴加注润滑脂。

（　　）94. BE012　刹车盘的工作表面对滚筒轴的端面跳动不大于 0.3 mm。

（　　）95. BE013　在拆装盘刹液压管线时,可带压插拔快插接头,拔下后用护帽封堵;插接时,注意清洁,不得虚接。

（　　）96. BE014　PSZ65 型液压盘刹装置的系统额定压力为 6 MPa。

（　　）97. BE015　在钻井状态下调整安全钳间隙,为了保证安全,必须把游车放在下死点位置。

（　　）98. BE016　KZYZ 系列组合液压站的系统压力和流量不能随意调节。

（　　）99. BF001　气动控制阀可分解成阀体(包含阀座和阀孔等)和阀芯 2 部分,根据两者的相对位置,气动控制阀可分为半封闭型和常开型 2 种。

（　　）100. BF002　三位五通转阀用于防碰天车气路中气路和刹车气缸放气。

（　　）101. BF003　方向控制阀进行年检时应更换所有的旧件,使平常工作中经常出现的故障通过大修得到彻底解决。

（　　）102. BF004　节流阀(ND7)漏气的原因是阀门坏,阀门夹入污物。

（　　）103. BF005　用旋塞阀控制高、低速进气管线的绞车气路系统更换高、低速气开关前需停绞车动力,切断进入操作台的总气源。

（　　）104. BF006　液气大钳换颚板时更换堵头螺钉会导致上下钳打滑。

（　　）105. BF007　在操作液气大钳定位手把换向时,必须仔细观察下钳拨盘定位销是否在转销半圆环外,若没有必须重来,将夹紧气缸退回原来位置再将定位手把换向。

（　　）106. BF008　由于液气大钳的颚板架内油泥过多,滚子在坡板上不易滚动而打滑时,要清洗颚板架、颚板、滚子,并将坡板涂上滑石粉。

（　　）107. BG001　聚晶金刚石复合片钻头简称 TSP 钻头。

（　　）108. BG002　通常钻头牙齿先于轴承及其他部分报损,密封润滑的滑动轴承钻头大大提高了牙轮钻头的使用寿命。

（　　）109. BG003　刮刀钻头是使用最广泛的钻头之一,适用于从软到硬的各种地层。

（　　）110. BG004　钻进时,只有牙轮顺时针方向的公转运动速度大于逆时针方向的自转运动速度,牙齿在井底才做纯滚动运动。

（　　）111. BG005　高速牙轮钻头适合在 $300\sim400$ r/min 的转速下工作。

（　　）112. BG006　金刚石钻头的破岩效果除与岩性以及影响岩性的外界因素(如压力、温度、地层流体性质等)有关外,钻压大小是其重要的影响因素。

（　　）113. BG007　钻头体有整体的,也有由 2 部分构成的,即下部为合金钢车有螺纹,上部为低碳钢连接胎体,2 部分用螺纹连接在一起,然后焊死。

（ ） 114. BG008 钻进较硬及致密砂岩、石灰岩、白云岩等地层时,宜选用楔形剖面的金刚石钻头。

（ ） 115. BG009 PDC钻头具有高效的切削作用,可获得较高的机械钻速和钻头进尺,其优点是抗冲击性能好。

（ ） 116. BG010 在硬地层中,井底造型完成后,可适当提高转速,一般为 50～60 r/min。

（ ） 117. BG011 微切削型取芯钻头以切削、研磨同时作用的方式破碎地层,适用于软硬交错地层取芯。

（ ） 118. BG012 滚轮式扩眼工具主要用于修整和扩大欠尺寸钻头钻出的小井眼和磨削井壁不规则部分,具有很好的扩眼能力。

（ ） 119. BH001 井眼曲率是指井斜变化率。

（ ） 120. BH002 井斜易使钻具发生磨损及折断。

（ ） 121. BH003 地层倾角大于 60°时,可导致井眼沿上倾方向倾斜。

（ ） 122. BH004 用稳定器组成的满眼钻具要在钻头以上适当位置至少安装 3 个稳定器。

（ ） 123. BH005 吊打纠斜的原理类似于偏重钻铤。

（ ） 124. BH006 定向井通常分为常规定向井、大斜度定向井 2 类。

（ ） 125. BH007 井下动力钻具带弯接头造斜钻具的结构为:钻头＋井下动力钻具＋弯接头＋无磁钻铤＋钻铤＋钻杆。

（ ） 126. BH008 井眼轨迹控制就是控制井斜和方位的变化而得到合格的井斜角和方位角。

（ ） 127. BH009 随着水平井钻井、完井、增产措施等方面技术难点的不断攻克,水平井的成本已低于直井。

（ ） 128. BH010 水平井可应用于不规则油气藏,减少钻井数。

（ ） 129. BH011 水平井井眼的稳定性主要受力学作用的影响。

（ ） 130. BH012 漏失层的垂直裂缝可分为天然裂缝、诱导裂缝和地下井喷引起的裂缝。

（ ） 131. BH013 水平井完井主要有 3 种方式:裸眼完井、固井射孔完井和割缝衬管完井。

（ ） 132. BH014 预制封隔器及预制充填砾石完井方法的缺点各不相同。

（ ） 133. BI001 闸板防喷器液控油路上的手动减压阀,二次油压调定为 21 MPa,调节螺杆用锁紧手把锁住。

（ ） 134. BI002 平时安全阀"常开",即进口与出口相通。

（ ） 135. BI003 国内油田通常把压力控制器的控制范围调整到 19～21 MPa。

（ ） 136. BI004 当蓄能器油压作用力减弱时,柱塞下移,气接头打开,气泵与气源接通,气泵启动运行。

（ ） 137. BI005 压力变送器都附带有空气过滤减压阀,一方面用以调定输入气压(一次气)为 0.35 MPa,一方面将输入气流加以净化。

（ ） 138. BI006 软关井时,由于关井动作比硬关井少,所以关井快,但井控装置受到"水击效应"的作用,特别是高速油气冲向井口时,对井口装置作用力很大,存在一定的危险性。

（ ） 139. BI007 如果是液动节流阀,安装有节流管汇控制箱,由外钳工负责操作关闭液动节流阀;如果是手动节流阀,由场地工负责操作关闭节流阀。

（　　）140. BI008　关井时节流阀关闭，副司钻需将节流阀前面的平板阀关闭以实现完全关井。

（　　）141. BI009　如未安装司钻控制台，由副司钻通过远程控制台关防喷器。

（　　）142. BI010　空井时发生溢流，由值班干部发出关井信号。

（　　）143. BJ001　钻井液的循环排量大，返速高，容易使松软地层中的井眼发生缩径。

（　　）144. BJ002　若起钻过程中发现井壁坍塌现象，要快速起钻，不得开泵循环钻井液。

（　　）145. BJ003　预防井壁坍塌可从2个方面入手：一是采取适当的工艺措施；二是使用具有防塌性能的钻井液。

（　　）146. BJ004　机械钻速快，钻井液排量不足，一旦停泵易形成砂桥。

（　　）147. BJ005　钻具进入砂桥后，在未开泵之前，上下活动有遇阻显示。

（　　）148. BJ006　为了预防砂桥卡钻，钻进时，要根据地层特性选用适当的泵量，既要能保持井眼清洁，又不能冲蚀井壁，起钻前要彻底循环，清洗井眼。

（　　）149. BJ007　一般认为深部地层的石膏在上覆岩层压力作用下结晶水被挤掉，变为无水石膏，当钻开时，石膏又吸水膨胀，强度减弱，导致缩径。

（　　）150. BJ008　缩径卡钻的卡点可以是钻铤。

（　　）151. BJ009　为预防缩径卡钻，在蠕变地层中不可使用偏心PDC钻头。

（　　）152. BJ010　只有钻头或其他直径大于钻杆接头外径的工具（或钻具）接触键槽上口时，才会发生遇阻遇卡。

（　　）153. BJ011　为预防键槽卡钻，应缩短套管鞋以下的口袋长度，长的口袋容易造成套管鞋的磨损，甚至使下部套管偏磨而形成键槽，这是电测仪器遇卡的主要原因。

（　　）154. BJ012　干钻的结果一般是钻头水眼堵死，除钻具有刺漏的情况外，是无法开泵循环的。

（　　）155. BJ013　扩眼、套铣的方法一般适用于深井发生的干钻卡钻。

（　　）156. BJ014　打水泥塞的钻具结构越简单越好，一般只下光钻杆。

（　　）157. BJ014　为预防水泥卡钻，在注水泥过程中，不准活动钻具。

（　　）158. BJ015　钻井泵上水不好，排量小，有可能造成沉砂卡钻。

（　　）159. BJ016　提高钻井液的悬浮能力可以预防沉砂卡钻。

（　　）160. BJ017　发生井下事故，落物在钻头以上和落物在钻头以下的区别是：前者转盘转动会跳钻，后者钻具上提会遇阻。

（　　）161. BJ018　钻进中发生坍塌卡钻后，泵压下降。

（　　）162. BJ019　起钻中发生键槽卡钻，泵压显示正常，初始卡点在钻头处。

（　　）163. BJ020　卡钻事故发生后，要尽量维持钻井液畅通和钻柱完整。

四、简答题

1. BC002　自浮载体出现哪些问题时严禁使用？

2. BC004　如何判定多点测量数据是有效的？

3. BD001　钻机气控装置主要有哪些优点？

4. BD002　气源处理元件包括哪些？各部分的作用是什么？

5. BD003　气压传动系统与液压传动系统在压力控制上的不同点是什么？

6. BD004　使用阀岛的好处是什么？

7. BD005　盘刹气控阀可以作为常通阀是基于哪两点考虑的？

8. BD006　气动控制系统的局限性主要表现在哪些方面？

9. BD007　气动元件的性能提升主要向哪些方面发展？

10. BD010　CJ 系列测斜绞车使用前的准备工作有哪些？

11. BD011　CJ 系列测斜绞车的二级保养工作有哪些？

12. BD016　组合液压站在使用时需要做哪些例行保养？

13. BE001　通风型气胎离合器散热传能装置的使用要求有哪些？

14. BE001　简述通风型气胎离合器的结构特性。

15. BE006　顶驱的优越性主要有哪些？

16. BE008　顶驱系统的主要设备组成有哪些？

17. BE009　顶驱滑动系统的工作原理是什么？

18. BE009　顶驱滑动系统的组成有哪些？

19. BG001　钻头按破岩作用可分为哪些类型？

20. BG002　牙轮钻头喷嘴（水眼）主要有哪些类型？

21. BG004　钢齿牙轮钻头分为几个系列？

22. BG004　IADC 钻头分类法根据钻头适用地层条件，将铣齿与镶齿同时分为哪几类？

23. BG005　在遇到浅井段、深井段、易斜井段及坚硬和高研磨地层时，使用牙轮钻头的注意
事项有哪些？

24. BG005　牙轮钻头入井前的检查包括几个方面？（请写出至少 5 个）

25. BG005　牙轮钻头入井操作注意事项包括几个方面？（请写出至少 5 个）

26. BG008　金刚石钻头入井前的检查与准备工作有哪些？

27. BG009　使用 PDC 钻头时要注意的 3 个关键因素是什么？

28. BG012　简述刀片式扩眼工具的安装位置及工作原理。

29. BH003　影响井斜的地质因素有哪些？

30. BH007　简述直井段轨迹控制要求。

31. BH009　水平井与常规定向井相比主要的特点和用途有哪些？

32. BH009　简述水平井的发展趋势。

33. BH011　水平井剖面设计的依据有哪些？

34. BH012　水平井对钻井液的要求有哪些？

35. BH012　针对水平井的特点，简述防漏、堵漏措施。

36. BH013　简述油包水型钻井液的优点。

37. BI001　简述减压阀在现场使用时的注意事项。

38. BI006　简述发生溢流后的 2 种关井方法。

39. BJ001　简述坍塌卡钻工艺方面的原因。（请写出至少 5 个）

40. BJ007　简述缩径卡钻的原因。

高级理论知识试题答案

一、单选题

1. D　　2. C　　3. C　　4. A　　5. B　　6. A　　7. B　　8. A　　9. C　　10. B

11. B　　12. C　　13. A　　14. D　　15. C　　16. D　　17. A　　18. A　　19. B　　20. D

21. C　　22. C　　23. D　　24. D　　25. B　　26. C　　27. B　　28. C　　29. A　　30. D

31. A　　32. D　　33. A　　34. A　　35. D　　36. C　　37. B　　38. D　　39. D　　40. A

41. B　　42. D　　43. C　　44. B　　45. C　　46. D　　47. B　　48. B　　49. D　　50. A

51. B　　52. A　　53. D　　54. C　　55. B　　56. A　　57. B　　58. C　　59. D　　60. A

61. C　　62. C　　63. A　　64. C　　65. B　　66. D　　67. A　　68. C　　69. D　　70. A

71. C　　72. C　　73. A　　74. A　　75. C　　76. B　　77. B　　78. B　　79. B　　80. B

81. A　　82. B　　83. C　　84. D　　85. A　　86. A　　87. A　　88. C　　89. B　　90. A

91. D　　92. A　　93. D　　94. D　　95. D　　96. D　　97. A　　98. C　　99. C　　100. C

101. B　102. A　103. B　104. A　105. C　106. B　107. C　108. D　109. C　110. B

111. C　112. D　113. C　114. D　115. A　116. D　117. C　118. B　119. D　120. B

121. C　122. B　123. A　124. B　125. A　126. D　127. B　128. C　129. C　130. C

131. D　132. A　133. B　134. A　135. C　136. C　137. D　138. D　139. B　140. A

141. B　142. C　143. B　144. A　145. D　146. B　147. D　148. D　149. D　150. B

151. A　152. B　153. A　154. C　155. C　156. B　157. C　158. B　159. B　160. C

161. D　162. C　163. D　164. A　165. C　166. B　167. D　168. A　169. D　170. B

171. C　172. B　173. C　174. B　175. C　176. C　177. D　178. A　179. B　180. B

181. A　182. C　183. D　184. B　185. A　186. A　187. A　188. D　189. C　190. B

191. C　192. D　193. C　194. C　195. C　196. A　197. D　198. B　199. A　200. C

201. A　202. A　203. B　204. D　205. C　206. D　207. A　208. A　209. D　210. A

211. B　212. B　213. C　214. D　215. A　216. A　217. B　218. C　219. C　220. A

221. C　222. B　223. D　224. C　225. A　226. B　227. B　228. C　229. A　230. B

231. C　232. A　233. A　234. A　235. B　236. B　237. A　238. C　239. A　240. D

241. B　242. A　243. A　244. D　245. D　246. C　247. B　248. B　249. B　250. B

251. A　252. D　253. D　254. C　255. B　256. C　257. C　258. B　259. B　260. D

261. D　262. C　263. B　264. C　265. B　266. D　267. B　268. C　269. C　270. A

271. C　272. D　273. B　274. C　275. D　276. C　277. B　278. C　279. B　280. C

281. A　282. C　283. A　284. C　285. B　286. C　287. B　288. C　289. A　290. A

291. D　292. A　293. D　294. A　295. D　296. D　297. C　298. B　299. A　300. B

301. D　302. C　303. D　304. C　305. A　306. B　307. A　308. C　309. B　310. D
311. C　312. D　313. D　314. D　315. C　316. B　317. B　318. B　319. A　320. B
321. B　322. A　323. D　324. A　325. C　326. D　327. C　328. A

二、多选题

1. AB	2. ABD	3. ABC	4. ABCD	5. ABC
6. AB	7. ABC	8. CD	9. ABC	10. ABCD
11. ABCD	12. CD	13. ABCD	14. ABC	15. AB
16. ACD	17. ABC	18. AB	19. CD	20. ABC
21. ABCD	22. ABC	23. CD	24. AB	25. ABC
26. AB	27. ABCD	28. BCD	29. ABCD	30. ABCD
31. ABC	32. ABCD	33. ABCD	34. ABD	35. ABCD
36. ABCD	37. CD	38. ABCD	39. ABCD	40. ACD
41. ABC	42. ABC	43. ABC	44. ABCD	45. ABC
46. ABCD	47. ABCD	48. ABC	49. ABCD	50. ABCD
51. ABCD	52. BC	53. ABD	54. CD	55. ABCD
56. ABCD	57. AB	58. ABD	59. ABCD	60. BD
61. ABCD	62. ABCD	63. BC	64. AB	65. ABCD
66. ABC	67. ABCD	68. BCD	69. ABCD	70. ABC
71. ABC	72. ABC	73. ABCD	74. ABC	75. ABCD
76. ABD	77. ABCD	78. ABC	79. ABC	80. ABD
81. AB	82. ABC	83. ABCD	84. AB	85. ABC
86. ABC	87. ABC	88. AB	89. ACD	90. AB
91. ABC	92. ABC	93. AC	94. ABCD	95. AD
96. ABCD	97. ABCD	98. BC	99. CD	100. AC
101. BC	102. CD	103. AC	104. BD	105. AB
106. ACD	107. ABD	108. ABCD	109. ACD	110. ABD
111. AC	112. ABC	113. AB	114. ABC	115. ACD
116. ABC	117. ABCD	118. ABC	119. ABC	120. AC
121. ABCD	122. ABC	123. CD	124. ABC	125. ABC
126. ABCD	127. ABC	128. ACD	129. ABD	130. AD
131. AB	132. ABC	133. ABC	134. AB	135. ABC
136. BC	137. ABC	138. ABCD	139. CD	140. AB
141. ABD	142. ABCD	143. ACD	144. ABC	145. ABCD
146. ABC	147. ACD	148. AB	149. AB	150. AC
151. BCD	152. AC	153. AD	154. ABC	155. BC
156. AD	157. ABCD	158. AB	159. CD	160. BD
161. AB	162. AB	163. ABCD	164. CD	165. ACD
166. ACD	167. ACD	168. AB	169. BCD	170. ABC

171. CD　　172. BC　　173. BCD　　174. AD　　175. ACD
176. ABC　　177. ABC　　178. ABC　　179. ABC　　180. ABCD
181. ABCD　　182. ABC　　183. ABCD　　184. BC　　185. ABC
186. BD

三、判断题

1. √　2. √　3. ×　4. ×　5. ×　6. ×　7. ×　8. √　9. ×　10. ×
11. ×　12. ×　13. ×　14. √　15. ×　16. √　17. √　18. ×　19. ×　20. ×
21. √　22. √　23. ×　24. √　25. ×　26. √　27. ×　28. ×　29. ×　30. ×
31. ×　32. √　33. √　34. √　35. √　36. √　37. √　38. √　39. √　40. ×
41. ×　42. √　43. ×　44. √　45. √　46. √　47. √　48. ×　49. √　50. √
51. √　52. √　53. √　54. √　55. √　56. √　57. √　58. √　59. √　60. ×
61. ×　62. √　63. √　64. √　65. √　66. ×　67. ×　68. ×　69. ×　70. √
71. √　72. √　73. √　74. √　75. √　76. √　77. √　78. √　79. √　80. √
81. √　82. √　83. ×　84. √　85. √　86. √　87. √　88. √　89. √　90. √
91. √　92. √　93. √　94. √　95. √　96. √　97. √　98. √　99. √　100. ×
101. ×　102. ×　103. ×　104. ×　105. ×　106. ×　107. ×　108. ×　109. ×　110. ×
111. ×　112. √　113. ×　114. ×　115. ×　116. ×　117. ×　118. ×　119. ×　120. √
121. ×　122. √　123. ×　124. ×　125. √　126. √　127. ×　128. √　129. ×　130. √
131. √　132. √　133. √　134. √　135. √　136. √　137. √　138. √　139. √　140. ×
141. √　142. √　143. ×　144. √　145. √　146. √　147. √　148. √　149. √　150. ×
151. ×　152. √　153. √　154. √　155. ×　156. √　157. ×　158. √　159. √　160. ×
161. ×　162. ×　163. √

3. 正确：在 Excel 2010 工作表标签处新增了一个插入工作表按钮，单击此按钮即可快速新增 1 张工作表。

4. 正确：在 Excel 2010 中，新工作簿是基于默认模板创建的，创建的这个新工作簿即为空白工作簿，是创建报表的第一步。

5. 正确：在 Excel 2010 中，新工作簿保存的同时可以对工作簿加密。

6. 正确：在 Excel 2010 中，单元格区域可以是由不相邻的单元格组成的区域。

7. 正确：在 Excel 2010 中，利用成批填充数据功能可以将一些有规律的数据或公式方便快速地填充到需要的单元格中，从而减少重复操作，提高工作效率。

9. 正确：在 Excel 2010 中，既能插入一行空白的单元格，又能插入一个空白的单元格。

10. 正确：在 Excel 2010 中，要隐藏工作表的行或列时，可选中要隐藏的行或列，单击鼠标右键，在弹出的快捷菜单中执行"隐藏"命令。

11. 正确：在 Excel 2010 中，"冻结窗格"命令在"视图"选项卡下。

12. 正确：在 Excel 2010 中输入公式时，首先选择要输入公式的单元格，先输入"＝"，然后输入数据、所在的单元格名称及各种运算符，按 Enter 键。

13. 正确：Excel 2010 中函数的调用方法有 2 种。

15. 正确：工件愈薄,焊接速度应愈大。

18. 正确：年轻焊工视力较好,宜选用色号大些和颜色较深的护目玻璃,以保护视力。

19. 正确：电焊引弧时,焊条与焊件瞬时接触而造成短路。

20. 正确：碱性焊条主要用于合金钢和重要碳钢结构的焊接。

23. 正确：换装电石时,要先用水将电石匣内部冷却,以免抽出电石匣时因接触空气而引起燃烧或爆炸。

25. 正确：组织机构、资源和文件是保证 HSE 表现良好的必要条件,是体系运行的基本要素。

28. 正确：关联图分析法是一种通过假设方法用图表示危害如何产生及如何导致一系列后果的危险分析法。

29. 正确：海上钻井的风险如海浪、台风等恶劣天气的危害,平台倾斜、倒塌,撞船,迷航属于共同作业风险。

30. 正确：削减钻井作业 HSE 风险的系统措施主要包括钻井施工中各种工程事故及安全隐患的预防和环境保护等措施。

31. 正确：《钻井作业 HSE(工作)指导书》的内容分为 6 个层次：概述部分、HSE 管理体系、作业情况和岗位分布、岗位 HSE 职责的操作指南、风险及记录与考核。

33. 正确：通过检查表对监测检查结果的记录,有利于发现事故隐患,降低作业 HSE 风险,促进 HSE 管理体系的顺利进行。

36. 正确：有特殊要求的线或表面的表示线用粗点划线。

40. 正确：平面(或直线段)与投影面平行时,投影反映实形(或实长),这种投影性质称为显实性。

41. 正确：在三投影体系中,Z 轴代表物体的高度方向。

43. 正确：在完整、清晰地表达出零件结构并方便看图的前提下,视图数目应尽量少。

44. 正确：半剖视图适用于内外形状都需要表达,且具有对称平面的零件。

46. 正确：机械制图上尺寸线的终端一般用箭头表示,且应与尺寸界线接触,应尽量画在尺寸界线的内侧。

47. 正确：标注小圆弧半径的尺寸线时,不论是否画到圆心,其方向必须通过圆心。

48. 正确：一张完整的零件图应具备 4 项内容。

50. 正确：若被测线性尺寸要精确到 0.03 mm,则选用精度为 0.02 mm 的游标卡尺最为合适。

51. 正确：非计量人员不得拆卸或调整量具。

54. 正确：百分表的小指针与小表盘可读出毫米的整数部分(圈数)。

55. 正确：若水准仪竖轴旋转不灵活,可先旋转调节螺钉来调整竖轴位置的高低。

56. 正确：水准仪瞄准目标后,再分别旋转微倾手轮、调焦螺旋,看转动是否舒适,目标有无停滞、跳动等现象。

57. 正确：SK-2Z11 钻井监视仪不但能在没有后台计算机的支持下独立运行,还可随时接入后台计算机,导入处理未挂接时的数据。

59. 正确：SK-2Z11 钻井参数仪在室外相对湿度小于 90% 时可以正常工作。

60. 正确：SP1102 可燃气体传感器的精度是 5% LEL。

61. 正确：SK-2Z11 钻井参数仪的后台计算机系统和电源系统一般安装在钻井工程师或井队办公室内。

62. 正确：SK-2Z11 钻井参数仪放电缆时受力处应包扎,以防止拉断。

63. 正确：HK51-01F 定点测斜仪不需要设"定时测量时间"，仪器下井前不再为抢时间而忙乱，避免了因定时时间不足而造成的测量失败。

64. 正确：HK51-01F 定点测斜仪先关闭探管电源开关，再连接充电电池筒，连接应正常。

65. 正确：HK51-01F 多点测斜仪遇到特殊强烈震动、冲击等造成的瞬间断电不会影响仪器正常工作。

66. 正确：HK51-01F 多点测斜仪设定的延时时间必须确保仪器提前 1 min 到达井底，使仪器进入稳定待测状态。

67. 正确：气控元件与液压元件相比，其介质是压缩气体，因此不会像液压密封件一样因油浸泡而使稳定性降低。

68. 正确：气动执行元件是将气体的压力转化成动能等其他形式能的元件。

69. 正确：换向阀利用阀芯和阀体间相对位置的改变来变换不同管路间的通断关系。

71. 正确：现用的阀岛箱基本都是正压防爆型，当其正压防爆受损时会报警甚至停止工作，这根据具体的逻辑控制而定。

74. 正确：目前市场上的气缸缸径已经可以做到 2.5～15 mm。

77. 正确：测斜绞车应安装在平坦坚实的地面上，离钻井平台的距离以保持钢丝绳与水平面夹角（仰角）为 10°左右最佳；当需要安装在钻井平台上时，必须使用滑轮以保持此角度。

78. 正确：CJ 系列测斜绞车的换向通过改变液压马达转向来实现，将微调阀关闭，当液压马达转速为零时，把三位四通阀扳到反向。

80. 正确：顶部驱动装置的动力水龙头的冲管总成和普通的水龙头配件可以通用。

81. 正确：顶驱驱动控制系统由整流柜、逆变柜、PLC/MCC 控制柜、操作控制台、电缆、辅助控制电缆等几大部分组成。

83. 正确：零点的校正是十分讲究的，钻进作业和起下钻作业要根据情况具体选择合适的零点。

85. 正确：主滚筒有 2 个离合器（高、低速），当插入事故螺钉后，只允许使用一个离合器，另外一个离合器绝对禁止接合。

86. 正确：液气大钳下钳用于夹紧气缸，推动颚板架在壳体内转动，从而可卡紧或松开下部接头。

87. 正确：为了便于观察，在安装液气大钳时应使上钳定位手把指向与上扣（或卸扣）旋转工作方向一致，下钳定位手把与上钳定位手把方向一致。

88. 正确：为了使上扣时系统处于低压状态，液气大钳装有上扣溢流阀。一般上扣压力调到 10 MPa 左右（高挡），出厂时已调好。

89. 正确：顶驱装置一般装有内防喷器，在钻进时遇井涌可以随时停泵，并遥控关闭内防喷器，避免事故的发生。

90. 正确：动力水龙头的主要功能是使主电机驱动主轴旋转钻进，为上卸扣提供动力源，同时循环钻井液，保证钻井工作正常进行。

91. 正确：反扭矩梁在安装单导轨时，允许导轨与反扭矩梁之间有相对的滑动。

92. 正确：顶驱滑动系统导轨下段与连接座相连，固定在井架的下部横梁上。

95. 正确：在拆装盘刹液压管线时，不得带压插拔快插接头，拔下后用护帽封堵；插接时，注意清洁，不得虚接。

99. 正确：气动控制阀可分解成阀体（包含阀座和阀孔等）和阀芯 2 部分，根据两者的相对位置,气动控制阀可分为常闭型和常开型 2 种。

100. 正确:二位三通按钮阀用于防碰天车气路中气路和刹车气缸放气。

101. 正确:方向控制阀进行年检时应更换即将损坏的元件,使平常工作中经常出现的故障通过大修得到彻底解决。

102. 正确:节流阀(ND7)漏气的原因是活阀端面磨损,夹进污物。

103. 正确:用旋塞阀控制高、低速进气管线的绞车气路系统更换高、低速气开关前需关闭旋塞阀,切断气源,卸开连接管线。

104. 正确:液压大钳换颚板时没有及时更换堵头螺钉会导致上下钳打滑。

105. 正确:在操作液气大钳定位手把换向时,必须仔细观察下钳拨盘定位销是否在转销半圆环内,若没有必须重来,将夹紧气缸退回原来位置再将定位手把换向。

106. 正确:由于液气大钳的颚板架内油泥过多,滚子在坡板上不易滚动而打滑时,要清洗颚板架、颚板、滚子,并将坡板涂上黄油。

107. 正确:聚晶金刚石复合片钻头简称 PDC 钻头。

108. 正确:通常轴承先于钻头牙齿及其他部分报损,密封润滑的滑动轴承钻头大大提高了牙轮钻头的使用寿命。

109. 正确:牙轮钻头是使用最广泛的钻头之一,适用于从软到硬的各种地层。

110. 正确:钻进时,只有牙轮顺时针方向的公转运动速度与逆时针方向的自转运动速度相等,牙齿在井底才做纯滚动运动。

111. 正确:高速牙轮钻头适合在 200～300 r/min 的转速下工作。

113. 正确:钻头体有整体的,也有由 2 部分构成的,即上部为合金钢车有螺纹,下部为低碳钢连接胎体,2 部分用螺纹连接在一起,然后焊死。

114. 正确:钻进较硬及致密砂岩、石灰岩、白云岩等地层时,宜选用双锥形剖面的金刚石钻头。

115. 正确:PDC 钻头具有高效的切削作用,可获得较高的机械钻速和钻头进尺,其不足是抗冲击性能较差。

116. 正确:在硬地层中,井底造型完成后,可适当提高转速,一般为 80～100 r/min。

117. 正确:微切削型取芯钻头以切削、研磨同时作用的方式破碎地层,适用于中硬、硬地层取芯。

118. 正确:滚轮式扩眼工具主要用于修整和扩大欠尺寸钻头钻出的小井眼和磨削井壁不规则部分,这种扩眼工具的扩眼能力有限。

119. 正确:井眼曲率是指全角变化率。

121. 正确:地层倾角大于 60°时,可导致井眼沿下倾方向倾斜。

123. 正确:吊打纠斜的原理类似于钟摆钻具。

124. 正确:定向井通常分为常规定向井、大斜度定向井和水平井 3 类。

127. 正确:随着水平井钻井、完井、增产措施等方面技术难点的不断攻克,水平井的成本已接近直井。

129. 正确:水平井井眼的稳定性主要受力学和化学作用的影响。

132. 正确:预制封隔器及预制充填砾石完井方法的缺点极其相似。

133. 正确:闸板防喷器液控油路上的手动减压阀,二次油压调定为 10.5 MPa,调节螺杆用锁紧手把锁住。

134. 正确:平时安全阀"常闭",即进口与出口不通。

135. 正确:国内油田通常把压力控制器的控制范围调整到 18~21 MPa。

136. 正确:当蓄能器油压作用力减弱时,柱塞上移,气接头打开,气泵与气源接通,气泵启动运行。

137. 正确:压力变送器都附带有空气过滤减压阀,一方面用以调定输入气压(一次气)为 0.14 MPa,一方面将输入气流加以净化。

138. 正确:硬关井时,由于关井动作比软关井少,所以关井快,但井控装置受到"水击效应"的作用,特别是高速油气冲向井口时,对井口装置作用力很大,存在一定的危险性。

139. 正确:如果是液动节流阀,安装有节流管汇控制箱,由内钳工负责操作关闭液动节流阀;如果是手动节流阀,由场地工负责操作关闭节流阀。

140. 正确:关井时节流阀关闭,井架工需将节流阀前面的平板阀关闭以实现完全关井。

142. 正确:空井时发生溢流,由司钻发出关井信号。

143. 正确:钻井液的循环排量大,返速高,容易使松软地层中的井眼发生坍塌。

144. 正确:起钻过程中发现井壁坍塌现象,要立即停止起钻,开泵循环钻井液。

147. 正确:钻具进入砂桥后,在未开泵之前,上下活动和转动自如。

150. 正确:缩径卡钻的卡点是钻头或大直径工具,不可能是钻杆和钻铤。

151. 正确:为预防缩径卡钻,在蠕变地层可以使用偏心 PDC 钻头。

152. 正确:只有钻头或其他直径大于钻杆接头外径的工具(或钻具)接触键槽下口时,才会发生遇阻遇卡。

155. 正确:扩眼、套铣的方法一般适用于井较浅时发生的干钻卡钻。

157. 正确:为预防水泥卡钻,在注水泥过程中,要不停地活动钻具。

160. 正确:发生井下事故,落物在钻头以上和落物在钻头以下的区别是:前者钻具上提会遇阻,后者转盘转动会跳钻。

161. 正确:钻进中发生坍塌卡钻后,泵压上升。

162. 正确:起钻中发生键槽卡钻,泵压显示正常,初始卡点在钻铤顶部。

四、简答题

1. 答:① 密封面有损伤、磕痕,二者配合不严密。

　　② 表面划痕深度大于 0.5 mm。

　　③ 外径因腐蚀冲刷小于标准尺寸 0.5 mm。

　　④ 连接螺纹损坏,不能正常连接到位。

　　⑤ 缓冲器导轴弯曲、变形,没上缓冲 O 形圈,顶头损坏变形。

2. 答:① 磁场强度与当地磁场强度相比,误差不超过 0.5 μT。

　　② 磁倾角与当地磁倾角相比,误差不超过 2°。

　　③ 校验和在 1±0.01 之间。

3. 答:① 结构简单稳定性高;② 搭接方便、成本低;③ 无火花,更适合防爆区域。

4. 答:① 气源处理元件包括过滤器、干燥器等。

　　② 过滤器可清除压缩空气中的水分、油污和灰尘等,提高气动元件的使用寿命和气动系统的可靠性。

　　③ 干燥器可进一步清除压缩空气中的水分。

5. 答:① 气压传动系统与液压传动系统的不同点是压传动系统中液压油是由安装在每台设备上的液压源直接提供,② 而气压传动系统则是将比使用压力高的气体通过减压阀减到适于使用的压力。

6. 答:① 阀岛使气控系统更容易实现钻机的数字化控制,控制更加精准;② 同时连接时只需一根多芯电缆,不用查铭牌——对接,连接简便,提高了钻机的自动化程度和工作效率。

7. 答:① 防止因气路阻塞而不能刹车;② 断气自动刹车。

8. 答:① 介质受污染后对系统影响很大;② 压力不能做很大,影响其功率;③ 噪声大。

9. 答:① 小型化和高性能化;② 元件多元化、多功能化;③ 集成化;④ 绿色、节能。

10. 答:① 检查各部螺栓、螺母是否拧紧。

　　② 检查油箱内液压油是否在油标线范围内。

　　③ 检查变速箱内润滑油是否在油标螺母之内。

　　④ 检查各阀动作是否灵活。

　　⑤ 检查链条张紧是否合适,否则应予调整。

　　⑥ 检查计数绕向是否正确。

　　⑦ 检查三位四通阀手柄是否在空挡位置。

11. 答:① 用清洁的煤油或者汽油清洗油箱及液压管道。

　　② 检查各液压元件的内漏是否很大,如发现很大及时维修。

　　③ 检查链条及链轮的磨损情况,如很大应更换。

　　④ 检查变速箱各齿轮磨损情况,如有异常磨损应更换。

　　⑤ 检查双排链子联轴节,如有异常磨损应更换。

　　⑥ 检查自动排线机构导销及丝杠的磨损情况,如有严重磨损应更换。

12. 答:① 每班观察系统压力表是否处在额定压力。

　　② 触碰感觉系统液压油的温度,针对实际情况开启冷却或者加热系统。

　　③ 观察油位计,如果油位处于下限需要及时加油。

　　④ 仔细观察各泵的运转是否正常,有无杂音,及时判断是否损坏。

　　⑤ 检查组合液压站底部有无油污,观察各油管线有无泄漏或渗漏现象,保持清洁。

13. 答:① 通风散热性能好;② 强度高;③ 重量轻(以减少离心力的影响和弹簧的预压紧力);④ 耐磨性好。

14. 答:① 通风型气胎离合器在结构上的主要特点是增加了一套散热传能装置。

　　② 由于扇形体和气胎之间无连接,故摩擦轮与摩擦片工作表面产生的转矩不经过气胎,而是经过扇形体、承扭杆、挡板、钢圈等零件来传递的。

　　③ 气胎的作用只是产生径向推力和正压力,不受扭、不受热。

　　④ 摘开离合器时,除气胎本身的弹性恢复原状外,还有板簧的弹力以及旋转离心力的作用而使摩擦片迅速脱开摩擦轮,从而减少了因打滑产生的热量,减轻摩擦片的磨损,提高了摩擦片的使用寿命。

　　⑤ 通风型气胎离合器散热好、寿命长。但结构比普通型复杂,高速工作时,离心力对离合器工作能力的影响也相应加大,因此,它适用于挂合频繁、转矩大而转速不太高的场合,如绞车滚筒低速离合器。

15. 答:① 及时旋转钻柱和循环钻井液;② 采用立根钻进;③ 具有内防喷器功能;④ 操作机

械化程度提高；⑤ 安全性提高。

16. 答：DQ70BSC 顶部驱动钻井装置主要由① 动力水龙头、② 管子处理装置、③ 电气传动控制系统、④ 液压传动控制系统、⑤ 司钻操作台、⑥ 导轨、⑦ 滑车、⑧ 运移架等辅助装置几大部分组成。

17. 答：① 导轨的主要作用是承受顶驱工作时的反扭矩。DQ70BSC 顶驱所用的单导轨采用双销连接，与顶驱减速箱连接的滑车穿入导轨中，随顶驱上下滑动，将扭矩传递到导轨上。

② 导轨最上端与井架天车底梁上安装的耳板以 U 形环连接，导轨下端与井架大腿的扭矩梁连接，使顶驱的扭矩直接传递到井架下端，避免井架上端承受扭矩。

18. 答：① 导轨、② 滑动总成、③ 扭矩梁。

19. 答：① 切削型；② 冲击型；③ 冲击切削型（复合型）。

20. 答：① 普通喷嘴；② 中长喷嘴；③ 长喷嘴；④ 斜喷嘴；⑤ 振荡脉冲射流喷嘴；⑥ 中心喷嘴。

21. 答：① 普通三牙轮钻头；② 喷射式三牙轮钻头；③ 滚动密封轴承喷射式三牙轮钻头；④ 滚动密封轴承保径喷射式三牙轮钻头；⑤ 滑动密封轴承喷射式三牙轮钻头；⑥ 滑动密封轴承保径喷射式三牙轮钻头。

22. 答：① 软；② 中；③ 硬；④ 极硬。

23. 答：① 浅井段：岩石胶结疏松，宜选用能取得较高机械钻速的钻头。

② 深井段：起下钻行程时间长，宜选用进尺指标较高的钻头。

③ 易斜井段：宜选用具有较小滑动量结构、牙齿多而短的钻头。

④ 钻坚硬及高研磨性地层：宜选用纯滚动的球齿或双锥齿镶齿钻头。

24. 答：① 钻头型号应符合地层岩性。

② 钻头直径应与井眼直径相符合。

③ 检查钻头螺纹是否完好。

④ 检查焊缝质量是否良好。

⑤ 检查牙轮完好状况，镶齿钻头还应检查固齿质量，如硬质合金齿有无松动、碎裂现象。

⑥ 检查水眼是否畅通，喷射式钻头应检查喷嘴尺寸是否合乎要求，固定是否牢固。

25. 答：① 在检查合格及清洗后的钻头螺纹上涂以专门的螺纹脂。

② 选用合格的钻头装卸器，应使上螺纹时钻头牙爪受力，钻头放进装卸器时不得猛顿。

③ 上螺纹要先用链钳再用吊钳拉紧。紧螺纹时扭矩要适当，小钻头更不能猛拉。

④ 下钻操作要平稳，遇阻不得硬压，镶齿钻头下钻要慢，以免在硬地层及井眼不规则处碰坏硬质合金齿。

⑤ 下钻遇阻划眼时，应记下井深、划眼情况及时间，以便于判断遇阻原因，控制工作时间。

⑥ 下钻至井底一定距离（一个单根），应开泵转动缓慢下放，严禁一次下钻到底开泵。

26. 答：① 检查好地面设备与钻具。

② 井底清洁，无落物。

③ 使用组合喷嘴钻进，提高清岩效率。

27. 答：① 选择适当的使用条件；② 依据使用条件选择合适的钻头；③ 正确使用钻头。

28. 答：① 该工具接在钻铤或动力钻具下端，领眼钻头之上。

② 在旋转钻进中，领眼钻头钻出新井眼，接着扩眼刀片将井眼扩大到要求的井眼直

径。

　　③ 如果领眼钻头为金刚石钻头,则钻进和扩眼过程中可避免牙轮钻头事故问题。

29. 答:① 地层倾角;② 岩石的层状构造;③ 岩石的软硬变化;④ 岩石的各向异性及断层;
　　⑤ 地层不整合界面。

30. 答:① 在垂直井段,要求实钻轨迹尽可能接近铅垂线,也就是要求井斜角尽可能小。
　　② 垂直井段打不好,将给造斜带来很大的困难。
　　③ 垂直井段一般使用钟摆钻具组合采用高转速、轻压吊打,保证井眼井斜角为 1°左右。

31. 答:① 开发薄层油藏、低渗透油藏、重油稠油油藏、以垂直裂缝为主的油藏和底水气顶活
　　跃的油藏,提高其采收率。
　　② 在停产老井中侧钻水平井,节约成本。
　　③ 扩大丛式井控制面积,减少平台数量。

32. 答:① 水平井的作用越来越大。
　　② 水平井具有多种类型。
　　③ 水平井费用逐渐降低。
　　④ 各项技术日趋完善。

33. 答:① 地质设计给定的入靶点。
　　② 终止点垂深。
　　③ 大地测量坐标。

34. 答:① 要保证井眼净化好。
　　② 要保持井壁稳定。
　　③ 要具有良好的润滑性能。
　　④ 能够有效地控制滤失和漏失。
　　⑤ 要最大限度地减少对油气层的损害。

35. 答:① 确定合理的钻井液密度,使钻井液的当量密度小于地层的漏失压力梯度或破裂压
　　力梯度。
　　② 确保井眼净化,环空岩屑含量(体积分数)不超过 5%,要着重提高钻井液的携岩
　　能力。
　　③ 控制钻井液的流变性能,减少压耗。
　　④ 减小激动压力的影响。
　　⑤ 充分运用暂堵技术解决漏失。
　　⑥ 采用低密度流体钻进。

36. 答:① 对储层的损害最轻。
　　② 有较好的润滑性,可显著地降低起下管柱时的摩擦阻力和扭矩。
　　③ 对井眼的稳定能力最高,居各类钻井液之首。
　　④ 受外界因素的影响较小,性能可保持长期稳定。

37. 答:① 调节手动减压阀时,顺时针旋转手轮二次油压调高,逆时针旋转手轮二次油压调低。
　　② 调节气手动减压阀时,顺时针旋转气手动减压阀手轮二次油压调高,逆时针旋转
　　气手动减压阀手轮二次油压调低。
　　③ 配有司控台的控制装置在投入工作时应将三位四通气转阀(分配阀)扳向司控台,
　　气手动减压阀由司钻控制台遥控。

④ 闸板防喷器液控油路上的手动减压阀,二次油压调定为 10.5 MPa,调节螺杆用锁紧手把锁住。环形防喷器液控油路上的手动或气手动减压阀,二次油压调节为 10.5 MPa,切勿过高。

⑤ 减压阀调节时有滞后现象,二次油压不随手柄或气压的调节立即连续变化,而呈阶梯性跳跃,二次油压最大跳跃值可允许 3 MPa。

38. 答:① 一是硬关井,指一旦发现溢流或井涌,立即关闭防喷器的操作程序。

② 二是软关井,指发现溢流关井时,先打开节流阀一侧的通道,再关防喷器,最后关闭节流阀的操作程序。

39. 答:① 钻井液液柱压力。

② 钻井液的性能和流变性。

③ 井斜与方位的影响。

④ 钻具组合。为了保持井眼垂直或稳斜钻进,下部钻具通常采用刚性满眼钻具。

⑤ 钻井液井筒液面下降。钻井液井筒液面下降,液柱压力下降,导致井壁坍塌。

⑥ 压力激动和抽汲压力。开泵过猛,下钻速度过快,易形成压力激动,使瞬间的井内压力大于地层破裂压力而压裂地层。起钻速度过快,易产生抽汲压力,使井内液柱压力低于地层坍塌应力,促使地层过早坍塌。

⑦ 井喷。井喷后,一方面油气混入,使井内钻井液液柱压力降低;另一方面高速油气流的冲刷,破坏了井壁滤饼,也破坏了井眼周围结构薄弱地层,从而导致井壁坍塌。

40. 答:① 地层中存在砂砾岩、泥页岩、盐岩、石膏层井段。砂岩、砾岩、砂砾混层若胶结不好或没有胶结物,由于在此井段滤失量大,就会在井壁上形成一层厚厚的滤饼,导致原有井眼的缩小即缩径。

② 原先已存在小井眼或大尺寸钻头下入小井眼中。

③ 井眼弯曲。

④ 地层错动,造成井眼横向位移。

⑤ 钻井液性能改变较大。

第四部分

技师与高级技师理论知识试题及答案

技师与高级技师理论知识试题

一、单选题（每题有 4 个选项，其中只有 1 个是正确的，将正确的选项号填入括号内）

1. AA001　PowerPoint 2010 中的（　　）视图是主要的编辑视图，可用于书写和设计演示文稿。

   A. 普通　　　　　　　　B. 幻灯片浏览　　　　C. 阅读　　　　　　　D. 母版

2. AA001　PowerPoint 2010 中的（　　）视图可以查看缩略图形式的幻灯片。

   A. 普通　　　　　　　　B. 幻灯片浏览　　　　C. 阅读　　　　　　　D. 母版

3. AA002　PowerPoint 2010 空白演示文稿的创建方法有（　　）。

   A. 1 种　　　　　　　　B. 2 种　　　　　　　C. 3 种　　　　　　　D. 4 种

4. AA002　在 PowerPoint 2010 中复制幻灯片，应在（　　）的"幻灯片"选项卡下的缩略图上右键单击，在弹出的菜单中选择"复制幻灯片"选项即可。

   A. 位于左侧的"幻灯片/大纲"窗格　　　　　B. 位于右侧的"幻灯片"窗格

   C. "备注"窗格　　　　　　　　　　　　　　D. "工具"窗格

5. AA003　幻灯片中主要的信息载体是（　　）。

   A. 文字和符号　　　　　B. 图片　　　　　　　C. 超链接　　　　　　D. 背景

6. AA003　幻灯片中要对段落进行设置，需单击（　　）选项卡"段落"组中的各命令按钮来执行。

   A. "开始"　　　　　　　B. "插入"　　　　　　C. "视图"　　　　　　D. "引用"

7. AA004　为幻灯片插入艺术字，应单击（　　）选项卡"文本"组中的"艺术字"按钮。

   A. "开始"　　　　　　　B. "插入"　　　　　　C. "设计"　　　　　　D. "动画"

8. AA004　为幻灯片插入艺术字时，在"艺术字"样式中有（　　）和复合样式 2 种。

   A. 预设样式　　　　　　B. 随机样式　　　　　C. 擦除样式　　　　　D. 条纹和横纹样式

9. AA005　PowerPoint 2010 中提供了"母版"功能，可以一次将多张幻灯片设定为统一的（　　）。

   A. 背景　　　　　　　　B. 形式　　　　　　　C. 格式　　　　　　　D. 方式

10. AA005　PowerPoint 2010 对于 Windows 视频文件，支持的视频格式为（　　）。

    A. *.avi　　　　　　　B. *.asf　　　　　　　C. *.mpeg　　　　　　D. *.qt

11. AA006　PowerPoint 2010 为幻灯片创建超链接有（　　）方式。

    A. 2 种　　　　　　　　B. 3 种　　　　　　　C. 4 种　　　　　　　D. 5 种

12. AA006　PowerPoint 2010 中有（　　）不同类型的动画效果。

    A. 2 种　　　　　　　　B. 3 种　　　　　　　C. 4 种　　　　　　　D. 5 种

13. AA007　自定义放映是指在一个演示文稿中,设置多个独立的放映演示(　　)。

　　A. 效果　　　　　　　B. 方式　　　　　　　C. 方法　　　　　　　D. 分支

14. AA007　在演示文稿放映过程中,由一张幻灯片进入另一张幻灯片,就是幻灯片的
　　　　　　(　　)。

　　A. 放映　　　　　　　B. 切换　　　　　　　C. 定位　　　　　　　D. 编辑

15. AA008　计算机网络的基本功能概括地说有(　　)方面。

　　A. 2个　　　　　　　B. 4个　　　　　　　C. 6个　　　　　　　D. 8个

16. AA008　计算机网络的主要功能是(　　)。

　　A. 提高微机性能　　　B. 实现资源共享　　　C. 防止病毒传染　　　D. 延长设备寿命

17. AA009　计算机网络一般由工作站、(　　)、外围设备和一组通信协议组成。

　　A. 集线器　　　　　　B. 服务器　　　　　　C. 适配器　　　　　　D. 交换机

18. AA009　根据网络分类的定义,(　　)网络是按网络协议分类的。

　　A. TCP/IP　　　　　　B. LAN　　　　　　　C. WAN　　　　　　　D. Internet

19. AA010　中断与因特网的连接称为离线,也称为脱机,脱机后用户将不能(　　)。

　　A. 浏览网页　　　　　　　　　　　　　　　B. 搜索网络信息

　　C. 阅读电子邮件　　　　　　　　　　　　　D. 编辑网页的源文件

20. AA010　全球最大的广域网是(　　)。

　　A. ARPAnet　　　　　　B. NFSnet　　　　　　C. Internet　　　　　　D. Intranet

21. AA011　网站内所有信息的组织者和链接点是(　　),其作用相当于网站目录或封面。

　　A. 网页　　　　　　　B. 主页　　　　　　　C. 站点　　　　　　　D. 服务器

22. AA011　为了加速网页的显示,可以在 IE 的“Internet 选项”下的“高级”子项中,取消
　　　　　　(　　)的复选框。

　　A. 清除历史记录　　　　　　　　　　　　　B. 显示图片

　　C. 删除 cookies　　　　　　　　　　　　　D. 不在媒体链接栏显示

23. AA012　正确启动 IE 浏览器通常有(　　)方法。

　　A. 1种　　　　　　　B. 2种　　　　　　　C. 3种　　　　　　　D. 4种

24. AA012　IE 浏览器窗口有(　　)工具栏。

　　A. 2种　　　　　　　B. 4种　　　　　　　C. 6种　　　　　　　D. 8种

25. AA013　若想在启动 IE 浏览器时自动打开一个网页,可通过(　　)菜单的“Internet 选
　　　　　　项”进行设置。

　　A.“文件”　　　　　　B.“编辑”　　　　　　C.“查看”　　　　　　D.“工具”

26. AA013　IE 浏览器工具栏中的“主页”“前进”“后退”“停止”“刷新”功能也可用(　　)
　　　　　　菜单中的相应命令来完成。

　　A.“文件”　　　　　　B.“编辑”　　　　　　C.“查看”　　　　　　D.“工具”

27. AB001　钳台是用来安装台虎钳、放置工具和工件等的设备。其高度一般为(　　)。

　　A. 100~200 mm　　　B. 300~400 mm　　　C. 500~600 mm　　　D. 800~900 mm

28. AB001　能用来磨削钳工用的各种刀具和其他工具,也可以用来磨去工件或材料的毛
　　　　　　刺和锐边等的是(　　)。

　　A. 钳台　　　　　　　B. 台虎钳　　　　　　C. 砂轮机　　　　　　D. 钻床

29. AB002　用来划圆和圆弧、等分线段、等分角度以及量取尺寸等的工具是(　　)。

A. 划规   B. 划针   C. 角尺   D. 划针盘

30. AB002 由工具钢制成,在已划好的线上冲眼用的工具是(　　)。

A. 划规   B. 划针   C. 样冲   D. 高度尺

31. AB003 划线时用以确定工件的各部分尺寸、几何形状和相对位置所选择的点、线、面称为(　　)。

A. 设计基准   B. 划线基准   C. 视图基准   D. 选择基准

32. AB003 合理地选择(　　)是做好划线工作的关键。

A. 划线基准   B. 设计基准   C. 划线工具   D. 划线图样

33. AB004 錾槽和分割曲线形板料常用(　　)。

A. 扁錾   B. 狭錾   C. 油錾   D. 圆錾

34. AB004 錾削铸铁、青铜等脆性材料时要特别注意,当錾削至距尽头(　　)时,必须调头再錾去余下的部分。

A. 10～15 mm   B. 20～30 mm   C. 5～10 mm   D. 3～5 mm

35. AB005 钻孔最常用的钻头为麻花钻,它的(　　)包括 2 条螺旋槽和 2 条窄的螺旋形棱边。

A. 导向部分   B. 切削部分   C. 柄部   D. 颈部

36. AB005 麻花钻头刃磨时,左手握持钻头柄部,右手握住钻头头部,使钻头轴线与砂轮成所需的(　　)角。

A. 30°～31°   B. 45°～46°   C. 58°～59°   D. 80°～81°

37. AB006 用孔钻或麻花钻对工件已有的孔进行扩大加工的操作是(　　)。

A. 铰孔   B. 钻孔   C. 扩眼   D. 扩孔

38. AB006 用铰刀从工件孔壁上切除微量金属层,以提高其尺寸精度和细化表面粗糙度的方法是(　　)。

A. 铰孔   B. 钻孔   C. 扩眼   D. 扩孔

39. AB007 用刮刀在工件表面上刮去一层很薄的金属,以提高工件加工精度的加工方法是(　　)。

A. 校直   B. 矫正   C. 刮削   D. 研磨

40. AB007 刮削工作所用的主要工具是(　　)。

A. 铰刀   B. 钻头   C. 刮刀   D. 扁錾

41. AB008 轴的校直一般在(　　)上进行,校直前先把轴装在顶尖上或架在 V 形铁上,使凸部向上。

A. 螺旋压力机   B. 台虎钳   C. 砂轮机   D. 钳台

42. AB008 为了消除弹性变形所产生的回翘,加压时可适当地压过一些,然后用(　　)检查轴的弯曲情况。

A. 钢卷尺   B. 游标卡尺   C. 外径千分尺   D. 百分表

43. AC001 要正确、完整、清晰地表达零件的全部结构形状,并且考虑到有利于读图和画图,应对零件进行(　　)。

A. 形状分析   B. 尺寸测量   C. 构图分析   D. 结构分析

44. AC001 对于需要经过几道工序加工,而各工序的加工位置又各不相同的叉架和箱体类零件,一般按(　　)画出主视图。

A. 形状 B. 工作位置 C. 安放位置 D. 结构

45. AC002 人们把决定零件主要尺寸的基准称为（ ）基准。

A. 主要 B. 辅助 C. 加工 D. 次要

46. AC002 按一定的顺序依次连接起来的尺寸标注形式称为（ ）。

A. 尺寸环 B. 功能尺寸 C. 加工尺寸 D. 尺寸链

47. AC003 零件表面上具有较小间距的峰谷所组成的微观几何形状特性，称为（ ）。

A. 表面粗糙度 B. 极限尺寸 C. 配合 D. 公差

48. AC003 表面粗糙度的两波峰或两波谷之间的距离（波距）很小（在 1 mm 以下），它属于微观（ ）误差。

A. 几何形状 B. 原始 C. 加工 D. 技术

49. AC004 上偏差与下偏差统称为（ ）。

A. 偏差 B. 公差 C. 极限偏差 D. 实际偏差

50. AC004 最大极限尺寸减其基本尺寸所得的代数差称为（ ）。

A. 上偏差 B. 实际偏差 C. 下偏差 D. 公差

51. AC005 配合是（ ）相同的，相互接合的孔和轴公差带之间的关系。

A. 尺寸 B. 基本尺寸 C. 实际尺寸 D. 极限尺寸

52. AC005 孔的尺寸减去轴的尺寸所得的代数差为正时称为（ ）。

A. 上偏差 B. 间隙 C. 下偏差 D. 过盈

53. AC006 同一批规格大小相同的零件，任取其中一件，不经选择和再加工，就能顺利地装配成符合使用要求的产品，这种性质称为（ ）。

A. 相通性 B. 适用性 C. 通用性 D. 互换性

54. AC006 公差与配合制度是实现互换性的（ ）条件。

A. 充分 B. 有利 C. 次要 D. 必要

55. AC007 草图应具备与零件图相同的（ ）。

A. 比例 B. 大小 C. 形状 D. 内容

56. AC007 绘制零件草图时，应根据表达方案及所选定的比例，估计各图形布置后所占的面积，合理地选择（ ）。

A. 纸张 B. 绘图板 C. 图幅 D. 图纸

57. AC008 螺纹的（ ）是指通过螺纹轴线剖面上的螺纹的轮廓形状。

A. 牙型 B. 线数 C. 螺距 D. 导程

58. AC008 螺纹的（ ）是指相邻两牙对应点的轴向距离。

A. 牙型 B. 线数 C. 螺距 D. 导程

59. AC009 公制普通螺纹的牙型为三角形，牙型角为（ ）。

A. 30° B. 60° C. 45° D. 55°

60. AC010 测量螺距可用（ ）。

A. 拓印法 B. 缩影法 C. 影印法 D. 压印法

61. AC010 在实际工作中，若有（ ），可直接确定牙型和螺距。

A. 圆规 B. 螺纹规 C. 塞尺 D. 内径百分表

62. AC011 垂直于螺纹轴线的端视图中，小径用粗实线圆表示，大径用细实线画成约（ ）的圆，倒角圆省略不画。

A. 1/2 圈　　　　　　B. 1/3 圈　　　　　C. 3/4 圈　　　　　D. 2/3 圈

63. AC011　当需要表示螺纹收尾，即不完整螺纹部分时，螺尾部分的牙底用与轴线成（　　）的细实线绘制。

A. 30°　　　　　　　B. 60°　　　　　　C. 45°　　　　　　D. 55°

64. AC011　绘制不穿通孔的螺孔时，一般钻孔深度比螺孔深度大 0.5D（D 为螺孔直径）。钻孔底部圆锥孔的锥顶角应画成（　　）。

A. 30°　　　　　　　B. 60°　　　　　　C. 90°　　　　　　D. 120°

65. BA001　在 MWD 施工中连续波方式的缺点包括（　　）和数字译码能力较差。

A. 结构复杂　　　　　　　　　　　　B. 数据传输速度慢

C. 精度低　　　　　　　　　　　　　D. 不适合传输地质资料参数

66. BA001　在 MWD 施工过程中正脉冲方式的优点不包括（　　）。

A. 下井仪器结构简单　　　　　　　　B. 使用操作和维修方便

C. 不需要专门的无磁钻铤　　　　　　D. 地层介质对信号的影响较小

67. BA002　中天启明公司生产的正脉冲定向随钻测量仪器，靠（　　）提供动力。

A. 井下转子　　　B. 井下定子　　　C. 转盘　　　　　D. 钻柱重力

68. BA002　地面上采用（　　）传感器检测来自井下仪器的钻井液脉冲信息，并传输到地面，由地面数据处理系统进行处理。

A. 钻头压力　　　B. 脉冲　　　　　C. 钻井液压力　　D. 电信号

69. BA003　SK-MWD 随钻测斜仪的井下测量仪器主要由定向探管、脉冲发生器、电池筒、扶正器、打捞头以及安装仪器用的（　　）组成。

A. 轴承　　　　　B. 专用短节　　　C. 连接片　　　　D. 销钉

70. BA003　SK-MWD 随钻测斜仪的电池筒采用（　　），作为驱动仪器工作的动力源，在保证工作可靠的同时，还注重于提高更换与检测的操作性能，以及使用的安全性。

A. 高温锂电池　　B. 高温钾电池　　C. 交流电源　　　D. 直流电源

71. BA004　SK-MWD 随钻测斜仪定向探管将测得的井下参数按特定的方式进行编码，产生（　　），进而控制脉冲器的小控制阀上下运动。

A. 正脉冲信号　　B. 控制信号　　　C. 振动信号　　　D. 负脉冲信号

72. BA004　SK-MWD 随钻测斜仪的功能原理是利用（　　）的能量使提升阀产生相应的上下运动，因此改变了提升阀与限流环之间的局部流通面积。

A. 正脉冲　　　　B. 负脉冲　　　　C. 钻井液流动　　D. 钻柱振动

73. BA005　接收地面控制箱的信息，并及时显示井斜与方位数据的是（　　）。

A. 脉冲发生器　　B. 压力传感器　　C. 脉冲测试箱　　D. 司钻显示器

74. BA005　通过查看脉冲发生器耗电量及响应速度，测试脉冲发生器工作状况的仪器是（　　）。

A. 司钻显示器　　B. 压力传感器　　C. 脉冲测试箱　　D. 探管

75. BA006　YST-48R 是 YST-48X 钻井液脉冲随钻测斜仪的升级换代产品，重新设计了（　　），引入了伽马测量项目，通过使用新的传感器提高了定向探管的精度和性能。

A. 地面设备　　　B. 井下仪器　　　C. 辅助仪器　　　D. 工作原理

76. BA006　YST-48R 是将传感器测得的井下参数按照一定的方式进行编码，产生脉冲信号,该脉冲信号控制( )阀头的运动,利用循环的钻井液使主阀阀头产生同步的运动,这样就控制了主阀阀头与下面的限流环之间的钻井液( )。

  A. 伺服阀;流通面积   B. 主阀;流通面积   C. 伺服阀;流量   D. 主阀;流量

77. BA007   由于在气体钻井和欠平衡钻井条件下循环介质可压缩,因此必须使用( )仪器实现地质参数的测量。

  A. EMWD   B. MWD   C. LWD   D. 钻井液脉冲传输

78. BA007   EMWD-45 仪器的( )的传输主要是依靠地层介质来实现的。

  A. 电磁波信号   B. 脉冲信号   C. 电阻率信号   D. 压力信号

79. BA008   EMWD-45 仪器全面适应地层电阻率在( )内的大范围变化,在不同的地层电阻下均可全功率发射信号,特别是可以在套管中发射信号。

  A. $0 \sim 1 \ \Omega \cdot m$ B. $1 \sim 2 \ 000 \ \Omega \cdot m$

  C. $2 \ 000 \sim 10 \ 000 \ \Omega \cdot m$ D. $10 \ 000 \sim 20 \ 000 \ \Omega \cdot m$

80. BA008   EMWD-45 仪器的测量单元全部采用进口传感器,并采用了多重温度补偿措施,可在最高( )下长期工作,并保证了与常温下相同的测量精度。

  A. 80 ℃   B. 120 ℃   C. 150 ℃   D. 200 ℃

81. BA009   在 MWD 的基础上,加上地质参数测量短节,以特殊的连接方式组合而成的随钻测量系统,属于正脉冲无线随钻测量范畴,仍以钻井液作为传输介质的是( )。

  A. LWD   B. EMWD   C. 脉冲传输   D. 定向探管

82. BA009   LWD 的( )工作频率可提高垂直分辨率,以便识别薄油层。

  A. 2 MHz   B. 3 MHz   C. 5 MHz   D. 10 MHz

83. BA010   井眼尺寸和形状、钻井液矿化度、仪器在井眼中的位置等属于( )。

  A. 地层因素   B. 井眼因素   C. 设备因素   D. 操作因素

84. BA010   在影响 LWD 测量的众多因素中,围岩对电阻层的影响明显( )对电导层的影响,对衰减曲线的影响( )对相位曲线的影响。

  A. 低于;高于   B. 低于;低于   C. 高于;高于   D. 高于;低于

85. BA011   RSS 实现旋转导向的核心是井下( )系统。

  A. 测量传感器   B. 旋转导向工具   C. CPU   D. 测控电路

86. BA011   目前,RSS 的井下测控机构包括捷连式和( )2 种。

  A. 静态偏置式   B. 稳定式   C. 推靠式   D. 指向式

87. BA012   Geo-Pilot 和 RCDOS 的偏心环机构、Power Drive-Direct 的指向机构、Smart Sleeve RST 的偏心筒机构等都是( )偏置机构。

  A. 机械式   B. 液压式   C. 气动式   D. 手动式

88. BA012   静态偏置方式的 RSS 基本上都有一个不旋转外筒作为稳定测控平台,不旋转外筒都是在以( )的速度旋转,因此其偏置机构也会随着外筒的缓慢旋转而产生偏转,导致导向方向的变化。

  A. 0～1 r/min   B. 1～10 r/min   C. 10～20 r/min   D. 20～50 r/min

89. BB001   气控制元件的作用有调节压缩空气的压力、流量、( )以及发送信号,以保证气动执行元件按规定的程序正常动作。

  A. 体积   B. 速度   C. 方向   D. 密度

90. BB001　ZJ40/2250LDB6 钻机的绞车控制元件包括控制阀箱内的快速排气阀、电磁阀、气控阀、（　　）和压力开关。

　　A. 梭阀　　　　　　　B. 针阀　　　　　　　C. 三位四通阀　　　　D. 顶杆阀

91. BB002　ZJ40/2250LDB6 钻机的绞车气控系统由执行元件、（　　）和输气管线组成。

　　A. 气胎离合器　　　　B. 控制元件　　　　　C. 气控阀件　　　　　D. 电磁阀

92. BB002　绞车高、低速的压力经单独管路返回司钻操作房内，通过（　　）显示在面板的高、低速压力表上，以便判断绞车的高、低速离合器是否挂上。

　　A. 快排阀　　　　　　B. 复位组合调压阀　　C. 三通旋塞阀　　　　D. 梭阀

93. BB003　钻井泵主轴承螺栓的上紧扭矩为（　　）。

　　A. 13 210 N·m　　　B. 14 210 N·m　　　C. 15 210 N·m　　　D. 16 210 N·m

94. BB003　检查钻井泵动力端油管，需检查油泵的（　　）有无损坏和压扁。

　　A. 壳体　　　　　　　B. 接头　　　　　　　C. 吸入软管　　　　　D. 排油管线

95. BB004　在排出口阀门关闭的情况下，钻井泵泵体承受冲击负荷将会造成（　　）的产生。

　　A. 憋压　　　　　　　B. 安全阀泄压　　　　C. 疲劳变形　　　　　D. 疲劳裂纹

96. BB004　当发生严重的（　　）时，不要长时间使用泵。

　　A. 气体冲击　　　　　B. 液力冲击　　　　　C. 固体打击　　　　　D. 药品侵蚀

97. BB005　十字头销挡板的接油槽应朝（　　）。

　　A. 上　　　　　　　　B. 下　　　　　　　　C. 左　　　　　　　　D. 右

98. BB005　十字头上表面与导板之间的运动间隙不应小于（　　）。

　　A. 0.254 mm　　　　B. 0.508 mm　　　　C. 0.762 mm　　　　D. 1.016 mm

99. BB006　为了使活塞正确地在缸套内运动，十字头必须沿机架孔水平轴线做（　　）运动。

　　A. 曲线　　　　　　　B. 对角线　　　　　　C. 交叉　　　　　　　D. 直线

100. BB006　调整十字头对中，先把（　　）从挡泥盘上取下，但不要把挡泥盘取下。

　　A. 集油盒　　　　　　B. 油封环　　　　　　C. 填料盒　　　　　　D. O 形圈

101. BB006　比较中间拉杆与挡泥盘孔之间的上下 2 个距离，以确定（　　）相对于孔中心线的位置。

　　A. 挡泥盘　　　　　　B. 中间拉杆　　　　　C. 上导板　　　　　　D. 下导板

102. BB007　液压盘刹控制系统的气源压力应为（　　）。

　　A. 0.6 MPa　　　　B. 0.7 MPa　　　　C. 0.8 MPa　　　　D. 0.9 MPa

103. BB007　拉动驻车制动手柄至"刹"位，可实现驻车制动；转换到工作制动时，必须先解除驻车制动，即先拉动（　　）手柄，使其处于"刹"位以刹住载荷，再推动驻车制动手柄至"松"位，然后进行工作制动。

　　A. 驻车制动　　　　　B. 工作制动　　　　　C. 紧急制动　　　　　D. 自动送钻

104. BB008　液压设备的故障大多是由于（　　）的污染而引起的。

　　A. 润滑油　　　　　　B. 齿轮油　　　　　　C. 液压油　　　　　　D. 润滑脂

105. BB008　空气过滤器主要用于过滤进入（　　）的空气，使空气清洁，从而保证液压油的清洁。

　　A. 工作钳油缸　　　　B. 开式油箱　　　　　C. 安全钳油缸　　　　D. 蓄能器

106. BB009 北石顶驱 DQ70BSC 的名义钻井深度为( )(4½ in 钻杆)。

    A. 6 000 m   B. 7 000 m   C. 8 000 m   D. 5 000 m

107. BB009 北石顶驱 DQ70BSC 的最大载荷为( )。

    A. 4 500 kN   B. 4 600 kN   C. 4 700 kN   D. 4 800 kN

108. BB009 北石顶驱 DQ70BSC 的额定循环压力为( )。

    A. 35 MPa   B. 30 MPa   C. 25 MPa   D. 22 MPa

109. BB010 北石顶驱 DQ70BCS 的转速范围为( ),且连续可调。

    A. 0～210 r/min   B. 0～220 r/min   C. 0～230 r/min   D. 0～200 r/min

110. BB010 北石顶驱 DQ70BSC 的最大扭矩为( )(间断)。

    A. 75 kN·m   B. 78 kN·m   C. 70 kN·m   D. 68 kN·m

111. BB011 背钳装配活塞时,要缓慢( )安装,防止切坏密封件。

    A. 水平   B. 旋转   C. 用力   D. 垂直

112. BB011 组合密封圈应用密封扩张工装压紧( )以上。

    A. 3 h   B. 2 h   C. 1 h   D. 0.5 h

113. BB012 安全阀压力调节后,需要拧紧轴系( )的锁紧螺母。

    A. 出油阀   B. 进油阀   C. 安全阀   D. 溢流阀

114. BB012 调节与设定液压源安全阀的压力,当液压源安全阀工作时,其设定压力为( )。

    A. 21 MPa   B. 19 MPa   C. 10.5 MPa   D. 17.5 MPa

115. BB013 石油钻机在使用带式刹车时,司钻手扶刹把,眼看转盘和指重表或钻井参数仪,刹车力完全由( )掌握。

    A. 副司钻   B. 队长   C. 技术员   D. 司钻

116. BB013 钻机的自动送钻装置主要用于钻进时控制( )、机械转速,不需要司钻人为控制。

    A. 钻压   B. 泵压   C. 钩速   D. 钻时

117. BB014 目前在电动钻机中使用的自动送钻装置的核心部件是( )。

    A. 盘刹   B. 变频电机   C. 悬重传感器   D. 滚筒编码器

118. BB014 在机械钻机中使用的自动送钻,主要靠调节( )的控制电流,控制滚筒的刹车来实现。

    A. 悬重传感器   B. 滚筒编码器   C. 刹车电磁阀   D. 柴油机

119. BB015 ZKYZ 系列组合液压站当( )时泵排量减小。

    A. 油管线漏油   B. 柱塞泵偶件磨损   C. 蓄能器胶囊损坏   D. 油温过低

120. BB015 ZKYZ 系列组合液压站当油箱中的液压油低于下限时( )。

    A. 所有泵组停止运转   B. 辅助电机自动启动

    C. 系统压力降低   D. 蓄能器开始泄压

121. BB016 组合液压站在初次启动主电机时需要( )。

    A. 点启动   B. 热启动   C. 冷启动   D. 直接启动

122. BB016 调试组合液压站时需要带泵空运转( )。

    A. 1～2 min   B. 2～3 min   C. 3～5 min   D. 4～5 min

123. BC001 液力端杂音可归结为机械杂音和( )2类。

A. 化学杂音　　　　　B. 电工杂音　　　　　C. 打击杂音　　　　　D. 水击声

124. BC001　水龙带摆动并伴有水击杂音发生,要检查(　　)是否漏气。

A. 安全阀　　　　　　B. 吸入管线　　　　　C. 空气包　　　　　D. 排出管线

125. BC002　泵缸内进空气,可能会导致(　　)管线发出呼呼声。

A. 地面　　　　　　　B. 内控　　　　　　　C. 排水　　　　　　D. 上水

126. BC002　吸入不良产生水击,可能会导致(　　)处有剧烈敲击声。

A. 缸盖　　　　　　　B. 缸套　　　　　　　C. 阀盖　　　　　　D. 阀座

127. BC003　可以利用 2 个拆卸(　　)顶出从而拆卸掉空气包盖。

A. 垫片　　　　　　　B. 螺母　　　　　　　C. 螺栓　　　　　　D. 螺孔

128. BC003　如果空气包气囊由于刺破而损坏,则要检查壳体内部与损伤相关处是否有(　　)或者异物。

A. 接触　　　　　　　B. 摩擦　　　　　　　C. 隆起　　　　　　D. 凹陷

129. BC004　更换水龙头冲管时,将新冲管、新密封填料、隔环、上下密封盒内涂一层黄油,按先后顺序把密封填料装入隔环,再装入上下密封盒,把下密封盒密封压套装好,用(　　)固定。

A. 螺柱　　　　　　　B. 螺钉　　　　　　　C. 铁丝　　　　　　D. 钢丝绳

130. BC004　拆卸水龙头冲管总成时,锤击(　　),松开后推动上、下密封盒压盖直至与冲管齐平,即可从一侧推出密封装置。

A. 上螺母　　　　　　B. 下螺母　　　　　　C. 上、下密封盒　　　D. 上、下螺母

131. BC005　用于悬吊套管动力钳的钢丝绳直径不应小于(　　)。

A. 1 in　　　　　　　B. 2 in　　　　　　　C. 3 in　　　　　　D. 1/2 in

132. BC005　套管钳钳子的高度应与起下(　　)时接头的平均高度相同。

A. 套管　　　　　　　B. 钻杆　　　　　　　C. 钻铤　　　　　　D. 钻头

133. BC006　若 TQ340-35 套管动力钳只有一个转速,原因可能是(　　)。

A. 气胎损坏漏气　　　　　　　　　　　　B. 三通气阀损坏

C. 气胎离合器摩擦片磨损　　　　　　　　D. 钳子没有调平

134. BC006　若套管动力钳变速箱内流出较多机油,应(　　)。

A. 更换轴端油封　　B. 更换耐磨环　　　C. 更换摩擦片　　　D. 更换快速放气阀

135. BC007　高度不准主要指游车实际高度和(　　)相差甚远。

A. 估计高度　　　　　B. 天车　　　　　　C. 显示高度　　　　D. 刹车点

136. BC007　电子防碰系统显示高度不准确、高度变化与实际相反,甚至没有数值等都属于(　　)故障。

A. 操作类　　　　　　B. 理论类　　　　　　C. 动作类　　　　　D. 显示类

137. BC008　由现象来判断设备的嫌疑部件是故障排除中的(　　)。

A. 推理法　　　　　　B. 表里法　　　　　　C. 经验法　　　　　D. 嫌疑人法

138. BC008　在有备用件的前提下,可通过(　　)来排除故障。

A. 比对部件　　　　　B. 换新部件　　　　　C. 研究部件　　　　D. 拆解旧件

139. BC009　电子防碰设备与盘刹和绞车调速系统是联动的,小干扰可能会使操作出现抖动,大干扰可能导致(　　)。

A. 设备损坏　　　　　B. 误动作　　　　　　C. 死机　　　　　　D. 显示错误

140. BC009　雨季的（　　）会给接地不良的司钻房造成干扰。

  A. 降雨　 B. 湿润空气　 C. 雷电　 D. 蚊虫

141. BC010　所有备件的更换都必须在电子防碰设备（　　）的情况下更换。

  A. 正常使用　 B. 故障　 C. 停止并断电　 D. 无干扰

142. BC010　编码器是电子防碰的传感器，它负责数据的采集，一般和滚筒（　　）安装。

  A. 垂直　 B. 非接触　 C. 同轴　 D. 水平

143. BC011　电控系统的 VFD（交流变频系统）一般都设有（　　）和报警的面板，可按照所提供的故障诊断点去查找和处理。

  A. 电缆　 B. 数据　 C. 故障显示　 D. 液面

144. BC011　当顶驱发生故障时，首先应对整个系统进行分析，然后分段逐步（　　），即要先分析清楚是机、电、液哪一部分或是哪几部分的故障，然后再细细查找。

  A. 扩大范围　 B. 缩小范围　 C. 固定范围　 D. 更改范围

145. BC012　司钻控制台应摆放在司钻房内易于（　　）的地方。

  A. 观察　 B. 操作　 C. 移动　 D. 安装

146. BC012　将液压源摆放在井架左后侧易于接近的地方，液压源的摆放应当靠近（　　），避免液压管线从车辆通道上穿过。

  A. 泵房　 B. 底座　 C. 井架　 D. 坡道

147. BC013　液压盘刹是靠刹车块挤压刹车盘，从而产生（　　），实现刹车功能的，因此刹车块是作为一个易损件设计的。

  A. 离心力　 B. 向心力　 C. 摩擦力　 D. 正应力

148. BC013　盘刹摩擦块在摩擦温度较低时，磨损主要是（　　），表面膜的剥落是以疲劳剥落为主的。

  A. 疲劳磨损　 B. 氧化磨损　 C. 磨粒磨损　 D. 黏着磨损

149. BC014　刹车盘允许的最大磨损量为（　　），应定期检查测量每个刹车盘工作面的厚度。

  A. 8 mm　 B. 10 mm　 C. 12 mm　 D. 14 mm

150. BC014　使用中要经常检查活动部件是否有粘连现象，特别是杠杆销轴处。因为刹车粉尘的堆积容易造成润滑不良等后果，所以（　　）应加注润滑油脂一次，保证润滑良好。

  A. 每个月　 B. 每 2 个月　 C. 每 3 个月　 D. 每半年

151. BC015　盘刹系统压力不正常的原因可能是泵的（　　）没有设置正确或失灵。

  A. 工作钳刹车间隙　B. 调压装置　 C. 安全钳刹车间隙　D. 控制阀

152. BC015　柱塞泵的吸油、回油管路上的（　　）没有打开，是造成盘刹系统压力不正常的原因之一。

  A. 截止阀　 B. 安全阀　 C. 溢流阀　 D. 换向阀

153. BC016　盘刹柱塞泵启动前必须给泵的（　　）内充满油，把吸油、回油管路上的截止阀打开，否则将引起泵的严重损坏。

  A. 出油管　 B. 调压阀　 C. 壳体　 D. 溢流阀

154. BC016　液压盘刹安全钳碟簧的使用寿命为（　　），使用到期后，必须进行更换。

  A. 1 年　 B. 2 年　 C. 3 年　 D. 5 年

155. BD001　在一个主井眼的底部钻出 2 个或更多个进入油气藏的分支井眼,甚至再从二级井眼中钻出三级井眼,并将其回接在一个主井眼中指的是(　　)。

　　A. 定向井　　　　　B. 大位移井　　　　C. 水平井　　　　　D. 分支井

156. BD001　在定向井、大斜度井和水平井技术的基础上发展起来的一项新的钻采工艺技术是指(　　)开采工艺技术。

　　A. 欠平衡钻井　　　B. 小井眼井　　　　C. 超深井　　　　　D. 分支井

157. BD002　从一个主井眼在不同的层位向同一方向侧钻出 2 个或 3 个水平分支井眼的是(　　)。

　　A. 叠加式双分支井　　　　　　　　　B. 反向双分支井
　　C. 二维双水平分支井　　　　　　　　D. 二维移位四分支水平井

158. BD002　从一个主井眼向不同方向和不同的层位侧钻出 4 个水平或定向井眼的是(　　)。

　　A. 定向三分支水平井　　　　　　　　B. 辐射状四分支水平井
　　C. 二维三水平分支　　　　　　　　　D. 反向双分支

159. BD003　分支井的钻柱设计原则是最大限度地降低(　　)。

　　A. 扭矩和摩阻　　　B. 扭矩和钻压　　　C. 密度和摩阻　　　D. 钻压和摩阻

160. BD003　分支井水平段宜采用(　　)钻井技术,以保护产层。

　　A. 近平衡　　　　　B. 过平衡　　　　　C. 空气　　　　　　D. 欠平衡

161. BD004　测量数据的处理方法科学合理,软件采用(　　)模型,这是世界公认的最精确的定向井水平数据处理模型之一。

　　A. 圆柱螺线法　　　B. 平均角法　　　　C. 三角函数法　　　D. 三维法

162. BD004　分支井施工过程中,应实时监测(　　),控制井眼轨迹平滑连续,避免井眼轨迹突变。

　　A. 井斜　　　　　　B. 方位　　　　　　C. 高边　　　　　　D. 工具面

163. BD005　利用自然或人工方法使钻井液当量循环压力低于地层压力,地层流体有控制地流入井筒的一种钻井方式是(　　)。

　　A. 欠平衡钻井　　　B. 近平衡钻井　　　C. 过平衡钻井　　　D. 超平衡钻井

164. BD005　人工诱导法欠平衡钻井一般是在地层压力系数小于(　　)时,直接使用低密度流体作为循环介质,或往钻井液基液中注气等,实现欠平衡钻井。

　　A. 1.05　　　　　　B. 1.07　　　　　　C. 1.08　　　　　　D. 1.10

165. BD006　一般情况下,在欠平衡钻井中最好选用(　　)方钻杆。

　　A. 三方　　　　　　B. 四方　　　　　　C. 五方　　　　　　D. 六方

166. BD006　在欠平衡钻井中为了使泵入井眼内的钻井液不会从钻杆水眼内倒流,从而方便地接单根,应在钻柱中接(　　)。

　　A. 旋塞阀　　　　　B. 键型止回阀　　　C. 浮阀　　　　　　D. 投入式止回阀

167. BD007　有多种不同技术能确保达到预期的欠平衡条件,主要的方法是控制用于循环的钻井液的(　　)。

　　A. 密度　　　　　　B. 切力　　　　　　C. 黏度　　　　　　D. pH

168. BD007　井底有效压力低于所钻地层的孔隙压力,其差值即为(　　)。

　　A. 正压值　　　　　B. 过压值　　　　　C. 欠压值　　　　　D. 负压值

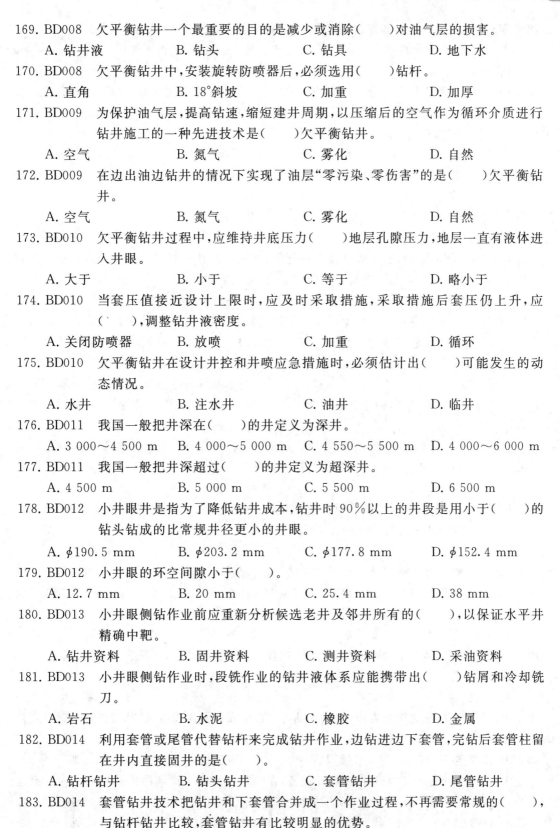

169. BD008　欠平衡钻井一个最重要的目的是减少或消除（　　）对油气层的损害。

    A. 钻井液　　　　　B. 钻头　　　　　C. 钻具　　　　　D. 地下水

170. BD008　欠平衡钻井中,安装旋转防喷器后,必须选用（　　）钻杆。

    A. 直角　　　　　B. 18°斜坡　　　　　C. 加重　　　　　D. 加厚

171. BD009　为保护油气层,提高钻速,缩短建井周期,以压缩后的空气作为循环介质进行钻井施工的一种先进技术是（　　）欠平衡钻井。

    A. 空气　　　　　B. 氮气　　　　　C. 雾化　　　　　D. 自然

172. BD009　在边出油边钻井的情况下实现了油层"零污染、零伤害"的是（　　）欠平衡钻井。

    A. 空气　　　　　B. 氮气　　　　　C. 雾化　　　　　D. 自然

173. BD010　欠平衡钻井过程中,应维持井底压力（　　）地层孔隙压力,地层一直有液体进入井眼。

    A. 大于　　　　　B. 小于　　　　　C. 等于　　　　　D. 略小于

174. BD010　当套压值接近设计上限时,应及时采取措施,采取措施后套压仍上升,应（　　）,调整钻井液密度。

    A. 关闭防喷器　　　B. 放喷　　　　　C. 加重　　　　　D. 循环

175. BD010　欠平衡钻井在设计井控和井喷应急措施时,必须估计出（　　）可能发生的动态情况。

    A. 水井　　　　　B. 注水井　　　　　C. 油井　　　　　D. 临井

176. BD011　我国一般把井深在（　　）的井定义为深井。

    A. 3 000～4 500 m　　B. 4 000～5 000 m　　C. 4 550～5 500 m　　D. 4 000～6 000 m

177. BD011　我国一般把井深超过（　　）的井定义为超深井。

    A. 4 500 m　　　　B. 5 000 m　　　　C. 5 500 m　　　　D. 6 500 m

178. BD012　小井眼井是指为了降低钻井成本,钻井时90%以上的井段是用小于（　　）的钻头钻成的比常规井径更小的井眼。

    A. ϕ190.5 mm　　B. ϕ203.2 mm　　C. ϕ177.8 mm　　D. ϕ152.4 mm

179. BD012　小井眼的环空间隙小于（　　）。

    A. 12.7 mm　　　　B. 20 mm　　　　C. 25.4 mm　　　　D. 38 mm

180. BD013　小井眼侧钻作业前应重新分析候选老井及邻井所有的（　　）,以保证水平井精确中靶。

    A. 钻井资料　　　　B. 固井资料　　　　C. 测井资料　　　　D. 采油资料

181. BD013　小井眼侧钻作业时,段铣作业的钻井液体系应能携带出（　　）钻屑和冷却铣刀。

    A. 岩石　　　　　B. 水泥　　　　　C. 橡胶　　　　　D. 金属

182. BD014　利用套管或尾管代替钻杆来完成钻井作业,边钻进边下套管,完钻后套管柱留在井内直接固井的是（　　）。

    A. 钻杆钻井　　　　B. 钻头钻井　　　　C. 套管钻井　　　　D. 尾管钻井

183. BD014　套管钻井技术把钻井和下套管合并成一个作业过程,不再需要常规的（　　）,与钻杆钻井比较,套管钻井有比较明显的优势。

    A. 接单根作业　　　B. 循环作业　　　　C. 测斜作业　　　　D. 起下钻作业

184. BD015 可钻式表层套管钻井技术采用一种专门设计的（ ）的钻头。

    A. 不可钻掉钻头心部　　　　　　　　　B. 不可钻掉钻头冠部

    C. 可钻掉钻头心部　　　　　　　　　　D. 可钻掉钻头冠部

185. BD015 可膨胀钻鞋是可钻钻头的一种，当钻井过程完成后，（ ），利用钻井液的压力可将钻头体心部胀出，使钻头外部的较高硬度的切削齿扩张，然后采用特制胶塞实施固井工艺过程。

    A. 压胶塞　　　　　　B. 干钻　　　　　　C. 倒扣　　　　　　D. 投球

186. BD016 采用特殊的起下装置及井下工具系统，达到更换钻头目的的套管钻井技术是（ ）。

    A. 单行程套管钻井技术　　　　　　　　B. 油层套管钻井技术

    C. 多行程套管钻井技术　　　　　　　　D. 表层套管钻井技术

187. BD016 采用多行程套管钻井技术进行套管钻进时，井下锁定工具串锁定在坐底套管上，实现钻头与套管柱之间的锁定，完成钻井过程中（ ）的传递。

    A. 泵压和扭矩　　　　B. 泵压和钻压　　　C. 扭矩和悬重　　　D. 扭矩和钻压

188. BD017 套管钻井中套管柱上（ ），对井斜的控制由 BHA（井底钻具组合）完成，不仅可以较好地控制井斜，而且由于井眼环空较小，在排量满足的情况下，其较高的返速可迅速清洗井底。

    A. 加稳定器　　　　　B. 使用大接箍　　　C. 不加扶正器　　　D. 加扶正器

189. BD017 对于老井区，由于钻井数较多，有大量丰富的地质资料，因此可以选择（ ）钻井。

    A. 套管　　　　　　　B. 水平井　　　　　C. 分支井　　　　　D. 欠平衡

190. BD018 2004 年在 IADC/SPE 阿姆斯特丹钻井会议上提出了（ ）钻井技术。

    A. 套管　　　　　　　B. 欠平衡　　　　　C. 控压　　　　　　D. 膨胀管

191. BD018 据报道，（ ）钻井对井眼的精确控制可解决 80% 的常规钻井问题，减少非生产时间 20%～40%，从而降低钻井成本。

    A. 套管　　　　　　　B. 欠平衡　　　　　C. 控压　　　　　　D. 膨胀管

192. BD019 控压钻井通过装备与工艺相结合，合理逻辑判断，提供井口回压以保持井底压力稳定，使井底压力相对地层压力保持在一个微过、微欠和近平衡状态，实现（ ）压力动态自适应控制。

    A. 井底　　　　　　　B. 孔隙　　　　　　C. 环空　　　　　　D. 破裂

193. BD019 控压钻井中，静液柱压力、环空循环压力损耗和井口回压三者之和是（ ）压力。

    A. 井底　　　　　　　B. 孔隙　　　　　　C. 环空　　　　　　D. 破裂

194. BD020 采用常规钻井方法钻井，在钻井设计中安装控压设备，钻井时能够迅速应对异常的压力变化。这是（ ）控压钻井。

    A. 特殊型　　　　　　B. 常规型　　　　　C. 主动型　　　　　D. 被动型

195. BD020 设计、确定、安装控压钻井设备，在钻井时能够主动利用控制环空压力剖面这一优势，对整个井眼实施更精确的环空压力剖面控制。这是（ ）控压钻井。

    A. 特殊型　　　　　　B. 常规型　　　　　C. 主动型　　　　　D. 被动型

196. BD021 控压钻井采用（ ）的循环系统。

      A. 连续　　　　　　B. 间断　　　　　　C. 敞开　　　　　　D. 封闭

197. BD021　控压钻井技术是在(　　)钻井技术的基础上发展起来的新技术。

      A. 分支井　　　　　B. 欠平衡　　　　　C. 水平井　　　　　D. 套管

198. BD022　控压钻井技术(　　)指的是针对那些钻井压力窗口相对较宽,钻井安全性较高的地层。

      A. 复杂等级1　　　B. 复杂等级2　　　C. 复杂等级3　　　D. 复杂等级4

199. BD022　复杂等级2的控压钻井技术为了弥补由孔隙压力与钻井液密度之间的窗口降低带来的风险,控压钻井设备增加了(　　)。

      A. 溢流监控　　　　B. 漏失监控　　　　C. 回流监测　　　　D. 压力监控

200. BD023　微流量控制钻井系统通过(　　)精确测量泵入和返回钻井液的质量和密度,判断溢流,若发现溢流及时控制节流管汇。

      A. 高精度密度计　　B. 高精度压力表　　C. 高精度流量计　　D. 高精度质量计

201. BD023　Atbalance 公司开发的(　　)可用来解决窄压力窗口地层和高温高压地层所出现的钻井问题。

      A. 微流量控制钻井系统　　　　　　　　　B. 动态环空压力控制系统

      C. Halliburton 控压钻井系统　　　　　　 D. 静态环空压力控制系统

202. BD024　与常规钻井的地面系统相比,连续管钻井系统的钻井液循环与处理系统、井控系统及相关辅助设备并没有特别要求和显著区别,标志性的特征差异是(　　)钻机。

      A. 连续管　　　　　B. 车载　　　　　　C. 自动化　　　　　D. 大型

203. BD024　连续管钻机、循环系统、井控系统和辅助设备等构成了连续管钻井(　　)系统。

      A. 井下　　　　　　B. 地面　　　　　　C. 软件　　　　　　D. 主体

204. BD025　所谓(　　)就是用特殊材料制成的金属圆管,其原始状态具有较好的延展性,在膨胀力的作用下,通过膨胀锥的挤压作用,使其内径和外径均得到膨胀并发生永久塑性变形,膨胀率可达到 15%～30%。

      A. 膨胀管　　　　　B. 连续管　　　　　C. 延展管　　　　　D. 变径管

205. BD025　通过对膨胀管实施胀管,可以改变膨胀管的组织结构和机械性能,其(　　)。

      A. 强度提高、塑性提高　　　　　　　　　B. 强度下降、塑性下降

      C. 强度提高、塑性下降　　　　　　　　　D. 强度下降、塑性下降

206. BD026　膨胀管技术是利用膨胀管的可膨胀特性,通过对膨胀管进行(　　)的挤压,使其通过材料的弹性区达到屈服极限点,进入塑性变形区域并发生塑性永久变形,从而使膨胀管的内外径扩大到设计尺寸,满足工程施工的需求。

      A. 径向　　　　　　B. 横向　　　　　　C. 轴向　　　　　　D. 纵向

207. BD026　理论上,由于膨胀管顶端固定,膨胀管尾部呈自由状态,胀头(　　)沿轴向实施膨胀作业,膨胀管内径增大,假设体积不变,则膨胀管将发生轴向收缩。

      A. 从里向外　　　　B. 从外向里　　　　C. 从上向下　　　　D. 从下向上

208. BD026　膨胀套管的(　　)是实施膨胀管技术的重点和难点之一。

      A. 选材　　　　　　B. 连接方式　　　　C. 钻机选取　　　　D. 膨胀锥选取

209. BE001　压井是向失去压力平衡的井内泵入(　　)的钻井液,并始终控制井底压力略

大于地层压力，以重建和恢复压力平衡的作业。

　　A. 低密度　　　　　　B. 高密度　　　　　　C. 低黏度　　　　　　D. 高黏度

210. BE001　压井过程中，控制井底压力略大于地层压力是借助（　　）控制一定的井口回压来实现的。

　　A. 平板阀　　　　　　B. 节流管汇　　　　　C. 防喷器　　　　　　D. 压井管汇

211. BE002　司钻法是发生溢流关井求压后，用（　　）循环周完成压井的，且在压井过程中保持井底压力不变。

　　A. 1个　　　　　　　B. 2个　　　　　　　C. 3个　　　　　　　D. 4个

212. BE002　司钻法压井第一步是用（　　）循环排除溢流。

　　A. 新钻井液　　　　　B. 原钻井液　　　　　C. 轻钻井液　　　　　D. 重钻井液

213. BE003　工程师法是发生溢流关井求压后，用（　　）循环周完成压井，且压井过程中保持井底压力不变。

　　A. 1个　　　　　　　B. 2个　　　　　　　C. 3个　　　　　　　D. 4个

214. BE003　工程师法压井需要配制（　　）。

　　A. 轻钻井液　　　　　B. 压井液　　　　　　C. 洗井液　　　　　　D. 顶替液

215. BE004　压井过程中开泵与（　　）的调节要协调。

　　A. 节流阀　　　　　　B. 平板阀　　　　　　C. 减压阀　　　　　　D. 调压阀

216. BE004　整个压井过程中，压井排量（　　）。

　　A. 可任意变化　　　　B. 应保持不变　　　　C. 应逐步增大　　　　D. 应逐步降低

217. BE005　适用于井内钻井液喷空后天然气井压井的方法是（　　）。

　　A. 置换法　　　　　　B. 平衡点法　　　　　C. 压回法　　　　　　D. 低节流法

218. BE005　所谓（　　），即压井钻井液返至该点时，井口控制的套压与该点以下压井钻井液静液柱压力之和能够平衡地层压力。

　　A. 合力点　　　　　　B. 压井点　　　　　　C. 静压点　　　　　　D. 平衡点

219. BE006　置换法压井通过（　　）注入一定量的钻井液，允许套压上升一定数值。

　　A. 压井管线　　　　　B. 防喷管线　　　　　C. 放喷管线　　　　　D. 地面管线

220. BE006　采用置换法压井，应关井一段时间，使泵入的钻井液下落，通过节流阀缓慢释放（　　），套压降到某一值后关节流阀。

　　A. 油　　　　　　　　B. 气体　　　　　　　C. 水　　　　　　　　D. 钻井液

221. BE007　所谓（　　），就是从环空泵入钻井液把进入井筒的溢流压回地层。

　　A. 压回法　　　　　　B. 置换法　　　　　　C. 平衡点法　　　　　D. 低节流法

222. BE007　压回法压井是以（　　）作为施工的最高工作压力，挤入压井钻井液。

　　A. 最小允许关井套压　　　　　　　　　　　B. 最大允许关井套压

　　C. 最大地层破裂压力　　　　　　　　　　　D. 最小地层破裂压力

223. BE008　在起下钻过程中发生溢流关井后，由于一般溢流发生在（　　），直接循环无法排除溢流，可采用将钻头以上井段替换成压井液暂时把井压住后，开井抢下钻杆的方法压井。

　　A. 钻杆以下　　　　　B. 钻头以下　　　　　C. 钻铤以上　　　　　D. 钻头以上

224. BE008　暂时压井后下钻的方法实际上就是（　　）的具体应用。

　　A. 压回法　　　　　　B. 置换法　　　　　　C. 工程师法　　　　　D. 司钻法

225. BE009　在空井情况下发生溢流后,不能再将钻具下入井内时,应迅速关井,记录关井
　　　　　　压力,然后用(　　)进行处理。

A. 体积法　　　　　B. 面积法　　　　　C. 工程师法　　　　D. 司钻法

226. BE009　体积法压井要先确定允许的套压升高值,当套压上升到允许的套压值后,通过
　　　　　　节流阀放出一定量的钻井液,然后关井,关井后气体又继续上升,套压再次升
　　　　　　高,再放出一定量的钻井液,重复上述操作,直到(　　)上升到井口。

A. 污染的钻井液　　B. 水　　　　　　　C. 气体　　　　　　D. 油

227. BE010　当井喷与漏失发生在同一裸眼井段时,需首先解决(　　)。

A. 漏失问题　　　　B. 井喷问题　　　　C. 关井问题　　　　D. 压井问题

228. BE010　反灌钻井液的密度应是(　　)当量钻井液密度与安全附加当量钻井液密度之
　　　　　　和。

A. 浅层压力　　　　B. 井底压力　　　　C. 产层压力　　　　D. 表层压力

229. BF001　在处理复杂情况与井下事故的过程中,必须抓紧时间进行处理,要迅速地决
　　　　　　策、迅速地组织、迅速地施工。这是处理井下事故与复杂情况应遵守的(　　)
　　　　　　原则。

A. 快速　　　　　　B. 灵活　　　　　　C. 经济　　　　　　D. 安全

230. BF001　在处理复杂情况与井下事故的过程中,必须实时地掌握现场的第一手信息,及
　　　　　　时调整方案,加速处理过程。这是处理井下事故与复杂情况应遵守的(　　)
　　　　　　原则。

A. 快速　　　　　　B. 灵活　　　　　　C. 经济　　　　　　D. 安全

231. BF002　发生滤饼粘吸卡钻,在设备、钻柱安全载荷内强力活动无效时,要在适当范围
　　　　　　内活动未卡钻柱,上提拉力不能超过自由钻柱悬重(　　)。

A. 10～20 kN　　　B. 30～40 kN　　　C. 50～60 kN　　　D. 100～200 kN

232. BF002　发生滤饼粘吸卡钻后,下压钻柱重量要根据井深和最后一层套管的下入深度
　　　　　　而定,可以把(　　)甚至全部重量压上。

A. 被卡钻柱 1/2 的重量　　　　　　　　B. 钻柱 1/2 的重量

C. 自由钻柱 1/2 的重量　　　　　　　　D. 额定载荷

233. BF003　注入解卡剂前,特别是注低密度解卡剂,必须在钻柱上接(　　),还要进行一
　　　　　　次钻井液循环周试验,在确认钻具没有刺漏时,方可注入。

A. 震击器　　　　　B. 加速器　　　　　C. 回压阀或旋塞　　D. 稳定器

234. BF003　注入解卡剂时要保证(　　)不被堵塞。

A. 钻头水眼和环空　B. 钻具水眼　　　　C. 水龙带水眼　　　D. 方钻杆水眼

235. BF004　下钻过程中发现井壁坍塌,要立即停止下钻,(　　),待井下情况正常后再恢
　　　　　　复下钻。

A. 进行泡油　　　　　　　　　　　　　　B. 进行转动

C. 开泵循环,通井或划眼　　　　　　　　D. 停止循环

236. BF004　如果是石灰岩、白云岩坍塌形成的卡钻,同时坍塌井段不太长,可以考虑泵入
　　　　　　(　　)来解卡。

A. 清水　　　　　　B. 原油　　　　　　C. 抑制性盐酸　　　D. 碱水

237. BF005　下左旋螺纹钻具时,绝不允许用(　　)给左旋螺纹钻具上螺纹。

A. 转盘   B. 吊钳   C. 链钳   D. 液气大钳

238. BF005 发生砂桥卡钻后，可用小排量循环时，严禁（   ）。

     A. 增加排量   B. 增加钻井液黏度

     C. 贸然增加排量、增加泵压   D. 增加钻井液切力

239. BF006 若缩径是盐岩造成的，可泵入（   ）至盐岩缩径井段，并配合震击器震击解卡。

     A. 油类   B. 清洗剂   C. 润滑剂   D. 淡水

240. BF006 缩径卡钻时最有效最经济的解卡方法是（   ）。

     A. 侧钻   B. 泡油   C. 套铣倒扣   D. 震击

241. BF007 发生键槽卡钻后，钻具能活动但起不出键槽，钻头位置大于 1/2 井深时，通常采用（   ）的方法解卡。

     A. 猛提快转倒划眼   B. 猛提慢转倒划眼   C. 轻提慢转倒划眼   D. 轻放慢转划眼

242. BF007 发生键槽卡钻后，如果能一次套铣到卡点，最好用带防掉矛的套铣筒，防止铣开后落鱼再掉入井底。如果一次套铣不到卡点，最好再加长套铣筒套铣，而不要轻易（   ）。

     A. 侧钻   B. 泡油   C. 倒扣   D. 震击

243. BF008 在井底发生泥包卡钻时，要尽可能增大排量，（   ），增大钻井液的冲洗力，同时尽最大力量上提，或用上击器上击。

     A. 降低钻井液的黏度和切力   B. 增加钻井液的黏度和切力

     C. 降低钻井液的密度   D. 增加钻井液的密度

244. BF008 若泥包现象是由（   ）泥包造成的，则不能大力上提钻具，以免把钻具卡死，失去循环钻井液的条件，导致不能注解卡剂。

     A. 钻杆   B. 钻铤   C. 钻头或稳定器   D. 接头

245. BF009 钻头在井底时发生的落物卡钻，在争取转动解卡时，要首先用较大（   ）。

     A. 扭力正转   B. 扭力倒转   C. 拉力上提   D. 力量下压

246. BF009 在起钻过程中发生水泥块掉落造成的卡钻，可泵入（   ），并配合震击器震击来解卡。

     A. 抑制性稀硫酸   B. 抑制性硫酸   C. 抑制性土酸   D. 王水

247. BF010 为预防干钻的发生，在试钻时，若出现（   ），而且一次比一次严重，则要停止钻进。

     A. 钻速增加   B. 下放无阻力

     C. 上提无阻力   D. 停钻打倒车、上提有阻力

248. BF010 在钻进过程中，若发现泵压下降或返出量减小，要立即停钻；若循环正常，没有短路现象，则可以进行试钻，试钻时，每钻进（   ）提起划眼一次。

     A. 5～10 min   B. 15～30 min   C. 30～60 min   D. 10～15 min

249. BF011 国产闭式下击器有（   ）长的自由伸缩行程。

     A. 150～200 mm   B. 200～300 mm   C. 300～400 mm   D. 400～470 mm

250. BF011 国产闭式下击器的密封空腔里充满（   ）。

     A. 氮气   B. 水

     C. 硅油   D. 30 号机械油或润滑油

251. BF012　钻井现场习惯把(　　)称为井下三器。

    A. 减振器、稳定器、加速器　　　　　　　　B. 减振器、稳定器、震击器

    C. 减振器、稳定器、防喷器　　　　　　　　D. 震击器、减振器、加速器

252. BF012　在上提钻具时,钻具伸长,使与上击器配用的液压加速器密封总成(　　),硅
        油被压缩,储存能量。

    A. 向下移动　　　　B. 向上移动　　　　C. 向右旋转　　　　D. 向左旋转

253. BF013　倒扣接头也叫倒扣矛,在处理卡钻事故的倒扣作业中可代替(　　)。

    A. 母锥　　　　　　B. 公锥　　　　　　C. 打捞筒　　　　D. 打捞矛

254. BF013　倒扣接头的上接头上部是(　　)。

    A. 与铣管规格相同的右旋螺纹　　　　　　B. 与铣管规格相同的左旋螺纹

    C. 与钻具规格相同的右旋螺纹　　　　　　D. 与钻具规格相同的左旋螺纹

255. BF014　爆炸松扣是处理(　　)事故的一种倒扣方法。

    A. 落物　　　　　　B. 卡钻　　　　　　C. 断钻具　　　　D. 取芯

256. BF014　爆炸松扣用电缆将导爆索从(　　)送到卡点。

    A. 钻具水眼内　　　B. 钻具水眼外　　　C. 环空　　　　　D. 套管内

257. BF015　动力钻具侧钻造斜要平稳,井斜率一般控制在(　　)。

    A. $(0.1° \sim 0.25°)/10\ m$　　　　　　　　B. $(0.25° \sim 0.5°)/10\ m$

    C. $(0.5° \sim 1°)/10\ m$　　　　　　　　　D. $(1° \sim 2°)/10\ m$

258. BF015　采用动力钻具侧钻时,根据返出岩屑含水泥量判断新井眼是否形成,若已形成
        再钻(　　)起钻换钻具。

    A. 1个立柱　　　　B. 1～2个单根　　C. 2个立柱　　　D. 3个立柱

259. BF016　钻柱滑螺纹的主要原因是:螺纹(　　)导致牙形磨损;螺纹上得不紧,钻井液
        冲刺时间较长;牙型不符合标准,螺纹不易上紧等。

    A. 上卸次数过多　　B. 受力过大　　　　C. 没涂螺纹脂　　D. 使用时间较长

260. BF016　常见钻柱事故处理所用打捞工具一般有(　　)、打捞矛、内螺纹锥和外螺纹
        锥。

    A. 反循环打捞篮　　B. 卡瓦打捞筒　　　C. 随钻打捞杯　　D. 铣鞋

261. BF016　打捞矛的分瓣卡瓦外表面略带锥度,其抓捞部分外径(　　)。

    A. 略大于落鱼外径　B. 等于落鱼内径　　C. 略小于落鱼内径　D. 略大于落鱼内径

262. BF017　落鱼抓捞部位的实际外径不得比所用卡瓦打捞筒打捞落鱼的标准尺寸小
        (　　)。

    A. 1 mm　　　　　　B. 2 mm　　　　　C. 3 mm　　　　　D. 5 mm

263. BF017　卡瓦打捞筒的卡瓦内径应比落鱼外径小(　　)。

    A. 3～5 mm　　　　B. 1～2 mm　　　　C. 5～7 mm　　　D. 8 mm 左右

264. BF018　用卡瓦打捞筒打捞钻柱,当鱼头到达卡瓦下端时,一般加压(　　)。

    A. 10～20 kN　　　B. 20～30 kN　　　C. 30～50 kN　　D. 60～80 kN

265. BF018　卡瓦打捞筒打捞的鱼头有毛刺或微变形时可加压(　　)进行磨铣。

    A. 5～10 kN　　　　B. 10～20 kN　　　C. 20～30 kN　　D. 30～50 kN

266. BF019　常用的打捞矛为(　　)打捞矛。

    A. 卡簧式　　　　　B. 套筒式　　　　　C. 卡瓦式　　　　D. 反循环

267. BF019 卡瓦打捞矛是通过落鱼的（　　）进行打捞的一种工具。

    A. 内径   B. 外径   C. 母扣   D. 公扣

268. BF020 当卡瓦打捞矛咬住落鱼而又提不起来需要丢掉落鱼时，利用下击器下击后顺时针转动（　　）即可。

    A. 0.5～1 圈   B. 1～2 圈   C. 2～3 圈   D. 3～4 圈

269. BF020 打捞矛下至距鱼顶（　　）时要开泵循环，冲洗鱼头。

    A. 0.2 m   B. 0.5 m   C. 1 m   D. 9 m

270. BF020 打捞矛的卡瓦有效打捞尺寸应比落鱼水眼尺寸大（　　）。

    A. 1～4 mm   B. 2～4 mm   C. 3～4 mm   D. 1～3 mm

271. BF021 用外螺纹锥打捞钻具时，可加压（　　）造螺纹。

    A. 10～20 kN   B. 20～30 kN   C. 30～50 kN   D. 50～100 kN

272. BF021 外螺纹锥左旋螺纹必须完好，造螺纹位置宜距外螺纹锥尖端（　　）以上。

    A. 5 cm   B. 10 cm   C. 1 cm   D. 50 cm

273. BF022 安全接头上部是（　　）螺纹。

    A. 内   B. 外   C. 左旋   D. 右旋

274. BF022 安全接头可以承受（　　）扭矩，如不采用专门的解脱方法，接头既不会松开，也不会脱落。

    A. 正   B. 正反   C. 反   D. 左右

275. BF023 套铣（　　）时，一般选用带铣齿的铣鞋，在铣齿上堆焊或镶焊硬质合金，地层越软，铣齿越高，齿数越少。

    A. 稳定器   B. 岩屑堵塞物或软地层

    C. 钻铤   D. 稳定器或硬地层

276. BF023 修理鱼顶外径时，应选用（　　）铣鞋，铣鞋的底部和内径应镶焊硬质合金。

    A. 扩眼型   B. 切削型   C. 内磨型   D. 研磨型

277. BF024 将管材的两端车成内螺纹（方形或梯形螺纹），用双外螺纹接箍连接起来，这种铣管叫作（　　）。

    A. 内接箍铣管   B. 外接箍铣管   C. 双接箍铣管   D. 无接箍铣管

278. BF024 将管材车成双级同步螺纹，一端为外螺纹，一端为内螺纹，铣管与铣管直接连接，中间不用接箍，这种铣管叫作（　　）。

    A. 内接箍铣管   B. 外接箍铣管   C. 双接箍铣管   D. 无接箍铣管

279. BF025 下铣管时，必须保证井下畅通无阻，不能用铣管（　　）。

    A. 划眼   B. 循环   C. 研磨   D. 接触落鱼

280. BF025 整个套铣过程均以（　　）为宜。

    A. 高转速   B. 低转速   C. 大钻压   D. 高扭矩

281. BF026 把铣鞋与异径接头用销钉连接好，接于 1 根或 2 根钻杆之上，再接套铣管，如欲一次把落鱼套铣完，则铣管长度应（　　）落鱼长度与引导杆长度之和。

    A. 大于   B. 小于   C. 等于   D. 不大于

282. BF026 套铣有（　　）作用，套过卡点后，落鱼下行，当异径接头到达铣鞋位置时，便被悬挂在铣管中，和铣管一同起出。

    A. 脱落   B. 防卡   C. 防鳖   D. 防掉

283. BF027 当井下落物情况不明或鱼头变形情况不明、无法决定下何种打捞工具时,需要用(　　)。

　　A. 铅模 　　　　　　B. 磨鞋 　　　　　　C. 铣头 　　　　　　D. 强磁

284. BF027 用于探测平面形状的铅模是(　　)。

　　A. 锤形铅模 　　　　B. 方形铅模 　　　　C. 锥形铅模 　　　　D. 平底铅模

285. BF028 落物事故处理要根据井内落物的(　　)选用不同的打捞工具。

　　A. 位置 　　　　　　B. 时间 　　　　　　C. 形状和大小 　　　D. 作用和质量

286. BF028 磁力打捞器适用于垂深在(　　)以内的中硬或硬地层打捞。

　　A. 1 250 m 　　　　B. 2 000 m 　　　　C. 3 000 m 　　　　D. 5 000 m

287. BG001 通常依据报告的内容,把报告归结为(　　)大类。

　　A. 三 　　　　　　　B. 四 　　　　　　　C. 五 　　　　　　　D. 六

288. BG001 编写技术文件情况报告时,要(　　),叙述清楚。

　　A. 多事一报 　　　　B. 一事多报 　　　　C. 一事一报 　　　　D. 多事汇总后多报

289. BG002 情况报告要按(　　)编写。

　　A. 行文格式 　　　　B. 公文格式 　　　　C. 信函格式 　　　　D. 公告格式

290. BG002 情况报告的结尾部分也叫(　　)部分,在作了事故情况汇报之后,针对事故应持什么样的态度和应采取什么样的措施,作为汇报情况的下级,应该有自己的独立见解。

　　A. 概述 　　　　　　B. 意见 　　　　　　C. 绪论 　　　　　　D. 本论

291. BG003 更新改造的理由有原有设备的(　　)、对产品质量及产量的不适应程度、对生产工艺的不适用程度、对能源浪费的程度、对安全及环保影响的程度等。

　　A. 磨损情况 　　　　B. 使用情况 　　　　C. 修理情况 　　　　D. 保养周期

292. BG003 更新改造设备的预期效益包括提高设备(　　)的效果、提高生产效率和产品质量的效果、改善劳动条件和环境保护的效果及降低生产成本的效果。

　　A. 利用率 　　　　　B. 返修率 　　　　　C. 空置率 　　　　　D. 生产率

293. BG004 按项目的重要性和涉及面的大小,成果的鉴定一般可分为(　　)。

　　A. 一级 　　　　　　B. 二级 　　　　　　C. 三级 　　　　　　D. 四级

294. BG004 成果鉴定的实施过程为(　　),具有严格性、严密性以及资料的完整性。

　　A. 实验测试→数据处理→结论推断 　　　　B. 数据处理→实验测试→结论推断

　　C. 实验测试→结论推断→数据处理 　　　　D. 数据处理→结论推断→实验测试

295. BG005 技术革新要注意(　　)。

　　A. 实用性 　　　　　B. 经济性 　　　　　C. 先进性 　　　　　D. 超前性

296. BG005 技术革新与改进的数据记录要(　　)

　　A. 齐全、规范 　　　B. 可信 　　　　　　C. 有说服力 　　　　D. 进行修正

297. BG006 现场所进行的各种试验归结起来有(　　)类型。

　　A. 1 种 　　　　　　B. 2 种 　　　　　　C. 3 种 　　　　　　D. 4 种

298. BG006 设备或工具试验的目的是对新产品或改进的产品进行全面的性能试验,以检查其各项性能指标是否达到(　　)的要求。

　　A. 测试或推断 　　　B. 实验或测试 　　　C. 设计或改进 　　　D. 检验或测试

299. BG007 试验报告的(　　)主要说明了试验的目的、性质、要求、依据、方法、时间和地

点等。

  A. 前言和概述   B. 试验内容及结果 C. 结论   D. 主要技术规格

300. BG007 试验报告主要包括（ ）部分。

  A. 2个   B. 4个   C. 6个   D. 8个

301. BG008 当有关业务部门根据当年年度研究方向认为其研究课题具有（ ）时，便会批准开题报告，即研究课题已经在有关业务部门立项了。

  A. 可行性   B. 研究价值

  C. 经济效益   D. 研究价值而又可行

302. BG008 所有研究项目必须首先向有关业务部门提出（ ），即填写好开题报告书，申请批准。

  A. 建议   B. 立项   C. 申请   D. 报告

303. BG009 论文成功的关键首先是（ ）。

  A. 选题   B. 语言流畅   C. 逻辑性强   D. 观点正确

304. BG009 掌握好相关资料是写好论文的（ ）。

  A. 中心   B. 关键   C. 基础   D. 充分条件

305. BG010 论文的主体、重点是（ ），是开展论证、表达作者研究成果的主要部分。

  A. 开头   B. 正文   C. 结尾   D. 绪论

306. BG010 论文的（ ）是对全文的总结概括，在具体写作时不能掉以轻心。

  A. 开头部分   B. 正文部分   C. 结尾部分   D. 绪论部分

307. BH001 通过培训使操作人员所能达到的理论知识和操作技能水平的高度，是指培训的（ ）。

  A. 目标   B. 计划   C. 方针   D. 政策

308. BH001 职业道德培训包括职业道德、职业态度和（ ）。

  A. 基本行为规范 B. 职业理论知识 C. 专业行为规范 D. 专业知识

309. BH002 培训教师备课要求做到备好教材、备好学员、备好（ ）。

  A. 教学方法   B. 教学大纲   C. 教学目的   D. 教学要求

310. BH002 下列选项中，（ ）一般由培养目标、教学时间、教学内容等组成。

  A. 教学计划   B. 教学大纲   C. 培训教材   D. 教案

311. BH003 体现教师的教学个性，必须充分考虑（ ）与教师个性的有机结合。

  A. 教学计划   B. 教学大纲   C. 培训教材   D. 教学共性

312. BH003 培训机构要对教师学科教学工作计划认真审阅，签署指导意见，每个培训周期中每一学科都要有（ ）。

  A. 教学计划   B. 教学大纲   C. 培训教材   D. 教案

313. BH004 备课应不断更新和充实教学内容，注意结合（ ），反映本学科发展的科学技术新成就，并能体现自己的相关研究成果和学术观点。

  A. 教学计划   B. 学员动态   C. 培训教材   D. 社会实际

314. BH004 一般来说，教学有三大功能，即传授知识、（ ）、培养思想品德。

  A. 传授技能   B. 发展智能   C. 增加安全意识 D. 完善价值观

315. BH005 教学计划的中心是（ ）。

  A. 培养目标   B. 具体教学内容的确立

C. 教学时间的具体分配　　　　　　　　　D. 教学方法

316. BH005　教师备课的结晶、授课的依据、上课的备忘录指的是（　　）。

A. 教案　　　　　　B. 教学计划　　　　　C. 教学大纲　　　　　D. 培训教材

二、多选题（每题有 4 个选项，其中有 2 个或 2 个以上是正确的，将正确的选项号填入括号内）

1. AA001　PowerPoint 2010 的工作区包括（　　）3 部分。

A. 位于左侧的"幻灯片/大纲"窗格　　　　B. 位于右侧的"幻灯片"窗格

C. "备注"窗格　　　　　　　　　　　　　D. "工具"窗格

2. AA002　PowerPoint 2010 中创建幻灯片的方法有（　　）3 种。

A. 通过功能区的"开始"选项卡创建　　　　B. 使用快捷菜单创建

C. 使用快捷键 Ctrl＋M 创建　　　　　　　D. 使用快捷键 Ctrl＋S 创建

3. AA003　在 PowerPoint 2010 中，可以设置段落的（　　）。

A. 对齐方式　　　　　B. 行间距　　　　　C. 缩进量　　　　　D. 大纲级别

4. AA004　在 PowerPoint 2010 中，除了可以设置幻灯片的背景和填充颜色以外，还可以添加（　　）。

A. 底纹　　　　　　　B. 图案　　　　　　C. 纹理　　　　　　D. 图片

5. AA005　在 PowerPoint 2010 中为幻灯片嵌入视频的操作步骤是（　　）。

A. 在普通视图下，单击要向其嵌入视频的幻灯片

B. 在"插入"选项卡的"媒体"组中，单击"视频"的倒三角按钮

C. 单击"文件中的视频"命令，弹出"插入视频文件"对话框

D. 选择相应的视频文件，单击"插入"按钮

6. AA006　在 PowerPoint 2010 中动画效果有（　　）。

A. "进入"效果　　　　B. "退出"效果　　　C. "强调"效果　　　D. "动作路径"

7. AA007　在 PowerPoint 2010 中设置放映方式：在"换片方式"区域中设置换片方式，可以选择（　　）进行换片。

A. 手动　　　　　　　B. 根据排练时间　　C. 自动　　　　　　D. 幻灯片定位

8. AA008　计算机网络共享资源包括（　　）。

A. 硬件资源　　　　　B. 软件资源　　　　C. 数据　　　　　　D. 信息资源

9. AA008　人们可以通过电话线以多种方式或通过网卡以 LAN 方式连接到 Internet，享受 Internet 所提供的（　　）等多种服务。

A. WWW 浏览　　　　B. 收发电子邮件　　C. 网上聊天　　　　D. 网络游戏

10. AA009　计算机互联网按距离划分，分为（　　）。

A. 局域网　　　　　　B. 城域网　　　　　C. 广域网　　　　　D. 万维网

11. AA010　调制解调器的功能是把（　　）互相转换。

A. 数字信号　　　　　B. 模拟信号　　　　C. 文字信号　　　　D. 图像信号

12. AA011　用 IE 浏览网页时，（　　）能加快多媒体网页的显示。

A. 关闭图形　　　　　B. 关闭动画　　　　C. 关闭声音　　　　D. 关闭音箱

13. AA012　IE6.0 中的工具栏包括一些常用的按钮，如（　　）等。

A. 编辑　　　　　　　B. 前后翻页键　　　C. 停止键　　　　　D. 刷新键

14. AA013　利用 IE 浏览器设置当前网页打印时的页眉参数包括（　　）。

A. 当前页码　　　　　B. 当前字体　　　　　C. 纸张大小　　　　　D. 网页总数

15. AB001　台虎钳的规格以钳口宽度来表示,常用的有(　　)等几种规格。

A. 100 mm　　　　　B. 125 mm　　　　　C. 150 mm　　　　　D. 200 mm

16. AB002　划针由弹簧钢丝或高碳钢制成,是用来在工件上划出线条的工具,常配合
(　　)等导向工具一起使用。

A. 钢尺　　　　　B. 角尺　　　　　C. 样板　　　　　D. 高度尺

17. AB002　划针盘是用来划线或找正工件位置的工具,它由(　　)组成。

A. 底座　　　　　B. 立柱　　　　　C. 划针　　　　　D. 夹紧螺母

18. AB003　划线基准的选择一般应遵守的原则有(　　)。

A. 以2个(条)互相垂直的平面或线为基准　　　B. 以2条中心线为基准

C. 以一个平面和一条中心线为基准　　　D. 以2个(条)互相平行的平面或线为基准

19. AB004　为了保证錾子的切削部分具有较高的硬度,应采用(　　)等处理方法。

A. 淬火　　　　　B. 正火　　　　　C. 退火　　　　　D. 回火

20. AB005　钻孔时需注入充足的切削液,目的是起(　　)作用。

A. 冷却　　　　　B. 润滑　　　　　C. 清洗　　　　　D. 排屑

21. AB006　铰刀最基本的结构参数是铰刀直径,它由被铰孔的直径尺寸和公差、(　　)等
因素决定。

A. 铰孔时的扩张量　　　B. 铰孔时的收缩量　　　C. 铰刀的磨损公差　　　D. 铰刀的制造公差

22. AB007　研磨是用研磨工具和研磨剂从工件表面上磨掉一层极薄的金属,使工件表面
达到(　　)的精加工方法。

A. 精确的尺寸　　　　　B. 准确的几何形状

C. 很小的表面粗糙度值　　　　　D. 无表面粗糙度值

23. AB008　校直时使轴滚动,可用(　　)划出弯曲部位,转动压力机螺杆,使压块压在凸
起部位。

A. 粉笔　　　　　B. 记号笔　　　　　C. 2B铅笔　　　　　D. 毛笔

24. AC001　零件视图选择的一般原则是:首先选定零件的主视图,再恰当地选择(　　)和
其他各种表达方法。

A. 基本视图　　　　　B. 剖视图　　　　　C. 断面图　　　　　D. 装配图

25. AC002　合理标注尺寸主要是为了使零件能在机器或部件上更好地承担工作的要求,
又能满足零件(　　)的要求。

A. 加工　　　　　B. 测量　　　　　C. 绘图　　　　　D. 检验

26. AC003　零件表面粗糙度的评定有(　　)3项参数。

A. 表面粗糙度高度参数轮廓算术平均值(Ra)

B. 表面粗糙度高度参数轮廓微观不平度十点高(Rz)

C. 轮廓最大高度(Ry)

D. 轮廓最小高度(Rx)

27. AC004　尺寸偏差有(　　)。

A. 上偏差　　　　　B. 下偏差　　　　　C. 实际偏差　　　　　D. 极限偏差

28. AC005　根据孔和轴公差带的关系,或者说按配合零件接合面形成间隙或过盈的情况,
将配合分为3类,即(　　)。

A. 间隙配合　　　　　　B. 过盈配合　　　　　　C. 过渡配合　　　　　D. 极限配合

29. AC006　零件具有互换性,有利于生产分工协作,也有利于采用先进工艺和专用设备进行高效率的专业化生产,可以缩短生产周期、(　　)。

A. 降低成本　　　　　　B. 保证质量　　　　　　C. 为产品提供备件　　D. 有利于维修

30. AC007　对零件以目测的方法,徒手绘制草图,然后进行(　　),最后依据草图绘制零件工作图,这个过程称为零件测绘。

A. 测量　　　　　　　　B. 尺寸标记　　　　　　C. 提出技术要求　　　D. 描深

31. AC008　在螺纹要素中,(　　)是决定螺纹的最基本要素,通常被称为螺纹三要素。

A. 牙型　　　　　　　　B. 大径　　　　　　　　C. 螺距　　　　　　　D. 旋向

32. AC009　传动螺纹包括(　　)。

A. 梯形螺纹　　　　　　B. 锯齿形螺纹　　　　　C. 圆柱管螺纹　　　　D. 圆锥管螺纹

33. AC010　测量螺纹时,采用的步骤是(　　)。

A. 确定螺纹的线数和旋向　　　　　　　　　　　B. 测量螺距

C. 用游标卡尺测大径　　　　　　　　　　　　　D. 查标准、定标记

34. AC011　对于内螺纹,在(　　)中,螺纹大径用细实线表示,小径和螺纹终止线用粗实线表示。

A. 主视图　　　　　　　B. 俯视图　　　　　　　C. 剖视图　　　　　　D. 断面图

35. AC011　无论是外螺纹还是内螺纹,在(　　)中,剖面线都必须画到粗实线。

A. 主视图　　　　　　　B. 俯视图　　　　　　　C. 剖视图　　　　　　D. 断面图

36. BA001　在 MWD 施工过程中,连续波方式的优点是(　　)。

A. 数据传输快　　　　　　　　　　　　　　　　B. 数据精度高

C. 下井仪器结构简单　　　　　　　　　　　　　D. 使用操作和维修方便

37. BA002　MWD 随钻测量仪器技术性能先进、工作可靠,特别适用于(　　)的测量,能及时判断测量数据的误差原因以及确定测量的精度。

A. 大斜度井　　　　　　B. 直井　　　　　　　　C. 水平井　　　　　　D. 取芯井

38. BA003　SK-MWD 随钻测斜仪由(　　)等组成。

A. 脉冲发生器　　　　　B. 电池筒　　　　　　　C. 扶正器　　　　　　D. 定向探管

39. BA004　SK-MWD 随钻测斜仪的提升阀与限流环之间的钻井液流通截面积决定着信号的强弱,人们可以通过选择提升(　　)尺寸来控制信号强弱,使之适用于不同井眼、不同排量、不同井深的工作环境。

A. 阀的内径　　　　　　B. 阀的外径　　　　　　C. 限流环的内径　　　D. 限流环的外径

40. BA005　SK-MWD 仪器组件中的鱼头包括(　　)。

A. 鱼头本体　　　　　　B. 鱼头销　　　　　　　C. 转接头　　　　　　D. 专用短节

41. BA006　YST-48R 地面设备包括(　　)、压力传感器等。

A. 计算机　　　　　　　B. 有关连接电缆　　　　C. 专用数据处理仪　　D. 远程数据处理器

42. BA007　近几年来,国内石油钻井行业为了(　　),在定向井、水平井等钻井工艺井中广泛使用气体钻井和欠平衡钻井技术。

A. 提高机械钻速　　　　B. 发现低压储层　　　　C. 保护油气层　　　　D. 提高采收率

43. BA008　EMWD-45 仪器的数据以无线电波的形式传输,在(　　)钻井液中信号传输不受影响。

A. 油基　　　　　　　B. 水基　　　　　　　C. 以 CO_2 为介质的　D. 以空气为介质的

44. BA009　LWD 除了能够提供 MWD 的定向井使用参数外，还能够实时提供（　　）以及深、浅电阻率、岩石孔隙度等相关地质和钻井参数。

A. 地层的自然伽马　　B. 岩性密度　　　　　C. 钻压　　　　　　　D. 井径

45. BA010　下列关于影响 LWD 测量因素的说法正确的是（　　）。

A. MPR 仪器的相位电阻率和衰减电阻率在不同层厚情况下电阻层（低阻围岩）和电导层（高阻围岩）受围岩的影响

B. 层越薄围岩影响越严重，对 400 kHz 曲线的影响小于对 2 MHz 曲线的影响，对长源距的影响小于对短源距的影响

C. 测井评价中使用的所谓地层真电阻率指的是地层水平电阻率 R_h，所以电测曲线越接近地层水平电阻率，越有利于准确地评价地层

D. 一般情况下，MPR 建议使用与井眼尺寸最接近的仪器进行工作，如在 $8\frac{1}{2}$ in 井眼中选用 $6\frac{3}{4}$ in 直径仪器

46. BA011　RSS 的井下旋转导向工具系统由（　　）等部分组成。

A. 测控机构　　　　　B. 偏置机构　　　　　C. 执行机构　　　　　D. 辅助机构

47. BA012　RSS 的偏置机构包括（　　）。

A. 机械式　　　　　　B. 液压式　　　　　　C. 气动式　　　　　　D. 手动式

48. BB001　气控系统的故障会给生产带来严重影响。因此维护、保养好钻机的气控系统是很重要的，通常应注意（　　）等方面。

A. 使用前的维护检查　　　　　　　　　B. 压缩空气压力充足

C. 管道的清洁和气体干燥　　　　　　　D. 保持气体湿润

49. BB002　经处理后的压缩空气进入绞车阀箱后，分成两路：一路进入绞车内的（　　）；另一路进入司钻控制台，为司钻气控手动阀供气。

A. 各气控阀组　　　　B. 执行元件　　　　　C. 控制元件　　　　　D. 输气管线

50. BB003　检查钻井泵动力端所有螺栓，包括（　　）螺栓头部的锁紧铁丝。

A. 主轴承盖　　　　　B. 曲轴各轴承挡板　　C. 十字头销挡板　　　D. 润滑油泵

51. BB003　检查钻井泵动力端主轴承盖，需检查主轴承（　　）等。

A. 止动弹簧圈的紧固性　　　　　　　　B. 止动螺栓的紧固性

C. 轮齿的情况　　　　　　　　　　　　D. 轴承滚珠的情况

52. BB004　当泵不使用或停止运转的时间超过 10 天时，建议将液力端的一些零件，如（　　）等取下来。

A. 活塞　　　　　　　B. 活塞杆　　　　　　C. 缸套　　　　　　　D. 阀座

53. BB005　安装十字头时，需彻底清除所有污物，并除去（　　）等表面上的毛刺和尖角。

A. 连杆　　　　　　　B. 十字头外圆　　　　C. 十字头销孔　　　　D. 导板内孔

54. BB006　调整十字头间隙，应先擦干净（　　），有毛刺时要修整。

A. 十字头销孔　　　　　　　　　　　　B. 上导板

C. 下导板　　　　　　　　　　　　　　D. 泵体与导板的贴合面

55. BB007　下放钻具，特别是在下放较重的钻具时，必须与辅助刹车配合使用，辅助刹车主要有（　　）。

A. 自动送钻装置　　　B. 水刹车　　　　　　C. 电磁刹车　　　　　D. 伊顿刹车

56. BB008 盘刹液压系统中的过滤器分为(   )2 类。

A. 水过滤器 　B. 油液过滤器 　C. 空气过滤器 　D. 离心过滤器

57. BB009 下列关于北石顶驱 DQ70BSC 的说法正确的有(   )。

A. 电源电压为 600 V 3AC 　　　　　B. 额定功率为 500 hp×2

C. 环境温度为 -35～55 ℃ 　　　　　D. 海拔小于等于 1 200 m

58. BB010 下列关于 DQ70BSC 顶驱工作扭矩的说法正确的有(   )。

A. 50 kN·m 　　　　　　　　　　　B. 60 kN·m

C. 0～110 r/min,连续 　　　　　　　D. 0～220 r/min,连续

59. BB011 装配背钳活塞前,应检查液压缸内有无(   )、油脂等。

A. 毛刺 　B. 杂物 　C. 划痕 　D. 配件

60. BB012 开机前确认进线相序正确后,给电控系统送电,检查确认 PLC/MCC 系统工作
正常,检查确认(   )、等工作正常。

A. 监控系统 　　　　　　　　　　　B. 动力系统仪表和指示

C. 电力系统仪表和指示 　　　　　　D. 液压系统仪表和指示

61. BB012 开机调试应当在安装检查后,确认没有(   )的情况下进行。

A. 安装错误 　B. 动力 　C. 缺陷 　D. 液压

62. BB013 自动送钻的基本原理是由死绳锚感知大钩负荷,与输入的设定钻压比较,比较
的结果送入 CPU,由 CPU 综合其他信息,如(   )后实现自动送钻。

A. 大钩高度 　　　　　　　　　　　B. 大钩负荷

C. 变频器的输出功率 　　　　　　　D. 编码器和刹车电磁阀的状态

63. BB014 自动送钻系统中,机械钻速可以通过(   )进行设定和调节。

A. 触摸屏 　B. 刹把 　C. 电位器 　D. 传感器

64. BB014 变频调速自动送钻系统在一体化参数的配合下可有效地防止(   )事故。

A. 溜钻 　B. 卡钻 　C. 游车的上碰下砸 　D. 憋泵

65. BB015 组合液压站蓄能器不能蓄能可能是因为(   )。

A. 胶囊损坏 　B. 缺少氮气 　C. 系统压力过高 　D. 油温过高

66. BB016 调试组合液压站动力源压力至系统要求压力之后需要(   )。

A. 稳压 5 min 　B. 观察有无泄漏 　C. 打开加热器 　D. 启动辅助泵电机

67. BC001 钻井泵动力端有杂音,可以检查(   )是否松动,曲拐键是否磨损。

A. 中间拉杆 　B. 偏心轴 　C. 挡泥盘 　D. 连杆轴承

68. BC002 缸套处有剧烈敲击声的原因可能是(   )松动。

A. 活塞螺母 　B. 活塞胶皮 　C. 缸套压盖 　D. 缸套耐磨盘

69. BC003 取下空气包气囊时,将一根棒从(   )中间插入,把气囊压扁即可从顶部取出。

A. 空气包盖 　B. 气囊 　C. 壳体 　D. 底塞

70. BC004 安装水龙头冲管时,最后应(   )。

A. 在上下密封压套上装入 O 形密封圈 　B. 在下密封盒内装上油杯

C. 将冲管总成装入水龙头 　　　　　D. 上紧上下密封盒压盖

71. BC005 调平套管动力钳需要调整(   )。

A. 钳子的前后水平 　　　　　　　　B. 钳子的横向水平

C. 钳子与绞车的水平 　　　　　　　D. 钳子与井口的水平

72. BC006　TQ340-35套管动力钳无空挡的原因有（　　）。

　　A. 液压手动换向阀损坏　　　　　　　B. 三通气阀损坏

　　C. 中间连接气路不通　　　　　　　　D. 气胎离合器脱不开

73. BC006　TQ340-35套管动力钳钳头转速不够的原因有（　　）。

　　A. 液压动力站压力或排量不够　　　　B. 压缩空气压力不够

　　C. 液压马达或液压手动换向阀漏损大　D. 气胎离合器摩擦片磨损

74. BC007　电子防碰故障从大的方面来说，主要有（　　）。

　　A. 显示类　　　　　B. 误操作类　　　　C. 动作类　　　　D. 天气类

75. BC008　电子防碰装置的故障排除方法有（　　）。

　　A. 嫌疑人法　　　　B. 换件法　　　　　C. 测量法　　　　D. 频率确定法

76. BC009　消除电子防碰的干扰主要是消除（　　）。

　　A. 电场干扰　　　　B. 磁场干扰　　　　C. 手机干扰　　　　D. 共阻抗干扰

77. BC009　消除共阻抗干扰，要做到（　　）。

　　A. 信号线一端接地一端悬空　　　　　B. 及时更换破损的屏蔽电缆

　　C. 信号线屏蔽层多处接地　　　　　　D. 正确连接外部传感器壳体

78. BC010　检查电子防碰和滚筒轴的（　　）情况，有偏差的要及时调整。

　　A. 固定　　　　　　B. 匹配　　　　　　C. 同轴度　　　　D. 转动

79. BC011　顶驱电控系统不能启动，产生故障的原因可能是（　　）。

　　A. 内控/外控开关位置不正确　　　　　B. 检查变频器是否启动

　　C. 加热器是否为运行状态　　　　　　D. 变频器故障未复位

80. BC012　在对液压系统拆卸之前，应当切断（　　）、压缩空气等能源，释放所有系统蓄能器的压力，确认系统管路及系统蓄能器中没有油压。

　　A. 气源　　　　　　B. 电力　　　　　　C. 液压油　　　　D. 蓄能器

81. BC013　刹车块在摩擦过程中，有机物的（　　）等也会加速刹车块的磨损。

　　A. 热裂解　　　　　B. 热氧化　　　　　C. 碳化　　　　　D. 环化

82. BC014　刹车盘是刹车系统的核心部件之一，按其结构形式可分为（　　）3种。

　　A. 水冷盘　　　　　B. 油冷盘　　　　　C. 风冷盘　　　　D. 实心盘

83. BC015　液压操作不灵敏的可能原因是（　　）。

　　A. 供油压力过低　　　　　　　　　　B. 控制阀件被堵塞或有缺陷

　　C. 系统压力过低　　　　　　　　　　D. 压力有漏失

84. BC016　盘刹安全钳安装好的油缸盖内有（　　）。

　　A. 碟簧　　　　　　B. 防尘圈　　　　　C. 密封圈　　　　D. 导向带

85. BD001　与普通定向井、水平井相比，分支井的优点是（　　）。

　　A. 完井风险大，可能丢失分支井眼，沟通不了油藏

　　B. 增加产量，降低成本

　　C. 用较少的直井同时开采多套油气层系

　　D. 适合开采稠油油藏、衰竭油藏

86. BD002　分支井按井眼轨迹可分为（　　）。

　　A. 主井筒为直井的双分支井　　　　　B. 主井筒为直井的三分支井

　　C. 主井筒为水平井的三分支井　　　　D. 主井筒为水平井的梳齿状分支井

87. BD002　分支井按造斜半径可分为(　　)。
　　A. 长半径分支井　　B. 中半径分支井　　C. 短半径分支井　　D. 超短半径分支井

88. BD003　分支井钻机设计原则包括(　　)。
　　A. 大钩负荷和套管性能　　　　　　　　B. 钻井泵功率
　　C. 钻台底座高度应适合特殊设备的要求　　D. 柴油机-电驱动

89. BD004　分支井轨迹控制是一项复杂的系统工程,它涉及钻井、(　　)、统筹学等诸多方面的知识。
　　A. 定向　　　　　　B. 力学　　　　　　C. 数学　　　　　　D. 计算机

90. BD005　人工诱导法欠平衡钻井根据使用的钻井流体类型可分为(　　)。
　　A. 纯气体欠平衡钻井　　B. 充气欠平衡钻井　　C. 雾化欠平衡钻井　　D. 泡沫欠平衡钻井

91. BD006　套管阀具有(　　)的优点。
　　A. 在欠平衡钻井起下钻作业中,不需压井,从而避免了压井施工对储层的伤害
　　B. 使用套管阀可缩短起下钻作业时间
　　C. 允许下入长而复杂的井底钻具组合、测井仪器组合
　　D. 完井作业中可方便地下入复杂管柱

92. BD007　欠压值的确定应以(　　)综合剖面数据为依据。
　　A. 地层坍塌压力　　B. 孔隙压力　　C. 破裂压力　　D. 静液柱压力

93. BD008　欠平衡钻井期间,在(　　)及完井等整个作业过程中,都必须维持井下欠平衡压力条件。
　　A. 钻进　　　　　　B. 接单根　　　　　C. 换钻头　　　　　D. 起下钻

94. BD009　气体钻井包括(　　)钻井,密度适用范围为 $0\sim0.02$ g/cm³。
　　A. 空气　　　　　　B. 天然气　　　　　C. 液化气　　　　　D. 氮气

95. BD010　欠平衡钻井在装备配置方面,除常规配备的井控装备外,还必须配备(　　)。
　　A. 自动点火装置　　B. 人工点火装置　　C. 防回火装置　　D. 防火装置

96. BD011　提高深井、超深井大直径井眼钻井速度的有效途径有(　　)。
　　A. 完善钻头系列,加强钻头合理选型　　B. 强化钻井参数,提高井底破岩机械能量
　　C. 强化水力参数,提高井底和井眼净化能力　　D. 加强人员设备管理,提高综合管理能力

97. BD011　深井、超深井井身结构的设计原则有(　　)。
　　A. 提高钻井速度　　B. 缩短建井周期　　C. 降低钻井成本　　D. 提高采收率

98. BD012　小井眼钻井施工与常规钻井施工相比,其主要优点包括(　　)。
　　A. 节省钻井费用　　B. 有利于保护环境　　C. 适用于高产井　　D. 机动性能好

99. BD013　常用的小井眼水平井钻井系统一般采用光钻杆以(　　)。
　　A. 降低扭矩　　　　B. 提高扭矩　　　　C. 降低阻力　　　　D. 提高阻力

100. BD014　套管钻井技术按照能否更换钻头可分为(　　)套管钻井技术。
　　A. 单行程　　　　　B. 多行程　　　　　C. 表层　　　　　　D. 油层

101. BD015　属于单行程套管钻井技术的钻鞋是(　　)。
　　A. 刚性钻鞋　　　　B. 可膨胀钻鞋　　　C. 复合钻鞋　　　　D. 憋压钻鞋

102. BD016　多行程套管钻井所用井下工具系统主要由(　　)等组成。
　　A. 起下工具　　　　B. 井下锁定工具串　　C. 坐底套管　　　　D. 套管头

103. BD017　典型的套管钻井的钻具组合中有(　　)。

A. 领眼钻头　　　　　B. 井下扩眼器　　　　C. 稳定器　　　　D. 回收机构

104. BD018　控压钻井技术主要是通过对（　　）、钻井液循环摩阻和井眼几何尺寸的综合控制,使整个井筒的压力得到有效的控制。

A. 井口回压　　　　　B. 流体密度　　　　C. 流体流变性　　　　D. 环空液面高度

105. BD019　在开泵循环时,通过改变（　　）,可以改变环空循环压耗。

A. 泵压　　　　　B. 钻井液流态　　　　C. 钻井液排量　　　　D. 环空间隙

106. BD020　国际钻井承包商协会欠平衡作业协会的控压钻井子协会将控压钻井技术划分为（　　）。

A. 被动型控压钻井　　　　　　　　B. 主动型控压钻井
C. 加压钻井液帽控压钻井　　　　　D. 双梯度控压钻井

107. BD021　控压钻井能有效解决（　　）等井筒稳定性问题。

A. 井漏　　　　　B. 井涌　　　　C. 井塌　　　　D. 卡钻

108. BD022　控压钻井技术分为（　　）。

A. 基本 MPD　　　　　　　　　　B. 增强的溢流/漏失监测
C. 手动节流 MPD　　　　　　　　D. 自动节流 MPD

109. BD023　动态环空压力控制系统主要由（　　）、钻井液四相分离器(可选)、回压泵、流量计、井下隔离阀及井下压力随钻测量装置等组成。

A. 旋转控制装置　　　B. 自动节流管汇　　　C. 钻柱止回阀　　　D. 压力溢流阀

110. BD024　若采取连续管钻井技术与常规钻井技术联合钻新井,其钻深可以达到数千米,但（　　）,必要性和经济性均受到质疑。

A. 耗时更多　　　　　B. 成本更大　　　　C. 耗时短　　　　D. 成本低

111. BD025　膨胀管一般用来解决复杂地层引起的各种问题,如（　　）等。

A. 封堵严重漏失地层　　　　　　　B. 解决井眼垮塌问题
C. 测井遇阻　　　　　　　　　　　D. 套管的补贴与修复

112. BD026　膨胀管技术依据的原理主要有（　　）等。

A. 金属材料的弹塑性力学原理　　　B. 液气压平衡原理
C. 基础的运动学　　　　　　　　　D. 固井工艺原理

113. BD026　选择适合的膨胀管间连接方式以及膨胀管间搭接方式,确保连接部位的密封及悬挂的安全可靠性,主要包括（　　）的选择等。

A. 连接螺纹　　　　　B. 连接尺寸　　　　C. 搭接方式　　　　D. 密封脂

114. BE001　科学选择压井方法,应考虑的因素有（　　）。

A. 溢流类型　　　　　　　　　　　B. 溢流量
C. 地层的承压能力　　　　　　　　D. 立管压力、套管压力的大小

115. BE002　可作为司钻法压井施工依据的有（　　）

A. 录取的关井资料　　B. 压井所需数据　　C. 压井施工单　　D. 压力控制进度表

116. BE003　工程师法压井步骤包括（　　）。

A. 配压井液　　　　　B. 开泵　　　　C. 逐渐打开节流阀　　D. 调节节流阀

117. BE004　压井作业中应注意的问题有（　　）。

A. 井漏　　　　　　　　　　　　　B. 立管压力的滞后现象
C. 钻具刺坏　　　　　　　　　　　D. 钻头水眼堵塞

118. BE005　下列方法属于非常规压井方法的是(　　)。
　　A. 置换法　　　　　　B. 平衡点法　　　　　C. 压回法　　　　　D. 低节流法

119. BE006　经常采用置换法压井的情况是(　　)。
　　A. 起钻抽汲,钻井液不够或灌钻井液不及时
　　B. 电测时井内静止时间过长导致气侵严重引起的溢流
　　C. 钻进过程中发生溢流
　　D. 下套管过程中发生溢流

120. BE007　不能关井的原因可能是(　　)。
　　A. 高压浅气层发生溢流　　　　　　B. 表层或技术套管下得太浅
　　C. 发现溢流太晚　　　　　　　　　D. 起钻速度过快

121. BE008　起下钻过程中发生溢流后的压井可采用(　　)。
　　A. 暂时压井后下钻的方法　　　　　B. 等候循环排溢流法
　　C. 抢下钻具的方法　　　　　　　　D. 强行注入钻井液的方法

122. BE009　根据实际情况,井内无钻具的空井压井可以采用(　　)压井。
　　A. 工程师法　　　　　B. 压回法　　　　　C. 置换法　　　　　D. 体积法

123. BE010　根据又喷又漏产生的不同原因,其表现形式可分为(　　)。
　　A. 上喷下漏　　　　　B. 下喷上漏　　　　　C. 不同层又喷又漏　　　D. 同层又喷又漏

124. BF001　下列属于井下事故的有(　　)。
　　A. 井涌　　　　　　　B. 轻微井塌　　　　　C. 钻具断落　　　　　D. 固井失效

125. BF002　在处理滤饼粘吸卡钻时,适合 U 形管效应降压法施工条件的是(　　)。
　　A. 裸眼井段无高压层和坍塌层　　　B. 下过技术套管的井,具备完整的井控设备
　　C. 钻柱上已接回压阀,不能进行反循环　　D. 无堵塞钻头水眼的可能

126. BF003　处理卡钻时,在倒开原钻柱之前,最好先下一只爆破筒把(　　),以便恢复循环。
　　A. 钻头炸裂　　　　　B. 钻头水眼炸掉　　　C. 钻铤炸裂　　　　　D. 钻杆炸裂

127. BF004　坍塌卡钻不能循环时,不宜采用(　　)的方法处理。
　　A. 强力活动　　　　　B. 泡油　　　　　　　C. 震击器震击　　　　D. 套铣倒螺纹

128. BF005　在处理砂桥卡钻时,因突然停泵或突然井漏等原因,造成钻屑下沉引起(　　)被埋,如果强行上提可能卡死钻具。
　　A. 钻杆　　　　　　　B. 部分钻具　　　　　C. 钻头　　　　　　　D. 井口

129. BF006　若在起钻中遇缩径卡钻,应在钻具和设备的安全载荷内(　　)。
　　A. 大力上提　　　　　B. 不能下压　　　　　C. 大力下压　　　　　D. 不能强提

130. BF007　键槽卡钻适合用(　　)的方法处理。
　　A. 大力下压　　　　　B. 下击器下击　　　　C. 大力上提　　　　　D. 倒螺纹套铣

131. BF008　在起钻中途发生泥包卡钻时,不要(　　)。
　　A. 尽力下压　　　　　B. 猛提　　　　　　　C. 用上击器上击　　　D. 停止循环

132. BF009　在钻进过程中发生落物卡钻适合用(　　)的方法处理。
　　A. 猛力下压　　　　　B. 震击器下击　　　　C. 倒螺纹　　　　　　D. 猛力上提

133. BF010　导致水泥卡钻的原因可能是(　　)。
　　A. 注水泥设备或钻具提升设备在施工中途发生故障

  B. 施工措施不当或操作失误

  C. 探水泥面时间过早或措施不当

  D. 施工时间缩短

134. BF011 震击器按震击原理可分为（ ）。

  A. 液压震击器   B. 机械震击器   C. 自由落体震击器   D. 双向震击器

135. BF012 加速器按工作状况可分为（ ）。

  A. 上击加速器   B. 下击加速器   C. 随钻加速器   D. 打捞加速器

136. BF013 倒扣接头由（ ）组成。

  A. 上接头   B. 下接头   C. 胀芯套   D. 胀芯轴

137. BF014 爆炸倒扣的特点是（ ）。

  A. 不需要反扣钻具   B. 不需要打捞工具

  C. 加快了卡钻的处理   D. 能快速捞获钻具

138. BF015 侧钻选择开窗点的原则是（ ）。

  A. 套管完好   B. 在接箍处侧钻

  C. 避开复杂地层   D. 符合侧钻井身剖面

139. BF016 钻柱滑螺纹的主要原因包括（ ）。

  A. 上卸次数过多   B. 钻井液冲刺时间较长

  C. 牙型不符合标准   D. 井下蹩钻

140. BF017 卡瓦打捞筒外部元件有（ ）。

  A. 引鞋   B. 上接头   C. 外筒   D. 密封元件

141. BF018 组装卡瓦打捞筒时，（ ）要涂抹钙基润滑脂，其他螺纹处涂抹螺纹脂。

  A. 卡瓦   B. 外筒的锯齿   C. 密封元件   D. 上接头

142. BF019 卡瓦打捞矛主要由（ ）组成。

  A. 心轴   B. 卡瓦   C. 引鞋   D. 释放环

143. BF020 当遇卡遇阻需要打捞矛丢掉落鱼时，其步骤为（ ）。

  A. 下击器下击   B. 向右转动 2～3 圈

  C. 缓慢上提   D. 向左转动 2～3 圈

144. BF021 打捞钻柱的常用工具有（ ）。

  A. 公锥   B. 母锥   C. 卡瓦打捞筒   D. 卡瓦打捞矛

145. BF022 最常用的安全接头有（ ）。

  A. AJ 型   B. H 型   C. J 型   D. K 型

146. BF023 套铣、修理鱼顶外径的铣鞋有（ ）。

  A. C 型   B. F 型   C. H 型   D. G 型

147. BF024 铣管的长度要根据（ ）来确定。

  A. 井身质量   B. 铣鞋质量   C. 地层可钻性   D. 钻头类型

148. BF025 铣管与井眼的配合间隙很小时，初次下铣管应用一根试下，证明无问题时，再

       逐渐加长，对于（ ）更应注意。

  A. 深井   B. 复杂井   C. 定向井   D. 直井

149. BF026 下列关于铣管的使用方法叙述正确的是（ ）。

  A. 下铣管时，必须保证井下畅通无阻，不能用铣管划眼

B. 如果在倒扣过程中,倒出的钻具深度超过了套铣深度,应先下钻头,否则,很容易套出新井眼

C. 铣管与井眼的配合间隙很小时,初次下铣管应用一根试下

D. 钻压的选择应根据铣鞋的类型和尺寸来定,最大钻压不应超过同尺寸钻头所承受钻压的 50%

150. BF027 铅模(又名铅印)是用来探测落鱼鱼头(   )的。

    A. 形状   B. 尺寸   C. 材质   D. 位置

151. BF028 处理落物事故的常用工具有(   )。

    A. 捞绳器   B. 随钻打捞杯

    C. 磁力打捞器   D. 反循环强磁打捞篮

152. BG001 编写情况报告时恰当的写法是(   )。

    A. 一事一报   B. 写带有请示的事项

    C. 写情况和意见   D. 不写带有请示的事项

153. BG002 报告引文需要加以说明的(   ),均应注释。

    A. 专用名词   B. 特定事物   C. 时间   D. 地点

154. BG003 更新改造设备的申请书要从(   )等方面来叙述。

    A. 理由   B. 设备的名称   C. 设计方案   D. 预期的效益

155. BG004 重大技术革新成果评审报告是描述一项生产技术的改进、改造或研制结果的文本,生产技术指(   )等。

    A. 操作工具   B. 工艺规程   C. 机器部件   D. 生产管理

156. BG005 革新内容要(   ),根据成果类别的不同应采取不同的编写格式。

    A. 叙述准确   B. 文字精练   C. 层次清晰   D. 分段叙述

157. BG006 钻井技术参数配合试验的目的是了解(   )对机械钻速的影响。

    A. 钻压   B. 转速   C. 排量   D. 扭矩

158. BG007 对试验报告中的试验数据进行处理,要求说明(   )。

    A. 处理方法   B. 计算公式   C. 计算过程   D. 处理意见

159. BG008 进行课题研究的程序有(   )。

    A. 申请   B. 立项   C. 研究   D. 鉴定

160. BG009 论文题目的要求是(   )。

    A. 准确得体   B. 简短精练

    C. 外延和内涵恰如其分   D. 理论联系实际

161. BG010 论文的绪论部分一般要说明论文研究的(   ),要求简明扼要,切忌长篇大论。

    A. 方向   B. 理由   C. 目的   D. 意义

162. BH001 培训工作主要由(   )等各级各类职业培训机构承担。

    A. 技工学校   B. 就业训练中心

    C. 成人大学   D. 社会力量创办的学校

163. BH002 教案一般说来具有(   )等几个部分。

    A. 教学目的   B. 教学重点和难点   C. 教学步骤   D. 教学进度

164. BH002 培训设计要具有(   )的特点。

    A. 趣味性　　　　　　　B. 演练指导　　　　　　C. 学用结合　　　　　　D. 易学易懂

165. BH003　学员基本情况分析包括（　　）等。

    A. 认知基础　　　　　　B. 情感态度　　　　　　C. 学习习惯　　　　　　D. 操作技能

166. BH004　备课的内容包括（　　）。

    A. 备课程标准　　　　　B. 备教材　　　　　　　C. 备学员　　　　　　　D. 备教法

167. BH005　常用的培训教学方法有（　　）等。

    A. 讲授法　　　　　　　B. 演示法　　　　　　　C. 研讨法　　　　　　　D. 视听法

三、判断题（正确的填"√"，错误的填"×"）

（　　）1. AA001　PowerPoint 2010 提供了 4 种模式的视图。

（　　）2. AA003　PowerPoint 2010 只能添加图片，不能调整图片的大小、裁剪图片和为图片设置效果。

（　　）3. AA004　PowerPoint 2010 为幻灯片设置背景和填充颜色时，不必选中幻灯片。

（　　）4. AA005　PowerPoint 2010 对 Windows 音频文件支持的音频格式为 *.asf。

（　　）5. AA006　PowerPoint 2010 不能创建链接到电子邮件地址的超链接。

（　　）6. AA007　PowerPoint 2010 为了使幻灯片更具有趣味性，在幻灯片定位时可以使用不同的技巧和效果。

（　　）7. AA008　计算机网络系统可用来实现通信交往、资源共享和协同工作等目标。

（　　）8. AA009　计算机通信协议是指网络中各计算机之间进行通信的规则。

（　　）9. AA010　拨号入网必须做好硬件、软件相关的配置。

（　　）10. AA011　WWW 是 Internet 上最方便和最受欢迎的信息浏览方式。

（　　）11. AA012　IE 浏览器窗口的标题栏位于窗口的最下方，通常显示当前网页的名称。

（　　）12. AA013　IE 浏览器的"连接"选项卡可以设置访问 Internet 的连接方式。

（　　）13. AB001　使用砂轮机时，要注意砂轮的旋转方向应正确，使磨屑向下方飞离砂轮。

（　　）14. AB002　划线的作用是使加工时有明确的尺寸界线，并能及时发现和处理不合格的毛坯。

（　　）15. AB003　划线时应尽量使划线基准与设计基准一致，以消除基准不一致所产生的原始误差。

（　　）16. AB004　在轴上錾削通槽时，划线、起錾、终錾与錾削工艺槽的方法不同。

（　　）17. AB005　刃磨的部位主要是一条主切削刃。

（　　）18. AB006　手铰过程中，两手用力要平衡，铰刀不得摇摆；铰削进给时，不能猛力压铰刀，只能随着铰刀的旋转轻轻加压。

（　　）19. AB007　刮削时，应在工件与校准工具上或其相配合的工件表面涂一层显示剂。

（　　）20. AB008　$\phi 8$ mm 以下的钢丝可用热绕法。

（　　）21. AC001　主视图是表达零件结构形状最多的一个视图。

（　　）22. AC002　功能尺寸是指那些直接影响产品性能、工作精度和互换性的重要尺寸。

（　　）23. AC003　表面粗糙度代号由表面粗糙度符号和在其周围标注的表面粗糙度数值及有关规定符号所组成。

（　　）24. AC003　评定表面粗糙度的主要参数是轮廓算术平均值 Rz。

（　　）25. AC004　公差等于上偏差与下偏差之和。

（　）26. AC005　过盈配合不包括最小过盈等于零的配合。

（　）27. AC006　在现代化的大量或成批生产中,互换性是工业产品必备的基本性质。

（　）28. AC007　零件上因制造、装配的需要而形成的工艺结构,如铸造、圆角、倒圆、退刀槽、凸台、凹槽等,都不应画出。

（　）29. AC008　牙型符合标准,但大径或螺距不符合标准的,称为特殊螺纹;对于牙型不符合标准的,称为非标准螺纹。

（　）30. AC009　粗牙普通螺纹和圆柱管螺纹、圆锥管螺纹必须标出螺距,其他的不必标注。

（　）31. AC010　内螺纹大径无法直接测出,可先测小径,然后通过查表得出大径;或测量与之相配合的外螺纹制件。

（　）32. AC011　在不可见的螺纹中(内螺纹未取剖视时),所有图线均按波浪线绘制。

（　）33. BA001　MWD 无线随钻测斜仪是在有线随钻测斜仪的基础上发展起来的一种新型随钻测量仪器。

（　）34. BA002　钻井液在鱼颈总成和限流环与蘑菇头形成的环形空间内流动,当有信号传递时,蘑菇头升起,停一下,然后回到原位,短时的蘑菇头伸长就产生了负压力脉冲。

（　）35. BA002　中天启明 MWD 的转子与内轴耦合,轴底端连接一发电机,为探管供电;上端连接一液压泵,为脉冲发生器提供能量。

（　）36. BA003　SK-MWD 随钻测斜仪的地面软件操作简便,数据显示直观,适合现场工作需要,具有显示、储存和打印功能。

（　）37. BA004　SK-MWD 随钻测斜仪的提升阀在提起状态下,钻柱内的钻井液可以较顺利地从限流环通过;提升阀在落下状态时,钻井液流通截面积减小,在钻柱内产生了一个钻井液压力负脉冲。

（　）38. BA005　SK-MWD 仪器地面部分包括电池筒、地面控制箱、安装专业软件的计算机、司钻显示器。

（　）39. BA006　在伺服阀阀头提起状态下,钻柱内的钻井液可以较顺利地从限流环通过;在伺服阀阀头压下状态时,钻井液流通面积减小,从而在钻柱内产生了一个正的钻井液压力脉冲。

（　）40. BA007　EMWD-45 仪器的发射仪器将测量部分传递来的数据调制成脉冲信号,激励到绝缘短节的两端,脉冲信号通过钻具、套管、地层等构成的回路会产生若干电流环路。

（　）41. BA008　堵漏材料中的化学物质会对 EMWD-45 仪器信号的传输产生影响,所以不适于漏失地层钻井。

（　）42. BA009　LWD 是在随钻过程中测得新揭开地层的特性,但是无法消除钻井液侵入和滤饼对测量质量的影响。

（　）43. BA010　MPR 能够工作在水基钻井液类型的井眼中,当地层电阻率与钻井液电阻率的反差非常大时,传播电阻率仪器的测量结果将受到很大的影响。

（　）44. BA011　捷连式测控机构是一种可以提供更高水平的测控方式,适用于地面和井下工况,因此在目前的 RSS 中应用较多。

（　）45. BA012　动态调制式偏置方式的 RSS 只有 Power Drive SRD 系统,其整体结构相对简单,但其在稳定测控平台的随动稳定的实现方面难度较大。另外,由于其偏置执行机构一直处于动态调制中,使其可靠性和寿命受到了较大的影响。

（　　）46. BB001　一旦发现气控元件工作失灵,应立即关闭气控元件气路,然后拆开阀件检查。

（　　）47. BB002　绞车换挡操作时若锁挡压力表无压力显示,说明挂挡不成功,需操作二位三通按钮阀(控制微摆气缸)2～3 s,使其顺利挂合。

（　　）48. BB003　如果钻井泵十字头或导板出现异常磨损,可以在不耽误钻井生产的情况下更换。

（　　）49. BB004　钻井设备的压力提高使钻井泵液缸损坏的事件时有发生。

（　　）50. BB005　十字头只能从液力端一侧装入。

（　　）51. BB006　由于动力的原因,泵必须反转时,十字头的压力将作用于下导板,因此导板间隙必须控制在 0.25～0.40 mm(0.010～0.016 in)范围内。

（　　）52. BB007　下钻时,刹车手柄轻拉一些,使刹车块压紧刹车盘,这样制动响应迅速,可避免发生溜钻现象。

（　　）53. BB008　由于液压系统中油液是在密闭管路中工作的,所以液压系统可以不使用过滤器。

（　　）54. BB009　DQ70BSC 顶驱装置系统的质量为 15 t(不含单导轨和运移托架)。

（　　）55. BB010　DQ70BSC 顶驱液压控制系统的电动机功率为 75 kW。

（　　）56. BB011　安装背钳活塞前,应用开水加热活塞上的组合密封圈大约 15 min。

（　　）57. BB012　液压系统调试时,应先启动液压源,观察液压泵旋转方向。

（　　）58. BB013　变频调速自动送钻的传动方式既可以是采用绞车主电机及传动机构实现自动送钻,也可以是采用独立的送钻电机及其传动机构实现自动送钻,但不可以是 2 种方式兼备的复合送钻模式。

（　　）59. BB014　自动送钻的启动是人为的,自动送钻的结束也必须是人为的。

（　　）60. BB015　吸油管过滤器盖没旋到位时柱塞泵能正常出油。

（　　）61. BB016　组合液压站的主电机扇叶是逆时针旋转的。

（　　）62. BC001　对初步探明钻井泵发生故障的部位,应进行拆卸检查并确定故障原因。

（　　）63. BC002　钻井泵泵压下降、排量减小或完全不排钻井液,原因可能是排出滤网堵死。

（　　）64. BC003　如果拆卸空气包盖时双头螺栓从壳体上旋出,则首先卸下螺母,然后对螺栓及螺母进行清洗。

（　　）65. BC004　水龙头冲管总成只有静密封,不可以拆卸更换。

（　　）66. BC004　更换水龙头冲管时,首先用榔头砸松上下密封盒压盖,卸开水龙头冲管,取下旧冲管总成。

（　　）67. BC005　钳子吊起后不必进行调平。

（　　）68. BC006　扭矩缸油量不足或密封圈磨损不会引起 TQ340-35 套管动力钳扭矩达不到额定值。

（　　）69. BC006　TQ340-35 套管动力钳的钳牙磨损会引起钳头打滑。

（　　）70. BC007　动作类故障主要指该动作时不动作,不该动作时却动作,比如到报警减速点不报警或不减速、不到刹车点却刹车等。

（　　）71. BC008　钻井需要经常拆甩、搬家、安装,一般而言,被动过越多的地方故障率越低。

（ ）72. BC009 减小分布电容即增加线间距离是消除干扰非常有效的方法。

（ ）73. BC010 一般而言,电子防碰系统各接口不是通用的,如果接口看起来一样,切记做好标记再更换。

（ ）74. BC011 主轴不转时,首先排除主电机启动条件是否满足、通信连接是否正常等方面的原因。

（ ）75. BC012 顶驱装置第一次在井架上安装时,需要在井架顶部安装扭矩梁吊耳。

（ ）76. BC013 刹车块的磨损是一个表面膜生成、剥落和再生的静态过程。

（ ）77. BC014 刹车盘允许的最大磨损量为 20 mm,应定期检查测量每个刹车盘工作面的厚度。

（ ）78. BC015 盘刹液压站油箱液位过高是造成柱塞泵噪声过大或震动的原因。

（ ）79. BC016 更换盘刹安全钳碟簧时,可以根据现场具体使用情况成组更换或只更换其中的几片。

（ ）80. BD001 分支井钻井实际上是在定向井、直井钻井基础上发展起来的一种钻井技术。

（ ）81. BD002 有多个目的层的油藏、互不连通的油藏、封隔的断块油藏、高质量砂岩油藏应用分支井的目的是解决在这类油藏中水平井段的长度受限制的问题。

（ ）82. BD003 分支井施工中的数据不必准确。

（ ）83. BD004 分支施工中,一般情况下当井斜角大于 60°以后即可采用倒装钻具组合。

（ ）84. BD005 同一裸眼压力系数差别太大的井能进行欠平衡钻井作业。

（ ）85. BD006 同强制起下钻装置相比,套管阀具有体积大、操作复杂等缺点。

（ ）86. BD007 气相和气液两相钻井液可人工诱导产生欠平衡条件,液相钻井液可利用地层较高的压力而自然形成欠平衡条件。

（ ）87. BD008 如果失去欠平衡压力条件,就会导致钻井液侵入对地层造成损害,但这种损害没有正确设计的近平衡钻井对地层的损害严重。

（ ）88. BD009 天然气欠平衡钻井是在钻井过程中,钻井液液柱压力低于地层孔隙压力,允许地层流体流入井眼、循环出井口并在地面得到有效控制的一种钻井方式。

（ ）89. BD010 人员培训和现场监督不是欠平衡钻井成功的关键。

（ ）90. BD011 在深井上部的易斜井段,一般采用钟摆式钻具组合轻压吊打,以确保井斜不超标。

（ ）91. BD012 小井眼钻井时,循环系统泵压的 50% 消耗在钻柱与井壁的摩擦上。

（ ）92. BD013 小井眼钻井套管段铣时,造斜点以下推荐铣掉 20 m 的套管,以满足侧钻的要求。

（ ）93. BD014 单行程套管钻井技术是指采用一只钻头钻完设计进尺,中途不进行起下钻和更换钻头作业的套管钻井技术。

（ ）94. BD015 常规油层套管钻井是在进行常规油层套管钻井时,通过钻头脱接装置,完钻后将钻头丢弃在井底,上提套管,裸露出主力油层,进行测井。

（ ）95. BD016 多行程套管钻井技术可突破单行程套管钻井技术所受井深的限制,具有更大的适用范围。

（　　）96. BD016　Tesco 公司研制了套管钻井专用钻机,与常规钻机相比,该钻机有了根本性变化,钻机高度增加,与同吨位的常规钻机相比重量提高 50%。

（　　）97. BD017　利用套管钻井技术进行海上钻井,省略了繁杂的海上表层开钻的套管程序,以套管代替隔水管,简化了井身结构,简化了作业程序,提高了作业效率。

（　　）98. BD018　控压钻井的意图是允许地层流体不断侵入井筒并上升至地面,作业中任何偶然的流入都将通过适当的方法安全地处理。

（　　）99. BD019　控压钻井中,当环空钻井液静液压力突然变化时,基本上都是通过旋转控制头和节流管汇调节井口回压来控制井眼压力的。

（　　）100. BD019　控压钻井通过改变钻井液密度或者固相含量来达到稳定井眼的目的,以有效地收窄地层孔隙压力和破裂压力之间的窗口,容易实现快速钻进。

（　　）101. BD020　控压钻井配套技术就是为被动型控压钻井技术和主动型控压钻井技术进行配套的特殊技术。

（　　）102. BD021　控压钻井能增加井底压力波动,延伸大位移井或长水平段水平井的水平位移,减少对储层的伤害。

（　　）103. BD022　基本的控压钻井只需要 2 个旋转控制装置(RCD)和引导回流的连通管汇。

（　　）104. BD023　微流量控制钻井系统 MFC 可在涌入量大于 80 L 时检测到溢流,并可在 2 min 内控制溢流,使地层流体的总溢流体积大于 800 L。

（　　）105. BD024　从完井与生产的角度出发,希望选用管径和壁厚尽可能大的连续管,但连续管的性能与运输条件等限制了连续管直径的增大。

（　　）106. BD025　等直径井技术不可以任意增加下入的套管次数。

（　　）107. BD026　膨胀管之间的连接螺纹一般采用 API 螺纹。

（　　）108. BE001　天然气流体进入井筒迅速,关井后向上运移膨胀,造成井口压力降低,同时可能伴随硫化氢的产生。

（　　）109. BE002　司钻法压井第一步:缓慢开泵,逐渐打开节流阀,调节节流阀使套压大于关井套压,直到排量达到选定的压井排量。

（　　）110. BE003　司钻法压井保持压井排量不变,在压井液由地面到达钻头这段时间内,调节节流阀,控制立管压力按照"立管压力控制进度表"变化,由初始循环压力逐渐下降到终了循环压力。

（　　）111. BE004　由于某种原因必须改变压井排量时,必须重新测定压井时的循环压力,初始压力和终了压力不变即可。

（　　）112. BE005　当压井钻井液返至平衡点以后,随着液柱压力的增加,控制套压逐渐减小直至零,压井钻井液返至井口,井底压力始终维持为一常数,且略大于地层压力。

（　　）113. BE006　置换法进行到一定程度后,置换的速度将因释放套压、泵入钻井液的间隔时间变长而变大,此时若具备下钻到井底的条件,则可采用常规压井方法压井。

（　　）114. BE007　低节流压井就是在井不完全关闭的情况下,通过节流阀控制套压,使套压在不超过最大允许关井套压的条件下进行压井。

（　　）115. BE008　通常,天然气在井内钻井液中的滑脱上升速度为 270～360 m/h。

（　　）116. BE009　在体积法的操作方法中,通过压井管线以小排量的形式将压井液泵入井内,当套压升高到允许的关井套压后立即停泵。

（　　）117. BE010　下喷上漏多发生在裂缝、孔洞发育的地层,或压井时井底压力与井眼周围产层压力恢复速度不同步的产层。

（　　）118. BF001　在处理复杂情况与井下事故时,为保证安全,要坚持不可求快、不怕浪费、严格执行预定方案的原则。

（　　）119. BF002　若钻柱带有随钻震击器,一旦发现滤饼粘吸卡钻,则要立即启动震击器,以求迅速解卡。

（　　）120. BF003　浸泡解卡后,可以不活动钻具。

（　　）121. BF004　发生坍塌卡钻后,如果失去循环,只有一条路可走,就是套铣倒扣。

（　　）122. BF005　砂桥位置在上部时,处理的方法是:倒出部分钻具后,利用长筒套铣解除砂桥,然后下钻具对螺纹,恢复循环。

（　　）123. BF006　若卡钻是缩径与粘吸的复合式卡钻,则要先震击,再泡解卡剂解卡。

（　　）124. BF007　处理键槽卡钻可采用上击器上击。

（　　）125. BF008　在起钻中途发生钻头泥包卡钻,要尽全力上提。

（　　）126. BF009　钻头在井底发生落物卡钻时,应争取转动解卡。

（　　）127. BF010　钻水泥塞的钻具结构越简单越好,一般只下光钻杆。

（　　）128. BF011　地面震击器既能上击解卡,也能下击解卡。

（　　）129. BF012　加速器按加速原理可分为上击加速器和下击加速器。

（　　）130. BF013　地面退倒扣接头的操作,可参考打捞矛、打捞筒退出时的下击方法进行,击松后卸螺纹。

（　　）131. BF014　爆炸倒扣时爆炸产生剧烈的冲击波及强大的振动力,足以使接头部分发生弹性变形,及时把扣倒开,这与钻杆接头卸不开时,用大锤敲打钻杆内接头后就可卸开的原理一样。

（　　）132. BF015　吊打侧钻施工时,硬地层选用镶齿牙轮钻头、PDC 钻头或金刚石钻头;软地层选用平底刮刀钻头、钢齿牙轮钻头或 PDC 钻头。

（　　）133. BF015　吊打侧钻施工时,应尽量找较硬的地层侧钻。

（　　）134. BF016　卡瓦打捞筒释放落鱼时,将卡瓦放松,逆时针方向旋转钻具,打捞筒即可从落鱼上退出。

（　　）135. BF017　卡瓦打捞筒带有铣鞋,能有效地修理鱼顶裂口、飞边,便于落鱼顺利进入打捞筒。

（　　）136. BF018　下卡瓦打捞筒打捞要算准 2 个方入,即引鞋碰鱼头方入、铣鞋碰鱼头方入。

（　　）137. BF019　打捞矛打捞落鱼后是不可退的。

（　　）138. BF020　打捞矛的打捞尺寸要与落鱼内径相适应。

（　　）139. BF021　用母锥打捞钻具时,如果泵压突然上升,指重表悬重上升,则说明鱼顶进入母锥内,可以进行造扣打捞。

（　　）140. BF022　可变弯接头可以产生拐弯作用,这给打捞工具增加了斜向捞到落鱼的可能性。

（　）141. BF023　选择铣头时，随着地层硬度的增加，增加齿高，减少齿数，套铣效果会更好一些。

（　）142. BF024　如果鱼顶正处于弯曲井眼井段，长铣管无法套入，可以采用短铣管试套。

（　）143. BF025　如地层硬或井下情况不正常，套铣慢，一次可以下入 4 根套铣管，套铣完后再继续延长。一般情况下，以 50～100 m 为宜。

（　）144. BF026　异径接头下部为普通钻杆连接螺纹，可以和导引钻杆连接，中部为外斜坡，和铣鞋的内斜坡相贴合，上部外径稍小于铣管内径。

（　）145. BF027　铅模结构由接头体和铅模 2 部分组成。

（　）146. BF028　反循环打捞篮适用于中硬及硬地层打捞。

（　）147. BG001　报告是一种论述性的文件，是下级向上级机关汇报工作、反映情况、请示问题的公文形式。

（　）148. BG002　情况报告的文题要切中主题，直接点明"关于××××事故的报告"。

（　）149. BG003　不同类型的革新与改进的申请书的格式是不同的。

（　）150. BG004　鉴定革新与改进成果的主要目的是使成果经过认真的技术鉴定后，及时地得到巩固、推广和提高，促使技术革新与改进的深入和发展。

（　）151. BG005　技术革新与改进小组是公司技术革新与改进活动的组织领导及评审机构。

（　）152. BG006　设备及工具试验是为推广新技术、新工艺和新设备而进行的试验。

（　）153. BG007　试验报告的技术规格说明了产品的型号、主要参数及外形尺寸等。

（　）154. BG008　课题研究完毕并撰写好研究报告后，就可向有关部门提出课题立项。

（　）155. BG009　论文选题既要注重客观上的需要，有科学价值；又要重视主观上的条件，有利于展开。

（　）156. BG010　撰写论文拟定题目时，一般要求直接、具体、鲜明。

（　）157. BH001　技能要求是从业人员为完成某项工作内容应达到的结果和所应具备的有关操作技能的知识。

（　）158. BH002　只要严格按照教学计划进行培训教学，就能保证培训目的的实现。

（　）159. BH003　教师应在先进教育理念的指导下，通过某些具体的途径、方式、手段等达到预期的目标，要注意多种策略的优化和有机结合。

（　）160. BH004　培训教师应认真研读教材，根据学员的学习基础、学习能力，因材施教。

（　）161. BH004　培训教师应树立新的教学观念，以新的教学理念指导教学实践。

（　）162. BH005　教案内容应包括教学目的、教学时间、教学步骤等几部分。

四、简答题

1. BA001　简述 MWD 无线随钻测斜仪中负脉冲的优点和缺点。

2. BA010　简述地层各向异性对 LWD 测量的影响。

3. BB001　绞车气控元件失灵时检查处理方法有哪些？

4. BB003　钻井泵动力端日常保养内容中每天应检查的项点有哪几项？

5. BB003　钻井泵动力端日常保养内容中每周应检查的项点有哪几项？

6. BB004　钻井泵液力端日常保养内容中每周应检查的项点有哪几项？

7. BB004　钻井泵液力端日常保养内容中每月应检查的项点有哪几项？

8. BB005 如果想再次使用旧十字头,该如何处理?

9. BB005 简述 F-1300/1600 钻井泵安装 3 个十字头的顺序步骤。

10. BB006 调整十字头间隙的注意事项有哪些?

11. BB013 盘刹设备开机前的准备工作有哪些?

12. BB015 组合液压站都有哪些常见故障?

13. BC001 钻井泵动力端水击杂音只发生在泵高速运转过程中,应如何检查?

14. BC001 钻井泵压力出现不正常的下降应如何检查?

15. BC002 简述钻井泵轴承高热的原因及排除方法。

16. BC002 简述钻井泵动力端有敲击声的原因及排除方法。

17. BC003 将新气囊装入空气包需要哪几个步骤?

18. BC006 TQ340-35 套管动力钳马达可以转动,但轻载时就停转有哪些原因?

19. BD002 简述分支井的应用方向。

20. BD003 钻井设计原则有哪些?

21. BD003 窗口保护技术需要注意哪几方面?

22. BD004 在分支井轨迹控制过程中,需要做到哪几点?

23. BD005 欠平衡钻井必须具备的基本条件包括哪几方面?

24. BD009 自然欠平衡钻井与常规钻井相比,主要需增加哪些设备?

25. BD009 简述自然欠平衡钻井作业的方法。

26. BD011 简述深井井身结构设计原则。

27. BD012 简述小井眼钻井施工的难点。

28. BD013 小井眼施工作业包括哪些内容及应用到哪些设备?

29. BD017 井漏可能引起哪些复杂情况?

30. BD018 简述控压钻井技术。

31. BD020 简述控压钻井技术常见的类型。

32. BD024 简述连续管钻井技术的局限性。

33. BE002 简述司钻法压井时用钻井液循环排除溢流的步骤。

34. BE010 简述隔离喷层和漏层及堵漏压井的方法。

35. BF001 当卡钻事故发生后,必须首先为顺利解决事故创造哪些条件?

36. BF017 简述卡瓦打捞筒抓紧和退出落鱼的机理。

37. BF028 简述随钻打捞杯的组成部分。

38. BG002 报告的结尾部分应做到哪几方面?

39. BH002 简述制订教学计划的要求。

技师与高级技师理论知识试题答案

一、单选题

1. A	2. B	3. C	4. A	5. A	6. A	7. B	8. A	9. C	10. A
11. D	12. C	13. D	14. B	15. B	16. B	17. B	18. A	19. B	20. C
21. B	22. B	23. C	24. B	25. D	26. C	27. D	28. C	29. A	30. C
31. B	32. A	33. B	34. A	35. A	36. C	37. D	38. A	39. C	40. C
41. A	42. D	43. D	44. B	45. A	46. D	47. A	48. A	49. C	50. A
51. B	52. B	53. D	54. D	55. D	56. C	57. A	58. C	59. B	60. A
61. B	62. C	63. A	64. D	65. A	66. D	67. A	68. C	69. B	70. A
71. B	72. C	73. D	74. C	75. A	76. A	77. A	78. A	79. B	80. C
81. A	82. A	83. B	84. C	85. B	86. B	87. A	88. B	89. C	90. C
91. B	92. B	93. A	94. C	95. D	96. B	97. A	98. B	99. D	100. C
101. B	102. C	103. B	104. C	105. B	106. B	107. A	108. A	109. B	110. A
111. D	112. C	113. C	114. B	115. D	116. A	117. B	118. C	119. B	120. A
121. A	122. B	123. D	124. B	125. D	126. B	127. A	128. C	129. A	130. D
131. D	132. A	133. A	134. A	135. C	136. D	137. D	138. A	139. B	140. C
141. C	142. C	143. C	144. B	145. B	146. C	147. C	148. C	149. C	150. A
151. B	152. C	153. C	154. A	155. D	156. D	157. A	158. B	159. A	160. D
161. A	162. D	163. A	164. C	165. A	166. C	167. A	168. C	169. A	170. B
171. A	172. B	173. D	174. A	175. C	176. C	177. C	178. C	179. C	180. C
181. D	182. C	183. D	184. C	185. D	186. C	187. D	188. C	189. A	190. C
191. C	192. C	193. A	194. D	195. C	196. D	197. B	198. A	199. C	200. C
201. B	202. A	203. B	204. C	205. C	206. A	207. C	208. B	209. B	210. B
211. B	212. C	213. C	214. C	215. A	216. B	217. B	218. C	219. B	220. B
221. A	222. B	223. B	224. C	225. C	226. C	227. B	228. C	229. C	230. B
231. D	232. C	233. C	234. A	235. C	236. C	237. A	238. C	239. D	240. D
241. C	242. C	243. A	244. C	245. A	246. C	247. D	248. D	249. C	250. D
251. B	252. B	253. B	254. D	255. B	256. A	257. C	258. B	259. A	260. B
261. D	262. B	263. B	264. C	265. B	266. C	267. A	268. C	269. B	270. D
271. C	272. B	273. A	274. B	275. B	276. D	277. A	278. D	279. A	280. B
281. A	282. D	283. A	284. D	285. C	286. C	287. A	288. C	289. A	290. B
291. A	292. A	293. D	294. A	295. A	296. A	297. C	298. C	299. A	300. C

301. D　302. C　303. A　304. C　305. B　306. C　307. A　308. A　309. A　310. A
311. D　312. A　313. D　314. B　315. C　316. A

二、多选题

1. ABC	2. ABC	3. ABC	4. ABCD	5. ABCD
6. ABCD	7. AB	8. ABCD	9. ABCD	10. ABC
11. AB	12. ABC	13. BCD	14. AD	15. ABC
16. ABC	17. ABCD	18. ABC	19. AD	20. AB
21. ABCD	22. ABC	23. AB	24. ABC	25. ABD
26. ABC	27. ABC	28. ABC	29. ABCD	30. ABC
31. ABC	32. AB	33. ABCD	34. CD	35. CD
36. AB	37. AC	38. ABCD	39. BC	40. ABC
41. ABCD	42. ABCD	43. ABCD	44. ABCD	45. ACD
46. ABC	47. AB	48. ABC	49. AB	50. AB
51. BD	52. ABC	53. BCD	54. BCD	55. BCD
56. BC	57. AD	58. AC	59. AC	60. AB
61. AC	62. ABCD	63. AC	64. ABC	65. AB
66. AB	67. BD	68. AC	69. BC	70. ABCD
71. AB	72. ABD	73. ABCD	74. AC	75. ABD
76. ABD	77. ABD	78. AC	79. ABCD	80. BC
81. ABCD	82. ACD	83. ABCD	84. BCD	85. BCD
86. ABCD	87. ABCD	88. ABCD	89. ABCD	90. ABCD
91. ABCD	92. ABC	93. ABCD	94. ABD	95. AC
96. ABC	97. ABC	98. ABD	99. AC	100. AB
101. BC	102. ABC	103. ABD	104. ABCD	105. BCD
106. AB	107. ABC	108. ABCD	109. ABCD	110. AB
111. ABD	112. ABCD	113. AC	114. ABCD	115. ABCD
116. ABCD	117. ABCD	118. ABCD	119. AB	120. ABC
121. AB	122. BCD	123. ABD	124. CD	125. ABD
126. ABC	127. ABC	128. BC	129. CD	130. ABD
131. BCD	132. ABC	133. ABC	134. ABC	135. CD
136. ACD	137. ABC	138. ACD	139. ABC	140. ABC
141. AB	142. ABCD	143. ABC	144. ABCD	145. ABC
146. ABCD	147. ABC	148. ABC	149. ABC	150. ABD
151. ABCD	152. ACD	153. AB	154. ABD	155. ABC
156. ABCD	157. ABC	158. ABC	159. ABCD	160. ABC
161. BCD	162. ABD	163. ABC	164. ABCD	165. ABCD
166. ABCD	167. ABCD			

三、判断题

1. ×	2. ×	3. ×	4. ×	5. ×	6. ×	7. √	8. √	9. √	10. √
11. ×	12. √	13. √	14. √	15. ×	16. ×	17. ×	18. √	19. √	20. ×
21. √	22. √	23. √	24. √	25. √	26. √	27. √	28. ×	29. √	30. ×
31. √	32. √	33. √	34. √	35. √	36. ×	37. √	38. √	39. ×	40. ×
41. ×	42. ×	43. ×	44. √	45. √	46. √	47. √	48. √	49. √	50. √
51. ×	52. √	53. √	54. √	55. √	56. √	57. √	58. √	59. √	60. ×
61. √	62. √	63. ×	64. √	65. √	66. √	67. ×	68. ×	69. √	70. √
71. ×	72. √	73. √	74. √	75. √	76. √	77. √	78. √	79. √	80. ×
81. ×	82. ×	83. ×	84. √	85. √	86. √	87. √	88. √	89. ×	90. √
91. ×	92. ×	93. √	94. √	95. √	96. √	97. √	98. √	99. √	100. ×
101. ×	102. ×	103. √	104. √	105. √	106. ×	107. √	108. √	109. √	110. ×
111. ×	112. √	113. √	114. √	115. √	116. √	117. √	118. √	119. √	120. ×
121. √	122. √	123. √	124. √	125. √	126. √	127. √	128. √	129. ×	130. √
131. √	132. √	133. √	134. √	135. √	136. √	137. √	138. √	139. √	140. √
141. ×	142. √	143. √	144. √	145. √	146. √	147. √	148. √	149. √	150. √
151. ×	152. √	153. √	154. ×	155. √	156. √	157. √	158. √	159. √	160. √
161. √	162. √								

1. 正确：PowerPoint 2010 提供了 6 种模式的视图。

2. 正确：PowerPoint 2010 可以调整图片的大小、裁剪图片和为图片设置效果。

3. 正确：PowerPoint 2010 为幻灯片设置背景和填充颜色时，首先要选中幻灯片。

4. 正确：PowerPoint 2010 对 Windows 音频文件支持的音频格式为 ∗.wav。

5. 正确：PowerPoint 2010 能创建链接到电子邮件地址的超链接。

6. 正确：PowerPoint 2010 为了使幻灯片更具有趣味性，在幻灯片切换时可以使用不同的技巧和效果。

11. 正确：IE 浏览器窗口的标题栏位于窗口的最上方，标示窗口的名称。

15. 正确：划线时应尽量使划线基准与设计基准一致，以消除基准不一致所产生的累积误差。

16. 正确：在轴上錾削通槽时，划线、起錾、终錾与錾削工艺槽的方法相同。

17. 正确：刃磨的部位主要是 2 条主切削刃。

20. 正确：$\phi 8$ mm 以下的钢丝可用冷绕法。

24. 正确：评定表面粗糙度的主要参数是轮廓算术平均值 Ra。

25. 正确：公差等于上偏差减下偏差。

26. 正确：过盈配合包括最小过盈等于零的配合。

28. 正确：零件上因制造、装配的需要而形成的工艺结构，如铸造、圆角、倒圆、退刀槽、凸台、凹槽等，必须画出。

30. 正确：粗牙普通螺纹和圆柱管螺纹、圆锥管螺纹不必标出螺距，其他的必须标注。

32. 正确：在不可见的螺纹中（内螺纹未取剖视时），所有图线均按虚线绘制。

34. 正确：钻井液在鱼颈总成和限流环与蘑菇头形成的环形空间内流动，当有信号传递时，蘑菇头升起,停一下,然后回到原位,短时的蘑菇头伸长就产生了正压力脉冲。

37. 正确:SK-MWD 随钻测斜仪的提升阀在提起状态下,钻柱内的钻井液可以较顺利地从限流环通过;提升阀在落下状态时,钻井液流通截面积减小,在钻柱内产生了一个钻井液压力正脉冲。

38. 正确:SK-MWD 仪器地面部分包括地面控制箱、安装专业软件的计算机、司钻显示器。

39. 正确:在主阀阀头提起状态下,钻柱内的钻井液可以较顺利地从限流环通过;在主阀阀头压下状态时,钻井液流通面积减小,从而在钻柱内产生了一个正的钻井液压力脉冲。

40. 正确:EMWD-45 仪器的发射仪器将测量部分传递来的数据调制成功率信号,激励到绝缘短节的两端,功率信号通过钻具、套管、地层等构成的回路会产生若干电流环路。

41. 正确:EMWD-45 仪器不受任何堵漏材料的影响,适于漏失地层钻井。

42. 正确:LWD 是在随钻过程中测得新揭开地层的特性,极大地消除了钻井液侵入和滤饼对测量质量的影响,所获得的地质特性更加真实可靠。

43. 正确:MPR 能够工作在所有钻井液类型的井眼中,但仍然有限制条件,当地层电阻率与钻井液电阻率的反差非常大时,传播电阻率仪器的测量结果将受到很大的影响。

44. 正确:捷连式测控机构是一种可以提供更高水平的测控方式,但并不太适合井下工况,因此在目前的 RSS 中应用较少。

46. 正确:当发现气控元件工作失灵时,不可随便拆开阀件,因为气控阀件的失灵原因很多,有时并不是阀件本身有毛病。

48. 正确:如果钻井泵十字头或导板出现异常磨损,应立即更换。

50. 正确:十字头可以从前面(液力端)或导板后面装入。

51. 正确:由于动力的原因,泵必须反转时,十字头的压力将作用于上导板,因此导板间隙必须控制在 0.25~0.40 mm(0.010~0.016 in)范围内。

52. 正确:下钻时,刹车手柄轻拉一些,使刹车块轻触刹车盘,这样制动响应迅速,可避免发生溜钻现象。

53. 正确:为了保证液压系统的正常工作,提高元件的寿命,液压系统中必须使用过滤器。

54. 正确:DQ70BSC 顶驱装置系统的质量为 12 t(不含单导轨和运移托架)。

55. 正确:DQ70BSC 顶驱液压控制系统的电动机功率为 15 kW。

56. 正确:安装背钳活塞前,应用开水加热活塞上的组合密封圈大约 10 min。

58. 正确:变频调速自动送钻的传动方式既可以是采用绞车主电机及传动机构实现自动送钻,也可以是采用独立的送钻电机及其传动机构实现自动送钻,或是 2 种方式兼备的复合送钻模式。

59. 正确:自动送钻的启动是人为的,自动送钻的结束可以是人为的也可以是自动的。

60. 正确:吸油管过滤器盖没旋到位时柱塞泵不能正常出油。

63. 正确:钻井泵泵压下降、排量减小或完全不排钻井液,原因可能是吸入滤网堵死。

64. 正确:如果拆卸空气包盖时双头螺栓从壳体上旋出,则首先卸下螺母,然后对螺栓及螺孔进行清洗。

65. 正确:水龙头冲管总成既有动密封又有静密封,可以拆卸更换。

67. 正确:钳子吊起后必须进行调平,否则容易出现钳牙打滑。

68. 正确:扭矩缸油量不足或密封圈磨损会引起 TQ340-35 套管动力钳扭矩达不到额定值。

75. 正确:顶驱装置第一次在井架上安装时,需要在井架顶部安装导轨吊耳。

76. 正确:刹车块的磨损是一个表面膜生成、剥落和再生的动态过程。

77. 正确:刹车盘允许的最大磨损量为 10 mm,应定期检查测量每个刹车盘工作面的厚度。

78. 正确:盘刹液压站油箱液位过低是造成柱塞泵噪声过大或震动的原因。

79. 正确:更换盘刹安全钳碟簧时,必须成组更换,不允许只更换其中的几片。

80. 正确:分支井钻井实际上是在定向井、水平井钻井基础上发展起来的一种钻井技术。

81. 正确:有多个目的层的油藏、互不连通的油藏、封隔的断块油藏、高质量砂岩油藏应用分支井的目的是将多个单独开发不经济的油藏联合开发以增加储量。

82. 正确:分支井施工中的数据计算必须正确,尤其工具进出窗口和各井眼在窗口相贯通时的数据更是如此。

83. 正确:分支井施工中,一般情况下当井斜角大于 40°以后即可采用倒装钻具组合。

84. 正确:同一裸眼压力系数差别太大的井不能进行欠平衡钻井作业。

85. 正确:同强制起下钻装置相比,套管阀安装操作简便,不占据钻台空间,避免了强制起下钻装置对钻机选型要求高、体积大、操作复杂等缺点。

87. 正确:如果失去欠平衡压力条件,就会导致钻井液侵入对地层造成损害,而且这种损害比正确设计的近平衡钻井对地层的损害更严重。

88. 正确:充气欠平衡钻井是在钻井过程中,钻井液液柱压力低于地层孔隙压力,允许地层流体流入井眼、循环出井口并在地面得到有效控制的一种钻井方式。

89. 正确:人员培训和现场监督是欠平衡钻井成功的关键。

91. 正确:小井眼钻井时,循环系统泵压的 90%消耗在钻柱与井壁的摩擦上。

92. 正确:小井眼钻井套管段铣时,造斜点以下推荐铣掉 15 m 的套管,以满足侧钻的要求。

94. 正确:可裸眼测井油层套管钻井是在进行常规油层套管钻井时,通过钻头脱接装置,完钻后将钻头丢弃在井底,上提套管,裸露出主力油层,进行测井。

96. 正确:Tesco 公司研制了套管钻井专用钻机,与常规钻机相比,该钻机有了根本性变化,钻机高度降低,与同吨位的常规钻机相比重量下降 50%。

98. 正确:控压钻井的意图是避免地层流体不断侵入井筒并上升至地面,作业中任何偶然的流入都将通过适当的方法安全地处理。

100. 正确:控压钻井通过改变钻井液密度或者固相含量来达到稳定井眼的目的,以有效地加宽地层孔隙压力和破裂压力之间的窗口,容易实现快速钻进。

101. 正确:控压钻井配套技术就是为精细控压钻井技术和常规控压钻井技术进行配套的特殊技术。

102. 正确:控压钻井能减少井底压力波动,延伸大位移井或长水平段水平井的水平位移,减少对储层的伤害。

103. 正确:基本的控压钻井只需要一个旋转控制装置(RCD)和引导回流的连通管汇。

104. 正确:微流量控制钻井系统 MFC 可在涌入量小于 80 L 时检测到溢流,并可在 2 min 内控制溢流,使地层流体的总溢流体积小于 800 L。

106. 正确:等直径井技术可以任意增加下入的套管次数,相当于扩展了套管层次,从而显著提升了钻复杂深井的能力。

107. 正确:膨胀管之间的连接螺纹一般采用不同于 API 螺纹的特殊螺纹。

108. 正确:天然气流体进入井筒迅速,关井后向上运移膨胀,造成井口压力升高,同时可能伴随硫化氢的产生。

109. 正确:司钻法压井第一步:缓慢开泵,逐渐打开节流阀,调节节流阀使套压等于关井套压并维持不变,直到排量达到选定的压井排量。

110. 正确:工程师法压井保持压井排量不变,在压井液由地面到达钻头这段时间内,调节节流阀,控制立管压力按照"立管压力控制进度表"变化,由初始循环压力逐渐下降到终了循环压力。

111. 正确:由于某种原因必须改变压井排量时,必须重新测定压井时的循环压力,重算初始压力和终了压力。

113. 正确:置换法进行到一定程度后,置换的速度将因释放套压、泵入钻井液的间隔时间变长而变小,此时若具备下钻到井底的条件,则可采用常规压井方法压井。

117. 正确:同层又喷又漏多发生在裂缝、孔洞发育的地层,或压井时井底压力与井眼周围产层压力恢复速度不同步的产层。

118. 正确:在处理复杂情况与井下事故时,应坚持安全、快速、灵活、经济的原则。

120. 正确:浸泡解卡后,要不断活动钻柱,以防再次发生粘吸卡钻。

123. 正确:若卡钻是缩径与粘吸的复合式卡钻,则要先泡解卡剂,再震击解卡。

124. 正确:处理键槽卡钻可采用下击器上击。

125. 正确:在起钻中途发生钻头泥包卡钻,要尽全力下压。

128. 正确:地面震击器只能下击解卡,不能上击解卡。

129. 正确:加速器按加速原理可分为机械加速器和液压加速器。

131. 正确:爆炸倒扣时爆炸产生剧烈的冲击波及强大的振动力,足以使接头部分发生弹性变形,及时把扣倒开,这与钻杆接头卸不开时,用喷灯加热钻杆内螺纹后就可卸开的原理一样。

133. 正确:吊打侧钻施工时,应尽量找可钻性好的地层侧钻。

134. 正确:卡瓦打捞筒释放落鱼时,将卡瓦放松,顺时针方向旋转钻具,打捞筒即可从落鱼上退出。

136. 正确:下卡瓦打捞筒打捞要算准 3 个方入,即引鞋碰鱼头方入、铣鞋碰鱼头方入和鱼头进卡瓦方入。

137. 正确:打捞矛打捞落鱼后是可退的。

139. 正确:用母锥打捞钻具时,如果泵压突然上升,指重表悬重下降,则说明鱼顶进入母锥内,可以进行造扣打捞。

141. 正确:选择铣头时,随着地层硬度的增加,降低齿高,增加齿数,套铣效果会更好一些。

143. 正确:如地层硬或井下情况不正常,套铣慢,一次可以下入一根套铣管,套铣完后再继续延长。一般情况下,以 50～100 m 为宜。

146. 正确:反循环打捞篮适用于软地层和中硬地层打捞。

147. 正确:报告是一种陈述性的文件,是下级向上级机关汇报工作、反映情况、请示问题的公文形式。

149. 正确:无论要进行何类的革新与改进,其申请书的格式基本是一致的。

151. 正确:评审领导小组是公司技术革新与改进活动的组织领导及评审机构。

152. 正确:设备及工具推广性试验是为推广新技术、新工艺和新设备而进行的试验。

154. 正确：课题研究完毕并撰写好研究报告后，就可向有关部门提出课题鉴定。

155. 正确：论文选题既要注重主观上的需要，有科学价值；又要重视客观上的条件，有利于展开。

四、简答题

1. 答：优点：数据传输速度较快，适合传输定向和地质资料参数。

    缺点：① 下井仪器结构较复杂，组装、操作和维修不便；② 需要专用的无磁钻铤。

2. 答：① 一般将地层电阻率描述为平行于层面的水平电阻率 R_h 和垂直于层面的垂向电阻率 R_v。

    ② 在地层存在各向异性时，$R_h \neq R_v$；而一般情况下 $R_h = R_v$。

    ③ 测井评价中使用的所谓地层真电阻率指的是地层水平电阻率 R_h，所以电测曲线越接近地层水平电阻率，越有利于准确地评价地层。

    ④ 实际上，由于各向异性的存在，会使电测曲线偏离水平电阻率，偏离程度严重时会导致地层评价结果错误。

3. 答：当发现气控元件工作失灵时，需要分段检查。方法是：① 先由控制阀、控制管线至遥控阀件，分段打开气接头，检查通气情况；② 如控制气路畅通，再检查通气情况；③ 如不畅通，则证明阀件有问题，如有备件阀件，先换上使用；④ 与有关的技术部门取得联系，得到许可后再打开阀件进行检查，查清换下来的阀件的问题。⑤ 总之，当气控系统出问题时，应耐心细致地查明原因并正确处理，严禁盲目拆修。

4. 答：① 停泵检查油位，油位太低时应增加到需要的高度。

    ② 检查润滑油泵压力表读数是否正常，如压力太低应及时查明原因。

    ③ 喷淋泵水箱的冷却润滑液不足时应加满，变质时应更换。

    ④ 检查机架前腔，有大量钻井液、油污沉淀时应清理。

5. 答：① 检查润滑系统滤网是否堵塞，若堵塞，需清理。

    ② 旋下排污法兰上的丝堵，排放聚积在油池里的污物及水。

6. 答：① 拆卸缸盖、阀盖，除去泥污，涂抹极压（复合）锂基润滑脂。

    ② 检查阀导向器的内套，如磨损超过要求，需更换。

    ③ 检查吸入和排出阀体、阀座、阀胶皮、阀弹簧，凡损坏者，需更换。

    ④ 检查活塞锁紧螺母是否腐蚀或损坏，若损坏需要更换（一般用 3 次）。

7. 答：① 检查液力端各螺栓螺母是否松退或损坏，如有，应按规定上紧或更换。

    ② 检查排出口的滤筒是否被堵塞，若堵塞需清理。

8. 答：① 要检查十字头表面是不是磨损或划伤；② 如果有必要，可将十字头装在泵的相对侧，即左右十字头可对调装入孔内；③ 十字头销挡板未安装之前不要把十字头销装入锥孔内。

9. 答：① 先安装左侧十字头；② 之后旋转曲轴总成，使中间连杆的孔进入中间十字头内；③ 将右十字头推向中间拉杆腔，从而留有足够的空隙来安装中间十字头；④ 之后再安装右十字头。

10. 答：① 安装要达到标准，间隙要合适，位置要正，十字头与导板间隙为 0.25～0.5 mm，十字头介杆与缸套的同轴度在 0.5 mm 以内。

　　②导板与泵体贴合面间严禁有杂物。

　　③铜皮垫要与贴合面长宽一致。

11. 答：①检查各管路连接是否正确和畅通,特别是工作钳、安全钳管路安装是否正确。

　　②开启吸油口阀门、柱塞泵泄油口阀门。

　　③关闭蓄能器组截止阀。

　　④接通外部电源。

　　⑤开启气源(盘刹控制系统的气源压力应为 0.8 MPa)。

　　⑥闭合电控箱电源开关。

12. 答：①电机不启动;② 系统压力上不去;③ 液压油温度过高;④ 油箱液位下降过快;
　　⑤蓄能器不能蓄能;⑥ 油泵噪声过大。

13. 答：①检查吸入滤清器和吸入管线是否被堵塞。

　　②检查吸入液池面是否过低,使空气进入吸入管。

　　③检查吸入管汇各处阀门是否已全部打开,阀杆处及连接法兰是否漏气。

　　④检查钻井液温度是否过高,气泡是否过多。

　　⑤检查固定阀工作是否正常。

14. 答：①检查每一个阀箱,听听是否有冲刷声。

　　②如果不能确定声音发出的部位,则应检查液缸是否有冲刷声。

　　③如果活塞在运行过程中声音比较均匀,就要检查活塞橡胶件有无泄漏。

　　④如果没有出现冲刷声,而钻台上的压力表仍指示压力下降,就要检查排除滤清器
　　是否堵塞,检查井内钻具是否被刺坏。

15. 答：①油管或油孔堵死,应清理油管及油孔。

　　②润滑油太脏或变质,应更换新油。

　　③滚动轴承磨损或损坏,应修理或更换轴承。

　　④润滑油过多或过少,润滑油应适量。

　　⑤机油泵损坏,应检修机油泵。

　　⑥机油泵链条断,应检修机油泵链条。

　　⑦机油泵装反,应整改。

16. 答：①十字头导板已严重磨损,应调整间隙或更换已磨损的导板。

　　②轴承磨损,应更换轴承。

　　③导板松动,应上紧导板螺栓。

　　④液力端有水击现象,应改善吸入性能。

17. 答：①压扁气囊并把它卷实成为螺旋状,使它能从空气包上方开口处装入。

　　②张开并调整气囊使之与壳体贴合。

　　③把气囊颈部密封圈推至壳体开口上,并在颈部内侧涂抹润滑脂。

18. 答：①压缩空气压力不足或没有压力;② 气胎离合器摩擦片磨损;③ 进气接头耐磨环损
　　坏;④ 快速放气阀失效;⑤ 变速气阀失效;⑥ 液压马达或液压换向阀漏损大;⑦ 行
　　星轮变速机构损坏或磨损严重。

19. 答：①有多个目的层的油藏、互不连通的油藏、封隔的断块油藏、高质量砂岩油藏。

　　②尺寸受限制的油藏、透镜体、受断层限制的油藏。

　　③多种泄油模式:通过老井重钻,控制油流的位置。

④ 多层油藏:在不同的油层中获得不同的产油能力。

⑤ 处理油藏的地质问题:穿过断层或页岩隔层。

⑥ 增加已投产井的产量:重钻多底井、分支井。

⑦ 限制水和气的产量:减少锥进,降低压力消耗。

⑧ 注入井:新井或重钻井。

20.答:① 钻柱设计原则;② 钻井液设计原则;③ 井控设计原则;④ 钻机设计原则。

21.答:① 斜向器锚定必须牢固,防止开窗中斜向器转向而导致已钻井眼的报废。

② 开窗中勿只追求进尺,开窗、修窗工作一定要保证窗口光滑、规则,上提下放时无明显碰挂。

③ 入井钻具和工具,尤其是钻头、弯螺杆等进出窗口时,操作要平稳、匀速、缓慢。

④ 分支井施工中的数据计算必须正确,尤其工具进出窗口和各井眼在窗口相贯通时的数据更是如此。

⑤ 窗口若遇阻,忌盲目处理,可在正确分析原因后采取修窗或其他措施。

22.答:① 测量数据的处理方法应科学合理,软件应采用圆柱螺线法模型,这是世界公认的最精确的定向井水平数据处理模型之一。

② 测量仪器应先进可靠,测量间距要合适。

③ 钻具组合的选择应适合地层特点及剖面设计的要求。

④ 逐点计算与预测,从总体上分析实钻剖面的发展与变化趋势。

⑤ 实时监测工具面,控制井眼轨迹平滑连续,避免井眼轨迹突变。

⑥ 根据井底预测、待钻设计、施工经验和统筹学理论,对分支井的钻井施工进行及时全面的规划,确定所采取措施的时机及意外情况的对策。

23.答:① 地层压力比较清楚,裸眼段地层压力系数相对单一,即地层孔隙压力梯度应基本一致。

② 地层岩性比较稳定,不易坍塌。

③ 地层流体不含硫化氢。

④ 要有进行欠平衡钻井的必备装备。

24.答:① 旋转控制头;② 节流管汇;③ 除气器;④ 液气分离器;⑤ 沉降撇油系统;⑥ 浮阀;⑦ 钻杆安全阀。

25.答:① 返出流体的处理。返出流体通过节流管汇送到地面分离系统进行处理,分离出的钻井液送至振动筛进行处理,气体输送到放喷管线燃烧,油输送到集油罐。

② 井口压力的控制。钻井作业前应确定最大允许的地面压力,该压力的大小取决于旋转控制头的承压能力。

③ 接单根。在卸开方钻杆之前,必须将钻柱中上部浮阀以上钻杆内的压力释放,然后才可卸开方钻杆接单根。

④ 起钻。在起钻时,必须采取特殊的作业方法以确保作业安全。为了不浪费钻井液,在有气源的条件下,起钻前可将气体注入钻柱中,将钻井液替换到最下部浮阀以下。在无气源的条件下,注入一定量的较高密度的钻井液。

26.答:① 套管层数要满足分隔不同压力系统的地层及井眼加深的要求,以利于安全钻井。

② 套管与井眼的间隙要有利于套管顺利下入和提高固井质量,有效分隔目的层。

③ 套管和钻头基本符合 API 标准,并向国内常用产品系列靠拢,以减小改进设备及

工具的工作量。

④ 目的层套管尺寸要满足试油、开发及井下作业的要求。

⑤ 要有利于提高钻井速度,缩短建井周期,降低钻井成本。

27. 答:① 钻柱下部的减振。由于钻柱直径小,旋转时钻柱扭矩产生的上下振动会加快钻柱和钻头的损坏。

② 快速钻进是小井眼降低成本的关键。应选用能在高转速(600~800 r/min)下热稳定性好的金刚石钻头,可在研磨性高的地层用 PDC 钻头,取芯宜采用金刚石取芯钻头。

③ 小井眼的环空间隙小于 2.54 cm,循环系统泵压的 90% 消耗在钻柱与井壁的摩擦损失上。为此,要选择循环系统泵压消耗小的钻井液,要具有好的润滑性,能在较大温度范围内保持性能稳定和良好的剪切稀释特性。

④ 由于环空间隙小,环空钻井液量小,起钻抽汲容易发生溢流,下钻易压漏地层。

28. 答:① 作业前的准备;② 套管段铣;③ 侧钻和钻进作业;④ 应用井下螺杆钻具和固定齿金刚石钻头;⑤ 使用顶驱钻机(或修井机)和带有高抗扭强度接头的钻具。

29. 答:① 卡钻;② 井喷;③ 井塌;④ 井眼报废。

30. 答:① 设计环空液压剖面,将工具与技术相结合,通过钻进过程中的实时控制,可以减少在井眼环境条件限制的前提下与钻井有关的风险和投资。

② 可以对井口回压、流体密度、流体流变性、环空液面、循环摩阻以及井眼几何尺寸进行综合分析并加以控制。

③ 可以快速校正并处理监测到的压力变化,能够动态控制环空压力,从而能够更加经济地完成钻井作业。

31. 答:① 井底恒压(CBHP)的控压钻井技术;② 加压钻井液帽钻井技术(PMCD);③ 双梯度钻井技术(DGD);④ HSE(健康、安全、环境)控压钻井技术。

32. 答:① 从完井与生产的角度出发,希望选用管径和壁厚尽可能大的连续管,但连续管性能与运输条件等限制了连续管直径的增大。

② 频繁起下钻以更换或调整井下钻具组合,将导致连续管过早疲劳,从而缩短使用寿命。

③ 无法实现旋转钻进,只能采用井下动力钻具或其他方式破岩钻进,也无法施加较大的钻压。

④ 井眼尺寸和泵速受到限制。

⑤ 实施连续管钻井之前,需要借助常规钻机或修井机对目标井进行钻前修井作业;若需要下套管,也必须依靠常规钻机或修井机完成。

33. 答:① 缓慢开泵,逐渐打开节流阀,调节节流阀使套压等于关井套压并维持不变,直到排量达到选定的压井排量。

② 保持压井排量不变,调节节流阀使立管压力等于初始循环压力,在整个循环周保持不变。调节节流阀时,注意压力传递的迟滞现象。

③ 排除溢流,停泵关井,使关井立压等于关井套压。在排除溢流的过程中,应配制加重钻井液,准备压井。

34. 答:① 通过环空灌入加有堵漏材料的加重钻井液,同时从钻具中注入加有堵漏材料的加重钻井液。加有堵漏材料的钻井液既能保持或增加液柱压力,也可减少低压层漏失和堵漏。

② 向环空灌入加重钻井液，在保持或增加液柱压力的同时，注入胶质水泥，封堵漏层进行堵漏。

③ 上述方法无效时，可采用重晶石塞—水泥—重晶石塞—胶质水泥或注入水泥隔离高低压层，堵漏成功后继续实施压井。

35. 答：① 必须维持钻井液畅通。

② 要保持钻柱完整。

③ 不能把钻具连接螺纹扭得过紧。因为任何卡钻事故都有可能恶化到套铣倒螺纹。钻具扭得过紧，一方面使接头内螺纹胀大，导致钻具从中脱开；另一方面，造成倒螺纹困难。

36. 答：① 打捞筒的抓捞零件是螺旋卡瓦和篮状卡瓦。其外部的宽锯齿螺纹和内面的抓捞牙均为左旋螺纹，宽锯齿螺纹与筒体配合间隙较大，这使卡瓦能在筒体中一定的行程内胀大和缩小。

② 当鱼头被引入捞筒后，只要施加一轴向压力，落鱼便能进入卡瓦，随着落鱼的套入，卡瓦上行并胀大。

③ 上提钻柱，卡瓦沿筒体内锥面相对向下运动，直径缩小，落鱼则被抓得更牢。

④ 由于筒体和卡瓦的螺旋都是左旋的，并由控制卡（环）约束了它的旋转运动，所以释放落鱼时，只要将卡瓦放松，顺时针方向旋转钻具，打捞筒即可从落鱼上退出。

37. 答：① 心轴；② 扶正块；③ 外筒；④ 下接头。

38. 答：① 意见一定要建立在对客观情况认真地综合分析之上，要有的放矢、符合情理。

② 所提意见要符合实际，切实可行。

③ 简单明了，抓住要害。

39. 答：① 体现石油钻井工培训的性质；② 培训目标要明确、具体；③ 遵循教育教学规律；④ 要从实际出发。

附 录

附录1　石油钻井工职业技能等级标准

1　工种概述

1.1　工种名称

石油钻井工。

1.2　工种代码

6-16-02-02-01。

1.3　工种定义

操作石油钻机及相应设备，进行油、气、水井的起钻、下钻、钻进、取芯、下套管等钻探作业的人员。

1.4　工种等级

本工种共设5个等级，分别为：初级（五级）、中级（四级）、高级（三级）、技师（二级）、高级技师（一级）。

1.5　工作环境

室外作业，部分岗位是室内作业，有严重噪声。

1.6　工种能力特征

身体健康，具有一定的学习、理解、表达、分析、判断能力和形体知觉，动作协调灵活。

1.7　基本文化程度

高中毕业（或同等学力）。

1.8　培训要求

1.8.1　培训期限

全日制职业学校教育，根据其培养目标和教学计划确定期限。晋级培训：初级不少于240标准学时，中级不少于180标准学时，高级不少于180标准学时，技师不少于180标准学时，高级技师不少于120标准学时。

1.8.2　培训教师

培训初、中、高级的教师应具有本工种高级及以上职业技能等级证书或中级及以上专业技术职务任职资格；培训技师、高级技师的教师应具有本工种高级技师职业技能等级证书2年以上或相应专业高级技术职称任职资格。

1.8.3　培训场地设备

理论培训应具有可容纳 30 名以上学员的教室,实际操作培训应有相应的设备、工具、安全设施等较为完善的场地。

1.9　鉴定要求

1.9.1　适用对象

(1) 新入职的操作技能人员。

(2) 在操作技能岗位工作的人员。

(3) 其他需要鉴定的人员。

1.9.2　申报条件

具备以下条件之一者可申报初级工:

(1) 新入职完成本职业(工种)培训内容,经考核合格的人员。

(2) 从事本工种工作 1 年及以上的人员。

具备以下条件之一者可申报中级工:

(1) 从事本工种工作 5 年以上,并取得本职业(工种)初级工职业技能等级证书的人员。

(2) 各类职业、高等院校大专及以上毕业生从事本工种工作 3 年及以上,并取得本职业(工种)初级工职业技能等级证书的人员。

具备以下条件之一者可申报高级工:

(1) 从事本工种工作 14 年以上,并取得本职业(工种)中级工职业技能等级证书的人员。

(2) 各类职业、高等院校大专及以上毕业生从事本工种工作 5 年及以上,并取得本职业(工种)中级工职业技能等级证书的人员。

具备以下条件可申报技师:

取得本职业(工种)高级工职业技能等级证书 3 年以上,工作业绩经企业考核合格的人员。

具备以下条件可申报高级技师:

取得本职业(工种)技师职业技能等级证书 3 年以上,工作业绩经企业考核合格的人员。

1.9.3　鉴定方式

分理论知识考试和操作技能考核。理论知识考试以采用闭卷笔试方式为主,推广无纸化考试形式;操作技能考核采用现场操作、模拟操作、实际操作笔试等方式。理论知识考试和操作技能考核均实行百分制,成绩皆达 60 分以上(含 60 分)者为合格。技师与高级技师还需进行综合评审,综合评审包括技术答辩和业绩考核。综合评审成绩是技术答辩和业绩考核两部分的平均分。

1.9.4　鉴定时间

理论知识考试 90 min;操作技能考核不少于 60 min;综合评审的技术答辩时间 40 min(论文宣读 20 min,答辩 20 min)。

1.9.5　考评人员与考生配比

理论知识考试考评人员与考生配比为 1∶15 且不少于 2 名考评员;技能操作考核考评人员与考生配比为 1∶5 且不少于 3 名考评员;综合评审委员不少于 5 人。

1.9.6　鉴定场所设备

理论知识考试在标准教室进行,技能操作考核在有相应的设备、仪器、工具和安全设施完善的场所进行。

2　基本要求

2.1　职业道德

（1）爱岗敬业，自觉履行职责。

（2）忠于职守，严于律己。

（3）吃苦耐劳，工作认真负责。

（4）勤奋好学，刻苦钻研业务技术。

（5）谦虚谨慎，团结协作。

（6）安全生产，严格执行生产操作规程。

（7）文明作业，质量环保意识强。

（8）文明守纪，遵纪守法。

2.2　基础知识

2.2.1　地质基础知识

（1）普通地质基础知识。

（2）石油地质基础知识。

2.2.2　安全生产基础知识

（1）对劳动者及环境的保护。

（2）石油作业中的油气消防。

（3）现场急救。

2.2.3　机械基础知识

（1）静力学基础知识。

（2）机械传动。

（3）金属材料常识。

2.2.4　管理知识

（1）全面质量管理知识。

（2）石油企业班组管理。

（3）钻井 HSE 管理体系。

2.2.5　制图基础知识

（1）制图一般规定。

（2）视图。

（3）零件图的内容及其识读。

2.2.6　钳工基础知识

（1）钳工常用设备及工具。

（2）钳工基本操作。

（3）电气焊基础知识。

2.2.7　计算机基础知识

（1）Word。

（2）Excel。

（3）PPT 制作。

2.2.8 电工基础知识

3. 工作要求

本标准对初级、中级、高级、技师、高级技师的要求依次递进,高级别包括低级别的要求。

3.1 初级

职业功能	工作内容	技能要求	相关知识
一、 使用工具、量具、仪器仪表	（一） 使用工具、量具	1. 能丈量钻具长度; 2. 能使用压杆式黄油枪; 3. 能使用链钳上卸钻具螺纹; 4. 能使用扳手松紧螺栓	1. 钢卷尺、卡钳、内径规的使用方法; 2. 压杆式黄油枪的使用方法; 3. 链钳的使用方法; 4. 扳手的使用方法
	（二） 使用仪器仪表	1. 能测量钻井液的密度; 2. 能测量钻井液的黏度	1. 测量钻井液密度的方法; 2. 测量钻井液密度的注意事项; 3. 测量钻井液黏度的方法
二、 操作、维修、保养设备	（一） 操作设备	1. 能检查活塞杆卡箍; 2. 能检查钻井泵上水滤子; 3. 能检查钻井泵齿轮箱油位; 4. 能操作液气大钳; 5. 能操作气动小绞车; 6. 能检查绞车; 7. 能操作套管动力钳	1. 活塞杆卡箍的检查方法; 2. 钻井泵上水滤子的检查方法; 3. 钻井泵齿轮箱油位的检查方法; 4. 液气大钳的操作规程; 5. 气动小绞车的操作规程; 6. 绞车的检查方法; 7. 套管动力钳的操作规程
	（二） 维护设备	1. 能更换钻井泵排水阀阀座; 2. 能保养绞车; 3. 能保养液气大钳; 4. 能检查保养电磁刹车; 5. 能检查保养套管钳; 6. 能维护钻井泵剪切销安全阀; 7. 能检查保养液压锚头; 8. 能检查保养气动小绞车	1. 钻井泵排水阀阀座的更换方法; 2. 绞车的保养步骤; 3. 液气大钳的保养步骤; 4. 保养电磁刹车的注意事项; 5. 保养套管钳的注意事项; 6. 钻井泵剪切销安全阀的维护方法; 7. 液压锚头的保养步骤; 8. 保养气动小绞车的注意事项
三、 钻井工程与工艺管理	（一） 钻井工艺	1. 能检查钻杆; 2. 能检查套管; 3. 能使用卡瓦; 4. 能使用安全卡瓦; 5. 能填写钻井工程班报表	1. 钻柱的作用及组成; 2. 钻杆的结构、作用及技术规范; 3. 套管的性能及检查方法; 4. 卡瓦的操作方法及操作要求; 5. 安全卡瓦的操作方法; 6. 钻井工程报表的内容; 7. 填写报表的要求
	（二） 井控	1. 能执行井控防喷演习动作; 2. 能佩戴正压式呼吸器	1. 井控设备的组成; 2. 井控工作中各岗位职责; 3. 正压式呼吸器的使用方法

3.2　中级

职业功能	工作内容	技能要求	相关知识
一、 使用工具、量具、仪器仪表	（一） 使用工具	1. 能使用液压千斤顶支撑重物； 2. 能使用液压拔缸器取阀座	1. 千斤顶的使用方法； 2. 液压拔缸器的使用方法
	（二） 使用仪器仪表	1. 能校正指重表； 2. 能更换耐震压力表	1. 指重表的作用和类型； 2. 指重表的调试及技术要求
二、 操作、维修、保养设备	（一） 操作设备	1. 能操作钻井绞车起放空游车； 2. 能操作使用组合液压站； 3. 能进行钻井泵启动前的检查； 4. 能操作使用液压猫头	1. 钻井绞车的操作规程； 2. 组合液压站的操作规程； 3. 钻井泵启动前的注意事项； 4. 液压猫头的操作规程
	（二） 维护设备	1. 能安装剪切销安全阀； 2. 能组装水龙头冲管总成； 3. 能更换钻井泵活塞； 4. 能检查保养游车大钩； 5. 能检查空气包压力； 6. 能检查保养转盘； 7. 能设置剪切销安全阀压力值； 8. 能盘刹液压站蓄能器充氮气	1. 剪切销安全阀的安装标准； 2. 水龙头冲管总成的组装标准； 3. 钻井泵活塞的更换步骤； 4. 游车大钩的保养方法； 5. 空气包压力的检查方法； 6. 检查保养转盘的注意事项； 7. 设置剪切销安全阀压力值的方法； 8. 盘刹液压站蓄能器充氮气的方法
三、 钻井工程与工艺管理	（一） 井口工具	1. 能识别常用接头； 2. 能识别常用下井工具； 3. 能识别远程控制台零部件	1. 接头的类型、结构和使用方法； 2. 常用下井工具的种类、结构； 3. 常用下井工具的用途； 4. 远程控制台零部件的名称、作用
	（二） 井控	1. 能检查远程控制台； 2. 能操作节流管汇各阀门至待命状态	1. 检查远程控制台的方法及注意事项； 2. 操作节流管汇各阀门至待命状态的方法

3.3　高级

职业功能	工作内容	技能要求	相关知识
一、 使用工具、量具、仪器仪表	（一） 使用量具	1. 能使用游标卡尺测量牙轮钻头水眼尺寸； 2. 能使用外径千分尺测量工件直径； 3. 能使用内径百分表测量轴承内径	1. 游标卡尺的使用方法； 2. 外径千分尺的使用方法； 3. 内径百分表的使用方法
	（二） 使用仪器	能检查使用电子单点测斜仪	电子单点测斜仪的结构及使用方法
二、 操作、维修、保养设备	（一） 操作设备	1. 能设置电子防碰参数； 2. 能设定顶驱扭矩参数； 3. 能检查通风型气胎离合器； 4. 能保养顶驱滑动系统	1. 电子防碰参数的设置方法； 2. 顶驱扭矩参数的设定方法； 3. 通风型气胎离合器的检查步骤； 4. 顶驱滑动系统的保养方法
	（二） 维护设备	1. 能组装钻机防碰气控装置； 2. 能拆检继气器； 3. 能装配气动大钳移送气缸； 4. 能调整液压盘式刹车安全钳刹车间隙；	1. 钻机防碰气控装置的组装步骤； 2. 继气器的拆检步骤； 3. 液压大钳移送气缸的装配标准； 4. 液压盘式刹车安全钳刹车间隙的调整标准；

续表

职业功能	工作内容	技能要求	相关知识
二、 操作、维修、 保养设备	（二） 维护设备	5. 能检查保养组合液压站； 6. 能给空气包充氮气	5. 组合液压站的检查保养方法； 6. 空气包充氮气的操作步骤
	（三） 修理设备	1. 能更换高、低速气开关； 2. 能排除液气大钳故障	1. 高、低速气开关的更换方法； 2. 液气大钳故障的排除方法
三、 钻井工程与 工艺管理	（一） 钻头、钻具	1. 能更换牙轮钻头水眼； 2. 能分析出井牙轮钻头； 3. 能使用螺杆钻具	1. 牙轮钻头、金刚石钻头、PDC 钻头的使用方法； 2. 螺杆钻具的结构和工作原理； 3. 纠斜的方法及原理
	（二） 井控	能操作远程控制台实施关井	操作远程控制台实施关井的技术要求
	（三） 钻井工程事故 与复杂情况	1. 能使用卡瓦打捞筒； 2. 能组装螺旋卡瓦打捞筒； 3. 能绘制打捞工具草图； 4. 能操作转盘倒划眼	1. 卡钻事故的原因、特征和类型； 2. 卡套管的原因和预防卡套管的措施； 3. 操作转盘倒划眼的方法和技术要求

3.4 技师

职业功能	工作内容	技能要求	相关知识
一、 操作、维修、 保养设备	（一） 操作设备	1. 能检查调整钻井泵十字头间隙； 2. 能保养液压盘式刹车； 3. 能拆卸安装背钳	1. 钻井泵十字头间隙的调整方法； 2. 保养液压盘式刹车的注意事项； 3. 拆卸安装背钳的标准
	（二） 修理设备	1. 能检查排除盘刹液压系统压力不合适故障； 2. 能排查钻井泵常见故障； 3. 能更换水龙头下部机油密封盒； 4. 能排除套管动力钳钳头不转故障	1. 盘刹液压系统压力不合适故障的排除方法； 2. 钻井泵常见故障的排查方法； 3. 水龙头下部机油密封盒的更换方法； 4. 套管动力钳钳头不转故障的排除方法
二、 钻井工程 与工艺管理	（一） 钻井工艺	能安装取芯钻头岩芯爪密闭头	1. 密闭取芯工具的结构及工作原理； 2. 密闭取芯工具的组装方法
	（二） 钻井工程事故 与复杂情况	1. 能确定卡点的位置； 2. 能注混合油解卡； 3. 能注水泥填井； 4. 能注解卡剂； 5. 能处理垮塌井段电测遇阻； 6. 能处理坍塌卡钻； 7. 能处理砂桥卡钻； 8. 能处理缩径卡钻； 9. 能处理键槽卡钻	1. 卡点深度的计算方法； 2. 注混合油的操作方法； 3. 注水泥填井的注意事项； 4. 注解卡剂的注意事项； 5. 垮塌井段电测遇阻的注意事项； 6. 卡钻的处理方法

职业功能	工作内容	技能要求	相关知识
三、 综合管理	（一） 综合能力	1. 能绘制一口井的施工进度图； 2. 能编制套铣倒扣的施工计划； 3. 能测绘螺栓草图； 4. 能用 Word 文档打印材料	1. 绘制一口井的施工进度图的方法及要求； 2. 套铣倒扣的注意事项； 3. 测绘螺栓草图的方法及注意事项； 4. 用 Word 文档打印材料的方法
	（二） 培训	能对初、中、高级石油钻井工进行理论和技能培训	初、中、高级技术培训要求与方法

3.5 高级技师

职业功能	工作内容	技能要求	相关知识
一、 操作、维修、 保养设备	（一） 操作设备	1. 能检查调整顶驱系统压力； 2. 能检查保养自动送钻减速机； 3. 能调试 KZYZ 组合液压站动力源	1. 顶驱系统压力的检查调整方法； 2. 检查保养自动送钻减速机的注意事项； 3. 调试 KZYZ 组合液压站动力源的注意事项
	（二） 修理设备	1. 能排除电子防碰刹车误动作故障； 2. 能更换顶驱刹车片编码器； 3. 能更换顶驱刹车片； 4. 能更换液压盘式刹车安全钳碟簧、密封件； 5. 能更换顶驱电磁阀； 6. 能更换液压盘式刹车刹车块	1. 电子防碰刹车误动作故障的排除方法； 2. 顶驱刹车片编码器的更换标准； 3. 顶驱刹车片的更换方法； 4. 液压盘式刹车安全钳碟簧、密封件的更换步骤； 5. 顶驱电磁阀的更换标准； 6. 更换液压盘式刹车刹车块的注意事项
二、 钻井工程 与工艺管理	（一） 钻井工艺	1. 能进行侧钻施工； 2. 能分析水平井井漏原因及堵漏措施； 3. 能装配取芯工具	1. 套管开窗技术要求； 2. 水平井井漏的处理方法； 3. 取芯工具的装配方法
	（二） 钻井工程事故 与复杂情况	1. 能使用卡瓦打捞矛； 2. 能处理钻井中的上漏下涌； 3. 能处理粘吸卡钻； 4. 能处理落物卡钻； 5. 能处理泥包卡钻； 6. 能使用震击器处理卡钻	1. 使用卡瓦打捞矛的方法及注意事项； 2. 特殊钻井工程事故的处理方法； 3. 卡钻的处理方法
三、 综合管理	（一） 综合能力	1. 能用 PPT 展示说课； 2. 能制订教学计划； 3. 能编制井漏的处理方法	1. PPT 的使用方法； 2. 教学计划的制订要求； 3. 编制技术文件的注意事项
	（二） 培训	1. 能对初、中、高级石油钻井工和技师进行理论和技能培训； 2. 能讲解井漏的处理方法	1. 理论和技能培训的有关要求； 2. 讲解处理井漏方法的要求

4　比重表

4.1　理论知识

项　目		初级/%	中级/%	高级/%	技师与高级技师/%
基本要求	基础知识	35	30	30	20
相关知识	使用工具、量具	5	5	4	
	使用仪表		3	4	
	使用仪器			2	8
	操作设备	15	12	10	
	维护设备	10	10	10	10
	修理设备			5	11
	钻头、钻具、井口工具	9	9	7	
	钻井工艺	9	9	9	17
	井　控	14	14	6	6
	钻井工程事故与复杂情况	3	8	13	19
	编写技术文件与技术革新				6
	培　训				3
合　计		100	100	100	100

第一列分组说明：基本要求；相关知识下分"使用工具、量具、仪器仪表"、"操作、维修、保养设备"、"钻井工程与工艺管理"、"综合管理"。

4.2　技能操作

项　目		初级/%	中级/%	高级/%	技师/%	高级技师/%
技能要求	使用工具、量具	15	15			
	使用仪器仪表	15	15	30		
	操作设备	20	20	10	15	15
	维护设备	20	20	10		
	修理设备			20	15	15
	钻头、钻具、井口工具	15	15	15		
	井　控	15	15	15		
	钻井工艺				20	20
	钻井工程事故与复杂情况				20	20
	综合能力				15	15
	培　训				15	15
合　计		100	100	100	100	100

第一列分组说明：技能要求下分"使用工具、量具、仪器仪表"、"操作、维修、保养设备"、"钻井工程与工艺管理"、"综合管理"。

附录2　石油钻井工高级理论知识鉴定要素细目表

行为领域	代码	鉴定范围（重要程度比例）	鉴定比重	代码	鉴定点	重要程度	备注	教程页码
基础知识 A（30%）（37:08:03）	A	计算机知识（10:02:01）	8%	001	Excel 2010 的功能和特点	X		
				002	Excel 2010 的启动和退出	X		
				003	Excel 2010 的窗口组成	X		
				004	工作簿的建立	X		
				005	工作簿的打开和保存	Y		
				006	单元格的选取	X		
				007	单元格数据的输入	X		
				008	单元格内容的修改和清除	X		
				009	单元格的插入、移动、复制和删除	X		
				010	工作表的编辑	Y		
				011	工作簿窗口的管理	X		
				012	Excel 创建和编辑公式	Z		
				013	Excel 函数的使用	X		
	B	电气焊知识（08:01:01）	6%	001	焊接的基本概念	X		94
				002	焊接规范	X		94
				003	金属材料的可焊性	Z		94
				004	电焊设备	X		94
				005	电焊工具	X		95
				006	电焊冶金原理	Y		95
				007	电焊条的类型与选择	X		95
				008	气焊的过程	X		96
				009	气焊的工具	X		96
				010	使用乙炔气焊时的注意事项	X		97

注：基础知识下的鉴定点标注的教程页码是本套教程上册中的对应页码。

行为领域	代码	鉴定范围（重要程度比例）	鉴定比重	代码	鉴 定 点	重要程度	备注	教程页码
基础知识 A (30%) (37:08:03)	C	管理知识 (08:02:00)	6%	001	HSE 管理体系概述	Y		54
				002	HSE 管理体系的基本要素	X		54
				003	钻井 HSE 管理体系的产生与作用	Y		55
				004	风险管理的基本概念	X		55
				005	钻井作业 HSE 风险识别	X		56
				006	钻井及相关作业的主要风险	X		57
				007	钻井作业 HSE 风险削减措施	X		57
				008	《钻井作业 HSE(工作)指导书》的编制	X		59
				009	《钻井作业 HSE(工作)计划书》的编制	X		59
				010	钻井作业 HSE 管理检查表的编制	X		60
	D	机械制图知识 (11:03:01)	10%	001	图纸的幅面和格式要求	X		66
				002	比例和字体要求	X		67
				003	图线及其应用	X		67
				004	线段的等分方法	X		68
				005	角的等分方法	X		68
				006	正投影的基本特性	X		69
				007	三投影面体系的建立	X		70
				008	三视图的形成	X		70
				009	表达零件形状的基本方法	X		71
				010	剖视图的概念及分类	Y		73
				011	剖面图的概念及分类	Y		74
				012	尺寸标注的基本原则及尺寸组成	Y		75
				013	圆、圆弧及角度的标注方法	Z		76
				014	零件图的作用及内容	X		78
				015	读零件图的方法和步骤	X		78
专业知识 B 70% (89:16:08)	A	使用工具、量具 (06:01:00)	4%	001	游标卡尺的结构和种类	X		2
				002	游标卡尺的刻线原理、读数方法和使用要求	X		3
				003	千分尺的分类、刻线原理和读数要求	X		3
				004	千分尺的使用要求及注意事项	X		4
				005	内径百分表的使用要求及注意事项	X		5
				006	水准仪的结构与保管	Y		5
				007	水准仪的使用要求	X		6

续表

行为领域	代码	鉴定范围（重要程度比例）	鉴定比重	代码	鉴 定 点	重要程度	备注	教程页码
专业知识 B 70% (89:16:08)	B	使用仪表 (05:00:01)	4%	001	SK-2Z11 钻井参数仪概述	X		7
				002	SK-2Z11 钻井参数仪的功能及组成	X		7
				003	SK-2Z11 钻井参数仪的技术指标	X		7
				004	SK-2Z11 钻井参数仪传感器概述	Z		8
				005	SK-2Z11 钻井参数仪的安装	X		8
				006	SK-2Z11 钻井参数仪的日常维护	X		9
	C	使用仪器 (03:01:00)	2%	001	HK51-01F 定点测斜仪概述和特点	X		10
				002	HK51-01F 定点测斜仪的使用要求	X	JD	10
				003	HK51-01F 多点测斜仪的特点	Y		12
				004	HK51-01F 多点测斜仪的使用	X	JD	12
	D	操作设备 (12:03:01)	10%	001	钻机气控装置的应用优势	X	JD	17
				002	钻机气控装置的结构和原理	Z	JD	17
				003	钻机常用气控元件	X	JD	18
				004	阀岛的结构和原理	X	JD	19
				005	钻机防碰气控系统的组成	X	JD	20
				006	气动系统的局限性	X	JD	20
				007	钻机气动装置的发展方向	X	JD	21
				008	钻机电子防碰装置的结构和原理	X		22
				009	钻机电子防碰装置的设计原则	X		22
				010	CJ 系列测斜绞车的技术特性	X	JD	23
				011	CJ 系列测斜绞车使用及注意事项	Y	JD	24
				012	CJ 系列测斜绞车检查保养要求	X		25
				013	顶驱钻井系统的特点	Y		26
				014	顶驱驱动控制系统的工作原理	Y		32
				015	顶驱常用参数的设定方法	X		37
				016	钻机电子防碰装置参数设置要求	X	JD	23
	E	维护设备 (12:03:01)	10%	001	气胎离合器的分类	Z	JD	44
				002	气胎离合器的检查保养方法	X		45
				003	液气大钳的常用备件	X		47
				004	液气大钳的结构和原理	Y		48
				005	液气大钳的液气系统	X		49
				006	顶驱装置的优越性	X	JD	27
				007	国内顶驱装置发展现状	Y		28

行为领域	代码	鉴定范围（重要程度比例）	鉴定比重	代码	鉴 定 点	重要程度	备注	教程页码
专业知识 B 70% (89:16:08)	E	维护设备 (12:03:01)	10%	008	顶驱装置主要设备的组成	X	JD	29
				009	顶驱滑动系统的工作原理	Y	JD	38
				010	顶驱滑动系统的组成	X		38
				011	顶驱滑动系统的保养要求	X		41
				012	PS系列液压盘式刹车制动执行机构的安装要求	X		52
				013	PS系列液压盘式刹车连接液压管路的技术要求	X		52
				014	PS系列液压盘式刹车液压站系统压力及最大压力的调定方法	X		54
				015	PS系列液压盘式刹车刹车间隙的调整方法	X		56
				016	KZYZ系列组合液压站的维护保养要求	X		56
	F	修理设备 (07:00:01)	5%	001	气动控制阀的分类、结构及特点	Z		57
				002	钻井设备上的常用气动控制阀	X		57
				003	气动控制阀和方向控制阀的维护检修要求	X		61
				004	钻机气路阀件故障排查方法	X		61
				005	高、低速气开关的检修更换要求	X		63
				006	液气大钳常见故障的原因	X		50
				007	液气大钳常见故障的检查方法	X		50
				008	液气大钳常见故障的排除方法	X		50
	G	钻头、钻具、井口工具 (10:01:01)	7%	001	钻头的类型	X	JD	74
				002	牙轮钻头的结构	X	JD	74
				003	牙轮钻头的类型及适用地层	X		74
				004	牙轮钻头的工作原理和产品系列	X	JD	77
				005	牙轮钻头的合理使用和特种牙轮钻头概述	X	JD	79
				006	金刚石的基本特性和金刚石钻头的破岩机理	Z		82
				007	金刚石钻头的结构	X		82
				008	金刚石钻头的使用	X	JD	84
				009	PDC钻头的结构和使用条件	X	JD	85
				010	PDC钻头钻进时的操作要求	X		86
				011	取芯钻头概述	X		87
				012	扩眼器的种类及功用	Y	JD	89

行为领域	代码	鉴定范围 （重要程度比例）	鉴定比重	代码	鉴 定 点	重要程度	备注	教程页码
专业知识 B 70% （89:16:08）	H	钻井工艺 （11:02:01）	9%	001	井斜的概念	X		90
				002	井斜的危害	X		90
				003	井斜的原因及井身质量标准	X	JD	90
				004	控制井斜的方法	X		91
				005	纠斜方法及纠斜工具	X		91
				006	定向井的基本概念及类型	X		92
				007	造斜方法及原理	X	JD	93
				008	井眼轨迹的控制	X		92
				009	水平井的发展趋势	X	JD	97
				010	水平井的应用	X		98
				011	水平井技术概述	X	JD	97
				012	水平井对钻井液的要求及影响	Y	JD	100
				013	水平井钻完井液的类型	Y	JD	102
				014	水平井完井方法的选择	Z		104
	I	井控 （07:02:01）	6%	001	控制装置减压阀的功用及工作原理	X	JD	104
				002	控制装置安全阀的功用及工作原理	X		106
				003	控制装置压力控制器的功用及工作原理	Y		106
				004	控制装置液气开关的功用及工作原理	Y		107
				005	控制装置气动压力变送器的功用及工作原理	Z		108
				006	关井方法	X	JD	109
				007	钻进时发生溢流的关井操作程序	X		109
				008	起下钻杆时发生溢流的关井操作程序	X		110
				009	起下钻铤时发生溢流的关井操作程序	X		111
				010	空井时发生溢流的关井操作程序	X		111
	J	钻井工程事故与复杂情况 （16:03:01）	13%	001	坍塌卡钻的原因	X	JD	112
				002	坍塌卡钻的特征	X		113
				003	坍塌卡钻的预防方法	X		113
				004	砂桥卡钻的原因	X		113
				005	形成砂桥的特征	X		114
				006	砂桥卡钻的预防方法	X		114
				007	缩径卡钻的原因	X	JD	115
				008	缩径卡钻的特征	X		116
				009	缩径卡钻的预防方法	X		116

行为领域	代码	鉴定范围 （重要程度比例）	鉴定 比重	代码	鉴　定　点	重要 程度	备注	教程 页码
专业知识 B 70% (89:16:08)	J	钻井工程事故 与复杂情况 (16:03:01)	13%	010	键槽卡钻产生的原因和特征	X		117
				011	键槽卡钻的预防方法	X		117
				012	干钻卡钻的原因和特征	X		117
				013	干钻卡钻的预防方法	X		118
				014	水泥卡钻的原因和预防方法	X		118
				015	沉砂卡钻的原因和现象	X		119
				016	沉砂卡钻的预防方法	X		119
				017	井下复杂情况和事故的判断	Z		120
				018	钻进中发生卡钻事故的判断	Y		121
				019	起钻中发生卡钻事故的判断	Y		123
				020	下钻中发生卡钻事故的判断	Y		124

注：X—核心要素；Y——般要素；Z—辅助要素。

附录3 石油钻井工高级操作技能
鉴定要素细目表

行为领域	代码	鉴定范围	鉴定比重	代码	鉴 定 点	重要程度	备注
操作技能A 100%	A	使用工具、量具、仪器仪表	40%	001	使用游标卡尺测量牙轮钻头水眼内径	X	
				002	使用外径千分尺测量活塞销直径	X	
				003	使用内径百分表测量轴承内径	Y	
				004	使用电子单点测斜仪	X	
	B	操作、维护、保养设备	30%	001	组装钻机防碰气控装置	X	
				002	设置电子防碰参数	X	
				003	设定顶驱扭矩参数	Y	
				004	拆检继气器	X	
				005	检查通风型气胎离合器	X	
				006	装配液气大钳移送气缸	X	
				007	保养顶驱滑动系统	X	
				008	调整液压盘式刹车安全钳刹车间隙	X	
				009	检查保养组合液压站	X	
				010	给空气包充氮气	Y	
				011	更换高、低速气开关	X	
				012	排除液气大钳故障	X	
	C	钻井工程与工艺管理	30%	001	更换牙轮钻头水眼	X	
				002	分析出井牙轮钻头	Y	
				003	使用螺杆钻具	X	
				004	操作远程控制台实施关井	X	
				005	操作转盘倒划眼	X	
				006	使用卡瓦打捞筒	X	
				007	组装螺旋卡瓦打捞筒	Z	
				008	绘制打捞工具草图	X	

注：X—核心要素；Y—一般要素；Z—辅助要素。

附录4 石油钻井工技师与高级技师
理论知识鉴定要素细目表

行为领域	代码	鉴定范围 (重要程度比例)	鉴定比重	代码	鉴 定 点	重要程度	备注	教程页码
基础知识 A 20% (24:06:02)	A	计算机知识 (09:03:01)	8%	001	Power Point 2010 的视图	Z		
				002	演示文稿的编辑	X		
				003	幻灯片的编辑	X		
				004	幻灯片的背景设置和填充颜色	X		
				005	母板的制作和影音文件的插入	X		
				006	演示文稿的动画设置	X		
				007	演示文稿的放映	Y		
				008	计算机网络的基本概念	Y		
				009	计算机网络的组成和分类	Y		
				010	计算机入网方式及 Internet 连接	X		
				011	网络浏览的基本概念	X		
				012	IE 浏览器的启动及其窗口的组成	X		
				013	IE 浏览器的设置与使用	X		
	B	钳工知识 (06:01:01)	5%	001	钳工的基本操作与常用设备	X		89
				002	划线的工具	X		89
				003	划线基准的选择与划线步骤	Y		90
				004	錾削	Z		91
				005	钻孔	X		91
				006	扩孔与铰孔	X		92
				007	刮削和研磨	X		93
				008	矫正和弯曲	X		93
	C	机械制图知识 (09:02:00)	7%	001	零件图选择的原则	X		79
				002	零件图上的尺寸标注	X		79
				003	表面粗糙度的代号及说明	X		81

注:基础知识下的鉴定点标注的教程页码是本套教程上册中的对应页码。

续表

行为领域	代码	鉴定范围 （重要程度比例）	鉴定比重	代码	鉴 定 点	重要程度	备注	教程页码
基础知识A 20% （24:06:02）	C	机械制图知识 （09:02:00）		004	公差的基本概念	X		82
				005	配合的基本概念	X		83
				006	零件互换性的基本概念	X		84
				007	绘制零件草图的方法	X		84
				008	螺纹的形成和要素	X		85
				009	螺纹的种类和标注	Y		86
				010	螺纹的测量	Y		87
				011	螺纹的规定画法	X		87
专业知识B 80% （105:15:03）	A	使用仪器 （09:02:01）	8%	001	无线随钻测斜仪概述	X	JD	173
				002	中天启明随钻测量仪器的特点	X		174
				003	SK-MWD 仪器概述	X		175
				004	SK-MWD 仪器的功能和工作原理	X		176
				005	SK-MWD 仪器组件简介	X		176
				006	YST-48R 无线随钻测斜仪概述	X		177
				007	EMWD-45 型无线随钻测斜仪概述	X		178
				008	EMWD-45 型无线随钻测斜仪的特点	X		178
				009	随钻测井仪的特点	X		179
				010	影响随钻测井仪测量的因素	Y	JD	180
				011	旋转导向钻井系统概述及测控方式	Y		180
				012	旋转导向钻井系统的偏置与导向方式	Z		181
	B	维护设备 （14:02:00）	10%	001	绞车气路元件的保养要求	X	JD	132
				002	绞车的气路原理	Y		134
				003	F-1300/1600 钻井泵动力端的维护保养要求	X	JD	135
				004	F-1300/1600 钻井泵液力端的维护保养要求	X	JD	137
				005	F-1300/1600 钻井泵十字头总成的安装要求	X	JD	138
				006	F-1300/1600 钻井泵十字头对中检查及间隙调整要求	X	JD	140
				007	PS 系列液压盘式刹车的操作规程	X		145
				008	PS 系列液压盘式刹车过滤器的检查维护方法	X		146
				009	顶驱钻井系统的技术参数	Y		153

行为领域	代码	鉴定范围（重要程度比例）	鉴定比重	代码	鉴 定 点	重要程度	备注	教程页码
专业知识B80%（105:15:03）	B	维护设备（14:02:00）	10%	010	北石顶驱驱动的工作参数	X		153
				011	拆卸安装背钳的要求	X		161
				012	北石顶驱液压系统的调试方法	X		155
				013	自动送钻装置的功用和结构	X	JD	166
				014	自动送钻装置的控制方式	X		166
				015	ZKYZ系列组合液压站的常见故障	X	JD	167
				016	ZKYZ系列组合液压站动力源的调试方法	X		167
	C	修理设备（15:01:00）	11%	001	F-1300/1600钻井泵常见故障的检查方法	X	JD	141
				002	F-1300/1600钻井泵常见故障的排除方法	X	JD	143
				003	F-1300/1600钻井泵空气包气囊的更换方法	X	JD	144
				004	水龙头组件的更换方法	X		167
				005	套管钳的安装要求	X		168
				006	套管钳故障的排除方法	X	JD	169
				007	电子防碰装置故障的种类	Y		171
				008	电子防碰装置故障的排除方法	X		172
				009	电子防碰装置消除干扰的措施	X		172
				010	电子防碰设备常用备件的更换方法	X		173
				011	北石顶部驱动设备常见故障的排查方法	X		158
				012	北石顶部驱动设备的拆装方法	X		155
				013	PS系列液压盘式刹车刹车块磨损的原因	X		147
				014	PS系列液压盘式刹车刹车盘的检查要点	X		148
				015	PS系列液压盘式刹车常见故障的原因	X		149
				016	PS系列液压盘式刹车关键部件的拆装更换要求	X		150
	D	钻井工艺（22:03:01）	17%	001	分支井的概念及优缺点	X		196
				002	分支井的分类与分级	X	JD	197
				003	分支井钻井设计的原则及套管开窗工艺	X	JD	198
				004	分支井轨迹控制实时监控和安全钻井工艺	X	JD	199
				005	欠平衡钻井的分类、优点及钻井条件	X	JD	201
				006	欠平衡钻井的工具	X		201
				007	欠平衡条件的建立	X		202
				008	欠平衡保持持续的条件及钻具组合	X		203

行为领域	代码	鉴定范围 （重要程度比例）	鉴定比重	代码	鉴 定 点	重要程度	备注	教程页码
专 业 知 识 B 80% (105:15:03)	D	钻井工艺 (22:03:01)	17%	009	常见欠平衡钻井方法	X	JD	204
				010	欠平衡钻井井控技术	X		205
				011	提高深井钻速的有效途径	X	JD	206
				012	小井眼钻井技术的优点和难点	X	JD	207
				013	小井眼水平井侧钻方法	X	JD	208
				014	套管钻井的优点及国外套管钻井技术的发展状况	X		209
				015	单行程套管钻井技术	X		210
				016	多行程套管钻井技术	X		211
				017	套管钻井技术应用领域的拓展	X	JD	212
				018	控压钻井的概念和定义	X	JD	213
				019	控压钻井的基本原理	X		213
				020	控压钻井的类型与应用范围	X	JD	214
				021	控压钻井特点和优势	X		215
				022	控压钻井的分级	X		216
				023	精细控压钻井技术概述	Y		217
				024	连续管钻井系统的构成与特点	Y	JD	218
				025	膨胀管钻井技术的概念与应用	Y		218
				026	膨胀管技术的原理	Z		219
	E	井控 (09:01:00)	6%	001	压井方法的选择	X		220
				002	司钻法压井的操作步骤	X	JD	221
				003	工程师法压井的操作步骤	X		222
				004	压井作业中应注意的问题	X		222
				005	平衡点法压井的操作步骤	X		223
				006	置换法压井的操作步骤	X		223
				007	压回法和低节流压井法的操作步骤	X		224
				008	起下钻过程中发生溢流后的压井	X		224
				009	井内无钻具的空井压井	X		225
				010	又喷又漏的压井	Y	JD	225
	F	钻井工程事故与复杂情况 (23:04:01)	19%	001	卡钻处理原则	X	JD	226
				002	粘吸卡钻的处理方法	X		228
				003	处理粘吸卡钻的注意事项	X		229
				004	坍塌卡钻的处理方法	X		230

行为领域	代码	鉴定范围 (重要程度比例)	鉴定比重	代码	鉴 定 点	重要程度	备注	教程页码
专 业 知 识 B 80% (105:15:03)	F	钻井工程事故 与复杂情况 (23:04:01)	19%	005	砂桥卡钻的处理方法	X		231
				006	缩径卡钻的处理方法	X		232
				007	键槽卡钻的处理方法	X		232
				008	泥包卡钻的处理方法	X		233
				009	落物卡钻的处理方法	X		234
				010	干钻卡钻和水泥卡钻的处理方法	X		235
				011	震击器的结构及工作原理	X		236
				012	加速器的结构、原理和使用方法	X		238
				013	倒扣接头的结构、原理和使用方法	X		238
				014	爆炸松扣的操作方法	X		239
				015	侧钻解卡的操作方法	X		239
				016	钻柱事故的概念	X		239
				017	卡瓦打捞筒的结构和原理	X	JD	240
				018	卡瓦打捞筒的使用方法	X		240
				019	打捞矛的结构和原理	X		241
				020	打捞矛的使用方法	X		241
				021	公锥、母锥的结构、原理和使用方法	X		241
				022	安全接头的分类、结构和原理	X		242
				023	铣鞋选择与使用要求	Y		243
				024	铣管的结构、规格和选用要求	Y		243
				025	铣管的使用方法	Y		243
				026	套铣的操作步骤	Y		244
				027	铅模的结构和使用要求	Z		244
				028	落物事故的常用工具	X	JD	245
	G	编写技术文件 与技术革新 (09:01:00)	6%	001	编写报告的注意事项	X		261
				002	情况报告的编写要求	X	JD	261
				003	申请书的编写格式	X		262
				004	技术革新、改进成果的鉴定	Y		262
				005	技术革新、改进的技术要求与注意事项	X		263
				006	试验类型及其目的	X		263
				007	试验报告的内容	X		264
				008	进行课题研究的程序	X		264
				009	学术论文写作的基本要求	X		264
				010	学术论文的写法	X		265

行为领域	代码	鉴定范围（重要比例）	鉴定比重	代码	鉴　定　点	重要程度	备注	教程页码
专业知识B 80% (105:15:03)	H	培训 (04:01:00)	3%	001	培训的基本要求	X		265
				002	制订教学计划的依据和要求	X	JD	266
				003	制订教学计划的方法	Y		266
				004	备课的要求	X		267
				005	培训教学的实施方法	X		267

注：X—核心要素；Y—一般要素；Z—辅助要素。

附录 5 石油钻井工技师操作技能鉴定要素细目表

行为领域	代码	鉴定范围	鉴定比重	代码	鉴 定 点	重要程度	备注
操作技能A 100%	A	操作、维修、保养设备	30%	001	检查调整钻井泵十字头间隙	X	
				002	保养液压盘式刹车	X	
				003	拆卸安装顶驱背钳	Y	
				004	检查排除盘刹液压系统压力不合适故障	X	
				005	排查钻井泵常见故障	X	
				006	更换水龙头下部机油密封盒	X	
				007	排除套管动力钳钳头不转故障	Y	
	B	钻井工程与工艺管理	40%	001	安装取芯钻头岩芯爪密闭头	X	
				002	确定卡点	X	
				003	注混合油解卡	X	
				004	注水泥填井	X	
				005	注解卡剂	X	
				006	处理垮塌井段电测遇阻	X	
				007	处理坍塌卡钻	Y	
				008	处理砂桥卡钻	X	
				009	处理缩径卡钻	X	
				010	处理键槽卡钻	X	
	C	综合管理	30%	001	绘制一口井的施工进度图	X	
				002	编制套铣倒扣的施工计划	Z	
				003	测绘螺栓草图	X	
				004	用 Word 文档打印材料	X	

注:X—核心要素;Y——一般要素;Z—辅助要素。

附录6　石油钻井工高级技师操作技能
鉴定要素细目表

行为领域	代码	鉴定范围	鉴定比重	代码	鉴定点	重要程度	备注
操作技能 A 100%	A	操作、维修、保养设备	30%	001	检查调整顶驱系统压力	X	
				002	检查保养自动送钻设备	X	
				003	组合液压站动力源调试	Y	
				004	排除电子防碰刹车误动作故障	X	
				005	更换顶驱刹车片编码器	X	
				006	更换顶驱刹车片	X	
				007	更换液压盘式刹车安全钳碟簧、密封件	X	
				008	更换顶驱电磁阀	X	
				009	更换液压盘式刹车刹车块	X	
	B	钻井工程与工艺管理	40%	001	使用卡瓦打捞矛	X	
				002	处理钻井中的上漏下涌	X	
				003	进行侧钻施工	Y	
				004	分析水平井井漏原因及堵漏措施	Y	
				005	处理落物卡钻	X	
				006	处理粘吸卡钻	X	
				007	处理泥包卡钻	X	
				008	使用震击器处理卡钻	X	
	C	综合管理	30%	001	用PPT展示说课	X	
				002	制订教学计划	Z	
				003	编制井漏的处理方法	X	

注:X—核心要素;Y—一般要素;Z—辅助要素。

附录 7　石油钻井工操作技能
考试内容层次结构表

内容 项目 级别	技能操作				合　计
	使用工具、量具、 仪器仪表	操作、维修、 保养设备	钻井工程 与工艺管理	综合管理	
初　级	30 分 10～15 min	40 分 15～35 min	30 分 10～25 min		100 分 35～75 min
中　级	30 分 15 min	40 分 15～25 min	30 分 15～30 min		100 分 45～70 min
高　级	30 分 15～30 min	40 分 15～20 min	30 分 10～30 min		100 分 40～80 min
技　师		30 分 10～20 min	40 分 20～30 min	30 分 25～40 min	100 分 55～90 min
高级技师		30 分 10～30 min	40 分 20～40 min	30 分 40～45 min	100 分 70～115 min

参 考 文 献

[1] 中国石油天然气集团公司职业技能鉴定指导中心.石油石化职业技能培训教程:石油钻井工.东营:中国石油大学出版社,2011.

[2] 中国石油天然气集团公司职业技能鉴定指导中心.石油石化职业技能鉴定试题集:石油钻井工.东营:中国石油大学出版社,2009.

[3] 赵金洲,张桂林.钻井工程技术手册.北京:中国石化出版社,2014.

[4] 高绍智.石油钻井操作工基础知识读本.北京:石油工业出版社,2009.

[5] 张发展.复杂钻井工艺技术.北京:石油工业出版社,2011.

[6] 张桂林,王吉坡,路秀广.石油钻井工.北京:中国石化出版社,2014.

[7] 陈平.钻井与完井工程.北京:石油工业出版社,2015.

[8] 郭伟,刘桂和,王清江.钻井工程.2版.北京:石油工业出版社,2015.

[9] 杨庆理.石油天然气钻井井控.北京:石油工业出版社,2017.

[10] 杨国平.现代工程机械故障诊断与排除大全.北京:机械工业出版社,2006.